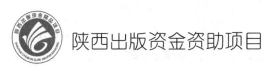

陕西出版资金资助项目

电子设计可靠性工程

庄奕琪　编著

西安电子科技大学出版社

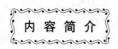

内 容 简 介

　　本书重点介绍在工程实践中所需要的、面向质量与可靠性保证和提升的电子产品设计方法。全书可分为电子元器件的可靠性应用和电路的可靠性设计两大部分，前者包括常规元器件的可靠性选择与应用以及可靠性防护元件的选用，后者包括电路级、系统级和印制电路板的可靠性设计。本书理论联系实际，图文并茂，技术覆盖面广，工程实践性强。

　　本书适合所有从事电子信息产品设计与制造的技术和管理人员（包括研发、生产、管理、供销岗位的工程技术人员以及质量管理和产品管理人员）学习使用，也可作为高等院校电子信息类专业的高年级本科生和研究生的专业课教材或教学参考书以及相关企业的员工培训教材。

图书在版编目(CIP)数据

电子设计可靠性工程/庄奕琪编著. —西安：西安电子科技大学出版社，2014.9(2019.11 重印)
陕西出版资金资助项目
ISBN 978 - 7 - 5606 - 3359 - 6

Ⅰ. ① 电… Ⅱ. ① 庄… Ⅲ. ① 电子电路—电路设计—可靠性工程 Ⅳ. ① TN702

中国版本图书馆 CIP 数据核字(2014)第 210166 号

策　　划	李惠萍
责任编辑	雷鸿俊　李惠萍
出版发行	西安电子科技大学出版社(西安市太白南路 2 号)
电　　话	(029)88242885　88201467　　邮　　编　710071
网　　址	www.xduph.com　　　　电子邮箱　xdupfxb001@163.com
经　　销	新华书店
印刷单位	咸阳华盛印务有限责任公司
版　　次	2014 年 9 月第 1 版　2019 年 11 月第 2 次印刷
开　　本	787 毫米×1092 毫米　1/16　印张 38
字　　数	903 千字
印　　数	4001～6000 册
定　　价	98.00 元

ISBN 978 - 7 - 5606 - 3359 - 6/TN

XDUP　3651001—2

献给我的父亲和母亲

（代序）

我从事电子设计与制作始自初中时代，最初根本谈不上是个人爱好，而是在我父亲的强制下拿起电烙铁、焊起电路板的。

1952年，父亲毕业于厦门大学化学系，后来曾任中国科学院院长的卢嘉锡当时是化学系的系主任，而著名数学家陈景润是与父亲同期的厦大学生。毕业后，作为新中国第一代工程师，父亲响应党的号召，来到位于西安的西北地质局实验室工作。在那个年代，大学生们以到艰苦的地区做艰苦的工作为荣，然而这带给父亲的不只是相对落后的工作、生活环境，而是更大的厄运。

1958年，中苏关系恶化，有一种叫做"乙二胺"的化学药品被苏联禁运，父亲决定自行研制。为避免给其他人带来危险，父亲只身一人在实验室里做实验。然而，意外的爆炸还是发生了。受伤当天西安红十字会医院未能及时给父亲清洗眼部，次日即发现他的双眼被强碱性化学液体烧伤，导致父亲终生双目失明，视力从1.5直降到0.0。这一年，父亲年仅28岁，而我才刚满周岁。

1970年，父亲重新燃起了工作的热情，决心用刚刚兴起的半导体技术研制一种新型的化学分析仪器——晶体管极谱计。当时正值"文化大革命"高峰期，没有任何人能够帮助他完成这一宿愿。双目失明的他能够依靠的只有一个人，那就是我——他唯一的儿子。我不得不开始学习如何使用电烙铁，如何采购元器件，如何自制电路板和机壳等。那一年，我刚满13岁，是初中一年级的学生。

1973年，经过无数次的失败，世界上第一台晶体管极谱计终于研制成功了！之后，这台仪器被送往北京地质部展览，并生产了50台供各地质队使用。在研制过程中，我成为父亲的"手"和"眼睛"。虽然我因此失去了许多少年时代玩耍的乐趣，但这却成为我从事电子科学研究的开端。没有这样的经历，也许我就不会成为今天的微电子学教授、博导、院长，这也是当时父亲未曾料到的。

2009年，父亲悄然走了，但他与难以想象的人生逆境奋勇抗争的精神永存！我永远铭记着他为厦门大学80年校庆而作的一篇文章中的话："要有必胜的信念，要有克服困难的勇气和毅力，要开动脑筋，要多问多听。具备这四点，就能够把常规的不可能转化为非常规的可能。"

我要感谢我的父亲，是他教会了我如何无私无畏地为祖国做贡献，是他教会了我如何搞科研。他不仅是我学习电子技术的启蒙人，更是我选择人生道路的启蒙人。

　　我还要感谢我的母亲。她于复旦大学化学系毕业后，离开上海舒适的父母家，奔赴大西北支援国家建设。面对父亲失明带来的巨大打击，她无怨无悔，忍辱负重，一边陪伴父亲治疗眼疾，一边坚持工作，同时将我和妹妹抚养成人，数十年如一日。如果说父亲是我事业上的导师，那么母亲就是我生活上的楷模，是她教会了我如何面对逆境、迎难而上，如何宽以待人、严于律己。

　　父亲与母亲带给我的"财富"是巨大的，我无以回报。谨以此书献给我亲爱的父亲和母亲！

庄奕琪

2014 年 4 月

作 者 简 介

庄奕琪，教授，博士生导师，历任西安电子科技大学微电子学院院长、国家集成电路人才培养基地主任、国家级集成电路实验教学示范中心主任、"宽禁带半导体与微纳电子学"高等院校创新引智基地主任等。先后于 1982 年、1986 年和 1995 年获得半导体物理与器件、微电子技术和光电子专业的学士、硕士和博士学位，曾入选机电部优秀科技青年、陕西省三五人才工程、西安电子科技大学有突出贡献的中青年专家及特聘教授、国务院政府特殊津贴获得者、陕西省教学名师等。

自 1982 年在西安电子科技大学留校工作以来，长期从事微电子学科的科研、教学和管理工作。曾主持完成科研项目 50 多项，其中 9 项成果获得省部级以上及全军科技进步奖，获发明专利授权 20 余项，在国内外重要刊物发表学术论文 200 多篇，其中有近 100 篇被 SCI、EI 收录，出版有《半导体器件中的噪声及其低噪声化技术》、《微电子器件应用可靠性技术》、《蓝牙梦想与现实》、《电子元器件可靠性工程》、《纳米电子学》等 6 部专著。指导的研究生已获博士学位的 34 人，已获硕士学位的 150 余人，每年主讲博士生课程 1 门、硕士生课程 2 门和本科生课程 2 门。

目前科研方向为射频集成电路设计、短距离无线通信及移动网络系统芯片设计、通信与功率集成系统开发、微电子器件噪声与可靠性应用技术、微弱信号检测及虚拟仪器开发等。曾经或正在主持的科研项目有国家重大科技专项、国家自然科学基金、国家 863 计划、电子产业发展基金、国家重大创新项目等，涉及短距离无线通信芯片与系统设计、平板显示器高压驱动芯片、超高频射频识别标签芯片、导航接收机射频前端芯片、深亚微米器件可靠性噪声诊断等方面。正在开拓的前沿方向有人体可植入芯片设计、无线能量采集、生物检测微系统、超宽带通信芯片设计等。

前　言

◈ 本书的编写缘由

任何产品的好坏优劣，都可以用四个方面的指标来表征，即功能、性能、成本和可靠性。功能表征产品的用途，性能是产品功能的定量描述，成本决定了产品的价格竞争力，可靠性则反映了产品的寿命和对各种使用环境的适应能力。在中国产品以数量称霸世界而质量却频受诟病的时候，在中国经济正在从规模数量型向质量效益型转变的时候，由产品可靠性来决定产品优劣胜负的年代终于来到了我们的面前。

对于电子产品而言，可靠性主要由三个方面的因素决定，即电子元器件的可靠性、电路与结构的可靠性设计和电子整机的组装可靠性。可靠性设计是电子产品可靠性保障体系中最为重要的环节。即使元器件自身的可靠性足够好，电子整机的设计可靠性或者组装可靠性不佳，元器件在安装中或者使用时遭受到各种不适当的电、热、机械和化学等应力的作用，也会对电子整机或者电子系统的可靠性造成严重的影响。

1993 年，我国某项重大工程因元器件失效而遭受严重损失。分析表明，此次元器件失效并非是元器件本身质量问题引起的，而是在整机组装时元器件受到不适当的处置而使其可靠性劣化所致。此事引发了有关部门对元器件可靠性应用和电路可靠性设计的高度重视。笔者受当时的电子工业部指派，对我国航天、航空和电子等行业进行了广泛而深入的调研，发现由于整机可靠性设计不当而造成元器件失效的比例大约占失效总数的 50%。根据调研结果，针对以集成电路为代表的微电子器件的应用可靠性问题，从失效机理到解决方案，笔者率领的团队进行了专题研究，根据研究结果撰写了《微电子器件应用可靠性技术》和《电子元器件可靠性工程》两部著作，分别于 1996 年和 2002 年由电子工业出版社出版。

进入 21 世纪后，随着电子产品向着复杂化、多样化和精细化方向发展，整机设计不当导致元器件失效的比例有增无减。与此相对应，针对电子产品的可靠性设计技术和专用防护元件发展迅速。为此，笔者继续进行元器件可靠性应用技术的研究，高度关注国外可靠性设计与元器件防护技术的最新进展，广泛了解国内电子产品可靠性应用存在的问题，归纳总结国内外企业一线研发人员积累的经验，在 2000 年至 2012 年举办了 28 次题为"电子元器件可靠性应用和电路可靠性设计"的培训，其中包括 19 次公开课和 9 次企业内训，参加企业超过 200 家。在培训中，根据来自一线学员的反馈意见和国内外相关技术的最新发展，不断补充、持续完善讲课的内容，使培训课件日趋丰富、全面、实用，最终的 6.0 版本课件总页数达 1200 多页，内含 1000 多幅图表。

鉴于电子可靠性设计和电子元器件可靠性应用所涉及的内容极其丰富，用户面日益广泛，可靠性工程已成为电子工程中必不可少的组成部分，笔者考虑到仅靠有限时间的培训和课件形式难以达到普及知识、推广技术、促进应用的效果，决心将相关内容整理成书，出版后可供更多的人阅读参考。这便是本书的编写缘由。

◈ 本书的主要特点

目前，国内外与电路可靠性设计和元器件可靠性应用相关的书籍或文档资料并不少见，大体上可分为以下两类：

（1）高校教材或教学参考书。这类图书的特点是以原理讲解为主，理论性强，实践性相对较弱。特别是某些国内作者撰写的教材公式繁多、工程实例短缺。对于初入门的大学低年级学生建立基本概念、奠定知识基础，这些教材是适用的，但要直接用于工程实践，这些教材尚有一定的距离。

（2）工程设计规范，如硬件产品生产公司内部的设计手册、各个集成电路供应商为客户提供的芯片使用指南或要点等，其特点是产品针对性强，但可能过于具体，只给出规范化要求，为何要这样做却很少描述，难以举一反三，触类旁通。工程师设计产品时，不仅要知道应遵循什么样的规则，而且要知道为什么制订这样的规则，才能灵活地运用规则。工程实践中遇到的问题可能是千变万化的，使用环境也是复杂多样的，即使给出 100 条规则也未必能解决实际工作中的所有问题。

此外，现有出版物大多局限于可靠性应用技术的某一侧面，而未充分融合它们之间千丝万缕的联系。受到广泛关注的电磁兼容设计、防静电设计、抗辐射设计、印制电路板设计、低功耗设计、安全性设计、避雷设计和射频电路设计等，事实上都是电子可靠性设计的一部分，大多数防护与加固方法都是一致的。

鉴于上述考虑，与现有同类出版物相比，本书具有如下特点：

（1）试图填补理论书籍和工程手册之间的鸿沟，将来自不同领域的可靠性技术紧密地结合起来。

（2）以实用方法为主，相关原理为辅，避免冗长的理论推导和复杂的定量分析，以提供实用化技术和解决方案为主，同时也希望读者不仅知其然，而且知其所以然，因为只有这样才能应对千差万别的实际问题。

（3）只针对可靠性或者防护设计，而非针对实现功能、性能指标和制造工艺的设计，针对性更强。

（4）尽量用插图或者表格来说明问题，其好处一是更直观、更贴近工程实际，二是在有限篇幅内可以为读者提供更多的信息。本书的插图有 900 余幅，平均正文每页约两幅，称之为"图解电子设计可靠性工程指南"也许更恰当。

◈ 本书的内容与定位

本书重点介绍在工程实践中所需要的、面向质量与可靠性保证和提升的电子产品设计方法。这些方法可以分为电子元器件的可靠性应用和电路的可靠性设计两大部分。

电子元器件的可靠性应用有两层含义：一是如何正确选择与应用常规元器件，才能充分发挥其固有可靠性的潜力，这部分在本书的第 2 章介绍；二是为保证电子整机可靠性而研发的防护元件的选用，这部分在第 5 章介绍。

电路的可靠性设计由三部分构成：一是电路级的可靠性设计，主要指电原理图或者逻辑图层次的可靠性设计，这部分主要在本书的第 4 章和第 6 章讲述；二是系统级的可靠性设计，主要指系统架构和算法的可靠性设计，这部分在第 7 章讲述；三是印制电路板的可靠性设计，印制电路板是目前电子整机硬件的主要载体，这部分在第 8 章讲述。

广义的可靠性可以涵盖一切可能对整机的寿命和环境适用性产生影响的因素，但本书所述可靠性设计的防护重点是两类应力：电过应力和电磁干扰。电过应力包括浪涌、静电放电、雷击、过电压、核辐射和空间辐射等；电磁干扰包括电磁辐射、噪声、传导干扰、串扰等。在本书的第 1 章对可靠性的基本概念与表征做了简要的介绍，在第 3 章对影响可靠性的常见电过应力和电磁干扰的形成机理和相关要素进行了具体的讨论，这部分属于相对基础的内容。

由于使用应力不当造成的元器件损伤可以分为显性损伤和隐性损伤，导致的元器件失效可以分为即时失效和潜在失效。对于前者，可以通过更换元器件来排除；对于后者，往往无法通过常规检测来发现，有如定时炸弹般隐藏在设备的内部，因此更为危险。为此，寻找能够反映隐性损伤和潜在失效的所谓"可靠性敏感参数"，就成为可靠性研究者孜孜以求的目标。本书第 9 章介绍了能够敏感反映隐性损伤和潜在失效的一种新型检测方法，即噪声—可靠性诊断方法。

本书所涉及的电子元器件以最常用的无源阻容元件、半导体分立器件和集成电路为主，兼顾个别特种元件（如继电器、光电耦合器、晶闸管等）；所涉及的电路以常见的数字电路、模拟电路、电源电路为主。现实中的元器件及其应用电路种类繁多，限于篇幅，本书无法覆盖到所有的元器件品种和电路类型。

本书所讨论的可靠性设计方法均是面向元器件的使用方，而非元器件的提供方；针对的是用元器件构成的电子整机的可靠性设计，而非元器件自身的可靠性设计；另外针对的是芯片外的可靠性设计，而非芯片内的可靠性设计。虽然元器件在整机应用中所表现出的可靠性既与元器件自身的固有可靠性有关，也与整机设计与制造过程中的合理使用有关，但本书所论述的只是后者。

本书每章后均给出了该章的内容要点和综合理解题，目的是帮助读者复习和综合理解该章的主要内容。综合理解题以选择题的方式给出，其参考答案见附录 F。

✥ 本书的读者对象

广义来看，本书的读者对象可涵盖所有从事电子信息产品设计与制造的技术和管理人员，业务范围包括研发、生产、管理、供销等，职务范围包括研发工程师、可靠性工程师、品质工程师、质量经理、产品经理以及研发总监、总工程师、技术总监等。同时，本书也可以作为高等院校电子信息类专业的高年级本科生和研究生的专业课教材或教学参考书，还可作为相关企业员工培训的教材。

本书第一类读者对象是已有电路基本设计知识的工程技术与管理人员。本书不是一般意义上的电路设计教科书，而是一本电路工程设计实践经验的总结。比如，在电路设计方面，我们假定读者至少已系统学习过数字电路和模拟电路课程，了解常用电子元器件的功能及性能指标；在印制电路板设计方面，我们假定读者已掌握印制电路板的基本设计方法和设计流程，熟悉常用电子元器件的封装形式和在印制电路板上的安装方式等。

第二类读者对象是电子信息相关学科专业的高年级本科生和研究生。面临新技术革命浪潮和激烈的国际化人才竞争，在《国家中长期教育改革和发展规划纲要（2010—2020年）》的引领下，我国高校正在实施以"卓越工程师教育培养计划"为先导的工程化高等教育改革，强调"知识与能力的结合、科学与工程的结合、理论和实践的结合"。本书试图从电子可靠性工程设计的角度来体现这三个结合，为培养造就创新能力强、适应经济社会发展需要的高质量工程技术人才做出贡献。对于笔者这样已有30年高校教龄的教师而言，这也是义不容辞的责任。

另外，本书主要提供给元器件的使用者，即从事电子整机的设计、制造、质量控制的工程技术人员和相关专业的学生，而非元器件本身的设计者。虽然元器件自身的设计、制造、质量控制的工程技术人员亦可通过阅读本书来了解元器件在整机中可能遇到的可靠性问题，但无法通过本书来掌握元器件自身的可靠性设计方法和技巧。如果读者对于微电子器件（包括半导体分立器件和集成电路）自身的可靠性设计感兴趣，可以关注本书的姊妹篇《微电子设计可靠性工程》。

作　者

2014 年 4 月

目　录

第 1 章

电子设计可靠性基础

合抱之木，生于毫末；九层之台，起于累土；千里之行，始于足下。

——先秦·李耳《老子》

本章将对电子产品可靠性设计所涉及的可靠性术语、可靠性表征参量、可靠性技术内涵以及可靠性设计的基本特征加以简要描述。限于本书性质，本章对可靠性基本原理的介绍属于概要性的，如需深入了解，请参考相关书籍。

1.1　引例：甬温线动车追尾事故

纵观国内外，上下数百年，由于可靠性问题而导致的重大事故不胜枚举。在本书正文开始之前，不妨通过在空间和时间上距离我们最近的一个重大事故——甬温线动车追尾事故来领会可靠性设计的重要性。

2011 年 7 月 23 日 20 时 30 分，由北京开往福州的 D301 次动车组在浙江省温州市境内，与杭州开往福州的 D3115 次列车发生列车追尾事故（参见图 1.1），造成 40 人死亡、172 人受伤，直接经济损失 1.9 亿多元，是中国铁路史上损失最为惨重的安全事故。

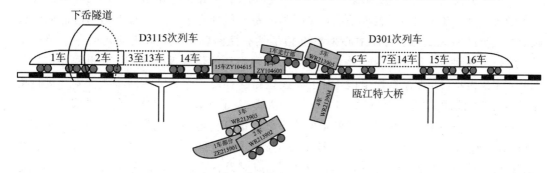

图 1.1　甬温线动车追尾事故现场示意图

根据国务院调查组 2011 年 12 月 25 日发布的《"7.23"甬温线特别重大铁路交通事故调查报告》，此次事故的发生既有管理方面的原因，也有技术方面的原因，而技术方面的原因可以归结为可靠性设计出现了问题。

列车运行的安全是靠一套形式上非常完备的列车控制系统来保证的。该系统由位于车站的列控中心、位于轨道上的控制电路和位于列车上的超速防护系统三部分构成,如图1.2所示。这三部分在硬件和软件上协同工作,可保证列车的正常运行。然而,一场雷电却使它们之间出现了一连串的失误,从而酿成了巨大的生命与财产损失。

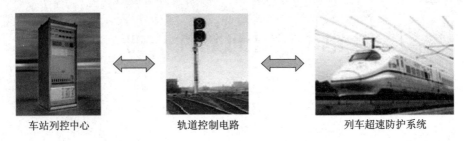

车站列控中心　　　　　　　轨道控制电路　　　　　　　列车超速防护系统

图 1.2　列车运行控制系统的构成

事发当晚,温州市境内雷电频繁。据统计,事发前当地共发生雷电对地放电(俗称"地闪")340 余次,其中放电电流幅值超过 100 kA 的就有 11 次。雷击一方面造成轨道电路若干部件(4 个发送盒、2 个接收盒和 1 个衰耗器)损坏,另一方面导致列控中心设备(型号为LKD2-T1)中采集驱动单元的电源保险管(250V/5A)烧断。

上述故障使轨道控制电路与列控中心信号传输的 CAN 总线阻抗下降,造成轨道电路与列控中心的通信出现异常,发送器的状态在无码、检测码、绿黄码之间随机变化。而且,列控中心未能采集到列车的占道状态,导致出现故障后轨道上实际有车占用时,仍然按故障前无车占用状态显示,使区间信号灯错误地显示绿灯,从而最终造成追尾事故的发生。

此次事故表明,动车的安全控制系统在可靠性设计方面存在重大缺陷,至少表现在以下三个方面:

(1) 避雷设计。铁路设备极易受到雷击的影响,遍布全线的供电与信号电缆、高出地面的钢轨、无处不在的交流电源与变电设备等,都将成为雷电侵入的便利途径。其实,可以利用防雷电保护接地、内部设备的严格屏蔽、浪涌保护元件等多种可靠性防护手段(如本书第 4 章和第 5 章所述)来防止雷电袭击造成的破坏。

(2) 冗余设计。列控中心采集电路的供电电源只有一路独立电源,一旦失效就会导致系统故障。对于要求高可靠性的系统,应同时配备两路独立电源,只有当两路电源同时失效时才会导致系统故障。列控中心采集电路虽然有两路输入,但采集的是同一个源点信号。应采用两路独立采集输入回路,而且对两路采集到的信号进行比较,仅当两路信号相同时,才视为正确信号。也就是说,对于高速铁路这样对安全性要求极高的系统,进行电路设计时必须采用多重冗余技术(如本书第 7 章所述)来保证信号采集与传输的安全性。

(3) 潜在通路分析。采集驱动单元虽然将故障信息传送给了列控中心主机,但传送给主机的状态信息仍然为正常信息;列控中心主机虽然收到故障信息,但未采取任何防护措施。这些均属于设备设计的重大缺陷。设计时,应对设备可能出现的故障类型及其形成通道进行详细分析,并通过硬件和软件的改进,尽可能避免故障的发生。如无法避免,必须具备能提供故障信息的发送通道,使设备的管理者及时知晓,及时采取有效措施。具体方法可参见本书第 7 章。

事实上,只要在列车控制系统的设计阶段充分考虑可靠性设计要求,采用必要的可靠性设计技术手段,就可用极小的代价(成本也许只需增加数千元),避免上百名人身伤亡和上亿元的经济损失。可见，可靠性设计不仅可以带来社会效益，还有可能带来巨大的经济效益，因此，决不可等闲视之。

1.2　可靠性的概念

1.2.1　元器件

　　任何装备或者整机都是由各种元器件、零部件组装而成的具有独立功能的系统产品，小至一个电子手表、一部手机、一台电脑，大至一架飞机、一艘潜艇、一颗卫星等。元器件是指电子与电气系统的基础产品，如半导体分立器件、集成电路、阻容元件、变压器、继电器、电缆等，亦称"电子元器件"。零部件是指机械系统的基础产品，如螺栓、螺帽、轴承、销子、弹簧、软管、齿轮、密封件等，亦称"机械零部件"。通常所说的"产品"则是指系统、设备、部件、元器件甚至软件等。

　　元器件类型众多，如图 1.3 所示，大体上可分为元件和器件两大类。器件通常是有源的，即除了输入信号外，还需外加电源才可以正常工作。由于有来自电源的附加能量，因此器件可对信号进行放大。元件通常是无源的，即只需输入信号，无需外加电源就可正常工作，但也因此无法对信号进行放大。

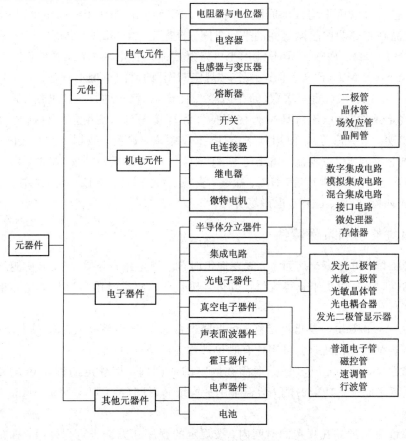

图 1.3　元器件的分类

1.2.2　可靠性

可靠性是指产品在规定时间内、规定条件下完成规定功能的能力，是产品质量的重要方面。

如果在规定时间内、规定条件下产品失去了规定的功能，则称之为产品失效或出现了故障。虽然没有严格的界定，但实际上失效与故障还是有区别的。可修复产品(如电子整机，经更换元器件可以修复)为故障，不可修复产品(如电子元器件，只能更换，无法修复)为失效；短时间内失去规定功能的为故障(如电磁干扰)，永久失去规定功能的为失效(如雷电引发烧毁)。

对于可靠性定义中出现的三个"规定"，需要有正确而全面的理解：

(1)"规定功能"严格地说应该包括产品的功能和性能指标两个方面。功能是指产品所具备的完成指定任务的能力，可以定性描述；性能指标则是指产品完成指定任务时能达到的数量指标，必须定量表征。

(2)"规定时间"对于不可修复产品和可修复产品而言，其具体的表述不同。对于不可修复产品，通常用寿命来表征。产品的平均工作(储存)寿命是指不可修复产品在失效前经历的平均工作(储存)时间。对于可修复产品，通常用平均无故障时间(MTTF, Mean Time To Failure)来表征，指可修复产品在投入使用至发生故障时经历的平均时间，亦称平均故障前时间；它也可以用平均故障间隔时间(MTBF, Mean Time Between Failure)来表征，指可修复产品在相邻两次故障之间的平均时间。根据定义，MTTF 也可以用于不可修复产品，相当于平均寿命，而 MTBF 只能用于可修复产品。因此，对于元器件而言，其规定时间只能用寿命或者 MTTF 来表征。另外，"规定时间"的时间单位不只是日历时间，也可能是动作次数(如开关)、可重写次数(如存储器)、距离(如汽车的行车公里数)等。

(3)"规定条件"可以笼统地分为使用条件和环境条件。使用条件包括动力负载条件(电源、输出功率、载荷等)、使用频率条件(工作频率、速度、数据率等)、过电应力条件(静电、浪涌、过电压、过电流、雷击等)。环境条件则包括气候环境(温度、湿度、空间辐射、气压等)、生物与化学环境(霉菌、盐雾、臭氧、污染等)、机械环境(振动、冲击、加速度等)、电磁环境(电场、磁场、电磁场等)。

1.2.3　可维修性和可保障性

对于可维修、可保障产品而言，其在规定时刻、规定条件下实现规定功能的能力不仅取决于可靠性，而且取决于其可维修性和可保障性，因此有时用"可用性"指标来取代可靠性指标。

可用性(Availability)是指可维修、可保障产品在某时刻具有或维持规定功能的能力，它比可靠性表征的范围更广。可用性有时也被称为可信性(Dependability)。

可维修性(Serviceability)是指产品在固定的时间内，按规定的程序和方法进行维修时，恢复到能完成规定功能的能力，通常用平均维修时间(MTTR, Mean Time to Repair)来表征。

可保障性是指产品在规定的时间内，按规定的程序和方法进行保障时，保持完成规定功能的能力，通常用平均保障延误时间(MLDT, Mean Logistics Delay Time)来表征。

可用性与可靠性、可维修性、可保障性之间的关系如式（1-1）所示，其中 A 表示可用性。

$$A = \frac{MTBF}{MTBF + MTTR + MLDT} \tag{1-1}$$

1.2.4　安全性和健壮性

安全性是指能够正确地安装、维护和使用设备，使之不会危害人、家畜和财产。常见的与电子设备安全有关的危险见表 1.1。对于医疗电子设备，安全性是首先要考虑的问题。

表 1.1　与电子设备安全有关的危险

危　险	可能结果	原　因
电击	电死，由于肌肉收缩或燃烧致伤	接触高电压部件
加热或可燃气体	失火、烧伤	高温元件和导线
毒气或冒烟	中毒	损坏或过载的元件和导线
移动部件、结构不牢	物理损坏	电机、机械强度不足的部件，重的或锋利的部件
内爆/外爆	由碎片造成伤害	阴极射线管（CRT）、真空器件、过载电容和电池
电离辐射	辐射曝露	高压 CRT、辐射源
非电离辐射	射频烧伤，可能是慢性的	射频功率电路、无线发射机、天线
激光辐射	眼睛损害、烧伤	激光
声辐射	听力损害	扩音器、超声波传感器

健壮性（Robustness）用于表征系统从各种出错条件下恢复原有功能的能力。出错的诱因可以来自系统外部，也可以来自系统内部。健壮性亦称鲁棒性或坚固性。

1.3　可靠性定量表征

可靠性可用定量的指标来表征。我们无法准确预计产品在何时失效，只能得到产品在何时失效的可能性的高低，或者只能得到多个产品失效时间的平均值，所以可靠性的定量表征指标常常表现为概率或者平均值。

1.3.1　失效率

对于电子元器件而言，最常用的可靠性概率参数是失效率，与之相关的可靠性概率参数有可靠度、失效概率和失效密度，以下分别给出它们的定义。

1. 可靠度

可靠度 $R(t)$ 是指产品在 t 时间内不失效的概率，可表示为

$$R(t) = P\{\tau > t\} \tag{1-2}$$

式中，τ 为产品的寿命。若 N 个产品工作到 t 时间有 $n(t)$ 个失效，$N(t)$ 个未失效，则 $R(t)$ 的估计值为

$$\hat{R}(t) = \frac{N - n(t)}{N} = \frac{N(t)}{N} \quad (\text{如 } N \gg n(t)) \tag{1-3}$$

实际的可靠性定量指标只能通过试验或现场观测得到其近似值，称之为估计值或观测值。

显然，产品在刚投入使用时不会失效，故 $R(0) = 1$；产品只要使用时间足够长，最终一定会失效，故 $R(+\infty) = 0$。

2. 失效概率

失效概率 $F(t)$ 是指产品在 t 时间内失效的概率，可表示为

$$F(t) = P\{\tau \leqslant t\} \tag{1-4}$$

式中，τ 为产品的寿命。若 N 个产品工作到 t 时间有 $n(t)$ 个失效，则 $F(t)$ 的估计值为

$$\hat{F}(t) = 1 - \hat{R}(t) = \frac{n(t)}{N} \quad (\text{如 } N \gg n(t)) \tag{1-5}$$

显然，在同一时间 t，产品只有失效或者不失效两种可能，故 $F(t) + R(t) = 1$，也因此又将 $F(t)$ 称为不可靠度。同样，容易理解 $F(0) = 0$，$F(+\infty) = 1$。

3. 失效密度

失效密度 $f(t)$ 是指产品在 t 时刻附近的单位时间段内发生失效的概率，亦称累积失效率或失效概率密度。根据此定义，$f(t)$ 与前面定义的 $R(t)$ 和 $F(t)$ 的关系可表示为

$$f(t) = \frac{\mathrm{d}F(t)}{\mathrm{d}t} \tag{1-6}$$

$$F(t) = \int_0^t f(x)\mathrm{d}x \tag{1-7}$$

$$R(t) = \int_t^\infty f(x)\mathrm{d}x \quad \left(\text{因} \int_0^\infty f(x)\mathrm{d}x = 1\right) \tag{1-8}$$

若 N 个产品在 t 时刻附近的单位时间段 Δt 内有 $\Delta n(t)$ 个失效，则 $f(t)$ 的估计值为

$$\hat{f}(t) = \frac{1}{N} \frac{\Delta n(t)}{\Delta t} \tag{1-9}$$

4. 失效率

失效率 $\lambda(t)$ 是指在 t 时刻尚未失效的产品在 t 时刻附近的单位时间段内发生失效的概率。根据此定义，它与前述三个失效概率参数的关系为

$$\lambda(t) = \frac{F'(t)}{R(t)} = \frac{f(t)}{R(t)} = \frac{1}{R(t)} \frac{\mathrm{d}R(t)}{\mathrm{d}t} \tag{1-10}$$

式中，$F'(t)$ 表示 $F(t)$ 对 t 的导数。若 N 个产品在 t 时刻尚未失效的产品在 t 时刻附近的单位时间段 Δt 内有 $\Delta n(t)$ 个失效，则 $\lambda(t)$ 的估计值为

$$\hat{\lambda}(t) = \frac{\hat{f}(t)}{\hat{R}(t)} = \frac{1}{N(t)} \frac{\Delta n(t)}{\Delta t} \tag{1-11}$$

元器件失效率的单位通常可采用 Fit 或 Fpmh。前者的定义为 1 Fit $= 10^{-9}$/h，即每十亿个小时的失效元件数；后者的定义为 1 Fpmh $= 10^{-6}$/h，即每百万个小时的失效元件数。可以这样理解，如采用 10 万个元件做 1 万小时的寿命试验，最终失效数为 0 或 1，则该元

件在此试验条件下的失效率为 1 Fit。

可靠度、失效概率反映了产品可靠性的累积特性,失效密度、失效率反映了产品可靠性的瞬态特性。其中,失效密度考核的是整批产品(包括失效的和未失效的)的失效概率,失效率考核的是未失效产品的失效概率,因此在反映失效概率变化速率上,失效率比失效密度更灵敏。而且,已知失效率 $\lambda(t)$,可以求出可靠性的其他概率指标,计算公式如下:

$$R(t) = \exp\left\{-\int_0^t \lambda(u)\mathrm{d}u\right\} \tag{1-12}$$

$$f(t) = \lambda(t)\exp\left\{-\int_0^t \lambda(u)\mathrm{d}u\right\} \tag{1-13}$$

$$F(t) = 1 - \exp\left\{-\int_0^t \lambda(u)\mathrm{d}u\right\} \tag{1-14}$$

1.3.2　寿命

1. 寿命的定义

除失效率之外,寿命是表征可靠性的另一个重要的定量指标。一批产品从投入使用到失效的时间可以用平均寿命 θ 和寿命方差 σ^2 来表征,前者是寿命的平均值,后者是不同产品围绕平均值离散程度的度量,二者的计算公式如下:

$$\theta = \int_0^\infty t f(t)\mathrm{d}t = \int_0^\infty R(t)\mathrm{d}t \tag{1-15}$$

$$\sigma^2 = \int_0^\infty (t-\theta)^2 f(t)\mathrm{d}t \tag{1-16}$$

寿命也可以定义为产品达到规定的可靠度(R_0)时的时间,称之为可靠寿命 r,其定义为

$$r = t\big|_{R=R_0} \tag{1-17}$$

产品可靠度为 50% 的寿命称为中位寿命,可靠度为 $1/e = 36.8\%$ 时的寿命称为特征寿命,它们的定义分别为

$$\begin{aligned} r_{0.5} &= t\big|_{R=0.5} \\ r_{0.368} &= t\big|_{R=1/e=0.368} \end{aligned} \tag{1-18}$$

2. 寿命的估值

对于不可修复产品,平均寿命 θ 是 MTTF 的估计值。当所有试验样品都观察到寿命终了的实际值时,θ 是它们的算术平均值。若有 N 个产品投入试验,都观察到寿命终了期,寿命为 t_i 的有 n_i 个($i=1, 2, \cdots, k$),则平均寿命的估值为

$$\hat{\theta} = \sum_{i=1}^k t_i \frac{n_i}{N} \tag{1-19}$$

式中,$N = n_1 + n_2 + \cdots + n_k$。当不是所有试验样品都观察到寿命终了时,$\theta$ 的估值为累计试验时间 T 与失效数 r 之比,即

$$\hat{\theta} = \frac{T}{r} \tag{1-20}$$

若采用定时截尾试验,即试验进行到给定的时间终止试验,试样总数为 n 个,到截尾时间 t_0 时,有 r 个失效,失效时间分别为 $t_1, t_2, \cdots, t_r$,则

$$T = \sum_{i=1}^{r} t_i + (n-r)t_0 \tag{1-21}$$

对于可修复产品，平均寿命 θ 是 MTBF 的估计值，可由产品使用寿命期内的某个观察期间累计工作时间 T 与故障次数 r_0 之比来计算，即

$$\hat{\theta} = \frac{T}{r_0} \tag{1-22}$$

1.3.3　失效分布

1. 浴盆曲线

可靠性定量表征参数随时间的变化规律称为"失效分布"。对于不同的产品、不同的失效模式或不同的失效时间段，可能会出现不同的失效分布。

绝大多数电子元器件和电子整机的失效率随时间的变化规律如图 1.4 所示，形似浴盆，故称"浴盆曲线"。可见，在早期失效期，失效率较高且呈下降趋势，主要是由于设计错误、工艺缺陷、装配问题、管理不当等原因引起的，但可以通过筛选老化的方法来剔除部分早期失效的产品，从而提高出厂产品的可靠性。在偶然失效期，失效率较低且基本保持常数，是产品的最佳工作阶段。在此阶段的失效大多数是由于产品的固有质量或者偶然因素引起的。电子元器件的标称失效率通常是指偶然失效期的失效率，电子元器件的标称寿命是指耗损失效期的时间长度。在耗损失效期，失效率再度呈现上升趋势，这是由于元器件材料磨损、疲劳、老化等原因造成的，只能采取更换元器件等方法来解决。相对于一般电子设备或电子元器件，半导体器件在损耗失效期的上升更缓慢一些。

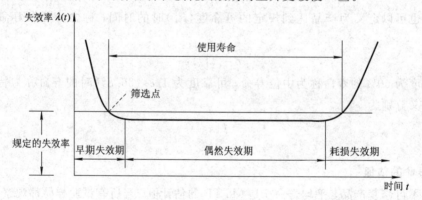

图 1.4　电子元器件的失效率随时间的变化曲线

2. 指数分布

常见失效分布有二项分布、泊松分布、指数分布、威布尔分布、正态分布和对数正态分布等。处于偶然失效期的绝大多数电子元器件，以及由许多元器件独立组成且无过多冗余的电子系统，其分布均符合指数分布。

若电子产品的失效服从指数分布，则其主要可靠性定量表征参数随时间的关系满足以下公式：

$$R(t) = e^{-\lambda t} \qquad t \geqslant 0 \tag{1-23}$$

$$F(t) = 1 - R(t) = 1 - e^{-\lambda t} \qquad t \geqslant 0 \tag{1-24}$$

$$f(t) = \frac{\mathrm{d}F(t)}{\mathrm{d}t} = \lambda \mathrm{e}^{-\lambda t} \qquad t \geqslant 0 \tag{1-25}$$

$$\lambda(t) = \frac{F(t)}{R(t)} = \lambda（常数） \tag{1-26}$$

$$\theta = \int_0^\infty \mathrm{e}^{-\lambda t} \, \mathrm{d}t = \frac{1}{\lambda} \tag{1-27}$$

$$\sigma_2 = \frac{1}{\lambda^2} \tag{1-28}$$

指数分布具有如下特征：

（1）指数分布通常用于描述由于偶然冲击引起的失效。偶然冲击是指在很短的时间间隔内几乎不会发生多于一次的冲击，而且发生各次冲击的事件是彼此独立的。

（2）失效率为常数是指数分布的充分且必要条件。也就是说，若失效满足指数分布，则失效率是常数；反之，若失效率是常数，则失效满足指数分布。

（3）在指数分布下，平均寿命（包括 MTTF 和 MTBF）与失效率互为倒数，平均寿命在数值上等于特征寿命。

（4）指数分布具有无记忆性，其含义是：若工作到 t 时刻仍然正常的产品，就像产品由时刻 t 开始工作一样，t 以后的寿命仍为指数分布。也就是说，旧的产品与新的一样，具有"永远年轻"的性质。

1.4　可靠性技术概要

1.4.1　全寿命周期的可靠性保证技术

电子产品从"生"到"死"的过程称为全寿命周期，由设计、制造、测试检验、工作直至失效等阶段构成。在全寿命周期的每一个环节上，可采用不同的可靠性技术手段，来保证产品的可靠性（参见图 1.5）。

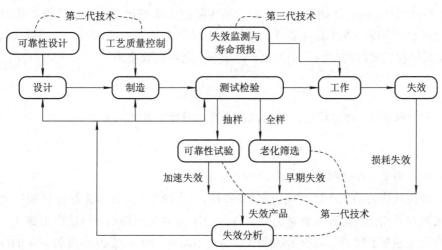

图 1.5　电子产品全寿命周期的可靠性保证技术

第一代可靠性保证技术可分为老化筛选、可靠性试验和失效分析。老化筛选对 100% 产品实施，用于剔除早期失效的产品，从而提升出厂批量产品的可靠性。可靠性试验用于考核产品的可靠性定量指标是否满足要求。为了缩短试验时间，可靠性试验通常要采用比产品正常工作高得多的"加速"应力，难免对产品具有某种破坏性，故只能通过抽样的方法来进行。失效分析对可靠性试验、老化筛选或者现场失效得到的失效产品进行理化分析，确定其失效模式和失效机理，为改进设计、生产和测试检验方案提供依据。

针对第一代可靠性保证技术事后检验、被动改进的缺陷，第二代可靠性保证技术引入了"内建可靠性"的理念，坚信高可靠产品是设计出来的、生产出来的、管理出来的，而非筛选出来的、检验出来的。第二代可靠性保证技术在产品的设计中引入可靠性设计，在产品的制造中引入工艺质量控制，具有事前预防、主动改进的特点，对于提高产品的可靠性起到了极其重要的作用。

随着电子产品的多功能化和复杂化，产品在工作期间承受的各种复杂应力与环境条件，在产品的设计与生产阶段难以全面而准确地预测，因此可以在产品内部嵌入实时、在线、敏感的可靠性监测模块，用于监测产品的退化进程，并在产品即将失效前做出预报，可及时发现故障，通过更换元器件或者切换到备份冗余元器件上，从而避免产生重大故障。这就是第三代可靠性保证技术的内涵。此项技术目前已用于机械产品，在电子产品上的应用尚未成熟。

1.4.2　可靠性筛选技术

可靠性筛选是对元器件进行 100% 的非破坏性测试与应力试验，用以剔除早期失效的元器件。

可靠性筛选项目通常包括高温存储、功率老化、热冲击、振动与冲击、潮热、密封检漏、抗潮湿和电气参数测试等，具体项目和方法参见相关标准规范。

可靠性筛选的效果可由以下参数表征：

(1) 筛选效率：应淘汰的早期失效的产品实际被淘汰的比率与不应该被淘汰的产品被淘汰的比率之比。设一批产品的总数为 N，其中早期失效的产品为 R，筛选后共淘汰了 n 个产品，其中包括实际淘汰的早期失效产品 r 个，则筛选效率为

$$\eta = \frac{r}{R} \cdot \left(1 - \frac{n-r}{N-R}\right) = 0 \sim 1 \tag{1-29}$$

(2) 筛选剔除率：被淘汰的产品占产品总数的比率，可表示为

$$P = \frac{n}{N} \tag{1-30}$$

筛选效率越高，筛选剔除率越低，则筛选效果越好。

可靠性筛选应力的大小以及应力施加的时间应合理选择，目标是保证早期失效的元器件能够被发现并剔除，同时不会对无早期失效的元器件带来损伤。筛选应力越大，则应力施加的时间应越短。如图 1.6 所示，125℃、100 小时与 100℃、240 小时的筛选的效果是相同的。

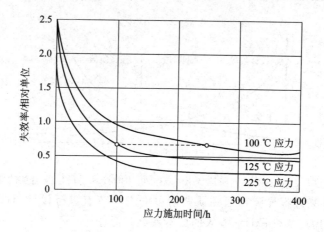

图 1.6　筛选应力及施加时间与早期失效率之间的关系

可靠性筛选可以在元器件制造方进行，称为"一次筛选"，属于按元器件生产标准或订货合同要求的筛选；也可以在元器件使用方进行，称为"二次筛选"，在元器件验收合格或者采购后实施。出现以下情况中的一种时，建议进行二次筛选：

（1）元器件供应单位实施的筛选条件低于产品使用要求。

（2）元器件供应单位虽以合同或要求进行了筛选，但不能有效剔除某种失效模式。

（3）对进口元器件原则上应按所选择的质量等级标准进行二次筛选。

1.4.3　可靠性与成本的权衡

一个产品的寿命周期成本由研发生产成本和运行维护成本两部分构成。研发生产成本包括原材料采购、设计、工艺改进等方面的成本，运行维护成本包括修理、备件和保障等方面的成本。随着产品可靠性要求的提高，在前期开发中必然要投入更多的研发生产成本，带来的好处是降低了后期的维护保障成本，因此产品性价比最好的是寿命周期成本的最佳点(参见图 1.7)。

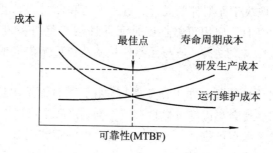

图 1.7　产品成本与可靠性的关系

产品可靠性的保证与提升可以在产品的不同研发阶段实施。相对而言，在产品的设计阶段解决可靠性问题，要比在研制乃至投产阶段来解决，不仅可用的技术手段多，而且投入的经济成本少得多(参见图 1.8)。因此，在产品研发中，尽早考虑可靠性问题，可大大节约研发的时间和成本。

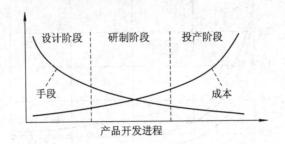

图 1.8　在产品研发的不同阶段提升可靠性可用的技术手段以及追加的成本比较

图 1.9 是国外某短程导弹项目在研制阶段的七个节点进行设计修改所付出的平均花费。可见，越早考虑可靠性设计，投入的成本就会越低。

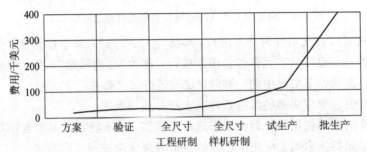

图 1.9　设计更改在不同的研制阶段导致的费用情况

1.5　可靠性设计

1.5.1　应用可靠性与固有可靠性

电子元器件的可靠性可以分为固有可靠性和应用可靠性。固有可靠性是元器件制造完成时所具有的可靠性，取决于元器件的设计、制造工艺和原材料，也取决于元器件制造单位出厂时的可靠性考核条件。应用可靠性则是元器件用于整机系统时实际表现出的可靠性，它除了与固有可靠性有关之外，还与元器件从制造出厂至失效所经历的工作与非工作条件有关。

如果元器件在整机中的工作和非工作条件与它在元器件制造单位出厂时的可靠性考核条件不同，则应用可靠性就会与固有可靠性有所不同。这又会出现以下两种情形：

（1）应用可靠性劣于固有可靠性。元器件在整机中的工作与非工作条件更为严酷，比如在装配时元器件受到了各种不适当的电、热、机械和化学等应力或者误操作的作用，就会出现应用可靠性低于固有可靠性的情形。此时，即便采用固有可靠性高的元器件，也会组装出可靠性低的整机，即所谓"一类元件装出三类整机"。

（2）应用可靠性优于固有可靠性。如果整机设计时采取了降额、冗余、容错等措施，就会使元器件在整机中的工作与非工作条件比出厂考核时更为宽松，也有可能使应用可靠性优于固有可靠性，即所谓"三类元件装出一类整机"。

元器件可靠性应用和电路可靠性设计的目标就是要充分发挥元器件固有可靠性的潜

力，至少使其应用可靠性不低于固有可靠性。

1.5.2　环境应力

元器件应用可靠性下降的原因是元器件在整机使用时受到了不当应力的作用，因此有必要对影响元器件可靠性的环境应力加以分析。

若按照环境应力的类型来分，可以分为电应力、温度应力、机械应力和气候应力等。与这些类型的应力相对应的应力形式和应用场合如表 1.2 所示。在不同的整机应用场合，各种应力的作用权重有所不同。图 1.10 给出了三种不同类型电子设备引发失效的环境应力分布实例，可见对于各类电子设备，温度是最常见的使用应力类型；对于航空电子设备，振动的影响最大。

表 1.2　元器件使用应力的类型

应力类别	应力形式	应用场合
电应力	静电、浪涌、过电压、电磁干扰	工作、安装、测量
温度应力	高温、低温、温度循环	大功率工作、间歇工作、高寒地区、焊接
机械应力	振动、冲击、加速度	安装、运送、航天器、航空器、移动设备
气候应力	高湿度、盐雾、低气压	储存、海上、沿海、亚热带地区

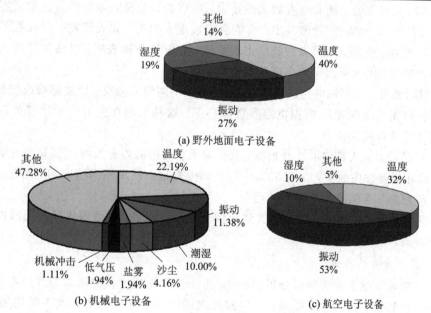

图 1.10　引起电子设备失效的环境应力分布

若按照应力或干扰的强度以及产生的后果来分，可将应力从小到大分为以下五个强度等级：

（1）A 级：设备仍然能在规定的环境中实现正常功能，但性能有所下降。例如，电脑仍能正常运行所有软件，但运行速度变慢。

（2）B 级：设备出现误动作或丧失局部功能，但总体上仍在正常运转，而且干扰消失后，设备可以自动恢复正常状态，不再出现误动作或局部功能失常。例如，电脑个别软件在干扰下无法运行，但干扰消失后仍然能够正常运行。

（3）C级：设备运行停止，需要外部干预（如操作者重新启动）才能重新开始运行。例如，外部应力或干扰使电脑死机，重新开机可恢复正常。

（4）D级：故障现象同上，但已给设备引入不可恢复的潜在损伤，设备的寿命及环境适应能力已下降。例如，电脑死机后重新开机可正常运行，但之后会频繁死机。

（5）E级：设备运行停止且永久丧失功能，必须进行维修。例如，电脑死机后再也无法开机。

如果应力类型为电应力，则产生上述后两种情况的通常叫做"电过应力"，如浪涌、静电放电、雷击、核辐射等，通常由元器件的永久性失效所致；产生前三种情况的通常叫做"干扰"，如电磁干扰、噪声等，通常由元器件的暂时功能失常所致。

1.5.3　失效模式与失效原因

电子元器件由于使用不当而导致的失效可分为以下三种类型：

（1）即时损坏：使用应力给元器件带来显性损伤，使元器件功能立即丧失。这类失效模式比较直观，更换元器件即可纠正，只影响整机装配的合格率与成本。

（2）潜在失效：使用应力给元器件带来隐性损伤，导致其寿命和环境适应能力明显退化，但因当时元器件的功能和电参数仍然正常，所以难以察觉，如仍作为正常元器件上机使用，就会犹如"定时炸弹"隐藏其中，可能会酿成重大损失。如火箭发射时在强烈的机械与热冲击下失效，或者卫星上天数日后出现故障。有统计数据表明，潜在失效所占比例远远大于即时失效，因此必须引起高度重视。

（3）暂时失常：如逻辑电路误动作（如触发器被不期望地触发、计数器被改变计数、存储器内容被错误地改变等）、模拟电路参数漂移等。这种失常在应力或干扰消失后可以自动恢复或者系统自我纠正。

根据来自我国航天部门的统计数据，我国航天装备的故障有大约50%是由元器件失效造成的，而在元器件失效中，又有30%～50%的失效是由使用不当造成的。因此，元器件的可靠性应用是一个值得高度重视的问题。

近年来，元器件使用不当造成的失效比例有上升的趋势，其原因体现在元器件自身和整机两个方面。

1）元器件自身的原因

这里以集成电路芯片为例来分析。首先，由于芯片集成度按照摩尔定律不断攀升，芯片内部晶体管和互连线尺寸不断缩小，导致片内的电流密度和电场强度不断增加；其次，芯片内部结构日益复杂化，内部不同材料的层次增加，片内热不匹配性增加，密封性下降；再者，低功耗和高速度要求芯片工作电压不断下降，噪声容限随之下降；最后，数字电路工作频率的上升和模拟电路灵敏度的增加，导致片内可靠性防护电路的设计制造难度增加。这四个方面的变化，使得集成电路芯片在集成规模和电性能不断改善的同时，抵抗外界过应力的能力不断下降。

当电子器件从电子管发展到晶体管、集成电路，再发展到超大规模集成电路时，其抗应力冲击的能力至少下降了五个数量级，如图1.11所示。

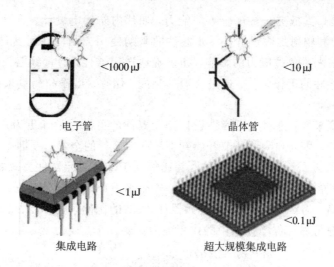

图 1.11 造成不同类型电子器件失效的外界应力强度比较

随着集成电路工艺尺寸的缩小、电源电压的降低和工作速度的提升，要保证同样的片内静电防护级别，所需的成本将会按指数规律上升，如图 1.12 所示。从成本和合格率考虑，某些芯片制造厂已将片内防护标准从 2 kV 降低到 500 V，此时主要靠片外保护来达到所需的高防静电等级要求。

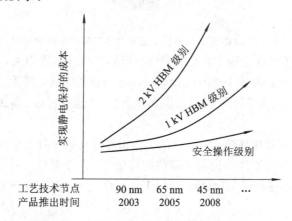

图 1.12 集成电路片内静电保护的成本与其工艺特征尺寸的关系

2）整机方面的原因

导致元器件使用失效增多的电子整机方面的原因主要体现在以下三个方面：

（1）系统高频高速化：电过应力与干扰的传播路径多样化、复杂化。

（2）应用环境多样化：如航天、航空、车载、手持移动设备等。

（3）保护手段低成本化：如采用无屏蔽作用的塑料机箱取代金属机箱，用塑料封装取代高可靠的金属、陶瓷封装等。

1.5.4 可靠性设计的重要性

通过可靠性设计来避免使用失效，元器件的采购使用方和研制生产方都有着不可推卸的责任。为了提高元器件的应用可靠性，元器件的研制生产方应该通过元器件自身的设计和工艺改进，来提高其抵抗非常规应力的能力，如片内防静电设计、热设计、防二次击穿设计、防闩锁设计和辐射加固设计等。元器件的采购使用方则应在元器件的应用过程中，采取各种技术措施来避免过应力的影响，如正确地选用器件，通过线路设计、结构设计和热设计来控制元器件的工作条件，通过合理的装配、储存、运输和测量来控制元器件的非工作条件。

从系统的角度来看，整机的可靠性设计比元器件的可靠性设计更为重要。据统计，国外卫星型号从总装、集成和测试环节开始到卫星在轨运行的全寿命周期中，约有30%的系统级故障的最终原因是设计错误或缺陷，其比例高于部件或元器件失效导致的故障比例。图1.13给出了世界上五个商业运行的核电站安全事故原因的统计数据，可见设计错误或缺陷所占比例最高，为25%，而部件(含元器件)失效的比例只占18%。因此，可靠性设计在复杂系统全寿命可靠性保障体系中的作用最为重要。

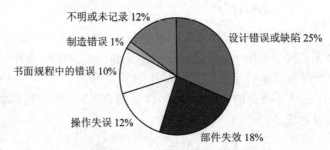

图1.13　世界五个商业核电站安全事故原因的统计结果

在目前热门的电子设计主题中，绝大多数与可靠性设计高度相关，比如：

· 电磁兼容性设计：电磁干扰不仅会影响功能与性能指标，严重时也会危及可靠性；

· 防静电、抗浪涌、抗辐射、防雷击设计：静电、浪涌、辐射、雷击是破坏可靠性的主要凶手；

· 低功耗设计：只有功耗低，元器件的工作温度才低，寿命才会长；

· 安全性设计：危及器件与设备可靠性的过应力，严重时也会危及人身安全；

· 射频电路设计与高速数字设计：器件工作频率越高，越容易出现电磁兼容和可靠性问题；

· 数模混合电路设计：数字电路易形成干扰，模拟电路易被干扰；

· 无线收发器设计：发射器易形成干扰，接收器易被干扰。

因此，在研究电子产品可靠性设计技术的过程中，要特别注意各种技术手段的协同运用和触类旁通，以便达到一石二鸟、事半功倍的良好效果。

本 章 要 点

◆　可靠性是产品在规定时间、规定条件下实现规定功能的能力。

◆　失效率和平均寿命是表征电子元器件可靠性的最重要的定量参数，平均故障间隔时间是表征电子整机产品可靠性的最重要的定量参数。

◆　在电子产品全周期可靠性保证体系中，可靠性试验、老化筛选和失效分析是第一代可靠性保证技术，可靠性设计和工艺质量保证是第二代可靠性保证技术，失效监测和寿命预报是第三代可靠性保证技术。

◆ 元器件可靠性应用是电子设备可靠性设计的核心任务。

◆ 使用不当而导致的元器件失效比例与日俱增，元器件生产方和使用方均应采取有效的技术措施予以应对，而可靠性设计是最有效的手段。

◆ 对于复杂系统，整机的可靠性设计比元器件自身的可靠性设计更为重要。

综 合 理 解 题

在以下问题中选择你认为最合适的一个答案。

1. 对电子元器件而言，最常用的可靠性概率参数是( )。

A. 可靠度　　　　B. 失效概率　　　　C. 失效密度　　　　D. 失效率

2. 在电子元器件以及电子整机的正常工作期间，失效率的变化规律是( )。

A. 随时间增加而下降　　　　　　B. 随时间增加基本不变

C. 随时间增加而上升

3. 电子产品的可靠性问题最好在( )阶段解决。

A. 设计　　　　B. 研发　　　　C. 投产

4. 在电子元器件引发的故障中，最经常出现而且最危险的故障是( )。

A. 即时损坏　　　　B. 潜在失效　　　　C. 暂时失常

5. 电子元器件可靠性筛选的实施单位是( )。

A. 元器件的供货单位　　　　　　B. 元器件的使用单位

C. 元器件的供货单位和使用单位

第 2 章

电子元器件的可靠性选用

工欲善其事，必先利其器。

—— 孔子《论语·卫灵公》

电子元器件的正确选用是电子产品可靠性设计的第一个环节。本章阐述从可靠性的角度选择元器件时需要考虑的问题，诸如如何鉴别元器件的质量等级，如何判断不同类型元器件的可靠性特征等，首先介绍适用于各种元器件的通用规则，然后介绍主要元器件的选用规则。这些主要元器件包括电阻器、电容器、二极管、晶体管和集成电路等。最后介绍元器件的降额使用方法。

2.1　元器件可靠性等级

2.1.1　元器件可靠性相关标准

电子元器件的可靠性水平主要由质量等级来表征，而这些质量等级由相关的标准或规范来规定。

我国的质量与可靠性相关标准众多，如果按标准级别可分为以下几类：

（1）国家级标准，包括国家标准（代号为 GB，以下简称"国标"）和国家军用标准（代号为 GJB，以下简称"国军标"）；

（2）行业级标准，包括行业标准和行业军用标准，我国电子、航天、航空等行业均制定有适用于本行业的标准；

（3）企业级标准，包括企业标准和企业军用标准。

在我国国家军用标准尚属空白的历史时期，为保证军用元器件的可靠性，曾经制定了所谓的"七专技术条件（QZJ）"。"七专"是指专批、专技、专人、专机、专料、专检、专卡。20世纪 70 年代末制定的"七专"7905 技术协议和 1980 年代初制定的"七专"8406 技术条件（QZJ8406）是建立我国军用元器件标准的基础。目前按"七专"条件或其加严条件控制生产的元器件仍在航天等部门使用，但将逐步被 GJB 所取代。

如果按标准类型划分，又可分为以下几种：

（1）规范：包括元器件的总规范和详细规范，统称产品规范。元器件的总规范亦称通用规范，对某一类元器件的质量控制规定了共性的要求；详细规范是对某一类元器件中的一个或一系列型号规定的具体的性能和质量控制要求。总规范必须与详细规范配套使用。现在我国国防工业主管部门已发布了大量的元器件总规范，但是详细规范还未完全配套，所以往往又由元器件生产单位制定出详细规范（属于企业军标级别），经标准化机构确认后贯彻执行。表 2.1 给出了国军标和国标规定的部分元器件的总规范。元器件的产品规范是元器件生产线认证和元器件鉴定的依据之一，也是使用方选择、采购元器件的主要依据。早期中国军用标准的制定参考了相应的美国军用标准，表 2.1 中的部分标准给出了所参考的美国军用标准的编号。

表 2.1　我国国家标准和国家军用标准规定的元器件总规范示例

国军标/国标编号	国军标/国标名称	参考美军标编号
GJB 33A－1997	半导体分立器件总规范	MIL－S－19500H
GJB 597A－1996	半导体集成电路总规范	MIL－M－38510G
GJB 2438A－2002	混合集成电路通用规范	MIL－H－38534C
GJB 63B－2001	有可靠性指标的固体电解质钽电容器总规范	MIL－C－39003
GJB 65B－1999	有可靠性指标的电磁继电器总规范	MIL－R－39016
GB/T 4589.1－2006	半导体器件、分立器件和集成电路总规范	N/A
GB/T 8976－1996	膜集成电路和混合膜集成电路总规范	N/A

（2）标准：涉及可靠性试验方法、测量检验规范、失效分析方法、质量保证大纲和生产线认证标准、元器件材料和零件标准、型号命名标准、文字和图形符号标准等。表 2.2 给出了国军标和国标规定的部分可靠性试验、失效率鉴定和失效分析方法的标准。元器件使用者充分了解这些元器件试验和分析的方法，有助于深入地掌握元器件承受各种应力的能力，并为正确制定二次筛选或失效分析的规则提供参考依据。

表 2.2　我国国家标准和国家军用标准规定的元器件可靠性标准示例

标准类别	国军标/国标编号	国军标/国标名称	参考美军标编号
可靠性试验方法	GJB 128A－1997	半导体分立器件试验方法	MIL－STD－750H
	GJB 360A－1996	电子及电气元件试验方法	MIL－STD－202F
	GJB 548B－2005	微电子器件试验方法和程序	MIL－STD－883D
	GJB 1217－1991	电连接器试验方法	MIL－STD－1344A
	GB2689	寿命试验和加速寿命试验方法	N/A
失效率鉴定方法	GB/T 1772－1979	电子元器件失效率试验方法	N/A
	GJB 2649－1996	军用电子元件失效率抽样方案和程序	N/A
失效分析方法	GJB 3157－1998	半导体分立器件失效分析方法和程序	N/A
	GJB 3233－1998	半导体集成电路失效分析程序和方法	N/A
	GJB 4027A－2006	军用电子元器件破坏性物理分析方法	MIL－STD－1580A

（3）指导性技术文件：如指导正确选择和使用元器件的指南、用于电子设备可靠性预计的手册、元器件系列型谱等。

2.1.2　元器件质量等级

元器件的可靠性可以由失效率和平均寿命来进行定量表征。表2.3给出了国军标和国标规定的电子元件的失效率等级。注意，国军标和国标规定的失效率等级代号容易混淆，例如同是使用字母L，在国军标中代表亚五级，在国标中则代表六级。

表 2.3　电子元件的失效率等级

失效率等级名称	失效率等级代号		最大失效率/(1/h)
	GB/T 1772—1979	GJB 2649—1996	
亚五级	Y	L	3×10^{-5}
五级	W	M	10^{-5}
六级	L	P	10^{-6}
七级	Q	R	10^{-7}
八级	B	S	10^{-8}
九级	J	—	10^{-9}
十级	S	—	10^{-10}

采用失效率等级来表征元器件的可靠性有其局限性。一方面，对于贵重、单价高的器件，获得定量失效率数据的代价高昂甚至无法获得。例如，要鉴定单价为1000元的微处理器芯片的失效率等级为八级，就需要采用1万只器件做1万小时的试验（如不加速），通常经济上无法承受。因此，标准中规定失效率等级表征方法只用于相对廉价的电子元件。另一方面，单用失效率不能反映元器件可靠性的所有方面，例如抗静电、抗辐射以及其他抗恶劣环境的能力无法用单一失效率指标来表征。鉴于此，电子器件的可靠性主要是用质量等级来表征。

元器件的质量是指元器件在设计、制造、筛选过程中形成的品质特征，可通过质量认证试验确定。元器件的质量等级则是指元器件装机使用前，按产品执行标准或供需双方的技术协议，在制造、检验及筛选过程中质量的控制等级，用于表示元器件的固有可靠性（此定义引自 GJB 299C）。具有相同物理结构、功能和技术指标的元器件可能具有不同的质量等级。

在不同的标准体系中规定的质量等级有所不同。在国军标元器件总规范体系中，规定的是质量保证等级，主要供元器件生产方用于元器件生产过程控制。元器件生产方在其技术条件、合格证明以及产品标志上，一般使用的是质量保证等级，可供元器件使用方采购时参考。质量保证等级与失效率不一定有一一对应的关系。表2.4和表2.5分别给出了国军标和美军标总规范中规定的元器件质量保证等级，可见不同的标准或者不同类型的元器件，质量保证等级的分法及符号不同。

表 2.4　国军标总规范中规定的质量保证等级

元器件类别	依据标准	质量保证等级（从高到低）
半导体分立器件	GJB 33A—1997	JY（宇航级）、JCT（超特军级）、JT（特军级）、JP（普军级）
半导体集成电路	GJB 597A—1996	S、B、B1
混合集成电路	GJB 2438A—2002	K、H、G、D
光电模块	SJ-20642—1997	M2、M1
晶体振荡器	GJB 1648—1993	S、B
声表面波器件	GJB 2600A—2007	S、B、B1
固体继电器	GJB 1515A—2001	Y（军级）
微波组件	SJ-20527A—2003	J、G、T
有可靠性指标的元件	相应的元件总规范	失效率等级：L（亚五级）、M（五级）、P（六级）、R（七级）、S（八级）

表 2.5　美军标总规范中规定的质量保证等级

元器件类别	依据标准	质量保证等级（从高到低）
半导体分立器件	MIL-S-19500	JANS（宇航级）、JANTXV（超特军级）、JANTX（特军级）、JAN（普军级）
微电路	MIL-M-38510	S、B
混合集成电路	MIL-PRF-38534	V、K、H、G、E、D
半导体集成电路	MIL-I-38535	V、Q、M
有可靠性指标的元件	相应的元件总规范	失效率等级：S（八级）、R（七级）、P（六级）、M（五级）、L（亚五级）

在元器件预计标准体系中，GJB 299C—2006《电子设备可靠性预计手册》（参考的美军标为 MIL-HDBK-217F）和 GJB/Z 108A《电子设备非工作状态可靠性预计手册》所规定的质量等级用质量系数（π_Q）表征，反映了同类元器件不同质量等级的相对质量差异，主要供元器件使用方用于电子设备可靠性预计和元器件优选目录制定。质量系数与失效率有一一对应的关系。表 2.6 给出了国军标可靠性预计手册中规定的元器件质量等级的分级情况。表 2.7 给出了国军标可靠性预计手册中规定的单片集成电路的质量等级，其他元器件可参阅附录 A。

表 2.6　国军标可靠性预计手册中规定的元器件质量等级分级示例

元器件类别	质量等级分级（从高到低）
单片集成电路	A(A_1、A_2、A_3、A_4)，B(B_1，B_2)，C(C_1、C_2)
混合集成电路	A(A_1、A_2、A_3、A_4、A_5、A_6)，B(B_1，B_2)，C
半导体分立器件	A(A_1、A_2、A_3、A_4、A_5)，B(B_1，B_2)，C
电阻器	A(A_{1T}、A_{1S}、A_{1R}、A_{1P}、A_{1M}、A_2)，B(B_1，B_2)，C
铝电解电容器	A(A_{1B}、A_{1Q}、A_{1L}、A_{1W}、A_2)，B(B_1，B_2)，C
感性元件	A(A_1、A_2)，B(B_1，B_2)，C
机电式继电器	A(A_{1R}、A_{1P}、A_{1M}、A_{1L}、A_2)，B(B_1，B_2)，C

表 2.7　国军标可靠性预计手册中规定的单片集成电路的质量等级

质量等级		质量要求说明	质量要求补充说明	质量系数
A	A_1	符合 GJB 597A，且列入军用元器件合格产品目录（QPL）的 S 级产品	符合 GJB 597　1988 且列入军用元器件合格产品目录（QPL）的 S 级产品	—
	A_2	符合 GJB 597A，且列入军用元器件合格产品目录（QPL）的 B 级产品	符合 GJB 597－1988 且列入军用元器件合格产品目录（QPL）的 B 级产品	0.08
	A_3	符合 GJB 597A，且列入军用元器件合格产品目录（QPL）的 B_1 级产品	符合 GJB 597－1988 且列入军用元器件合格产品目录（QPL）的 B1 级产品	0.13
	A_4	符合 GB/T 4589.1 的 Ⅲ 类产品，或经中国元器件质量认证委员会认证合格的 Ⅱ 类产品	按 QZJ 840614～840615"七专"技术条件组织生产的 Ⅰ、ⅠA 类产品；符合 ∗ SJ 331 的 Ⅰ、ⅠA 类产品	0.25
B	B_1	按军用标准的筛选要求进行筛选的 B2 质量等级产品；符合 GB/T 4589.1 的 Ⅱ 类产品	按"七九〇五"七专质量控制技术协议组织生产的产品；符合 ∗ SJ 331 的 Ⅱ 类产品	0.50
	B_2	符合 GB/T 4589.1 的 Ⅰ 类产品	符合 ∗ SJ 331 的 Ⅲ 类产品	1.0
C	C_1	—	符合 ∗ SJ 331 的 Ⅳ 类产品	3.0
	C_2	低档产品	—	10

　　对于元器件使用方而言，元器件采购时最好能够同时了解所采购元器件的质量等级和质量保证等级。此时，可参考表 2.8 所列的两种质量分级之间的近似对应关系。针对各种元器件的更详尽的对应关系请参阅附录 A。

表 2.8　元器件总规范规定的质量保证等级与可靠性预计手册规定的质量等级之间的对应关系示例

质量等级		单片集成电路	混合集成电路	半导体分立器件	有可靠性指标的电阻器	有可靠性指标的电容器	有可靠性指标的继电器	无可靠性指标的元件
A	A_1	S	K(QML)	JY	T、S(B)、R(Q)、P(L)、M(W)	S(B)、R(Q)、P(L)、M(W)	R(Q)、P(L)、M(W)、L(Y)	与有可靠性指标的最低一个级别相同
	A_2	B	H(QML)	JCT	QZJ 840629～840631 七专技术条件	QZJ 840624～840626、840628、840634 七专技术条件	QZJ 840617、840618 七专技术条件	
	A_3	B_1	G(QML)	JT				
	A_4	QZJ 840614、840615 七专技术条件	D(QML)	QZJ 840611A 七专技术条件				
	A_5	QML		QZJ 840611、840612 七专技术条件				
	A_6	QZJ 840616 七专技术条件						
B	B_1	"七九〇五"七专质量控制技术协议						
	B_2	无相应的国军标等级，执行国标或行业标准的产品						
C	C_1	无相应的国军标等级，执行行业标准的产品						
	C_2	低档产品，无相应的国军标等级						

2.1.3　元器件质量认证

　　不同的机构根据不同的标准规范，可以对制造商、生产线或产品进行质量认证。

　　我国军用电子元器件的质量认证状况如表 2.9 所列，包括七专审查、质量认证和质量认定三类。最早的质量认证是"七专线"审查。"七专线"及产品经过审核、批准、公布（七专目录），可打上"G"的标记。自 20 世纪 90 年代初期开始军标认证，认证机构是由原国防科工委授权的中国军用电子元器件质量认证委员会。它独立于元器件的生产方和使用方，属于第三方认证。

表 2.9　国产军用元器件的质量认证

认证名称	认证依据	认证单位	认证通过标志
七专审查	七专协议	工信部电子五所	列入七专目录
质量认证	国军标	中国军用电子元器件质量认证委员会	列入合格产品目录(QPL)或合格制造商目录(QML)
质量认定	行业军标或法规性文件	行业制定的认证单位	列入行业合格产品目录

质量认证包括两方面的内容,一是对于元器件生产单位质量保证能力的评定,二是对其生产的元器件进行鉴定或考核。合格者列入合格产品目录(QPL)或合格制造商目录(QML)。

军工行业也可授权具有认证能力的单位按标准或法规性文件,对元器件生产单位的质量保证能力进行考察,对其生产的产品进行鉴定或考核。为了与由国家授权的质量认证相区别,将军工行业授权的质量认证称为质量认定。由于军工行业是元器件的用户,所以质量认定也可称为用户认证或第二方认证。凡已通过质量认证,其认证条件能满足军工产品质量要求的元器件,可不再进行质量认定。凡未经过质量认证或其认证条件不能满足军工产品质量要求的元器件及其生产单位,军工行业的有关部门认为必要时可组织人员进行质量认定。

2.1.4　质量等级的选择

在电子设备中,要求所有元器件都具有最高的质量等级,并不总是必要的和经济的。选择元器件的质量等级要考虑如下四个方面的因素:

(1) 产品的用途和特点;

(2) 产品在系统中的重要性;

(3) 产品可靠性分配的指标高低,可靠性分配指标高的模块应采用质量等级更高的元器件;

(4) 电路中失效率较高的元器件应采用更高的质量等级。

根据我国的实际情况,要求采购到的所有元器件均满足相应的标准规范并能通过相应的质量认证是不现实的,但应尽量采用质量等级有保证的元器件。例如,军用电子元器件可依据以下Ⅰ→Ⅱ→Ⅲ的顺序选用:

Ⅰ:符合相应的军用规范,并列入军用电子元器件 QPL、QML 表的产品,属于高可靠产品,如美军 S 级和 B 级产品。

Ⅱ:已通过军标要求的部分或全部试验及检验要求(包括 100% 筛选、质量一致性检验等)的产品,属于准高可靠产品,如美军 883 级产品。

Ⅲ:由各个厂家自行认定、没有经过高可靠性试验的一般产品,属于非高可靠产品。

2.2　元器件选择通则

电子元器件种类繁多,本节将给出适用于大多数元器件的可靠性选用规则。

2.2.1　综合考虑

1. 易产生应用可靠性问题的元器件

不同类型的元器件抵抗外界应力的能力有所不同,因此出现使用失效的概率也有所不同。以下三类元器件是最容易产生应用可靠性问题的元器件,选用时要给予特别关注。

1) 对外界应力敏感的元器件

(1) CMOS 电路:输入阻抗极高,故对静电敏感;存在独有的闩锁失效模式,在外部干扰的作用下有可能自毁;典型的表面效应器件,故对来自外界的电磁干扰、电离辐射等敏感。

(2) 小信号放大器:如高精度运算放大器、无线接收电路的低噪声前置放大器等。因需要检测或者放大微弱信号，此类放大器的输入灵敏度极高，能耐受的输入电压或电流的容限较低，所以侵入输入端的过电压、浪涌电流、噪声、电磁干扰等容易对其产生损害。

（3）塑料封装器件：因构成塑料封装的环氧树脂材料本身具有吸湿特性，而且塑料封装材料与硅芯片材料、金属引线框架的热性能相差较大，故对湿气、热冲击、温度循环等环境应力敏感。

2）工作应力接近极限应力的元器件

当元器件的工作应力接近它能够承受的最大应力时，应力冗余量很小，抵抗外界非常规应力的能力较弱。有时工作应力即使没有超过极限应力，只是接近极限应力时，也会给元器件带来隐性损伤。此类器件包括：

（1）功率器件：功率接近极限值；

（2）高压器件：电压接近极限值；

（3）电源电路：电压和电流接近极限值；

（4）高频器件：频率接近极限值；

（5）超大规模芯片：功耗接近极限值。

3）频率与功率都大的元器件

CMOS 电路的功耗与其耗散功率和工作频率有关，耗散功率越大，工作频率越高，则其芯片温度越高，寿命越短。因此，频率与功率都大的元器件更容易失效。此类器件有：

（1）时钟电路：时钟产生与输出电路通常在整个电路中频率最高，而且因要驱动几乎所有数字电路模块，扇出也可能最大。

（2）总线控制与驱动电路：因需要驱动总线上的各个模块，故驱动能力强，驱动电流大，而且为了保证数据传输速率，其翻转频度也高。

2. 元器件可靠性选用十大要素

选用元器件时，不仅要考虑功能和性能指标，还要考虑可靠性要求。从可靠性保证的角度出发，以下十大要素不容忽视：

（1）极限电特性：元器件的电特性除了满足设备功能与性能指标要求之外，要能经受最大可能施加的电应力，包括电压、电流和功率，也包括直流应力、交流应力和瞬态应力。

（2）工作温度范围：元器件的额定工作温度范围应等于或宽于所要经受的工作温度范围，如军用、工业用和商业用的集成电路的工作温度范围应分别达到 $-55 \sim +125℃$、$-40 \sim +85℃$ 和 $0 \sim +70℃$。

（3）工艺质量与可制造性：元器件工艺成熟且稳定可控，成品率应高于规定值，封装应能与设备组装工艺条件相容。

（4）稳定性：在温度、湿度、频率、老化等变化的情况下，元器件参数的变化应在允许的范围内。

（5）寿命和失效率：工作寿命或储存寿命应不短于使用它们的设备的预计寿命，失效率应能满足设备分配给此元器件的最大失效率要求。

（6）环境适应性：应能良好地工作于设备可能工作的各种使用环境，包括潮热、盐雾、沙尘、酸雨、霉菌、辐射、高海拔等特殊环境。

（7）失效模式：对元器件的典型失效模式及其分布应有充分了解，对失效机理应有基本了解。失效模式是失效的具体形式，如开路、短路、参数漂移超差等；失效机理是失效的物理原因。同一种元器件可能具有多种失效模式，不同失效模式出现的概率不同(参见表2.10)。附录B给出了常用元器件的主要失效模式和失效机理，以及不同应用环境下易出现的失效模式，可供参考。

表 2.10　元器件失效模式分布示例

元器件	失效模式	分布概率	元器件	失效模式	分布概率
铝电解电容	短路	0.53	整流二极管	短路	0.51
	开路	0.35		开路	0.29
	电解质泄漏	0.1		参数变化	0.2
	容值变化	0.02	小信号二极管	开路	0.24
陶瓷电容	短路	0.49		短路	0.18
	容值变化	0.29	电压基准二极管	参数变化	0.69
	开路	0.22		开路	0.18
钽电容	短路	0.69		短路	0.13
	开路	0.17	电压调节二极管	开路	0.45
	容值变化	0.14		参数变化	0.35
薄膜电阻	开路	0.59		短路	0.2
	参数变化	0.36	双极晶体管	短路	0.73
	短路	0.05		开路	0.27
电阻排	开路	0.92	结型场效应管	短路	0.51
	短路	0.08		输出低	0.22
变压器	开路	0.42		参数变化	0.17
	短路	0.42		开路	0.05
	参数变化	0.16		输出高	0.05
电感器	短路	0.42	MOS 场效应管	开路	0.61
	开路	0.42		短路	0.26
	电感值减少	0.16		参数变化	0.13
继电器	无法吸合	0.55	变压器	开路	0.42
	假吸合	0.26		短路	0.12
	短路	0.19		参数变化	0.16
通用二极管	短路	0.49	连接器	开路	0.61
	开路	0.36		接触不良/间歇性	0.23
	参数变化	0.15		短路	0.16

(8) 可维修性和可保障性：应考虑元器件的安装、拆卸、更换是否方便以及所需要的工具和熟练等级等。

(9) 可用性：供货商应多于一个，且可长期、稳定、连续、批量供货，供货周期满足设备制造计划进度，能保证元器件失效时的及时更换要求等。

(10) 成本：在能同时满足所要求的性能、寿命和环境制约条件下，考虑采用性价比高的元器件。

3. 品种型号的选择

在选用元器件时，可能会出现多种型号的元器件均能够满足同一设备的功能与电性能指标要求的情况，此时应根据可靠性要求来决定取舍。

1）高可靠性元器件的特征

高可靠性元器件应具备如下特征：

（1）制造商认证：生产厂商通过了权威部门的质量与可靠性的合格认证。

（2）生产线认证：产品只能在认证合格的专用生产线上生产。

（3）可靠性检验：产品进行并通过了一系列的性能和可靠性试验，包括 100％ 筛选和质量一致性检验。

（4）工艺控制水平：产品的生产过程得到了严格的控制，成品率高。

（5）标准化程度：产品的生产和检验符合国际、国家或行业通用规范及详细规范要求。

2）品种型号的优先选用规则

（1）优先选用标准的、通用的、系列化的元器件，慎重选用新品种和非标准器件，最大限度地压缩元器件的品种规格和承制单位的数量。新品种器件往往具有更完善的功能和更优异的性能指标，对设计师有更大的诱惑力，但其可靠性尚未经过较长时间、较大批量的应用考验，因而具有更大的不确定性，应慎重选用。例如，根据 MIL‐HDBK‐217FN2，同等条件下，64 位 CPU 比 32 位 CPU 具有更好的数据处理能力，但其失效率（57 fit）比 32 位 CPU 失效率（28 fit）大 1 倍。

（2）优先选用列入元器件优选目录中的元器件。元器件优选目录是根据不同类型电子设备的可靠性指标要求和使用环境条件要求制订的元器件优选清单，可由国家主管部门、行业主管部门制订或者企业自行编制而成。元器件优选目录通常包括合格产品目录（QPL，Qualified Product List）、推荐产品目录（PPL，Prefered Product List）和合格制造商目录（QML，Qualified Manufacturer List）。PPL 通常是 QPL 的一个子集，QML 是通过相关认证的厂商或生产线。高可靠设备必须采取 QPL 内的元器件，应优先采用 PPL 内的元器件。图 2.1 是元器件优选目录应该具备的内容。我国国军标规定的军用元器件系列型谱可视为我国军用电子元器件的推荐产品目录，如表 2.11 所列。

图 2.1　元器件优选目录的主要内容

（3）优先选用器件制造技术成熟的元器件，选用能长期、连续、稳定、大批量供货且成品率高的定点供货单位。

（4）优先选用能提供完善的工艺控制数据、可靠性应用指南或使用规范的厂家的产品。

（5）在质量等级相当的前提下，优先选用集成度高的器件，少选用分立器件。在单元器件可靠性相同的前提下，采用集成电路组装的电路要比采用分立元件组装的电路可靠性更高。

表 2.11 我国军用元器件的推荐目录

国军标编号	国军标名称
GJB/Z 37—1993	军用电阻器和电位器系列型谱
GJB/Z 38—1993	军用电容器系列型谱
GJB/Z 39—1993	军用继电器系列型谱
GJB/Z 40—1993	军用真空电子器件系列型谱
GJB/Z 41—1993	军用半导体分立器件系列型谱
GJB/Z 42—1993	军用微电路系列型谱
GJB/Z 62—1994	军用电连接器系列型谱
GJB/Z 63—1994	军用开关系列型谱

3) 供货商应提供的可靠性信息

元器件可靠性的优劣还可以通过供货商提供的可靠性信息来判断。供货商提供的可靠性信息越全面、具体,说明其对可靠性的重视程度越高,也为我们选择元器件品种型号提供了更多的佐证。

供货商应提供的可靠性信息包括:

(1) 详细规范及符合的标准:元器件满足的国军标、国标、行标和企标等。

(2) 认证情况:制造商、生产线、具体产品通过的质量认证情况。

(3) 质量等级与可靠性水平:失效率、寿命(MTTF)、抗静电强度、抗辐射水平等。

(4) 可靠性试验数据:加速试验与现场数据,环境试验与寿命试验数据,近期及以往的数据,所采用的试验方法与数据处理方法。

(5) 成品率数据:中测(裸片)成品率、总测(封装后)成品率等。

(6) 质量一致性数据:批次间、晶圆间、芯片间的一致性,表征一致性的平均值、方差、分布参数等。

(7) 工艺稳定性数据:统计工艺控制(SPC)数据,批量生产情况。

(8) 采用的工艺和材料:最好能提供关键工艺和材料的主要参数指标。

(9) 使用手册与操作规范:典型应用电路、可靠性防护方法等。

2.2.2 工艺考虑

1. 材料、工艺和结构对可靠性的影响

元器件使用方尽管无需了解元器件自身制造工艺的细节,但对元器件所采用的基本材料、基本结构和基本工艺要有一定的了解,以便判断元器件的成熟度、先进性和可靠性。下面以集成电路为例,说明在选购元器件时如何判断其成熟度、先进性和可靠性。

1) 电路形式

从构成芯片的晶体管类型来区分,数字集成电路主要有 CMOS 和双极型两种电路形式,双极型又可分为 TTL、ECL、I^2L 等。目前,CMOS 已经成为数字集成电路的主流。从可靠性的角度来看,CMOS 电路具有功耗低、温度稳定性好、噪声容限大等优点,但在抗

静电、抗辐照和抗闩锁等方面存在不足。

从芯片内部的电路形式来区分，还可分为纯数字集成电路和数模混合集成电路。显然，数模混合集成电路往往具有更高的集成度，有利于减少电子设备的尺寸与重量，但因数字电路容易产生干扰，而模拟电路容易被干扰，二者集成在同一衬底上，相互之间的干扰难以避免。先进的无线通信芯片（如蓝牙芯片）可以将接收机电路和发射机电路集成在同一芯片上，但接收机电路因输入灵敏度高而对干扰高度敏感，而发射机电路因发射功率大而容易对接收机形成干扰，二者集成在一起，相互之间的干扰也是一个值得高度重视的问题。

2）工艺特征尺寸

CMOS 电路的工艺特征尺寸是指其内部晶体管有源区的最小尺寸以及互连线的最小宽度/间距。工艺特征尺寸越小，芯片的集成度越高，工作速度越快，但可靠性并非最高。

同一家半导体代工厂往往可同时提供多种工艺特征尺寸的芯片，如 CMOS 数字芯片的工艺特征尺寸就可能包括 $0.35~\mu m$、$0.25~\mu m$、$0.18~\mu m$、$0.13~\mu m$、90 nm、65 nm 等。一般而言，最大的工艺尺寸往往是半导体代工厂即将淘汰的工艺，后期批量供货能力和质量保障能力可能无法持续保证，而最小的工艺尺寸往往是其最先进的工艺尺寸，但因相关产品刚刚投放市场，可靠性尚未得到充分的验证。因此，最成熟从而也是最可靠产品的工艺尺寸往往是适中的工艺尺寸。

最成熟也最可靠的工艺尺寸因不同的半导体代工厂和不同的时期而异。如在 2011 年，大多数国内外主流的半导体代工厂最成熟的工艺特征尺寸为 $0.18~\mu m$，但在 2013 年此尺寸已降到 $0.13~\mu m$ 甚至更低。

3）材料类型

集成电路内部使用的材料对其可靠性有重要影响。例如，内部晶体管之间的互连线可采用铝或铜材料。铝线工艺成熟，但电阻率相对较高，在大的电流密度和高的温度梯度下寿命相对较短；铜是比铝更好的电的良好导体，但要制作成精细线条，工艺相当复杂。对于国外先进工艺的厂家而言，铜互连的可靠性优于铝互连，但对于某些刚刚引入铜互连工艺的国内厂家而言，铜互连的可靠性也许还不如铝互连。

将芯片上的内引脚与封装管壳上的外引脚连接在一起的金属导线称为键合线。键合线可采用金丝、铜丝和硅铝丝（在铝丝中掺入少量硅来提高其机械强度）。其中，金丝的可靠性最好，但材料成本最高；其次是铝丝；最差的是硅铝丝，但其材料成本最低。抗拉强度是键合线最重要的可靠性指标。图 2.2 比较了金丝和硅铝丝的抗拉强度，可见除了使用初期之外，金丝的抗拉强度远优于硅铝丝。

为了减少外界气氛对芯片的不利影响，通常会在裸芯片表面淀积或者涂覆一层绝缘保护膜，称为"表面钝化膜"。表面钝化膜可采用无机材料，如氮化硅、磷硅玻璃等；也可采用有机材料，如聚酰亚胺。从可靠性考虑，应尽可能采用无机材料。有机材料虽然工艺成本低，但长期热稳定性远低于无机材料。美军标明确规定，高可靠芯片禁止使用有机材料作为表面钝化膜。

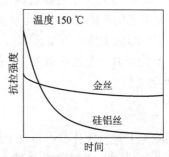

图 2.2　不同键合线的抗拉强度随时间的变化

2. 统计工艺控制

制造工艺的准确度和稳定性是决定产品成品率与可靠性的重要因素，可用统计工艺控制(SPC，Statistical Process Control)数据来定量表征。国外成熟的设备制造商均要求元器件制造商提供完备的 SPC 数据。

最基本的 SPC 数据是合格率，也称成品率(Yield)，指批量产品中合格品所占的比例。一般而言，产品的成品率越高，可靠性越好；成品率过低的产品，可靠性无法得到保证；成品率相同的产品，可靠性并非完全相同。对于批量大、质量稳定、成品率高的产品，也可采用 ppm(parts per million)来表征其不合格品率。它是指一百万个产品中不合格品的数量。

不合格品的产生主要来自元器件制造工艺不可避免地存在着的偏移和离散。工艺参数的离散规律通常满足正态分布，其特征参数为均值 μ 和标准偏差 σ。均值随空间和时间的变化越大，工艺偏移越大；标准偏差越大，工艺离散程度越大(参见图 2.3)。

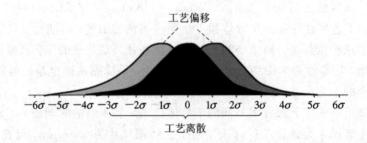

图 2.3　工艺参数正态分布的偏移与离散

反映工艺偏移和离散的 SPC 参数有以下三个：

(1) 工序能力 6σ。

工序能力 6σ 定义为工艺参数正态分布标准偏差 σ 的 6 倍。由于工艺参数的 99.73% 落在 $\mu\pm3\sigma$ 范围内，因此 6σ 越小，该工序自身的离散性越小，工序的固有能力越强。

(2) (潜在)工序能力指数 C_p。

6σ 只能反映工艺本身能够达到的离散性大小，无法反映产品生产允许的工艺离散性的大小。为了同时反映产品生产允许的工艺离散性的大小和工艺本身能够达到的离散性大小，可采用工序能力指数，其定义为

$$C_p = \frac{T_U - T_L}{6\sigma} = \frac{T}{6\sigma} \qquad (2-1)$$

式中，T_U、T_L 分别为工艺参数规范的上限和下限，$T=T_U-T_L$ 为工艺参数规范范围。C_p 越大，该工艺的离散性越小，工序能力越强。

(3) (实际)工序能力指数 C_{pk}。

C_p 只能反映工艺的离散性，不能反映工艺的偏移度。为此引入了另一个工序能力指数 C_{pk}，其定义为

$$C_{pk} = \frac{T}{6\sigma}(1-K) \qquad (2-2)$$

式中，K 为工艺参数分布中心对于规范中心点 $(T_U-T_L)/2$ 的相对偏离度。

C_{pk} 同时反映了工艺离散性的大小和工艺偏移度的大小。C_{pk} 越大，该工序的能力越强，生产出成品率高、可靠性好的产品的能力越强。

为了区别 C_p 和 C_{pk}，有时将前者称为潜在工序能力指数，后者称为实际工序能力指数。

成品率、不合格品率、工序能力指数都是表征工艺可控性的参数，相互之间有着内在的联系，如表 2.12 所示。借助于这些参数，可以判断工艺参数随时间的离散和漂移是否在规定范围之内，从而判断工艺是否可控、可预测。图 2.4 给出了一个实际的例子。图 2.4(a) 表明工艺的离散和漂移在规定范围之内，从而工艺可控、可预测；图 2.4(b) 表明工艺的离散和漂移超出了规定范围，从而工艺不可控、不可预测。

表 2.12　成品率、不合格品率、工序能力指数之间的关系

工艺离散度	无工艺偏差($K=0$)			有工艺偏差($K=1.5$)		
	工艺成品率/(%)	不合格品率/ppm	C_p	工艺成品率/(%)	不合格品率/ppm	C_{pk}
$\pm3\sigma$	99.73	2700	1	93.32	66 810	0.5
$\pm4\sigma$	99.9937	63		99.379	6210	
$\pm5\sigma$	99.999 943	0.57		99.9767	223	
$\pm6\sigma$	99.999 999 8	0.002	2	99.999 66	3.4	1.5

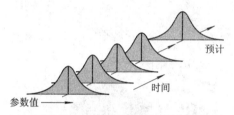 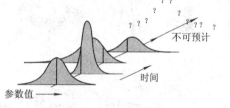

(a) 工艺参数随时间的离散和漂移在规定范围之内　　(b) 工艺参数随时间的离散和漂移超出规定范围

图 2.4　工艺可控性的判断示例

出于成本和工作量的考虑，无需对产品制造过程中的所有工艺参数进行监控。通常只选择对工艺变化敏感且对产品性能敏感的工艺参数作为关键工艺参数，对其进行统计工艺控制。例如，集成电路制造工艺中的炉温是其关键工艺参数。图 2.5 是反映炉温随批次变化的工艺控制图。

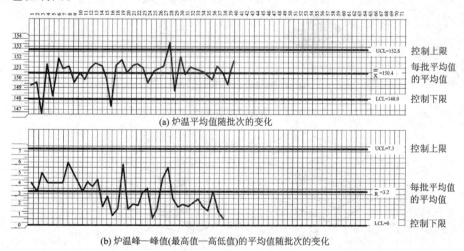

(a) 炉温平均值随批次的变化

(b) 炉温峰—峰值(最高值—高低值)的平均值随批次的变化

图 2.5　集成电路制造工艺中炉温的工艺控制图

2.2.3 封装考虑

元器件的封装对可靠性有重要的影响,反映在封装形式和封装材料两个方面。

1. 封装形式的影响

插孔安装和表面贴装技术(SMT,Surface Mounted Technology)是目前元器件在印制电路板上的主要安装形式(参见图 2.6)。与之相对应,元器件的封装形式也有引线封装和表面封装两种方式。图 2.7 分别示出了适用于插孔安装和表面贴装的半导体分立器件与集成电路的封装形式。图 2.8 示出了适用于表面贴装的无源元件的封装形式。

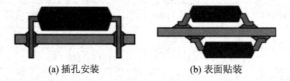

(a) 插孔安装　　　　　　　(b) 表面贴装

图 2.6　元器件在印制电路板上的安装形式

TO 金属封装　　　　　　　　　TO 塑料封装

SIP(单列直插)　DIP(双列直插)　ZIP(链齿状直插)　PGA(针栅阵列)

(a) 适用于插孔安装

SOT
(小外形晶体管)　SOP
(小外形封装)　CLCC(陶瓷有引
脚片式载体)　PLCC(塑料有引
脚片式载体)　QFP(四侧引脚
扁平封装)

BGA(球栅阵列)　　　　　CSP(芯片尺寸封装)

(b) 适用于表面贴装

图 2.7　适用于半导体分立器件和集成电路的封装形式

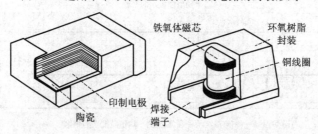

铁氧体磁芯　　　　　环氧树脂
封装

铜线圈

印制电极　焊接
陶瓷　　　端子

图 2.8　适用于表面贴装的无源元件的封装形式

总体而言，表面贴装的可靠性优于引线封装。首先，表面贴装缩短了引线长度，增大了引线的截面积，从而降低了引线寄生电感，有利于改善电磁兼容性和提高工作速度。其次，表面贴装的机械强度高，提高了电路抗振动和冲击的能力。第三，表面贴装的自动化程度高，装配一致性好，成品率高，参数离散性小。不利的方面主要是材料不匹配性增加，如某些陶瓷基材的 SMT 元件(如某些电阻器、电容器、无引线芯片载体 LCC)与 PCB 基板环氧玻璃的热膨胀系数不匹配，引发热应力失效。另外，表面贴装元件与 PCB 板之间不易清洁，易驻留焊剂的污染物，需采用特殊的处理方法。

表 2.13 给出了几种集成电路封装形式的引线寄生电感的典型值。不同引脚或封装形式的引线寄生电感从小到大的一般规律是：无引脚贴装→表面贴装→放射状引脚→轴面平行引脚，CSP→BGA→QFP→SMD→DIP。有引脚元件的寄生电感典型值为 $1\ \mathrm{nH\cdot mm^{-1}}$/引脚，寄生电容为 4 pF/引脚；无引脚元件的寄生电感典型值为 0.5nH/端口，寄生电容为 0.3 pF/端口。

表面贴装元件的引线寄生电感和电阻与其引脚的宽长比有关，而其引脚的宽长比由元件封装的宽长比决定。常用表面贴装元件的尺寸如表 2.14 所列，其中的型号为英制代码(美国电子工业协会 EJA 规定的命名法)，由 4 位数字构成，前两位表示元件封装的长度，后两位表示宽度。例如，0603 表示长度为 0.06 in(60 mil)、宽度为 0.03 in(30 mil)，如用公制代码可表示为 1608，表示长度为 1.6 mm、宽度为 0.8 mm。封装及引脚的宽长比越大，寄生电感越小。在图 2.9 给出的四种封装尺寸中，横宽型(0508、0612)的寄生电感小于纵长型(0805、1206)的寄生电感，前者比后者稍贵些。

表 2.13 几种集成电路封装的引线寄生电感典型值

封装尺寸与类型	管脚电感/nH
14 脚 DIP	2.0～10.2
20 脚 DIP	3.4～13.7
40 脚 DIP	4.4～21.7
20 脚 PLCC	3.5～6.3
28 脚 PLCC	3.7～7.8
44 脚 PLCC	4.3～6.1
68 脚 PLCC	5.3～8.9
14 脚 SOIC	2.6～3.6
20 脚 SOIC	4.9～8.5
40 脚 TAB	1.2～2.5
624 脚 CBGA	0.5～4.7
引线键合至混合电路基板	1.0

表 2.14 常用表面贴装元件的标准尺寸

型 号	长 度		宽 度	
	mil	mm	mil	mm
0402	40	1.00	20	0.50
0603	60	1.60	30	0.80
0805	80	2.00	50	1.25
1206	120	3.20	60	1.60
1210	120	3.20	100	2.50
1808	180	4.50	80	2.00
1812	180	4.50	120	3.20
1825	180	4.50	250	6.40
2010	200	5.00	100	2.50
2220	220	5.70	200	6.40
2225	220	5.70	250	6.40
2318	230	5.80	180	4.60
2412	240	6.00	120	3.20
2512	250	6.40	120	3.20
2917	290	7.30	170	4.30

注：1 mil＝0.0254 mm。

封装类型	纵长型 (Regular Aspect)		横宽型 (Reverse Aspect)	
封装图示	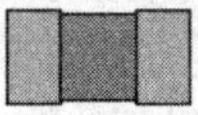			
尺寸代码	0805	1206	0508	0612
引线电感/pH	1050	1250	600	610

图 2.9　表面贴装元件的封装形式示例

2. 封装材料的影响

对于半导体分立器件和集成电路而言，目前采用的封装材料主要有塑料封装、陶瓷封装和金属封装。

陶瓷封装的材料与硅芯片和引线框架的材料特性最为接近，因而气密性好，承受热冲击能力强。而且绝缘性好，热导率高，所以散热能力强，承受功率大，布线密度较高。不过，陶瓷封装的成本高，多用于航空、航天、军事等高端市场。

金属封装也具有气密性好、散热能力强的优点，而且其管壳还具有电磁屏蔽能力，缺点是成本较高，管脚数有限，故仅用于小规模高可靠器件。

塑料封装的制造成本低（约为陶瓷封装的55%）、重量轻（约为陶瓷封装的50%）、管脚数多、高频寄生效应较弱、便于自动化生产，因此成为目前应用最为广泛的一类封装。但是，塑料封装的气密性差、吸潮、不易散热、易老化、对静电敏感，可靠性远不如陶瓷封装和金属封装。通常称塑料封装为非气密封装，陶瓷封装和金属封装为气密封装。

塑料封装的可靠性问题主要体现在以下三个方面：

1）吸潮性问题

塑料封装所采用的环氧树脂材料本身具有吸潮性，湿气容易在其表面吸附。这种水汽不仅会引起塑封材料自身的蠕变，而且因塑料封装气密性差，水汽很容易入侵到芯片内部，导致引线腐蚀或者表面离子沾污。

2）气密性问题

与陶瓷或者金属管壳相比，塑料管壳与金属引线框架、半导体芯片等材料之间的热膨胀系数的差异要大得多（图 2.10 给出了塑料封装器件的材料构成）。因此，在装配或者工作期间，若遭遇温度变化，就会在材料界面产生相当大的机械应力，导致界面处产生缝隙，使气密性劣化。

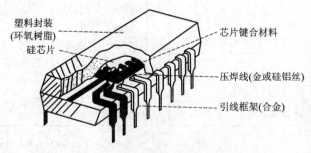

图 2.10　塑料封装的材料构成

如果有水汽在缝隙处聚集，则当温度上升时，水就会迅速汽化而膨胀，这将导致界面应力进一步加大，气密性更加劣化，严重时有可能使塑封体爆裂，俗称"爆米花"效应。

再流焊（亦称回流焊）是在印制电路板上安装表面贴装元件的主要方法。如图 2.11 所示，在再流焊过程中，元器件封装温度可能有 100～200 ℃ 的变化，温度可在 5～40 s 内上升到 205～250 ℃，上升梯度可达 1～2 ℃/s，因此容易诱发上述效应。

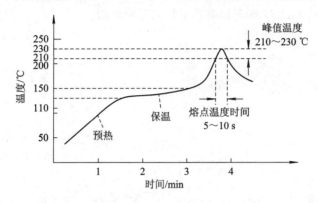

图 2.11　再流焊过程中元器件封装温度的变化

3）温度适用性问题

塑封材料的玻璃化转换温度为 130～160 ℃，超过此温度后塑封材料会软化，对气密性有不利影响。商用塑封器件的温度范围一般为 0～70 ℃、−40～+85 ℃、−40～+125 ℃，难以达到军用温度范围（−55～+125 ℃）。

元器件引线的涂覆通常有镀金、镀锡和热焊料浸渍涂覆三种形式。镀金的环境适应性好，易焊性佳，但成本最高；镀锡的易焊性好，但环境适应性一般，成本中等；热焊料浸渍涂覆的质量最差，现已很少使用。

集成电路封装的内部气氛可采用惰性气体封装和真空封装两种形式。惰性气体封装的内部气压不低于外部气压，有利于抵抗外界气氛侵入，对管壳的气密性要求较低，但来自外界的辐射有可能使内部气体电离，对器件表面造成不利影响。真空封装有利于抗辐射，但外界气氛容易侵入，对管壳的气密性要求很高。

集成电路内部的钝化材料最好采用无机材料薄膜，不用或慎用有机涂层或有机薄膜，原因如 2.2.2 节所述。

2.3　电阻器的选用

2.3.1　概述

电阻器简称电阻，在电路中起限流、分压、负载、阻抗匹配等作用，也可与电容配合构成滤波器。电阻是最普通、最廉价的电路元件，自身可靠性相对较高，但选用不当，仍然会给可靠性造成显著影响。从以下例子可看出这一点。

半导体激光二极管是 CD、DVD、电脑光驱的核心器件，通常利用 AlGaAs 半导体制成。与其他激光产生器件相比，它具有体积小、重量轻、功耗低、耐机械振动等优点，但对过电压、过电流、静电干扰极为敏感，使用不当容易受损。

图 2.12 是一种半导体激光二极管的偏置电路。利用光敏二极管 PD 监控半导体激光二极管 LD 的发光强度，并转换成电流，再经 R_4 转换为电压，经 U_2 放大后由 U_1 与基准电压比较，其差额电压用于控制三极管 VT_{r1} 的基极，用于给 LD 提供合适的偏置电流。R_3 和 R_2 用于限制 VT_{r1} 的输出电流，VD_1 用于防止 LD 的电压超限，R_3 和 $0.1~\mu F$、$47~\mu F$ 电容构成低通滤波器，抑制来自 12 V 电源的高频干扰和低频波动。

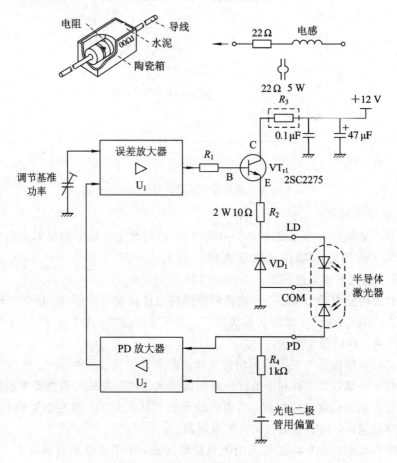

图 2.12　半导体激光器偏置电路

工作中发现半导体激光器寿命缩短，于是寻找原因。用示波器观察到激光器两端出现幅度很大、频率约为数兆赫的异常振荡，为激光器寿命缩短的主要原因。在从激光器下端至 U_1 之间的回路中未发现此类振荡，振荡发生在晶体管 VT_{r1} 及其外围电路中。将电阻 R_3 由 5 W 水泥电阻更换为 2 W 金属氧化膜电阻后，振荡消失。分析表明，水泥电阻内部采用线绕方式，具有较大的寄生电感。该寄生电感与 VT_{r1} 的收集极－发射极寄生电容共同构成了 LC 串联谐振电路，从而形成上述振荡。

此例表明，一个廉价的水泥电阻也有可能造成昂贵的半导体激光器件的损坏，因此电阻器的可靠性选用不容忽视。

电阻器的种类繁多。根据阻值是否可调，可分为固定电阻和可变电阻，后者还可细分为电位器和微调电阻；根据封装形式的不同，可分为插装电阻和表面贴装电阻；根据所用材料及结构的不同，可分为碳膜、金属膜、线绕、体金属及金属箔等电阻；根据在电路中使用场合的不同，可分为分立电阻（用于 PCB 组装）和集成电阻（用于集成电路内部），后者又可分为薄膜电阻和厚膜电阻；根据阻值是否随外加应力变化，可分为线性电阻（不随外加电压变化）、压敏电阻（随外加电压变化）、热敏电阻（随温度变化）和光敏电阻（随光强变化）等。

根据 GB 2470—1981《电子设备用电阻器-电容器型号命名方法》，电阻器的型号命名如表 2.15 所列。电阻在电路中可以用矩形框和锯齿形两种方式表示，如图 2.13 所示，后者是早期因便于手写而形成的符号。电阻的阻值可用数值或者色环表示。色环表示法如图 2.14 所示，色环越多，表示电阻的精度越高，如 5 环的最高精度可达±1%，4 环的最高精度为±5%，3 环的精度不高于± 25%，6 环还表示电阻的温度系数。

表 2.15　电阻器的型号命名

第一部分（主称）		第二部分（电阻材料）		第三部分（分类）			第四部分
符号	意义	符号	意义	符号	电阻器	电位器	序号
R W*	电阻器 电位器	T H S N J Y G I P U X M G R	碳膜 合成膜 有机实芯 无机实芯 金属膜 氧化膜 沉积膜 玻璃釉膜 硼碳膜 硅碳膜 线绕 压敏 光敏 热敏	1 2 3 4 5 6 7 8 9 G T W D B C P W Z	普通 普通 超高频 高阻 高温 — 精密 高压 特殊 高功率 可调 — — 温度补偿用 温度测量用 旁热式 稳压式 正温度系数	普通 普通 — — — — 精密 函数 特殊 — — 微调 多圈	用数字表示 对主称、材料相同，仅性能指标、尺寸大小有差别，但基本不影响互换使用的产品，给予同一序号；若性能指标、尺寸大小明显影响互换，则在序号后面用大写字母作为区别代号

＊注：本书电路图中电位器均用 R_P 表示。

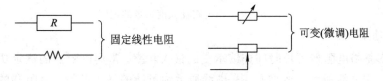

图 2.13　电阻器的电路符号

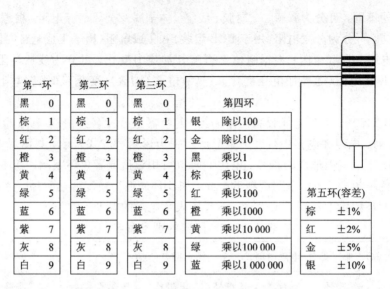

图 2.14　电阻器阻值的色环表示法

2.3.2　可靠性相关特性

　　与电阻器的可靠性相关的特性有温度系数、额定功率、额定电压、高频寄生参数、固有噪声等。

1. 温度系数

　　电阻器在装配或工作时，由于使用环境温度的变化，或者由于电阻耗散功率引起的散热过程，会导致自身温度的变化。温度系数用于表征每变化单位温度时电阻器阻值的变化比例，单位为 $1×10^{-6}/℃$，常写为 ppm/℃，即每变化 1 摄氏度阻值变化多少百万分之一。温度系数越大，电阻器的温度稳定性越差。常用电阻器温度系数的范围如图 2.15 所示，其中实线所示为典型范围，虚线所示为可能的最大范围。不同类型电阻器温度稳定性从优到劣的次序大致为：金属箔→线绕→金属膜→金属氧化膜→碳膜→有机实芯。

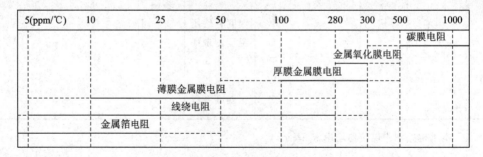

图 2.15　常用电阻器温度系数的范围

2. 额定功率

　　额定功率是指电阻器可长时间连续承受的最大功率。常用电阻器的额定功率范围如图 2.16 所示。其中实线所示为典型范围，虚线所示为可能的最大范围。电阻器的额定功率通常有 1/8 W、1/4 W、1/2 W、1 W、2 W、5 W 和 10 W 等，现代数字电路使用的电阻器的功率多在 1/8 W。对于同种类型的电阻器，外形尺寸越大，额定功率越大，如图 2.17 所示。

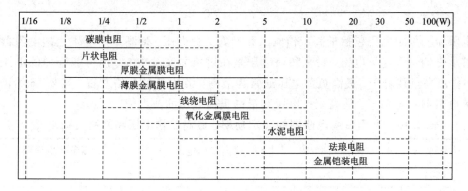

图 2.16　常用电阻器额定功率的范围

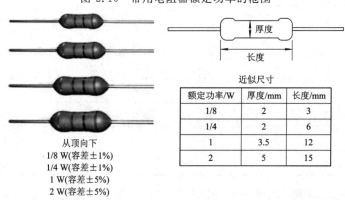

额定功率/W	厚度/mm	长度/mm
1/8	2	3
1/4	2	6
1	3.5	12
2	5	15

从顶向下
1/8 W(容差±1%)
1/4 W(容差±1%)
1 W(容差±5%)
2 W(容差±5%)

图 2.17　电阻器的外形尺寸与额定功率的关系示例

电阻器的额定功率与环境温度有关，如图 2.18 所示。电阻器的标称额定功率是指 70℃ 及以下温度条件下的额定功率，在此温度区间内，额定功率不随环境温度的变化而变化。当环境温度大于 70℃时，额定功率随环境温度的上升而线性下降。当额定功率下降为零时的温度，是电阻器的最高工作温度。图 2.18 表明，分立贴片电阻的最高温度为 155℃，而电阻排为 125 ℃。电阻器的最高温度(称为热点温度)通常出现在该电阻的中部。

在额定功率和环境温度一定的条件下，电阻的耗散功率越大，电阻的温升越大(参见图 2.19)，电阻(及其周边元件)的寿命越短，阻值漂移也越大。因此，电阻的实际消耗功率最好控制在其额定功率的一半左右，以提高其可靠性。电阻耗散功率的计算要考虑电路中可能出现的最坏情况。

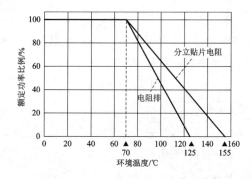

图 2.18　电阻器额定功率的温度降额曲线

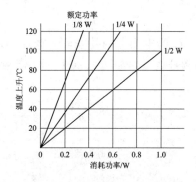

图 2.19　电阻器温升与耗散功率的关系

3. 额定电压

电阻器的额定电压包括最高工作电压和最高负荷电压。最高工作电压是指电阻器工作时能够承受的最大连续电压，最高负荷电压是在过负荷实验中 5 s 内可能施加的电压最大值，亦称最高过载电压。最高负荷电压通常为最高工作电压的 2 倍左右。表 2.16 给出了表面贴装电阻器额定功率、最高工作电压和最高负荷电压的典型值。

表 2.16　表面贴装电阻器的额定功率、最高工作电压和最高负荷电压

封装型号	额定功率/W	最高工作电压/V	最高负荷电压/V
0201	1/20	25	50
0402	1/16	50	100
0603	1/10	50	100
0805	1/8	150	200
1206	1/4	200	400
1210	1/2	200	400
1210	1/3	200	400
2010	3/4	200	400
2512	1	200	400

有时，也用电压系数来表征电阻器阻值随电压的变化，它定义为外加电压每改变1 V时，电阻器阻值的相对变化量。

脉冲工作条件下，即使电阻器的平均功率没有超过额定值，峰值电压和峰值功率也不允许过高。尤其是金属膜和碳膜电阻器，承受脉冲功率的能力相对较弱，其脉冲峰值电压和峰值功率应分别满足以下要求：

(1) 金属膜电阻器：峰值电压≤额定电压的 1.4 倍，峰值功率≤额定功率的 4 倍。

(2) 碳膜电阻器：峰值电压≤额定电压的 2 倍，峰值功率≤额定功率的 3 倍。

4. 高频寄生参数

电阻器本身具有一定的寄生电感和寄生电容，使其阻抗在高频条件下随频率的变化而变化。高频条件下，电阻器的阻抗可表示为

$$Z_R = \frac{1}{\mathrm{j}\omega C_P + \dfrac{1}{R}} + \mathrm{j}\omega L_S \tag{2-3}$$

式中，C_P 为电阻器的并联寄生电容，L_S 是串联寄生电感，ω 是角频率，R 是电阻值。电阻器的高频等效电路如图 2.20 所示，高频区的阻抗—频率特性如图 2.21 所示。

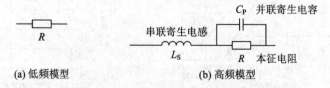

(a) 低频模型　　　　　　　(b) 高频模型

图 2.20　电阻器的等效电路模型

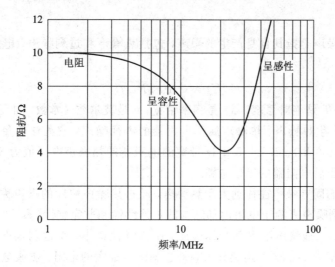

图 2.21　电阻器的阻抗－频率特性($R=10\ \Omega$, $L_\text{S}=50$ nH, $C_\text{P}=1$ nF)

　　电阻器的高频寄生参数会对电路的电磁兼容性、高频特性和浪涌特性产生不良影响，其中寄生电感的影响更大。首先，寄生电感可形成感应磁场，对周边形成干扰；其次，寄生电感和寄生电容会使电阻器的高频特性变坏，寄生电感大的线绕电阻只能用于低频，而寄生电感小的金属膜电阻可用于数百兆赫的高频电路；最后，浪涌电流通过寄生电感会转化成浪涌电压，形成显著的瞬变压降，从而有可能对电路造成破坏。

　　电阻器高频寄生参数的大小与电阻器的结构类型以及尺寸大小有关。如图 2.22 所示，轴向引线型膜电阻(碳膜、金属膜)通过在电阻层上切开螺旋形的沟槽来调整电阻的大小，因此引入了较大的寄生电感和寄生电容，典型值为 $L_\text{S}=0.1\ \mu\text{H}$, $C=0.1\sim2$ pF，不宜用于 100 MHz 以上的电路。而片状电阻通过厚膜或者薄膜的方法将电阻浆料印制在陶瓷基板上，通过激光修正调整阻值，外形尺寸也明显小于引线电阻，故寄生电感较小，最高工作频率可达 1 GHz。

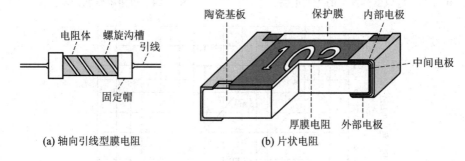

(a) 轴向引线型膜电阻　　　　　　　(b) 片状电阻

图 2.22　电阻器的结构示意图

不同类型电阻器的寄生电感从大到小比较如下：

- 线绕→合成膜与有机实芯→金属膜与金属氧化膜→碳膜；
- 轴向引线型→片状；
- 高阻值(圈数或槽数多)→低阻值(圈数或槽数少)；
- 长引线→短引线→无引线；
- 外形尺寸大、功率大→外形尺寸小、功率小。

5. 固有噪声

电阻器固有噪声是指其自身产生的噪声，包括热噪声和过剩噪声。电阻器的热噪声电压可表示为

$$U_n = 2\sqrt{kTR\Delta f} \qquad\qquad (2-4)$$

式中，R 是电阻，T 是绝对温度，Δf 是频率带宽，k 是玻尔兹曼常数。可见，在一定的温度和阻值下，就会产生热噪声。热噪声属于电阻器的本征噪声，它无法避免也无法消除。由式(2-4)计算出 100 kΩ、27℃、5 kHz 带宽的电阻器的热噪声电压值为 8.3 μV。图 2.23 是考虑热噪声电压后电阻器的等效电路。

实际电阻器的固有噪声往往远大于热噪声，超过热噪声幅度的噪声称为过剩噪声。与热噪声不同，过剩噪声来源于电阻内部结构的不连续性和非完整性(参见图 2.24)，与电阻类型的相关性很大。线绕电阻内部为体金属，不连续性很小，是过剩噪声最小的电阻；合成材料制作的电阻内部结构不连续性大，是过剩噪声最大的电阻；碳膜电阻的过剩噪声比金属膜电阻大；金属膜电阻的过剩噪声介于碳膜电阻和线绕电阻之间；厚膜电阻的过剩噪声大于薄膜电阻。过剩噪声电压多数情况下近似与频率成反比，与电流成正比，如图 2.25 给出的合成电阻噪声特性所示。

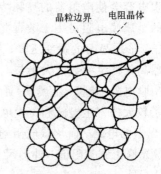

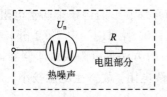

图 2.23　电阻器热噪声的等效电路　　　　　图 2.24　电阻器结构的不连续性

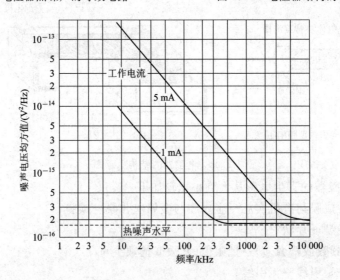

图 2.25　合成膜电阻器噪声与频率和电流的相关性

固有噪声大的电阻不宜用于微弱信号放大、高增益精密电路等。过剩噪声在某种程度上反映了电阻器质量的优劣。

2.3.3　固定电阻器的选用

1. 综合比较

各种类型固定电阻器主要参数指标的比较见表 2.17。根据这些参数，可总结出各种类型电阻器的优缺点，如表 2.18 所列。从可靠性的角度出发，不同类型的固定电阻器从优到劣的比较如下：

（1）稳定性：

· 直流负荷：线绕→碳膜→金属膜→金属氧化膜→合成膜→合成实芯；

· 交流负荷：线绕→金属氧化膜→金属膜→碳膜→合成膜→合成实芯。

（2）工作频率：碳膜→金属氧化膜→金属膜→合成膜→合成实芯→线绕。

（3）承受脉冲功率能力：线绕→碳膜→金属膜→金属氧化膜→合成实芯→合成膜。

（4）电阻-电压非线性：线绕→金属膜→金属氧化膜→碳膜→玻璃釉→合成实芯→合成膜。

（5）固有噪声：线绕→金属氧化膜→金属膜→碳膜→玻璃釉→合成膜→合成实芯。

表 2.17　电阻器的主要技术指标

种类（代号）	典型阻值范围/Ω	温度范围/℃	温度参数/(1/℃)	功率范围/W	频率特性	噪声	线性度
金属膜电阻（RJ）	3～10 M	−55～+125 −55～+155	$\pm 6 \sim 10 \times 10^{-4}$	1/8～10	优	1～1 μV/V	良
金属氧化膜电阻（RY）	1～200 k	−55～+125	$\pm 7 \sim 12 \times 10^{-4}$	1/8～10	优	—	良
碳膜电阻（RT）	10～10 M	−55～+100	$-5 \sim 20 \times 10^{-4}$	1/4～15	良	1～5 μV/V	良
线绕电阻（RX）	3～5.6 k	−55～+100 −55～+275	$\pm 1 \sim 15 \times 10^{-6}$	2～150	一般 ≤50 kHz	—	优
精密合金箔电阻（RJ711）	5～20 k	−55～+125	$\pm 5 \times 10^{-6}$	1/8～1	优	—	优
合成实芯电阻器（RS）	4.7～22 M	−55～+70 −55～+125	$10 \sim 35 \times 10^{-4}$	1/4～2	差		差
高压玻璃釉电阻（RI）	1～2000 M	−55～+125	$\pm 500 \times 10^{-6}$	1/8～2	良	—	—
合成膜电阻（RH）	10～10^6 M	−55～+85	$\pm 20 \times 10^{-1}$	—	良		良
线绕电位器（WX）	47～47 k	−55～+125	$\pm 1 \sim 15 \times 10^{-6}$	—	—	优	—
有机实芯电位器（WS）	100～4.7 M	−55～+125	$\pm 20 \times 10^{-4}$		差	良	—
合成碳膜电位器（WH）	100～4.7 M	−40～+70	$\pm 40 \times 10^{-4}$	0.1～3	差		良
玻璃釉电位器（WI）	4.7～10 M	−55～+85	$\pm 1000 \times 10^{-6}$	0.125	良	大	良

表 2.18　电阻器的优缺点比较

类型		优　点	缺　点
分立元件	碳膜	成本最低，高功率/体积比，宽阻值范围	精度低(5%)，温度稳定性差(1500 ppm/℃)，固有噪声大
	金属膜	精度高(0.1%)，温度稳定性好(<1～100 ppm/℃)，成本中等，宽阻值范围，低电压系数	耐受功率低
	线绕	精度很高(0.1%)，温度稳定性很好(1 ppm/℃)，耐受功率大，固有噪声低	寄生电感大，体积大，价格贵
	体金属或金属箔	精度极高(可达 0.005%)，温度稳定性极好(<1 ppm/℃)，寄生电感小，低电压系数	耐受功率小，价格昂贵
	高阻	非常高的阻值，仅用于特定电路	高电压系数(200 ppm/V)，价格昂贵
集成元件	厚膜	低成本，耐受功率大，可激光修正，工艺较简单	匹配性一般(0.1%)，温度稳定性差(>100 ppm/℃)
	薄膜	中等成本，匹配性佳(<0.01%)，温度稳定性好(<100 ppm/℃)，可激光修正，寄生电容小	尺寸较大，有限的阻值和组态

　　集成电阻主要用于混合集成电路和某些贴片元件，主要可分为薄膜电阻和厚膜电阻两种。薄膜电阻的精度高(优于 1%)、频率特性好、固有噪声低，但价格高、耐湿性和耐腐蚀性差、对静电敏感。厚膜电阻的精度低(1%，5%)、高频特性较差、固有噪声较大，但失效率相对较低。图 2.26 比较了这两种集成电阻的结构和特性。

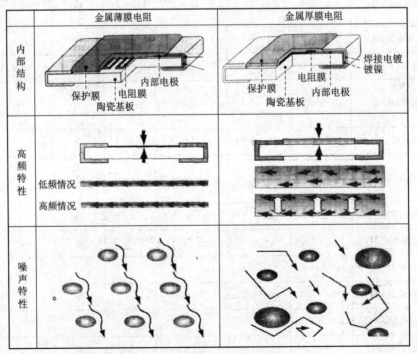

图 2.26　两种集成电阻的比较

2. 精确电路的电阻选用

至少在两类电路中对电阻的精度要求很高：一是分压电路，精确的电阻阻值比决定了精确的分压比；二是比例放大器，精确的电阻阻值比决定了精确的闭环增益值，如图 2.27 所示。

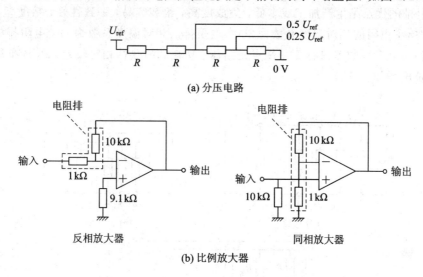

(a) 分压电路

反相放大器　　　　　　　　　　同相放大器

(b) 比例放大器

图 2.27　需要精确电阻比的应用电路

在精确电路中，电阻器的选用需要同时考虑电阻容差和温度系数的影响。在图 2.28 所示的基准电压分压电路中，要求针对基准二极管提供的基准电压及其稳定性参数，通过电阻分压获得所需的输出电压及其稳定性指标。若取 $R_3 = 10$ kΩ，则 $R_2 = 2.35$ kΩ，R_2 和 R_3 的容差相同，在两种最坏情况下(U_{ref} 高，R_2 低，R_3 高，使 U_{out} 最低；U_{ref} 高，R_2 低，R_3 高，使 U_{out} 最高)，要求 R_2、R_3 的容差应优于 1.4%，温度系数应优于 26 ppm/℃，故可选容差为 1%、温度系数为 25 ppm/℃ 的金属膜电阻。

即使电阻器的容差和温度系数相同，还要考虑电阻器功耗的不同对其阻值的影响。在图 2.29 所示的同相比例放大电路中，即使 R_1 和 R_2 具有相同的温度系数($T_C = +25$ ppm/℃)和热阻($R_T = 125$ ℃/W)，但因二者的功耗不同(R_1 的功耗为 9.9 mW，R_2 的功耗为 0.1 mW)，也会导致二者的温升不同(R_1 的温升约为 1.24℃，R_2 的温升可忽略不计)，从而导致阻值不同，使增益的变化可达 31 ppm 或者 14 bit ADC 电路的 $\frac{1}{2}$ LSB。如果放大器之后所接为 16 bit 或者更高精度的 ADC，这种变化将是不能容许的。

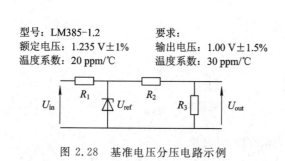

型号：LM385-1.2
额定电压：1.235 V±1%
温度系数：20 ppm/℃

要求：
输出电压：1.00 V±1.5%
温度系数：30 ppm/℃

图 2.28　基准电压分压电路示例

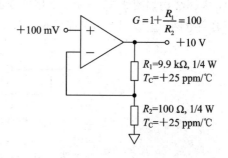

图 2.29　同相比例放大电路示例

对于诸如上述对电阻比的精度要求极高的电路，可以考虑采用电阻排。电阻排是在同一封装内的电阻阵列，根据内部电阻端子的互连方式，可分为分立型、公共型和终端型（参见图 2.30）；根据封装形式，又可分为单列直插（SIL）和双列直插（DIL）两种。与分立电阻相比，电阻排的优点是生产加工成本低，集成度高，组装容易，一致性好，精度高，温度稳定性好（如单个电阻的相对温度系数为 250，电阻排的相对温度系数为 50，电阻排中各个电阻之间的相对温度系数差只有 5），缺点是耐压、功耗和耐热性相对较差，PCB 布局难度增大和布线长度增加。

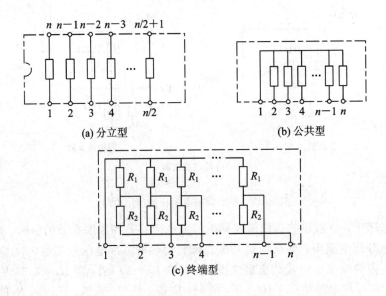

图 2.30　电阻排的类型

2.3.4　可变电阻器的选用

1. 可变电阻器的特点

在数字硅器件迅猛发展的今天，可变电阻器和机电式继电器是最后得以幸存下来的电子机械元件。可变电阻器分为电位器和微调电阻器两类。电位器主要用于整机外部调整，微调电阻器主要用于整机内部调整，调整的电路参数有晶体管的偏置电压、RC 回路的时间常数、放大器的增益微调、控制电路的电流或电压等。可变电阻器的电路符号如图 2.31 所示，内部结构如图 2.32 所示。常用可变电阻器的阻值范围如图 2.33 所示，其中实线所示为典型范围，虚线所示为可能的最大范围。

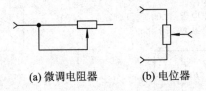

(a) 微调电阻器　　　　(b) 电位器

图 2.31　可变电阻器的电路符号

电阻线圈
滑动片
旋轴(与滑片绝缘)
支架

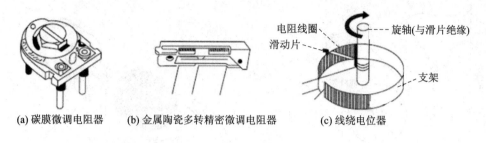

(a) 碳膜微调电阻器　(b) 金属陶瓷多转精密微调电阻器　(c) 线绕电位器

图 2.32　可变电阻器结构示例

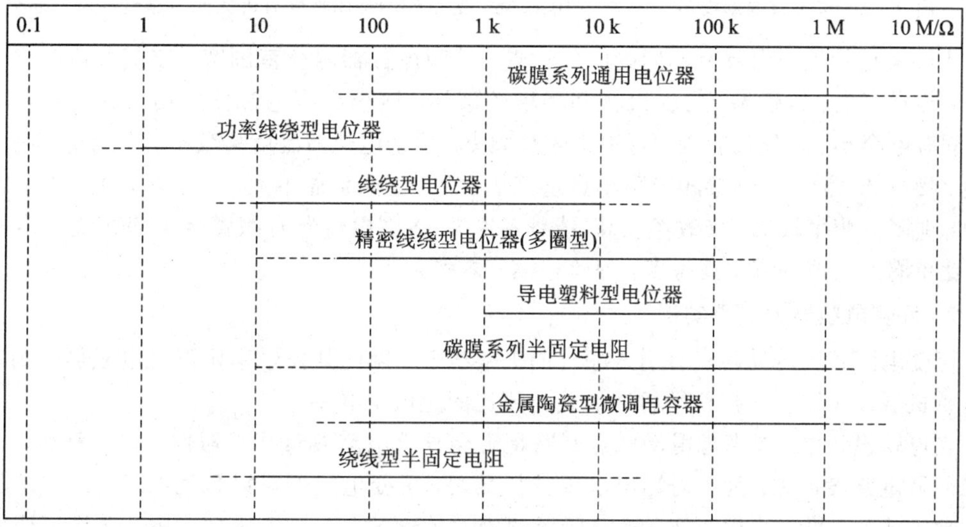

0.1
1
10
100
1 k
10 k
100 k
1 M
10 M/Ω
碳膜系列通用电位器
功率线绕型电位器
线绕型电位器
精密线绕型电位器(多圈型)
导电塑料型电位器
碳膜系列半固定电阻
金属陶瓷型微调电容器
绕线型半固定电阻

图 2.33　常用可变电阻器的阻值范围

可变电阻器按材料可分为碳膜、金属陶瓷、线绕等，按阻值变化规律可分为线性、对数、指数、正弦—余弦等，按阻值调整范围又可分为半可变、单圈、多圈等，按结构可分为旋转、直拉、双层等。

由于增加了滑动触点，与固定电阻器相比，影响可变电阻器可靠性的因素更多，失效模式更为多样化。可变电阻器的失效模式主要有：

(1) 滑动电极接触不良或开路。可变电阻器的多数失效模式与其滑动电极有关，摩擦、氧化、污染、机械振动或者电化学腐蚀等都会导致滑动电极接触不良或开路。

(2) 旋转寿命有限。由于所用电阻材料的耐磨性有限，电位器的最大旋转次数一般为数百次至数十万次，微调电阻器为数次至数百次。

(3) 具有动噪声。除了电阻本身的热噪声和过剩噪声之外，可变电阻器还具有显著的滑动片动噪声，如图 2.34 所示。

(4) 四极元件。额定电压除了要考虑端子之间的耐压外，还要考虑端子和金属转轴之间的耐压。来自外界的静电或者电磁干扰，有可能通过金属转轴进入电位器的内部，如图 2.35 所示。

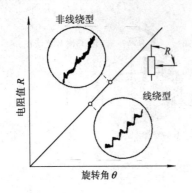

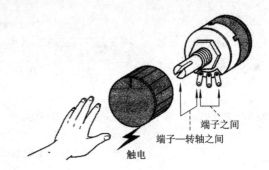

图 2.34　电位器的动噪声　　　　　图 2.35　电位器的金属转轴有可能成为静电放电的通道

不同类型的电位器具有不同的应用特点。碳膜电位器阻值范围宽、变阻分辨率高、成本低，但噪声大、线性差、易受机械和环境的破坏。陶瓷金属电位器应用最为广泛，尺寸小、固有电容小、可靠性较高，可用于较高频率。线绕电位器温度系数小、额定功率高、耐高温、噪声低、滑动点的接触电阻小且过流能力强，但阻值做不大、寄生参数大、不适用于高频，变阻分辨率较低，失效率较高（线细易断）。多圈电位器有陶瓷金属和线绕等多种结构，比单圈的阻值分辨率高得多，但价格高、体积大。

2. 可变电阻器的应用实例

可变电阻器的滑动触点会引入额外的失效机理，因此其失效率比固定电阻器要高，特别是抗机械冲击振动和抗化学腐蚀的能力要比固定电阻器差。

在电路设计中，要考虑滑动触点开路是否会导致电路故障甚至器件损坏。例如，在三端稳压器电路设计中，为了对输出电压进行微调，可变电阻器可以采用图 2.36(a) 所示的电阻比方式，也可以采用图 2.36(b) 所示的绝对值方式。在电阻比方式中，如果可变电阻器滑动点接触不良甚至开路，就会使输出电压从 +5 V 上升到近 +12 V，这有可能导致低耐压的负载电路（如耐压仅为 7 V 的 TTL 电路）损坏。如果改用绝对值方式，就不会出现这种情况。

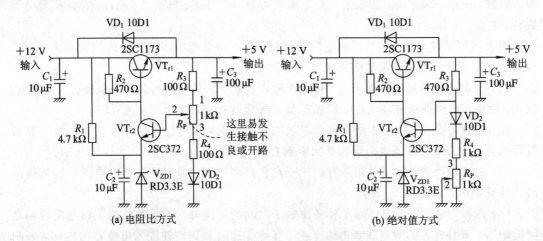

图 2.36　三端稳压器电路中可变电阻器的用法

在电路设计中,还要注意滑动点存在的接触电阻是否会导致电路性能不期望的变化。例如,在图 2.37 所示的反相比例放大器设计中,如果不考虑滑动点的接触电阻 r(即假定 $r=0$),则放大器的增益由 R_1/R_3 决定,如图 2.37(a)所示。如果考虑了接触电阻 r,则放大器的增益由 $\left(R_1+\dfrac{R_2 \cdot r}{R_2+r}\right)/R_3$ 决定,此时增益与 r 有关且难以准确确定,如图 2.37(b)所示。如果将电路改成图 2.37(c),则增益由 R_2/R_1 决定,此时尽管仍然存在 r,但对放大器的增益基本没有影响。

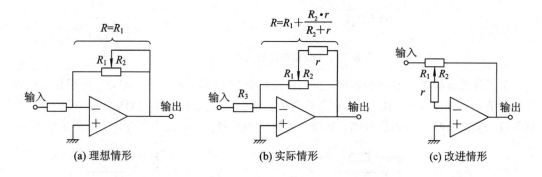

图 2.37 电位器接触电阻对反相比例放大器增益的影响

在振动环境或者温度变化剧烈的环境中,可变电阻器的阻值变化可能非常显著,因此尽量不要使用可变电阻器。如必须使用,也应尽量减少阻值变化对电路的影响。图 2.38 给出了反相比例放大器调整增益的四种方案。在图 2.38(a)所示的方案中,反相放大器的增益可以在 $0\sim200\%$ 之间调整,不仅实际上没有必要,而且因可变电阻器触点的不稳定性,增益随外界应力的变化可能会十分敏感。在图 2.38(b)所示的方案中,增益调整范围缩小到 $97.6\%\sim102.6\%$,即 $\pm2.5\%$,已可满足通常的应用,而电路抗机械冲击能力将大为改

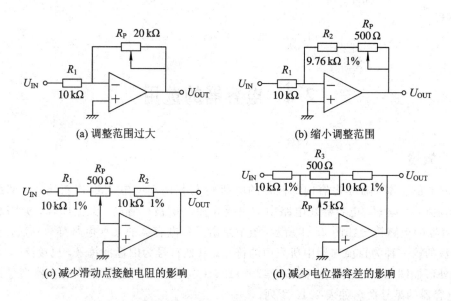

图 2.38 利用可变电阻器调整反相比例放大器增益的四种方案

善。图 2.38(c)的调整范围与图 2.38(b)相同，但滑动点接触电阻的影响被减弱。图 2.38 (d)的调整范围也未变，但可变电阻器阻值容差的影响被减弱，即使可变电阻器有 10% 的阻值容差，对电路的影响也只有 1%。

　　如果将三端电位器作为二端可变电阻使用，则电位器的滑动点要与一端短接，如图 2.39 所示，使得流过滑动点(弧刷)的直流电流尽可能地少，这样有利于延长弧刷的寿命。

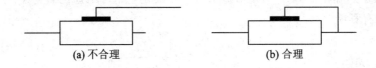

(a) 不合理　　　　　　　　　(b) 合理

图 2.39　电位器用作可变电阻时的接法

　　为了降低电位器动噪声的影响，应尽可能将电位器用在大信号一侧，尽可能使电位器的滑动节点远离输入端。图 2.40 给出的两种电路的功能完全相同，但图 2.40(a)的电位器及其输入点直接接至输入信号端，动噪声的影响相对较大，应改为图 2.40(b)所示的情形。

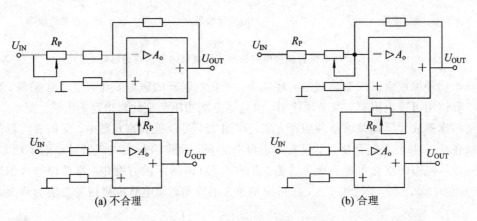

(a) 不合理　　　　　　　　　　(b) 合理

图 2.40　电位器及其滑动点的位置

2.4　电容器的选用

2.4.1　概述

　　电容器的基本特征是电容内部储存的电荷 Q 与其两端的电压 U 成正比，比例系数就是其电容值 $C=Q/U$。电容器在电路中的主要作用是滤波、谐振、交流耦合、旁路和去耦等。电容器的电路符号如图 2.41 所示(图中给出了各电容器的几种电路符号画法，其中各符号画法的第一种为目前国标中所采用的符号，其他符号为旧标准符号，已废除)，常见电容器的外形如图 2.42 所示。根据 GB2470－1981《电子设备用电阻器　电容器型号命名方法》，电容器的型号命名如表 2.19 所列。

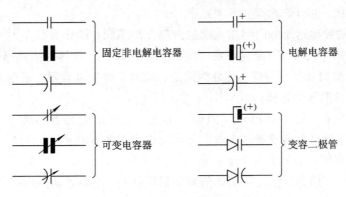

图 2.41　电容器的电路符号

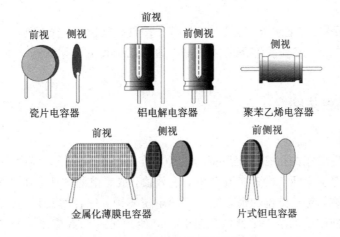

图 2.42　常见电容器的外形

表 2.19　电容器的型号命名方法

第一部分(主称)		第二部分(材料)		第三部分(特征、分类)					第四部分(序号)
符号	意义	符号	意义	符号	意义				
C	电容器	C	瓷介	1	瓷介	云母	电解	其他	用数字表示。对主称、材料相同，仅性能指标、尺寸大小有差别，但基本不影响互换使用的产品，给予同一序号；若性能指标、尺寸大小明显影响互换，则在序号后面用大写字母作为区别代号
		Y	云母	2	圆片	非密封	箔式	非密封	
		I	玻璃釉	3	管形	非密封	箔式	非密封	
		O	玻璃(膜)	4	叠片	密封	烧结粉固体	密封	
		B	聚苯乙烯	5	独石	密封	烧结粉固体	密封	
		F	聚四氟乙烯	6	穿心	—	—	穿心	
		L	涤纶	7	支柱	—	—	—	
		S	聚碳酸酯	8	—	—	无极性	—	
		Q	漆膜	9	高压	高压	—	高压	
		Z	纸介		—		特殊	特殊	
		J	金属化纸介	J	金属膜				
		H	复合介质	W	微调				
		D	铝电解						
		A	钽电解						
		N	铌电解						
		G	合金电解						
		T	钛电解						
		E	其他						

与电阻器相比，电容器具有如下特点：

（1）电容器的种类远比电阻器多。根据内部介质不同，可分为纸介、无机介质（云母、玻璃釉和陶瓷等）、有机介质（涤纶、聚丙烯、聚碳酸酯等）、气体介质和电解电容器（铝电解、钽电解等）；根据容量可调性，可分为固定、微调和可变电容器；根据有无极性，可分为非电解电容器和电解电容器。

（2）电容器容量的容差比电阻器阻值的容差大。通用电容器的容差一般为±5%～±20%，高容量电解电容器或者高介电常数陶瓷电容器的容差可达－20%～＋80%，但多数应用场合对电容精度的要求低于电阻器。

（3）电容器的容值稳定性比电阻器的阻值稳定性差。电容器的温度系数通常高于电阻器的温度系数。电容器的容量不仅随温度的变化而变化，而且有可能随工作电压或工作频率而变化。

（4）某些电容器（如电解电容器）与二极管一样具有极性，不能反接。

（5）电容器在交流工作状态下的额定电压通常低于直流工作状态下的额定电压，电阻器则往往相反。

2.4.2　可靠性相关特性

1. 额定电压

电容器的额定电压是指在额定温度与最小工作温度之间的任一温度下，可连续施加在电容器上的最大直流电压，或者交流电压的有效值，或者浪涌脉冲电压的峰值。

通常电容器在直流、交流和瞬态条件下的耐压不同，三者的关系为：额定交流电压＜额定直流电压＜能耐受的瞬态浪涌电压（图2.43给出了一个数值例子）。瞬态浪涌电压峰值通常是电容器直流耐压的2.5倍以上。引起电容器永久性损坏的电压称为击穿电压，击穿电压通常是额定直流电压的2倍左右。

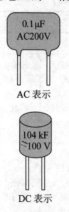

DC 额定电压	AC 额定电压
16 V	12 V
25 V	20 V
50 V	40 V
100 V	75 V
200 V	100 V
250 V	150 V
400 V	200 V
630 V(600 V)	250 V
1000 V	400 V
2000 V	500 V

图 2.43　某电容器直流（DC）额定电压和交流（AC）额定电压的比较

2. 容量稳定性

电容器的容量会随温度、工作电压、工作频率和老化时间而变化，其变化程度比电阻器更剧烈，而且不同类型的电容器可能呈现出完全不同的变化幅度和变化规律。图2.44给出了陶瓷电容器的容量随温度和直流电压的变化，可见不同型号产品的变化幅度以及变化规律差别很大。例如，同为陶瓷电容，在额定工作温度范围内，COG电容器的容量几乎不随温度变化，X7R 电容器的容量变化不超过 12%，而 Y5V 电容器的容量变化可达 70% 以上。电容器的标称容量通常是在 25℃ 下测量的容值。

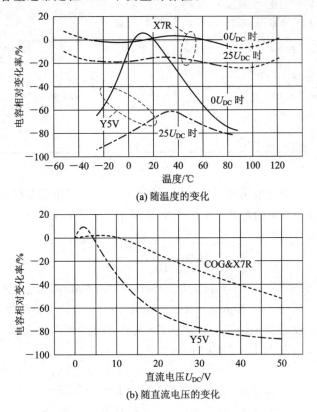

(a) 随温度的变化

(b) 随直流电压的变化

图 2.44　陶瓷电容器的容值随温度和直流电压的变化示例(电容测量频率为 1 MHz)

考虑到电容器容值随温度变化的差异很大，电容器的温度稳定性除用温度系数来表征外，还可用最大工作温度、最小工作温度、额定温度等参数表征，其中额定温度是指可以连续施加额定电压的最高环境温度。

在设计电容器的容量时，要充分考虑容量随温度、电压、频率以及时间等的变化。如果电容量的标称值为 $C_{标称}$，则在最坏情况下，电容的最大、最小值可由以下公式估算：

$$C_{实际最大} = C_{标称} \times (1 + 最大正容差) \times (1 + 最大正温度系数) \times (1 + 最大正电压系数)$$
$$\times (1 + 最大正频率系数) \times (1 + 最大正老化系数)$$

$$C_{实际最小} = C_{标称} \times (1 + 最大负容差) \times (1 + 最大负温度系数) \times (1 + 最大负电压系数)$$
$$\times (1 + 最大负频率系数) \times (1 + 最大负老化系数)$$

表 2.20 给出了三种不同类型电容器的最大、最小电容值的估算结果。这三种电容器具有相同的标称容值和初始容差。可见，实际电容值随容差、温度、电压、频率和时间的变化最大可以达到 10 倍以上，故不能忽视，尤其是在定时、调谐、振荡等对电容值的精度及稳定性要求高的电路中。对于不同类型的电容，容差或漂移的影响程度是不一样的，如在此例中，聚碳酸酯电容器最好，而 Z5U 多层陶瓷电容器最差。对于不同类型的电容，决定容值变化的关键因素也是不一样的，如聚碳酸酯主要受初始容差支配，而钽珠电容在高频段表现出了最坏的性能。

表 2.20 三种电容器容值变化范围的估算

电容类型	标称电容/μF	额定电压/V	初始容差	温度系数	电压系数	频率系数	老化系数	温度范围	电压范围/V	频率范围/kHz	实际最大电容/μF	实际最小电容/μF	变化比
Z5U陶瓷	0.1	50	−20%~+80%	+22%~−56%	在60%额定电压处为−35%	10 kHz处为−3%，100 kHz处为−6%	1000小时后为−6%	+10℃~+85℃	5~30	10~100	0.219	0.0202	11∶1
聚碳酸酯	0.1	63		±10%							0.11	0.089	1.23∶1
钽珠电解	0.1	35		±20%							0.125	0.038	3.29∶1

3. 高频特性

电容器具有一定的寄生电感和寄生电阻，在高频情况下对电容器的阻抗产生重要影响。电容器在低频和高频条件下的等效电路如图 2.45 所示，其阻抗在高频区可由下式表达：

$$Z_{\mathrm{C}} = \frac{1}{\mathrm{j}\omega C + \dfrac{1}{R_{\mathrm{P}}}} + \mathrm{j}\omega L_{\mathrm{S}} + R_{\mathrm{S}} \tag{2-5}$$

式中，L_{S} 为等效串联电感（ESL，Equivalent Series Inductance），主要取决于电容器的封装；R_{S} 为等效串联电阻（ESR，Equivalent Series Resistance），主要取决于工作温度、工作频率和导线电阻；R_{P} 是泄漏电阻，主要取决于电容的绝缘介质。表 2.21 给出了不同封装形式的表面贴装陶瓷电容器的 ESL 和 ESR 的典型值。

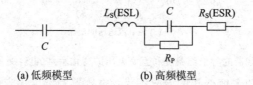

(a) 低频模型   (b) 高频模型

图 2.45 电容器等效电路模型

表 2.21 常用表面贴装陶瓷电容器的寄生参数典型值

类型	封装	ESL/nH	ESR@100MHz/MΩ
NPO	0603	0.6	60
	0805	1	70
	1206	1	90
X7R	0603	0.6	90
	0805	0.9	110
	1206	1.2	120
Y5V	0603	2.5	80
	0805	3.1	90
	1206	3.2	100
X5R	0603	0.4	60
	0805	1	80
	1206	1.1	110

　　电容器阻抗随频率的变化规律如图 2.46 所示。其中,谷点频率称为电容器的自谐振频率,其大小主要取决于电容器的电容值和寄生电感值;谷点处的阻抗则主要取决于电容器的串联电阻。在自谐振频率以下的频率区间,电容器呈容性,为电容器的正常工作频率范围;在自谐振频率以上的频率区间,电容器呈感性,此时电容器的阻抗被串联电感所制约。可见,高频寄生参数的存在限制了电容器的使用频率范围。

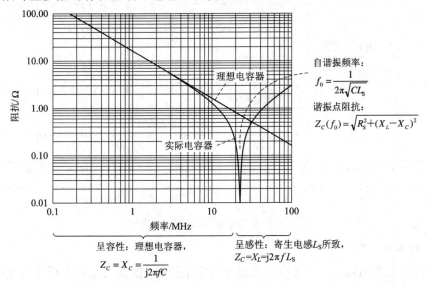

自谐振频率:
$$f_0 = \frac{1}{2\pi\sqrt{CL_S}}$$

谐振点阻抗:
$$Z_C(f_0) = \sqrt{R_S^2 + (X_L - X_C)^2}$$

呈容性:理想电容器,
$$Z_C = X_C = \frac{1}{j2\pi fC}$$

呈感性:寄生电感 L_S 所致,
$$Z_C = X_L = j2\pi f L_S$$

图 2.46　电容器的阻抗－频率特性($C=10$ nF, $L_S=5$ nH, $R_S=2$ mΩ)

　　电容器的寄生电感以及由寄生电感决定的自谐振频率和适用频率范围,与电容量、电容器材料以及封装形式有关。对相同类型的电容器,容量越大,自谐振频率越低,如容量为 10 nF 的陶瓷电容器的自谐振频率为 10~100 MHz,而 10 μF 钽电解电容的自谐振频率为 1 MHz。因此,对于宽频带应用的电容器,必须使用小容量电容器和大容量电容器的并联。对相同容量的电容器,电容尺寸越小,引线越短,则自感越小,自谐振频率越高,因此表面贴装片式电容器的自谐振频率高于引线插装的电容器。

　　表 2.22 对不同容量以及不同封装形式的电容器的自谐振频率进行了比较。可见,在同等容量下,插孔安装的引线电容的工作频率比表面贴装片式电容要低得多;在相同封装形式下,容量越低,则工作频率越高。图 2.47 给出了常用电容器的工作频率范围,其中实线为典型范围,虚线为可扩展范围。

表 2.22　不同容量和封装形式的电容器的自谐振频率估计值

电容值	插孔安装(管脚长度 0.25 英寸)	表面贴装(封装形式 0805)
1.0 μF	2.6 MHz	5 MHz
0.1 μF	8.2 MHz	16 MHz
0.01 μF	26 MHz	50 MHz
1000 pF	82 MHz	159 MHz
500 pF	116 MHz	225 MHz
100 pF	260 MHz	503 MHz
10 pF	821 MHz	1.6 GHz

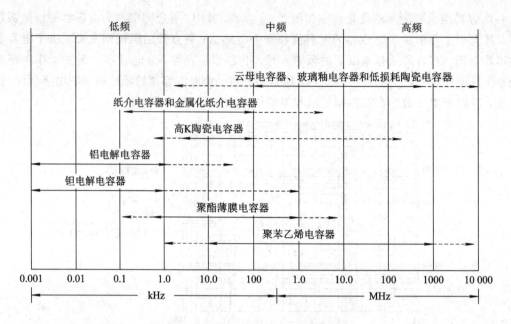

图 2.47　常用电容器的工作频率范围

4. 功耗相关参数

电容器的直流功耗是其泄漏电流流过泄漏电阻所致。泄漏电流是在给定的额定电压下流过电容器的直流电流值，与电容量以及所加直流电压成正比，可表示为

$$I_{\text{Leak}} = kCU_{\text{DC}} \qquad\qquad (2-6)$$

式中，C 是电容量，U_{DC} 是加在电容器两端的直流电压，k 是比例系数。

电容器的交流功耗是纹波电流流过等效串联电阻所致。纹波电流是通过电容器自身的交流电流有效值，它通过 ESR 会产生功耗而产生热量，从而影响电容器的寿命。

电容器的交流功耗亦称损耗，还可以用损耗因数（也称电介质损耗角正切值）来表征，其定义是

$$\tan\delta = \frac{\text{电容器阻抗的电阻分量 } Z_R}{\text{电容器阻抗的电抗分量 } Z_C} \qquad (2-7)$$

在理想电容器中，只要流过正弦交流电流，电容两端就会出现相位迟延 90°的电压，对于电流 I，可以认为电容器的阻抗偏移了 $-90°$，但实际电容器的偏移不到 $-90°$（参见图 2.48），这是由于电介质的分子（团）发生极化所致，相当于摩擦损耗，可使电容器发热。频率越高，电介质损耗角正切越大。

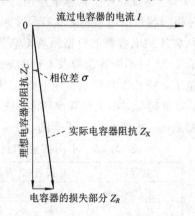

图 2.48　电容器电介质损耗角正切的定义

5. 电压记忆效应

如图 2.49 所示，如果将电容先充电至高电平 V_A，然后将其对地短路或者接至低电平 V_B 令其充分放电后，再让电容开路。理论上，此时电容两端的电压应为零，但某些电容的

端电压会缓慢上升至某一电压 ΔU。此效应称为电压记忆效应，来源于电容器的介质吸收（DA，Dielectric Absorption），即介质分子中的偶极子需要时间在电场中排列自己。电压记忆效应的强弱可以用介质吸收系数来表征：

$$DA = \frac{\Delta U}{V_A - V_B} \qquad (2-8)$$

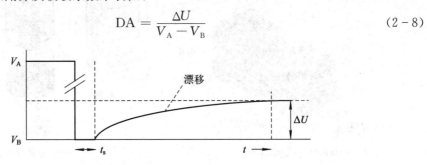

图 2.49　电压记忆效应示意图

电压记忆效应对采样保持电路影响最大，会导致经历采样高电平→采样低电平→保持低电平之后，低电平保持不住。如图 2.50 所示，当开关 S_1 接高电平 V_1、S_2 接通时，对电容 C 充电；当开关 S_1 接低电平 V_2、S_2 接通时，电容 C 放电；当 S_2 断开时，C 对地应保持低电平，即 $V_Y = 0$，但因电压记忆效应的影响，V_Y 将缓慢上升，从而使放大器输入端电压上升，这有可能导致后级模数转换器（ADC）的输入信号发生错误。除了影响采样保持电路的低电平之外，电压记忆效应也会影响放大器、高通滤波器等电路的瞬态响应。

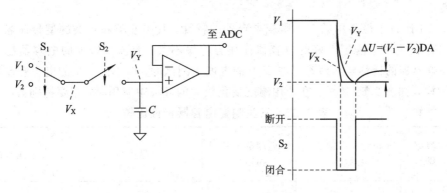

图 2.50　电压记忆效应对采样保持电路的影响示例

对于不同类型的电容器，电压记忆效应的强弱不同，其中聚苯乙烯和聚丙烯电容的介质吸收系数最低，约为 0.02%；其次是陶瓷和聚碳酸酯电容，约为 0.2%；再次为云母、玻璃、钽电解电容，约为 0.5%；最差是铝电解电容，有可能达到 10%。

2.4.3　非电解电容器的选用

电容器的类型众多，但用量最大的有两类。小容量电容器以陶瓷电容器居多，特别是多层陶瓷电容器（MLCC，Multi-Layer Ceramic Capacitor）。MLCC 以钛酸钡为主的陶瓷材料为介质，在陶瓷的两面喷涂金属作为极板构成，典型结构如图 2.51(a) 所示。大容量电容器以电解电容器居多，特别是铝电解电容器，它是用浸有糊状电解质的吸水纸夹在两条铝箔中间卷绕而成，以表面经凹凸腐蚀处理后的 Al_2O_3 膜为介质，典型结构如图 2.51(b)所示。

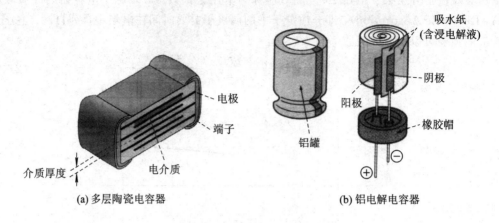

(a) 多层陶瓷电容器　　　　　　　　　　(b) 铝电解电容器

图 2.51　用量最大的两类电容器

　　陶瓷电容器的优点是：容量范围大，可达 10 pF～1 μF；寄生电感低，由于采用多层介质叠加结构（而非如铝电解电容器那样的卷绕结构），ESL 和 ESR 都非常低，特别适用于高频滤波；体积小，适合片式和表面贴装应用（片式电容的封装有 0603、0805、1206 等）；可靠性高，容值稳定性好，耐高温，耐潮湿；安全性高，电容击穿时不燃烧，不爆炸。它的缺点是：工作电压较低，通常小于等于 63 V；大容量仍然无法实现；机械强度低，相对易碎、易裂。

　　表 2.23 比较了最常用的三类陶瓷电容器的特性，其中 Ⅱ 类和 Ⅲ 类的型号命名规则如表 2.24 所列。可见，稳定性好的电容器往往容值做不大，容值可做大的电容器稳定性较差。陶瓷电容器的标称电容值都是在 25℃ 的温度下测试的，但不同类型的电容随温度的变化大不一样，如图 2.52 所示，在使用温度变化较大的环境中应用时，需要特别留心。

表 2.23　三类陶瓷电容器特性比较

类别	典型型号	相对介电常数与容量	温度范围及稳定性	可靠性特征	应用范围
Ⅰ 类	COG、NPO	15～100，电容值范围受限（<1000 pF）	−25～+85℃ ±10%	最好，容值几乎不随电压或频率而变化	适于高频、特高频、甚高频应用场合
Ⅱ 类	X5R、X7R	2000～4000，可在合理的封装尺寸内达到 1 μF	−55～+125℃ ±15%	中等，稳定性不如 COG，损耗较大，电容值和损耗因素随电压和频率的变化大	适于中低频应用场合
Ⅲ 类	Y5V、Z5U	高，可做较大容量电容	−30～+85℃ ±22%～−82%	差，精度低，温度系数高，额定温度范围窄，损耗也大	目前已较少使用

表 2.24 Ⅱ类和Ⅲ类陶瓷电容器的型号命名法

第一个字母	最低温度/℃	中间的数字	最高温度/℃	最后一个字母	温度稳定性
Z	+10	2	+45	A	±1.0%
Y	−30	4	+65	B	±1.5%
X	−55	5	+85	C	±2.2%
		6	+105	D	±3.3%
		7	+125	E	±4.7%
				F	±7.5%
				P	±10.0%
				R	±15.0%
				S	±22.0%
				V	+22.0%～−82.0%

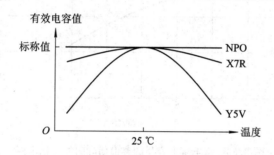

图 2.52 相同容量、不同类型的陶瓷电容器的温度特性示意图

除了陶瓷电容器之外，市场上还有多种类型的非电解电容器，比如有：

(1) 有机介质电容器：相对于无机介质电容器，其容量范围大、绝缘电阻高、工作电压高、温度范围宽，但化学稳定性差、易老化。其中又可分为聚酯膜、聚碳酸酯、聚丙烯和聚苯乙烯等类型。聚酯膜电容亦称金属化聚乙烯电容，温度系数小，介质损耗较大且明显地随温度和工作频率变化；聚碳酸酯电容的温度系数小，介质损耗低，耐热性好；聚丙烯和聚苯乙烯电容的介质损耗极低，温度系数为负且不低，耐热性差（软化温度为 75～100 ℃），尺寸较大。

(2) 金属化纸介电容：以镀有铝箔的蜡纸作为介质，容量范围为 10 nF～10 μF，最高耐压 500 V，精度为 ±10%，温升小，过功率能力强。与塑料相比，它不易自燃，但易吸潮。

(3) 云母电容：通过在云母上镀银，多层层叠而成，容量范围为 5～5100 pF，工作电压为 50～500 V，精度可达 ±0.5%，稳定性好，分布电感小，精度高，损耗低，绝缘电阻大，温度特性和频率特性好，但造价高、容量体积比小，适合用于高电压、大功率的场合。

(4) 玻璃釉电容：介电系数高，体积小，损耗低，稳定性好，漏电流低，能在较高温度下工作，耐潮湿性较好，但造价贵，适合用于电子仪器。

2.4.4 电解电容器的选用

铝电解电容器的容量体积比在所有电容器中是最高的，而且价格低，因而成为大容量电容器的主角，但从可靠性角度看，该类型电容器存在以下问题。

1. 寿命较短

铝电解电容器的工作寿命和储存寿命都有限，因为内部的电解液会逐渐干涸，导致电容量逐渐减少，是少数几种不使用也会退化的电子元件之一。在各类电容器中，铝电解电容器受温度影响而老化的程度最高，储存寿命最短。普通电解电容器在 105 ℃下的寿命约为 1000～2000 h，高可靠电容器可达到 7000 h。在高温区满足 10℃法则，即温度每升10℃，其寿命将减少到原来的一半。

影响铝电解电容器寿命的主要因素有环境温度、自身发热、整体密封性、施加的电压等。图 2.53 给出了不同环境温度下铝电解电容器的容值随时间的变化曲线，可见温度越高，容值的退化越快。

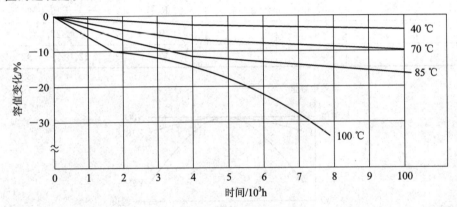

图 2.53　铝电解电容器的容值随时间的退化示例

2. 工作温度范围较窄

铝电解电容器比较怕热，高温下可能有气体逸出，不仅会影响周边元器件，而且有可能诱发电容器爆炸，因此工作温度严禁超过额定温度，安装时要使其远离热源。同时，铝电解电容器的电容量还会随温度降低而减少（如图 2.54 所示），相对于室温，－40℃时的容值可能会下降 20％以上。

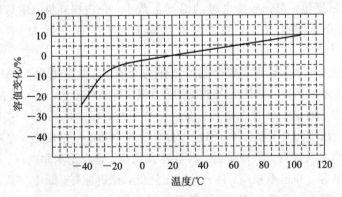

图 2.54　铝电解电容器随温度的相对变化示例

限于上述两方面的因素，铝电解电容器的工作温度范围较窄，其最大工作温度范围约为－40～＋85℃，典型工作温度范围只有 0℃～＋60℃（电容变化量为±20％时）。

3. 寄生参数大

铝电解电容器采用卷绕式结构，分布电感大，导致其自谐振频率有可能低于 100 kHz，故常用于 25 kHz 以下的低频电路，包括低频旁路、滤波及耦合电路。铝电解电容器的 ESR 在所有电容器中是最大的，且随温度变化剧烈，随温度的下降而急剧上升，−40℃ 的阻值有可能上升到 +25℃ 时的 10～100 倍，如图 2.55 所示。图中各电容器的电容值均为 0.47 μF，测试频率为 100 kHz，其中 OS 为有机半导体铝固体电解电容器，其寿命与漏电、高温、高频特性均优于普通铝电解电容器，但价格昂贵，多用于要求高保真、高稳定的系统。

多个小容量电解电容器并联的串联阻抗要低于单个同容量电解电容器。

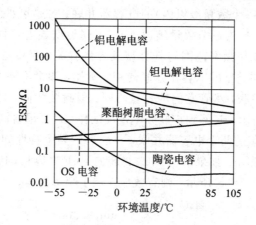

图 2.55　常用电容器 ESR 随环境温度变化特性

4. 漏电和功耗大

铝电解电容器在所有电容器中漏电最大，其漏电流与电容值和工作电压成正比，且随温度的上升而上升，在最高允许工作温度下的漏电流有可能是 25℃ 下的 10 倍。

由于等效串联电阻大，导致交变电流通过时的功耗大，电容器内部的温升严重，更加剧了电容器的失效进程。等效串联电阻会随老化时间的增长持续增加，有可能增加 100% 以上，从而对其功耗及寿命产生严重影响。

5. 体积、重量与极性

铝电解电容器通常是电路中体积最大和质量最大的元件，抗振动性能较弱，因此需小心选择固定安装方式，保证其连接端的机械强度。

另外，铝电解电容器具有极性，不能反接。如电路要求无极性（如作为级间耦合电容），可使用特制的无极性电解电容器（内部为两个电容串联）。

在高可靠应用场合，可用钽固态电解电容器取代铝电解电容器。这种电容器采用固体二氧化锰作为电介质，烧结的钽块作为阳极。与铝电解电容器相比，钽固态电解电容器的优点是：温度范围宽，可达 −55～+125℃；漏电流小，绝缘电阻高；损耗因数低，约为 0.04～0.1，比铝电解电容好两倍以上；温度稳定性好，工作温度范围内的容值变化仅为 ±3%～±15%；高频寄生参数小，ESL 和 ESR 均远低于铝电解电容；体积小，容量体积比大于铝电解电容器，可做成片状电容；可靠性高，寿命长，失效率比铝电解电容器低 1～2 个数量级，常常用于军事设备。其缺点是价格高（钽属于稀有金属），耐电压和耐电流的能力较低，特别是对瞬变电流的承受力差，因此使用时多采用较大的降额系数，一般要求钽电容的额定电压需降额 50% 以上，对于感性负载需降额 70% 以上。

2.4.5 综合应用

1. 电容器的并联或串联应用

如上所述，不同容量、不同类型的电容器往往具有不同的特性，因此实际应用时可通过电容器的并联或者串联实现协同应用。

电容器的并联应用有两个方面的作用：一是可增大电容总容量，此时通常采用相同类型、容量相近（容量差在一个数量级以内）的电容器并联；二是可扩大应用频率范围，此时通常采用不同容量（容量差在一个数量级以上）、不同类型或者不同封装形式的电容器并联。这是因为电容器的工作频率范围与其类型及容量有关，要获得较宽的工作频率范围，必须要将不同容量、不同类型的电容器并联使用。例如，如果将同为 0603 封装的 1 μF 和 0.01 μF 的两个电容器并联，尽管它们的容量不同，但封装相同，故 ESL 相同，并联后的频率特性如图 2.56(a) 所示，起不到扩展频率范围的作用。如果将同为 0.01 μF，但分别采用 0603 封装和 0402 封装的两个电容器并联，并联后的频率特性如图 2.56(b) 所示，同样起不到扩展频率范围的作用。如果采用 0603 封装的 1 μF 电容和 0402 封装的 0.01 μF 的电容并联，频率特性如图 2.56(c) 所示，则有效地扩展了频率范围。

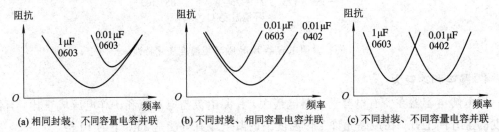

(a) 相同封装、不同容量电容并联 (b) 不同封装、相同容量电容并联 (c) 不同封装、不同容量电容并联

图 2.56 两电容并联的阻抗－频率特性示例

再举一例，如果电路要求在频率区间 3～300 MHz 内的滤波器阻抗小于 0.5 Ω，可将 1000 pF、0.01 μF、0.1 μF 的三个瓷片电容并联，其中 0.1 μF 电容的频率范围为 3～300 MHz，0.01 μF 为 30～300 MHz，如图 2.57 所示。

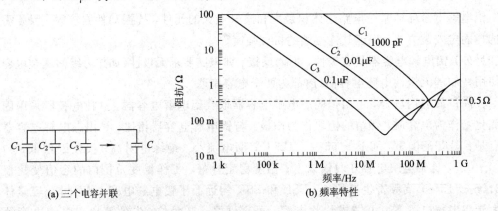

(a) 三个电容并联 (b) 频率特性

图 2.57 三种容量的片状多层陶瓷电容并联后的频率特性

　　电容器串联应用的好处是可以降低单个电容器耐受的实际供电电压，从而增加其性能和寿命，但可能出现的问题是即使各个电容器的标称容量相同，直流漏电阻也可能有明显差别，导致各个电容器实际承受电压有较大不同，有可能使个别电容器因过压而损坏。解决方法是给每个电容器并接一个泄漏电阻，其阻值远小于电容器中最小的漏电阻，如图 2.58 所示。这样可使电容器的工作电压小于额定最大电压，同时可缩短电源关断时的放电时间，对安全有利。这样做的副作用是会增加整个电路的漏电流，但对于大部分应用（特别是高压滤波器）是可以接受的。

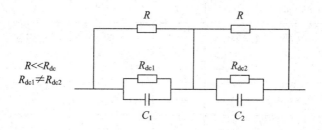

图 2.58　电容器串联应用时的对策

2. 不同类型电容器可靠性的比较

如果将各种类型电容器的可靠性加以比较，则有如下结果：

（1）失效率（从小到大）：云母→涤纶→聚苯乙烯→玻璃釉→瓷片→密封纸介→金属化纸介→固体钽电解→液体钽电解→铝电解。

（2）容量稳定性与低漏电（从优到差）：固体钽电解→液体钽电解→铝电解。

（3）抗过流过压能力（从强到弱）：无机介质→高分子有机介质→电解。

可见，在失效率方面，有机介质比无机介质好，但在带负载能力方面，则是无机介质优于有机介质。综合而言，在所有电容器中，铝电解电容器的可靠性最差，云母电容器的可靠性最好，因为云母是自然界稳定性最好的绝缘材料。

各种电容器的失效模式可能有所不同，部分类型电容器的失效模式如表 2.25 所列。

表 2.25　部分电容器的主要失效模式

电容器类型	正常使用失效	过电压失效
铝电解电容	开路	短路
陶瓷电容	开路	短路
云母电容	短路	短路
聚酯电容	短路	短路
金属化聚酯电容	漏电	噪声大
固体钽电容	短路	短路

表 2.26 给出了各类电容器的主要技术指标和部分可靠性指标，供读者选购时参考。

表 2.26 各类电容器主要指标对照表

名称(代号)	容量范围	额定电压/V	工作温度/℃	温度系数/(ppm/℃)	容量精度/%	tanδ	容量/体积[①]
纸介电容器 (CZ)	470 pF~ 10 μF	63~ 30 000	−55~ +100	±5%~ ±10%[②]	±5, ±10	0.01	中
金属化纸介电容器 (CJ)	0.022~ 30 μF	160~ 1600	−55~ +70	±5%~ ±10%[②]	±5, ±10, ±20	0.015	中
涤纶电容器 (CL)	100 pF~ 4 μF	63~ 10 000	−55~ +125	+200~ +600	±5, ±10, ±20	0.01	大
聚苯乙烯电容器 (CB)	10 pF~ 0.68 μF	400~ 1500	−55~ +85	−100~ −200	−0.1~ ±20	0.05	中
聚丙烯电容器 (CBB)	0.1~ 150 μF	100~ 30 000	−55~ +85	−100~ −300	±5, ±10, ±20	0.01	中
聚碳酸酯电容器 (CQ)	0.1~ 20 μF	50~ 250	−55~ +125	±200	±5, ±10, ±20	0.025	大
聚四氟乙烯电容器 (CF)	560~ 22 000 pF	250~ 1000	−55~ +200	−100~ −200	±5, ±10, ±20	0.002	中
瓷介电容器 (CC)	1~3600 pF	160~ 500	−55~ +125	+200~ −1300	±10	0.0015	中
独石电容器 (CT)	0.01~ 2.2 μF	40~ 100	−55~ +85	+33~ −2200	±10, ±20	0.04	大
云母电容器 (CY)	4.7~ 4700 pF	100~ 500	−55~ +125	±50~ ±200	±2, ±5, ±10	0.0015	小
玻璃釉电容器 (CI)	0.0047~ 3.9 μF	100~ 250	−55~ +100	+40~ +100	±5, ±10, ±20	0.035	大
铝电解电容器 (CD)	0.47~ 2000 μF	6.3~ 500	−55~ +85	+40%~ −90%[②]	+10~ +100	0.35(12 V)	小
钽电解电容器 (CA)	4.7~ 2000 μF	6.3~ 500	−55~ +125	固体钽: ±15% 液体钽: ±25% ~−70%[②]	+50~20	0.15(16 V)	大
铌电解电容器 (CN)	2.2~ 470 μF	6.3~63	−55~ +85	−10%~ +20%[②]	±20	—	大

注: ① 指这类电容器体积相同时容量大小的比较。
② 此类容量温度特性较差的电容器直接用容量温度变化百分比表示。

2.5　二极管的选用

2.5.1　概述

二极管和晶体管属于半导体分立器件。GB/T 249—1989《半导体分立器件型号命名方法》的具体规定如表 2.27 所列。

表 2.27　半导体分立器件型号命名方法

第一部分		第二部分		第三部分				第四部分	第五部分
用数字表示器件的电极数目		用汉语拼音字母表示器件的材料和极性		用汉语拼音字母表示器件的分类				用数字表示器件序号	用汉语拼音字母表示规格号
符号	意义	符号	意义	符号	意义	符号	意义		
2	二极管	A	N 型锗材料	P	小信号管	FH	复合管		
		B	P 型锗材料	V	混频检波管	PIN	PIN 管		
		C	N 型材料	W	电压调整/电压基准管	ZL	整流管阵列		
		D	P 型硅材料	C	变容管	QL	硅桥式整流器		
3	晶体管	A	PNP 型锗材料	Z	整流管	SX	双向晶体管		
		B	NPN 型锗材料	L	整流堆	DH	电流调整管		
		C	PNP 型硅材料	S	隧道管	SY	瞬态抑制二极管		
		D	NPN 型硅材料	K	开关管	GS	光电子显示器		
		E	化合物材料	X	低频小功率管	GF	发光二极管		
				G	高频小功率管	GR	红外发射二极管		
				D	低频大功率管	GJ	激光二极管		
				A	高频大功率管	GD	光敏二极管		
				T	闸流管	GT	光敏晶体管		
				Y	体效应管	GH	光耦合管		
				B	雪崩管	GK	光开关管		
				J	阶跃恢复管	GL	摄像线阵器件		
				CS	场效应晶体管	GM	摄像面阵器件		
				BT	特殊晶体管				

二极管是一种两端器件，其基本特征是单向导电性。根据用途，可分为整流、检波、电压调整与电压基准、变容、发光和光电等二极管；根据材料，可分为硅、锗和化合物半导体二极管；根据结构，可分为 PN 结、肖特基结和隧道结等二极管。二极管的电路符号如图 2.59 所示，常见二极管的外形如图 2.60 所示。

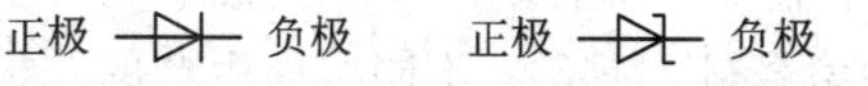

正极　——▷|——　负极　　　正极　——▷⌐——　负极

　　(a) 常规二极管　　　　　　(b) 肖特基二极管

图 2.59　二极管的电路符号

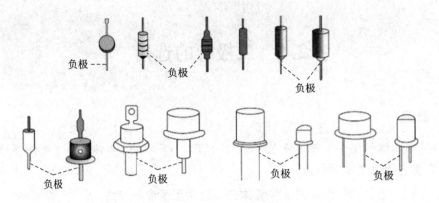

图 2.60　常见二极管的外形

2.5.2　可靠性相关特性

1. I-U 曲线的非理想性

理想二极管与实际二极管电流－电压（I-U）曲线的对照如图 2.61 所示。与理想二极管相比，实际二极管至少有四个参数与可靠性相关，即反向漏电流、最大正向电流、正向压降和反向击穿电压。

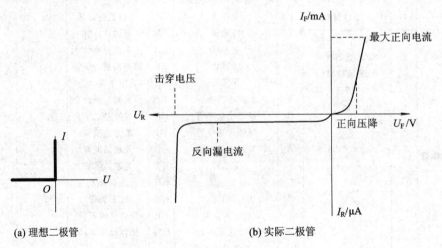

(a) 理想二极管　　　　　　　　(b) 实际二极管

图 2.61　二极管的 I-U 特性曲线

1）反向漏电流

二极管的反向漏电流具有两个特点。一是对温度敏感，在较高温度区间，漏电流随温度上升而呈指数型上升。一般而言，温度每上升 10℃，漏电流可能会升一倍。对于某种器件，25℃时的漏电流为 0.1 μA，70℃时可能达到 2.2 μA。二是离散性大，批间、片间、管间的漏电流差异可达到一个数量级以上。

从图 2.62 可见，同种型号（IN4148）、不同厂商生产的二极管，漏电流有明显的差异。整流二极管（IN4004）的漏电流甚至可能比小信号二极管（IN4148）还低。这反映出反向漏电流是质量与可靠性的敏感参数。

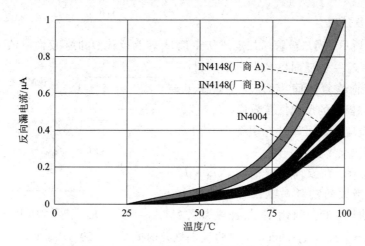

图 2.62 二极管反向漏电流随温度的变化曲线

2）最大正向电流

最大正向电流是二极管在长时间连续使用时允许通过的正向电流最大值。由于二极管的正向压降随电流的变化不大，因此正向电流的大小决定了二极管功耗的高低。

二极管的最大允许结温由其可靠性要求决定（如硅二极管的最大允许结温约为 125～200℃），最大允许功耗由最大允许结温和热阻决定，最大正向电流则由最大允许功耗决定。

3）正向压降

正向压降由二极管的材料特性决定，与其可靠性关系不直接，唯一需要注意的是正向压降与结温有一定的相关性，将随结温的上升而减少。如图 2.63 所示，齐纳二极管正向压降的温度系数约为 $-1.4 \sim -2\ \mathrm{mV/℃}$。

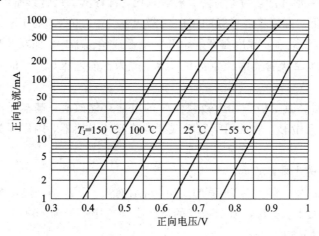

图 2.63 不同结温（T_J）下齐纳二极管的正向导通特性

4）反向击穿电压

反向击穿电压的温度敏感性远低于反向漏电流和正向压降。应该注意的是，当外加反向电压接近但未超过击穿电压时，往往已经给器件带来隐性损伤，因此使用时要尽可能使工作电压远低于击穿电压，而且一般不要轻易地去测试击穿电压。

2. 反向恢复效应

如图 2.64 所示，当二极管所加电压从正偏 U_F 转为反偏 U_R 时，反向电流 I_R 并未直接趋近于 0，而是呈现一个反向电流脉冲，经过一段时间（称为反向恢复时间）后才会趋近于 0。这种现象称为二极管的反向恢复效应。

反向恢复效应会对可靠性产生两个方面的不利影响：

（1）产生功耗。在反向恢复期间，$U_R \cdot I_R$ 形成了一个相当大的功耗，导致器件结温上升。为减少此功耗，专门研制了"快速恢复"二极管（FRD，Fast Recovery Diode），可将反向恢复时间从 $1\sim20\ \mu s$ 减少到 $0.15\sim0.2\ \mu s$。

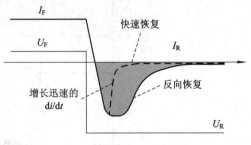

图 2.64　二极管的反向恢复特性

（2）形成浪涌。在反向恢复期间，会出现极高的 di/dt，如果通过电感负载，会在电路中形成很大的浪涌电压。为减少浪涌，专门研制了 di/dt 较小的"软恢复"二极管（SRD，Step Recovery Diode，也称阶跃恢复二极管或超快恢复二极管），使反向浪涌的边沿软化。显然，延长反向恢复时间对于减少 di/dt 是有利的，但会增加功耗，实际设计时需做均衡考虑。

反向恢复效应对高电压、高速变换电路的影响较大。它对开关电源的影响在 6.4 节有具体分析。

2.5.3　不同类型二极管的选用

1. 肖特基二极管

PN 结二极管是利用 P 型半导体与 N 型半导体接触形成的，肖特基二极管则是利用半导体与金属整流接触形成的。与 PN 结二极管相比，肖特基二极管具有以下优点：

（1）正向压降低。肖特基二极管的正向压降为 $0.4\sim0.5\ V$，而 PN 结二极管为 $0.6\sim1\ V$，故前者功耗低于后者，常用在高效率开关电源或整流器中。如在 5 V 开关电源中，正向压降为 1 V 的整流二极管需消耗 20% 的功率，改为正向电压 0.5 V 时可降至 10%，从而提高了开关效率。

（2）速度快。肖特基二极管无少数载流子的电荷存储效应，基本无反向恢复效应，反向恢复时间可短至几纳秒，故常用于射频混频器或高速转换器，用作开关电源时的开关频率可达几百千赫。

肖特基二极管的主要缺点是：

（1）反向漏电流大。肖特基二极管的反向漏电流通常比 PN 结二极管高一个数量级左右。

（2）击穿电压做不大。肖特基二极管的反向击穿电压一般为 $40\sim60\ V$，而 PN 结二极管最高可以达到 $1\ kV$ 以上。

（3）易受静电、浪涌而被破坏。

根据上述，与 PN 结二极管相比，肖特基二极管更适用于低电压、大电流、高速电路。

2. 电压基准二极管

电压基准二极管（亦称稳压二极管）是利用二极管反向击穿电压基本不随电流变化的特性来为电路提供基准电压的。基准电压有可能随温度的变化而有所变化，其规律如图 2.65

所示。图中为飞利浦 BZX79 系列二极管，温度系数测试电流为 5 mA，在 27 V 以上为 2 mA。可见，在 6 V 以下的低电压区域，基准电压的温度系数为负值；在 6 V 以上的高电压区域，基准电压的温度系数为正值；在 4.7～5.9 V 附近的电压基准二极管具有最低的温度系数，故对温度要求很高的场合可选用该稳压值区间的器件；在 5.6～5.9 V 附近具有最接近普通二极管正偏电压的温度系数（＋2 mV/℃），故常用作精密基准二极管。

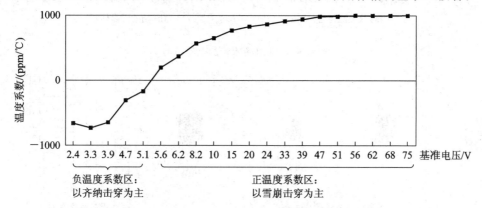

图 2.65　电压基准二极管的温度系数与基准电压的关系

3. 不同类型二极管的可靠性选用

对于不同类型的二极管，选用时需注意的可靠性问题有：

（1）小信号开关二极管：工作电流通常小于 10 mA，击穿电压也较低，应注意大电流高电压冲击导致的破坏。

（2）整流二极管：可承受大电流和高电压，但 PN 结电容较大，不宜使用在高频电路中。

（3）肖特基二极管：正向导通压降低，反向恢复时间很短，但耐压较低，漏电流较大，应注意浪涌和静电产生的破坏。

（4）稳压二极管：齐纳二极管多作为电压基准，雪崩二极管多作为电压箝位，注意限制反向击穿电流不要超过规定限度。

2.6　晶体管的选用

2.6.1　概述

晶体管是构成电子电路的最基本的有源器件，起着放大、开关、整流、探测等作用。

晶体管的类型众多。根据结构划分，有双极晶体管（NPN、PNP）、场效应晶体管（JFET、MOSFET，N 沟道、P 沟道）、绝缘栅双极晶体管（IGBT）等；根据电路载体划分，有分立晶体管和集成晶体管；根据封装形式划分，有塑料封装和金属封装、引线插装和表面贴装晶体管等。

常用晶体管的电路符号如图 2.66 所示，各种封装的晶体管的外形如图 2.67 所示。图 2.67 中，E、B、C 分别表示双极晶体管的发射极、基极、收集极，S、G、D 分别表示场效应晶体管的源极、栅极、漏极。

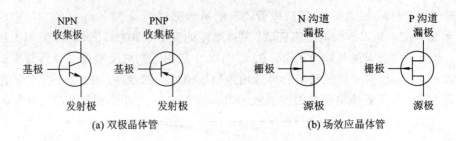

图 2.66　常用晶体管的电路符号

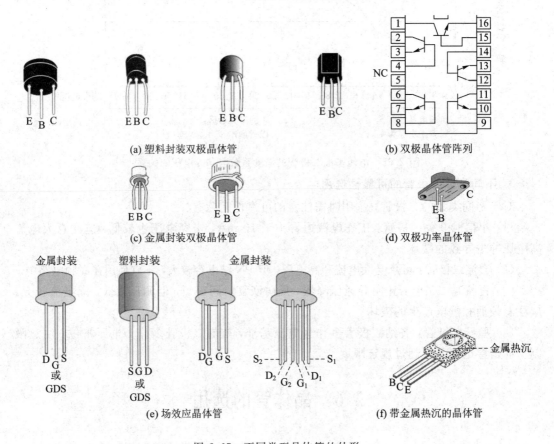

图 2.67　不同类型晶体管的外形

2.6.2　可靠性相关特性

1. 影响可靠性的因素

在 GJBZ 299C《电子设备可靠性预计手册》中，给出了各种元器件在应用条件下的失效率（称为工作失效率）计算公式。从这些公式可以了解影响元器件可靠性的各种因素。其中，晶体管工作失效率的计算公式为

$$\lambda_P = \lambda_b \pi_E \pi_Q \pi_A \pi_{S2} \pi_r \pi_C \tag{2-9}$$

即 λ_P 由 7 个系数的乘积构成，其中每个系数的含义如下：

（1）λ_b 是基本失效率，由晶体管的材料与结构决定，可表示为

$$\lambda_b = A \exp\left(\frac{N_T}{T+273+\Delta T \cdot S}\right) \exp\left[\left(\frac{T+273+\Delta T \cdot S}{T_M}\right)P\right] \quad (2-10)$$

式中，A 为失效率水平调整参数，N_T、P 为形状参数，T_M 为无结电流时的最高允许结温，T 为工作环境温度或带散热片功率器件的管壳温度，ΔT 是 T_M 与满额时最高允许温度的差值，S 为工作电应力与额定电应力之比。可见，晶体管的基本失效率主要取决于工作温度。

（2）π_E 是环境系数，反映了不同的应用环境对失效率的影响。标准中规定的环境类别可分为 19 个等级，从宽松到恶劣，环境系数值会逐渐加大。这 19 个环境类别是：GB（地面良好）、GMS（导弹发射井）、GF1（一般地面固定）、GF2（恶劣地面固定）、GM1（平稳地面移动）、GM2（剧烈地面移动）、MP（背负）、NSB（潜艇）、NS1（舰船良好舱中）、NS2（舰船普通舱中）、NU（舰船舱外）、AIF（战斗机座舱）、AMF（战斗机无人舱）、AIC（运输机座舱）、AUC（运输机无人舱）、ARW（直升机）、SF（宇宙飞行）、ML（导弹发射）、MF（导弹飞行）。

（3）π_Q 是质量系数，是晶体管质量等级的定量表征参数，反映了同种类别与型号晶体管的可靠性差异。2.1.2 节对质量等级已有详细介绍。

（4）π_A 是应用系数，反映了晶体管在不同电路中应用时的可靠性差异。例如，用作线性放大、逻辑开关、高频、微波电路时，晶体管的失效率表现可能会有所不同。

（5）π_{S2} 是电压应力系数，定义为工作电压与额定电压之比。以额定电压为参照，晶体管的工作电压越低，可靠性越高。π_{S2} 实际上是晶体管的电压降额系数。

（6）π_r 是功率应力系数，定义为工作功率与额定功率之比。以额定功率为参照，晶体管的工作功率越小，可靠性越高。π_r 实际上是晶体管的功率降额系数。

（7）π_C 是结构系数，反映了晶体管应用时的组合形式对可靠性的影响。晶体管应用时可采用单管和组合管两种形式，组合管可采用不匹配或互补对、匹配对、达林顿对、双发射极和复式发射极等不同形式。

2. 双极晶体管的可靠性相关参数

1）漏电流和击穿电压

双极晶体管可视为两个 PN 结二极管组合而成，因此 PN 结二极管的可靠性相关参数也是双极晶体管的可靠性相关参数，如 2.5.2 节所介绍的反向漏电流和反向击穿电压等。如图 2.68 所示，双极晶体管的漏电流和击穿电压包括基极－发射极的漏电流 I_{EBO} 和击穿电压 BU_{EBO}、基极－收集极的漏电流 I_{CBO} 和击穿电压 BU_{CBO}、发射极－收集极的漏电流 I_{CEO} 和击穿电压 BU_{CEO}。

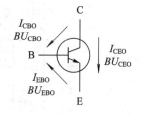

图 2.68 双极晶体管的漏电流和击穿电压

与二极管一样，双极晶体管的反向工作电压接近击穿电压时，就有可能带来隐性损伤，造成器件可靠性劣化。图 2.69 给出了一个实例。由晶体管与电阻、电容构成了单稳态多谐振荡器，在工作过程中，晶体管的 B－E 结周期性地承受反向偏置电压 U_{EB}。当电源电压 $U_{CC}=6$ V 时，U_{EB} 远小于晶体管 B－E 结的反向击穿电压 BU_{EBO}，就不会给晶体管带来损伤，故其直流电流增益 h_{FE} 不随时间退化；当 $U_{CC}=12$ V 时，U_{EB} 比较接近 BU_{EBO}，给晶体管带来一定的隐性损伤，h_{FE} 开始随时间而退化；当 $U_{CC}=18$ V 时，U_{EB} 更加接近 BU_{EBO}，给晶体管带来更显著的损伤，h_{FE} 的退化更加严重。

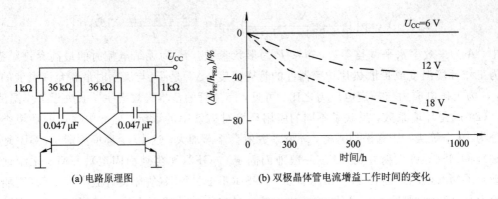

(a) 电路原理图   (b) 双极晶体管电流增益工作时间的变化

图 2.69   单稳态多谐振荡器的退化

2）电流增益

双极晶体管的直流电流增益 h_{FE} 或交流小信号电流增益 β 随收集极电流和温度而变化，设计时不能作为一个稳定参数。如图 2.70 所示，进入高电流区或者进入低电流区，电流增益均要下降，中间的平坦区的范围对于不同类型的管子会有所不同。另外，电流增益会随温度的上升而增加，随温度的下降而减少，最大变化幅度可达常温值的 2～3 倍。

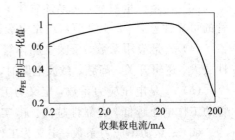

图 2.70   双极晶体管直流电流增益随收集极电流的变化

3）温度稳定性

双极晶体管的电性能参数（工作电流、增益、耐压、漏电流、功耗等）均为温度的函数。由图 2.71 可看出，双极晶体管的集电极电流具有正温度系数，而正向压降具有负温度系数。双极晶体管工作电流的正温度系数是导致热电正反馈，从而产生二次击穿的主要原因。与之相反，场效应晶体管的工作电流一般具有负温度系数，因此不会形成二次击穿。

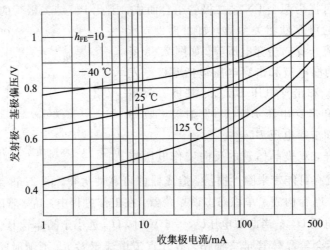

图 2.71   不同温度下双极晶体管的发射结偏压－收集极电流特性

4）安全工作区

为保证晶体管的可靠性，工作时允许施加的最大电流、电压区域称为安全工作区。双极晶体管的安全工作区如图 2.72 所示，它由四个边界所限定，各个边界分别由最大收集极电流、最大耗散功率、最大二次击穿耐量和最大发射极－收集极击穿电压所限制。

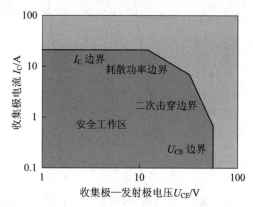

图 2.72　双极晶体管安全工作区的定义

脉冲工作时的最大电流和耗散功率大于直流工作情形，故安全工作区更大。图 2.73 比较了双极晶体管在直流和脉冲工作状态下的安全工作区，可见在交流或者脉冲工作条件下的安全工作区比在直流工作条件下的安全工作区更大。在脉冲工作条件下，脉冲宽度越窄，安全工作区越大。仅在直流工作状态下，二次击穿会影响到安全工作区。

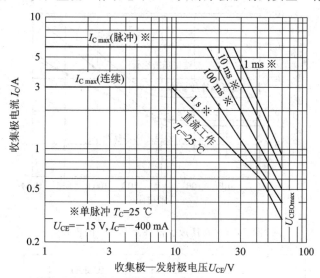

图 2.73　双极晶体管（型号为 2SD1406）在直流和脉冲工作状态下的安全工作区

2.6.3　不同类型晶体管的选用

1. 硅晶体管与锗晶体管的比较

锗晶体管的历史比硅晶体管更久远，但目前锗器件的应用已经很少，主要原因是锗材料的获得比硅更困难，锗管比硅管更难以集成，而且锗晶体管的反向漏电流远大于硅管。

另外，锗器件特性随温度的变化远大于硅器件。锗晶体管的长处是正向导通压降远低于硅晶体管，硅管为 $0.5 \sim 0.8$ V，而锗管为 $0.3 \sim 0.5$ V，如图 2.74 所示。

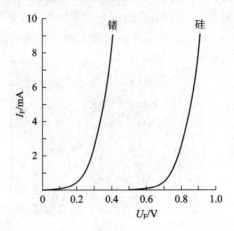

图 2.74　锗 PN 结与硅 PN 结正向 I–U 特性的比较

2. JFET 与双极晶体管的比较

结型场效应管(JFET)的优点是输入阻抗高、固有噪声小、漏电流小、传输电压损失小，故特别适合微弱信号的检测与放大。由图 2.75 可见，在常用的放大器件中，JFET 的自身噪声最低。由图 2.76 可见，在常用的输入器件中，JFET 的输入阻抗仅次于 MOSFET。

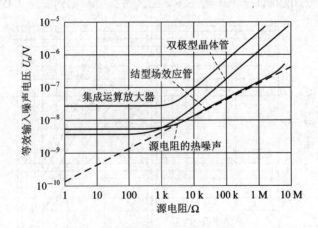

图 2.75　常用放大器件固有噪声的比较

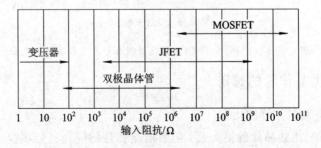

图 2.76　常用输入器件的输入阻抗比较

JFET 的主要缺点是漏电流随温度变化大，70 ℃下的漏电流可比室温大 20 倍，125℃则要大 1000 倍，故较少用于温度稳定性要求高的电路。再者，JFET 特性的离散性大，如其栅－源开启电压随器件可能会有 1～6 倍的变化，不利于集成，同时会给偏置电路设计（尤其是低电压电路设计）带来困难。

3. 功率晶体管的比较

功率晶体管主要有功率双极晶体管、功率 MOSFET（包括 VDMOS 和 LDMOS 器件）和绝缘栅双极晶体管（IGBT）三种类型。三者各有特点，比较如下。

功率双极晶体管的优点是：电流容量大，最大额定电流可达 500 A；工作电压高，最大额定电压可达 1 kV；高功率输出条件下的导通电阻小。其缺点是：输入控制电路复杂；开关速度相对较慢，开关延迟时间为 0.3～5 μs；电流和增益具有正温度系数，存在二次击穿效应，安全工作区小，容易因热－电正反馈而烧毁；导通电阻具有正温度系数，不太适合通过并联来增大电流容量。

功率 MOSFET 主要包括 VDMOS 和 LDMOS 器件，其优点是：电压驱动而非电流驱动，开关应用时驱动功率小，驱动电路简单；开关速度快，开关延迟时间小于 0.1 μs，且与温度基本无关；开关损耗小，自身功耗较低；电流和增益具有负温度系数，无二次击穿效应，耐烧毁能力强，图 2.77 给出了某 VDMOS 功率管的安全工作区，可见脉冲工作条件下的安全工作区大于直流工作条件下的安全工作区，脉冲宽度越窄，则脉冲工作区越大；导通电阻具有负温度系数，适合通过并联来增大电流容量（如电流增大，温度升高，导通电阻加大，从而将电流分给了其他管子）。其缺点是：耐压和导通流量不如功率双极晶体管，典型值为 1 kV、100 A；输入阻抗极高，易受来自栅极的静电及浪涌脉冲的破坏；由截止到导通时电流冲击 di/dt 大，遇到感性负载会转变成很大的尖峰脉冲电压，通过栅－漏或栅－源电容耦合到栅极，使栅极被破坏；内部寄生晶体管容易因 dv/dt 而受到损坏。

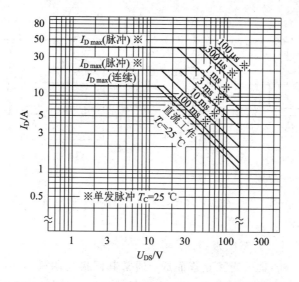

图 2.77　VDMOS 功率管（2SK387）的安全工作区

根据上述分析，功率 MOSFET 更适用于功率开关（最典型的应用就是开关电源），而功率双极晶体管更适用于功率放大。

IGBT 集合了功率双极晶体管和功率 MOSFET 的优点(图 2.78 给出了其等效电路),额定电压可达 1.2 kV,电流可达 500 A,开关延迟时间为 0.2～1 μs,但工艺复杂,无法与集成电路工艺兼容,成本高,实际应用面相对较窄。

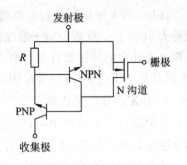

图 2.78　IGBT 的等效电路

4. 达林顿管的选用

为了提升双极晶体管的电流增益,可将两只或更多只双极晶体管通过共射－共射组态连接起来,由此所形成的晶体管叫达林顿管(如图 2.79 所示),其电流增益是内部两个双极晶体管共射极电流增益的乘积。达林顿管的温度稳定性比单个晶体管要差,前级晶体管因温度上升而增加的基极电流被后级晶体管放大,更容易形成热－电正反馈,导致器件失效。这种效应在 2 W 以上的大功率达林顿管中表现得更为突出。

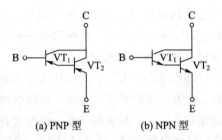

图 2.79　普通达林顿管的内部结构

为此,大功率达林顿管的内部可增设保护元件。如图 2.80 所示,在两个晶体管的基极－发射极之间并接的电阻 R_1 和 R_2 为基极漏电流提供泄放通道,其阻值与基极漏电流的大小有关,R_1 通常取值为几千欧,R_2 取值为几十欧。在输出管收集极－发射极之间并接的二极管,用于限制因驱动感性负载(继电器线圈、变压器初级等)可能出现的输出负向浪涌脉冲,保护输出管不被击穿。

选用时,应根据使用时的功率要求,选择带或者不带内部保护的达林顿管。

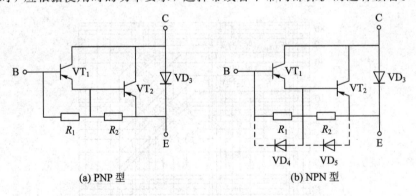

图 2.80　带保护元件的大功率达林顿管的内部结构

5. 晶闸管的选用

晶闸管旧称可控硅,具有阳极(A)、阴极(K)和栅极(G)三个端子,内部由一个 PNP 管与 NPN 管的基区与收集区交叉互连而成。通常其阳极与阴极之间处于关断状态,当栅极输入一定幅度与宽度的电流脉冲后,阳极与阴极导通,此时与普通二极管的特性相同,之后当导通电流下降到保持电流之下时再度关断。晶闸管常用于交流无触点开关、调光、调速、调压、控温、控湿以及直流电源的过压保护等场合。

　　根据晶闸管单向导通还是双向导通,可分为单向晶闸管(亦称反向阻断晶闸管)和双向晶闸管等。图 2.81 给出了单向晶闸管的内部结构、等效电路和电路符号,图 2.82 是单向晶闸管的电流一电压特性曲线,图 2.83 给出了双向晶闸管的内部连接和电路符号。

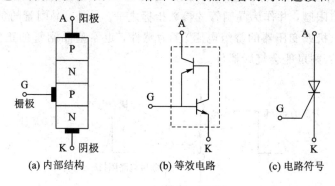

(a) 内部结构　　　　　　　(b) 等效电路　　　　　(c) 电路符号

图 2.81　单向晶闸管的内部结构、等效电路和电路符号

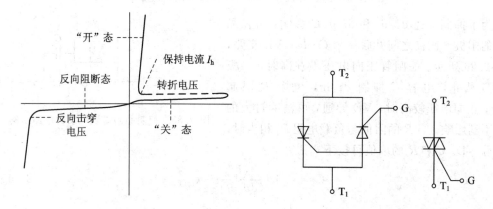

图 2.82　单向晶闸管的电流一电压特性　　　图 2.83　双向晶闸管的内部连接和电路符号

　　触发晶闸管导通的条件取决于栅极注入能量,即触发电流脉冲幅度与宽度的乘积,因此高栅极电流短脉冲和低栅极电流宽脉冲的作用相当。如图 2.84 所示,形成触发的栅极电流的临界能量随温度的降低而上升,故晶闸管不宜用于低温环境。此外,晶闸管导通时的正向压降高于普通二极管,达到 $0.8 \sim 2$ V,故不宜用于低压电路。

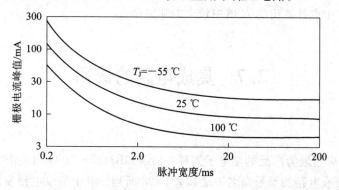

图 2.84　不同温度下触发晶闸管导通所需要的栅极电流脉冲的幅度与脉冲宽度

如果由于电磁干扰等原因，使阳极和阴极之间出现不期望的 dv/dt 脉冲，并通过阳极与栅极之间不期望的寄生电容 C 及其栅极到阴极的输入阻抗，在栅极引入意外的电流脉冲 $i = C \cdot dv/dt$，就有可能导致晶闸管误触发(参见图 2.85)。因此，晶闸管对阳极与阴极之间的 dv/dt 最大值有限制，并作为晶闸管的参数指标之一。另外，晶闸管的负载(如电炉或灯泡的常温电阻、电机或变压器的绕组电阻)多为感性，也希望晶闸管的正向电流变化速率 di/dt 不能太大，否则可能会烧毁器件。

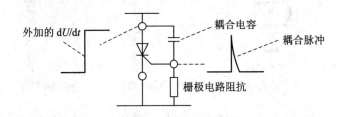

图 2.85　阳极－阴极间的 dU/dt 引发晶闸管误触发

为了抑制上述 dv/dt 和 di/dt 的影响，可在晶闸管的阳极－阴极之间并联一个 C-R-VD 支路，如图 2.86 所示。晶闸管正向电压不够高时，二极管 VD 截止，电容 C 抑制 dv/dt，电阻 R 限制 di/dt；正向电压较高时，VD 导通，可消除过大的 R 的不利影响。当 R 的阻值与负载电阻 R_L 相当时，可去除 VD。C 和 R 的取值可按下式估算：

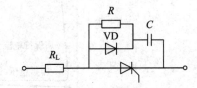

图 2.86　抑制晶闸管误触发的电路示例

$$C = 0.63 \frac{U_{\text{peak}}}{(dv/dt)_{\text{max}}} R_L \qquad (2-11)$$

$$R = \begin{cases} \dfrac{U_{\text{peak}}}{0.5}(I_{\text{TSM}} - I_L) \\[2mm] \left[\dfrac{U_{\text{peak}}}{C \cdot (di/dt)_{\text{max}}}\right]^{0.5} \end{cases} \qquad (2-12)$$

式中，U_{peak} 是外加的最大电压(如 240 V 相位控制应用时，可取 340 V)，$(dv/dt)_{\text{max}}$ 和 $(di/dt)_{\text{max}}$ 是晶闸管允许的最大值，I_{TSM} 是器件半周期浪涌电流额定值，I_L 是负载电流最大值。在式(2-12)中取计算出的 R 值中较大的那一个。

2.7　集成电路的选用

2.7.1　概述

集成电路是应用最为广泛的微电子器件。根据 GB3430-1989《半导体集成电路型号命名方法》，我国集成电路的型号命名方法如表 2.28 所列。由于集成电路发展迅速，这个 20 多年前制定的命名规则，并未涵盖现在所有的集成电路品种。

表 2.28　中国半导体集成电路型号命名方法

第二部分		第三部分		第四部分		第五部分	
用字母表示的器件类型		用数字和字母表示器件的系列品种 （对于 TTL 电路）		用字母表示的 工作温度范围/℃		用字母表示的封装形式	
符号	意义	符号	意义	符号	意义	符号	意义
T	TTL 电路	54/74＊＊＊	国际通用系列	C	0～70	F	多层陶瓷扁平(FP)
H	HTL 电路	54/74H＊＊＊	高速系列	E	−40～＋85	B	塑料扁平
E	ECL 电路	54/74L＊＊＊	低功耗系列	G	−25～＋70	H	黑瓷扁平
C	CMOS 电路	54/74S＊＊＊	肖特基系列	L	−25～＋85	D	多层陶瓷双列直插
μ	微处理器电路	54/74LS＊＊＊	低功耗肖特基系列	M	−55～＋125	J	黑瓷双列直插
F	线性放大器	54/74AS＊＊＊	先进肖特基系列	R	−55～＋85	P	塑料双列直插
W	稳压器	54/74ALS＊＊＊	先进低功耗肖特基系列			S	塑料单列直插
D	音响、电视电路	54/74F＊＊＊	高速系列			T	金属圆壳
B	非线性电路					V	金属菱形
J	接口电路					C	陶瓷芯片载体
AD	A/D 转换器					E	塑料芯片载体
DA	D/A 转换器					G	网格针栅阵列
SC	通信专用电路					SOIC	小引线封装
M	存储器					PCC	塑料芯片载体封装
SS	敏感电路					LCC	陶瓷芯片载体封装
SW	钟表电路						
SJ	机电仪电路						
SF	复印机电路						

在 GJBZ 299C《电子设备可靠性预计手册》中，单片集成电路工作失效率的计算公式为

$$\lambda_P = \pi_Q [C_1 \pi_T \pi_V + (C_2 + C_3) \pi_E] \pi_L \tag{2-13}$$

式中，π_Q 是质量系数，π_E 是环境系数，二者的定义与计算晶体管工作失效率的公式(2-9)的定义相同，其他系数的含义如下：

π_T：温度应力系数，表征温度对失效率的影响。

π_V：电压应力系数，表征电压对失效率的影响。

C_1：电路复杂度系数。对于数字电路，用等效门数表示复杂度，范围为 50～500 万门；对于模拟电路，用晶体管数表示复杂度，范围为 50～5000 个晶体管；对于微处理器，也是用晶体管数表示，范围为 100～2.2 亿个晶体管。电路复杂度越高，失效率也就越高。

C_2：电路形式系数。双极数字电路形式包括 TTL、HTTL、HTL、ETL、STTL、LSTTL 等，MOS 数字电路形式包括 NMOS、PMOS、CMOS、CCD、CMOS/SOS、HCMOS、HCTMOS 等，模拟电路包括双极及 MOS 模拟电路等。

C_3：封装复杂度系数。封装形式有密封器件(金属圆形、金属菱形)，双列直插(DIP)、扁平、针栅阵列(CPGA)、球栅阵列(CBGA)、小外形(SO)、芯片载体(LCC)等。

π_L：成熟度系数。成熟度有三种类型：一是符合相应标准或技术条件；二是质量尚未稳定；三是试制品或新投产的初批次。

2.7.2　可靠性相关特性

1. 降低结温的方法

影响半导体分立器件和集成电路失效率的最重要的参数是其有源区工作温度，简称"结温"。通常结温每上升 10℃，集成电路失效率将增加大约 1 倍。降低结温的有效途径是降低耗散功率（即功耗），减少热阻，降低环境温度。对于集成电路而言，降低结温可以采取以下方法。

1) 尽量降低环境温度

影响集成电路失效率的环境温度是集成电路管壳的温度，俗称"壳温"。在很多情况下，壳温并不等于室温。例如，在实验室中，空气温度为 25℃，工作台面上的温度为 50℃，而工作台面上的芯片壳温为 75℃。又如，对于沙漠中的汽车，车外环境温度为 46℃，车内空气温度为 82℃，仪表板表面温度为 111℃，仪表板内元器件的温度为 82℃。在图 2.87 所示的台式计算机中，机箱外的温度、机箱内的温度、光驱内的温度以及光驱内芯片的温度有可能各不相同。

对功率达到数瓦级的器件，可以通过采用强制风冷的方法来降低环境温度。图 2.88 给出了强制风冷时风速与热阻的关系，可见风速越大，热阻越小。

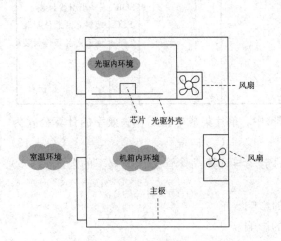

图 2.87　台式计算机的相关温度

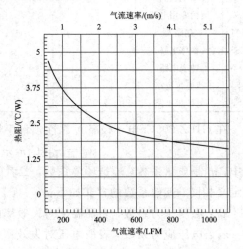

图 2.88　强制风冷时风速与热阻的关系

2) 采用低热阻的封装形式

热阻由元器件的散热能力决定，散热方式有通过引线或管壳传导、通过周边空气对流和空间辐射三种（参见图 2.89）。

同一芯片或者管脚数相同的同类芯片，若采用不同的封装形式，则具有不同的热阻，因此具有不同的允许最大功耗。图 2.90 示出了在最大允许结温为 150℃ 条件下，不同封装形式的同一型号运放的最大允许功耗（亦称最大耗数功率）与环境温度的关系。图中各条直线的倒数就是该芯片的热阻。可见，8 脚 PDIP 封装的热阻最小，而 5 脚 SOT-23-5 封装的热阻最大。

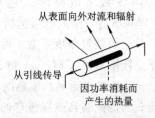

图 2.89　元器件的散热方式

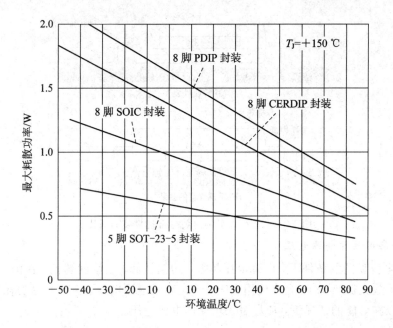

图 2.90　不同封装、相同型号的运放(AD8001)的最大允许功耗与环境温度的关系

　　尽量采用带热沉(Heat Sink)或者裸焊盘的封装。如图 2.91 所示,给运算放大器的封装加 10 in²(平方英寸)、1 oz(盎司)厚的铜热沉,可使其热阻降为 18 ℃/W,70℃壳温下的最大允许功耗可达 3 W,效果显著。

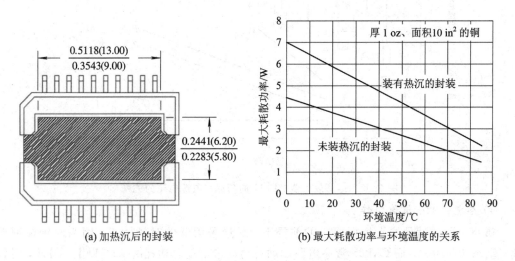

(a) 加热沉后的封装　　　　　　　(b) 最大耗散功率与环境温度的关系

图 2.91　热沉对 AD8016ARP 运算放大器热阻的影响(最高允许结温 125℃)

　　裸焊盘(亦称 Powerpad 封装)提供了从裸芯片到 PCB 导体的直接散热通道和接地通道,兼具热沉和接地平面的作用,大大减少了芯片到 PCB 间的热阻,同时也显著降低了芯片的接地阻抗。如图 2.92 所示,对于常规封装,芯片产生热量只有 58% 是通过管壳下方散掉的;对于带裸焊盘的封装,芯片产生热量有近 80% 是通过管壳下方的 PCB 板散掉的,这样不仅降低了本芯片的热阻,也减弱了对周边元器件的热辐射和热传导。

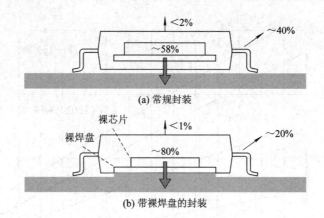

图 2.92　带裸焊盘的封装与常规封装的对比

3）尽量采用低的电源电压

在工作电流相同的条件下，电源电压越低，功耗越低，结温就越低。在图 2.93 给出的例子中，运算放大器 AD817 允许使用±5～±15 V 的电源电压。由于其总功耗与电源电压成正比，所以在可能的情况下，应尽量采用低的电源电压。

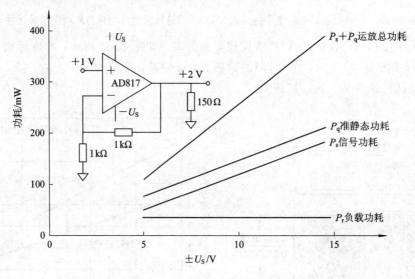

图 2.93　运算放大器 AD817 的功耗与电源电压的关系

4）尽量低频、低速工作

数字电路在满足技术指标要求的前提下，尽量采用低的时钟频率。因为时钟频率越高，动态功耗越大，而 CMOS 数字电路的动态功耗占了其总功耗的 80％以上。另外，时钟频率越高，其谐波频率及幅度也就越高，电磁发射能力越强，电路的电磁兼容性也会越差。数字 IC 能用低速的就不用高速的，高速器件只用在关键的地方。如 CMOS 通用逻辑电路的选用次序为 4000 系列→HC 系列→AC 系列。数字电路的时钟频率最好是所选芯片允许的最高工作频率的 1/2～1/3。

从降低功耗和缩短延迟的角度考虑，数字电路应采用尽量窄的上升沿或者下降沿，但会影响电磁兼容性。时钟上升沿或下降沿越窄，电源与地之间的瞬态导通时间越短，开关功耗就会越小，同时电路时延越短，运算速度越快，但也会导致其谐波频率及幅度越高，

电磁发射能力也越强。上升时间 t_{rise} 与电磁发射频率 f_{EMI}（基波）的关系可表示为

$$f_{EMI} = \frac{1}{\pi t_{rise}} \qquad (2-14)$$

因此，1 ns 的上升时间大约可产生大于 300 MHz 的发射频率。

数据转换器在满足电路指标要求的前提下，也要尽量采用低的采样速率。从图 2.94 可见，数模转换器的采样速率越高，工作电流越大，功耗也就越大。图中的测试条件为：电源电压 3 V，模拟输入信号频率 2.5 MHz，输出负载 5 pF。

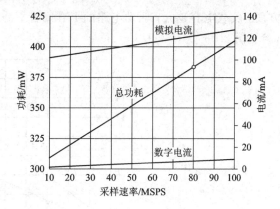

图 2.94　14 位 CMOS 数模转换器 AD9245 的功耗及电源电流随采样速率的变化

5）尽量采用较小规模的集成电路

在工作频率相同的条件下，集成规模越大，同时翻转的门数越多，则电源电流峰值越大，功耗就越大；在集成规模相同的条件下，工作频率越高，功耗也会越大，同时电源电流变化得越快，所产生的浪涌效应也会越强烈。图 2.95 比较了两个不同位数、不同主频的微处理器的电源电流，可见位数越高，规模越大，电源电流的峰值越高；主频越高，电源电流脉冲宽度越窄，di/dt 越大，所产生的浪涌效应越强烈。

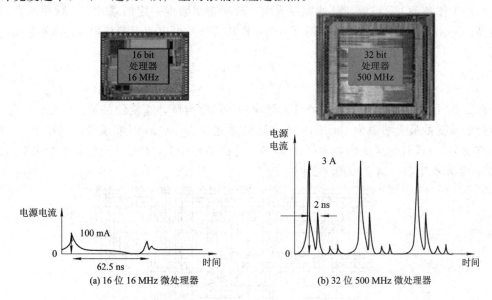

图 2.95　微处理器位数和主频对电源电流的影响

因此，在满足电路性能指标要求且不增加电路总元件数的前提下，尽量采用较小规模的集成电路，对于降低功耗是有利的。

6）尽量降低电路的负载

数字集成电路的负载越大，功耗也就越大。这体现在两个方面：一方面，驱动负载的过程就是改变负载电平的过程，而改变负载电平的过程就是对负载电容充放电的过程。负载电容越大，对负载电容充放电所需的电流就越大，因此驱动电路的功耗就会越大。另一

方面，负载电容越大，驱动电路的上升或者下降时间就会越大，从而其开关功耗也就越大（参见图 2.96）。

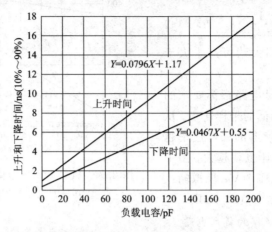

图 2.96　某处理器芯片的上升、下降时间与负载电容的关系

另外，驱动电路的输出驱动能力也不要大于应用所需要的值。虽然驱动能力强意味着驱动电路能够承受更大的瞬态电流，但会导致其负载（包括导线）承受的瞬态电流更大、更快，引起过冲和振铃，还是会破坏信号完整性，并出现较高电平的电磁发射。

7）尽量降低功率脉冲的宽度

脉冲工作条件下，结温与脉冲宽度有关。脉冲功率幅度一定的条件下，脉冲越宽，结温越高。在这种情况下，器件的结温 T_J 与功率 P 的关系可以用瞬态热阻 $R_{\theta瞬态}$ 来表征，其定义为

$$R_{\theta瞬态} = \frac{\mathrm{d}T_\mathrm{J}}{\mathrm{d}P} \tag{2-15}$$

图 2.97 给出了某器件能承受的最大脉冲功率幅度与脉冲宽度的关系。在典型情况下，若器件能承受的最大结温为 180～190℃，则脉冲宽度为 10 ms 时能承受的功率为 35 W，脉冲宽度为 1 ms 时能承受的功率可达 90 W。考虑最坏情况，则最大允许结温要降至 85～105℃，最大承受功率幅度按相应比例降低。

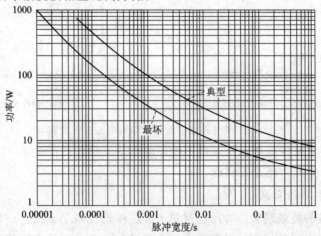

图 2.97　某器件的最大允许脉冲功率幅度与脉冲宽度的关系

2. 静态工作电流

当 CMOS 电路处于静态，即电路各管脚所加电平不随时间变化时，电源到地的电流称为静态工作电流，记为 I_{DDQ}。对于特定的 CMOS 电路，无故障时的 I_{DDQ} 有一个合理的区间。如果测试发现 I_{DDQ} 值过大或过小，均意味着电路存在故障。这种方法称为 I_{DDQ} 诊断方法，如图 2.98 所示。

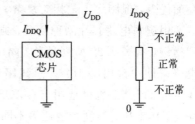

图 2.98　I_{DDQ} 故障诊断方法示意图

I_{DDQ} 诊断方法测试容易，但要确定电路的 I_{DDQ} 在正常区间的数值，相对比较困难。

2.7.3　不同类型集成电路的选用

1. 逻辑集成电路

目前逻辑集成电路主要有 CMOS、双极（以 TTL 逻辑电路为代表）和 BiCMOS 三种类型。从可靠性和电磁兼容性的角度看，CMOS 优于双极的特性有：

（1）功耗低。CMOS 电路的静态功耗远低于双极电路的功耗，CMOS 电路的导通与截止之间的过渡区很陡（参见图 2.99），因此动态功耗也比 TTL 低。

（2）噪声容限高。CMOS 电路的噪声容限大约为电源电压的 0.3 倍，采用 5 V 电源时，CMOS 的高低电平噪声容限约为 1.5 V，而 TTL 仅为 0.4～0.6 V，故 CMOS 的抗干扰能力强。

（3）温度稳定性好。如图 2.99 所示，在 $-55 \sim +125 \, ^\circ\text{C}$ 的范围内，TTL 的中点电压值变化了 40%，而 CMOS 几乎不变，阈值电压变化不到 5%。这对于诸多数字电路（如多谐振荡器、单稳触发器、施密特触发器等）是至关重要的。

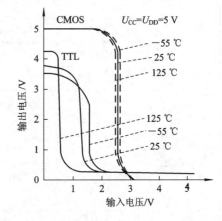

图 2.99　CMOS 反相器与 TTL 反相器的直流转移特性的比较

（4）负温度系数。CMOS 器件的导通电流和跨导具有负温度系数，故无热电正反馈引发的二次击穿效应。二次击穿效应为双极器件所独有。

（5）电源电压范围宽。TTL 的电源电压一般要求为 5 V±5%，CMOS 可达 3～18 V，但不同电源电压下的输出阻抗、工作速度和功耗是不相同的。

（6）电压传输特性和开关特性可对称。CMOS 直流转移特性的中点电压可设计成等于电源电压的 1/2（参见图 2.99），开关特性可设计得使其上升时间等于下降时间。

从可靠性角度看，CMOS 器件不如双极器件的特性有：

（1）抗静电能力差。CMOS 的输入阻抗极高，易受外界干扰、电磁冲击和静电损伤。

（2）抗辐照能力差。CMOS 对电离辐照灵敏，存在单粒子效应。

（3）存在闩锁失效问题。闩锁是 CMOS 独有的一种失效模式，可导致自发性烧毁。CMOS 应用时严格禁止电源电压反接以及输入、输出电压超过电源电压，以防出现闩锁。

BiCMOS 兼具双极和 CMOS 的特点，利用 CMOS 实现核心逻辑运算，利用双极实现

I/O 接口，使二者优势互补，同时具有速度快、驱动能力强、温度稳定性好、功耗低、集成度高的优点，但制作工艺相对复杂，成本较高。

通用逻辑电路芯片品种繁多，典型产品有 74 系列、54 系列、4000 系列等。这里以 74 系列为例，有表 2.29 所列品种。同一逻辑功能，可以用多种型号的逻辑器件来实现，如高速电路设计中常用的 16245 总线驱动器，可用 CMOS 工艺的 74AC16245、74FCT16245、74AVC16245 等，也可选用 BiCMOS 工艺的 74ABT16245、74LVT16245，但它们的速度、功耗、工作电压、温度稳定性等不同。双极和 BiCMOS 工艺的逻辑器件，接口电平一般均为 TTL 或 LVTTL，但 CMOS 工艺的逻辑器件，接口电平不都是 CMOS，有可能是 TTL 或 LVTTL，如 74LV125A 的输入、输出接口电平均为 LVTTL，而 74LV125AT 的输入接口电平是 TTL，输出接口电平是 CMOS。

表 2.29　74 系列通用逻辑芯片的类型

工艺类型	型号命名	英 文 全 称	中 文 意 义
双极(Bipolar)	F	Fast Logic	快速逻辑
	S	Schottky Logic	肖特基逻辑
	AS	Advanced Schottky Logic	先进肖特基逻辑
	LS	Low-power Schottky Logic	低功耗肖特基逻辑
	ALS	Advanced Low-power Schottky Logic	先进低功耗肖特基逻辑
CMOS	LV/LVC	Low-Voltage CMOS Technology	低电压 CMOS 技术
	AC/ACT	Advanced CMOS Logic	先进 CMOS 逻辑
	AHC/AHCT	Advanced High-speed CMOS Logic	先进高速 CMOS 逻辑
	AVC	Advanced Very Low-Voltage CMOS Logic	先进极低电压 CMOS 逻辑
	ALVC	Advanced Low-Voltage CMOS Technology	先进低电压 CMOS 技术
	HC/HCT	High-speed CMOS Logic	高速 CMOS 逻辑
	CBT	CrossBar Technology	Crossbar 技术
	FCT	Fast CMOS Logic	快速 CMOS 逻辑
BiCMOS	LVT	Low-Voltage BiCMOS Technology	低电压 BiCMOS 技术
	ABT	Advanced BiCMOS Technology	先进 BiCMOS 技术
	ALVT	Advanced Low-Voltage BiCMOS Technology	先进低电压 BiCMOS 技术

2. 微处理器

微处理器的选用主要考虑以下三方面因素：

（1）工艺特征尺寸。工艺特征尺寸越小，集成度越高，工作频率越高，但可靠性相对难以保证。目前市场上的微处理器的工艺特征尺寸多数在 $0.18\ \mu m$ 以下，应根据电路性能指标要求和可靠性要求，选择工艺特征尺寸适中的处理器。

（2）带宽。微处理器的带宽包括地址线带宽和数据线带宽（参见图 2.100）。目前奔腾处理器的带宽已达到 64 bit 甚至更大。带宽越大，处理能力越强，但芯片规模越大，功耗也就越大。在满足电路速度要求的条件下，选择较低带宽的微处理器对可靠性有利。

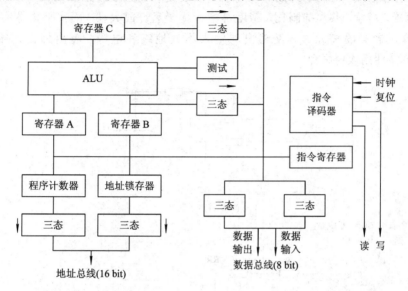

图 2.100　微处理器内部的基本结构示例（16 bit 地址总线，8 bit 数据总线）

（3）时钟频率或 MIPS（每秒处理百万指令数）。时钟频率或 MIPS 越高，处理能力越强，但功耗越大，目前最高可达 2 GHz、1000MIPS。在满足电路处理能力的条件下，选择较低时钟频率的微处理器对可靠性有利。

3. 存储器

存储器可分为随机存取存储器（RAM）和只读存储器（ROM）。RAM 又可分为静态 RAM（SRAM）和动态 RAM（DRAM）；ROM 又可分为掩膜 ROM（Mask ROM）、光擦除电写入 ROM（EPROM）、电擦除电写入 ROM（EEPROM）以及闪存（Flash），后三种是可以改写的只读存储器。

存储器可靠性优劣的判据主要有四点：一是单位容量功耗，即每一位或者每一个字节读或写所需的功耗；二是数据存储的耐久性，一般 EEPROM 的数据可以保存 10 年；三是可改写的最大次数，一般 EEPROM 的可改写次数为 10 万次以上；四是抗辐射能力，存储器是抗辐射能力最差的元器件，抗电离辐射和单粒子翻转能力是其薄弱环节。

在随机存取存储器中，SRAM 的速度快，数据存储耐久性以及抗辐射能力也优于 DRAM，缺点是面积大，每个存储单元通常需要 6 只晶体管；DRAM 每个单元只需 1 只晶体管和 1 个电容，集成度高，但速度慢，数据保存时间有限，需要定时刷新，抗辐射能力也不如 SRAM。最新发展的磁存储器（MRAM）和铁电存储器（FRAM）在速度和可靠性方面均优于 SRAM 和 DRAM，但技术尚未成熟，正处于产品化进程中。

在只读存储器中，Mask ROM 的稳定性最好，但内容无法改写。在可改写存储器中，可靠性最好的是 EPROM，相对最差的是 Flash，EEPROM 居中，当然改写便利度的次序正相反。

4. 放大器

集成放大器主要有运算放大器、仪表放大器和隔离放大器等，其电路结构如图 2.101 所示。运算放大器使用方式灵活多样，可组合成同相放大器、反相放大器、跟随器、比较器等，可采用差分输入，有利于抑制共模干扰。仪表放大器是多级运算放大器的组合，闭环反馈电阻内置，增益、共模抑制比、精度等指标优于运算放大器。隔离放大器有内置变压器或光电耦合器等隔离元件，使输出与输入不共地线和电源，隔离抑制比很高（60～100 dB），但需使用双份电源。

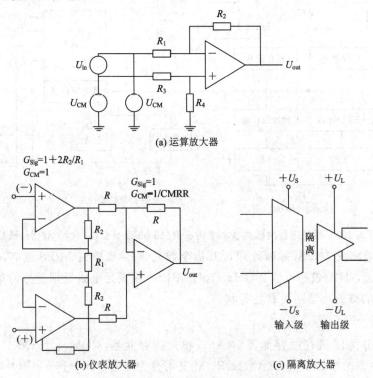

(a) 运算放大器

(b) 仪表放大器   (c) 隔离放大器

图 2.101　集成放大器的主要类型

集成放大器的可靠性相关参数有输入偏置电流、输入失调电压、等效输入噪声、共模抑制比、开环增益、频率带宽等。

2.7.4　使用方式的考虑

1. 时序控制方式的选择

时序控制可以采用同步逻辑，也可以采用异步逻辑。同步逻辑可采用锁存器电平触发，也可采用寄存器边沿触发。采用电平触发的逻辑 IC 的抗干扰能力优于边沿触发的逻辑 IC，但电路速度相对较低。同步逻辑电路的电磁兼容性优于非同步逻辑电路。对于后者，不管干扰出现在哪一个时刻都会形成干扰；对于前者，如果干扰的时序与时钟不一致就很难形成干扰（除非干扰电平的幅度足够大），如图 2.102 所示。

另外，差分电路的可靠性与电磁兼容性优于单端电路，特别是针对高速传输或者小信号放大。

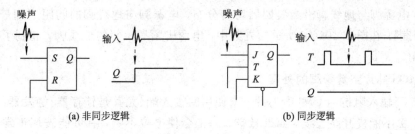

(a) 非同步逻辑　　　　　　　　　　(b) 同步逻辑

图 2.102　噪声对非同步逻辑电路和同步逻辑电路干扰的比较

2. 管脚配置与电磁兼容性

从集成电路芯片的管脚配置，可以间接地判断该芯片电磁兼容性的优劣。图 2.104 比较了两个相同功能的四 2 输入与非门芯片的管脚排列。图 2.103(a)为早期产品，四个与非门共用一个地和一个电源管脚，导致地线和电源线偏长，而且电源管脚与地管脚相距甚远，造成电源一地线构成的环路面积大，容易引发高频辐射或感应外界高频干扰，因此电磁兼容性差。图 2.103(b)为改进产品，电源与地管脚增加且相邻，不仅缩短了电源线和地线的长度，而且电源与地之间的耦合电容有利于电源去耦，环路面积比早期产品小得多，因此电磁兼容性大为改善。

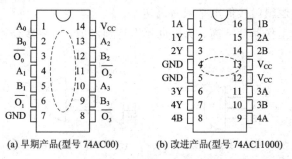

(a) 早期产品(型号 74AC00)　　　(b) 改进产品(型号 74AC11000)

图 2.103　四 2 输入与非门芯片管脚排列的比较

电磁兼容设计良好的芯片应具有多个电源及地线引脚，且电源与地的引脚尽量靠近。图 2.104 是另一个例子，在 68 个管脚中，共安排了 8 个电源脚和 8 个地线脚。在图 2.104(a)所示

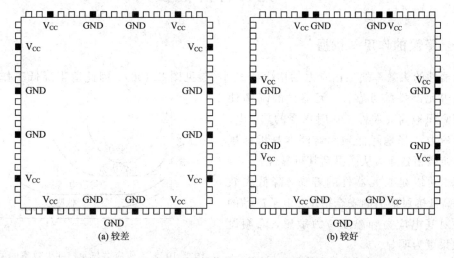

(a) 较差　　　　　　　　　　　　(b) 较好

图 2.104　68 脚 PQFP 封装的地线与电源线管脚排列方案

的方案中，电源脚与地线脚沿封装四周均匀分布，电源脚与地线脚的间距达到最大值，不利于电源去耦；在图 2.104(b)所示的方案中，电源脚紧靠相邻的地线脚，起到了良好的电源去耦作用。

3. CMOS 芯片空置管脚的处理

对于极高输入阻抗的 CMOS 芯片，未使用的输入端(尤其是锁存器/触发器的输入端)不宜悬空，更不能接开路长线。如果悬空，一是会使电位不定，有可能破坏正常的逻辑关系；二是易受外界噪声干扰，有可能使电路产生误动作；三是有可能感应静电，导致栅极击穿。因此，空置管脚应接适当节点，原则如下：

(1) 不能影响电路逻辑功能，如与门、与非门的多余输入端应接高电平，或门、或非门的多余输入端应接低电平；

(2) 尽量使闲置不用的门电路处于截止状态，以节省整机功耗；

(3) 尽量降低门电路的输入阻抗，以减少输入噪声或电荷的影响。

实际接法可采用以下三种方式(图 2.105 给出了一个三输入与非门的例子)：

(1) 通过上拉电阻接电源，或者通过下拉电阻接地。如果电源与地线噪声很低，则可直接接电源或地。

(2) 通过适当的逻辑门接低电平或者高电平。

(3) 如果电路的工作速度不高，功耗也无需特别考虑，可将多余输入端与使用端并联。

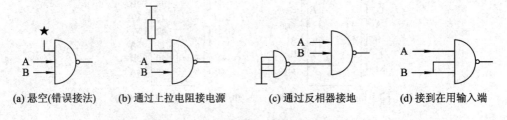

(a) 悬空(错误接法)   (b) 通过上拉电阻接电源   (c) 通过反相器接地   (d) 接到在用输入端

图 2.105　三输入与非门空置输入端的接法

2.8　元器件降额使用

2.8.1　降额的作用与依据

元器件的失效率随工作应力的增大而减小(参见图 2.106)，因此适当降低工作应力，可以改善元器件的可靠性。元器件的降额使用是有意识地将元器件工作时承受的热、电、机械等应力适当地降低到元器件本身指标规定的额定数值以下，从而提高其可靠性。

降额可以延长元器件的寿命，降低失效率，提高抵抗过应力的安全裕量。电子产品的可靠性对其电应力和温度应力敏感，降额设计的效果更为明显。

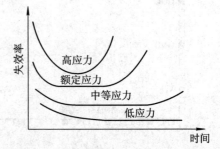

图 2.106　工作应力与元器件失效率的关系

　　降额使用需要根据不同的元器件确定合适的降额参数，根据整机使用要求以及允许的重量、空间、成本等约束条件，合理地确定降额程度。降额程度由降额等级和降额因子的值来表征。电子元器件的降额可参考如下标准手册：

- 中国：GJB/Z35《元器件降额准则》（详见附录 C）；
- 美国：罗姆空军发展中心《元器件可靠性降额准则》（详见附录 C）；
- 欧洲：欧洲空间局《电子元件降额要求和应用准则》。

2.8.2　降额参数的选择

　　常用元器件的降额参数如表 2.30 所列。对于多数元器件而言，尤其是半导体分立器件和集成电路，失效率随工作温度的上升而呈指数上升，因此最高允许结温是最重要的降额参数，其他降额参数（如功率、电流、电压、频率等）也多是通过改变工作温度的方式来影响其可靠性的。

　　工作温度的降额可以通过降低环境温度和降低元器件内部温升两种方法来实现。对于半导体分立器件，主要是通过减少电流、电压和功耗来降低结温；对于大功率器件，还可通过改善散热条件，必要时采用风冷或水冷来减少热阻，从而降低结温；对于超大规模数字集成电路，直接降低电流或者电压有困难，可通过降低工作频率，减少负载来降低结温。

表 2.30　常用元器件的降额参数

元器件类型	降额参数
模拟集成电路	电源电压、输入电压、输出电流、最大允许功率、最高允许结温*
数字集成电路	电源电压、输出电流、频率、扇出、最高允许结温*
晶体管	反向电压、电流、最大允许功率、最高允许结温*
二极管	反向电压、最大正向平均电流、最大允许功率、最高允许结温*
晶闸管	电压、平均通态电流、最高允许结温*
电阻器、电位器	电压、功率*、环境温度
电容器	直流工作电压*、环境温度
继电器	连续触点电流*、触点功率、振动、温度、工作寿命
开关	触点电流*、触点电压、功率
电连接器	工作电压、工作电流*、接插件最高温度
半导体光电器件	电压、电流、最高允许结温*
电感元件	热点温度*、电流、瞬态电压/电流、介质耐压、扼流圈电压
导线与电缆	应用电压和应用电流
白炽灯/保险丝/晶体	灯丝电压*/电流*/最低与最高温度*

　　注：带 * 的为对降低失效率起主要作用的关键参数。

　　如图 2.107 所示，对电阻器而言，环境温度小于 70℃ 时，最大允许耗散功率不随环境温度的增加而上升，故只能通过降低其最大允许耗散功率的额定值来降额；环境温度大于70 ℃ 时，可以通过降低环境温度和最大额定功率两种途径来降额。作为经验判据，小于1 W 的电阻一般采用 70%～80% 降额，大于 1 W 的电阻一般采用 50% 降额。电阻器选用时至少应保证 90% 的降额。

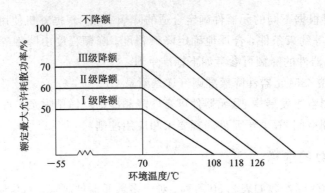

图 2.107　电阻器的功率-环境温度降额曲线

对于电容器之类的工作在静电场内的元件,电压应力对其寿命影响更大。一般而言,当工作电压接近电容的最大工作电压时,其失效率随电压的 5 次方增加;当电容的电压是额定值的一半时,其失效率仅为额定电压时的 1/30,因此工作电压是其最重要的降额参数。

2.8.3　降额因子与降额等级的选择

降额因子是元器件工作应力与额定应力的比值,表示为 s,亦称降额应力比或降额系数。例如,电压降额因子 $s_U = U_{实际}/U_{额定}$,电流降额因子 $s_I = I_{实际}/I_{额定}$,功率降额因子 $s_P = P_{实际}/P_{额定}$。显然,s 应小于 1,通常取值范围为 0.1~0.6。

合理的降额因子应根据实验得到的降额因子与失效率比(使用失效率/额定失效率)之间的关系曲线来决定,同时也要考虑使用所要求的质量等级。由图 2.108 示出的元器件失效率与降额因子的关系可见,晶体管和瓷介电容器近似为指数关系,电阻器和电解电容器近似为线性。对于前者,降额因子值最好选在曲线的拐点处,可以在可靠性改善和成本增

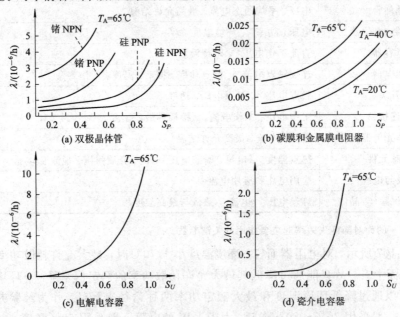

图 2.108　元器件失效率与降额因子的关系示例(T_A 为环境温度)

加之间找到一个较好的折中；对于后者，则应根据经验值选取。对于不同的器件，最佳的降额因子值有可能不同，如对硅管，选 0.5～0.6 较好；对锗管，选 0.3～0.4 较好。

对于不同的可靠性要求、使用条件以及其他约束，可以采用不同的降额等级。通常可以分为三个降额等级，如表 2.31 所列。对于同样的元器件及其降额参数，Ⅰ 级的降额因子最小，其次为 Ⅱ 级，Ⅲ 级的降额因子最大。GJB/Z35 推荐的降额等级为：

- 航天器与运载火箭：Ⅰ 级；
- 战略导弹：Ⅰ～Ⅱ 级；
- 战术导弹系统、飞机与舰船系统、通信电子系统、武器与车辆系统：Ⅰ～Ⅲ 级；
- 地面保障设备：Ⅱ～Ⅲ 级。

表 2.31　元器件降额等级

降额等级	可靠性改善程度	应 用 场 合	典型应用场合	设备可维修性	尺寸、重量的增加及设计难度
Ⅰ 级	最大	设备失效将导致人员伤亡或装备与保障设施的严重破坏；设备有高可靠要求且采用新技术、新工艺的设计	宇航及导弹系统	无法维修或不宜维修	最大
Ⅱ 级	较大	设备失效将导致装备与保障设施的破坏；设备有高可靠要求且采用了某些专门设计	航空飞行设备	维修费用较高	较大
Ⅲ 级	中等	设备失效不会导致人员伤亡或装备与保障设施的破坏；设备采用成熟的标准设计	地面设备	可迅速、经济地维修	较小

每种元器件都有其最佳的降额范围，在此范围内工作应力的变化对其失效率有较明显的影响，在设计上也较容易实现，并且不会在设备体积、重量和成本方面付出过大的代价。降额过度会大大增加整机的成本、体积和重量，增加了设计难度及元器件采购的难度，减少了电路的动态范围。因此，降额设计时应在可靠性、经济性、体积、重量、设计难度中进行权衡。

某些元器件的某些参数不能降额应用，有些元器件降额应用反而会引入新的失效机理，降低了可靠性。例如，功率双极晶体管的电流降额过度会使其电流增益 h_{FE} 显著下降；塑料封装器件的功率降额过度，由于发热量过低而不能驱散吸进的湿气，反而会缩短寿命；电子管的灯丝电压降额过度使阴极温度过低，表面杂质吸附严重，也会缩短电子管的寿命；继电器的线圈吸合电压降额可能影响吸合的可靠性；聚苯乙烯、云母、涤纶和纸介电容器电压降额过大，可能导致低电平失效。

本 章 要 点

◆ 元件的可靠性水平用失效率等级表征，器件的可靠性水平用质量等级表征。

◆ 对外界应力敏感的元器件、工作应力接近最大额定应力的元器件和频率高、功率大的元器件，最容易产生可靠性问题。

◆ 可通过成品率和统计工艺控制数据，来判断元器件制造工艺的成熟性、可控性和可预见性。

◆ 固定电阻器的功耗、温度系数和寄生电感，可变电阻器滑动触点的接触电阻、动噪声和开路失效，是影响电阻器可靠性的主要因素。

◆ 电容器的串联寄生电感限制了其工作频率范围，铝电解电容器是寿命最短、最容易失效的元件。

◆ 二极管和晶体管的漏电流是可靠性敏感参数，反向工作电压接近击穿电压时可能引起潜在损伤和隐性失效。

◆ 通过降低工作电压、频率、输出负荷、热阻以及电路规模等途径来减少结温，是降低集成电路失效率的最有效方法。

◆ 降额设计通过使元器件的工作应力低于额定应力来提高使用可靠性，但需考虑由此而增加的体积、重量、成本和设计难度。

综 合 理 解 题

在以下问题中选择你认为最合适的一个答案。

1. 对于高单价贵重元器件，最合适的可靠性表征参数是（   ）。

A. 失效率   B. 平均寿命   C. 环境适应性   D. 质量等级

2. 最容易产生高频干扰的电路形式是（   ）。

A. 模拟电路   B. 数字电路   C. 时钟电路   D. 电源电路

3. 环境适应性最好的元器件封装形式是（   ）。

A. 金属封装   B. 陶瓷封装   C. 塑料封装

4. 自身固有噪声最大的电阻器是（   ）。

A. 碳膜电阻   B. 金属膜电阻

C. 金属氧化膜电阻   D. 线绕电阻

5. 从提高可靠性的角度考虑，可动电阻器的活动触点应尽量置于（   ）。

A. 输入端   B. 输出端   C. 大信号端   D. 大电流支路

6. 可靠性最差的电容器类型是（   ）。

A. 陶瓷电容器   B. 云母电容器

C. 铝电解电容器   D. 钽电解电容器

7. 出于扩大电容器使用频率范围的目的，采用两个或多个电容器并联，被并联的电容器最好是（   ）。

A. 相同容量、相同类型   B. 不同容量、相同类型

C. 相同容量、不同类型   D. 不同容量、不同类型

8. 在二极管的常规电参数中，对可靠性最为敏感的参数是（   ）。

A. 反向漏电流   B. 正向压降   C. 最大正向电流   D. 反向击穿电压

9. 对于电压基准二极管，温度系数最低的反向击穿电压区域是（   ）。

A. 2～5 V　　　　　B. 5～7 V　　　　　C. 7～10 V　　　　　D. 10～20 V

10. 在下列参数中,(　　)与双极晶体管的安全工作区无关。

A. 最大收集极电流　　　　　　　　B. 发射极－收集极击穿电压

C. 发射极－收集极漏电流　　　　　D. 二次击穿耐量

11. 对于晶体管而言,在其他参数相同的条件下,安全工作区最大的工作状态是(　　)。

A. 1 ms 脉冲工作　　　　　B. 100 ms 脉冲工作　　　　　C. 直流工作

12. 从降低数字集成电路芯片工作温度的角度考虑,数字信号的上升沿(或下降沿)应该(　　)。

A. 尽量短　　　　　B. 尽量长　　　　　C. 适中

13. 与双极型集成电路相比,影响 CMOS 集成电路可靠性的主要因素是(　　)。

A. 功耗　　　　　B. 速度　　　　　C. 集成度　　　　　D. 输入阻抗

14. 相对于其他元器件,超大规模数字集成电路的有效降额途径是(　　)。

A. 降低电源电压　　　　　B. 降低环境温度　　　　　C. 降低工作频率

15. 降额程度要求最高的电子系统是(　　)。

A. 宇航与导弹系统　　　　　B. 航空系统　　　　　C. 地面设备

第 3 章

常见电过应力与干扰分析

前车覆，后车戒。
——汉·刘向《说苑·善说》

电子产品出现不期望故障的外部原因是它在装配或工作中受到了不当应力、强干扰或误操作的作用。本章对在电子设备中可能遇到的主要电过应力和电磁干扰的来源、传播路径和影响因素等进行分析，包括浪涌、静电、辐射、电磁干扰和热效应，目的是为可靠性设计提供依据。对这些应力或干扰的防范方法不是本章的主要内容，将在以后各章中介绍。

3.1　概　　述

影响电子产品可靠性的外界应力可分为电应力、温度应力、机械应力和气候应力。其中，电应力按可恢复性，又可分为电过应力和电磁干扰。电过应力(EOS，Electric Overstress)如浪涌、静电放电、雷击、核辐射等，给电路带来的是不可恢复的损伤；电磁干扰(EMI，Electromagnetic Interference)如电磁辐射、噪声、传导干扰、串扰等，会引起数字电路误触发、模拟电路信号畸变等，但在干扰消失后大多会恢复正常。图 3.1 是常见电过应力和电磁干扰的示意图。

(a) 浪涌　　　　　　(b) 雷电　　　　　　(c) 电磁干扰　　　　　　(d) 噪声

图 3.1　常见电过应力和电磁干扰示意图

根据电过应力和电磁干扰(为叙述简便，以下统称"干扰")的来源，可将其分为固有干扰源、人为干扰源和自然界干扰源。固有干扰源可以来自元器件自身物理量的随机波动，如热噪声、过剩噪声；也可以来自电路其他部分的耦合，如串扰。人为干扰源来自人造装置，如电机、开关、无线电发射装置引起的噪声，静电放电、核辐射引起的过电流等。自然界干扰源是指诸如雷电、太阳黑子活动、天体辐射引起的干扰等。

3.2　浪　涌

3.2.1　浪涌的特征与类型

浪涌是指瞬态高电压、瞬态强电流或瞬态大功率，其特点是峰值很高，上升速率很快，但持续时间很短。与普通的交流电信号或者瞬态脉冲相比，浪涌的平均功率不大，瞬态功率不小；有效值不大，峰－峰值不小。

浪涌电压的特征是具有很大的电压梯度 dv/dt，而且可通过电容 C 转化成浪涌电流 $i = C\, dv/dt$，C 可以是本征参数，也可以是寄生参数。而浪涌电流的特征是具有很大的电流梯度 di/dt，亦可通过电感 L 转化成浪涌电压 $U = L\, di/dt$，L 可以是本征参数，也可以是寄生参数。

按浪涌的来源分，可分为：

（1）内部浪涌：产生于电子设备内部，如数字电路开关浪涌、感性负载断开浪涌、机械开关火花放电等。

（2）外部浪涌：由外部侵入，如雷击浪涌、静电放电脉冲、核辐射产生的强电磁脉冲、供电线路电压的剧烈波动等。

按浪涌的能量与速率分，可分为：

（1）快速、低能量浪涌：上升时间约为 1 ns，能量为 0.001～1 mJ，如静电放电脉冲。

（2）中速、中等能量浪涌：上升时间约为 1 μs，能量为 1～10 mJ，如数字电路开关浪涌、机械开关触点浪涌。

（3）慢速、高能量浪涌：上升时间约为 0.1～10 μs，能量为 1～100 J，如雷电产生的浪涌、直流电源电感负载突然断开产生的浪涌。

按浪涌的波形分，又可分为：

（1）单脉冲型（Single Pulse）浪涌：波形如图 3.2(a)所示，表征参数是上升时间、脉冲宽度和峰值电流或电压。根据上升时间/脉冲宽度的不同，可以有不同的测试波形，如图 3.2(b)所示的 10/1000 μs 波形、图 3.2(c)所示的 8/20 μs 波形等。

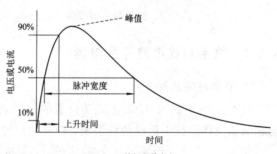

(a) 特征参数定义

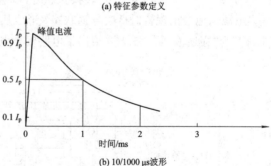

(b) 10/1000 μs 波形

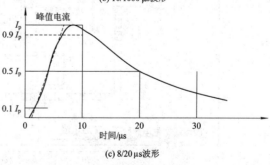

(c) 8/20 μs 波形

图 3.2　单脉冲浪涌波形

（2）振铃型（Ring Wave）浪涌：波形如图3.3所示，表征参数为上升时间、持续时间和峰值电流或电压。

（3）猝发型（Burst）浪涌：波形如图3.4所示，表征参数为猝发持续时间、猝发重复周期和峰值电流或电压。

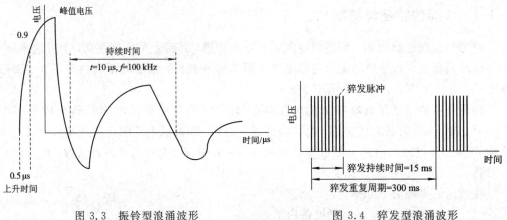

图 3.3　振铃型浪涌波形　　　　图 3.4　猝发型浪涌波形

3.2.2　数字集成电路开关浪涌

1. 浪涌电流的形成

以 CMOS 电路和 TTL 电路为代表的数字集成电路（以下简称"数字 IC"）在工作中可能在电源线和地线中形成两种浪涌，即开关浪涌和负载浪涌。

如图3.5所示，当数字 IC 转换状态时，即从高电平变为低电平，或者从低电平变为高电平，电源到地会出现暂时低阻导通状态，形成从电源到地的瞬态大电流，称之为"开关浪涌"，也称其为"穿通浪涌"。图3.6给出了电路输入电压波形与穿通浪涌电流波形的对应关系。

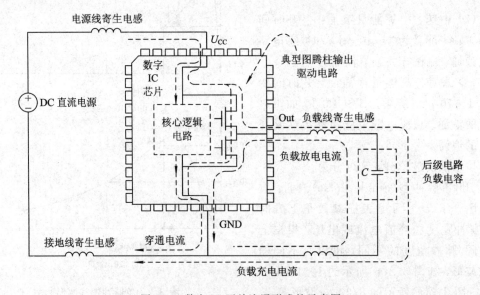

图 3.5　数字 IC 开关浪涌形成的示意图

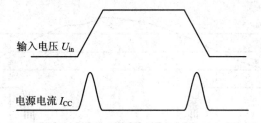

图 3.6　数字 IC 输入电压波形与穿通浪涌电流波形

　　穿通浪涌的脉冲宽度大约为翻转电平上升沿或下降沿的宽度，取决于芯片的开关时间；穿通浪涌的幅度与从电源到地的导通电阻以及同时发生翻转的逻辑门数有关，在很大程度上取决于芯片的规模。芯片规模越大，在同一时刻发生电平翻转的逻辑门越多，则在电源线上出现的穿通浪涌电流越大，所以开关浪涌也称为同步开关噪声（SSN，Simultaneous Switching Noise）。

　　穿通电流的峰值会比稳态电流至少大一个数量级以上，如图 3.7 所示的与非门芯片，稳态电流为 1.5 mA，穿通电流的峰值大约为 40 mA。对于高速大规模数字集成电路，穿通浪涌的峰值电流可达数十安量级，而脉冲宽度可窄至 1 ns 以下。

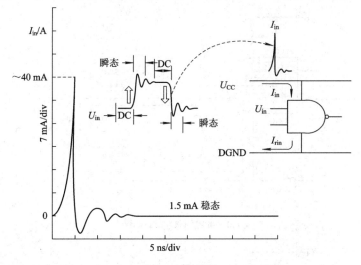

图 3.7　某与非门芯片的穿通电流波形

　　CMOS 数字电路的负载几乎为纯容性，因此变换负载电平时，会形成电容的充电电流或放电电流脉冲 $I = C \, \mathrm{d}v/\mathrm{d}t$。充电电流会流过电源线和负载线，放电电流会流过接地地线和负载线，如图 3.5 所示，也会形成瞬态电流，称之为"负载浪涌"。负载浪涌的大小除了与芯片内部导通管的导通电阻有关之外，还与负载电容的大小有关。负载越重，负载电容越大，负载浪涌电流的幅度就越高。

　　另外，如果将连续变化的模拟信号直接接入数字逻辑门，也会产生类似于数字信号上升沿或者下降沿的效果，形成穿通浪涌电流。如图 3.8 所示，数字逻辑门的输入电压 U_{in} 连续变化，穿过逻辑门直流电压传输特性的过渡区，导致逻辑门的输出电压 U_{out} 产生振荡，同时逻辑门的工作电流 I_{CC} 出现浪涌电流。因此，如果模拟信号需接数字电路，应通过比较器或者施密特触发器（必要时还要做箝位或限流保护）。在这种情况下，如果模拟电路的电源电压高于数字电路的电源电压，还有可能给数字电路带来损伤。

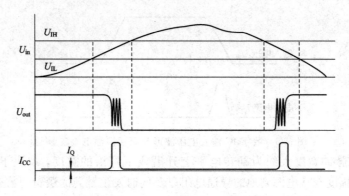

图 3.8　模拟信号直接接反相器输入时产生的开关浪涌电流

2. 浪涌电压的形成

　　无论是穿通浪涌还是负载浪涌，引起的瞬态电流均要流过电源线、地线或负载线，而电源线、地线和负载线不可避免地存在串联寄生电感 L。因此，浪涌电流 $i(t)$ 会通过 L 转换为浪涌电压 $U = -L \, \mathrm{d}I/\mathrm{d}t$。寄生电感应包括芯片内部引线、管脚封装和外部引线（PCB布线和电缆导线）的寄生电感。以负载浪涌为例（如图 3.9 所示），对负载电容 C 充电或放

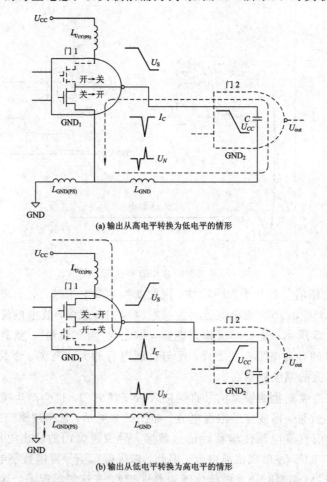

(a) 输出从高电平转换为低电平的情形

(b) 输出从低电平转换为高电平的情形

图 3.9　数字 IC 负载浪涌所产生的浪涌电流和浪涌电压

电形成的浪涌电流为

$$I_C = C \frac{\mathrm{d}U_L}{\mathrm{d}t} \tag{3-1}$$

该浪涌电流在负载线和地线电感上产生的浪涌电压为

$$U_N = -L \frac{\mathrm{d}I_C}{\mathrm{d}t} = -LC \frac{\mathrm{d}^2 U_L}{\mathrm{d}^2 t} \tag{3-2}$$

上述浪涌电流和浪涌电压的波形如图 3.9 所示。

　　这里对开关浪涌电压的幅值作一估算。74AC CMOS 器件的 $\mathrm{d}v/\mathrm{d}t = 1.6$ V/ns，给负载电容 $C_L = 30$ pF 充电，形成的浪涌电流为 48 mA，通过 20 nH 的 1 英寸长 PCB 线，可产生峰值约为 1 V 的浪涌电压。图 3.10 给出了长度分别为 2.5 cm 和 0.5 cm 的 PCB 走线所产生的浪涌电压波形。

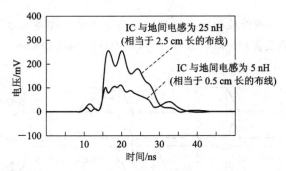

图 3.10　不同长度的 PCB 走线所产生的浪涌电压波形

3. 穿通浪涌与负载浪涌的比较

　　穿通浪涌电流与负载浪涌电流的方向并非永远一致。穿通电流总是从电源到地，而负载电流可以流向电源，也可以流向地。如图 3.11 所示，当数字 IC 的输出电压为上升沿时，负载电流与穿通电流相互叠加；当输出电压为下降沿时，负载电流起着抵消部分穿通电流的作用。

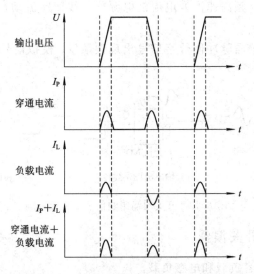

图 3.11　穿通浪涌电流和负载浪涌电流的比较

　　影响穿通浪涌和负载浪涌的因素也并非完全相同。数字 IC 从电源到地的导通电阻越小，电路的规模越大（即同时转换状态的逻辑门越多），穿通电流引起的浪涌脉冲幅度越大。数字 IC 驱动的负载数（扇出）越大，负载电容越大，负载电流引起的浪涌脉冲幅度越大。数字 IC 的开关速度越慢（开关信号的上升/下降沿越宽），穿通电流引起的浪涌脉冲幅度越大，负载电流引起的浪涌脉冲幅度越小。同样的浪涌电流，PCB 及芯片封装的引线越长（寄生电感越大），数字 IC 的开关速度越快（$\mathrm{d}v/\mathrm{d}t$ 越大），所形成的浪涌电压越大。CMOS 数字 IC 的穿通浪涌尤为明显，因为其静态电流几乎为 0。

4. 对电路的影响

　　数字 IC 的开关浪涌对电路的影响主要体现在以下四个方面：

　　（1）可靠性：浪涌电流使敏感元器件因过流或过热而烧毁，浪涌电压使敏感元器件因过压或过电场而受损。

　　（2）电源完整性：电源线或地线上出现的浪涌电压使得加在元器件上的电源电压出现剧烈波动，常称为电源反弹（Power Bounce）和地弹（Ground Bounce），有可能严重影响元器件的正常工作（参见图 3.12）。

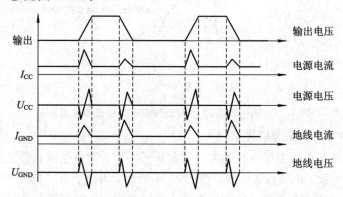

图 3.12　开关浪涌引起的电源与地线的电流波动和电压波动

　　（3）电磁兼容性：高频高速浪涌电流沿电源－地线回路流动，将会产生电磁辐射，影响周边电路。

　　（4）信号完整性：浪涌脉冲使数字信号出现误触发，模拟信号产生失真，加大电路延迟，如图 3.13 所示。

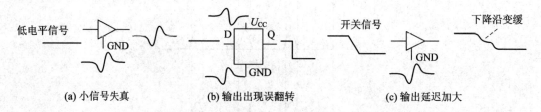

图 3.13　开关浪涌影响信号完整性示例

3.2.3　非阻性负载开关浪涌

　　非阻性负载是指电容负载和电感负载。

1. 感性负载突然断开形成的浪涌电压

当感性负载被突然切断时，流过电感 L 的电流突然剧减，由于通过 L 的电流不能突变，L 的两端就会出现强负电压脉冲 $U_L = -L\,\mathrm{d}v/\mathrm{d}t$（亦称"反电动势"），如图 3.14 所示。如不采取任何措施，其幅值可达电源电压的 $10\sim200$ 倍。常见的感性负载有电动机、继电器的控制线圈、变压器的初级等，长的导线也有不小的寄生电感（如 PCB 走线的寄生电感大约为 20 nH/inch）。控制感性负载的开关可以是机械开关，如继电器的开关触点；也可以是电子开关，如开关晶体管、VDMOS 管，如图 3.15 所示。控制感性负载的机械开关断开，或者驱动感性负载的开关晶体管输出从低电平向高电平转换时，都会诱发此类浪涌。

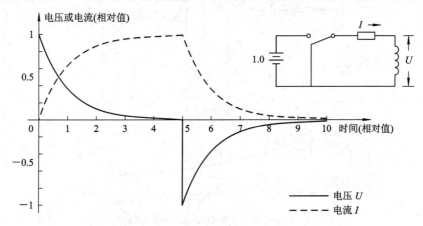

图 3.14   感性负载突然断开形成电压浪涌

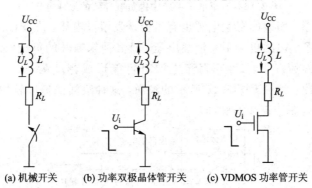

(a) 机械开关   **(b) 功率双极晶体管开关**   **(c) VDMOS 功率管开关**

图 3.15   驱动感性负载的开关形式

如此高的浪涌电压加到驱动开关器件的输出端子之间，有可能会使其击穿。如开关电源中用 VDMOS 管驱动 $0.5\,\mu\mathrm{H}$ 的电感，电流变化幅度为 20 A，上升沿为 50 ns，就有可能在 VDMOS 管漏极和源极之间形成约 200 V 的浪涌电压，可能使 VDMOS 管烧毁。即使浪涌电压是加到机械开关的两侧，也有可能诱发火花放电甚至辉光放电，给开关触点带来损害。

负载电感越大，开关速率越快，断开前流过电感的电流越大，回路中的电阻越小，则由此而产生的浪涌电压越高。由于 MOSFET 的开关速度（约为 $10\sim50$ ns）比双极晶体管的（约为 $100\sim150$ ns）快，所以采用 VDMOS 作为开关管的开关电源出现的浪涌电压尖峰更为严重。

在汽车电子系统中，由电池给感性负载（电动机、白炽灯等）供电，如图 3.16(a)所示。关灯或者按喇叭时，可能突然暂时断开感性负载，或者突然断开给感性负载供电的电源，使流过感性负载的电流突然中断，在并联的直流电源两端形成幅度远大于直流电源电压的强负脉冲。这种现象叫"抛负载"或"甩负荷"。测试表明，12 V 直流电源可形成幅度为 −75～−100 V、上升时间为 2 ms、持续时间为 200～400 ms 的浪涌脉冲（如图 3.16(b)所示），导致用此电源供电的电子模块功能失常，或者形成不可恢复的损伤甚至被烧毁。

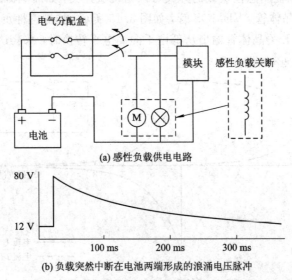

(a) 感性负载供电电路

(b) 负载突然中断在电池两端形成的浪涌电压脉冲

图 3.16　汽车电子系统中抛负载导致的浪涌电压

即使负载无电感，引线的寄生电感也有可能诱发浪涌电压。在图 3.17 中，如果部分负载突然断开，引线寄生电感也会引发浪涌电压，对其他未断开的负载（如电子模块）可能产生破坏作用。在这种情况下，12 V 直流电源有可能形成幅度为 +37～+50 V、宽度为 0.05 ms 的浪涌脉冲。相对于图 3.16 所示的浪涌，这种浪涌的速度较快、能量较低，而且相对于电子模块而言属于正浪涌脉冲。

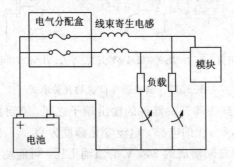

图 3.17　汽车电子系统中的引线寄生电感

白炽灯作为一种特殊的感性元件，其开关浪涌的形成机制有所不同。它具有正的温度系数，在开启瞬间，钨丝温度低，故电阻很小，导致过量电流；点亮后，温度上升，钨丝电阻变大，电流恢复正常。如图 3.18 所示，这种"冷电阻浪涌"所产生的瞬态电流峰值通常可达到稳态电流的 10～15 倍，持续时间可达到 20 ms 左右。另外，在白炽灯失效瞬间，也会产生很大的瞬态电流，常称为"闪烁浪涌"。

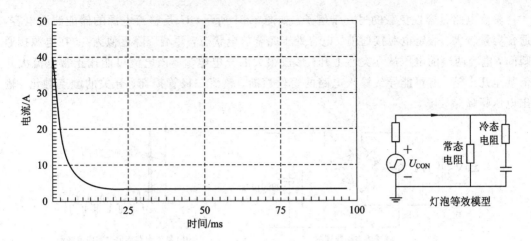

图 3.18 白炽灯冷电阻浪涌电流的波形

2. 容性负载突然接通形成的浪涌电流

当容性负载突然接通时，由于电容 C 两端的电压不能突变，就会出现给 C 充电的浪涌电流 $i_c = -C \, dv/dt = (U/R)\exp(-t/RC)$，如图 3.19 所示。CMOS 电路是典型的容性负载，因此接有容性负载 C 的 CMOS 逻辑门的输出从截止到导通时，C 两端的电压会突然由低变高，形成浪涌电流 $I = C \, dv/dt$（参见图 3.20）。负载电阻 R 及逻辑门的导通电阻越小，浪涌电流越大；负载电容 C 越大，则浪涌持续时间越长。该浪涌电流会灌入驱动门，有可能超过驱动门的电流容限，给器件带来损害。

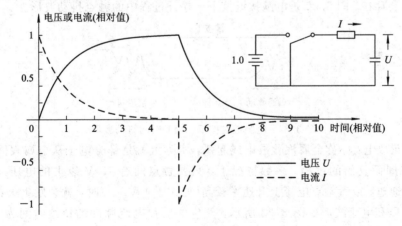

图 3.19 容性负载突然接通形成电流浪涌

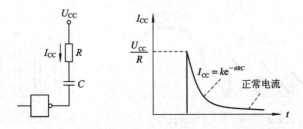

图 3.20 CMOS 数字电路驱动容性负载产生浪涌电流

整流电路是容性负载的另一个例子。如图 3.21 所示，C_1 是整流电源的储能滤波电容，通常容量较大。假定电源接通前，电容处于完全放电状态，两端压降近似为 0。在电源接通瞬间，电容两端的电压从 0 突然上升，形成很大的充电电流。该电流可能比正常电流大几倍甚至几十倍，有可能导致输入电路的熔丝熔断、整流二极管损坏、开关的触点融化、输出电压骤降等故障。

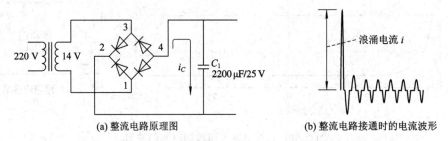

(a) 整流电路原理图　　　　(b) 整流电路接通时的电流波形

图 3.21　整流电路接通时形成的电流浪涌

3.2.4　机械开关触点浪涌

机械开关包括电磁继电器的开关触点、按钮开关、按键、带开关电位器等。机械开关在接通或者断开时，可能发生如下不稳定现象：

（1）触点振荡：亦称触点抖动或触点回弹。触点在接通或者断开时，会发生触点相碰→触点表面重复接触、分离→稳定接触的过程，可能会持续十多次，抖动周期为数毫秒，一般开关都会存在。图 3.22 是电脑按键按下一松开过程中的触点抖动波形。

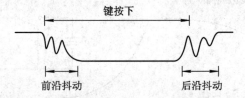

图 3.22　电脑键盘按下一松开时的抖动波形

（2）火花放电：亦称金属汽化放电或起弧，实际上就是部分电子从金属表面逃离又被电场拉回并周而复始的过程。多数情况下，只要触点间有 15 V 以上的电压，回路中有 0.5 A 电流通过，或者触点电压上升速率较高（如大于 1 V/μs）时，就会发生火花放电。火花放电的电压和电流波形如图 3.23 所示，产生的反弹电流脉冲的持续时间为 0.1 ms 至 ms 级，频率范围为 10 kHz～10 MHz。

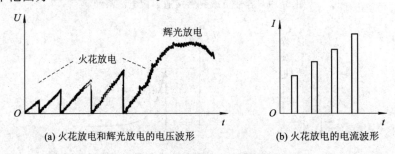

(a) 火花放电和辉光放电的电压波形　　　　(b) 火花放电的电流波形

图 3.23　机械开关触点浪涌的典型波形

（3）辉光放电：当触点间电压高于 300 V 时，有可能触发一种更大幅度的电压脉冲，称为辉光放电，亦称气体放电，是触点间气体发生电离所致。

影响火花放电和辉光放电的因素不同。火花放电是触点材料（尤其是阴极材料）的函数，其特点是具有相对较低的电压和较大的电流；辉光放电是触点间气体（通常是空气）的函数，其特点是具有较高的电压和较小的电流。起弧的最小火花电压通常由阴极材料决定，不同材料的最小火花电压和最小火花电流如表 3.1 所列。在大电流条件下，铂是最好的触点材料，其次是银，金及其合金比较适合在较小电流的电路中使用。

表 3.1　不同触点材料的火花放电阈值

材料	最小火花电压/V	最小火花电流/mA
银	12	400
金	15	400
金合金*	9	400
钯	16	800
铂	17.5	700

注：* 金合金指含有 69% 的金、25% 的银和 6% 的铂。

与断开时相比，机械开关接通时更容易出现上述浪涌现象。如果开关接有感性负载，会在开关两侧出现很高的瞬态电压，可能诱发更严重的触点浪涌。

通常机械开关触点可承受的交流电压远大于直流电压，如额定直流电压 30 V 的触点开关有可能用于 115 V 的交流，原因是：

（1）交流电压的平均值小于有效值（均方根值）。

（2）即使交流电压的峰值超过了最小火花电压（如 15 V），在小于 15 V 的时间段内仍然无法产生火花放电；即使产生了火花放电，在电压过零时也会熄灭。

（3）交流电压的极性周期性翻转，阴极与阳极触点也在不断变换。

触点振荡只产生信号完整性方面的问题，而火花及辉光放电会影响可靠性。触点振荡对小信号形成干扰，使大信号产生失真。在数字电路中，触点振荡会影响边沿触发的可靠性，但对电平触发影响不大。另外，对附近工作的设备可能会产生一定的高频辐射或者传导耦合干扰。

火花及辉光放电在开关触点处产生高电流密度及其高热量，可能会使触点顶端的材料熔化或蒸发，缩短触点寿命。同时，在被触点开关控制的信号线中通过浪涌电流，可能会损坏周边的敏感元器件。不过，少量的火花放电也有有益的方面，可以蒸发掉触点表面已形成的绝缘薄膜层，从而改善接触条件。

3.2.5　雷电产生的浪涌

闪电实际上是云层积累的静电荷的放电，包括云与地之间的放电（地闪）和云与云之间的放电（云闪），雷鸣则是闪电形成的机械冲击波所致。每个时刻全球有 1800 个雷击在进行中，每秒有 100 次闪电。我国长江以南地区每年有雷击的天数大约为 40～80 天。

雷电产生的浪涌具有极端的高压和极大的能量，电流可达 100 kA，电压可达 1000 kV，但频率较低，约 90% 以上的雷电能量分布在 $100~\text{kHz}$ 以下，所以避雷工程的主要目标是削减低频能量。

雷电主要以直接雷击、雷电感应和雷电波侵入等形式对设施、设备和人畜造成危害。美国每年雷电大约会导致 150 人死亡、250 人受伤，造成大量野外电子设备(如有线通信系统)损坏。

1. 直接雷击

雷云直接通过接地导体(如避雷针)向大地放电称为直接雷击。直接雷击所产生的峰值电流可达 $100~\text{kA}$(中值为 $30~\text{kA}$)，峰值过电压可达 $1000~\text{kV}$，持续时间为 $60\sim100~\text{ms}$，上升时间短于 $200~\text{ns}$，$(\mathrm{d}i/\mathrm{d}t)_{\max}$ 超过 $10^{11}~\text{A/s}$。直接雷击的等效电路以及所产生的浪涌电流的波形如图 3.24 所示。

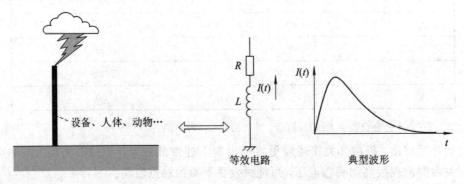

图 3.24　直接雷击的等效电路与典型波形

假设避雷针高 $10~\text{m}$，接地电阻 $R=10~\Omega$，接地电感 $L=1.5~\mu\text{H}$，直接雷击产生的电流 $I=100~\text{kA}$，雷电流上升速度为 $32~\text{kA}/\mu\text{s}$，则雷击避雷针后顶端的直击雷过电压为

$$U = IR + L\frac{\mathrm{d}i}{\mathrm{d}t} = 1480~\text{kV}$$

可见，避雷针的接地阻抗越大，则直击雷过电压越高，因此一般要求接地电阻小于 $10~\Omega$。

2. 雷电感应

与直接雷击相比，雷电自身形成导电通道来对地放电的机会更多。由此形成的雷电放电过程大致可分为三个阶段：

(1) 先导阶段：天空积聚大量电荷的雷云，把空气分子电离，逐步发展出一条导电通道。此时，会通过静电感应在雷云附近的避雷线、架空线、金属管道等导体上，积聚大量与雷云电荷极性相反的电荷 Q。即使不考虑主放电阶段产生的瞬变电流，先导阶段感应出的电荷如不及时泄放入地，也会产生很高的对地电位差 $U=Q/C$(C 为导体与地之间的电容)，形成浪涌电压。

(2) 主放电阶段：雷云中的巨量电荷，沿先导阶段形成的放电通道，迅速泄放至大地。此过程电流很大，时间短促，瞬时功率极大，发出耀眼闪光，空气受热迅速膨胀，发出强烈的雷鸣声。主放电所产生的电流 i 急剧变化会通过电磁感应，在附近导体上感应出很大的电动势 $U=C~\mathrm{d}i/\mathrm{d}t$。

(3) 余辉放电阶段：云中剩余电荷继续沿上述通道向大地泄放，虽然电流较小，但持续时间较长，能量仍然很大。

　　50％以上的雷击，在第一次放电之后，隔几十毫秒的时间，又发生第二次或连续多次沿上述通道的对地闪击，形成多重雷击。单次雷击和多重雷击的放电波形如图 3.25 所示。

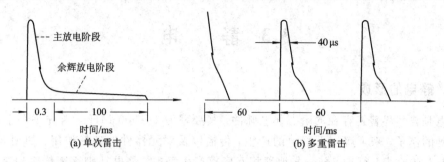

图 3.25　雷击的放电波形

　　雷电感应所形成的线间过电压通常可超过 6 kV，对地过电压可超过 12 kV，电流峰值可达 100 kA，平均持续时间为 25 μs 左右，作用范围可绵延数千米。当线路距离雷击点超过 75 m 时，感应过电压的值可近似为 $U=25Ih/L$，I 为雷云对地放电电流幅值，h 为线路对地高度，L 为线路距雷击点的水平距离。可见，线路距雷击点越近，雷云对地放电电流越大，则雷击感应过电压越高。图 3.26 给出了雷电感应形成的浪涌电压幅度与作用距离的关系。

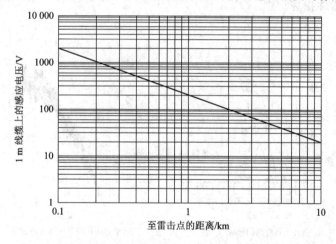

图 3.26　雷电感应形成的浪涌电压幅度与作用距离的关系

　　直击雷或感应雷在架空线路或者金属管道上会形成行波。行波会通过静电感应或电磁感应的方式沿线路向两边传播，从而形成更大范围的破坏。

3.2.6　交流供电网络产生的浪涌

　　交流供电网络中大型电气设备的启停、电力公司的日常关拉闸以及故障引起的跳闸，都可能造成交流供电电压的短暂跌落、持续欠压、周期性过压或瞬时断电等，从而引发浪涌电压。跳闸引起的浪涌电压可能是常规电压的 3～4 倍，三相电未同时投入引起的浪涌电压是常规电压的 2～3.5 倍。

　　供电系统接地异常也会引发电压剧烈波动，譬如对地短路引发的浪涌电压可能是常规电压的 2 倍，接地开路引发的浪涌电压可能是常规电压的 4～5 倍。

　　电网产生的浪涌通常表现为无规律的正负脉冲，偶尔有振荡脉冲，振荡频率可达

2 MHz，尖峰电压可达 1.5 kV，有效电流可达 100 A，持续时间为 5～20 μs。数量因不同场合而异，每昼夜从数百个到数千个不等。

3.3 静 电

3.3.1 静电的形成

静电是自然界普遍存在的瞬态强电脉冲，其频率为 1～500 MHz。首先举一个日常生活中遇到的例子，来了解一下静电的产生、传播以及对元器件的破坏作用。如图 3.27 所示，一个人在地毯上行走，鞋子与地毯相互摩擦产生静电，静电从脚逐渐传输到全身。人走的距离越远，走得越快，产生的静电就越大，积累的静电荷量可超过 10^{-6}C，静电势可达 15 kV。假定鞋与地毯摩擦产生的是正的静电荷，则传输到人体后会重新分布，比如脚带正电荷，手带负电荷。此时，人手如果接触电脑键盘，键盘就会通过传导带负电荷；人手接近但未触碰键盘，键盘通过感应带正电荷，接近速度越快，距离越近，电荷越多。当键盘积累的静电荷多到一定程度时，就有可能对地接触放电或辉光放电，放电电流通过键盘内电路，使其上的元器件损坏。

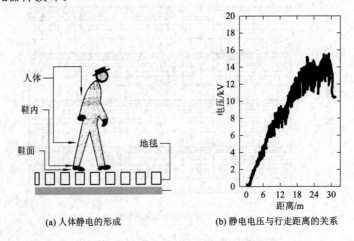

(a) 人体静电的形成　　　(b) 静电电压与行走距离的关系

图 3.27　人在地毯上行走产生的静电

再举一例，对于智能手机而言，静电袭击经常发生在以下地方：

· 触控屏幕：每次手去接触到触控屏都是一次静电袭击，或讲电话时脸颊碰到触控屏也是一次静电袭击；

· 耳机端子：耳机每次插拔就是一次静电袭击；

· 手机充电端子：每次手机充电线接入时都是一次静电袭击；

· USB 端子：USB 线每插拔一次都是一次静电袭击；

· 天线：手机天线本身就比较容易受到外来电荷的袭击；

· SIM/Flash 卡：手机 SIM 卡或闪存卡插拔时也是一次静电袭击的机会；

· 键盘：手机键盘也是容易遭受静电袭击的地方。

1. 静电的产生

静电可通过摩擦和感应两种方式形成。摩擦的过程就是物体与物体之间频繁接触、快速分离的过程。频繁接触使电荷从一个物体转移到另一个物体，快速分离使转移的电荷保留到目标物体之上，使两个物体的接触表面形成极性相反的静电荷，如图 3.28(a) 所示。感应则是带电体与导体之间通过静电感应形成导体内部电荷的再分布，使导体靠近带电体的一侧表面带电，如图 3.28(b) 所示。

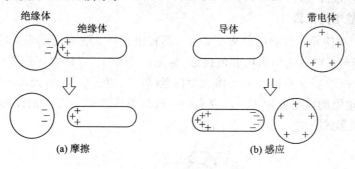

图 3.28　静电产生的两种形式

具有不同介电常数的物体之间更容易通过摩擦产生静电，导体与导体之间通过摩擦来形成静电较为困难。图 3.29 所示为摩擦起电序列，表征了不同的物质通过摩擦产生静电的

图 3.29　摩擦起电序列

难易程度。其中，中性以上的物质易失去电子而带正电，中性以下的物质易得到电子而带负电；摩擦时，电子从较上的物质转向较下的物质，使较上的物质带正电荷，较下的物质带负电荷；物质离得越远，摩擦产生的电荷量越大。实际的摩擦起电还受其他诸多因素影响，如材料的表面清洁度与光滑度、接触压力、摩擦速率与次数、接触表面的面积等。

2. 元器件静电的来源

人体是最主要的元器件静电的来源，因为其接触面广，活动范围大，与周边环境的电阻低，人体电容与静电放电所需的容值接近(参见图 3.30)。人体电容的典型值为 100 pF，一般范围为 50~250 pF，具体值与人体表面位置(脚底、手、躯干)以及参考面(如附近的墙壁)有关。人体电阻的典型值为 150 Ω 左右，一般范围可达 50 Ω~1 kΩ，也与人体产生静电放电的位置及形式有关。

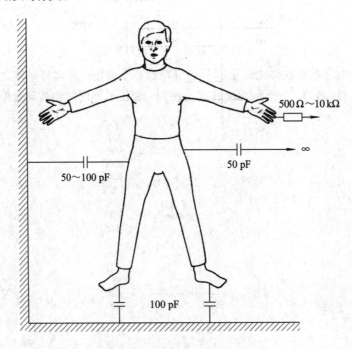

图 3.30 人体与周边环境的电容与电阻

除人体外，元器件在使用中可能遇到的静电来源是周边的环境物体，诸如器件的包装容器(袋、盒、包)、夹具、传送导轨，以及工作台、椅子、地板、焊接工具和装配工具等。表 3.2 列出了元器件使用时可能遇到的易产生静电的环境物品或操作过程。

表 3.2 元器件使用时可能遇到的易产生静电的环境物品

环境物品或操作过程	材料或器械
工作台面	打蜡、着色或深漆表面 聚乙烯或塑料
地板	水泥 打蜡或抛光的木材或塑料 超净工作服

续表

环境物品或操作过程	材料或器械
衣服	人造纤维外衣 不导电的鞋子 棉衣
椅子	抛光木板 乙烯 纤维板
封装与处置	塑料袋、卷、信封 泡沫包装盒 塑料盘、手提包、瓶、文件柜
组装、清洁、测试和修理	喷雾清洁器 塑料焊枪 未接地的电烙铁 合成毛刷 液体或喷雾清洁剂 恒温箱 冷凝剂 热枪和吹风机 喷沙机 静电复印机 显像管

3. 影响静电大小的因素

影响静电大小的主要因素有：

（1）材料性质的差异：物质之间的差异越大，摩擦产生的静电越大。

（2）物体运动的速度：两个物体相对运动的动作越快，摩擦越强烈，产生的静电越大。图 3.31 给出了人的不同动作所产生的静电波形，可见人的动作越快、动作幅度越大，产生的静电电压越高。因此，在对元器件进行操作时，应尽可能减少动作的频度和速度。

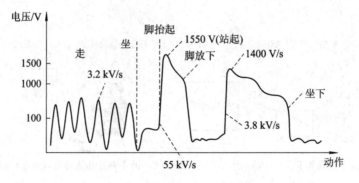

图 3.31　静电与人动作的关系

（3）环境湿度：环境越干燥，越容易产生静电。表 3.3 给出了不同相对湿度环境下的静电电压的对比，可见，与湿润环境相比，干燥环境下更容易产生静电。

（4）物体的电容与电阻。物体之间的电容越大，静电脉冲越容易传输；物体的电阻越小，静电放电电流越大。

表 3.3　不同湿度环境下产生的静电电压的对比

人与环境的互动	静电电压/V	
	相对湿度 10%~20%	相对湿度 65%~90%
在地毯上走动	35 000	1500
从椅子上捡起聚乙烯塑料袋	20 000	1200
坐到铺有聚氨脂塑料泡沫坐垫的椅子上	18 000	1500
在聚乙烯地板上行走	12 000	250
打开聚乙烯包装袋	7000	600
坐在椅子上的操作者移动	6000	100

3.3.2　静电放电失效

1. 静电放电形式

电子元器件因静电所产生的损伤是由静电放电(ESD，Electric Static Discharge)引起的。根据 GB/T4365—1995 的定义，静电放电是具有不同静电电位的物体相互靠近或直接接触引起的电荷转移。

图 3.32 给出了人体放电的四个实例。在图中，如果接受者是元器件，就会对元器件带来损伤或者破坏。假设人体所带静电为 $Q=3\ \mu C$，人体电容为 $C=150$ pF，则人体静电电压为 $U=Q/C=20\ 000$ V。再设人体电阻为 $R=200\ \Omega$，则静电放电电流为 $I=U/R=100$ A，放电时间常数 $\tau=RC=30$ ns，放电能量为 $W=CU^2/2=0.03$ J。如此能量及放电时间对人体来说不会发生生命危险，但足以使绝大多数的 CMOS 电路被击穿！

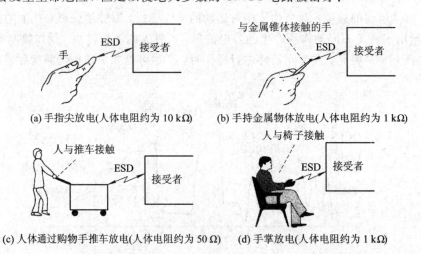

(a) 手指尖放电(人体电阻约为 10 kΩ)　　(b) 手持金属物体放电(人体电阻约为 1 kΩ)

(c) 人体通过购物手推车放电(人体电阻约为 50 Ω)　　(d) 手掌放电(人体电阻约为 1 kΩ)

图 3.32　人体的静电放电形式

根据静电放电时带电物体与接收物体是否接触，可分为接触放电(亦称导体放电)和空气放电(不接触，通过空气隙放电，通常有电弧现象发生，故亦称辉光放电或火花放电)，如图 3.33 所示。

对于元器件而言，根据静电放电的施放者与
接受者的不同，静电放电又可分为以下三种：

（1）人体对器件放电（Human-Body Model，
HBM）：带电人体通过元器件对地放电。在短至几
百纳秒的时间内产生数安培的瞬间放电电流，能
量中等，发生概率最大，常作为测试标准。

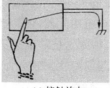 

(a) 接触放电　　　　　　(b) 辉光放电

图 3.33　接触放电和空气放电

（2）机器对器件的放电（Machine Model，MM）：
带电设备通过元器件对地放电。放电电阻小，在几纳秒到几十纳秒内会有数安培的瞬间放电
电流产生，能量最大，破坏力也最大。

（3）带电器件的放电（Charged-Device Model，CDM）：通过摩擦或接触带电的元器件
对地直接放电，放电时间更短，放电上升时间小于 1 ns，尖峰电流为 15 A，持续时间小于
10 ns，能量相对较低。

HBM、MM 和 CDM 的放电波形有显著差别。图 3.34 给出了这三种元器件静电放电
模式的典型模拟测试电路与放电波形。图中的 HVPS 是高压脉冲源，DUT 为被测元器件。
实际测试中，大多数情况是采用 HBM 的放电波形。

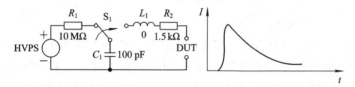

(a) HBM 模型(典型测试参数：R=1.5 kΩ，C=100 pF，t_{rise}<10 ns，I_{peak}(400 V)=0.27 A)

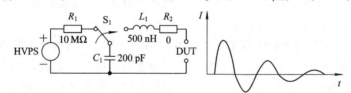

(b) MM 模型(典型测试参数：R=1.5 kΩ，C=100 pF，t_{rise}<10 ns，I_{peak}(400 V)=0.27 A)

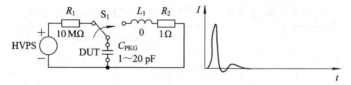

(c) CDM 模型(典型测试参数：R=1 Ω，C=200 pF，t_{rise}=400 ps，I_{peak}(400 V)=2.1 A)

注：t_{rise} 是波形的上升时间，I_{peak} 是电流峰值。

图 3.34　元器件静电放电的典型模拟测试电路与放电波形

静电放电脉冲与一般浪涌信号的区别是：峰值更高，静电电压在干燥气候下可达
30 kV，一般在 0.5～5.6 kV；脉冲更陡，上升时间约 1 ns，持续时间 100～300 μs；速率更
快，频谱可达数百兆赫；总能量相对较小。

2. 静电放电失效

静电放电的失效模式可分为突发失效（Catastrophic Damage）和隐性失效（Latent Damage）。
突发失效指静电放电使元器件功能即时丧失，包括开路、短路、参数严重漂移，往往是元

器件承受单次高电压的静电冲击所致。图 3.35 给出了集成电路常见的突发性静电失效模式。隐性失效指静电放电给元器件引入的是潜在损伤,其功能及电参数无明显变化,但寿命缩短,环境适应能力(特别是抗静电能力)下降,往往在多次低电压静电放电条件下出现。在实际情形中,静电引起的隐性失效更为普遍,也因其隐蔽性而更为危险,值得高度重视。

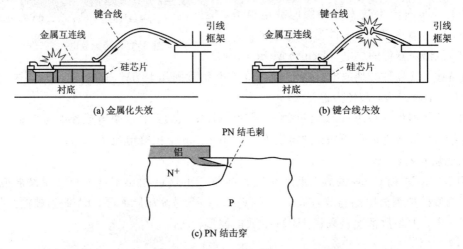

图 3.35 集成电路常见的突发性静电失效模式

静电放电的失效机理可分为过电压场致失效和过电流热致失效。过电压场致失效是由于静电荷形成的高电场所致,比如 MOS 器件栅击穿和双极器件 PN 结击穿。器件的输入电阻越高,输入电容越小,越容易发生场致失效,在超大规模集成电路(具有薄栅氧化层)、超高频功率晶体管(高压工作,具有梳状电极)和声表面波器件(具有小间距薄层电极)等器件中比较多见。

过电流热致失效是由于静电放电的大电流和高温所致,可直接烧毁器件或者诱发闩锁效应或二次击穿效应。器件的电流截面越小,对地电阻越低,环境温度越高(发生失效所需的静电能量越低,参见表 3.4),越容易发生此类失效,在反偏 PN 结、小面积 PN 结和高温工作条件下更为多见。

表 3.4 不同温度下 MOS 器件静电放电失效电压值

环境温度/℃	50%器件静电放电失效时的电压值/V			
	NMOS 电路		PMOS 电路	CMOS 电路
	A 厂	B 厂	C 厂	B 厂
25	346	357	−511	298
125	188	233	−404	215

3.3.3 元器件静电敏感性

1. 静电敏感性的测试

对元器件静电敏感性进行测试,需要确定以下条件:

(1) 静电放电的形式:需选择采用接触放电还是空气放电。许多标准规定,凡可以用接触放电的一律用接触放电,这一方面是因为影响空气放电的因素比接触放电多,如温度、湿度、电压、距离、形状等，另一方面是因为接触放电的条件比空气放电更为严酷。

（2）静电放电的波形：可采用 HBM、MM 和 CDM 之一，可参考图 3.34。

（3）静电放电的管脚：至少有三类管脚，即电源、地和信号管脚，可选择它们的两两组合作为静电测试管脚，参见图 3.36。

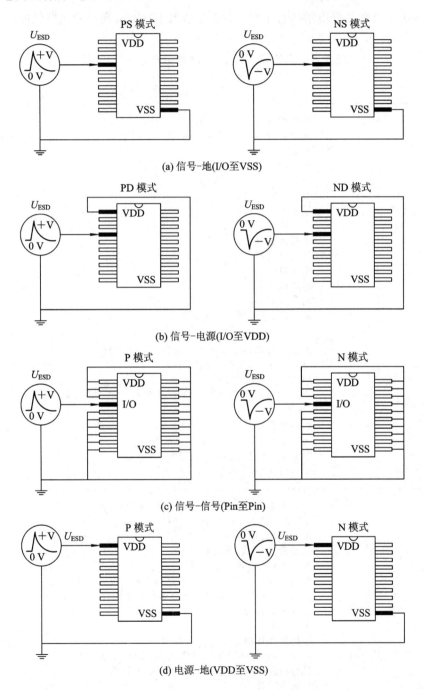

(a) 信号-地(I/O至VSS)

(b) 信号-电源(I/O至VDD)

(c) 信号-信号(Pin至Pin)

(d) 电源-地(VDD至VSS)

注：P 表示正极性(Positive)，N 表示负极性(Negative)，S 表示负电源(VSS)，D 表示正电源(VDD)。

图 3.36　静电放电测试时的管脚组合

（4）静电放电的极性：静电放电的脉冲可选择正脉冲或负脉冲，亦参见图 3.36。

（5）静电放电的限值：也称静电失效阈值或静电放电耐量，选择依据是相关的标准，可参阅 3.7.2 节。

2. 静电敏感性的分类

不同类型元器件的静电敏感性不同。表 3.5 给出了国军标规定的元器件的静电敏感性等级。常用元器件的静电放电耐量如表 3.6 所列。

表 3.5　国军标规定的元器件静电敏感性等级

敏感度级别	标志	元 器 件 类 型
敏感电压范围 0～1999 V	△	由试验数据确定为 1 级的元器件和微电路 微波器件（肖特基势垒二极管、点接触二极管和其他工作频率大于 1 GHz 的检测二极管） 环境温度为 100℃ 时电流小于 0.175 A 的晶闸管 分立 MOS 场效应晶体管 结型场效应晶体管 精密稳压二极管 声表面波器件 电荷耦合器件 薄膜电阻器 集成电路 运算放大器 超高速集成电路 混合电路（使用了 Ⅰ 级元器件）
敏感电压范围 2000～3999 V	△△	由试验数据确定为 Ⅱ 级的元器件和微电路 分立型 MOS 场效应晶体管 结型场效应晶体管 小功率双极型晶体管，输出功率不大于 100 mW，工作电流不大于 100 mA 运算放大器 集成电路 混合电路（使用了 Ⅱ 级元器件） 密电阻网络
敏感电压范围 4000～15 999 V	无标志	由试验数据确定为 Ⅲ 级的元器件和微电路 小信号二极管（功率小于 1 W，电流小于 1 A） 普通的硅整流器 晶闸管（电流小于 0.175 A） 分立 MOS 场效应晶体管 小功率双极型晶体管（功率为 100～300 mW，电流为 100～400 mA） 光电器件（发光二极管、光敏器件、光耦合） 运算放大器 集成电路 超高速集成电路 其他微电路（所有不包括 Ⅰ 级或 Ⅱ 级中的元器件） 混合电路（所有不包括在 Ⅲ 级中的元器件） 片式电阻器 压电晶体

表 3.6　常用元器件的静电放电耐量

器件类型	静电放电阈值/V	器件类型	静电放电阈值/V
VMOS	30～1800	运算放大器	190～2500
MOSFET	100～200	ECL	500
GaAsFET	100～300	晶闸管	680～1000
EPROM	100～1000	肖特基 TTL	1000～2500
JFET	140～7000	CMOS	250～3000
SAW	150～500	双极晶体管	300～3000

3.3.4　环境的静电防护

为了防止元器件免受静电损害，可以有三个途径：一是片内静电防护电路，这不是本书的主题；二是片外静电防护电路，如采用瞬态电压防护元件限制元器件的端口之间不会形成过电压，并为静电放电电荷提供泄放通道，这将在本书以后章节中介绍；三是在元器件装配使用环境中采取防静电措施，以下对此进行阐述。

在对静电敏感元器件进行运送与装配的工作场所内，应设置静电防护区。静电防护区应有如图 3.37 所示的静电防护标识，其中(a)主要用于器件外壳上，对于微小封装的元器件，亦可标志在包装盒或包装箱上；(b)和(c)主要用于静电防护环境以及元器件的储藏箱柜上。根据静电防护等级的不同，静电防护区可分为Ⅰ类、Ⅱ类和Ⅲ类，Ⅰ类区允许的静电电位为 100 V，Ⅱ类为 500 V，Ⅲ类为 1000 V。

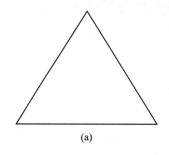

(a)　　　　　　　　　(b)　　　　　　　　　(c)

图 3.37　静电防护标识

在静电防护区内，操作者和元器件可能接触到的所有物品均应满足防静电要求，用静电防护材料制作或者包封(参见图 3.38)，并通过 100 kΩ～1 MΩ 的电阻接地。譬如，防静电的地毯、台面、腕带、操作器具等均应接地，如图 3.39 所示。通过电阻接地是为了控制放电电流不易过大，以保证操作人员和导电物体的安全。接地回路应有足够的载流量。

良好的静电防护材料应同时具备两个条件，即不易产生静电和安全施放静电。可用的静电防护材料有三种，如表 3.7 所列。其中，导电防护材料由不易产生静电的导体制成，电阻率最低，但放电电流过大；抗静电材料由不易产生静电的绝缘体制成，电阻率最大，放电电流过小；静电耗散材料的电阻率居中，因此具有最适中的放电电流和放电时间，是最理想的静电防护材料。图 3.40 给出了上述三种材料的表面电阻率和放电时间。

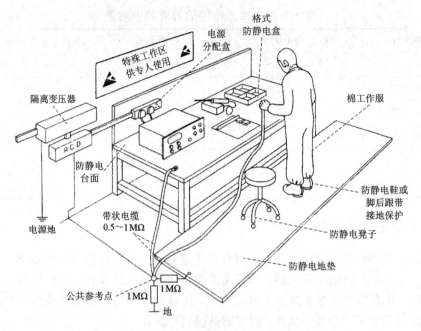

图 3.38　防静电工作区的配置

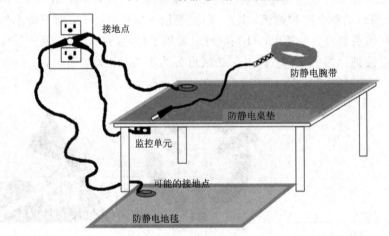

图 3.39　防静电工作桌

表 3.7　静电防护材料的选择

分　类	表面电阻率 /(Ω/□)	体电阻率 /(Ω·m)	作　用	构　成	放电情况
导电防护材料 (Conductive)	$1\sim10^4$	$\leqslant10^6$	用于器件管脚间短路或屏蔽	金属材料和体导电塑料	放电电流过大
抗静电材料 (Antistatic)	$10^9\sim10^{14}$	$10^{10}\sim10^{15}$	能有效地阻止静电荷在其自身及与其接触材料上积累	木制品、纸制品、棉制品以及经抗静电剂表面处理的材料	放电时间过长
静电耗散材料 (Static Dissipative)	$10^4\sim10^9$	$10^5\sim10^{10}$	能以适当的速率(如2 s 内)释放静电电荷	绝缘材料＋半导电添加剂	放电电流与时间适中

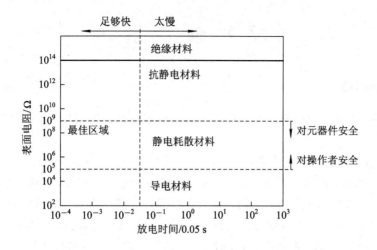

图 3.40 静电防护材料的表面电阻率和放电时间

　　静电防护区相对湿度最好控制在 40%～60%，这相当于在物体表面覆盖了一层静电耗散材料（带导电杂质的水汽）。静电电压与相对湿度的关系如图 3.41 所示。不过，湿度过高，容易对元器件的金属管脚或者导电管壳产生化学腐蚀作用。必要时，还可采用离子风来中和表面静电电荷，采用防静电涂剂来促进静电耗散，减少摩擦生电。

　　静电还与空气中的尘埃密度有关，尘埃越多，则静电越容易产生。静电防护区的净化度最好达到 1 万级，即每升空间中超过 $0.5~\mu m$ 的粒子数不超过 350 个。不同超净级别对空气中的粒子尺寸和粒子密度的要求如图 3.42 所示。

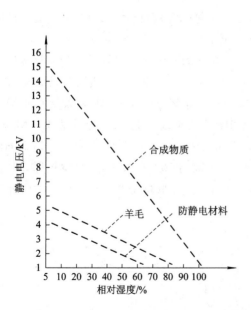

图 3.41 静电电压与相对湿度的关系

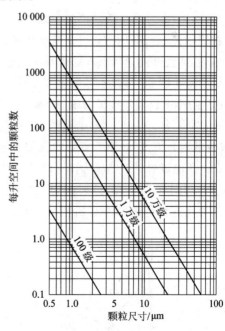

图 3.42 不同净化级别对每升粒子数
和粒子尺寸的要求

3.4 辐 射

3.4.1 辐射环境

电子产品可能遇到的辐射主要来自空间辐射和核辐射。空间辐射来自地球之外的外层空间，包括：

（1）宇宙射线：由约 90％的质子，约 1％的 α 粒子，以及少量的重粒子、电子、光子和中微子组成，能量极高，峰值出现在 300 MeV 处。一般认为大于 100 MeV 的质子来自银河系，注量约为 $1/cm^2 \cdot s$；较低能量的来自太阳，主要影响星际飞行器及各类空间站中的电子设备。

（2）太阳辐射：仅在太阳耀斑爆发时显著，每年只爆发数次，持续时间为数百分钟至数天，成分构成与宇宙射线类似，能量低于宇宙射线（30 MeV 左右），注量则高得多（$10^6/cm^2 \cdot s$）。

（3）地球辐射带：亦称范·艾伦辐射带，位于赤道上空并向两侧伸展 $40°\sim60°$ 左右，是被地球磁场所捕获的带电粒子辐射所致，对地球卫星影响很大。根据地球辐射带距离地表的距离，又可分为内带和外带。内带距地表 $600\sim8000$ km，主要由 $30\sim100$ meV 的质子组成，辐射强度随高度变化，最高达 $3\times10^4/cm^2 \cdot s$；外带距地表 $4800\sim35\,000$ km，主要由 $0.4\sim1$ MeV 的电子组成，辐射强度亦随高度变化，最高达 $10^{10}/cm^2 \cdot s$。

空间辐射以累计效应为主，通常用总剂量来表征，单位为拉德 rad（Si）或戈瑞 Gray，二者的关系为 1 Gray＝100 rad。质子辐射亦可用单位面积注入的质子数来表示，称为质子注量，单位为 cm^{-2}。

另外，宇宙射线是诱发单粒子效应的主要来源。

核辐射是核反应所致，包括核爆炸环境（原子弹、氢弹等）和核动力环境（核电站、核潜艇等），主要通过以下两个方面来影响电子设备与元器件：

（1）高能粒子：如果不考虑周围介质的影响，核爆炸的能量先以热辐射和瞬发核辐射释放，随后随烟云以缓发核辐射施放，辐射有效半径为 1 千米至几百千米。热辐射以 X 射线为主，峰值能量为 10 keV；瞬发核辐射以中子为主，三个能量峰分别为 14 MeV（聚变）、4 MeV（非弹性散射）、0.8 MeV（裂变）；缓发核辐射以 γ 射线和 β 射线为主，平均能量为 1.5 MeV。

（2）强电磁脉冲：电场为 $3\sim5\times10^5$ V/m，磁场为 10^2 A/m，$f=10$ kHz~100 MHz，脉冲上升时间为 5 ns，持续时间为 $0.1\sim1$ μs，作用距离为 $300\sim500$ km。高空核爆炸与低空核爆炸引起的电磁脉冲有所不同，如图 3.43 所示，前者来自 100 km 以上大气层外空

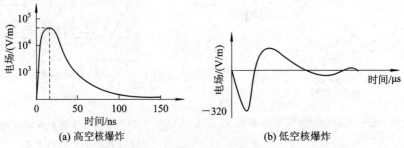

(a) 高空核爆炸　　　　　(b) 低空核爆炸

图 3.43　核爆炸引起的电磁脉冲波形

间，受空气影响很弱；后者发生在 1 km 以内大气层内，受空气影响很大。

核辐射以瞬态效应为主，通常用剂量率来表征，单位为 rad(Si)/s。中子辐射通常用单位面积注入的中子数来表示，称为中子注量，单位为 cm^{-2}。

3.4.2　辐射失效

辐射对半导体器件造成损伤的物理机理主要是位移和电离效应，如图 3.44 所示。位移是指辐射使晶格原子位移，在晶格中形成空位和间隙原子，引入点缺陷。它会在半导体的禁带中引入辐射诱生能级，作为复合中心使少数载流子寿命下降，导致电流增益减少；作为杂质补偿中心使多数载流子浓度下降，导致电阻率上升；作为散射中心使载流子迁移率下降，影响频率和速度。中子辐射的位移效应更为显著，因为中子不带电，能量大，穿透能力强。位移效应产生的是永久性损伤，不可恢复。

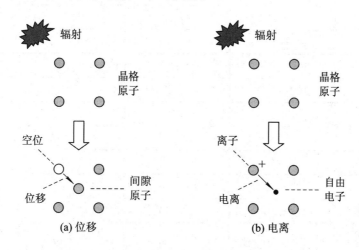

图 3.44　半导体器件的辐射物理效应

电离是指辐射使晶格原子电离，在晶格中形成自由电子和带电离子。电离往往引入表面缺陷，如氧化层正电荷、Si-SiO$_2$ 界面陷阱和氧化层内可动离子，从而对 MOS 器件的性能产生重要影响。γ 射线的电离效应更为显著，因其具有光电效应。电离效应产生的是半永久性损伤和瞬时损伤，对于后者，辐射消失后可以恢复。

双极型器件对中子辐射更为敏感。辐射会引起二极管的正向动态电阻、反向击穿电压和漏电流增加，放大管的电流放大系数下降、饱和压降上升，开关管的上升时间增加、存储时间和下降时间减少、低电平阈值上升。

MOS 器件对电离辐射更为敏感。辐射会引起 MOS 器件的阈值电压漂移、跨导退化、隔离结漏电流增加，同时有可能通过单粒子效应导致误触发。

3.4.3　抗辐射元器件的选用

元器件辐射加固保证等级和要求如表 3.8 所列，常用元器件的辐射损伤阈值如表 3.9 所列，集成电路抗总剂量的阈值如表 3.10 所列。

表 3.8　元器件辐射加固保证(RHA)等级和要求

RHA 等级标志	辐射强度要求	
	总剂量/rad(Si)	中子注量/cm^{-2}
W	—	—
M	3 k	2×10^{13}
D	3 k	
R	100 k	1×10^{12}
H	1000 k	

表 3.9　常用元器件的辐射损伤阈值

元器件类型		中子注量/cm^{-2}	γ射线剂量/Gray	质子注量/cm^{-2}	备　注
阻容元件		$10^{15}\sim10^{17}$		10^{12}	
PN 结二极管		$10^{13}\sim10^{14}$	$10^4\sim10^5$	$10^{11}\sim10^{13}$	
隧道二极管		$10^{14}\sim10^{15}$	$>10^{15}$	$10^{13}\sim10^{14}$	
微波器件		$10^{14}\sim10^{15}$			
晶闸管		$<10^{13}$	<10		
太阳能电池				$10^{11}\sim10^{12}$	
双极晶体管	低频	$10^{10}\sim10^{11}$	$10^3\sim10^4$	$10^8\sim10^9$	$<50\,\mathrm{MHz}$
	中频	$10^{12}\sim10^{13}$	$10^3\sim10^4$	$10^9\sim10^{10}$	$50\sim150\,\mathrm{MHz}$
	高频	$10^{13}\sim10^{14}$	$10^3\sim10^4$	$10^{10}\sim10^{11}$	$>150\,\mathrm{MHz}$
结型场效应管 (JFET)		$10^{14}\sim10^{15}$	$10^4\sim10^5$	$10^{12}\sim10^{13}$	
MOS 场效应管 (MOSFET)		$10^{14}\sim10^{15}$	$\sim10^2$	$10^{11}\sim10^{12}$	
集成电路	双极数字	$10^{13}\sim10^{15}$	$\sim10^4$	10^{13}	
	双极模拟	10^{12}	$\sim10^3$	$\sim10^{11}$	
	CMOS	10^{14}	$\sim10^3$		

表 3.10　集成电路抗总剂量阈值

类　型	总剂量/rad(Si)
体硅 CMOS	$10^3\sim10^5$
加固 CMOS	$10^5\sim10^6$
NMOS	$10^2\sim10^4$
PMOS	$10^3\sim10^5$
CMOS/SOS/SOI	$10^3\sim10^5$
加固 CMOS/SOS/SOI	$10^5\sim10^6$
双极晶体管	$10^4\sim10^6$
双极线性集成电路	$10^4\sim10^6$

（1）对于分立元器件，在其他条件相当的情况下，抗辐射能力从强到弱的次序如下：

- 无源元件→有源器件。
- 二极管→三极管。
- 隧道二极管→电压调整与基准二极管→整流二极管。
- 开关晶体管→放大晶体管。
- 锗晶体管→硅晶体管。
- NPN 晶体管→PNP 晶体管。
- JFET→BT→MOSFET（抗中子辐照）。MOSFET 的抗中子辐照能力比双极器件高 1～2 个数量级，抗电离辐射能力又低 2～3 个数量级。
- 高频器件→低频器件。
- 大功率器件→小功率器件。
- 大电流运用→中小电流运用。
- 高电源电压运用→低电源电压运用。
- 晶闸管、单结晶体管和太阳能电池的抗辐射能力比晶体管一般要低 2 个数量级。
- 微波器件比一般晶体管的抗辐射能力高 1～2 个数量级。

（2）对于集成电路，在其他条件相当的情况下，抗辐射能力从强到弱的次序如下：

- 分立线路→集成电路（对于电离辐射）。
- 数字集成电路→模拟集成电路。
- 介质隔离电路→PN 结隔离电路。
- 绝缘衬底（CMOS/SOI）电路→硅衬底电路（CMOS/Si）。
- GaAs 电路→Si 电路。
- 双极电路抗中子辐照能力差，最敏感的参数是电流放大系数 h_{FE}；MOS 电路抗电离辐照的能力差，最敏感的参数是阈值电压 U_T。
- 抗中子辐照：CMOS/SOI→CMOS/Si→肖特基 TTL→I^2L→双极型线性电路。
- 抗稳态电离辐照：ECL→肖特基 TTL→I^2L→CMOS→NMOS。
- 抗瞬态电离辐照：CMOS/SOI→CMOS/Si、I^2L→NMOS、ECL、肖特基 TTL。

（3）对于电子材料，在其他条件相当的情况下，抗辐射能力从强到弱的次序为：金属→半导体→无机绝缘（石英、云母、玻璃、陶瓷等）→有机绝缘（环氧树脂、聚乙烯、聚苯乙烯、聚四氟乙烯等）。

3.4.4　辐射加固设计

1. 电路与结构的辐射加固设计

提高电子设备抗辐射能力的技术称为辐射加固技术。辐射加固可以从元器件内部着手，也可以从元器件外部着手。这里仅讨论从元器件外部如何实现辐射加固。

从电路设计方面考虑，辐射加固可以通过容差设计、冗余设计和容错设计，减少电路对器件辐射敏感参数的依赖性，或者使设备局部出错或失效不至于影响整机的正常运行。这部分措施可参考第 6 章。也可以利用各种防护元件，通过光电流补偿、负反馈、电压箝位、限流、温度补偿、饱和逻辑和寄生消除等方法，来保护电路不受辐射的侵害。这部分措施可参见第 5 章。

从结构设计方面考虑，可在元器件封装、部件外壳、设备机箱、系统蒙皮上增加更为严密的屏蔽措施。这方面的措施可参见第 4 章。在布局安排方面，应使抗辐射能力差的器件尽量放在设备的中心部位，含有许多辐射敏感器件的单元应尽量靠近，装有辐射敏感器件的机盒应放在靠近厚重构件的位置。

如果辐射是在短时间内出现的，如核爆期间、航天器离开地球瞬间、预测到有大的太阳耀斑爆发时，可以在辐射期间将暂不使用的部件关闭，或者使正常信号的传输在辐射前或者辐射后完成，从而避免辐射引起的干扰或者损伤。这称为时间回避技术。

对于辐射引起设备永久性损伤的情况，由于元器件处于非工作状态时辐射损伤较小（在核辐射环境下更是如此），时间回避可以提高设备在辐射环境下的工作寿命。对于辐射引起设备瞬态故障的情况，由于辐射时间与工作时间不重合，时间回避可以减少设备的故障概率。

2. 时间回避技术

如果已知辐射出现的时间，则可以人为地使待工作信号的出现时间与辐射出现的时间不重合，称为主动时间回避法。图 3.45 给出了一个例子。如辐射干扰仅出现在 $t_1 \sim t_2$ 之间，则可使正常工作信号出现在 t_1 之前或者 t_2 之后，同时使系统在辐射干扰出现期间关闭，防止受到辐射可能带来的损伤。

如果不知道辐射出现的时间，可以采用监测用传感器，一旦发现辐射的前期征兆出现，即通知系统停止工作，称为被动时间回避法。图 3.46 给出了一个例子。一旦探测器检测到辐射的前期征兆，就将当前系统信息迅速转移到非易失存储器中，利用高速电子开关将信号通道和电源切断，使待回避系统暂时停止工作。待辐射干扰过去之后，再送回信息，重新接通信号通道和电源，使系统恢复工作。探测器通常采用高灵敏度传感器构成，其作用是拾取相关信息，并甄别其是否属于辐射早期干扰信息。关断启动所用的电子开关的速度应足够快，控制阻断时间通常为 1～10 ns。探测器和电子开关自身应有较好的抗辐射能力。

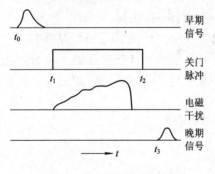

图 3.45　主动时间回避法示例

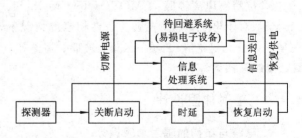

图 3.46　被动时间回避法示例

时间回避技术除了可用于抗辐射之外，亦可用于对付其他仅在特定时间段出现的电过应力和干扰。

对于卫星、航天飞行器、飞行中的导弹中的电子系统，短时间停止工作对其影响不大，因此时间回避技术显得尤其有用。

3. 辐照预筛选

由于同批器件抗辐射能力的离散性可达 2～3 个数量级，因此可以通过小剂量辐照，剔除参数变化大的器件，从而提高整批产品的抗辐射能力。这称为辐照预筛选。

要使辐照与筛选取得良好的效果，要合理地选择筛选监测参数、辐照源、辐照剂量以及合适的退火温度和退火时间。选择辐照敏感参数为测量参数，双极型器件通常为电流放大系数 h_{FE}，MOS 器件为阈值电压 U_T。辐照源可选择中子辐射源或 γ 射线，中子辐射需要高温退火，适合圆片级预筛选；γ 射线穿透能力强，适合大功率深结器件。辐照剂量对于中子辐照可选 $5 \times 10^{12} \sim 4 \times 10^{15}/cm^2$，能量大于 0.1 MeV，$\gamma$ 辐照可选 $2 \sim 3 \times 10^7$ rad(Si)。对于成品器件，退火温度在 120～180℃；对未封装芯片，为 200～400℃。

3.5　电　磁　干　扰

3.5.1　基本概念

1. 干扰与噪声

任何可能引起设备、装置或系统性能降低，或者对有生命或无生命物质产生损害作用的电磁现象，都称为电磁骚扰(Electromagnetic Disturbance)。电磁骚扰引起的设备、装置通道或系统性能的下降，则称为电磁干扰(Electromagnetic Interference，EMI，以下简称"干扰")。也就是说，电磁干扰只针对设备、装置和系统，而电磁骚扰还要针对有生命的物质。

在许多场合下，干扰(Interference)和噪声(Noise)常常混为一谈。习惯上，强调无用信号为"噪声"，强调有害作用为"干扰"；除了有用信号之外的不期望的扰动叫"干扰"，叠加在有用信号之上的有害扰动叫"噪声"；随机涨落为"噪声"，突发脉冲为"干扰"；来自内部为"噪声"，来自外部为"干扰"。图 3.47 给出了干扰和噪声的波形例子。

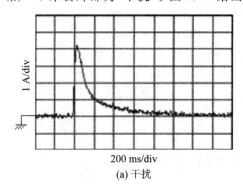
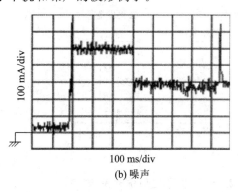

图 3.47　干扰和噪声的区别

干扰不一定都是无用信号。例如，由于非线性导致的信号失真只要不耦合进电路的其他部分，就不是干扰，虽然它也是我们不期望的。电路中某些部分的有用信号如果不期望地耦合进入电路的其他部分，也被视作干扰。移动电话产生的电磁波，对接收方来说是有用信号，对心脏起搏器来说就是干扰；广播电波对接收机来说是信号，对其他的电气、电子设备来说就是干扰。

干扰对电路的影响因电路形式而异。模拟电路容易被干扰，干扰会造成模拟信号的失真，信号持续受噪声影响，受影响的程度与噪声的幅度成正比，一旦噪声干扰小时则影响消失。数字电路容易产生干扰，对噪声干扰不如模拟电路敏感，干扰会造成数字信号的误触发，仅当干扰超过某一阈值电平或出现在某些时间段才有影响，噪声消失后其影响会保留一段时间。图 3.48 给出了模拟电路和数字电路被干扰的例子。

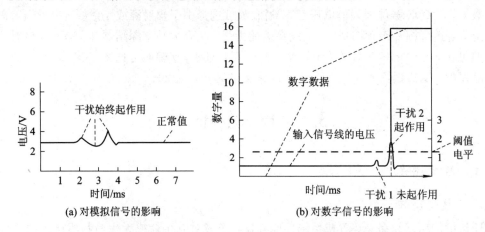

(a) 对模拟信号的影响　　　　　　　(b) 对数字信号的影响

图 3.48　干扰对模拟电路和数字电路的影响

图 3.49 给出了数字电路被干扰的一个例子。J-K 触发器正常工作时，只在时钟（C 信号）的下降沿，其输出端（Q、$\bar{Q}$）才对输入的 J、K 信号有响应。如果电源端（U_{CC}）出现了干扰，则会导致输出端出现误触发。

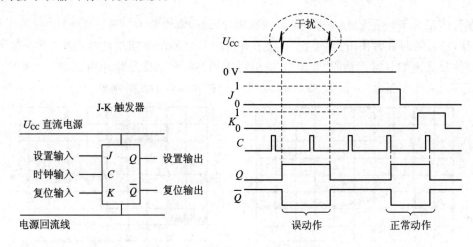

图 3.49　干扰对 J-K 触发器的影响

2. 电磁兼容性与信号完整性

产品在其设置的预定场所投入运行时，既不对其他系统施放无用的电磁能（不产生干扰），同时也不受来自外部电磁环境的干扰（不受干扰影响）的能力，称之为电磁兼容性（ElectroMagnetic Compatibility，EMC）。国际电工协会（IEC）对电磁兼容性的定义是：一个设备或系统在其电磁环境中能正常工作，且不会对其工作环境中任何事物产生不可承受的电磁骚扰的能力。

与电磁兼容性有关的另一个术语是信号完整性（Signal Integrity，SI）。它是指信号在信号线上的质量，包括信号波形的完整性与信号频谱的完整性。如果在需要的时刻具有所必须达到的电压电平数值或波形，则信号具有良好的完整性。在射频电路中容易出现的反射、振荡、地弹、串扰等现象,将会破坏信号完整性。

从图 3.50 中可以更清楚地看到噪声与干扰的区别,以及电磁兼容性与信号完整性的区别。噪声引起数字信号波形产生随机变化的毛刺,这是信号完整性问题;干扰引起数字信号的错误翻转,这是电磁兼容性问题。

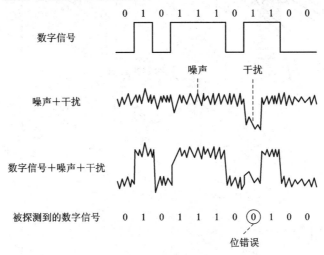

图 3.50　噪声和干扰对数字信号的影响

通常将干扰源、干扰传播路径和被干扰对象称为干扰三要素(参见图 3.51)。因此,改善电磁兼容性的途径就是消除或者抑制干扰源,切断或者阻挡干扰传播路径,提高被干扰对象的抗干扰能力。如果用公式来表达,则一个电路受干扰的程度可表示为

$$N = \frac{GC}{I} \qquad\qquad (3-3)$$

式中,G 表示干扰源的强度,C 表示从干扰源通过某种途径传到受干扰电路的耦合系数,I 表示被干扰电路的抗干扰性能。第 4 章所介绍的接地、屏蔽和滤波被称为电磁兼容设计的三大措施。

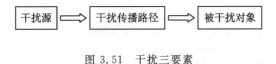

图 3.51　干扰三要素

以下两小节将分别对电子设备中干扰的来源和传播途径进行更具体的分析。

3.5.2　干扰来源

1. 干扰的频率特性

干扰可以来自电子设备的外部,如供电设备与线路、无线广播电台与电视台、雷电、汽车点火时的火花放电、移动电话等(参见图 3.52),干扰的频率可以低至 50 Hz(市电),也可高至 1 GHz(手机)。干扰也可以来自电子设备的内部,诸如交流电源工频及其谐波干扰(50/60 Hz 及其倍频)、开关电源工作频率及其谐波干扰(1~500 kHz 及其倍频)、数字电路时钟频率及其谐波干扰(30 MHz 以上及其倍频)。图 3.53 给出了常见干扰的频率分布,可见电子设备的干扰可以从超低频至超高频,分布范围很宽。

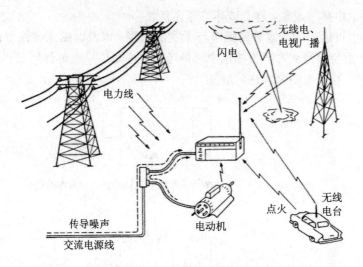

图 3.52　来自外部的电磁干扰

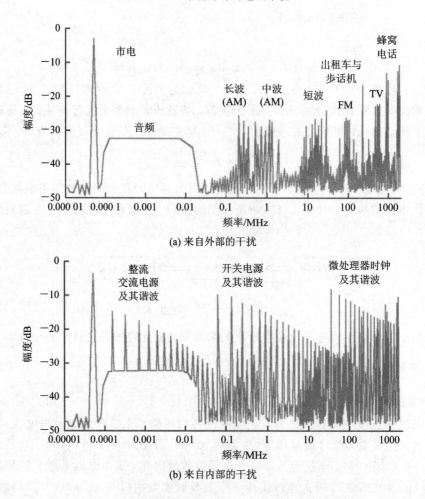

(a) 来自外部的干扰

(b) 来自内部的干扰

图 3.53　电子设备干扰的频率分布

　　高速数字电路的干扰频率可能会远高于其工作频率，达到工作频率的数倍甚至数十倍，因此即使工作频率不高，其高频干扰仍然不容忽视。时钟通常是数字电路中频率最高的工作信号，时钟信号的最高频率 f_{knee} 并不取决于其周期，而是取决于其上升（或下降）时间 t_{r}，可表示为

$$f_{\text{knee}} = \frac{1}{\pi t_{\text{r}}} \tag{3-4}$$

其奇次谐波按 40 dB/dec 的包络线下降，因此高速数字电路信号总能量集中在 f_{knee} 之下。对于高速电路时钟频率的详细分析见 6.1.2 节。对于 CMOS 反相器电路，通常上升时间由 PMOS 管决定，下降时间由 NMOS 管决定，而在相同面积的条件下，NMOS 管的速度比 PMOS 管快，因此下降时间短于上升时间。

　　开关电源的情况与数字电路相仿。开关电源所产生的纹波电流频率会远高于其开关工作频率，通过输出线传导或者空间辐射对周边元器件产生干扰。由图 3.54 可见，开关频率为 150 kHz 的开关电源传导发射频谱，不仅包括了 150 kHz 的奇次谐波频率（可达 3 MHz 以上），还包括了其上升沿所产生的基波（$1/\pi t_{\text{r}}$）及其谐波频率（可达 100 MHz 以上）。

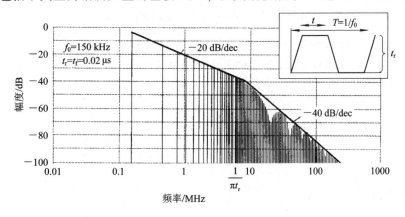

图 3.54　开关电源电路的频谱

2. 差模干扰和共模干扰

　　差模干扰是指出现在电路的一个输入端和另一个输入端之间的干扰，而共模干扰是指出现在电路的任一个输入端与公共参考电位之间的干扰，二者的等效电路如图 3.55 所示。在大多数情况下，共模干扰远大于差模干扰。图 3.56 给出了一个测试实例。

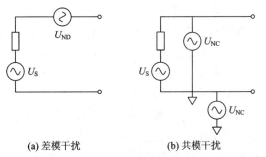

(a) 差模干扰　　　　　　　　　(b) 共模干扰

注：U_{S} 为信号源电压，U_{ND} 为差模干扰电压，U_{NC} 为共模干扰电压。

图 3.55　差模干扰和共模干扰的等效电路

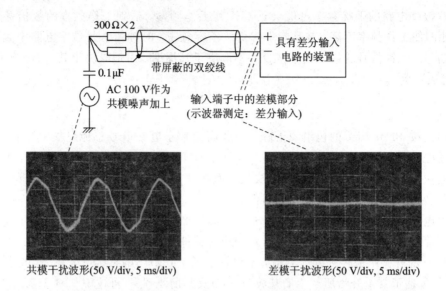

图 3.56　差模干扰和共模干扰测试实例

通常用共模抑制比(CMRR)来衡量电子系统对共模干扰的抑制能力。它定义为作用于电子系统的共模干扰信号(u_{cm})与产生相同输出所需的差模干扰信号(u_{cd})之比:

$$\text{CMRR} = 20 \lg \frac{u_{cm}}{u_{cd}} \text{[dB]} \tag{3-5}$$

对于放大器而言,CMRR 还可定义为其差模增益(K_d)与其共模增益(K_c)之比:

$$\text{CMRR} = 20 \lg \frac{K_d}{K_c} \text{[dB]} \tag{3-6}$$

3.5.3　干扰传播

1. 干扰传播途径

电子系统中干扰的传播途径可分为辐射耦合和传导耦合两类。辐射耦合是指干扰源通过自由空间把其信号(不期望地)耦合到另一个电网络,干扰以"场"的方式传播,也称空间传播,包括近场的电场耦合和磁场耦合以及远场的电磁辐射。抑制辐射耦合的主要措施是增距、隔离和屏蔽。

传导耦合是指通过导电介质把一个电网络上的信号(不期望地)耦合到另一个电网络,干扰以"路"的方式传播,或者说是导线传播,包括直接传导耦合和公共阻抗耦合,低频时更为显著。抑制传导耦合的主要措施是强化接地、差分输入和滤波。

实际情形中,辐射耦合与传导耦合有可能同时存在,协同作用。一种情形是两种耦合的"并联"。例如,PCB 的两条导线上传播的信号,有可能通过这两条导线共用的地线公共阻抗以传导耦合的方式相互干扰,同时通过两条导线之间的耦合电容以辐射耦合相互干扰。另一种情形是两种耦合的"串联"。例如,空间干扰电磁波通过辐射耦合传导至电子系统的端口,然后通过传导耦合传播到电子系统内部的各个部分。

图 3.57～图 3.60 分别给出了电子设备之间、电子设备内部、开关电源内部和 PCB 板上的干扰传播路径示例。

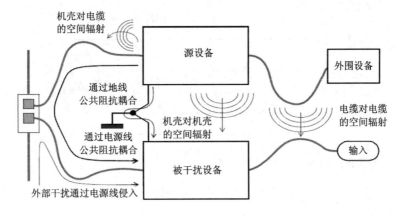

图 3.57　电子设备之间的干扰传播路径

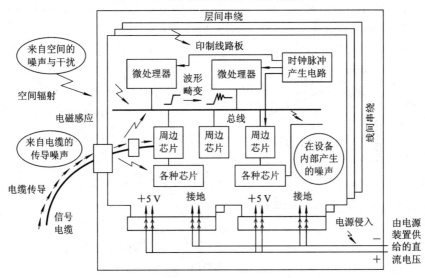

图 3.58　电子设备内部的干扰传播路径

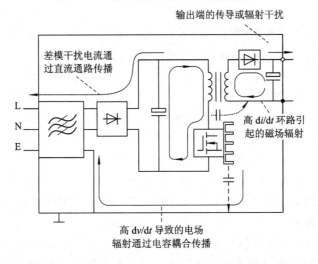

图 3.59　开关电源内部的干扰传播路径

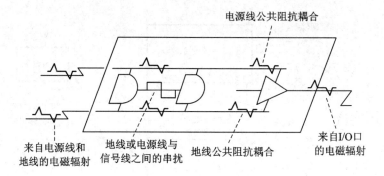

图 3.60　PCB 板上的干扰传播路径

2. 空间传播

干扰在无传输导体的情况下，通过辐射耦合的方式在空间传播。辐射耦合的方式有三种，即电场耦合、磁场耦合和电磁辐射，如图 3.61 所示。

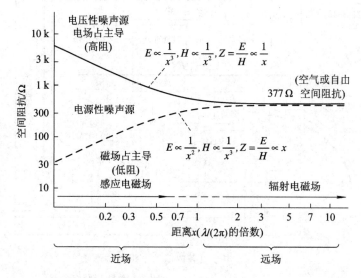

注：E 为电场强度，H 为磁感应强度，$Z = \dfrac{E}{H} = \sqrt{\dfrac{\mu}{\varepsilon}}$ 为空间波阻抗（μ 为磁导率，ε 为介电常数），

x 为观测点与干扰源之间的距离，λ 为干扰信号的波长。

图 3.61　电场、磁场、空间阻抗与传播距离的关系

在近场条件下，即传输距离小于 $\lambda/(2\pi)$（λ 为信号的波长），以电场耦合和磁场耦合为主，干扰以感应的方式传播。其中，电场耦合适用于高阻抗、小电流、高电压和电容耦合（如偶极或单极天线），高频（>1 MHz）时显著；磁场耦合适用于低阻抗、大电流、低电压和电感耦合（如环形天线），低频（<1 MHz）时显著。

在远场条件下，即传输距离大于 $\lambda/2\pi$，以电磁辐射为主，阻抗恒定为自由空间阻抗，干扰通过电场与磁场的交替变换来传输，更高频率（如 30 MHz）时显著，如场对天线的耦合以及场对电缆的耦合。

在实际电路中，干扰通过辐射耦合传播有两种可能情形，即环形天线和单极子天线。任何一根金属长形导体均可视为单极子天线，如未形成闭合回路的金属引线、元器件的暴露金属部分、接插件等；任何形成闭合回路的金属导体均可视为环形天线，如印制电路板

走线回路等。图 3.62 给出了 PCB 上形成环形天线和单极子天线的例子。环形天线主要引起差模干扰，单极子天线主要引起共模干扰。

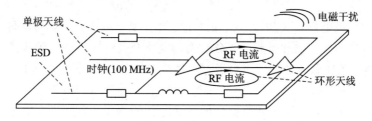

图 3.62　PCB 板上可能存在的"单极天线"和"环形天线"

表 3.11 给出了环形天线和偶极（单极）天线的基本特性。可见，距离天线越近（D 越小），辐射越强（E 或 H 越大）；通过环路的电流或者通过偶极的位移电流 I 越大，辐射越强；环路面积（A）越大或者偶极长度（L）越长，辐射越强；通常辐射源频率越高，辐射越强，但有两个例外：一是直流电流也会引发近场磁场辐射，二是偶极天线的近场电场辐射与频率成反比，这是因为频率越高，偶极间容抗越小，需要的驱动电压越高，从而 E 越小。

表 3.11　环形天线和偶极天线的基本特性

	环形天线	偶极天线
结构	I　A　环路有电流 I（环路面积 A）	L　极间有电压（偶极长度 L，若一个电极接地，则为单极天线） I
假设条件	A 尺寸 $\ll \lambda$，A 尺寸 $< D$，环路导线阻抗 $=0$，环路处于自由空间	$L \ll \lambda$，$L < D$，偶极导线阻抗 $=0$，偶极处于自由空间
近场（$D < \dfrac{\lambda}{2\pi}$）	$H = \dfrac{IA}{4\pi D^3}$，$E = \dfrac{Z_0 IA}{2\lambda D^2}$	$H = \dfrac{IL}{4\pi D^2}$，$E = \dfrac{Z_0 IL\lambda}{8\pi^2 D^3}$
远场（$D < \dfrac{\lambda}{2\pi}$）	$H = \dfrac{\pi IA}{\lambda^2 D}$，$E = \dfrac{Z_0 \pi IA}{\lambda^2 D}$	$H = \dfrac{IL}{2\lambda D}$，$E = \dfrac{Z_0 IL}{2\lambda D}$

注：D 为天线距离观测点的距离，自由空间的意思是附近无金属导体。

3. 公共阻抗耦合

公共阻抗是指两个不同电路的工作电流或信号通过了一段共同的导体（如地线、电源线等）。公共阻抗可以表现为电阻或电感，电阻是低频阻抗的主要成分，电感是高频阻抗的主要成分。

图 3.63 是地线公共阻抗形成干扰的一个例子。电路 1 的接地电流和电路 2 的接地电流 I_1 和 I_2 都流过公共地线，公共地线阻抗的低频成分为电阻 R_{GND}，高频成分为电感 L_{GND}，低频条件下电路 1 和电流 2 的接地电位为

$$U_{GND1} = U_{GND2} = (I_1 + I_2)R_{GND} \qquad (3-7)$$

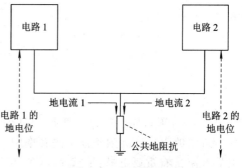

图 3.63　地线公共阻抗示例

高频条件下的接地电位为

$$U_{\text{GND1}} = U_{\text{GND2}} = -L_{\text{GND}} \frac{\text{d}(I_1 + I_2)}{\text{d}t} \tag{3-8}$$

可见，电路 1 的接地电位不仅与自身的接地电流及其变化速率有关，而且与电路 2 的接地电流及其变化速率有关，因此电路 2 工作状态的变化会通过地线公共阻抗给电路 1 形成干扰。同样，电路 1 工作状态的变化也会通过地线公共阻抗给电路 2 形成干扰。这种干扰为共模干扰。

　　图 3.64 是电源线与地线公共阻抗共同形成干扰的例子。电路 1 和电路 2 的电源电流 I_1 和 I_2 都会流过公共电源线阻抗 R_{DD}、公共地线阻抗 R_{GND} 以及电源的内阻 R_{S}，从而形成相互干扰，即一个电路的电源电压与另一个电路的电源电流有关，此亦为共模干扰。电路 1 和电路 2 的电源电压可表示为

$$U_{\text{DD1}} = U_{\text{DD2}} = (I_1 + I_2)(R_{\text{GND}} + R_{\text{S}} + R_{\text{DD}}) \tag{3-9}$$

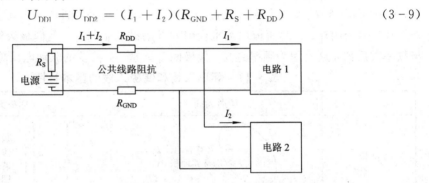

图 3.64　电源线与地线公共阻抗示例

　　实际电路中的导线、电阻、电容、电感都会存在寄生电阻、寄生电感和寄生电容。它们可以是干扰传播的媒介，也可能是干扰的发射源，还可以是公共阻抗的来源。图 3.65 给出了实际导线、电阻器、电容器和电感器的低频等效电路、高频等效电路以及阻抗随频率的变化。

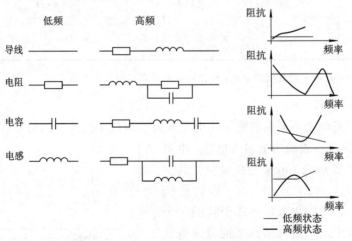

图 3.65　导线、电阻器、电容器和电感器的等效电路以及阻抗随频率的变化

　　导线的阻抗在高频条件下随频率的上升而上升，原因有二：一是高频条件下寄生电感对导线阻抗有重要贡献，二是高频条件下趋肤效应非常显著。以下计算实例说明了导线的寄生电感对阻抗的显著影响：

- 一根直径为 1 mm 的导线在 160 MHz 下的阻抗大约是直流阻抗的 50 倍;
- 一个长度为 10 mm、直径为 1 mm 的连接器插针的自电感为 1 nH,看起来很小,但如果一个 40 mA、16 MHz 的方波通过它时的电压降可达 40 mV,足以影响信号的完整性;
- 一个长度为 1 m 的导线用于连接雷击保护装置与建筑物的大地搭接网络时,其 1 μH 的自电感可造成雷击保护装置无法正常工作;
- 一根 4 m 长的电缆如果其屏蔽层的引出线达到 25 mm,在高于 30 MHz 的频率下,足以使电缆完全失去屏蔽作用。

4. 串扰

当两条导线之间存在耦合电容(或互感)时,一条线上的电压变化(或电流变化)会通过电容耦合(或电感耦合)在另一条线上引起不期望的电流信号(或电压信号)。这种现象叫串扰(Crosstalk),如图 3.66 所示。

电容耦合引发的串扰与电感耦合引发的串扰的特性有所不同。电容耦合属于电场耦合,驱动线电压随时间变化,通过线间电容在被干扰线上产生干扰电流,在高阻抗电路、数字电路、高频小电流电路中显著。如图 3.67(a)所示,驱动线电压 U 的变化通过互电容 C_m 在被干扰线上产生一个窄干扰电流脉冲

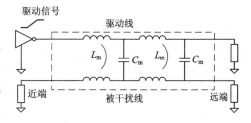

图 3.66 线间串扰的产生

$$I_C = C_m \frac{\mathrm{d}U}{\mathrm{d}t} \qquad (3-10)$$

然后一分为二变成两个脉冲,分别沿被干扰线向两个相反方向传播。

电感耦合则属于磁场耦合,驱动线电流随时间变化,通过线间互感在被干扰线上产生电动势,在低阻抗电路、大部分模拟电路、低频大电流电路中显著。如图 3.67(b)所示,驱动线电流 I 的变化通过互感 L_m 在被干扰线上产生一个干扰电动势

$$U_L = -L_m \frac{\mathrm{d}I}{\mathrm{d}t} \qquad (3-11)$$

此电动势诱发两个极性相反的电流脉冲,负脉冲向前传播,正脉冲向后传播。

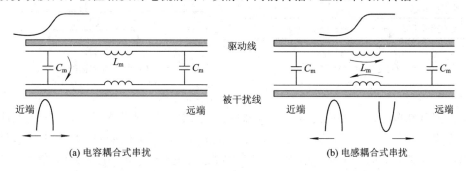

图 3.67 电容耦合式串扰与电感耦合式串扰的对比

电感耦合式串扰和电容耦合式串扰都会影响输入阻抗,但影响的方向不同,电感耦合式串扰使输入阻抗增加,电容耦合式串扰使输入阻抗降低,如图 3.68 所示。因此,通过测量串扰随输入阻抗的变化,可以判断是电感耦合式串扰为主,还是电容耦合式串扰为主。

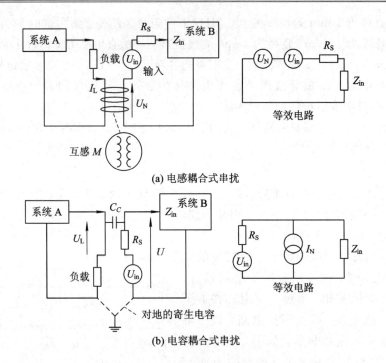

图 3.68　串扰对输入阻抗的影响

　　串扰在被干扰线上形成的干扰脉冲可以与信号脉冲传播的方向相反，最终到达信号源端，称为反向串扰(亦称近端串扰，Near-end Crosstalk，NEXT)；也可以与信号脉冲传播的方向相同，最终到达负载端，称为同向串扰(亦称远端串扰，Far-end Crosstalk，FEXT)。电容耦合和电感耦合形成的串扰时序如图 3.69 所示。

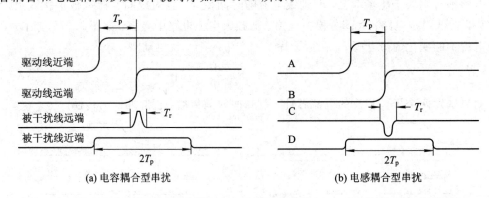

图 3.69　串扰的时序波形

　　电容耦合和电感耦合形成的反向串扰脉冲极性相同，故相互叠加。反向串扰脉冲的持续时间为驱动线传输时间 T_p 的 2 倍(驱动信号从近端传输到远端期间，以及干扰信号从远端再返回近端期间，均存在反向串扰)，幅度取决于互电容 C_m 和互电感 L_m 的值。电容耦合和电感耦合形成的同向串扰脉冲极性相反，故相互抵消。同向串扰脉冲的持续时间近似等于驱动信号的上升时间或下降时间 T_r，幅度取决于 C_m 和 L_m 形成的阻抗的差。因此，反向串扰的幅度、持续时间以及能量通常远大于同向串扰。大部分串扰如不加解释，均为反向串扰。

　　两个平行导体之间的间距越小，平行走线的长度越长，它们之间的互电容和互电感越大，串扰也就越强。图 3.70 给出了自由空间中两平行导线的间距对其互电容和互电感的影响。

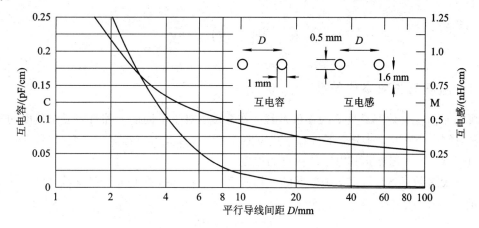

图 3.70　自由空间中两平行导线之间的距离对其互电容和互感的影响

　　数字电路产生的串扰对另一个数字电路或者模拟电路会产生不利影响。图 3.71 给出了数字电路与数字电路之间串扰的一个例子，信号 A 对时钟 B 的串扰，有可能使时钟产生错误的定时，导致电路出现误翻转。图 3.72 给出了数字电路对模拟电路串扰的一个例子。数字电路的输出信号通过互电容 C_m 对模拟线的输入信号的串扰，导致模拟电路输入信号产生不期望的变化。

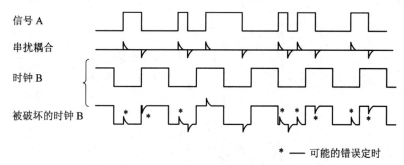

图 3.71　数字线平行相邻所产生的串扰

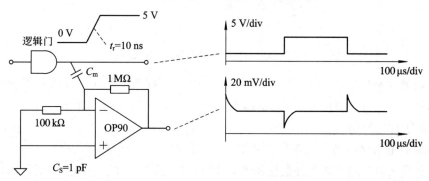

图 3.72　数字线与模拟线平行相邻所产生的串扰

抑制串扰最简单的办法就是两线不要平行，如不得不平行，则应尽量增加两线间距，缩短两线平行段长度。一般而言，易形成干扰的线与其他线路的平行间距应大于线导体直径的 40 倍。印制电路板的抗干扰措施参见第 8 章。

3.6　热　效　应

3.6.1　温度与失效率的关系

影响元器件失效率最重要的参数是其工作温度。对于不同的元器件，工作温度的定义不同。例如，对于半导体分立器件和集成电路，工作温度是其有源区的温度（俗称"结温"）；对于电阻器，工作温度是其电阻体中点的温度。

对于大多数元器件而言，失效率随工作温度上升而呈指数规律上升（参见图 3.73），且可表示为

$$\lambda = K \cdot \exp\left(-\frac{E_{a}}{kT}\right) \tag{3-13}$$

式中：λ 是失效率；K 是与元器件类型有关的常数；E_{a} 称为激活能；$k = 1.38 \times 10^{-23}$ J/K 是玻尔兹曼常数；T 是元器件的工作温度。

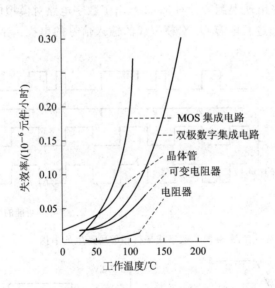

图 3.73　典型元器件的失效率与工作温度的关系

激活能的大小反映了失效率随温度变化的快慢。不同类型的元器件或者不同的失效模式具有不同的激活能。如果 $E_{a} \approx 0.5$ eV，则工作温度每上升 10℃，元器件的失效率将增加 1 倍，这称为 10℃ 规则。

元器件的最高允许温度主要受其可靠性要求的约束，与元器件采用的材料以及封装形式有关。常用元器件的最高允许温度如表 3.12 所列。例如，对于采用塑料封装的硅集成电路芯片，可安全工作在 150℃ 以下的结温，如温度瞬时超过 150℃，会产生隐性损伤，超过 175℃ 就会即时失效。

表 3.12　常用元器件的最高允许温度

元器件名称	最高允许温度/℃	元器件名称	最高允许温度/℃
变压器	95	陶瓷电容	80~85
继电器	95	锗晶体管	70~100
碳膜电阻	120	硅晶体管	150~200
金属膜电阻	100	塑料封装集成电路	125~150
铝电解电容	85	金属封装集成电路	150~100
云母电容	70~120	化合物半导体器件	150~175
薄膜电容	60~130	电子管	150~200

元器件的工作温度 T 可表示为

$$T = P_D \cdot R_\theta + T_A \qquad\qquad (3-13)$$

式中，P_D 是元器件的最大耗散功率，R_θ 是元器件的热阻，T_A 是环境温度。例如，当 $R_\theta =$ 100 ℃/W，$P_D = 1$ W，环境温度 $T_A = 25℃$ 时，计算得到 $T = 125℃$。式(3-13)可以由图 3.74 所示的等效电路来表示。

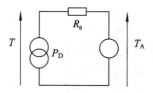

图 3.74　表示元器件温度、热阻、耗散功率以及环境温度之间关系的等效电路

由式(3-13)可知，降低元器件工作温度的途径是降低耗散功率(简称"功耗")，减少热阻，降低环境温度。由图 3.75 可见，对于一定类型的元器件而言，在最高允许结温一定的条件下，最大耗散功率与环境温度成反比；在环境温度一定的条件下，最高允许结温越高，可以承受的最大耗散功率越大。

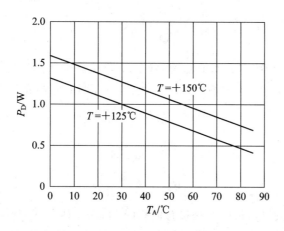

图 3.75　不同结温下运算放大器 AD8017AR 的最大耗散功率与环境温度的关系

3.6.2　散热的途径

热对元器件的影响主要体现在两个方面。一方面，半导体器件的失效率随温度的增加而指数上升，多数元器件服从 10℃ 规则，即温度上升 10℃，失效率增加一倍，因此温度越高，失效率越大，寿命越短。另一方面，元器件的多数电性能参数（如漏电流、增益、耐压、允许功率等）是温度的函数，因此温度的变化会引起元器件电参数的变化，从而导致电路性能的变化。

防过热设计简称热设计，其目标是将设备、电路和元器件的温升控制在允许范围之内，同时要使设备内部各点间的温差尽量小。热设计重点考虑的要素是元器件自身的发热、元器件耐热或者对热的敏感程度、元器件与周围环境的换热能力等。

电子设备或者元器件的散热可通过热传导、热对流和热辐射三种途径来完成。在实际情况下，这三种情况往往同时存在（参见图 3.76），但只有一种或者两种是主要的。例如，室温下，功率小于 1/2 W 的碳膜电阻，通过传导散去的热量占 50%，对流散热占 40%，辐射散热占 10%。

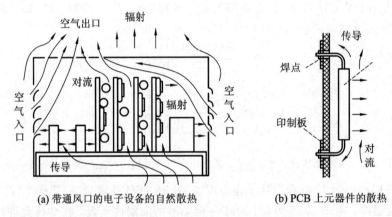

(a) 带通风口的电子设备的自然散热　　　(b) PCB 上元器件的散热

图 3.76　电子设备和元器件散热方式示例

热传导是指物体内部或两个物理接触面间的热交换。单位时间内通过热传导方式传递的热量可由下式表示：

$$Q = \frac{\Delta T}{R_\theta} \qquad (3-14)$$

式中：ΔT 是热端和冷端物体之间的温度差（℃），热量总是从热端（高温）向冷端（低温）传递；R_θ 是热阻（℃/W），由导热热阻 $R_{\theta S}$ 和接触热阻 $R_{\theta C}$ 两部分构成，可写成：

$$R_\theta = \sum R_{\theta S} + \sum R_{\theta C} \qquad (3-15)$$

$$R_{\theta S} = \frac{\delta}{\lambda \cdot S} \qquad (3-16)$$

$$R_{\theta C} = \frac{1}{k_c \cdot S} \qquad (3-17)$$

式中：δ 是传热路径的长度（m）；S 是接触面积（m²）；λ 是热导率（W/m·℃）；k_c 是接触导热系数（W/m²·℃）。可见，材料的热导率越高，发热体与散热体之间的路径越短，热通道上导体越短且横截面积越小，则热传导的效率越高。

　　热对流是指流体(气体或液体)与高温物体(固体)表面直接接触时,相互间进行的热能交换。热对流有自然对流(亦称自然冷却)和强迫对流(亦称强制冷却)两种方式,前者是由于冷热物体的密度不同而引起自然流动,后者是由外加机械力(如风力、水泵等)迫使流体运动。单位时间内通过热对流方式传递的热量可由下式表示:

$$Q = a \cdot S \cdot \Delta T \qquad (3-18)$$

式中:a 是对流换热系数($W/m^2 \cdot ℃$);S 是散热表面面积(m^2);ΔT 是表面相互之间或表面相对于周边介质的温差。可采用增大散热气体与发热体之间的接触面(如将散热器制成肋片、直尾形和叉指形等)、强制对流取代自然对流、湍流取代层流等方式,来增加热对流的效率。

　　热辐射是以电磁波(红外波段)辐射的形式进行的热交换,它无需固体或者气体协助即可散热。单位时间内通过热辐射方式传递的能量可由下式表示:

$$Q = C \cdot S \cdot \left[\left(\frac{T_2}{100} \right)^4 - \left(\frac{T_1}{100} \right)^4 \right] \qquad (3-19)$$

式中:C 是热辐射系数($W/m^2 \cdot K^4$);S 是物体的表面积(m^2);T_2 和 T_1 分别是辐射表面和被加热表面的绝对温度(K)。采用高热辐射率的材料,如在零部件或者散热器上涂覆黑色或者有色粗糙的漆,可增强辐射能力;采用高热吸收率的材料,如对热敏感元器件的表面抛光,可减少吸收辐射热;提高辐射体的温度,降低吸收体的温度,可提高辐射散热的效率。

3.6.3　机箱散热设计

　　电子设备的冷却可以通过自然冷却、强制风冷、液体冷却等方式。对发热功率不大而且对温升不太严格的电子设备,一般采用自然冷却。自然冷却时,海拔越高,传热效率越差,如表 3.13 所列。对于安装密度高的电子设备,自然冷却的对流和辐射换热都比较困难。当元件间隔小于 35 mm 时,自然对流换热系数就要减小;当间隔小于 3 mm 时,自然对流几乎停止,只能靠传导来散热。

表 3.13　自然冷却时海拔高度与传热效率的关系

海拔高度	海平面	2000 英尺	5000 英尺	10 000 英尺	20 000 英尺
传热效率	100%	97%	90%	80%	63%

　　对于发热功率较大又难以自然通风冷却的设备,可考虑采用强制风冷、液体冷却及半导体致冷等冷却方式。强制风冷时,空气流速越快,冷却的体积越大,则热阻越小,冷却效果越好(参见图 3.77,图中参数是风通过的横截面)。

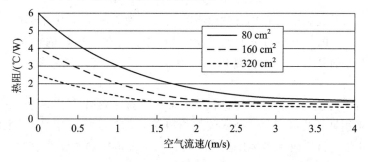

图 3.77　强制风冷时热阻与空气流速的关系

　　强制风冷有抽风冷却和鼓风冷却两种形式。抽风冷却的特点是风量大,风压小,各部分风量分布比较均匀。由于热空气的密度较小,会自然上升,所以抽风机通常装在机柜顶部或机柜两侧,其出风口也在此处并面对大气;进风口在机柜的下部,必须安装滤网以防灰尘侵入。如机柜内各单元部件的冷却表面风阻较小,可采用无风管的抽风系统,如图3.78(a)所示。如果各单元有热敏感元件,为防止上升热气流流过热敏感元件,需设计专门的抽风管道,如图3.78(b)所示,此时进风口开在机柜的两侧。

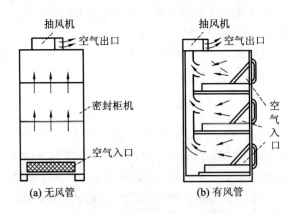

图3.78　抽风冷却的机柜设置

　　鼓风冷却的特点是风压大,风量比较集中,适用于各单元的风阻较大、元件较多的情形。有风管的方式见图3.79(a),便于控制各单元的风量;无风管的方式见图3.79(b),适用于在底层具有风阻较大的元件,而上层无热敏元件的情形。

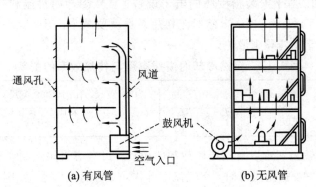

图3.79　鼓风冷却的机柜设置

　　电子设备的机箱是接受设备内部热量并将其散发到周围空间中的载体,在自然散热中起着重要的作用。对内部发热量大的电子设备,应选择导热性能好的材料(如铝合金)做机壳,加强机箱内外的热传导。为提高机壳的热辐射能力,宜采用粗糙表面,并涂覆无光泽漆。

　　发热量小且无防尘、防油要求的机箱,可采用直接在箱体上开多个小孔的方式散热,开孔方式可以采用冲压小孔阵列、金属编织网覆盖大孔和百叶窗等方式,如图3.80所示。其中,冲制百叶窗是目前应用最为广泛的一种,它不仅可以防止灰尘直接落入设备内,而且可以提高机壳的强度。

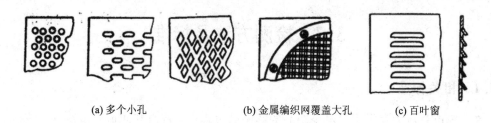

(a) 多个小孔　　　　(b) 金属编织网覆盖大孔　　　　(c) 百叶窗

图 3.80　机箱开散热孔的方式

　　发热量大或者有防尘、防油要求的机箱，可采用整箱封闭、集中开通风口的方式散热。最好入风口与出风口分开，并分别开在温差最大的两处。对于自然冷却，入风口要尽量低，出风口要尽量高，如图 3.81 所示。通风口由通风孔的网格构成，通风孔径一般在 4 mm 左右，通风口的总面积可以按以下公式估算：

$$A_{\min} = \frac{P}{7.4 \times 10^{-5} H(\Delta T)^{1.5}} \tag{3-20}$$

式中，$A_{\min}$ 是最小通风口总面积（cm^2），H 是机箱高度（cm），P 是设备总功率（W），ΔT 是机内与环境之间的温差（℃）。

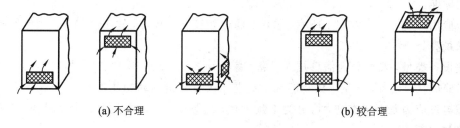

(a) 不合理　　　　　　　　　　　　　(b) 较合理

图 3.81　机箱散热口的开设位置

　　从有利于散热的角度出发，印制电路板最好是直立安装而不是水平安装，因为自然冷却的气流方向总是由下往上。如果机箱中有多块 PCB，采用直立安装有助于保证自然冷却气流的通畅，如图 3.82 所示。PCB 板与板之间的距离一般不应小于 2 cm。

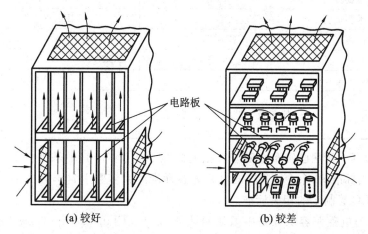

电路板

(a) 较好　　　　　　　　　　(b) 较差

图 3.82　机箱中多块 PCB 的安装方向

3.7　检测方法及标准

3.7.1　相关标准

在研究电过应力及干扰对电子产品的影响的过程中，首当其冲地要解决两个问题：一是电过应力及干扰如何测？这是测试方法的问题；二是电过应力及干扰究竟大到何种程度才是电子产品可以接受的？这是应力限值的问题。

电过应力及干扰的测试方法与限值由各种标准所规定，常被归类于电磁兼容性标准。此类标准种类繁多，可以有不同的分类方法。

按颁发机构，可分为国际标准、中国标准以及其他地区或国家的标准。国际标准由国际无线电干扰特别委员会(CISPR)、国际电工技术委员会(IEC)、国际电信联盟(ITU)等机构颁布。中国标准包括国家标准(GB)、国家军用标准(GJB)、行业标准等，由中国政府主管部门颁布。其他地区及国家颁发的标准，常见的有美国联邦通信委员会(FCC)、美国国防部(DoD)、欧洲电信标准协会(ETSI)、欧洲电工技术标准化委员会(CENELEC)等颁布的相关标准。

按应用环境，可分为工业环境，居住、商业和轻工业环境，军事环境等。通常军事环境的要求最高。

按设备类型，又可分为信息技术设备，家用电器、电动工具和类似器具，工业、科学和医疗(ISM)射频设备，车辆、机动船和由火花点火发动机驱动的装置等。

按电过应力及干扰类型，可分为工频干扰、射频干扰、静电放电、快速瞬变、浪涌、电压暂降与中断等。

表 3.14 给出了常见国内外电磁兼容类标准的来源及代号。

表 3.14　常见国内外电磁兼容类标准来源及代号

国家或组织	制定单位	标准编号
国际电气技术委员会	CISPR	CISPR Pub. ××
国际电气技术委员会	TC77	IEC ×××××
欧共体	CENLEC	EN×××××
美国	FCC, DoD	FCC Part ××，MIL-SID. ×××
日本	VCCI	VCCI
中国	质量技术监督局，国防部门	GB×××—×××× GJB××—××

截至 2010 年，我国已发布电磁兼容相关标准 100 余个，其中基础标准 20 个，通用标准 4 个，产品类标准 80 余个。我国的电磁兼容标准绝大多数引自国际标准，包括 CISPR、IEC、ITU、FCC 等制定的相关标准。

我国安全与电磁兼容认证是中国强制认证(CCC，China Compulsory Certification)的重要组成部分。细分起来，可分为安全认证(CCC+S)、电磁兼容认证(CCC+EMC)、安全与电磁兼容认证(CCC+S&E)和消防认证(CCC+F)。它们各自的标志如图 3.83 所示。

图 3.83　我国安全与电磁兼容认证标志

标准规定了电过应力及干扰的测试目的、测试方法、测试设备、测试限值等。测试目的说明测试是用于模拟哪种使用环境及哪类电子设备；测试方法规定了测试流程、测试频率、测试波形等；测试设备给出了测试装置、测试场地布置、测试偏置电路等；测试限值给出了对应于不同的抗扰度等级的限值等。

限于篇幅，这里并不试图罗列相关标准的具体内容，只给出一些典型例子，作为原理式示范。针对具体环境和具体产品，不能以此为依据，工程实践中需查阅具体标准。附录 E 给出了中国电磁兼容相关标准的清单，可供查阅时参考。

3.7.2　检测方法示例

1. 静电放电耐量测试

静电放电耐量测试采用的模拟静电放电波形有人体模型（HBM）、机器模型（MM）和带电器件模型（CDM），参见 3.3.2 节。它们的放电波形有显著差别，多数情况下采用 HBM 模型，其典型放电波形如图 3.84(a)所示，上升时间为 0.7～1 ns（即上升沿从峰值的 10% 至 90% 所需时间），与之相对应的静电波形产生电路如图 3.85 所示。在图 3.85 中，C_S 模拟人体电容，R_D 模拟手握金属器具的人体电阻。

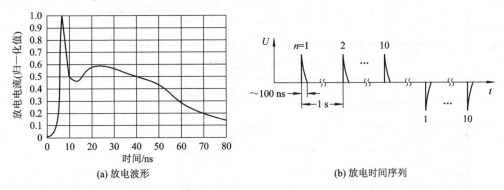

(a) 放电波形　　　　　　　　　　　　(b) 放电时间序列

图 3.84　人体放电模拟测试的电流波形与时间序列示例

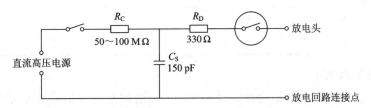

图 3.85　人体放电脉冲产生电路

测试时,可采用空气放电和接触放电两种形式,通常接触放电要求更为严酷。对于绝缘物体表面,采用空气放电;对于金属物体表面,采用接触放电。放电头应垂直于被测表面,正负极性各放电 10 次,测试间隔约 1 s,放电时间序列如图 3.84(b)所示。放电前后测量待测件功能是否正常,以判定是否合格。

不同标准规定的静电放电限值(也称静电失效阈值、静电放电耐量或静电放电抗扰度)各不相同。表 3.15 给出的是 IEC 61000 - 4 - 2:1999 以及与之对应的 GB/T 17626.2 - 1998《电磁兼容 试验和测量技术 静电放电抗扰度试验》给出的静电放电限值。表 3.16 给出了美国军用标准给出的集成电路静电放电限值。表 3.17 给出的是 GJB548B - 2005 规定的中国军用集成电路静电放电限值。

表 3.15 国际标准静电放电限值示例

静电放电的严酷度等级	接触放电/kV	空气放电/kV
1	2	2
2	4	4
3	6	8
4	8	15
X	待定	待定

表 3.16 美国军用集成电路静电放电限值示例

ESD 分级(HBM)	失效阈值/kV	标 识
1	<2	△
2	2~4	△△
3	>4	无

表 3.17 中国军用集成电路静电放电限值示例

级别	静电敏感电压范围/V
0 级	<250
1A 级	250~488
1B 级	500~888
1C 级	1000~1888
2 级	2000~3888
3A 级	4000~7888
3B 级	≥8000

2. 浪涌耐量测试

IEC61000 - 4 - 5 标准规定的供电线路 8/20 μs 浪涌耐量测试的波形和时间序列如图 3.86(a)所示,包括短路电流波形和开路电压波形,其中前者的上升时间为 8 μs(规定为脉冲在上升沿 10%~90%峰值的时间间隔),脉冲宽度为 20 μs(规定为脉冲在峰值 50%处的宽度)。正负脉冲各施加 5 次，间隔理论上应为 1 min，为缩短试验时间，实际操作缩短为 12 s，以便使全部测试在 2 min 内完成。放电 10 次，测试间隔约 1 s，放电时间序列如图 3.86(b)所示。

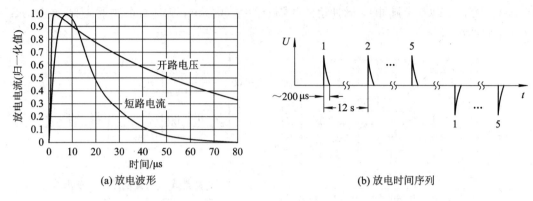

(a) 放电波形　　　　　　　　　　　　　(b) 放电时间序列

图 3.86　浪涌耐量测试的电流波形与时间序列示例

图 3.87 给出了上述波形的产生电路原理图，高压电源 U 通过 R_C 对 C_C 充电，形成高压；C_S(0.2 μF)形成并控制上升时间，R_S(50 Ω)形成并控制脉冲宽度，R_{m1}(150 Ω)和 R_{m2}(25 Ω)以及 S_1 用于限制电流。测试时，每分钟测 1 次，不宜太快，以便给保护器件有一个性能恢复的时间，一般正负极性各做 5 次。表 3.18 给出了这种测试的浪涌严酷度等级，其中线－线测试主要针对信号线，线－地测试主要针对电源线。

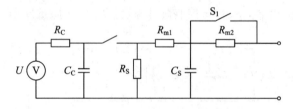

图 3.87　浪涌耐量模拟测试波形的产生电路示例

表 3.18　浪涌严酷度等级

等　级	线－线/kV	线－地/kV
1	—	0.5
2	0.5	1
3	1	2
4	2	4
X	待定	待定

针对通信线路的 10/700 μs 浪涌耐量测试方法也是类似的。

与静电放电耐量测试相比，浪涌耐量测试的脉冲相对较慢，但脉冲宽度要大得多，故能量更大。

3. 电快速瞬变脉冲群测试

电快速瞬变脉冲群主要用于模拟机械开关对电感性负载切换时产生的重复浪涌脉冲。由多个如图 3.88(a)所示的单脉冲构成脉冲组，再由多个脉冲组构成脉冲群。IEC61000 - 4 - 4 标准规定的脉冲组和脉冲群的时间序列波形如图 3.88(b)所示。单脉冲的上升时间为 5 ns，脉冲宽度为 50 ns，脉冲间隔为 1 μs；脉冲组的重复频率为 5 kHz，单脉冲的重复周期为 15 ms(大约含 15000 个脉冲)，脉冲组的间隔时间为 300 ms；脉冲群的宽度为 10 s(大约含 33.3 个脉冲组)，间隔为 10 s。

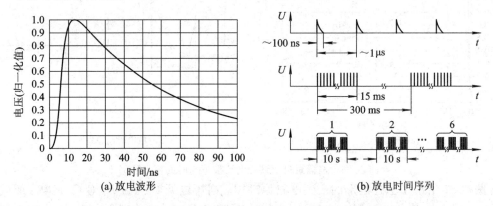

(a) 放电波形   (b) 放电时间序列

图 3.88　电快速瞬变脉冲测试的波形与时间序列示例

脉冲重复频率习惯上采用 5 kHz，但 100 kHz 更接近实际。测试至少要持续 1 min，正负极性均要测。

电快速瞬变脉冲群波形发生器原理图如图 3.89 所示，高压电源 U 通过 R_C 对 C_d 充电，形成高压；C_C 为隔直流电容，R_S 用于控制脉冲宽度，R_m 用于阻抗匹配，EUT 是被测设备。

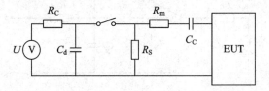

图 3.89　电快速瞬变脉冲群波形发生器原理图

表 3.19 给出了电快速瞬变脉冲群的严酷度等级。

表 3.19　电快速瞬变脉冲群的严酷度等级

等级	电源端口电压峰值/kV	I/O、信号、数据和控制端口的电压峰值/kV
1	0.5	0.25
2	1	0.5
3	2	1
4	4	2
X	待定	待定

4. 电压跌落、短时中断和电压渐变的抗扰度测试

电网、变电设施的故障或者负载的突然变化可能会引起供电电压的瞬时跌落、短时中断或者电压渐变，从而对负载产生冲击。模拟这种现象的测试电路如图 3.90 所示，用两个电子开关(如晶闸管)来控制两个调压器。两个开关同时断开，用来模拟电压短时中断；两

个开关交替闭合，用来模拟电压的跌落和升高；用调压器模拟电压渐变。

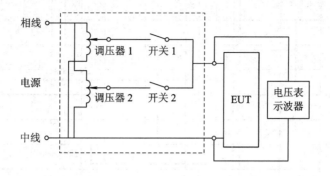

图 3.90　电压跌落、短时中断和电压渐变的抗扰度测试电路

测试一般做三次，每次间隔时间为 10 s。电压切换的初始相位一般取 0°和 180°。对于三相系统，必须逐相进行测试。

表 3.20 给出了电压跌落和短时中断的测试等级，表 3.21 给出了电压渐变的测试等级。表中，UT 是供电电压标称值。

表 3.20　电压跌落和短时中断的测试等级

试验等级/%UT	电压跌落与暂时中断/%UT	持续时间(周期)
0	100	
40	60	0.5、1、5、10、25、50、X
70	30	

表 3.21　电压渐变的测试等级

试验等级/%UT	下降时间	保持时间	上升时间
40	2 s±20%	1 s±20%	2 s±20%
0	2 s±20%	1 s±20%	2 s±20%

5. 电磁干扰抗扰度测试

电磁干扰抗扰度的测试分为传导发射和辐射发射两种，前者频率较低(如 150 kHz～30 MHz)，后者频率较高(如 30 MHz～1 GHz)，二者的测试限值也有所不同。即使对于同类发射，不同标准或者同一标准不同类别规定的测试参数和测试限值有可能不同。

图 3.91 比较了传导发射与辐射发射、美国标准(FCC)与欧洲标准(EN)以及不同应用环境的电磁干扰抗扰度要求。美国标准取自 FCC Part15 第 I 部分；欧洲标准基于 CISPR 标准，Class A 取 自 EN55011、EN55022、EN50081 - 2，Class B 取 自 EN 55011、EN55022、EN55013、EN50081 - 1。可见，在大部分频段内，欧洲标准比美国标准更为严格。还可看出，面向家庭住宅应用的 A 类产品比面向商业、贸易或工业应用的 B 类产品更为严格，即可耐受的电磁干扰幅度更高。

测试时，通常要用 1 kHz 正弦波进行幅度调制，调制深度为 80%。图 3.91 中给出的均为峰值，平均值比峰值低 13 dB(Class A)或 10 dB(Class B)。

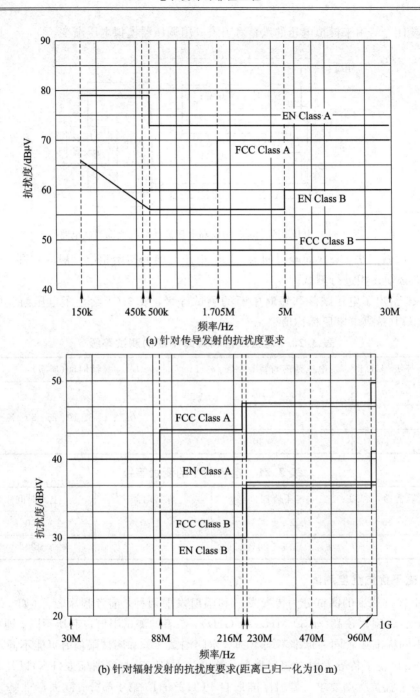

(a) 针对传导发射的抗扰度要求

(b) 针对辐射发射的抗扰度要求(距离已归一化为10 m)

图 3.91　电磁干扰抗扰度要求

6. 合格判据与设备端口

在上述标准规定的各种电过应力及干扰的作用下，一个设备或部件的功能及性能指标是否合格，可采用以下三种判据之一：

- 判据 A：在应力试验过程中及试验完成后，设备功能正常且连续运行，无任何性能指标退化以及功能丧失发生。

　• 判据 B：在应力试验过程中，允许设备出现部分功能丧失或部分性能指标退化，但试验结束后即应力消失后，设备能自行恢复正常运行，且无性能指标退化和功能丧失。

　• 判据 C：在应力试验过程中，允许设备出现部分或全部功能丧失或性能指标退化，而且干扰消失后设备不能自行恢复，需通过操作控制器（比如重新启动电源）才能恢复正常。

　　外界应力通过设备的端口引入。该标准将设备的端口分为五类，即外壳端口、信号端口、交流电源端口、直流电源端口和功能接地端口，如图 3.92 所示。

图 3.92　抗扰度试验的设备端口定义

　　表 3.22 至表 3.26 分别给出了上述五类端口的抗扰度试验方法，试验时所加的电过应力及干扰包括工频磁场、射频调幅电磁场、静电放电、浪涌、快速瞬变、电压暂降和电压中断等。

表 3.22　外壳端口抗扰度试验

环境类别		环境应力参数	依据标准	性能判据	备　注
工频磁场		50/60 Hz 30 A/m	GB/T 17626.8	A	试验供电频率应根据设备工作所使用的实际工作条件选定
射频调幅电磁场		80～1000 MHz 10 V/m 80％AM(1 kHz)	GB/T 17626.3	A	规定的电场强度是未调制的载波的有效值
静电放电	接触放电	±4 kV	GB/T 17626.2	B	规定的电压为充电电压
	空气放电	±8 kV			

表 3.23　信号端口抗扰度试验

环境类别	环境应力参数	依据标准	性能判据	备　注
射频共模	0.15～80 MHz 10 V 80％AM(1 kHz)	GB/T 17626.6	A	规定的电压是未调制的载波的有效值
快速瞬变	±1 kV 5 ns/50 ns 5 kHz	GB/T 17626.4	B	规定的电压是充电电压，频率是重复频率
浪涌（线—地）	1.2 μs/50 μs(8 μs/20 μs) ±1 kV	GB/T 17626.5	B	规定的电压是开路电压

表 3.24　直流电源输入、输出端口抗扰度试验

环境类别	环境应力参数	依据标准	性能判据	备　注
射频共模	0.15～80 MHz 10 V 80%AM(1 kHz)	GB/T 17626.6	A	规定的电压是未调制的载波的有效值
快速瞬变	±2 kV 5 ns/50 ns 5 kHz	GB/T 17626.4	B	规定的电压是充电电压，频率是重复频率
浪涌(线一地、线一线)	1.2 μs/50 μs(8 μs/20 μs) ±0.5 kV	GB/T 17626.5	B	规定的电压是开路电压

表 3.25　交流电源输入、输出端口抗扰度试验

环境类别	环境应力参数	依据标准	性能判据	备　注
射频共模	0.15～80 MHz 10 V 80%AM(1 kHz)	GB/T 17626.6	A	规定的电压是未调制的载波的有效值
快速瞬变	±2 kV 5 ns/50 ns 5 kHz	GB/T 17626.4	B	规定的电压是充电电压，频率是重复频率
浪涌 (线一地、线一线)	1.2μs/50μs(8μs/20μs) ±0.5 kV	GB/T 17626.5	B	规定的电压是开路电压
电压暂降	−30%，0.5 个	GB/T 17626.11	B	
	−60%，5、50 个周期		C	
电压中断	＞−95%，250 个周期	GB/T 17626.11	C	

表 3.26　功能接地端口抗扰度试验

环境类别	环境应力参数	依据标准	性能判据	备　注
射频共模	0.15～80 MHz 10 V 80%AM(1 kHz)	GB/T 17626.6	A	规定的电压是未调制的载波的有效值
快速瞬变	±1 kV 5 ns/50 ns 5 kHz	GB/T 17626.4	B	规定的电压是充电电压，频率是重复频率

本 章 要 点

◆ 常见的电过应力与干扰包括浪涌、静电、辐射和电磁干扰，前三种应力常常引起元器件及设备不可恢复的损伤，后一种干扰通常只引起元器件及设备暂时性的功能失常。

◆ 浪涌可能来自设备内部，如数字集成电路的开关浪涌和感性与容性负载的开关浪涌；也可能来自外部，如雷电和交流电源不稳定引起的浪涌。

◆ 静电来源广泛，包括人体、元器件的载体和操作环境。静电通过形成大的放电电流和高的感生电压来对元器件及设备造成损伤。通过元器件内部的静电防护电路、元器件外部的静电防护元件以及环境的抗静电设施，可消除或者抑制静电对元器件及设备的损伤。

◆ 辐射主要来自天体辐射环境和核辐射环境，可通过元器件的辐射加固设计以及设备的辐射加固措施来降低辐射对元器件的影响。

◆ 电磁干扰会导致元器件功能失常或者信号失真，其干扰程度与干扰的强度、频率、作用模式（共模还是差模）以及传播路径有关，空间辐射传播、公共阻抗耦合和串扰是电子设备主要的干扰传播路径。

◆ 过热带来的高温会使元器件失效率急剧上升，因此应在机箱、印制板和元器件安装等方面采取措施，通过对流、辐射和传导等方式加强散热。

◆ 国内外众多标准规定了电过应力与干扰的测试方法及限值，检测时需根据产品的工作环境来确定测试模式和测试条件。

综合理解题

在以下问题中选择你认为最合适的一个答案（注明"可多选"者除外）。

1. 对数字集成电路的开关浪涌电流幅度影响最小的是（　　）。

A. 工作频率　　　　B. 信号上升沿宽度　　　　C. 集成度　　　　D. 热阻

2. 在非阻性负载电路中，容易产生浪涌的情况有（可多选）（　　）。

A. 感性负载突然断开　　　　　　　B. 感性负载突然接通

C. 容性负载突然断开　　　　　　　D. 容性负载突然接通

3. 一般而言，（　　）的抗静电能力相对较差。

A. 双极晶体管　　　　　　　　　　B. 双极型集成电路

C. MOSFET　　　　　　　　　　　　D. CMOS 集成电路

4. （　　）最适合用于静电防护。

A. 电的良导体　　　　B. 绝缘体　　　　C. 半导电材料

5. 一般而言，（　　）的抗辐射能力相对较差。

A. 无源元件　　　　　　　　　　　B. 半导体分立器件

C. 数字集成电路　　　　　　　　　D. 模拟集成电路

6. 在电子设备自身产生的电磁干扰中，频率最高的干扰通常是（　　）。

A. 市电交流电源及其谐波　　　B. 开关电源及其谐波　　　C. 时钟及其谐波

7. 在远场的情况下，干扰的空间传播主要是通过（　　）方式进行的。

A. 电场耦合　　　　B. 磁场耦合　　　　C. 电磁辐射

8. 在高频的情况下，对引发干扰的公共阻抗贡献最大的是（　　）。

A. 电阻　　　　B. 电感　　　　C. 电容

9. 电子元器件的失效率与温度的关系通常是（　　）。

A. 线性关系　　　　B. 平方关系　　　　C. 指数关系　　　　D. 对数关系

10. 对于自然冷却，散热孔开设的位置最好在（　　）。

A. 机箱的上部　　　B. 机箱的下部　　　C. 机箱的中部　　　D. 机箱的上部和下部

第 4 章

基本防护方法

人法地，地法天，天法道，道法自然。

——老子《道德经》

防护方法是可靠性设计的核心。电子元器件、电路以及由它们构成的电子设备在使用时遭遇到不当应力、干扰或者误操作的影响难以避免，设计时采用各种防护方法来提高它们对各种过应力及干扰的抵御能力就显得尤为重要。本章主要介绍适用于各种元器件和电路的最常用的防护方法，包括接地、屏蔽、滤波、隔离、差分、匹配以及电缆的使用方法，对某些特定类型元器件或电路的防护方法将在第 6 章介绍。

4.1 概　　述

在电子产品的设计中，针对有可能危害元器件、电路、电子系统的各种不期望的过应力、干扰和噪声，在电路设计、印制板设计、结构件设计、系统设计等方面采取的防范措施，称为"防护设计"。为叙述简便，在本章中将所有不期望的过应力、干扰和噪声统称为"干扰"。

一个设计良好的电路应具有对有用信号敏感、对无用干扰不敏感的特性。防护设计虽然不是可靠性设计的全部，但确实是可靠性设计的一个重要组成部分。防护设计的基本途径可以分为三个方面：

（1）消除或隔离干扰的来源。对于不可消除的某些人为干扰源（如串扰）以及自然界产生的干扰源（如雷击、天体辐射），可采用隔离的方法（如屏蔽、隔离元件）来解决。

（2）切断及阻挡干扰的传播途径。对以"路"的形式传播的干扰，可采取切断传输通道的方法；对以"场"的形式传播的干扰，可采取屏蔽或合理接地的方法。

（3）降低接收电路对干扰的敏感性。如采用滤波来削弱电路对某一特定频段干扰的敏感性，采用恒温电路来减小电路对温度变化的敏感性等。

防护设计的方法众多。针对干扰来源，可分为抗浪涌设计、防静电设计、避雷设计、电磁兼容设计、辐射加固设计等；针对防护层次，可分为系统级、部件级、电路级和元器件级设计等；针对干扰载体，可分为电路防护设计、印制电路板设计、结构件防护设计、电缆防护设计等；针对抗干扰方法，可分为接地设计、屏蔽设计、滤波设计、隔离设计等（详见本章);针对防护途径,可分为空域防护(如屏蔽)、频域防护(如滤波)、时域防护和能域防护(如浪涌防护元件,详见第 5 章);针对典型元器件或电路,又可分为高速数字 IC、电源、放大器、微处理器等防护设计(详见第 6 章)。

4.2 接 地

4.2.1 接地的作用与类型

1. 接地的作用

合理的接地是最经济、最有效的电子硬件防护设计措施。在任何电子设备中,"地"是必不可少的,主要起到以下三方面的作用。

1) 提供信号参考电位与返回路径

任何电路系统的所有单元必须具有统一的参考零电位,这就是"地"。同时,"地"也为电路系统提供电源电流和信号电流返回其源的低阻抗通道。参考零电位可以是大地(地面设备),也可以是设备的壳体(如飞机、卫星、手机等移动设备)。

电路中的任何信号电流必须有返回路径,才能形成闭合回路。对于非平衡电路,信号电流通过地线(或电源线)返回。对于平衡电路,信号电流既可以通过专门设置的信号线返回,也可以通过输入设备与输出设备的公共地返回,到底通过哪条路径返回,要看哪条路径对于给定频率的信号而言阻抗最小(参见图 4.1)。在图 4.2 给出的两个例子中,同轴电缆的返回路径是接地的屏蔽层,而带有整板接地平面的 PCB 走线的返回路径通常是接地平面。

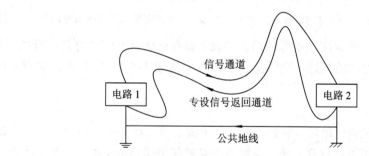

图 4.1　平衡电路的信号返回路径示意图

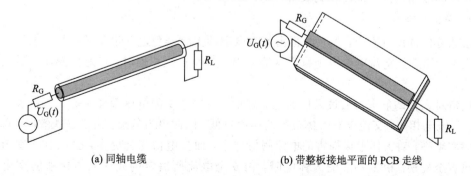

(a) 同轴电缆　　　　　　　　　(b) 带整板接地平面的 PCB 走线

图 4.2　信号返回路径实例

当存在多条返回路径时，信号电流将沿阻抗最小的路径返回，因此返回路径与信号的频率有关。也就是说，对于同样的电路，直流、低频、高频和超高频信号的返回路径往往并不相同。在直流情况下，按电阻最小的路径返回，而通常地线的直流电阻小于信号返回线的直流电阻，故地线通常是电源电流的返回路径；在低频情况下，也是按电阻最小的路径返回，而此时地线阻抗仍然小于信号线阻抗，故地线是信号电流的返回路径（此时的地线可视为信号地）；在高频情况下，地线阻抗不一定比信号线阻抗低，地线不一定是信号电流的返回路径。

图 4.3 是采用独立地线的低频信号返回路径，信号电流（I_{signal}）和电源电流（I_{power}）均通过地线返回，事实上信号电流也可以通过电源线返回。对于交流信号而言，电源线和地线的作用是等同的，也就是说信号可以通过地线返回，也可以通过电源线返回。图 4.4 是采用地平面的高频信号返回路径，信号在地平面上沿信号线下的路径返回，因为此时信号线与返回线构成的回路面积最小，返回线的等效电感最低。这个例子说明阻抗最小的路径不一定是几何上最短的路径，对于高频信号尤其如此。

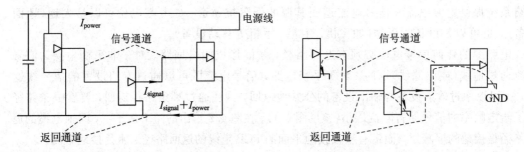

图 4.3　低频电路采用独立地线时的信号返回路径　图 4.4　高频电路采用地平面时的信号返回路径

设计工程师们往往非常注意信号的馈送路径，而有可能忽视信号的返回路径，这有时就会产生电磁兼容性方面的问题，特别是当信号频率达到 100 MHz 以上的时候，要特别留意。

2）抑制干扰

这里所指的干扰包括电磁场、辐射、静电甚至雷击等。有了公共地之后，电子设备内的内部电荷可通过本机地释放到大地，从而不会对外部电路形成干扰；外部干扰也会因接地机壳的屏蔽作用而不能侵入到设备内部。

3）保证安全

接地可保证设备安全，如发生雷击等强电磁冲击时避免电子设备被毁坏；也可以保证人身安全，如工频交流电源因绝缘不良等原因直接与机壳相通时，可避免操作人员发生触电事故。

电击对人体的危害与通过人体的电流强度、人体承受的电压及频率有关。从表 4.1 来看，与直流电相比，交流电对人体损害的阈值更低，因此更为危险。由于趋肤效应，瞬态电流的频率越高，对人体形成损害的电流阈值越小，而且电击感觉更强，会从刺痛逐渐转变为灼热直至烧伤。根据一般的人体电阻，由安全电流所决定的允许人体接触的安全电压是：普通环境为 50 V 左右，潮湿环境的手持设备为 24 V 左右，超过此值就有触电致死的危险。

表 4.1　电击危害人体的电流基准值

60 Hz 交流电流/mA	直流/mA	效　　　应
0.5～1.5	0～4	可感知
1～3	4～15	吃惊
3～22	15～88	条件反射
21～40	80～160	肌肉抑制
40～100	160～300	呼吸障碍
100 以上	300 以上	致命事故

在直接作用于人体的医疗设备中，接地不当的危险性更大。在图 4.5 给出的实例中，15 m 长的接地线虽然只有 0.08 Ω 的电阻，但真空吸尘器引发的干扰电流会导致心电图监视器与压力监视器之间存在 80 mV 的电压，可能会有致命的电流流过患者的心脏。

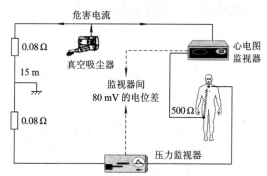

图 4.5　医疗设备中接地不合理造成人体危害实例

2. "地"的类型

在电子系统中，"地"的名称繁多。根据"地"的作用以及承载信号的不同可以分为系统接地、信号接地和安全接地三类。

1) 系统接地

系统接地是作为电子设备总体的公共地而存在的，可分为以下类型：

（1）大地：地球。地球是世界上容量最大的良导体，可有效地吸收和耗散电流。采用交流供电的地面固定设备的各种"地"通常最终都将接入大地，而卫星、飞机、汽车、手机等"浮地"设备只能以设备的导电外壳或者大面积的金属板等作为"大地"。

（2）系统地：整个系统的统一接地点，系统内部的各种信号地通过统一的系统地接到大地上。

（3）电源地：电源电压的参考电位点，同时也是电源电流的回馈通路。根据电源的不同，又可分为直流电源地和交流电源地。

（4）机壳地：连接设备的金属机壳，亦可作为屏蔽地或保护地。

2) 信号接地

信号地为信号电压提供参考零电位基准，为信号电流提供回馈通路，通常又可细分为如下类型：

（1）模拟地：模拟电路的信号地。

（2）数字地：数字电路的信号地。

（3）功率地：大电流驱动电路的零电位点，亦称负荷地。

3) 安全接地

出于设备安全保护的目的而设置的地线，可分为如下类型：

（1）保护地：连接防护元器件接地引出端形成的地线，为防护元器件提供泄流通道。

（2）屏蔽地：为流过屏蔽体的大量高频干扰电流提供旁路通道。

（3）避雷地：为防雷击而在建筑物上安装的连接各种接闪器（避雷器）至接地网的地线，直接将雷击电流导入大地。

（4）安全地：为保证人身和设备的安全而接的地线，使冲击电流不通过人体而通过安全地泄放。

在电子设备内部，安全接地与信号接地通常并不直接相连，多数情况下在系统接地处连接在一起。安全接地通常一定要接大地，信号接地则不一定。

图4.6和图4.7给出的实例可以相对形象地反映上述各种类型的"地"在电子设备内部或外部的位置以及作用的差异。

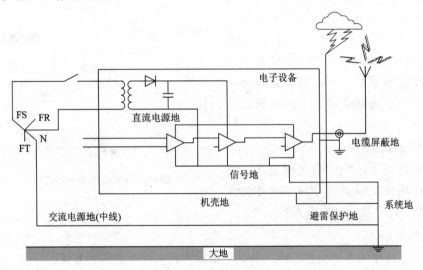

图 4.6　电子设备接地示例

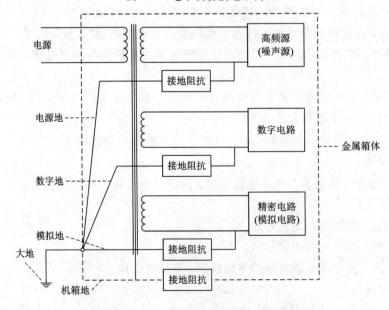

图 4.7　电子设备内部接地示例

不同类型的"地"可以用不同的符号来区分。GB4026—1983 规定了不同类型的接地的图形符号，但工程界并未完全照之执行。工程界习惯采用的接地符号如图 4.8 所示，从严格的意义上讲并非统一的规范，仅供参考使用。

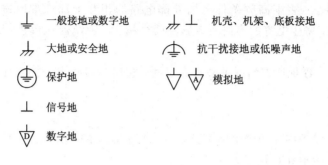

图 4.8　工程上常用的接地符号

3. 接地的基本要求

理想的接地必须满足以下三个方面的要求，但事实上只能尽量逼近这样的要求，而无法完全达到。

（1）流经地线的各个电路、部件、设备的电流互不影响，无公共阻抗，无地线环路；

（2）接地导体为零阻抗，无直流电阻和寄生电感；

（3）接地面为零电位，各接地点间无电位差。

4.2.2　单点与多点接地

1. 浮地

浮地是指电子设备本身不与大地相连，或者电子设备的一部分不与设备的公共地相连，具体还可分为全浮地和半浮地两种方式。全浮地是指全部地线均与大地绝缘，适用于航天器、航空器以及车、船、便携系统等中的电子设备；半浮地是指设备中的信号地在电气上与其他地线相绝缘，机壳和安全地仍然与大地相连，外部信号可以通过变压器或光电耦合器等隔离元件导入。图 4.9 给出了半浮地的一个实例。

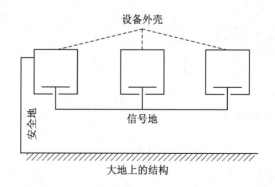

图 4.9　半浮地实例

浮地的好处是浮地部分不会受到来自其他地线的共模干扰的影响，但所带来的负面影响却更大，表现在三个方面：一是浮地电路自身出现的浪涌脉冲、静电荷、高频干扰等无法被旁路或者泄放；二是要求浮地部分与其他地线之间的绝缘强度足够高（通常要求绝缘电阻大于 50 MΩ），否则安全性难以保证。如果浮地部分与外部地之间的绝缘强度不够大，则雷电或者静电感应电压可能造成绝缘击穿而烧毁设备；三是要求浮地部分与其他地线之间的寄生电容足够小，否则高频条件下内外部电路的相互干扰就难以避免。工作频率越高，设备体积越大，寄生电容的容值或者影响就会越大，因此浮地仅适用于低频电路或者小型设备。

鉴于上述考虑，浮地通常情况下弊远大于利，故仅在某些无法接大地或者公共地的场合才使用这种方式。

2. 单点接地

单点接地是指设备内部各个电路部分在一点接到设备的公共地上。根据具体接法的不同又有串联型单点接地和并联型单点接地两种。

1) 串联型单点接地

串联型单点接地是将构成设备的各个电路单元的地线依次相连后，再接到设备的公共地上，如图 4.10 所示。这种接法也叫"菊花链（Daisy Chain）"，其好处是接地线长度较短（相对于并联型单点接地，但仍比多点接地长），因而地线电感相对较小，有利于减少地线电感引起的浪涌电压和高频干扰；其缺点是各个接地回路存在公共阻抗（图 4.10 中的 Z_1、Z_2、Z_3），引发公共阻抗耦合干扰。在图 4.10(b)中，各个单元电路接地点的电位分别为

$$\begin{cases} V_A = Z_1 \cdot (I_1 + I_2 + I_3) \\ V_B = Z_2 \cdot (I_2 + I_3) + V_A \\ V_C = Z_3 \cdot I_3 + V_B + V_A \end{cases} \tag{4-1}$$

式中，I_1、I_2、I_3是各个电路的地线电流。可见，各支路接地电位差别较大，且与其他支路电流及接地电位有关，因此一个支路的接地电流发生波动时，可以通过地线公共阻抗影响其他支路，从而形成对其他电路的干扰。

因此，串联型单点接地适用于低频、小电流情形，诸如小信号低频模拟电路，或者各个电路单元类型相同或相似电路。

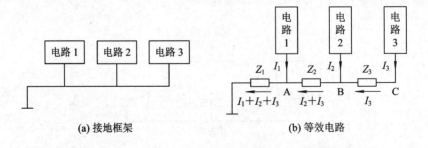

(a) 接地框架　　　　　　　　　　　　(b) 等效电路

图 4.10　串联型单点接地

2) 并联型单点接地

并联型单点接地是构成设备的各个电路单元通过独立的地线，接到设备的公共地上，如图 4.11 所示。这种接法的好处是各个接地回路不存在公共阻抗，可避免地线公共阻抗耦合引起的干扰。在图 4.11(a)中，各个单元电路的接地点的电位为

$$\begin{cases} V_A = Z_1 \cdot I_1 \\ V_B = Z_2 \cdot I_2 \\ V_C = Z_3 \cdot I_3 \end{cases} \tag{4-2}$$

可见，各支路接地电位的差别较小，且只与本支路电流有关，相互之间通过地线阻抗形成的干扰得以避免。

不过，与串联型单点接地相比，这种方法的缺点是接地线往往较长，易引发浪涌电压、高频辐射或高频串扰，适合用于低频、大电流情形，以及各单元中部分为数字电路、部分为模拟电路的场合。

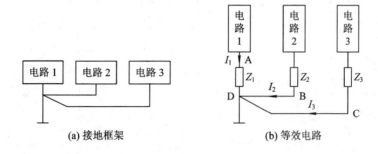

(a) 接地框架　　　　　　　　　　　(b) 等效电路

图 4.11　并联型单点接地

3）单点接地实例

通常所说的单点接地多指并联型单点接地。单点接地的适用范围主要是：

（1）小信号低频或模拟电路：易受公共阻抗干扰，如低电平模拟电路、精密灵敏放大器、模拟仪器等大部分模拟电路为低频电路。

（2）大功率电源及感性负载电路：易产生公共阻抗干扰，如 DC/AC 电源、电动机、继电器、螺旋管等。

（3）系统接地：如设备内各部件通过单点接地接入金属机架或机箱。

（4）不同类型电路并存：工作功率或噪声电平相差很大的电路必须采用各自独立的地线单点接地。图 4.12 给出了一个实例，其中的小信号电路包括中小规模逻辑电路、低功耗模拟电路等，大功率电路包括继电器线圈、电动机绕组、显示驱动器等。

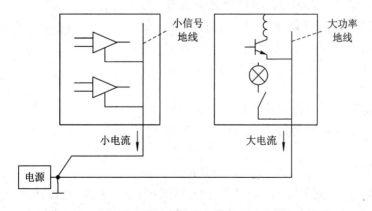

图 4.12　小信号电路与大功率电路并存时必须单点接地

图 4.13 给出了一个数控机床交流伺服驱动系统的接地实例。它将地线分成了两种：

（1）信号与电源地线，包括模拟速度指令信号、仪表输出模拟信号、交流伺服电机编码器指令信号、供给开关量电路的 24V DC 电源和供给 RS-232 通信口的 12 V DC 电源的接地线，此部分电路容易被干扰。

（2）交流电源与金属件地线，包括外部送入的动力电源零线、动力变压器屏蔽外壳和交流伺服电机的金属外壳，此部分电路容易产生干扰。各组内的地线接到机壳的同一点上，两组地线的接地点接到机壳的不同点上。

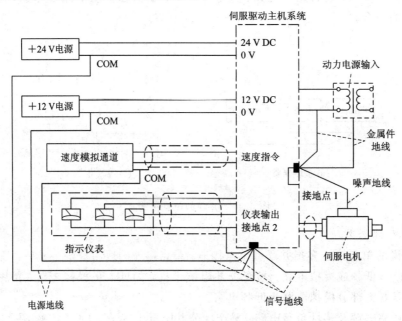

图 4.13　数控机床交流伺服驱动系统的接地

3. 多点接地

单点接地无论采用哪一种方式，都会有较长的接地线。在低频情况下，地线的阻抗可以忽略不计；在高频情况下，地线的阻抗就会变得显著而不能忽视。图 4.14 给出了导线阻抗随频率的变化，可见导线的高频阻抗可能会远大于低频阻抗，而且随频率的变化而变化。例如，一根直径 0.065 cm、长度 10 cm 的导线，10 Hz 时的阻抗为 5.29 mΩ，100 MHz 时的阻抗为 71.4 Ω，二者相差 4 个数量级。

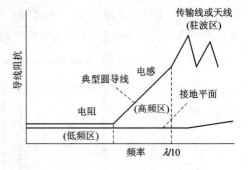

图 4.14　导线阻抗随频率的变化

导线高频阻抗大于直流阻抗有两个方面的原因。一个原因是导线电感的影响，此时导线阻抗可表示为

$$R_{AC} = R_{DC} + j\omega L \tag{4-3}$$

式中，R_{AC} 是导线的交流阻抗，R_{DC} 是导线的直流阻抗，ω 是流过导线的信号角频率，L 是导线的电感量。另一个原因是趋肤效应的影响，此时导线阻抗可表示为

$$R_{AC} = k R_{DC} \sqrt{f} \qquad (4-4)$$

式中，f 是流过导线的信号频率，k 是比例系数。

作为一般规则，当导线长度 L 大于信号波长 λ 的 $1/20$，即 $L > \lambda/20$ 时，必须考虑导线阻抗的频率特性。在数字电路的常见频率段（如 $10 \sim 150$ MHz）以及常见的瞬态脉冲（上升沿为数纳秒）下，电感引发的导线阻抗不容忽视。

如果将一条导线用作地线，则其阻抗越大，电流流过时的压降越大，对电路产生的不良影响越大。在图 4.15 中，接地点 G_1 和 G_2 之间的阻抗及其由此而产生的压降 ΔU 不仅可在信号回路中产生差模干扰电流 I_{SIG}，而且有可能在外部电路中形成不期望的电流 I_{EXT}。计算表明，一条长 1 m、16 mm$\times 0.2$ mm 导线的直流电阻为 38 mΩ，自感为 1.5 μH。当 4 A 的直流电流流过它时，产生的压降为 152 mV；当 4 A/μs 的脉冲电流流过它时，产生的压降为 6 V，此时对电路的影响之大可想而知！

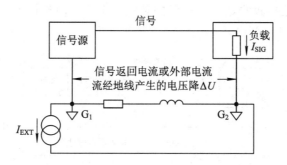

图 4.15　导线阻抗引起的电压降

根据以上分析，在高频情况下，地线的公共阻抗已无法忽略，因此只能采取就近接地的方式，使接地线达到最短，以有效减少地线寄生电感和趋肤效应的不良影响。这种方式称为多点接地。如图 4.16 所示，多点接地与单点接地的区别是各接地点之间具有极低的阻抗（几乎为等电势），如 PCB 的接地平面、金属机架或机箱等。多点接地适用于高频、高速数字电路。

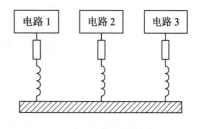

图 4.16　并联接地示意图

对于一个实际电路或系统，何时单点接地，何时多点接地，不同的文献给出的判据不尽一致。一般的规则是：

(1) 单点接地：

· 低频电路接地，其判据是信号频率 $f < 1$ MHz，或地线长度 $L < \lambda/20$，λ 是信号波长，或者采用经验判据 $L[\text{m}] < 15/f$ [MHz]；

· 模拟电路接地，此时公共阻抗是干扰的主要传播方式；

· 系统各部分接地，亦称"星状接地"或"树状接地"。

(2) 多点接地：

· 高频电路接地，其判据是 $f \geqslant 10$ MHz 或 $L \geqslant \lambda/20$，或采用经验判据 $L[m] \geqslant 15/f[\text{MHz}]$；

· 数字电路接地，此时电场耦合或磁场耦合是干扰的主要传播方式；

　　• 参考面为大平面(如 PCB 设地层、电源层的情形)时的接地。

　　(3) 长线多点接地、短线一点接地：频率为 1～10 MHz 时的接地，$L<\lambda/20$ 时采用单点接地，$L\geqslant\lambda/20$ 时采用多点接地。

4.2.3　混合接地

　　除了单一的单点接地或者多点接地之外，在实际的电路或系统设计中，根据电磁兼容性和安全性要求，还可以采用更加灵活的接地方式，如低频单点接地、高频多点接地，或者低频多点接地、高频单点接地。

1. 低频单点接地、高频多点接地

　　如果一个电路的工作频率范围很宽，则低频单点接地、高频多点接地是更为理想的方案。在图 4.17 给出的例子中，高频情况下电容两端呈现低阻抗，从而实现了低频单点接地、高频多点接地。这样做的好处是在保持高频多点接地的条件下，切断低频地线回路，从而消除来自地线的低频干扰。

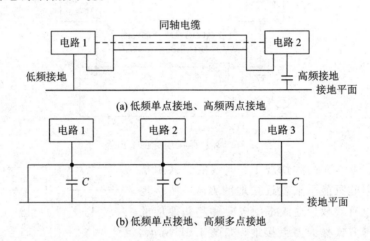

图 4.17　利用电容实现的低频单点接地、高频多点接地实例

　　图 4.18 给出了另一个更为复杂的例子。如果采用图 4.18(a)所示的两点接地方案，驱动电动机的脉宽调制电流 I_M 通过地线阻抗 Z_G 形成干扰压降 U_{NG}，然后通过系统 1→同轴电缆屏蔽层→系统 2→地的环路耦合到系统单元电路，造成强烈的高频干扰电流 I_I。

　　为了解决这个问题，可以让系统 2 地线浮空，使干扰电流不再流过系统地线，如图 4.18(b)所示，从而消除了公共阻抗干扰，但使得同轴电缆由两端接地改为单端接地，高频条件下的屏蔽效能变差。所以，这种单点接地方案仅在低频情况下比较有效。

　　在图 4.18(c)给出的方案中，系统 2 地线通过电容(1～10 nF)接地，从而实现了低频单点接地和高频两点接地，兼顾了低频抗干扰和高频抗干扰的要求，适用于高频应用场合。该方案仍然存在的一个缺点是系统 2 的屏蔽壳未能就近接地，也会影响其屏蔽效能。

　　更好的一个方案是系统 1 和系统 2 的屏蔽壳均直接接地，只是同轴电缆的屏蔽层的一端通过电容接地，如图 4.18(d)所示，既切断了信号的低频环路，也保证了各个屏蔽层的就近接地，较之前一方案的效果更好。

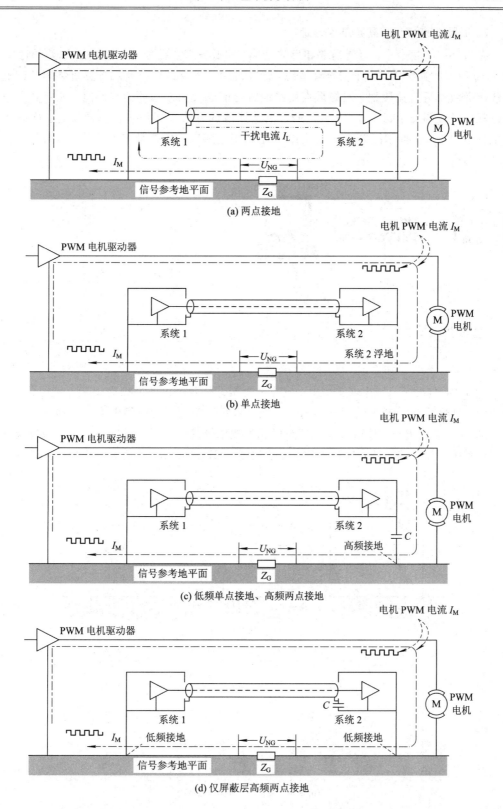

(a) 两点接地

(b) 单点接地

(c) 低频单点接地、高频两点接地

(d) 仅屏蔽层高频两点接地

图 4.18 功率驱动电路与小信号传输电路共用参考地时的接地方案

2. 低频多点接地、高频单点接地

在另外一些场合中，可能需要相反的情形，即低频多点接地、高频单点接地。例如，在图 4.19 所示的系统中，出于安全性考虑，计算机中心处理装置机壳和计算机终端及键盘的屏蔽体必须就近直流接地，但如果直接接地就会形成较大面积的地线环路，如有高频电流流过就会形成辐射干扰。为此，可以通过电感接地的方式来保证直流有效接地，而高频接地阻抗很大，从而抑制高频干扰。图 4.20 是利用电感实现的低频多点接地、高频单点接地的基本结构。

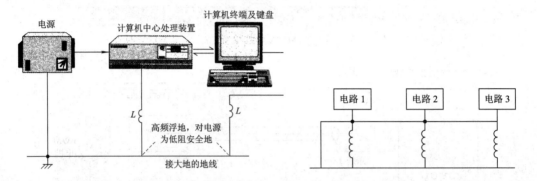

图 4.19　低频多点接地、高频单点接地实例　　　图 4.20　低频多点接地、高频单点接地基本结构

图 4.21 给出了另一个实例。出于安全防护要求，各个设备外壳必须就近接地，但因为计算机、外部设备与开关电源共用同一个地，因此开关电源的高频电流通过地线公共阻抗 Z_G 形成的干扰电压 U_{NG} 会通过地线环路形成干扰电流 I_I，如图 4.21(a)所示。为解决此问题，将系统 1 和系统 2 外壳通过电感接地，如图 4.21(b)所示，从而大大增加了接地线的高

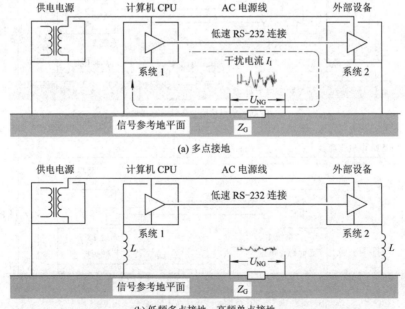

(a) 多点接地

(b) 低频多点接地、高频单点接地

图 4.21　计算机系统接地实例

频阻抗，抑制了高频干扰。根据计算，100 nH 的电感对 50 Hz 交流电的阻抗为 30 mΩ，低于设备安全接地要求的最高电阻 100 mΩ。

3. 系统级接地

对由多个层次、不同类型、不同频率电路构成的复杂系统，如何接地需要综合均衡考虑。例如，在图 4.22 所示的电路中，数字电路内部采用网格状多点接地，宽带模拟电路采用低频单点接地、高频多点接地，数字电路、宽带模拟电路和低电平电路均单点接到系统地。

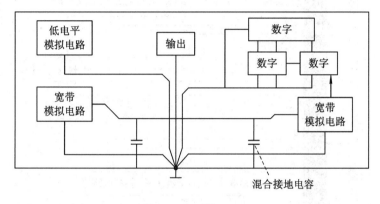

图 4.22　复杂电路接地实例

复杂电子设备的接地可以采用图 4.23 所示的两种结构。其中，图 4.23(a)给出的树状接地结构，各个子单元内部可采用串联型或并联型单点接地，而子单元接到系统地(主干)则采用就近接地的多点接地方式，其好处是单元到主干的地线较短，但主干本身存在公共阻抗干扰；图 4.23(b)给出的鸟巢状接地结构，无主干，不存在主干公共阻抗干扰，但各个单元的地线长度相对较长。

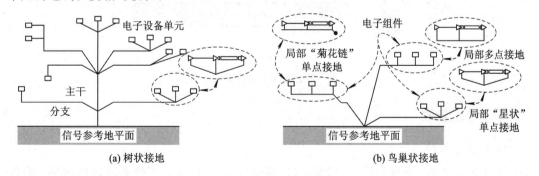

图 4.23　复杂电子设备的接地结构

图 4.24 给出了一个无线视频接收设备的接地实例。其中，射频和中频电路内部采用多点接地，显示驱动和模拟放大记录电路内部采用单点接地。各部分地线和电源线通过汇流条在机架汇接点单点汇接，可防止各类电路通过地线的相互干扰。为了减少接地阻抗，机架接地应尽量采用无缝接触方式(如定位焊接、铜焊、锡焊等)，尽量不要依赖滑动的抽屉、铰链等可动有缝部件接地。如果接地线需连接不同种类的金属，应采取措施防止发生电化学腐蚀。

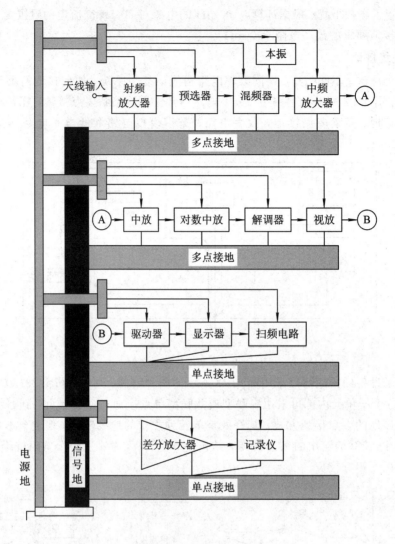

图 4.24　无线视频接收设备接地实例

4.2.4　其他接地

1. 交流电网的接地

在市电交流供电系统的接地(参见图 4.25)中,要特别注意零线和地线的差别。零线(亦称中线)为电源电流提供回流通道,是交流供电的零电位参考点,一般会在主配电入口处与地线单点相连,但当前位置的对地电位不一定为零。地线为设备提供安全的保护接地,在不出现故障的时候,地线中应无电流,也无压降。

出于安全性考虑,应该在用电设备附近埋设专门的地线,并接到供电线路的地线上。如果没有地线,当设备的一相(火线)意外地与设备外壳短路时,与设备外壳接触的人体或者其他设施就会通过大电流,造成伤害或破坏,如图 4.26(a)所示;如果有与设备外壳相接的地线,电流就会通过地线泄放,从而实现了安全保护,如图 4.26(b)所示。

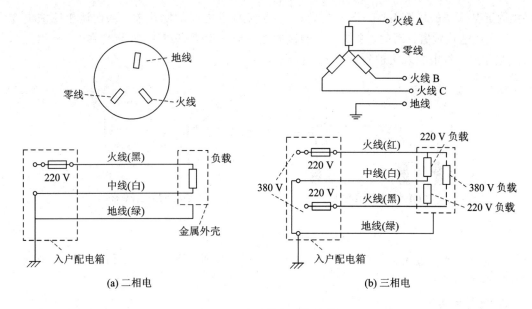

图 4.25　交流供电系统的接地

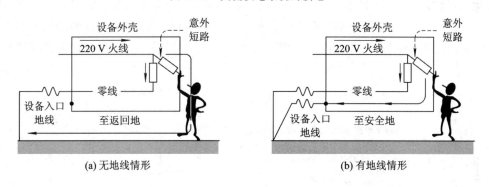

图 4.26　地线对人身安全的保障作用

不要将零线当地线用，因为对于单相系统来说，零线实际上是电流的返回线，零线有导线电阻，必然存在电压，如果人为地将零线当地线用，可能就会造成"地线"带电的危险状况。对于三相系统来说，不可能三相完全平衡，因此零线上也会有电压存在，而且此电压不稳定，极易引起干扰。

交流供电系统的地线是针对市电频率（50 Hz）设计的安全地，只在直流或者低频下呈现低阻抗，在高频下的阻抗可能很高，因此该地线不能作为高频电路的信号地使用。

交流电源的地线应该专门埋设，接地电阻最好小于 1 Ω，不允许使用自来水管、暖气管和避雷线做交流电源的地线。

2．避雷接地

采用具有良好接地条件的避雷针是防止雷电灾害的最主要手段。避雷针的接地线应单独设置，不要与系统地、机壳地、静电保护地和信号地等共用。避雷系统接地线的电阻应小于 10 Ω。

在避雷接地桩附近数十米的范围内，雷电直击会造成瞬时高电位。如果在此区域内有其他电子设备的接大地点，就有可能造成不良影响。例如，在图 4.27 中，A 点和 B 点是避雷桩附近某系统的接大地点，雷电会导致 A 点与 B 点之间的电位差，从而诱生感应电流 I_N，对系统造成危害。因此，系统其他的接大地点应尽量远离避雷桩（至少在 25 m 以上），以便避开雷电直击在避雷桩附近形成的高电位区。

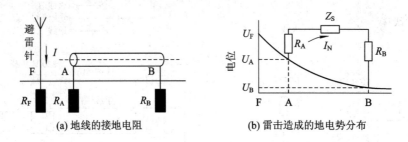

(a) 地线的接地电阻　　　　　　　(b) 雷击造成的地电势分布

图 4.27　避雷接地对周边电器的影响

雷电也可能通过闭合环路以感应方式侵入，因此室外电缆、电线、信号线及其屏蔽层应尽量不要形成闭合回路。

3. 元器件接地

集成电路芯片（特别是 ADC/DAC 等混合信号芯片）既有模拟地（AGND）又有数字地（DGND）时，原则上其数字地引脚应直接连到模拟地引脚，再接至 PCB 的模拟地母线上（因为 AGND 和 DGND 在芯片内部互相不连通），如图 4.28 所示。更具体的分析见第6 章。

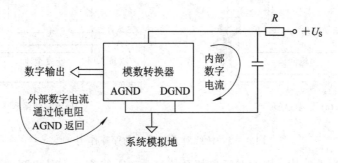

图 4.28　数模混合芯片的接地方式

集成电路芯片如有多个接地引脚，应尽量直接相连后再单点连接到 PCB 的相应地线上。

以下元件或部件应接到屏蔽地或静电保护地：屏蔽装置（如变压器静电屏蔽层、屏蔽板和屏蔽盒），复位按钮、拨码开关、接插件的金属外壳，雷击浪涌过压保护器件的接地端，箝位二极管的接地端，静电防护元件的接地端。屏蔽地或静电保护地不能与避雷地、信号地共用。

4.2.5　地线的埋设

出于安全的原因，应该在电子设备的工作、组装和试验场地附近铺设专门的地线，作为交流电源地线、设备的机壳地、静电防护地、避雷地等。在图 4.29 给出的实例中，各个电子设备的机壳通过铜板或者直径为 0.5～2 英寸的铜管构成的接地总线相连，然后通过接地线接入大地。

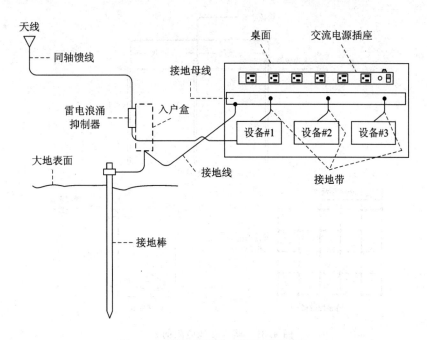

图 4.29　某无线通信系统的接地架构

　　插入大地的导体通常采用铜柱或者镀铜的钢棒，直径为 0.5～1 英寸(实际上采用 5/8 或 3/4 英寸的居多)，入地深度超过 8 英寸，接地电阻小于 10 Ω。接地导体与地线之间的连接应采用夹具(参见图 4.30)，不要采用焊接，因为焊料在雷电或者其他大电流冲击下有可能熔化。

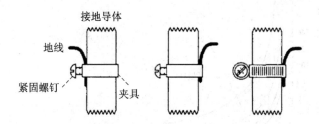

图 4.30　地线与接地导体的连接方式

　　为了减少接地电阻可以采用多个接地导体、接地网格、接地板等方式，如图 4.31 所示。接地板可以采用 60 mil 厚的铜板或者 250 mil 厚的钢板，表面积至少超过 2 平方英尺。图 4.32 给出了采用 1～4 个接地导体时接地电阻与接地导体长度的关系，可见接地导体越长，数量越多，则接地电阻越小。

　　接地电阻除了与接地导体的电阻有关之外，还与土壤的电阻率以及接地导体和土壤的接触电阻有关。土壤的电阻率取决于土壤的组分、湿度和温度。为了降低土壤的电阻率，可以人为地给土壤注入盐分。例如，在接地导体周边挖一个壕沟(12～24 英寸深，6～12 英寸宽)，将岩盐(氯化钠、氯化钾、氯化钙、硫酸镁、硫酸铜等)注入其中，下雨后岩盐融化，渗透到接地导体周边的土壤中，可以降低其电阻率，如图 4.33 所示。

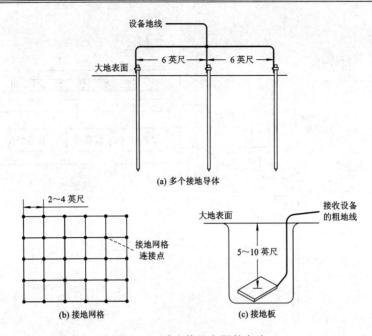

(a) 多个接地导体

(b) 接地网格

(c) 接地板

图 4.31　减少接地电阻的方法

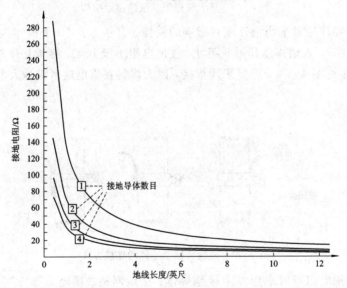

图 4.32　采用 1～4 个接地导体时接地电阻与接地导体长度的关系

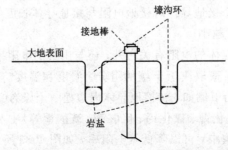

图 4.33　在接地导体周边壕沟注入岩盐来降低土壤电阻率

4.3　屏　　蔽

4.3.1　屏蔽的作用与类型

1. 屏蔽的作用

屏蔽是指采用专门设计制作的屏蔽体,以盒、壳、板或栅等形式,将电力线或磁力线限定在某一空间范围,或者阻止电力线或磁力线进入某个空间区域,从而抑制空间干扰。前者通常针对易产生干扰的对象,称为主动屏蔽;后者通常针对易被干扰的对象,称为被动屏蔽。

屏蔽可分为电场屏蔽、磁场屏蔽和电磁屏蔽三类。电磁屏蔽的作用是切断电场耦合,适用于近场以及小电流、高电压、高阻的辐射源(如棒状天线);磁场屏蔽的作用是切断磁场耦合,适用于近场以及大电流、低电压、低阻辐射源(如环状天线);电磁屏蔽的作用是切断电磁耦合,适用于远场以及高阻、低阻信号源。

如图 4.34 所示,如果用 E_0 和 E_1 分别表示屏蔽体内部和外部的电场强度,则该屏蔽体对电场的屏蔽效果可以用所谓电屏蔽效率来表示:

$$S_E = 20 \log\left(\frac{E_0}{E_1}\right)[\text{dB}] \tag{4-5}$$

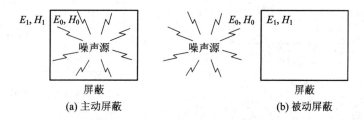

图 4.34　屏蔽的作用示意图

如果用 H_0 和 H_1 分别表示屏蔽体内部和外部的磁感应强度,则该屏蔽体对磁场的屏蔽效果可以用所谓磁屏蔽效率来表示:

$$S_H = 20 \log\left(\frac{H_0}{H_1}\right)[\text{dB}] \tag{4-6}$$

2. 电场屏蔽

电场屏蔽的实现可以借助图 4.35 来说明。一个带电体如果周围没有导体包围,就会向周边辐射电场,从而对周边电路或者器件形成干扰,如图 4.35(a)所示;如果用一个不接地的导体将其包围,对这种电场辐射的影响不大,如图 4.35(b)所示;如果用一个接地的导体将其包围,则内部电场会因导体内表面对电力线的反射而无法泄出,如图 4.35(c)所示,同样外部电场也会因导体外表面的反射而无法侵入,从而起到了电场屏蔽的作用。

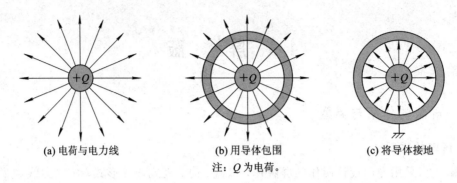

(a) 电荷与电力线　　　　(b) 用导体包围　　　　(c) 将导体接地

注：Q 为电荷。

图 4.35　电场屏蔽的实现过程示意图

　　下面再对电场屏蔽稍作定量分析。如图 4.36(a)所示，干扰源 S 的对地电压 U_S 通过干扰源与接收器之间的分布电容 C_{SR}，在接收器 R 端产生干扰电压：

$$U_I = \frac{C_{SR}}{C_{SR} + C_R} \cdot U_S \qquad (4-7)$$

式中，C_R 是接收器的对地电容。由此可以得到第一个推论是：在接收器附近存在参考地（即存在接收器与地之间的电容 C_R），有助于减少干扰源与接收器之间的串扰，而且参考地距离接收器越近或地平面越大（即 C_R 越大），串扰越小。

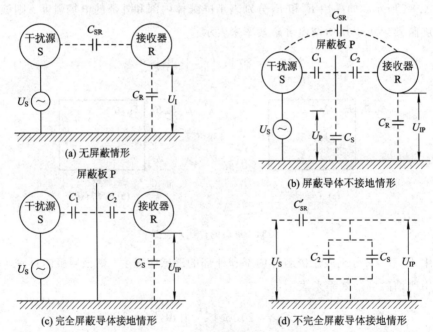

(a) 无屏蔽情形

(b) 屏蔽导体不接地情形

(c) 完全屏蔽导体接地情形

(d) 不完全屏蔽导体接地情形

图 4.36　电场屏蔽的定量分析示意图

　　如果在干扰源与接收器之间置入一个无限大的屏蔽导体板 P，但此导体不接地，如图 4.36(b)所示，则干扰源在接收器与地之间引入的干扰电压可表示为

$$U_{IP} = \frac{C_2}{C_2 + C_R} \cdot U_P = \frac{C_2}{C_2 + C_R} \cdot \frac{C_1}{C_1 + C_S + \dfrac{C_2 C_R}{C_2 + C_R}} U_S \qquad (4-8a)$$

式中，C_1、C_2、C_S 分别是屏蔽板与干扰源、接收器以及地之间的分布电容。通常容易满足

条件

$$C_1 \gg C_S + \frac{C_2 C_R}{C_2 + C_R}$$

故有

$$U_{IP} \approx \frac{C_2}{C_2 + C_R} \cdot U_S \tag{4-8b}$$

通常屏蔽板与接收器的间距小于干扰源与接收器的间距，故有 $C_2 > C_{SR}$，此时比较式 (4-7) 和式 (4-8b)，就会发现 $U_{IP} > U_I$。由此得到的第二个推论是：如果屏蔽板不接地，不仅没有电场屏蔽作用，反而增加了串扰。

如果将干扰源和接收器之间的屏蔽板接地，此时相当于式 (4-8) 中的屏蔽板接地电容 C_S 趋于无穷大，如图 4.36(c) 所示。在这种情况下，不管 U_S 有多大，均有

$$U_{IP} \to 0 \tag{4-9}$$

由此得到的第三个推论是：如果屏蔽板接地，则几乎可以完全消除串扰。

以上所针对的是无限大屏蔽板的情况，如果屏蔽板不是无限大，即不能将接收器完全封闭，则干扰源与接收器之间存在较小的剩余电容 C'_{SR}，此时的等效电路如图 4.36(d) 所示，按图中等效电路，有

$$U_{IP} = \frac{C'_{SR}}{C_2 + C_R + C'_{SR}} \cdot U_S \overset{C_2 \gg C'_{SR}}{\approx} \frac{C'_{SR}}{C_2 + C_R} \cdot U_S \overset{C'_{SR} \ll C_{SR}}{\ll} U_I \tag{4-10}$$

由此得到的第四个推论是：即使屏蔽体不完整（比如有缝隙、孔洞等），但也远优于无屏蔽情形。

根据以上分析，电场屏蔽具有如下特点：电场屏蔽是利用屏蔽体对干扰电场的发射而实现的；屏蔽体一定要接地；屏蔽体的表面电导率越高，屏蔽效能越好；屏蔽体越封闭，屏蔽效能越好；屏蔽效能与屏蔽体的厚度基本无关。要达到理想的电磁屏蔽，就要用零电阻材料做成无缝无孔的盒子，这就是法拉第盒子，当然在实际中是无法实现的。

实际的屏蔽体总是具有一定的厚度，因此它对电场的反射不只一次。如图 4.37 所示，外部电场 E_0 首先在屏蔽体的外表面被反射，残余电场通过屏蔽体时被部分吸收，然后在屏蔽体的内表面再次被反射，如图 4.37(a) 所示。如果仍有残余，则会在屏蔽体的外表面再次被反射，如图 4.37(b) 所示，依此类推。

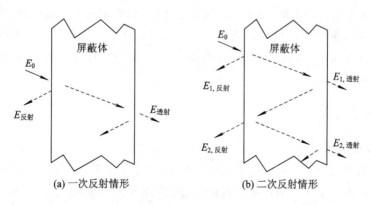

图 4.37　电场在屏蔽体内的吸收和反射

如果令屏蔽体外表面的反射损耗为 R，屏蔽体内的吸收损耗为 A，屏蔽体内表面的反射损耗为 M，则总的屏蔽效能可以写成

$$S = A + R + M \quad [\text{dB}] \tag{4-11}$$

根据测量或者计算得到的屏蔽效能 S 的数值，可以对屏蔽体的屏蔽效能作如下评估：

$$S = \begin{cases} < 20\ \text{dB}, & \text{低屏蔽效率} \\ 20 \sim 80\ \text{dB}, & \text{中等屏蔽效率} \\ 120\ \text{dB}, & \text{高屏蔽效率} \\ > 120\ \text{dB}, & \text{无法实现的屏蔽效率（现有成本效益条件下）} \end{cases} \tag{4-12}$$

有一些文献将电场耦合和静电耦合混为一谈，是不恰当的，因为静电场并不能包含所有的电场，有些电场并不是静止的，例如交变电场。

3. 磁场屏蔽

磁场屏蔽的实现可以借助图 4.38 来说明。对于一个高磁导率材料制作的屏蔽腔体，内部磁场因被屏蔽体吸收而无法外泄，外部磁场也会被屏蔽体吸收而无法侵入，从而起到了磁场屏蔽的作用。

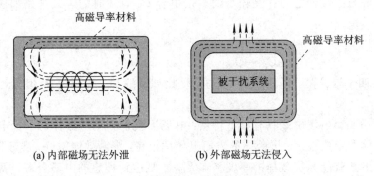

(a) 内部磁场无法外泄   (b) 外部磁场无法侵入

图 4.38 磁场屏蔽的实现过程示意图

对于电路而言，磁场的形成往往与电流的变化有关，低频电流的变化主要产生磁场，而高频电流的变化会同时形成磁场和电场。

磁场屏蔽与电场屏蔽具有不同的特点。磁场屏蔽主要是利用屏蔽体对磁场的吸收来实现的，实际上是磁场在屏蔽体内形成涡流，涡流产生的磁场抵消或者削弱了干扰磁场的影响。对于磁场屏蔽而言，屏蔽体越厚，屏蔽效能越好，吸收损耗与屏蔽体的厚度成正比。屏蔽体是否接地并不影响磁场屏蔽的效果，因此磁屏蔽体不一定接地。屏蔽体的磁导率越高，磁场屏蔽效能越好。屏蔽体开小孔，有助于涡流的形成和传输，从而有利于磁场屏蔽，但肯定不利于电场屏蔽。

4.3.2 屏蔽体设计

1. 屏蔽体材料选择

根据上述分析可知，电导率越高，电场屏蔽效能越好；磁导率越高，磁场屏蔽效能越好。由表 4.2 给出的工程上可用的屏蔽材料的电导率与磁导率数据来看，这二者往往是矛盾的。最好的电场屏蔽材料是铜，最好的磁场屏蔽材料是含镍的合金，如果要求兼具电屏蔽和磁屏蔽，铁和钢是一个较好的选择，而且性能价格比也较高。

表 4.2　工程上可用的屏蔽材料类型

金　属	相对电导率	相对磁导率	金　属	相对电导率	相对磁导率
银	1.05	1	铍	0.10	1
铜	1	1	铅	0.08	1
金	0.7	1	钼	0.04	1
铬	0.66	1	铁	0.17	50~1000
铝	0.61	1	冷轧钢	0.17	180
锌	0.29	1	不锈钢	0.02	500
黄铜(含 34%锌)	0.26	1	4%硅钢	0.029	500
镉	0.23	1	热轧硅钢	0.038	1500
镍	0.20	100	高磁导率硅钢	0.06	80 000
磷青铜	0.18	1	μ 合金	0.03	20 000
锡	0.15	1	镍铁铜高磁导合金	0.03	80 000
钽	0.12	1	坡莫合金	0.04	8000~12 000

图 4.39 比较了常用金属材料的电场屏蔽与磁场屏蔽性能。反射损耗越大，则电场屏蔽效果越好，从图 4.39(a)可见从优到差的次序为铜→铝→钢。吸收损耗越大，则磁场屏蔽效果越好，从图 4.39(b)可见从优到差的次序为钢→铜。从图 4.39(b)还可看出，屏蔽体越厚，吸收损耗越大，磁场屏蔽效果越好，如 3.2 mm 厚钢板的吸收损耗要远高于同一频率下 0.5 mm 厚钢板的吸收损耗。

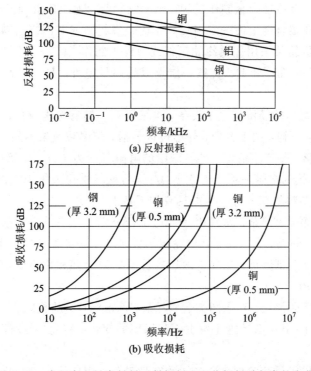

(a) 反射损耗

(b) 吸收损耗

图 4.39　常用高电导率材料反射损耗和吸收损耗随频率的变化

从图 4.39 中可以看出,对于铜、钢、铝这样的高电导率材料,反射损耗随频率的上升而减少,吸收损耗随频率的上升而增加,这就意味着频率越高,电屏蔽效果越差,而磁屏蔽效果越好。然而,对于高磁导率材料,可能会呈现出相反的趋势。如图 4.40 所示,坡莫合金和 μ 合金这样的高磁导率材料在高频下的磁导率将远低于低频情形,因此低频下的磁屏蔽效果更好。

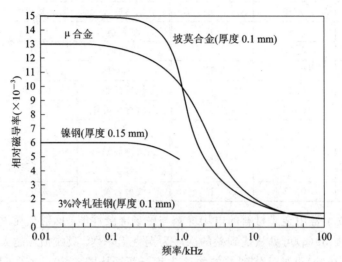

图 4.40 采用高磁导率材料的磁导率随频率的变化

电子设备的机箱需要同时考虑机械强度、密封性以及屏蔽性要求。对于小型电子设备,可采用轻型铝合金或镁合金制作机箱,比铜成本低,易加工,而且重量轻。为弥补磁屏蔽能力的不足,可在铝合金上镀一层高磁导率的金属材料或非晶态材料(如坡莫合金)。对于大型电子设备,机箱可采用优质冷轧钢板或纯铁板制作,可兼顾机械强度和电磁屏蔽效果。作为更高要求,可在冷轧钢板上镀一层铜以提高导电性,最外面再镀一层镍来防腐蚀并增加耐磨性。

对于成本要求苛刻的经济型电子设备,可采用表面镀有导电涂层的工程塑料机箱,造型美观,成本低,重量轻,加工方便,外形设计灵活,但屏蔽效果不如纯金属机箱,而且耐摩擦性差,容易脱落,易产生静电。导电涂层的电阻率约为 1 Ω/□,屏蔽效能一般为 30~70 dB,而纯金属机箱的电阻率可低于 0.1 Ω/□,屏蔽效能可大于 100 dB。

带导电涂层的塑料机箱的屏蔽性能具有如下特点(参见图 4.41):

(1)电屏蔽远优于磁屏蔽。这是因为导电涂层极薄,几乎只有反射损耗,没有吸收损耗。因此,导电性好的铜、金、铝等金属涂层的效果优于磁导率高的镍系金属涂层。

(2)高频屏蔽优于低频屏蔽。导电涂层的屏蔽效果会随频率下降而减少,因此带导电涂层的机箱更加适用于高频设备。

(3)厚涂层优于薄涂层。对于同类金属涂层,涂层越厚,屏蔽效能越高。当导电涂层的厚度小于 500 nm 时,其屏蔽效能基本上不随频率的变化而变化。另外,双面涂层比单面涂层的屏蔽效果更好。

(4)致密涂层优于稀疏涂层。涂层的致密性越好,构成涂层的导电颗粒间距越小,屏蔽效能越高。

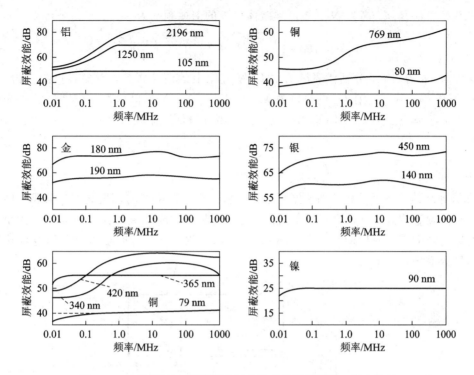

图 4.41　不同材料、不同厚度导电薄膜的屏蔽效能－频率特性

　　表 4.3 给出了塑料机箱常用导电涂层的成本、电场屏蔽效果、厚度、黏附性、耐擦性和封闭性的比较。

表 4.3　塑料机箱常用导电涂层的综合比较

制作方法 （导电材料）	成本 （英镑/m²）	电场屏蔽 效果	厚度	黏附性	耐擦性	封闭性	备　注
导电涂料 （镍、铜）	5～15	差/一般	0.05 mm	差	差	好	适于样机制作
电弧喷镀 （锌）	5～10	一般/好	0.1～0.15 mm	取决于 表面形貌	好	好	适于粗糙或 凹凸表面
非电解镀层 （铜、镍）	10～15	一般/好	1～2 μm	好	差	无	全机箱同时 镀则便宜
真空金属化 （铝）	10～15	一般	2～5 μm	取决于 表面形貌	差	好	环境适应性差

2. 屏蔽体外形设计

　　从屏蔽体的尺寸来看，为避免产生谐振，矩形屏蔽体的任何一边的边长不应为信号半波长（λ/2）的整数倍，否则屏蔽体就成为平行板波导（Parallel-Plate Waveguide，PPW），可能因发生谐振而产生驻波。如果此谐振频率与信号或干扰的频率一致或成比例，就会对电路的工作和 EMC 特性产生严重影响，有可能使谐振频率处的干扰噪声增加一个数量级（＋20 dB）以上。

长为 L、宽为 M、高为 N 的矩形屏蔽体空腔的谐振频率为

$$f_{Res} = 150 \cdot \sqrt{\left[\left(\frac{l}{L}\right)^2 + \left(\frac{m}{M}\right)^2 + \left(\frac{n}{N}\right)^2\right]} \qquad (4-13)$$

式中，l、m、n 为整数，分别代表沿 L、M、N 方向上的谐波次数，至少有一个不为 0。若 L、M、N 的单位为 m，则 f_{Res} 的单位为 MHz；若 L、M、N 的单位为 mm，则 f_{Res} 的单位为 GHz。若屏蔽体空腔为正方体（即 $L=M=N$），则其最低谐振频率为

$$f_{Res} = \frac{212}{L} = \frac{212}{M} = \frac{212}{N} \qquad (4-14)$$

单位取法同前。

如果屏蔽体内有元器件，则谐振频率会有所变化，谐振波的幅度会有所降低。屏蔽体越小，谐振频率越高，距离信号频率就会越远，因此利用隔离板将大屏蔽体分割为小屏蔽体，有助于降低谐振效应的影响。由图 4.42 可以看出，谐振时屏蔽体中点的电场达到最大，边缘的磁场达到最大。

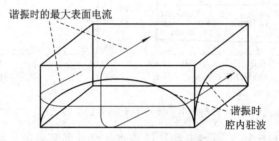

图 4.42　矩形谐振腔在谐振频率下表面电流和电场驻波的分布

从屏蔽体的外形来看，尽量采用弧形边角，避免尖棱和锐角，以防止电场的集中或发射。球形最好，其次是圆柱体形，钝圆角长方体亦可，但弧形的加工难度要比直角大得多。

从屏蔽体相对于被屏蔽对象的位置来看，对于电场屏蔽，屏蔽体应尽量靠近被屏蔽对象，以增加二者之间的耦合电容；对于磁场屏蔽，被屏蔽对象应尽量放在屏蔽体中心位置。

3. 屏蔽体开口设计

如前所述，理想的屏蔽体应该是无开口、无缝隙的，但实际的屏蔽体往往做不到这一点，如机箱一定有接缝，屏蔽体必须留有信号输入输出口、电源输入口或显示器件窗口等，出于通风散热的原因有时也不得不给机箱开口。

屏蔽体的开口或者缝隙会对电场屏蔽效果产生显著影响，一方面会产生电磁泄漏（如图 4.43 所示），另一方面也会阻碍屏蔽体感应电流的流动。如果屏蔽体无开口，则感应电流均匀流动，如图 4.44(a) 所示；如果屏蔽体上开一大圆孔，就会迫使电流沿圆孔边缘迂回流动，由此产生电磁泄漏，并增大对电流的阻抗，如图 4.44(b) 所示；如果屏蔽体上开一个长度与大圆孔直径相同的细窄缝，虽然窄缝的面积远小于大圆孔，但所产生的泄漏效果与大圆孔相差无几，如图 4.44(c) 所示；如果将细窄缝用一排小圆孔代替（如图 4.44(d) 所示），则会大大削弱泄漏的强度，即使多个小圆孔的总面积与大圆孔相同，但其泄漏量却远小于大圆孔。在孔的总面积相同的条件下，正方形孔比圆孔泄漏大，长方形孔比正方形孔泄漏大，一个大孔比多个小孔的泄漏大。

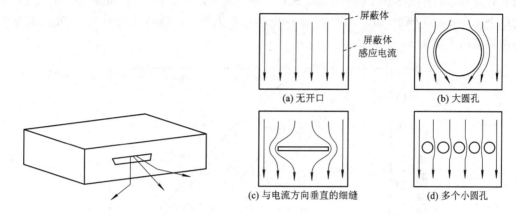

图 4.43　屏蔽体开口产生电磁泄漏示意图　　　　图 4.44　开口对屏蔽体感应电流的影响

如果开口是窄缝隙，即长度远大于宽度，则屏蔽效能的好坏不取决于开口的面积或宽度，而取决于开口的长度（即最大线性尺寸）。如屏蔽板上不得不有长条缝隙，最好能采用多个等效的小孔来代替缝隙。对于多孔情形，屏蔽效能的好坏不取决于孔的总面积，而取决于最大孔径的总长度。缝隙的长度一般不要超过信号波长 λ 的 $1/8$。带有长度为 d 的缝隙的屏蔽体的屏蔽效能影响量可用如下经验公式来估计：

$$\Delta S = 20 \lg\left(\frac{\lambda}{2d}\right) \quad \left(d \leqslant \frac{\lambda}{2}\right) \tag{4-15}$$

由此式及图 4.45 可以看出，在频率一定的前提下，缝隙越长，屏蔽效能越低，而缝隙的宽度对屏蔽效能的影响近似可以忽略。

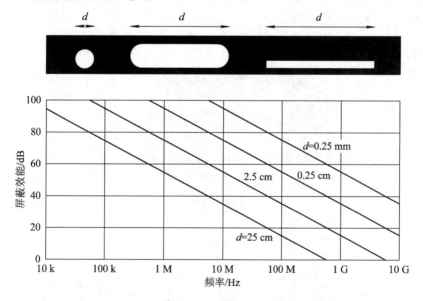

图 4.45　开口长度（d）对屏蔽效能的影响

如果采用 N 个尺寸相同、间距相同的开口来代替缝隙，则其导致的屏蔽效能衰减量可用如下经验公式来估计：

$$\Delta S = -20 \lg\sqrt{N} \tag{4-16}$$

由此式计算，当孔数增加 1 倍的时候，S 将下降约 6 dB。100 个 4 mm 孔的网，其屏蔽效能比单个 4 mm 孔下降 20 dB。从图 4.46 给出的结果来看，孔链的总长度(d)比孔的数量对屏蔽效能的影响更大。

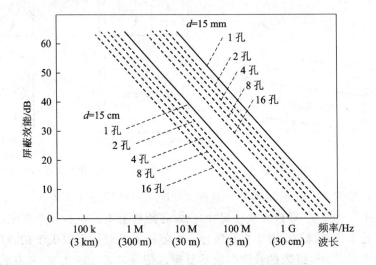

图 4.46　开口数量及开口长度(d)对屏蔽效能的影响

图 4.47 给出了屏蔽对泄漏电场影响的一个测试实例。采用如图 4.47(a)所示的测试装置，在机箱外部施加一个辐射电磁场，频率 $f=533$ MHz，对应的波长 $\lambda=0.54$ m，然后在机箱内部利用天线探头测试电场强度，结果如图 4.47(b)所示。可见，加屏蔽可以大大减少以至消除内部的泄漏电场，采用两个较短缝隙(60 mm 长)的屏蔽效果远优于一个长缝隙(25 cm 长)。

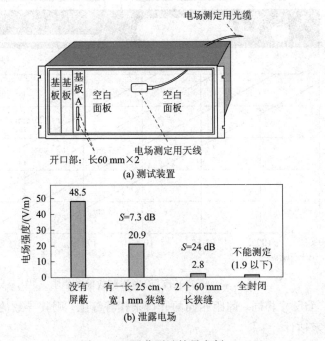

图 4.47　屏蔽测试结果实例

在屏蔽效能一定的条件下，频率越高，允许的最大开口长度越小。商用产品的缝隙开口尺寸通常不应超过信号波长的 1/20，即 λ/20。表 4.4 给出了屏蔽效能为 20 dB 时频率与允许最大缝隙长度的关系。

表 4.4　屏蔽效能为 20 dB 时频率与允许最大缝隙长度的关系

频率/MHz	最大允许缝隙长度/in
30	18
100	6
300	2
500	1.2
1000	0.6

接地的导电屏蔽体有可能作为工作电流的返回通道，因此设计时屏蔽体内的导线（如PCB 走线或电缆）的走向应尽可能平行于开口长度方向，可减轻开口对返回电流的阻碍作用（参见图 4.48）。另外，屏蔽体开口附近的泄漏电场最大，因此屏蔽体内的导线应尽可能远离开口。

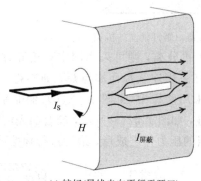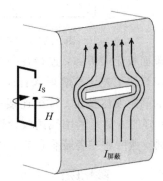

(a) 较好(导线走向平行于开口)　　　(b) 较差(导线走向垂直于开口)

图 4.48　屏蔽体内导线走向与屏蔽开口方向的关系

在屏蔽体不同表面上的开口所产生的泄漏电场方向不同，故其屏蔽衰减效果不会相互叠加。

如果出于通风散热或其他需要，必须在屏蔽体上开大型孔洞，可在孔洞处覆盖金属网（一层或两层），如图4.49 所示。金属网的网孔越小，金属丝的导电性越好，屏蔽效果就越好。

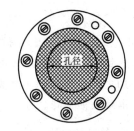

图 4.49　金属丝网的安装结构

4. 机箱面板接缝处理

如果使用金属机箱兼作屏蔽体，则机箱面板的接缝是最长的缝隙，因而对屏蔽效果影响很大，必须谨慎处理。根据前面的分析，即使缝隙很窄，只要缝隙足够长，也能产生可观的电磁泄漏（参见图 4.50）。当缝隙长度大于 λ/100 时，将产生明显的泄漏；当缝隙长度达到 λ/2 时，将产生最大的泄漏，所以一般要求缝隙长度必须小于 λ/20，最好小于 λ/100。在工程应用时，如果机箱尺寸无法满足这一条件，必须采用适当的方法堵漏。

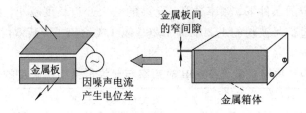

图 4.50　机箱接缝形成的泄漏

机箱外壳最常用的方法是采用扣式接缝而非直接接缝,如图 4.51 所示。此时,如果采用螺钉来紧固,则紧固螺钉的间距(图中的 S)应小于信号波长的 1/20。例如,对于计算机机箱,出于机械强度考虑,紧固螺钉的间距可取为 3 英寸,则其对应的 1/20 波长的信号频率约为 197 MHz。如果实际信号频率高于197 MHz,则机箱的屏蔽效果就会降低。

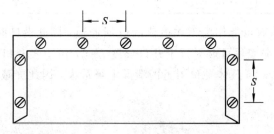

图 4.51　采用扣式接缝、螺钉紧固的机箱

如果机箱面板无需拆卸,连接在一起后不再分离,则可采用固定式接缝方法。固定式接缝一般采用焊接工艺,如熔焊和钎焊,最好采用连续焊而非点焊。如不得不采用点焊,焊接点之间的间距要尽量短。接缝连接最好采用阶梯型(见图 4.52(b))而非平搭型(见图 4.52(a))。更好的方法是采用翻边咬合型接缝,如图 4.52(c)所示,咬合前先清除接合面上的非导电物质,然后将二者咬合起来,用适当的压力使之成形,最后进行焊接或者紧固。

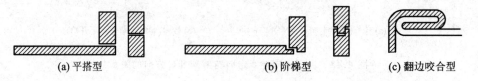

(a) 平搭型　　　　　　　　　　　(b) 阶梯型　　　　　　　　(c) 翻边咬合型

图 4.52　固定式接缝方法

如果机箱面板使用时有可能拆卸,需采用可拆式接缝,一般用螺钉紧固,如图 4.53 所示。从密封性考虑,螺钉的间距应尽量短,但实际上螺钉间距受结构及安装工艺限制不便太小,加之配合表面的不平整和面板材料可能的翘曲变形,不可避免地会在结合面产生接缝,使屏蔽效能下降。为此,可采用密封导电衬垫来堵缝。

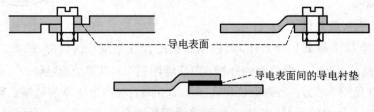

图 4.53　可拆式接缝方法

密封导电衬垫需满足以下三个条件：

（1）柔性：导电衬垫应有一定的厚度，易变形，富有弹性，以便能充分填补缝隙，并与屏蔽体之间形成良好的电接触，即需要兼顾环境密封和电磁密封的作用。

（2）导电性：导电衬垫的导电率要高，保证搭接点之间的电阻小于 2 mΩ。

（3）电化学稳定性：导电衬垫能够耐腐蚀，与屏蔽体导体之间不会发生电化学反应。阳性高的金属与阴性高的金属接触，在电压作用下，离子就会趋于从阳性高的金属向阴性高的金属转移，从而产生电化学腐蚀。在水汽或者盐雾的催化下，电化学腐蚀将更加显著。因此，密封导电衬垫与屏蔽体最好采用电化学序列表（见表 4.5）中同一组中的金属（如组Ⅳ中的黄铜和不锈钢）。

表 4.5　电化学序列表

阳极（最易被腐蚀）→				
组Ⅰ	组Ⅱ	组Ⅲ	组Ⅳ	组Ⅴ
镁	铝及合金 锌 铬 镀锌铁	碳钢 铁 镉	镍 锡 铅 黄铜 不锈钢	铜及合金 银 钯 铂 金
				→阴极（最不容易被腐蚀）

表 4.6 比较了常用密封导电衬垫的材料与结构、优缺点和适用场合。

表 4.6　常用密封导电衬垫

衬垫种类	材料与结构	优点	缺点	适用场合
导电橡胶	填充微细导电颗粒的密封橡胶	兼有环境密封和电磁密封的作用，高频屏蔽效能高	需要足够的接触应力才能达到预期效果，与铝、镁屏蔽体可能会产生电化腐蚀，价格高	需要环境密封和较高屏蔽效能的场合
金属编织丝网条	由相互扣住的环状弹性金属丝构成	成本低	高频屏蔽效能低，无环境密封作用，易被机械应力损坏	干扰频率为 1 GHz 以下的场合
指形簧片	用具有弹性的铍青铜或不锈钢制成的梳形簧片	屏蔽效能高，允许滑动接触；形变范围大	价格高；无环境密封作用，寄生电感较大，在振动、冲击环境中性能可能劣化	有滑动接触的场合（如需人工取拔的模块、经常开启的屏蔽体盖、人工开闭的门等）
表面导电橡胶	外层涂有导电层或包裹金属箔的橡胶	弹性好，价格低，可提供环境密封	表面导电层较薄，在反复摩擦的场合容易脱落，在高频及腐蚀环境中性能欠佳	需要环境密封和一般屏蔽性能的场合，不能提供较大压力的场合
导电布	掺有金属纤维的屏蔽布	柔软，需要压力小；价格低	湿热环境中易损坏	不能提供较大压力的场合
螺旋管		屏蔽效能高，复合型能同时提供环境密封和电磁密封	过量压缩时易损坏	屏蔽性能要求高的场合，有良好压缩限位的场合

导电橡胶包括体导电橡胶和表面导电橡胶，其安装方法如图 4.54 所示。为保证接缝处的电连续性，金属表面不能喷漆、氧化、铝阳极电镀或贴绝缘膜。铍铜指簧主要用于需要经常启闭的场合，如需人工取拔的模块、经常开启的屏蔽体盖、人工开闭的门等，其安装方法如图 4.55 所示。

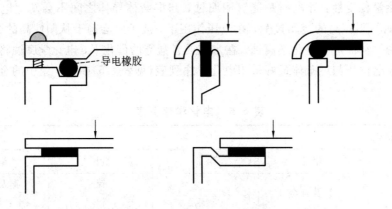

图 4.54　导电橡胶的安装方法

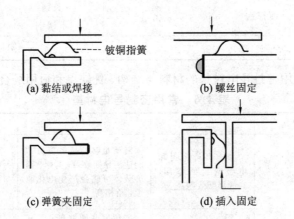

图 4.55　铍铜指簧的安装方法

在同时采用固定螺钉和密封衬垫的场合，密封衬垫应位于面板紧固螺钉内侧而非外侧，以防螺钉之间的空隙产生泄漏，如图 4.56 所示。

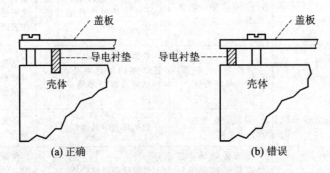

图 4.56　密封衬垫与固定螺钉的相对位置

密封衬垫多数具有弹性，且当压缩到原始厚度的 30％～70％时，接触电阻最小，屏蔽效能最好，如图 4.57 所示。因此，使用时给密封衬垫施加的压力要合适（如在图 4.58 所示情形中，就是钮子开关紧固螺丝的拧紧程度），不要过小，也不要超过衬垫的弹性允许范围。如压缩量不够，则可通过更换更厚的衬垫或缩小缝隙间距来调整。

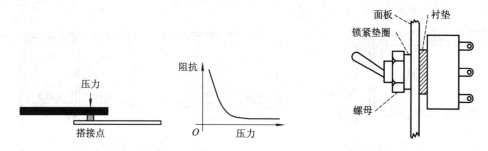

图 4.57　密封衬垫的压力与接触阻抗的关系　　图 4.58　钮子开关与面板之间的密封衬垫

5. 双层屏蔽

在单层屏蔽无法满足要求的情况下，可以采用双层屏蔽，但会导致设备成本、重量、设计复杂度的增加。

对于电场屏蔽，双层屏蔽可以使内屏蔽层承载被屏蔽电路的地电流，外屏蔽层承载外界电磁场产生的涡流，二者相互独立，相互干扰小。

对于磁场屏蔽，由于屏蔽材料的磁导率会随磁场强度的上升而上升，最终达到一个饱和点。磁导率越高，达到饱和时的场强越小，因此高磁导率材料易在强磁场下产生饱和，从而降低屏蔽效果。如果采用双层屏蔽（如图 4.59 所示），用较低磁导率的材料（如铜）做外层屏蔽，对磁场做初步衰减，用高磁导率的材料（如坡莫合金）做内层屏蔽，彻底屏蔽磁场，则二者的协同作用可以有效地屏蔽磁场干扰。

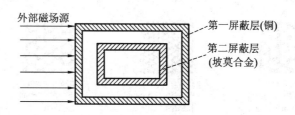

图 4.59　双层磁屏蔽

在设计双层屏蔽时，需注意以下几点：

（1）材料的选择：强调阻挡外场入侵时，外层用屏蔽效能更好的材料；强调阻挡内场外泄时，内层用屏蔽效能更好的材料。

（2）间距的选择：原则上，内外屏蔽盒之间的距离越大越好，但应避免两个屏蔽层间距为 1/4 波长的偶数倍，尽量取为奇数倍，以防止发生谐振并使屏蔽效能最高。一般二者之间的间距取为 3～5 mm。

（3）屏蔽层之间的连接：对于电场屏蔽，内外屏蔽层之间采用单点连接，连接导体最好采用截面积较大的扁铜条或短铜杆，以减少其寄生电感；对于磁场屏蔽，内外屏蔽层之间不必连接。

采用双层屏蔽盖结构(如图 4.60 所示),同时在屏蔽盖与盒体之间安装梳形簧片,增加盒盖与盒体之间的接触点,可以进一步改善屏蔽盒的效能。

在有隔板的屏蔽盒体内采用分开的屏蔽盖,有助于减少其间的寄生耦合。例如,图 4.61(b)所示结构的屏蔽效果优于图 4.61(a)所示结构。

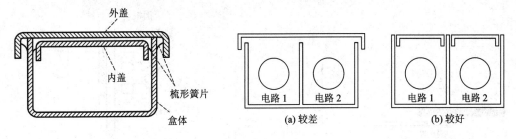

图 4.60　双层屏蔽盖结构　　　　　　图 4.61　双屏蔽盖结构

4.3.3　屏蔽兼容设计

在工程应用时,屏蔽体的设计经常与设备的其他设计要求有冲突,需要采取特别的兼容对策加以解决。

1. 兼顾散热与屏蔽的设计

屏蔽要求机箱面板少开孔,最好不开孔,但散热要求机箱多开孔,开大孔。为了兼顾屏蔽机箱的通风散热要求,可采用多孔金属板或金属丝网。孔洞形状及尺寸的选择要兼顾屏蔽效能、风压损耗以及机械强度。图 4.62 和图 4.63 给出了六种多孔散热结构主要参数的比较。在图 4.62 中,开孔面积是指孔的面积占整个面板面积的比例,开孔面积越大则散热效果越好;屏蔽效能是在频率为 1 GHz 下测量的。可见,蜂窝板的屏蔽与散热相对较好,不过相对于其他结构,其机械强度偏低。

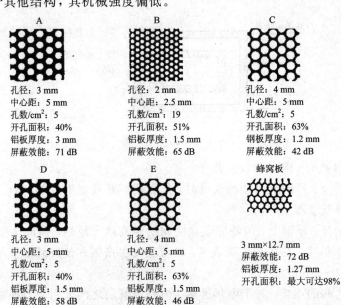

图 4.62　六种金属丝网散热及屏蔽效能的比较

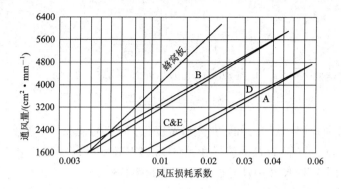

图 4.63　六种金属丝网通风量与风压损耗系数的比较

2. 非导体操作器件的处理

非导体操作器件包括必须在机箱外操作的旋钮、按键、拨盘，以及必须在机箱外能够观看的显示灯、显示器等。由于非导体操作器件本身不具有屏蔽作用，因此处置不当可能会破坏金属机箱的屏蔽效能。

对于非导体操作器件，最简单的处理方法是局部屏蔽法。在图 4.64(a)中，采用局部屏蔽盒，配合导电衬垫和穿通电容器，实现显示仪表与内部电路的电磁隔离。在图 4.64(b)中，如果部分面板为绝缘面板，可在面板内侧加装局部金属屏蔽板，并妥善接地。局部屏蔽体不应接电路信号地，而应接机壳地或机架保护地。

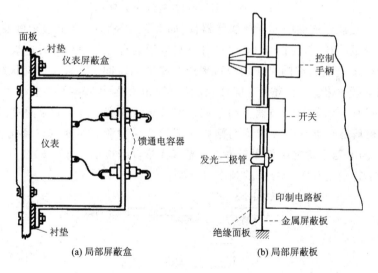

(a) 局部屏蔽盒　　　　　　　(b) 局部屏蔽板

图 4.64　局部屏蔽法实例

另一种方法是波导法，即设计截止频率远大于信号频率的截止波导管作为绝缘操作器件的导出通道。对于图 4.65(a)所示的圆波导结构，截止频率可由下式估算：

$$f_{\text{cutoff}}[\text{Hz}] \approx \frac{6.9 \times 10^9}{g[\text{in}]} \qquad (4-17)$$

式中，g 为波导的直径。当 $f < 0.5 f_{\text{cutoff}}$ 时，屏蔽效能约为

$$S[\text{dB}] \approx 32 \frac{d}{g} \qquad (4-18)$$

式中，d 是波导的长度，即非导电器件必须穿越波导的距离。对于其他形状波导，截止频率

可由下式估算：

$$f_{\text{cutoff}}[\text{Hz}] \approx \frac{5.9 \times 10^{9}}{g[\text{in}]} \qquad (4-19)$$

式中，g 为波导的最大尺寸。当 $f < 0.5 f_{\text{cutoff}}$ 时，屏蔽效能约为

$$S[\text{dB}] \approx 27.2 \frac{d}{g} \qquad (4-20)$$

由式(4-18)和式(4-20)可知，在开口宽度(g)一定的情况下，深度(d)越大，屏蔽效果越好。通常 50 mm(2 in)直径的波导在 1 GHz 以下频率可以获得其全部的屏蔽效能。图 4.65(b)给出了六个不同尺寸圆波导的屏蔽效能频率特性。

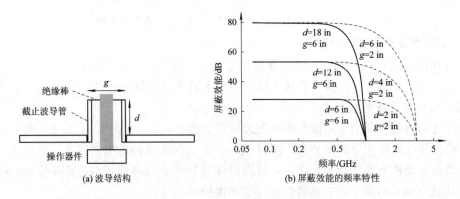

(a) 波导结构   (b) 屏蔽效能的频率特性

图 4.65 圆波导屏蔽管设计实例

对于必须透光甚至透明的非导体操作器件(如 LED 指示灯、液晶显示屏等)，可以采用特别的可透光屏蔽材料(参见图 4.66)。这种材料常用的有屏蔽玻璃和导电玻璃两种。屏蔽玻璃是将编织的细密金属丝网夹于两块玻璃或有机玻璃之间。若采用蜂窝状结构，可兼顾透光性和电磁屏蔽效果。织得越密，屏蔽效能越高(如每英寸 80~150 根)。由于光的衍射作用，这种内置有金属丝网的玻璃不利于观察窗口显示内容的细节，因此只适用于透光而非显示。导电玻璃是在玻璃薄片或透明塑料上喷涂金属薄膜，如铟-锡-氧化物(ITO)，对 100 MHz 以下的电磁干扰屏蔽效果较好，透光率优于屏蔽玻璃，可达 60%~80%，但屏蔽效能相对较低，特别是在 10 MHz 的频率以上时。

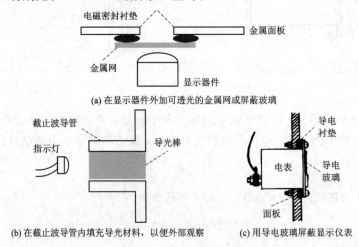

(a) 在显示器件外加可透光的金属网或屏蔽玻璃

(b) 在截止波导管内填充导光材料，以便外部观察   (c) 用导电玻璃屏蔽显示仪表

图 4.66 透光屏蔽法三例

4.4　滤　　波

4.4.1　滤波的作用

　　滤波是通过插入由无源元件或有源电路构成的滤波器，有选择性地反射或者吸收某一部分频率（称为"阻带"）的信号，同时允许另一部分频率（称为"通带"）的信号通过。如果干扰信号的频率与工作信号的频率不重合，就可以利用滤波设置一个频率窗口，使工作信号顺利通过，使干扰信号不通过或者被旁路，从而起到抑制乃至消除干扰的作用。

　　滤波器插入电路时的情形如图 4.67 所示。滤波器对信号通道的作用可以用"插入损耗"来表征。在图 4.67 中，滤波器的插入损耗可以表示为

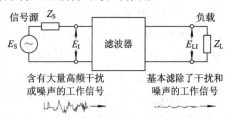

$$\text{IL}(f) = 20\lg\left[\frac{E_I(f)}{E_{LI}(f)}\right][\text{dB}] \quad (4-21)$$

式中，E_I 是滤波器的输入电平，E_{LI} 是在负载上的电平。如果不插入滤波器，则 $E_I = E_{LI}$，$\text{IL}=0$ dB。

图 4.67　滤波对干扰的作用示意图

　　在实际电路中，滤波器可能与信号通道串联，也可能与信号通道并联。与信号通道串联的滤波器是让工作频率的信号通过，让非工作频率的干扰被阻挡；与信号通道并联的滤波器则是让非工作频率的干扰被旁路掉，对工作频率的信号呈现高阻抗从而对有用信号影响不大。

　　单极点低通滤波器插入损耗的典型频率特性如图 4.68 所示，其特征参数为 -3 dB 转折频率 f_0 和每数量级或每倍频程衰减量（以 dB 为单位）。该滤波器仅对高于 -3 dB 转折频率的信号有阻挡作用，每数量级或每倍频程衰减量越大，则滤波器的性能越好。

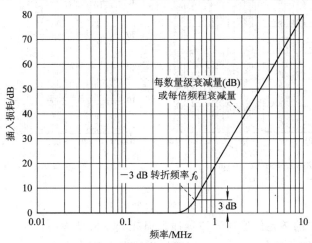

图 4.68　低通滤波器插入损耗的频率特性

　　多级低通滤波器的插入损耗可以表示为

$$\text{IL}(f) = 10\lg\left[1 + \sum_{i=1}^{N} k_i\left(\frac{f}{f_0}\right)^{2i}\right][\text{dB}] \quad (4-22)$$

式中，f_0 是 -3 dB 转折频率，N 是滤波器的总级数，k_i 是与第 i 级滤波器的拓扑结构有关的比例系数。

4.4.2 滤波器的类型

滤波器的类型繁多。按拟滤除的对象类型，可分为信号滤波器和电磁干扰滤波器；按所处理的信号类型，可分为模拟滤波器和数字滤波器；按所通过信号的频段，可分为低通、高通、带通和带阻滤波器；按所采用的元器件类型，可分为无源滤波器和有源滤波器；按频率特性的拐点数量，可分为单极点和多极点滤波器。

无源滤波器由无源元件（L、C）构成，电路简单，无需供电，可靠性高，但有能耗，电压增益小于 1，电感的使用会增加辐射以及体积和重量；有源滤波器由无源元件和有源器件（如运放）构成，电压增益可大于 1，无需电感，但需供电，通带范围受到有源器件带宽限制。在电子产品的可靠性设计中，多数是使用无源滤波器。

在多数情况下，干扰信号或者噪声的频率高于有用信号，因此大部分用于抑制干扰或者噪声的滤波器都是低通的。以下讨论均以低通滤波器为例。

最简单的滤波器仅由一个电容或者一个电感构成。采用单个电容或者单个电感构成的单元件低通滤波器如图 4.69 所示。其中，并联电容 C 起到高频低阻分流的作用，适合小负载电流情形，实现体积小；串联电感 L 起到高频高阻分压的作用，适合大负载电流，但结构笨重，容易引起电磁干扰。图中，Z_S 表示信号源阻抗，Z_L 表示负载阻抗。

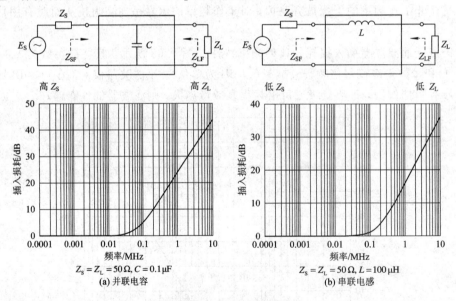

图 4.69 单元件低通滤波器

从图 4.69 给出的单元件低通滤波器插入损耗频率特性来看，单 C 或单 L 滤波的缺点是高频频率曲线不够陡峭（只有 20 dB 每数量级或者 3 dB 每倍频程），解决方案一是采用多个元件构成滤波器，二是增加滤波器的级数。

采用一个电容和一个电感构成的双元件 LC 低通滤波器有两种类型，即倒 Γ 型和 Γ 型，如图 4.70 所示。与单元件低通滤波器相比，其高频转折特性提升到 40 dB/数量级或者 12 dB/倍频程。倒 Γ 型滤波器适用于低源阻抗和高负载阻抗，而 Γ 型滤波器适用于高源阻

抗和低负载阻抗。值得注意的是，双元件低通滤波器作为串联 LC 回路，具有自谐振频率，可表示为

$$f = \frac{1}{2\pi\sqrt{LC}} \qquad\qquad (4-23)$$

使用时必须使该谐振频率在工作信号通频带之外。

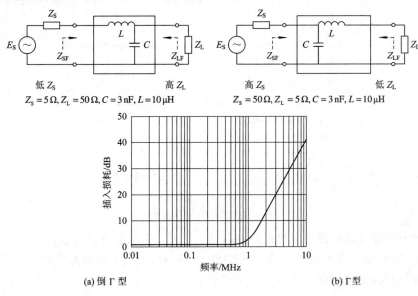

图 4.70　双元件低通滤波器

采用三个无源元件构成的低通滤波器有 π 型和 T 型两种类型，如图 4.71 所示。可见，滤波器的高频转折特性进一步提升到 60 dB 每数量级或者 18 dB 每倍频程。π 型滤波器适于源阻抗和高负载阻抗都低的情形（抑制干扰时更为多见），而 T 型滤波器适于源阻抗和负载阻抗都高的情形。

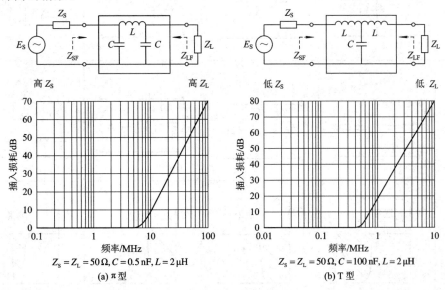

图 4.71　三元件低通滤波器

比较图 4.69～图 4.71 可以发现一个规律，电感都与信号通道串联，电容都与信号通道并联，这是无源低通滤波器的一个特点。高通滤波器则相反，电感都与信号通道并联，电容都与信号通道串联。

上述各种单级滤波器作为基本单元，组合成多级滤波器，可以进一步改善滤波器的性能，但使用的元件数和电路复杂度也会随之显著增加。图 4.72 给出了两级低通滤波器的典型结构。

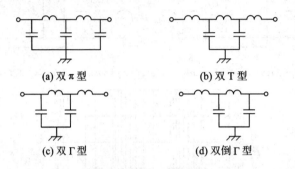

(a) 双 π 型　　　　(b) 双 T 型

(c) 双 Γ 型　　　　(d) 双倒 Γ 型

图 4.72　两级低通滤波器

将上述低通滤波器的设计思想推广到高通、带通、带阻滤波器的设计中，可以形成相应的滤波器结构。表 4.7 给出了 T 型和 π 型低通、高通、带通、带阻滤波器的电路结构、截止频率公式及滤波频率特性。

表 4.7　T 型和 π 型滤波器

类型		低通（LPF）	高通（HPF）	带通（BPF）	带阻（BRF）
典型电路	T 型				
	π 型				
滤波特性					

　　以上所叙述的滤波器电路均为共模滤波器，即用于滤除存在于信号线与参考点（信号回流线）之间的共模干扰。如果要滤除存在于信号线与信号线之间的差模干扰，需采用如图 4.73(b)所示的差模滤波器结构。当然，实际存在的干扰还是以共模干扰居多。

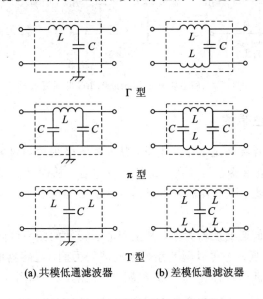

(a) 共模低通滤波器　　　　(b) 差模低通滤波器

图 4.73　共模与差模低通滤波器

　　不同类型的无源低通滤波器适用的信号源阻抗和负载阻抗的大小有所不同。如图 4.74 所示，单电感型适合低源阻抗、低负载阻抗，单电容型适合高源阻抗、高负载阻抗，倒 Γ 型适合低源阻抗、高负载阻抗，Γ 型适合高源阻抗、低负载阻抗，π 型适合中至高阻抗，T 型适合低至中阻抗。使用时应根据信号源和负载状况合理选择滤波器的类型。

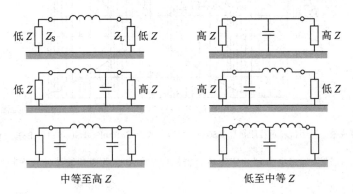

图 4.74　不同类型的低通滤波器适用的源阻抗与负载阻抗

　　由于电感 L 的体积大，笨重，成本高，LC 滤波器难以小型化或集成，为此可以用电阻 R 取代电感，构成 RC 低通滤波器，如图 4.75 所示。其中，倒 Γ 型 RC 滤波器的转折频率为

$$f_0 = \frac{1}{2\pi RC} \tag{4-24}$$

与 LC 滤波器相比，RC 滤波器的缺点之一是 R 会产生一定的功耗。通常 RC 滤波器多用于低频电路，LC 滤波器多用于高频电路。

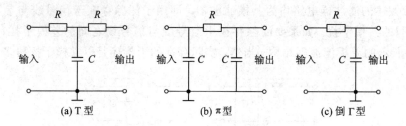

(a) T 型　　　　　　　(b) π 型　　　　　　　(c) 倒 Γ 型

图 4.75　用电阻和电容构成的 RC 低通滤波器

4.4.3　滤波器的非理想性

　　实际的电容器总是存在一定的串联电感，从而使其呈现理想电容特性的频率区间是有限的。类似地，实际的电感器总是存在一定的并联电容，从而使其呈现理想电感特性的频率区间也是有限的。因此，用电容器和电感器构成的实际无源滤波器的特性也不会如上一节给出的那样理想。

　　以单个电容构成的低通滤波器为例，其呈现低通特性的频率区间远小于理论计算得到的频率区间，如图 4.76 所示。再以倒 Γ 型低通滤波器为例，电容器的寄生串联电感和电感器的寄生并联电容使其低通特性变成了带通特性，如图 4.77 和图 4.78 所示。

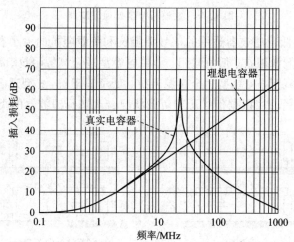

(计算依据：源阻抗和负载阻抗均为50 Ω，电容参数为 C=10 nF、ESL=5 nH、ESR=2 mΩ)

图 4.76　理想电容器和实际电容器构成的单电容低通滤波器的频率特性

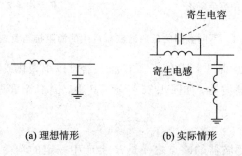

(a) 理想情形　　　　　　(b) 实际情形

图 4.77　倒 Γ 型低通滤波器的寄生效应

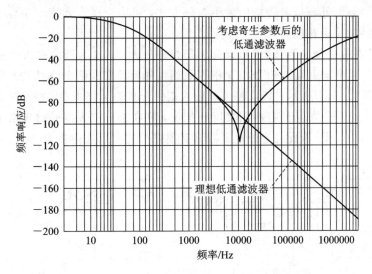

图 4.78　寄生参数对倒 Γ 型低通滤波器频率特性的影响

　　为了弥补单一类型、单一容量电容器滤波频率区间有限的问题，工程上常将不同容量、不同类型的电容并联应用，以扩大滤波的有效频率范围。并联电容的容值一般要相差两个数量级。在图 4.79 所给出的电路中，采用一个 10 μF 钽电容、一个 0.1 μF 陶瓷或云母电容器和一个 0.001 μF 陶瓷或云母电容器构成的滤波旁路电路，有效的滤波频率范围可达 1 kHz～1 GHz。

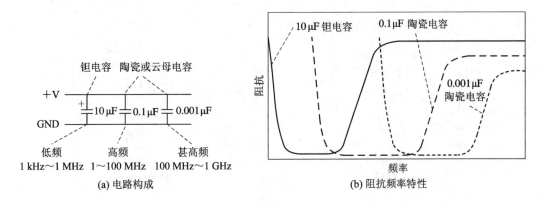

图 4.79　三电容并联低通滤波器

4.5　差　　分

4.5.1　差分的作用

　　对于有用信号的干扰可以分为共模干扰和差模干扰。共模干扰指信号线与参考点(信号回流线)之间的干扰，而差模干扰指信号线与信号线之间的干扰。在实际电路中出现的干扰多数属于共模干扰。

如果在对信号的处理或者传输中采用差分方式，可以在很大程度上消除共模干扰，从而大大提高电路的抗干扰能力。

差分电路(亦称平衡电路)的最典型应用是差分放大器。放大器的输入有用信号为差分信号，即放大器两个输入端的信号幅度相等而相位相反，将这两个信号的差作为放大器的输出信号，如图 4.80(a)所示；如果放大器输入端的干扰为共模干扰，即出现在放大器任一输入端与参考地之间，而且具有相同幅度和相位，则在差分放大器的输出端干扰将相互抵消，如图 4.80(b)所示。因此，差分放大器具有很强的共模干扰抑制能力。

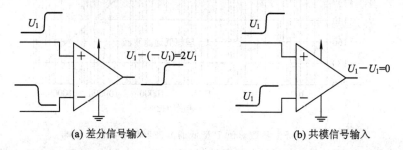

(a) 差分信号输入　　　　(b) 共模信号输入

图 4.80　差分放大器构架

差分放大器的具体电路如图 4.81 所示。它对共模信号的抑制能力通常用共模电压抑制比 CMRR 来表示，其定义为

$$\text{CMRR} \equiv 20 \lg \frac{U_{\text{m}}}{U_{\text{c}}} \tag{4-25}$$

式中，U_{m} 是差分输出电压，U_{c} 是共模输出电压。

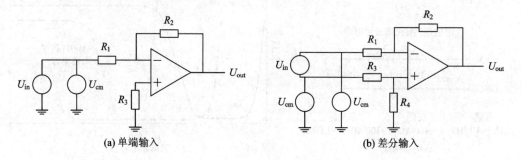

(a) 单端输入　　　　(b) 差分输入

图 4.81　差分放大器电路

如果采用单端(Single-ended)输入，输入端的共模信号 U_{cm} 经放大传输到输出端(如图 4.81(a)所示)，则输出电压为

$$U_{\text{m}} = \left(1 + \frac{R_2}{R_1}\right)U_{\text{cm}} \tag{4-26}$$

如果采用差分(Differential)输入(如图 4.81(b)所示)，输入端的共模信号 U_{cm} 被抵消，不能传输到输出端，则输出电压为

$$U_{\text{c}} = \left(\frac{R_2}{R_1} - \frac{R_4}{R_3}\right)U_{\text{cm}} \tag{4-27}$$

将式(4-26)和式(4-27)代入式(4-25)，可知此电路在差分输入时的共模抑制比为

$$\text{CMRR} = \frac{1 + \dfrac{R_2}{R_1}}{\dfrac{R_2}{R_1} - \dfrac{R_4}{R_3}} \qquad\qquad (4-28)$$

可见，如果电路全对称，即 $R_1 = R_3$、$R_2 = R_4$ 且放大器内部电路也全对称，则 CMRR→∞，但真实电路很难做到理想化的全对称，实际的共模电压抑制比取决于电阻的精度及放大器的对称性，通常可达 80 dB 以上。

如果采用差分输入、差分输出电路，则其输入和输出波形如图 4.82 所示，图中 DM 表示差分信号，CM 表示共模信号，理想情形是指电路参数全对称，实际情形是指电路参数基本对称，假定放大器的增益为 1。如果采用差分输入、单端输出电路，则其输入和输出波形如图 4.83 所示。

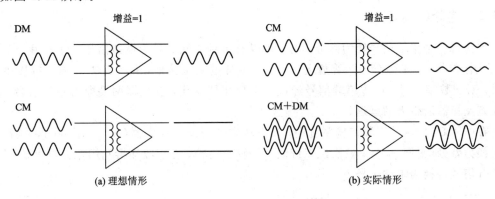

图 4.82　差分输入、差分输出电路

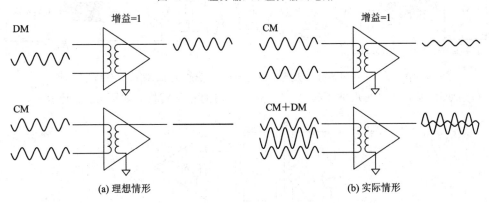

图 4.83　差分输入、单端输出电路

差分方法亦可用于提高信号传输过程中的共模干扰抑制能力。信号的差分方式传输必须使用平衡线，不能使用非平衡线。双绞线是天生的平衡线，同轴电缆是天生的非平衡线。如果同轴电缆要用作平衡线，必须采用两根同轴电缆或者双芯电缆。差分线要求两根信号线尽可能对称，即两条线的长度要相同，且间距要一直保持不变（即始终保持平行）。对于 PCB 走线，平衡线平行的方式有两种，一为两条线走在同一走线层（Side-by-side），一为两条线走在上下相邻两层（Over-under），前者用得较多。

根据以上分析，差分的好处主要体现在：

（1）抗共模干扰能力强，如果在差分信号线两端的共模干扰的幅度和相位相同，则共模干扰几乎被抵消。

（2）有效抑制对外辐射，因为两根差分信号线对外辐射信号的极性相反。

（3）时序定位精确，差分输出的噪声容限提升到单端输出的两倍，故可采用更低的电源电压，有利于实现低功耗。

然而，差分也是有代价的，其代价主要体现在：

（1）走线加倍，且对走线的对称性要求很高。

（2）电路规模增加，且对使用元器件的精度要求提升。

（3）对电路寄生参数的敏感性增加。差分电路必须全对称，包括信号源的对称、导线的对称和负载的对称，既包括电路本征或者集总参数的对称，也包括电路寄生或者分布参数的对称。频率高时保持全对称尤其不易。

4.5.2　差分的实现

如何将一个单端信号转为差分信号，可以有多种方法。对于模拟信号，可采用全差分输入、全差分输出的差分或运算放大器，一个差分输入端接地，另一个差分输入端接单端信号。对于数字信号，可将单端信号经过一个反相器反相，反相器两端即为差分信号，但要注意反相器所带来的延迟。

在图 4.84 所示的视频传输系统中，在发送端利用差分放大器（A_1）将单端（非平衡）信号转换为差分（平衡）信号，然后经双绞线（平衡线）传输，在接收端再利用差分放大器（A_2）将差分信号转换为单端信号。

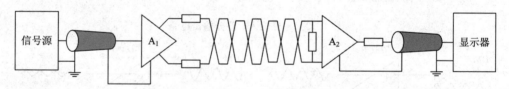

图 4.84　利用差分放大器实现视频传输系统中的单端一差分转化

利用变压器也可以实现非平衡线与平衡线之间的相互转换，如图 4.85 所示。

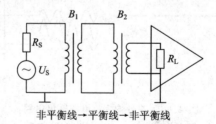

非平衡线→平衡线→非平衡线

图 4.85　利用变压器实现非平衡线与平衡线之间的转换

高速、低功耗电路要求尽可能降低电压的摆幅，但由此带来的问题是噪声容限的降低。全对称的 LVDS（Low-Voltage-Differential-Signaling，低电压差分信号）电路可以处理和传输低电压摆幅的信号，从而兼顾抗干扰能力、频率性能和功耗指标。图 4.86 是 LVDS电路的一个例子，它将摆幅为 1.2 V 的信号降低到 0.35 V。它采用电流传输取代了传统的电压传输，在发送方，由 3.5 mA 电流提供驱动；在接收方，通过 100 Ω 电阻形成 0.35 V的电压摆幅。当电流正向流动（如图 4.86 中箭头所示）时，产生逻辑"1"；反之，产生逻辑

"0"。这种传输数字信号的电流模式与 TTL、CMOS 所采用的电压模式不同的是，功耗并不随频率的升高而增大，因此大大减少了高速传输的功耗。LVDS 支持的最高速率可达 3.125 Gb/s，而负载功耗仅为 1.2 mW(3.5 mA×0.35 V)。

　　如要长距离传输高电压摆幅信号，可以先在发送端将其转换为低摆幅差分信号进行传输，到接收端再恢复为高电压摆幅信号，这样有利于降低功耗，提高速度。图 4.87 给出了图 4.86 所示 LVDS 电路的一个应用实例。

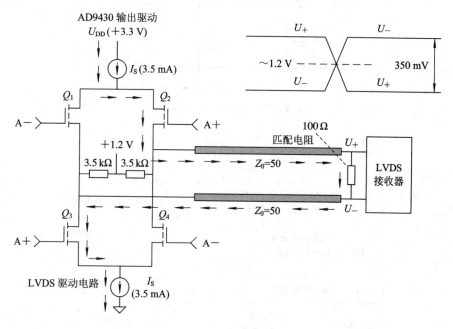

图 4.86　LVDS 电路示例

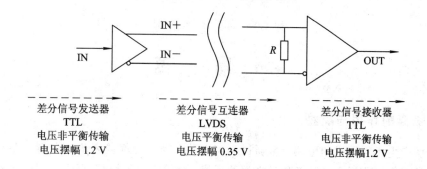

图 4.87　图 4.86 电路在长距离传输系统中的应用实例

　　来自地线或者电源线的干扰是典型的共模干扰。因此，采用差分方法可以有效抑制乃至消除这种干扰。图 4.88 是利用差分方法消除运算放大器电路地线干扰的一个实例。如果采用单端输入、单端输出且输入与输出端共地(见图 4.88(a))，则放大器 700 μA 的电源电流通过直流电阻为 0.01 Ω 的地线，在放大器输出端产生的压降为 7 μV，虽然貌似不大，但也已超过放大器输出失调电压的 7 倍，对放大精度有显著影响。如果改用差分输入，且输入与输出端不共地(见图 4.88(b))，可有效消除地线阻抗及压降对放大电路的影响。商用运算放大器 AD629 和 AMP03 采用这种方法，共模抑制比可分别达到 88 dB 和 100 dB。

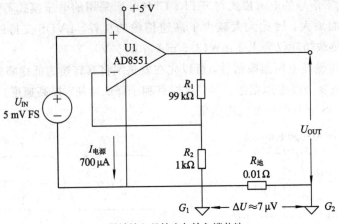

(a) 单端输入且输出与输入端共地

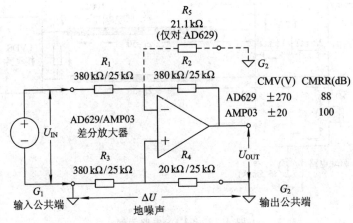

(b) 差分输入且输出与输入端不共地

图 4.88 运算放大器示例

4.6 隔 离

4.6.1 隔离的作用与类型

对于易产生相互干扰的电路,可通过隔离电路、隔离元件或者隔离装置,在不影响两个电路正常工作的前提下,隔离两者之间的干扰。如输入可能出现高压、火花、易燃、电击或强电磁干扰,而输出接有敏感易损元件,则应采取措施实现输入回路与输出回路的隔离。在生物医学领域,为保障医务人员和病人安全,针对人体使用的电子仪器(如心脏起搏器)的输出与输入必须有效隔离。

隔离包括如下类型:

(1) 电路隔离:数字电路可采用缓冲器或锁存器实现前后级的隔离,模拟电路可采用跟随器实现电路与外界之间的隔离。电路隔离简单易行,但会增加电路的延迟、功耗和规模,详见 4.6.2 节。

（2）频率隔离：采用电容、电感或它们的组合，阻挡具有某种频率的干扰信号的传输。这实际上就是滤波，详见本章 4.4 节。

（3）空间隔离：通过增加空间距离或者屏蔽体来隔离电场干扰或磁场干扰，并通过空间辐射的方式传输。屏蔽是空间隔离的最有效的方法，详见本章 4.3 节。

（4）专用元件隔离：采用专用的隔离元件来实现隔离，如采用隔离变压器、光电耦合器或继电器来隔离共地干扰。常用的隔离元件详见第 5 章。

4.6.2　电路隔离设计

1. 数字电路的隔离

PCB 的外接端口是最容易受外界应力或干扰影响的部分，因此应特别注意保护。最简单的保护是在端口处串接缓冲器，对如图 4.89 所示的数字电路而言，隔离缓冲器可采用简单的反相器。测试表明，未接缓冲器时静电耐压为 1～2 kV，加了缓冲器后静电耐压达到 3～5 kV，改善效果相当明显。

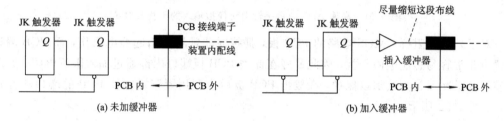

图 4.89　PCB 板接口处的隔离保护

在 PCB 端口处串接缓冲器还有利于抑制高频干扰。在图 4.90 所示的例子中，主板上插有若干个子板，如果二者之间的连接属于时钟、大负载或高频数据端口，则子板犹如主板的天线，很容易形成高频发射，从而形成强烈的干扰。在主板与子板之间加入缓冲器有利于抑制此类干扰。为了使抑制效果更好，缓冲器应紧靠主板－子板连接端口。

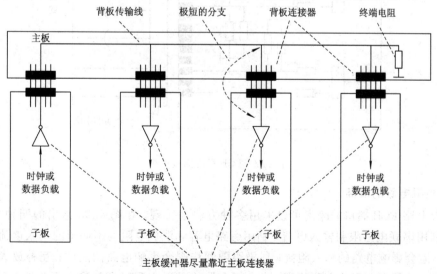

图 4.90　主板 PCB 与子板 PCB 之间的缓冲器隔离

高速模/数转换器(ADC)的数字输出通过片内或片外的寄生电容，形成对模拟输入的干扰，如图 4.91(a)所示。为此可利用 CMOS 缓冲器或锁存器来实现数字总线与模拟输入端之间的隔离，如图 4.91(b)所示。

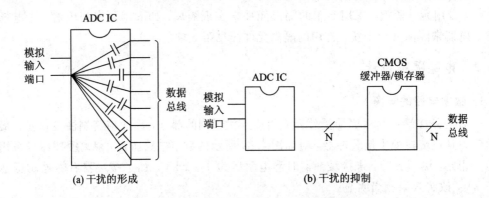

(a) 干扰的形成　　　　　　　(b) 干扰的抑制

图 4.91　高速 ADC 的数字输出对模拟输入的干扰及对策

对于高输入阻抗 CMOS 电路的 PCB 板，插拔时非常容易引起静电损伤，而 PCB 端口空置也非常容易感应电磁干扰，因此最好在此类 PCB 板端口内部通过加入限流电阻、旁路电容以及缓冲器等方法加以保护，在拔出 PCB 板后应利用短路插座使 PCB 的端口相互短路，如图 4.92 所示。

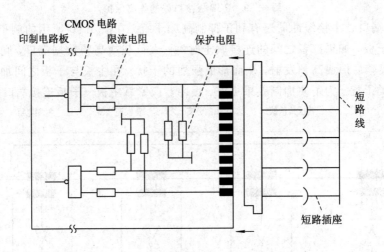

图 4.92　PCB 板的插拔保护

2. 模拟电路的隔离

模拟电路 PCB 端口的隔离可以采用多种方法来实现。在图 4.93 给出的四种方法中，阻容法利用串联电阻限制输入电流，利用旁路电容和泄放电阻为不期望的输入电流提供泄放通道，但会影响电路的输入阻抗；射极跟随器法则会影响电路的速度；互补放大器法的失真度更小，但也会影响电路速度；光电耦合器法可以实现输入与输出不共地，可隔离共地干扰，但输出与输入间的线性度较差。

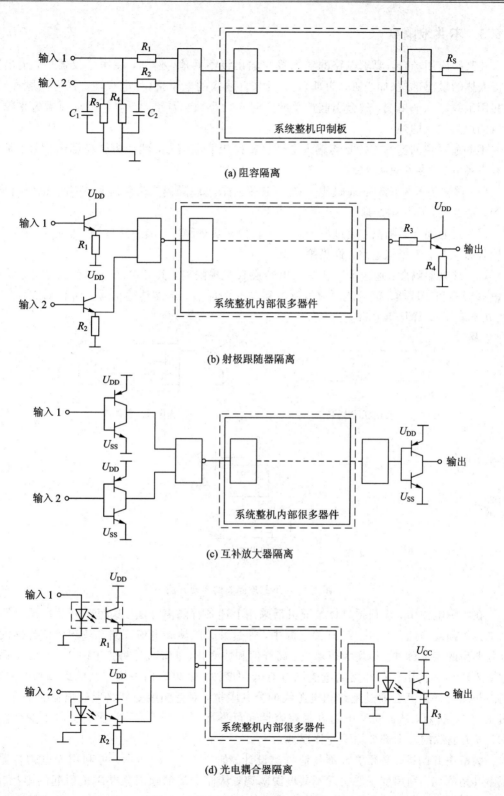

(a) 阻容隔离

(b) 射极跟随器隔离

(c) 互补放大器隔离

(d) 光电耦合器隔离

图 4.93 模拟电路 PCB 端口的隔离方法

4.6.3 不共地隔离

在某些应用场合，要求电路的输入级与输出级不共地。例如，在医疗仪器中，输出直接接人体的敏感部位（如心脏、头部），一旦来自输入的电干扰（如电火花、强电磁脉冲）通过共用地线窜入输出端，就会引起严重的人身伤亡事故。因此，必须采用专门措施来隔离输出的地与输入的地。

不共地隔离的基本方法是将输入电信号转换成非电信号，然后再转换回电信号。常用的有三种方法（参见图 4.94）：

（1）隔离变压器隔离：通过电－磁－电转换来实现隔离，缺点是频率响应范围有限，体积、重量大，详见第 5 章。

（2）光电耦合器隔离：通过电－光－电转换来实现隔离，响应速度快（可达 μs 级），但线性较差，不适于模拟电路，详见第 5 章。

（3）继电器隔离：通过电－机械－电转换来实现隔离，其开关触点的负载能力远大于光电耦合器和变压器，但只能隔离控制电路与开关触点，不能传输信号，而且响应延迟大（约几十毫秒），详见第 6 章。

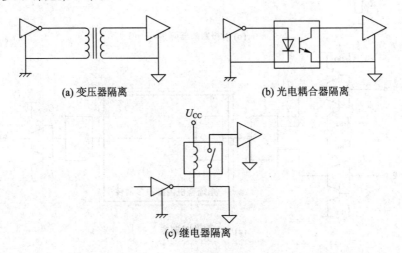

(a) 变压器隔离　　　　　　　　　　(b) 光电耦合器隔离

(c) 继电器隔离

图 4.94　不共地隔离的实现方法

在实际电路中，应根据具体情况灵活采用上述各种隔离方法。这里以开关电源电路为例来说明隔离方法的应用。在开关电源中，通过开关晶体管电流环路和输出整流环路的电流是典型的浪涌脉冲，体现为矩形波、高峰值和快变化（电流随时间变化率 di/dt 大），而通过输入环路和输出负载环路的电流则具有低频谐波。如果它们采用公共的地线和电源线，则高频瞬变环路就会通过地线和电源线的公共阻抗，对低频缓变环路形成很强的干扰，如图 4.95(a) 所示，从而对系统的电磁兼容性和可靠性产生严重影响。另外，出于安全性考虑，开关电源的各个部分均不允许浮地。

为解决此问题，必须引入不共地隔离设计。如图 4.95(b) 所示，可利用光电耦合器实现不共地隔离，利用变压器实现不共电源隔离，从而有效消除因公共阻抗引起的串扰。除了效率高、输出电压范围大、重量轻之外，具备输出－输入隔离以及输出－输出隔离也是开关电源的一个优点。

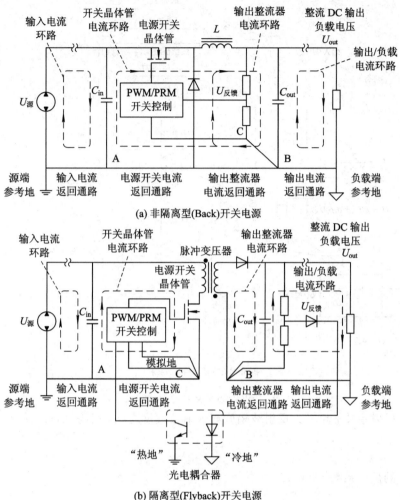

(a) 非隔离型(Back)开关电源

(b) 隔离型(Flyback)开关电源

图 4.95 开关电源内部结构框图

4.7 匹 配

4.7.1 传输线效应

在甚高频、超高频信号沿电缆传输时，或者高频信号沿长线电缆传输时，如果传输信号的上升(或下降)时间短于信号沿导线的传输时间，则电缆不能被视为集总参数的导体，而成为一个分布参数的传输线。在这种情况下，如果传输线的特征阻抗 Z_0 与负载阻抗 Z_L 不匹配，当信号传输到传输线的末端(负载端)时，就会有部分信号被反射而返回传输线的始端(信号源端)；如果 Z_0 与信号源阻抗 Z_S 也不匹配，在传输线的始端也会出现反射，如图 4.96 所示。如此周而复始，有可能出现多次反射，势必导致信号波形畸变，超过噪声容限后会导致误操作。

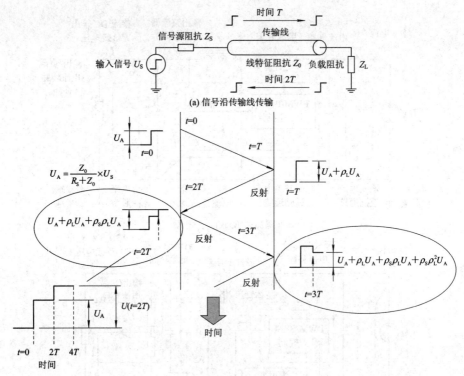

(a) 信号沿传输线传输

(b) 信号在末端和始端的反射

图 4.96 反射的形成

如果将反射系数 ρ 定义为反射波幅度与入射波幅度之比，可得到负载端的反射系数

$$\rho_L = \frac{Z_L - Z_0}{Z_L + Z_0} \tag{4-29}$$

和信号源端的反射系数

$$\rho_s = \frac{Z_s - Z_0}{Z_s + Z_0} \tag{4-30}$$

反射使信号的波形产生畸变，出现上冲、下冲、台阶、缺口、振铃等复杂波形，严重时可引发误操作或使噪声容限下降。图 4.97 给出了图 4.96 所示反射的最终结果。可见在负载端出现了过冲和衰减振荡波形，在信号源端出现了台阶状上升波形，均与原始的输入矩形波有较大差异。图 4.98 给出了反射引起的振铃波形及频谱。

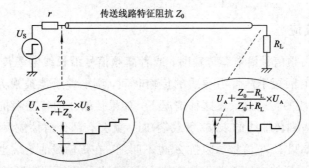

图 4.97 反射使传输线的负载端和信号源端的信号波形畸变（以图 4.96 为例）

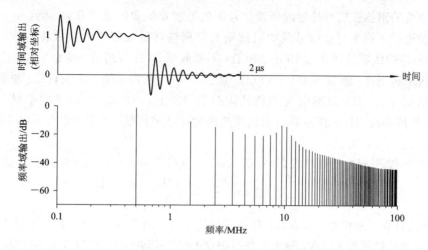

图 4.98　反射引起的振铃波形及频谱

那么，什么时候需要考虑传输线效应引起的反射呢？不同的文献给出了不同的判据。一般认为，当导线的长度超过了信号波长的 1/6 时，就必须考虑反射的引线。如果用 L_{knee} 表示产生传输线效应的临界长度，用 λ_{knee} 表示信号波长，则上述条件可写为

$$L > L_{knee} = \frac{1}{6}\lambda_{knee} \tag{4-31}$$

λ_{knee} 可通过信号的上升沿时间 t_r 来估算。根据 6.1.2 节的分析，脉冲信号的有效频率可用下式计算：

$$f_{knee} = \frac{1}{\pi t_r} \tag{4-32}$$

则有

$$\lambda_{knee} = \frac{c}{f_{knee}} \tag{4-33}$$

式中，c 是电磁波传播速度，通常可取为光速，即 $c = 3 \times 10^8$ m/s。

例如，对于上升时间为 3 ns 的脉冲，$f_{knee} = 106$ MHz，$\lambda_{knee} = 2.83$ m，$L_{knee} \approx 47$ cm；如果上升时间缩短为 0.5 ns，则 $L_{knee} \approx 8$ cm。

作为经验判据，对高频数字电路，当导线长度 $L[\text{m}] > \dfrac{3\ \text{MHz}}{f_{max}[\text{MHz}]}$ 时需考虑传输线效应，其中 f_{max} 是电路的最高工作频率；对于高速脉冲电路，当导线长度 $L[\text{m}] > \dfrac{t_r[\text{ns}]}{100\ \text{ns}}$ 时需考虑传输线效应，其中 t_r 是电路信号的上升或下降时间。

作为更简单的判据，当数字电路的上升或下降时间小于等于 1 ns、模拟电路的工作频率大于等于 300 MHz 时，需考虑反射的影响。

4.7.2　匹配的实现

抑制传输线效应有两个途径：一是尽量缩短布线长度，并尽量选用低速芯片，从而使导线的长度不至于超过临界长度，但这会限制电路的速度指标，对于高速电路往往不可行；二是使传输线阻抗、负载阻抗和信号源阻抗相等，即 $Z_0 = Z_L = Z_S$（参见图 4.96(a)），这种方法称为匹配或终端技术（Termination）。

　　对传输线的阻抗要求与传输线所接信号源的类型及负载的类型有关。例如，直流电源线的阻抗希望尽可能地低，信号线的阻抗则与它所连接的元器件的阻抗特性有关。连接 TTL 电路的传输线阻抗通常为 $100\sim150\ \Omega$，不要低于 $50\ \Omega$ 或超过 $200\ \Omega$。连接 CMOS 电路的传输线阻抗更高，通常为 $150\sim300\ \Omega$。连接 ECL 电路的传输线阻抗较低。电源线和地线的阻抗应低于 $20\ \Omega$。同轴电缆的特征阻抗为 $50\ \Omega$ 或 $75\ \Omega$，双绞线的阻抗为 $100\sim150\ \Omega$。PCB 传输线的特征阻抗可以通过改变线的尺寸来调整，范围通常在 $50\sim300\ \Omega$，详见第 8 章。

　　对于 PCB 地平面上的圆导线(参见图 4.99)，其特征阻抗可由以下经验公式估算：

$$Z_0(\Omega) = \frac{60}{\sqrt{\varepsilon_r}} \ln\left[\frac{4H}{D}\right] \qquad (4-34)$$

式中，ε_r 是 PCB 介质的相对介电常数，H 是圆导线中心至地平面的距离，D 是圆导线的直径。实际 PCB 中这种情况很少出现，更多的是覆铜扁走线，其特征阻抗的计算方法见第 8 章。

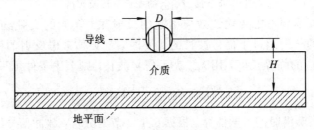

图 4.99　地平面上圆导线特征阻抗的计算

　　如果传输线的特征阻抗与负载阻抗、源阻抗不匹配，则可以通过串接或者并接无源元件以及有源器件的方法来改变相关阻抗，从而实现阻抗匹配。常用的匹配方法有以下几种。

1. 串联匹配

　　如图 4.100(a)所示，引入与信号源阻抗串联的匹配电阻 R_t，使它与源阻抗 R_0(驱动 IC 的输出阻抗)之和等于传输线的特征阻抗 Z_0，即 $R_t = Z_0 - R_0$，称之为串联匹配。因没有直流电流流过 R_t，故串联匹配并不增加直流功耗，而且也不会给布线引入支路，有利于电磁兼容性，但会增加信号传播延迟时间，影响噪声容限和速度。

　　串联匹配使等效源阻抗与传输线的特征阻抗匹配，消除了在信号发送端的反射，但在信号接收端仍然需要通过反射来建立电平，所以一般仅用于点对点的连接。如果利用串联匹配来实现单点对多点的连接，走线应成菊花链式，如图 4.101 所示，其中 D 点的电平最先建立，而 B 点最晚，从时序裕量的方面考虑，D 点最好，其次是 C、B 点。

2. 并联匹配

　　如图 4.100(b)所示，引入与负载并联的匹配电阻 R_t，使传输线阻抗等于负载阻抗，称之为并联匹配。并联匹配不会影响传输速度，但有直流电流流过 R_t，故会引入附加功耗，同时也给布线引入了一条支路。在接收端，相对于电平判决门限，容易出现高、低电平不对称的情况。匹配电阻 R_t 可以是接到电源的上拉电阻，也可以是接到地的下拉电阻。

　　并联匹配使负载阻抗与传输线的特征阻抗匹配，消除了在信号接收端的反射，适用于单点对多点的连接。

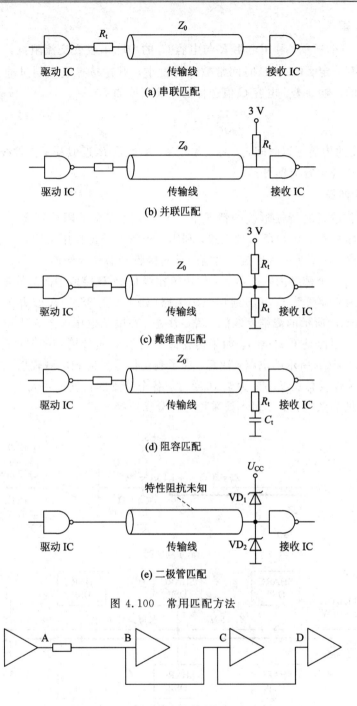

图 4.100　常用匹配方法

图 4.101　单点对多点的串联匹配布线方式

3. 戴维南匹配

如图 4.100(c)所示，通过优化串联电阻和并联电阻的比值，来减少并联匹配电阻引入的功耗，称为戴维南匹配，也称分压匹配。这种匹配较容易实现接收端高、低电平相对于门限电平的对称分布，且容易满足接收端对共模偏置电平的要求。不过元件数较多，静态功耗虽然有所减少，但仍然存在，对于 CMOS 这样的低功耗电路的影响仍然较大。

4. 阻容匹配

如图 4.100(d)所示，利用电阻 R_t 与电容 C_t 的串联来改变交流阻抗，不会产生静态功耗，但对速度有一定影响。RC 时间常数选得过小，不容易有效抑制过冲与欠冲；选得过大，则对速度的影响显著。电容 C_t 值选择的经验判据如下：

$$\frac{1}{2\pi f C_t} = 2\ \Omega \quad C_t \geqslant \frac{3t_d}{Z_0} \tag{4-35}$$

式中，t_d 是导线的传播延迟时间，f 为工作频率。一般取 R_t 近似等于传输线阻抗，C_t 用几十至几百皮法的陶瓷电容器即可。

5. 二极管匹配

在不知道传输线的特征阻抗的情况下，无法实现完全的阻抗匹配，从而无法消除反射，但可采用如图 4.100(e)所示的电路，利用二极管的箝位作用来抑制某种程度的过冲与欠冲。严格地说，这不是一种匹配，而是一种对接收端器件的保护。

图 4.102 是一个戴维南匹配示例。假定传输线是 PCB 接地平面上的走线，特征阻抗为 50 Ω，线两端所接器件为 CMOS 通用逻辑电路（如 74FCT3807/A 或者 74ACTQ240），则可采用图 4.102(a)所示的戴维南匹配电路。注意，在电源电压为 3.3 V 和 5.0 V 条件下推荐的匹配电阻的阻值是不一样的。如果传输线有可能双向传输信号，而且接有多个芯片，则可采用图 4.102(b)所示的电路。注意，为了避免信号反射和电磁辐射，尽量缩短所有连线的长度，如传输线总长度不要大于 10 英寸，各个分支的长度不要大于 0.5 英寸。对于像时钟电路这样的高频电路，尽量不要采用这种分支连接方式。

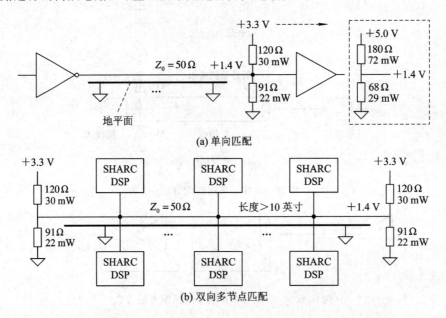

图 4.102 戴维南匹配示例

对于走线出现分叉的情况，即使每段走线的特征阻抗都符合要求，但在走线分叉处却出现了阻抗突变，从而引起反射，如图 4.103(a)所示。一种解决方法是将分叉后的两条走线的阻抗改为 100 Ω，使得分叉处的走线阻抗连续（如图 4.103(b)所示），但可能会引起走线阻抗与之后的负载阻抗不匹配的情况。另一种解决方法是使分叉点移到尽可能靠近走线起点的位置，分叉前走线长度在关键长度以内（如图 4.103(c)所示），也可显著减少阻抗不匹配的影响。

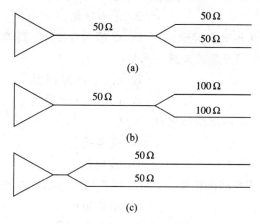

图 4.103　分支走线的匹配示例

本 章 要 点

◆ 单点接地适合低频、短线和模拟电路，多点接地适合高频、长线和数字电路。兼顾高频和低频可以采用低频单点接地、高频多点接地方案，兼顾干扰抑制和安全性可以采用低频多点接地、高频单点接地方案。

◆ 电场屏蔽应采用高电导率材料，对开口敏感，对厚度不敏感；磁场屏蔽应采用高磁导率材料，对开口不敏感，对厚度敏感。密封导电衬垫用于解决机箱接缝引起的泄露。对强磁场的屏蔽应采用双层屏蔽。

◆ 从单电容、单电感滤波器，到 Γ 型、倒 Γ 型滤波器，再到 T 型和 π 型滤波器，滤波性能越来越好，但使用的元件数也同步增加。不同容量、类型的多电容并联可以拓展滤波的有效频率范围。

◆ 将信号的单端处理或传输改为差分处理或传输，可以显著降低共模干扰。差分电路的共模抑制比取决于电路与导线的对称性和一致性。

◆ 电路隔离可以抑制有线传输的干扰，以屏蔽为代表的空间隔离可以抑制无线传输的干扰，以滤波为代表的频率隔离可以抑制与信号频率不同的干扰，不共地隔离需利用变压器、光电耦合器等专门隔离元件来实现。

◆ 超高频信号通过长线传输引发的反射，将导致信号完整性劣化。通过使传输线特征阻抗、负载阻抗和信号源阻抗三者相互匹配，可以抑制乃至消除这种反射。

综 合 理 解 题

在以下问题中选择你认为最合适的一个答案。

1. 对于低频、大电流电路，通常采用的接地方式是（　　　）。

A. 浮地　　　　　　　　　　　　　B. 串联型单点接地

C. 并联型单点接地　　　　　　　　D. 多点接地

2. 对于宽频带电路，推荐采用的接地方式是（　　）。

A. 单点接地　　　　　　　　　　　B. 多点接地

C. 低频单点接地、高频多点接地　　D. 低频多点接地、高频单点接地

3. 以下金属板中，磁场屏蔽效果最好的是（　　）。

A. 3.2 mm 厚钢板　　　　　　　　B. 0.5 mm 厚钢板

C. 3.2 mm 厚铜板　　　　　　　　D. 0.5 mm 厚铜板

4. 在以下屏蔽盒中，电磁屏蔽效果最好的是（　　）。

A. 不接地铜盒　　　　　　　　　　B. 接地铜盒

C. 不接地铁盒　　　　　　　　　　D. 接地铁盒

5. 在屏蔽体开孔面积相同的前提下，对屏蔽效能的衰减最大的孔是（　　）。

A. 方孔　　　　　　　　　　　　　B. 窄长矩形孔

C. 大圆孔　　　　　　　　　　　　D. 多个小圆孔

6. 如果输入阻抗高、输出阻抗低，则推荐采用的低通滤波器是（　　）。

A. 单电容滤波器　　　　　　　　　B. 单电感滤波器

C. Γ 型 LC 滤波器　　　　　　D. 倒 Γ 型 LC 滤波器

7. 用差分电路取代单端电路带来的好处是（　　）。

A. 抑制高频干扰　　　　　　　　　B. 抑制低频干扰

C. 抑制共模干扰　　　　　　　　　D. 抑制差模干扰

8. 对于高频数字电路，推荐采用的不共地隔离元件是（　　）。

A. 缓冲器　　　　　　　　　　　　B. 光电耦合器

C. 变压器　　　　　　　　　　　　D. 滤波器

9. 在数字电路的输入端加缓冲器或锁存器无法起到的作用是（　　）。

A. 信号整形　　　　　　　　　　　B. 电平恢复

C. 抑制高频干扰　　　　　　　　　D. 隔离地线或电源线

10. 引入静态功耗最低的阻抗匹配方式是（　　）。

A. 串联匹配　　　　　　　　　　　B. 并联匹配

C. 戴维南匹配　　　　　　　　　　D. 阻容匹配

第 5 章

防护元件的选用

> 兵来将挡，水来土掩。
>
> ——元·无名氏《大战邳彤》

防护电路是保证电子产品可靠性的有效手段。防护电路可以使用常规元件来实现，如用电阻限流、电容滤波、二极管限压等，但常规元件的功能与性能指标并不能完全满足防护电路的要求。因此，近年来，专用的防护元件应运而生，发展迅速，并已形成规模化产品。本章将介绍目前市场上常见的专用防护元件，包括它们各自的特点、适用范围和应用实例。

5.1　概　　述

防护设计是电子产品可靠性设计的重要组成部分，防护设计所使用的防护电路可以用常规元件构成，也可以用专用防护元件构成。在图 5.1 所示的电子器件或设备输入端过流和过压保护电路中，过流保护可以使用普通电阻，也可以使用热敏电阻、自恢复保险丝、铁氧体磁珠等专用防护元件；过压保护可以使用普通的二极管，也可以使用瞬态电压抑制二极管、压敏电阻、气体放电管等专用防护元件。常规元件往往难以完全满足防护电路的要求，因此专用防护元件的效果更好。

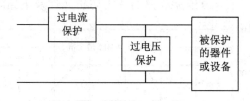

图 5.1　电子器件或设备输入端的限流、限压保护示意图

用于可靠性、电磁兼容性和安全性保障的防护元件必须满足以下要求：

（1）引入损耗尽量低。防护元件并非实现电路功能所必需，防护元件的加入不应影响电路的正常工作和电性能指标。以图 5.1 为例，在未出现异常过电流和过电压的情况下，理想的过流保护元件两端应等同于短路，理想的过压保护元件两端应等同于开路。由于防护元件泄漏电流的存在以及高频特性的非理想性，特别是对于微弱信号检测电路和射频电路，要实现这一点难度较大。

（2）时间响应尽量快。防护元件的响应速度必须高于被保护的电路，否则起不到保护的作用。例如，如果限压保护元件的响应速度比被保护的电路慢，那么其保护作用就会形同虚设，输入的瞬态过电压势必会对被保护电路造成破坏。对于限压二极管，如果信号频率大于 100 MHz，则二极管的结电容必须小于 10 pF，如图 5.2 所示。

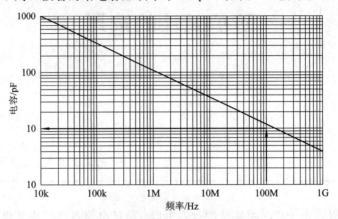

图 5.2　对限压元件的频率要求

（3）吸收能量尽量大。防护元件的过流、耐压、承受功率等必须远大于被保护电路。在图 5.1 中，过流保护元件必须能够承受大电流，限压保护元件必须能够承受高电压、大电流和强功率的冲击。

（4）可靠性要高。防护元件的寿命、失效率、环境适应性等要优于被保护对象，在长时间工作和恶劣的应用环境下，防护元件不能先于被保护的电路失效，这是不言而喻的。

正是因为对防护元件的要求比常规元件更高，因此必须研制采用特殊设计、结构和材料的专用元件，才能更好地完成电路的防护任务。

开发专用防护元件的另一个原因是集成电路芯片内防护元件的局限性。受片内工艺类型和工艺尺寸限制，集成电路芯片内的防护元件及电路无法完全满足防护要求，需要配合采用片外防护元件。随着集成电路工艺尺寸的不断缩小以及芯片规模的不断扩大，这种局限性变得越来越显著。图 5.3 给出了 1980 年至 2010 年 CMOS 集成电路片内 ESD 防护可达到的指标。在 1990 年以前，由于无成熟的片内防护元件及电路，片内 ESD 防护水平很

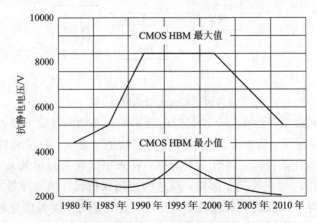

图 5.3　CMOS 集成电路片内 ESD 防护可达到的指标

低；在 1990 年至 2000 年，开发了成熟的片内 ESD 防护元件及电路，使片内 ESD 防护水平大为提升；2000 年以后，由于工艺尺寸的缩小和电路速度的提升，片内防护元件及电路的 ESD 防护性能越来越低。

专用防护元件大体上可以分为如下类型：

（1）瞬变电压抑制元件，包括瞬变电压抑制二极管、压敏电阻、气体放电管等，主要用于过电压、浪涌电压、静电放电以及其他瞬态干扰电压的保护。

（2）热敏与限流元件，包括 PTC 热敏电阻、NTC 热敏电阻、温控晶闸管等，主要用于过电流、浪涌电流和过热保护。

（3）滤波元件，包括铁氧体磁珠、三端电容和共模扼流圈等，主要用于抑制高频干扰。

（4）隔离元件，包括隔离变压器、光电耦合器等，主要用于隔离来自地线的干扰以及前后级干扰。

以下各节将分别对这些专用防护元件的功能、性能指标和使用要求加以介绍。

5.2　瞬变电压抑制元件

5.2.1　瞬变电压抑制元件的作用与类型

瞬变电压抑制元件亦称浪涌防护器件（SPD，Surge Protective Devices），通常安装在设备、部件和器件的端口处，用于对浪涌电流和浪涌电压进行保护，其内部至少含有一个非线性元件。

瞬变电压抑制元件有两个作用，一是抑制浪涌电压，二是泄放浪涌电流。如图 5.4 所示，它在正常工作条件下呈开路，在出现异常过电压条件下导通，将被保护负载的端口电压限制在一个合理的水平上，同时为过量的端口输入电流提供泄放的旁路通道，使之不会灌入被保护的负载。

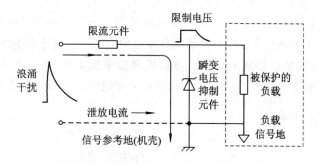

图 5.4　瞬变电压抑制元件的作用

瞬变电压抑制元件的共同特点是平均持续功率可能只有几瓦，而瞬态功率可大于数千瓦，在数微秒的浪涌冲击下可通过数千安培的电流。在瞬态大幅度脉冲的作用下，特制防护元件的浪涌抑制性能要比常规元件（如普通二极管、电容器、电感器等）优越得多。

最早出现的瞬变电压抑制元件是瞬变电压抑制二极管、压敏电阻和气体放电管，近年来更多的衍生品种不断增加。根据抑制的浪涌电压的极性，瞬变电压抑制元件可分为单向型和双向型，二者 I-U 特性的差异如图 5.5(a)所示。单向元件用于直流电路保护，双向元件用于交流电路保护。压敏电阻和气体放电管为双向元件，瞬变电压抑制二极管可以是单向元件，也可以是双向元件。

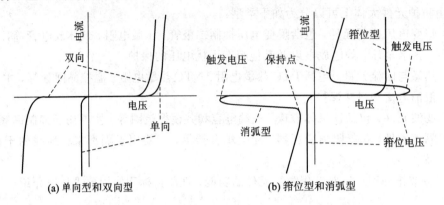

(a) 单向型和双向型　　　　　　　(b) 箝位型和消弧型

图 5.5　不同类型瞬变电压抑制元件的 I-U 特性

　　如果将瞬变电压抑制元件的启动电压称为动作电压，将其正常泄放电流时的电压称为保护电压，则将保护电压不小于动作电压的元件称为箝位元件，将保护电压小于触发电压的元件称为消弧元件，二者 I-U 特性的差异如图 5.5(b)所示。消弧元件亦称骤回元件，对于过压保护更为理想，即使瞬间超过了器件的耐压亦可防护。瞬变电压抑制二极管和压敏电阻为箝位元件，气体放电管和晶闸管保护元件为消弧元件。

　　瞬变电压抑制元件的参数应根据被保护器件的规格来确定。对于箝位元件，选用时要求动作电压大于被保护器件的最高工作电压，小于被保护器件能承受不被破坏的最低电压。对于消弧元件，动作电压可以大于被保护器件能承受不被破坏的最低电压，如图 5.6 所示。作为经验判据，在交流电路中，防护元件的动作电压通常应为交流工作电压有效值的 2.2～2.5 倍；在直流电路中，防护元件的动作电压应为直流额定工作电压的 1.8～2.0 倍；在脉冲电路中，防护元件的动作电压应为脉冲信号峰值电压的 1.2～1.5 倍。瞬态电压抑制元件能承受的最大电流应大于在其安全过压范围可能出现的最大电流。

　　在图 5.7 给出的实例中，箝位元件的动作电压选为 5 V，高于被保护器件的最高工作电压 3.6 V，小于被保护器件能承受不被破坏的最低电压 8 V。在箝位元件的安全过压范围(3.6～8 V)内，箝位元件能承受的最大电流高于可能出现的最大电流 20 A。

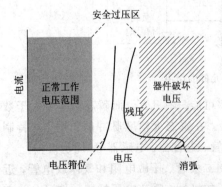

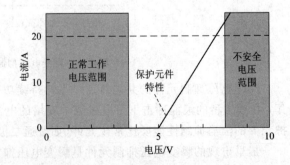

图 5.6　瞬变电压抑制元件保护电压的确定　　　图 5.7　箝位元件参数确定实例

5.2.2　瞬变电压抑制二极管

1. 特点与类型

采用常规二极管进行浪涌电压的抑制原理如图 5.8 所示。当电路或设备的输入端口出现如图 5.8(a)所示的浪涌电压时，可利用普通二极管 VD_1 将正输入浪涌电压箝位到 $U_{DD}+U_F$(U_{DD} 为电源电压，U_F 为二极管正向导通电压)，并提供输入到电源 U_{DD} 的泄流通道；利用普通二极管 VD_2 将负输入浪涌电压箝位到 $-U_F$，并提供输入到地的泄流通道；利用稳压二极管(雪崩或齐纳二极管)VZ_1 将电源到地的浪涌电压箝位到 U_{BR}(VZ_1 的反向击穿电压)，并提供电源到地的泄流通道。图 5.8 中的去耦电容(可取 0.01 μF)为可能出现的电源高频干扰提供一个到地的旁路通道。

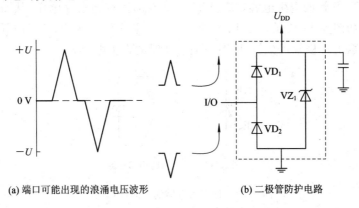

(a) 端口可能出现的浪涌电压波形　　　(b) 二极管防护电路

图 5.8　常规二极管浪涌防护电路

由于普通整流或者稳压二极管的电流容量、响应速度、耐压范围有限，不能完全满足浪涌电压抑制的要求，故专用的瞬态电压抑制二极管(TVS, Transient Voltage Suppressor)应运而生。TVS 管的主要类型及内部结构如图 5.9 所示。其中，单向型用于直流电路保护，双向型用于交流电路保护，阵列型用于多线电路保护。双向 TVS 管是由两个背靠背的性能经过优化的稳压二极管构成的。与普通稳压二极管相比，TVS 的响应速度更快，可达皮秒(ps)量级；保护电压范围更宽，通常为 1～300 V；耐受瞬态电流更大，可达 100 A。

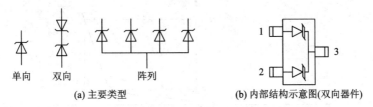

单向　双向　　　阵列

(a) 主要类型　　　　　　　　(b) 内部结构示意图(双向器件)

图 5.9　TVS 管的类型和结构

与其他瞬态电压抑制元件相比，TVS 有优势，也有劣势，具体表现为：

(1) 响应速度快。分立式 TVS 的结电容为几百至几千皮法，贴片式可低至几皮法至几十皮法，响应时间可达皮秒量级，是所有瞬变电压抑制元件中最快的，适用于高频信号电路的保护。

(2) 通流容量较小，是瞬变电压抑制元件中相对最小的，不太适用于交流电源或电器类产品的保护，仅适合 PCB 级及器件级保护。

（3）寿命较长，能承受多次冲击而不退化，其主要失效模式是短路。

与常规二极管一样，TVS 也可以采用引线式封装或者贴片式封装，如图 5.10 所示。

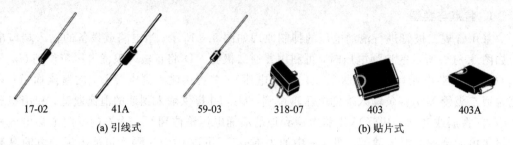

17-02　　41A　　59-03　　318-07　　403　　403A

(a) 引线式　　　　　　　　　　　　　　(b) 贴片式

图 5.10　TVS 管的封装形式

为了减少 TVS 管的寄生电容，某些 TVS 管内部接有高击穿电压（从而呈现低的结电容）的二极管。如图 5.11 所示，与 TVS 管串联的二极管可减少 TVS 反向导通时的寄生电容，与 TVS 并联的二极管可减少 TVS 正向导通时的寄生电容。

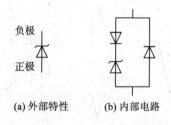

负极

正极

(a) 外部特性　　　(b) 内部电路

图 5.11　低寄生电容的单向 TVS 管

2. 参数选择

TVS 管的保护电压具体又可分为变位电压、击穿电压和箝位电压。参见图5.12，变位电压 U_{WM} 是 TVS 的反向电流开始上升时的电压，测试电流为 I_{RW}，通常约为击穿电压的 85%，此时 TVS 并未充分达到雪崩击穿；击穿电压 U_{BR} 是在规定的最大反向漏电流 I_R（如 1 mA 或 10 mA）下测得的，相当于二极管的雪崩击穿电压；箝位电压 U_C 是在规定的最大峰值脉冲电流 I_{PP} 下的电压，通常为击穿电压的 1.2～1.4 倍左右，是 TVS 能够承受的最高

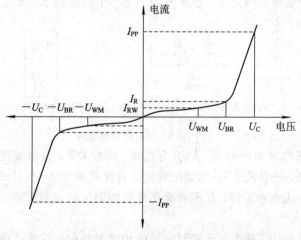

图 5.12　单向 TVS 管的 I-U 特性

电压。变位电压、击穿电压、箝位电压的不同，说明了 TVS 箝位特性的非理想性，即存在一定的动态电阻。

表 5.1 给出了某系列 TVS 产品的规格参数一览表。从中可见，该系列产品箝位电压范围为 12～300 V，额定脉冲功率范围为 500～5000 W，最大峰值脉冲电流范围为 40～400 A。

表 5.1 某系列 TVS 产品参数一览表

参数名称 / 型号	额定脉冲功率 P_D /W	击穿电压 U_B/V	测试电流 I_T /mA	反向变位电压 U_R/V 标准	A 型	最大箝位电压 U_C/V 标准	A 型	最大反向漏电流 I_R /μA	最大峰值脉冲电流 I_{PP}/A 标准型	A 型	击穿电压温度系数（最大值）(1℃) C.T. (%)
TVP500～534	500		10～1.0						40.0～1.7	41.3～1.8	
TVP1000～1034	1000		10～1.0						80.0～3.5	82.6～3.6	
TVP1500～1534	1500	8.2～200	10～1.0	6.63～162	7.02～171	12.5～287	12.1～274	200～5	120～5.2	124～5.5	0.065～0.108
TVP5000～5034	5000		50～5.0						400～17	413～18	

影响 TVS 管可靠性的最重要的参数是最大允许峰值功率。它与以下因素有关：

(1) 脉冲宽度。图 5.13(a)给出了不同额定直流功率的 TVS 管单脉冲工作时的峰值功率与脉冲宽度的关系(测试温度为 25℃)。可见，脉冲宽度越宽，能承受的峰值功率越低。

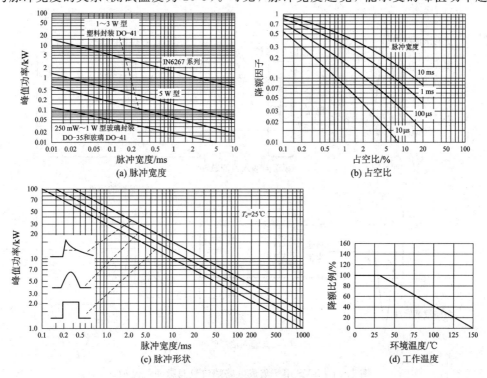

图 5.13 影响 TVS 管最大允许峰值功率的因素

不同箝位电压(如6.8 V和220 V)的管子的过功率能力有可能是一样的(如均为500 W),但过电流的能力大不相同(如6.8 V是220 V的28倍)。

(2) 占空比。重复脉冲工作时,峰值功率要降低。降低程度(用降额因子表征)与脉冲占空比以及脉冲宽度有关。图5.13(b)给出了不同脉冲宽度下降额因子与占空比的关系。可见,脉冲宽度一定时,占空比越大,峰值功率越低。

(3) 脉冲波形。图5.13(c)给出了不同脉冲波形下最大允许峰值功率与脉冲宽度的关系。可见,在脉冲宽度一定的条件下,矩形波的允许峰值功率最大,三角波则最小。

(4) 工作温度。图5.13(d)给出了降额比例与环境温度的关系。可见,环境温度越高,降额比例越大。

TVS管参数的选择应遵循以下规则:

(1) 箝位电压小于电路的最大允许安全电压。

(2) 变位电压大于电路的最大工作电压,但应与后者比较接近。

(3) 在标准脉冲宽度下测定的最大允许峰值功率大于电路中可能出现的峰值脉冲功率。如上所述,最大允许峰值功率除了与箝位电压有关之外,还与脉冲波形、持续衰减和环境温度有关。

(4) 电容量不应影响电路的频率特性。高频电路要求TVS电容低(如小于3 pF),中低频电路允许的电容可较大(如大于40 pF)。TVS的电容通常在1 MHz频率下测试。

3. 应用示例

TVS用于集成电路端口浪涌电压保护的一个示例见图5.14。TVS将端口的正负浪涌电压限制在$\pm U_C$之内(U_C是TVS管的箝位电压),从而保障了集成电路芯片的安全。

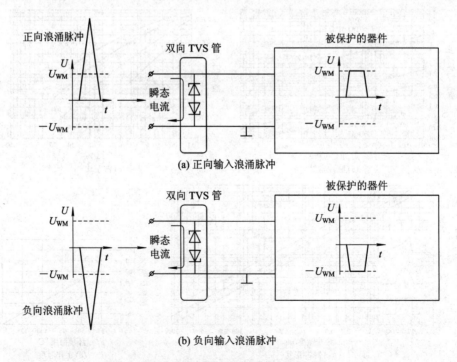

图 5.14　TVS用于集成电路端口浪涌脉冲的保护

如果将 TVS 用于多级电路的保护，那么从端口向内，越往后级，选用的 TVS 管的保护电压应越低，否则会起到相反的结果。如图 5.15 所示，图中阴影部分为被 TVS 耗散掉的功率。

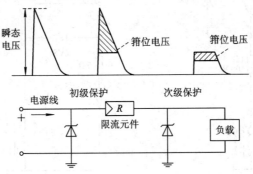

图 5.15　TVS 用于多级电路的保护

在交流－直流混合和高压－低压混合的电路中，应根据具体情况选用合适的 TVS 管。例如，在图 5.16 所示的整流电源电路中，桥式整流管之前应选用双向 TVS 管，之后可选用单向 TVS 管，越往前级，选用的 TVS 管的耐压应越高。VZ_1 位置的 TVS 管可保护电源中的所有元件免受差模浪涌的影响，但对其本身性能的要求高，譬如要求大的额定功率、高的箝位电压以及能耐受高于最大工作电压 2 倍左右的浪涌电压，而且不能抑制共模浪涌电压；VZ_2 位置的 TVS 管对整流器的保护作用强，要求的箝位电压相对较低，可用较小的元件，亦不能抑制共模浪涌，是一个相对合理的位置；VZ_3 位置的 TVS 管可保护后续电路，不能保护整流器，可抑制共模浪涌电压，应选择箝位电压略小于后续电路能耐受的最大输入电压。

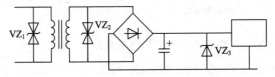

图 5.16　TVS 在整流电源电路中的应用

TVS 最常见的应用是对重要元器件的保护。图 5.17 给出了 TVS 用于三端稳压器芯片以及带电感负载的功率晶体管保护的例子。如第 2 章所述，电感负载开关工作时会产生很大的负向浪涌脉冲电路，有可能导致驱动负载的功率晶体管损坏。在图 5.18 所述的汽车点火器电路中，由于感性负载可能导致晶体管的收集极－发射极间出现 80 A/80 μs 的浪涌脉冲，导致晶体管损坏或者寿命缩短，可采用 5 W/100 V 的 TVS 管进行保护，使晶体管能够工作在其安全工作区之内。

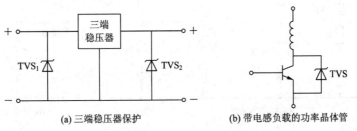

(a) 三端稳压器保护　　　　　　　　(b) 带电感负载的功率晶体管

图 5.17　TVS 用于元器件的保护

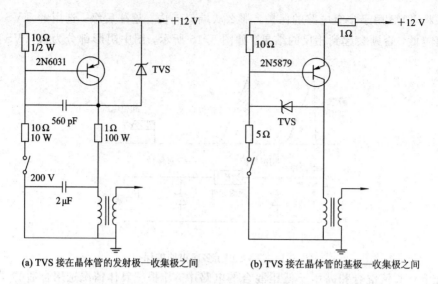

(a) TVS 接在晶体管的发射极—收集极之间   (b) TVS 接在晶体管的基极—收集极之间

图 5.18   TVS 用于带电感负载的功率晶体管的保护

如果 TVS 管的电流容量不够大，可采用图 5.19(b)所示电路取代图 5.19(a)，此时主要泄放电流将不再流过 TVS 管，而流过功率晶体管。

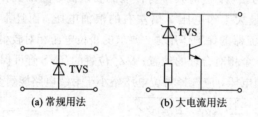

(a) 常规用法   (b) 大电流用法

图 5.19   扩充 TVS 电流容量的方法

当泄放电流过大使得 TVS 管无法承受时，可采用 TVS 管与晶闸管的协同应用电路，如图 5.20 所示。图 5.20(a)是过电压保护电路。一旦出现过电压，TVS 导通，形成的触发脉冲使晶闸管 SCR 导通，从而起到限压和泄流的作用。此时 TVS 管流过的主要是 SCR 的栅极电流。R_2、R_3 用于限制 TVS 的电流，R_2/R_3 决定了 TVS 的触发电压。图 5.20(b)是过电流保护电路，一旦出现过电流使电阻压降增大，使 TVS 管导通，进而 SCR 导通，电路断路器动作，从而实现保护。

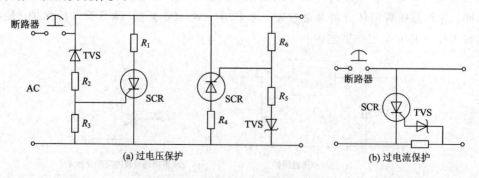

(a) 过电压保护   (b) 过电流保护

图 5.20   TVS 管与晶闸管的协同应用

5.2.3　压敏电阻

对于保护电压更高、电流容量更大的应用场合，诸如低压电器的保护、设备总电源的保护和电机的保护，TVS 可能达不到要求，可使用压敏电阻来保护，其保护电压可从几伏到上千伏，电流容量从几安到几百安。

1. 结构与特点

压敏电阻通常采用碳化硅(SiC)、氧化锌(ZnO)、钛酸锶(SrTiO$_3$)和氧化钛(TiO$_2$)等半导体或金属氧化物材料制成，以氧化锌最为典型，故亦称金属氧化物压敏电阻(MOV, Metal Oxide Varistors)，其结构如图 5.21(a)所示。金属氧化物晶粒与氧化层之间的晶界相当于一个齐纳二极管的 PN 结势垒(击穿电压 2.6 V)，构成 MOV 的一个单元；众多单元通过串联、并联构成 MOV 的基体。基体内串联单元越多，MOV 的击穿电压越高；并联单元越多，MOV 的通流量越大。当 MOV 的外加电压较低时，内部晶界 PN 结均截止，电流很小，MOV 处于高阻态；当 MOV 的外加电压超过一个临界值(称为压敏电压)时，内部晶界 PN 结大多导通，电流很大，MOV 处于低阻态。

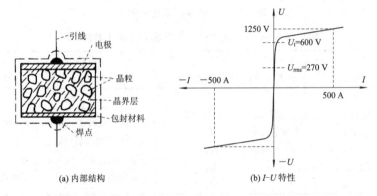

(a) 内部结构　　　　　　　(b) I–U 特性

图 5.21　压敏电阻的内部结构和 I–U 特性示例

压敏电阻的典型 I–U 特性如图 5.21(b)所示，与双向型 TVS 十分相似，故能起到限压、泄流的作用。不过，与 TVS 相比，压敏电阻具有如下不足：

(1) 响应速度较慢。普通压敏电阻的延迟时间为纳秒(ns)量级，寄生电容通常为几百皮法至几千皮法，远高于 TVS，不适于高频信号线路的保护。如图 5.22 所示，对于尖峰浪涌脉冲，压敏电阻由于响应速度慢而无法完全削峰，而 TVS 可实现较理想的限压效果。

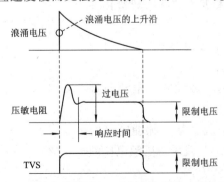

图 5.22　压敏电阻与 TVS 对高速浪涌脉冲响应的比较

（2）泄漏电流较大，动态电阻也较大，故关态和开态特性不如 TVS。从图 5.21(b)中可以看出，在保护电压以下区间和保护电压以上区间，I-U 特性均不平直。压敏电阻的动态电阻一般大于 20 Ω，而 TVS 管可低于 1 Ω。动态电阻也可以用残压比来表征，它定义为限制电压/箝位电压之比，可达 1.7～1.8，这意味着保护电压的精度较低。

（3）只能双向保护。压敏电阻无单向型。

（4）寿命较短。多次（如 10～20 次）应力冲击后性能会退化，难以用于维修或更换困难的消费类产品，其主要失效模式是短路。

2. 类型与参数

压敏电阻的常用电路符号如图 5.23 所示，中国标准规定的压敏电阻型号命名如表 5.2 所示。

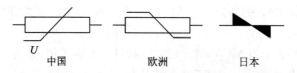

U

中国　　　　　　欧洲　　　　　　日本

图 5.23　压敏电阻的电路符号

表 5.2　压敏电阻的型号命名（引自 GB2470）

第一部分 （主称）	第二部分 （用途）	第三部分 （基片直径）	第四部分 （允许偏差）/%	第五部分 （标称电压）	举　例 （MYJ10K471）
MY	J：家电用 P：高频用 W：稳压用 L：防雷用 Y：扬声器保护用 Z：消噪用	用阿拉伯数字直接标识，单位是 mm	F：±1 G：±2 I：±5 K：±10 M：±20 N：±30	用三位阿拉伯数字标识，前两位数表示标称电压最高两位数，第三位数表示在前两位数后面加零的个数	表示标称电压为 470 V（允许偏差为 ±10%）、基片直径为 10 mm 的家电用压敏电阻器

压敏电阻的主要参数有（参见图 5.24）：

（1）压敏电压：MOV 端电流开始上升的临界电压，通常在 1 mA 直流电流下测得。

（2）最大峰值电流：MOV 能够承受的最大脉冲电流，测试标准通常为上升时间 8 μs，持续时间 20 μs，冲击次数 2 次，要求压敏电压的变化不超过 ±10%。

（3）漏电流：在 MOV 未导通的情况下的直流电流，通常在 75% 的压敏电压下测试。

（4）最大限制电压：达到最大峰值电流条件下 MOV 两端能承受的最大电压。

（5）残压及残压比：当流过某一脉冲电流时 MOV 两端的电压值称为残压。残压与压敏电压的比值称为残压比。

（6）电容量：MOV 本身的固有电容量。

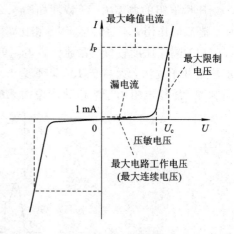

图 5.24　压敏电阻的参数定义

表 5.3 给出了某系列压敏电阻的参数规格。

表 5.3　某系列压敏电阻的参数规格

序号	压敏电压	最大连续电压		最大限制电压 8/20 μs		最大峰值电流		脉冲电流 (8/20 μs)	电容量 (1 kHz)
						8/20 μs (2 次)	2 ms		
	V	AC/V	DC/V	U_P/V	I_P/A	I/A	I/A	A	pF
1	39	25	31	77	5	250	3.5	60	2600
2	47	30	38	93	5	250	4.5	60	2200
3	56	35	45	110	5	250	5.5	60	1800
4	68	40	56	135	5	250	6.5	60	1300
5	82	50	65	135	25	1250	8.0	100	1800
6	100	60	85	165	25	1250	10.0	100	1400
7	120	75	100	200	25	1250	12.0	100	1100
8	150	95	125	250	25	1250	16.0	100	900
9	200	130	170	340	25	1250	20.0	100	500
10	220	140	180	360	25	1250	23.0	100	450
11	240	150	200	395	25	1250	25.0	100	400
12	270	175	225	455	25	1250	30.0	100	350
13	360	230	300	595	25	1250	35.0	100	300
14	390	250	320	650	25	1250	40.0	100	270
15	430	275	350	710	25	1250	45.0	100	250
16	470	300	385	775	25	1250	45.0	100	230
17	620	385	505	1025	25	1250	45.0	100	130
18	680	420	560	1120	25	1250	45.0	100	130
19	750	460	615	1240	25	1250	50.0	100	120
20	780	485	640	1290	25	1250	50.0	100	120
21	820	510	670	1355	25	1250	55.0	100	110
22	910	550	745	1520	25	1250	60.0	100	100
23	1000	625	825	1650	25	1250	65.0	100	90
24	1100	680	895	1815	25	1250	70.0	100	80

3. 应用示例

根据压敏电阻和 TVS 各自的特点，压敏电阻更适合用于功率更高、响应速度较慢的部件级保护，如交直流电源、电动机、继电器、交直流电磁线圈等，而 TVS 更适合用于高速、高频的器件级保护，如集成电路芯片等。图 5.25 和图 5.26 给出了压敏电阻的部分应用示例。

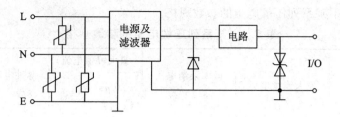

图 5.25   压敏电阻与 TVS 的应用场合比较

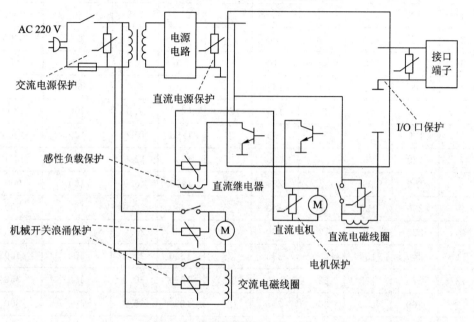

图 5.26   压敏电阻的应用示例

图 5.27 是压敏电阻在交流整流电源中的应用示例。输入端一旦出现异常高电压（如 380 V），压敏电阻 R_{V1} 导通，限制输入电压，同时泄放大电流，使保险丝 FU 烧断，氖泡点亮报警。压敏电阻 R_{V2} 与热敏电阻 R_{T1} 协同防止过量电流通过消磁线圈，从而降低对 R_{T1} 的耐压要求。

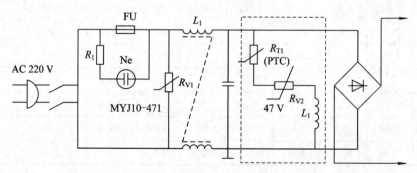

图 5.27   压敏电阻在交流电源中的应用示例

图 5.28 是高灵敏度过压保护电路示例。一旦交流电源输入端出现过电压，就会使 R_V 导通，出现的环路电流使互感器次级产生感应电流。该电流通过电阻转化成电压，经放大后输出到晶闸管使之导通，最终使交流电源停止输出。

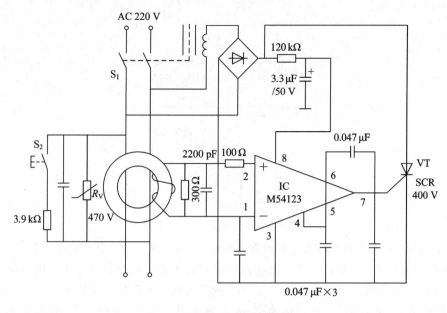

图 5.28　高灵敏度过压保护电路示例

5.2.4　气体放电管

对于诸如防雷击这样的冲击功率更大的应用场合，可采用气体放电管（GDT，Gas Discharge Tubes）来进行防护。它可抑制几百伏至几万伏的浪涌电压，可吸收高达 1 万安的浪涌电流，承受功率远大于压敏电阻和 TVS。气体放电管常用于避雷，故俗称"避雷管"。

气体放电管亦称电火花隙保护器，其实物照片、电路符号与内部结构如图 5.29 所示。在玻璃或陶瓷管壳内充以惰性气体（如氩气或氖气），内有两个相距小于 1 mm 的金属电极。当两极间出现过电压时，管内气体雪崩电离，产生足够多的自由电子和离子，极间由原来的绝缘状态转变为导电状态，类似短路，放电电流很大，随即由辉光放电转为电弧放电，管子两端电压迅速降到一个较低的值。这就是气体放电管的工作过程。由此过程形成的 I-U 特性如图 5.30 所示，可见气体放电管是典型的消弧保护元件。

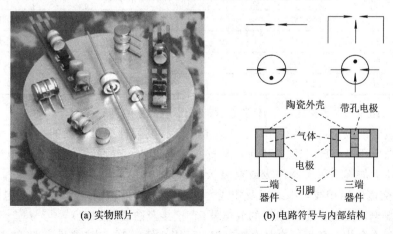

(a) 实物照片　　　　　(b) 电路符号与内部结构

图 5.29　气体放电管的实物照片、电路符号与内部结构

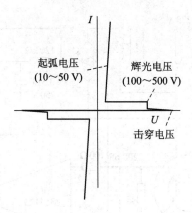

图 5.30　气体放电管的 I-U 特性

　　表 5.4 给出了某系列气体放电管的参数规格。表中，8/20 μs 指上升时间 8 μs、持续时间 20 μs 的浪涌脉冲。可见，它的交流起弧电压远高于直流放电电压，如直流放电电压为 90 V 的 GDT，对于电压上升速率为 5 kV/μs 的浪涌波，起弧电压要达到 1000 V。除了功率容量大之外，GDT 的另一个优点是插入损耗小，起弧前的绝缘电阻很高（大于 1000 MΩ），极间漏电流也很小（纳安级），这表明它对设备的正常工作影响很小。

表 5.4　某系列气体放电管的参数规格

序号	直流放电电压/V	最大浪涌起弧电压/(5 kV/μs)	浪涌放电电流/kA(8/20 μs)	放电寿命/安×次(10/1000 μs)	电流中断电压/V	避雷管长度/mm(避雷管直径为 8 mm)
1	90±20%	1000 V	10	100 A×1000 次	50	6.7
2	145±20%	1000 V	10	100 A×1000 次	70	6.7
3	230±15%	1000 V	10	100 A×1000 次	140	6.7
4	350±15%	1000 V	10	100 A×1000 次	150	7.2
5	470±15%	2000 V	10	100 A×1000 次	150	7.2
6	600±15%	2500 V	10	100 A×1000 次	150	7.8
7	800±15%	2500 V	10	100 A×1000 次	150	7.8
8	230±20%	1000 V	10	500 A×100 次	115	11.7
9	250±20%	1000 V	10	500 A×100 次	115	11.7
10	350±20%	1200 V	10	500 A×100 次	150	11.7
11	400±20%	1200 V	10	500 A×100 次	150	11.7

　　与压敏电阻及 TVS 相比，气体放电管的主要缺点有：

　　(1) 响应时间很长，为微秒量级，在瞬态电压抑制元件中是最慢的。

　　(2) 触发电压高，直流超过 75 V，浪涌可达 1000 V，导通后的残压大(20～50 V)，放电电流也过大，故不适用于器件级或电路级保护以及 15 V 以上的直流电源保护，亦不适用于 50 Hz 交流电源相线与中线以及相线之间的保护，主要用于交流电力配电线及通信线路中，作为雷电及其他大能量浪涌的放电器(直接接至防雷保护地)。

　　(3) 使用寿命相对较短，放电次数有限，可能会低于 100 次(参见表 5.4)，长时间使用存在维护及更换的问题，失效模式多数情况下为开路。

（4）体积大，价格高。

图 5.31 给出了气体放电管用于有线通信系统浪涌保护的一个例子。用 GDT 作为瞬变电压（防雷）一次保护，用压敏电阻作为瞬变电压二次保护，用 PTC 热敏电阻作为过流过热保护。差模保护使用二端 GDT，共模与差模保护使用三端 GDT。

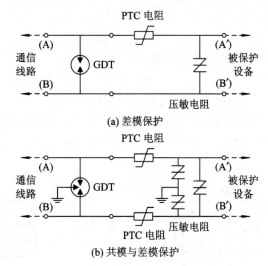

图 5.31　气体放电管在有线通信系统中的应用实例

表 5.5 对以上介绍的三种常用瞬态电压抑制元件进行了综合比较。三者各有所长，也各有所短，使用时应根据具体场合灵活选用。TVS 主要用于器件、PCB 板、芯片的瞬变过电压及静电等的保护，适合高频系统保护；压敏电阻主要用于高低压电器、设备、部件及大功率器件的瞬变过电压保护，适合工频系统；气体放电管主要用于系统级设备的一次保护，适合避雷保护。

表 5.5　常用瞬态电压抑制元件的比较

元件名称	气体放电管	压敏电阻	TVS 管
保护电压	60～100 V，其间档级甚少	>300 V，其间档级较多	3～400 V
电流吸收能力	大	视外形尺寸而定，可以做得较大	一般
响应速度（保护反应时间）	慢（～μs）	一般（～ns）	快（～ps）
残压比（箝位电压/标称电压）	<1	1.8～2	1.4～1.5
箝位特性	较理想	较差	较平直
消弧特性	是	无	无
元件极性	无极性	无极性	单向或双向
反向漏电典型值	～nA	200 pA	5 pA
最高使用温度	—	115℃	175℃
期望寿命	只能承受 50～2500 次浪涌冲击	性能会逐渐退化	寿命长
实现体积	较大	一般	较小
价格	贵	便宜	稍贵

5.2.5　新型瞬变电压抑制元件

随着对传统防护元件的材料、结构和集成度等方面的改进，近年来出现了一些新型瞬变电压抑制元件，这里择其部分予以介绍。

1. 多层压敏电阻

多层压敏电阻(MLV，Multi-Layer Varistor)的内部结构如图 5.32 所示，采用多层片式陶瓷电容器(MLCC)工艺制作，主体材料多采用氧化锌。

与普通压敏电阻相比，MLV 有三个方面的改进：一是固有电容量低(0.05～1 pF)，所以反应时间短(<1 ns)；二是保护电压较低，可低至 3 V；三是尺寸小，易制成片式元件(如 0402 和 0201 封装)。因此，它适合低电压、大电流、较高速率的电路级和器件级的浪涌保护和静电保护，常用于便携式电子产品(如手机和数码相机等)。不过，压敏电阻固有的动态电阻大、寿命短的问题在 MLV 中仍然存在。

图 5.32　多层压敏电阻结构示意图

2. 硅保护阵列

硅保护阵列(SPA，Silicon Protection Array)是常规 TVS 管的改进品种。在结构上，它将多个 TVS 按照一定的组合方式封装在单一管壳内，单位体积小，因此有利于减少保护元件占有的设备空间，提高设备的集成度。SPA 的封装形式如图 5.33 所示，通道数最多可达 32 个，因此适用于保护多路总线和 I/O 线。图 5.34 给出了 SPA 用于 SIM 卡数据线保护的例子。由于 SIM 卡面积有限，无法采用多个分立元件进行保护，可采用微型封装(如 SOT23 和 SC-70)的 SPA，占板面积可小于 4.8 mm^2。

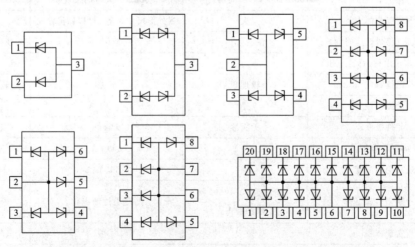

图 5.33　硅保护阵列的封装形式

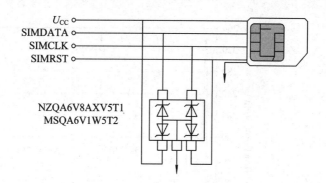

图 5.34　硅保护阵列用于 SIM 卡数据线保护

在性能上，与常规 TVS 管相比，SPA 的抗击电压更高，响应速率更快（寄生电容小于 1 pF），但抗击能量相对较小，适合抗击 ESD 冲击。由于它的响应速率快，寄生电容小，对高频信号的衰减作用小，因此适合用于高速数字和射频电路，尤其是高速信号接口的防护。图 5.35 给出了 SPA 用于高速视频接口 DVI/HDMI 防护的例子，所使用的硅保护阵列产品信号为 PRTR5VOU8S，其寄生电容为 1 pF。

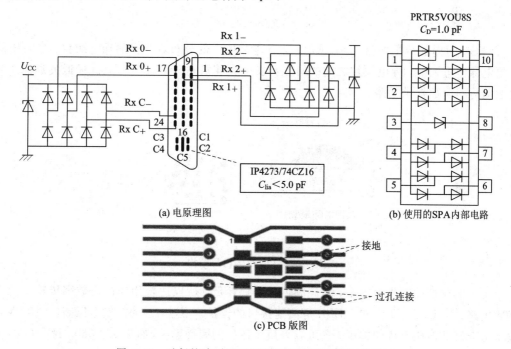

图 5.35　硅保护阵列用于 DVI/HDMI 高速接口的保护

3. 硅聚合物静电抑制器件

与其他静电抑制元件相比，硅聚合物静电抑制器件（PESD，Polymer ESD）的最大特点是具有消弧特性，即箝位电压远小于浪涌触发电压，其 I-U 特性如图 5.36（a）所示。

从图 5.36（b）可见，PESD 的浪涌触发电压高达 350 V 时，箝位电压可低至 50 V 以下，响应时间可达纳秒（ns）级。通常 PESD 的典型参数范围为：工作电压 6～14 V，触发电压 150～350 V，箝位电压 25～50 V，抗 ESD 脉冲幅度 8～15 kV（接触放电）或 15～25 kV（空气放电），抗 ESD 放电可达 1000 次，自身电容小于 1 pF，漏电流小于 0.01 μA。

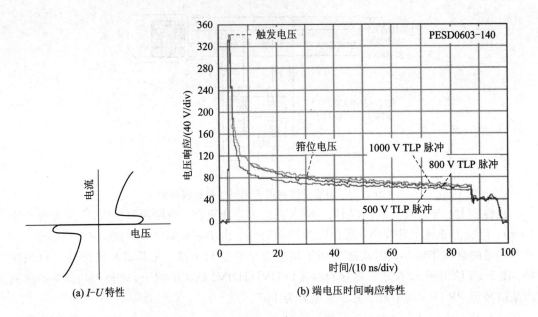

(a) I-U 特性　　　　　　　　(b) 端电压时间响应特性

图 5.36　PESD 的主要特性

　　PESD 的内部结构如图 5.37 所示。非导电晶体内部分布着众多的导电颗粒。当高压静电放电脉冲进入时，导电颗粒之间的间隙会发生火花放电，形成一种阻抗极低的通路，为静电电荷的泄放提供通路。

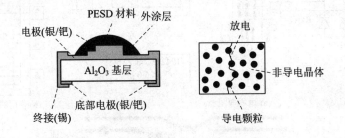

图 5.37　PESD 的内部结构

　　由于 PESD 的寄生电容小，对高频信号的损耗低，所以适合用作高速数字传输系统和射频电路，如 USB、DVI 和 HDMI 等高速接口的保护。不过，它的触发电压高（＞150 V），故不适合较低电压干扰的抑制。它可以采用小体积的表面贴装（如 0402、0603 封装），故可用于移动电话等便携式设备。

4. 晶闸管浪涌保护器件

　　晶闸管浪涌保护器件（TSPD，Thyristor Surge Protective Devices）亦称晶闸管浪涌抑制器 TSS（Thyristor Surge Suppressor），其内部结构及 I-U 特性如图 5.38 所示。

　　以单向 TSPD 为例，当阳极与阴极加正向电压时，PN 结 J3 和 J1 导通，J2 截止，阳极与阴极间电流几乎为 0，呈现高阻态；当正向电压上升到 J2 的雪崩击穿电压之上时，大电流通过 J2，导致两个管子充分导通，直至饱和，阳极与阴极间呈现低阻态，电压骤降，电流急升。

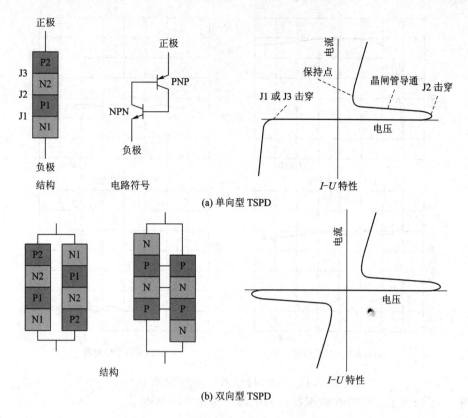

(a) 单向型 TSPD

(b) 双向型 TSPD

图 5.38　TSPD 的内部结构和 I-U 特性

在结构形式上，TSPD 也可封装成多芯片多引脚形式，其电路符号以及常见的封装形式如图 5.39 所示。

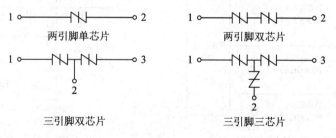

图 5.39　TSPD 的电路符号及封装形式

与 TVS 相比，TSPD 的导通压降更低（可小于 3 V），犹如短路，故亦被称为电压开关型瞬态抑制器件，而 TVS 被称为电压箱位式瞬态抑制器件。与 GDT 相比，TSPD 具有与之类似的消弧特性，但比 GDT 的速度快得多，响应时间可短于 1 ns，寿命长，残压更是远低于 GDT，亦可用于信号线路的防雷保护。在响应速度、寿命和失效模式方面与 TVS 相仿，但电流容量更大，通常为 50～300 A。

如果将图 5.40(a)所示波形的浪涌电压加到瞬变电压抑制元件两端，那么 TVS、压敏电阻和 TSPD 的响应波形分别如图 5.40(b)、(c)和(d)所示。压敏电阻的导通压降最高，达到 470 V；TVS 的导通压降较低，约为 37 V；TSPD 的导通压降最低，几乎为 0 V，但响应速度不如 TVS，故出现了过冲脉冲。

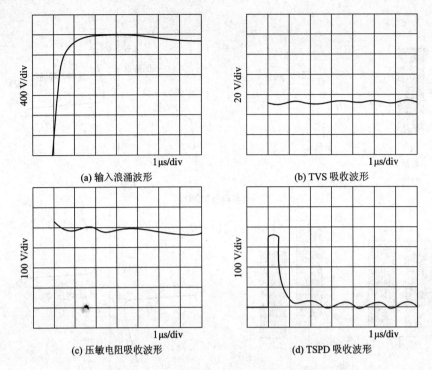

图 5.40　三种保护元件浪涌响应的比较

图 5.41 给出了 TSPD 在数据接口和电缆中应用的四个例子。

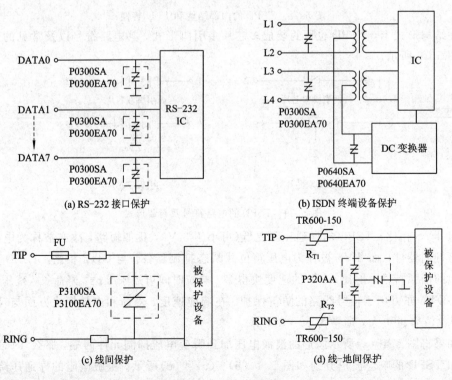

图 5.41　TSPD 应用实例

5.3　热敏与过流保护元件

由于热与电流往往相伴而生，故这里将热敏元件与过流保护元件归于一类。

5.3.1　热敏元件

1. 热敏电阻概述

热敏电阻是指阻值随温度变化而变化的电阻。按照阻值随温度变化的方向，可分为正温度系数（PTC，Positive Temperature Coefficient）热敏电阻和负温度系数（NTC，Negative Temperature Coefficient）热敏电阻；按阻值随温度变化的规律，又可分为突变型热敏电阻和缓变型热敏电阻。不同类型热敏电阻的电阻－温度特性如图 5.42 所示。突变型 NTC 热敏电阻也称为临界型热敏电阻（CTR，Critical Temperature Resistor）。如果缓变型热敏电阻的电阻率与温度呈近似线性关系，则也称为线性热敏电阻。突变型热敏电阻适合用作温控开关和自恢复保险丝，而缓变型热敏电阻可以用作温度传感器。各种类型的热敏电阻都可以用于过热、过电流保护。

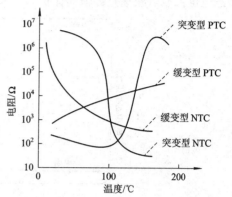

图 5.42　不同类型热敏电阻的电阻－温度特性

与金属相比，半导体的电阻率随温度的变化更为显著，所以热敏电阻一般采用半导体材料制成。但与金属相比，半导体的电阻率随温度变化的线性度要差得多，因此用热敏电阻测温的范围远小于金属热电阻，典型范围为 $0℃\sim150℃$，最大范围为 $-50℃\sim+350℃$。

表 5.6 给出了国产热敏电阻的命名规则（引自 GB2470）。

表 5.6　国产热敏电阻的命名规则

主称	类　别		用途或特征		命 名 全 称
符号	符号	符号	序号	意义	
M	F	负温度系数热敏电阻器	1	普通用	普通用负/正温度系数热敏电阻器
			2	稳压用	稳压用负温度系数热敏电阻器
			3	微波功率测量用	微波功率测量用负温度系数热敏电阻器
			4	旁热式	旁热式负温度系数热敏电阻器
			5	测量用	测温用负/正温度系数热敏电阻器
	Z	正温度系数热敏电阻器	6	控温用	控温用负/正温度系数热敏电阻器
			7	消磁用	消磁用正温度系数热敏电阻器
			8	线性用	线性型热敏电阻器
			9	恒温用	恒温用正温度系数热敏电阻器 CPT（发热体）
			0	特殊用	特殊型热敏电阻器

2. PTC 热敏电阻

正温度系数（PTC）热敏电阻的电阻值随温度的上升而上升。突变型 PTC 电阻的阻值－温度特性如图 5.43 所示，常温或者正常电流下的电阻很低（称为"冷电阻"或"零功率电阻"），超过某一临界温度（称为"动作温度"或"居里温度"）后，电阻急剧增大（高温下的电阻称为"热电阻"）。热电阻的阻值可以是冷电阻的 10^4 倍。PTC 在室温下的阻值一般为几十至几百欧，动作温度范围为 $60 \sim 120℃$，动作温度附近的温度系数为 $+20\%/℃ \sim 60\%/℃$，响应时间多在毫秒（ms）量级之上。由于响应速度较慢，PTC 热敏电阻不宜用于瞬态过电流或者快速热冲击的保护。

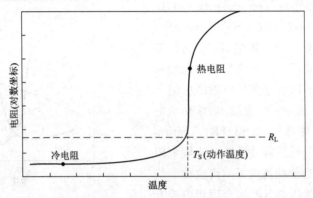

图 5.43 正温度系数热敏电阻的电阻－温度特性曲线

PTC 热敏电阻的电路符号如图 5.44 所示。根据安装形式的不同，PTC 电阻可分为螺丝固定型、分立元件型和表面安装型；根据材料类型的不同，PTC 电阻可分为半导体陶瓷型和聚合物高分子型。半导体陶瓷型 PTC 是在钛酸钡（$BaTiO_3$）半导体陶瓷中加入微量稀土元素（La、Nb 等）制作而成的，聚合物高分子型则是利用特殊的高分子聚合物（Polymer）制成的。聚合物 PTC 电阻的内部结构如图 5.45 所示，常温下聚合物内部存在许多晶丝构成的导电通道，从而电阻较低，达到一定的温度后，聚合物分子膨胀使导电晶丝断裂成不连续的晶粒，电阻就会急剧上升。聚合物 PTC 的响应速度较快，常温阻值较低，而陶瓷PTC 的过电压耐受能力更好。

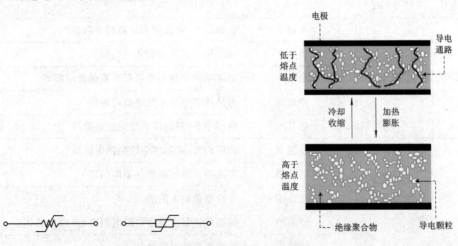

图 5.44 PTC 热敏电阻的电路符号   图 5.45 聚合物 PTC 电阻内部结构随温度的变化

　　PTC 热敏电阻可用于过热、过电流保护。图 5.46 给出的是 PTC 电阻用于功率晶体管过热、过流保护的实例。在图 5.46(a) 中，PTC 电阻接在晶体管 VT 的上偏置支路，同时通过安装在 VT 的散热器上等方式与 VT 形成紧密的热耦合。当 VT 温度上升时，PTC 电阻加大，从而使 VT 的发射结压降减少，促使其收集极－发射极电流下降，从而温度下降，即通过 PTC 的热－电流负反馈实现了限制过热和过电流的作用。将热敏电阻串接到 VT 的发射极或收集极，也能起到类似的效果，如图 5.46(b)、(c) 所示。当温度或者电流超限过多时，PTC 电阻的阻值很大，这将使晶体管截止，从而起到防烧毁的作用。

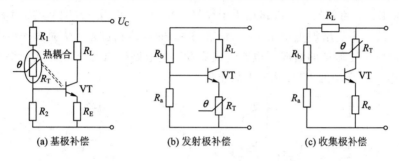

图 5.46　PTC 电阻用于功率晶体管过热、过流保护实例

　　即使没有外界的热耦合，PTC 热敏电阻也能通过自发热效应起到限流的作用。如图 5.47 所示，如果通过 PTC 电阻的电流过大，就会通过欧姆定律将电能转化成热能，使 PTC 电阻温度升高，超过临界温度时电阻就会急剧增大，从而限制了电流的增加，甚至使电流中断。

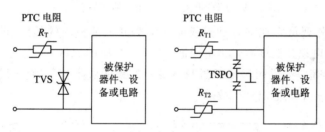

图 5.47　PTC 电阻与 TVS 或 TSPD 协同应用实现过流、过压保护

　　造成电源变压器损坏通常有两大原因，即一次过压和二次短路。这两种故障都会使变压器的"铜损"(电流流过线圈的热消耗)和"铁损"(由涡流产生的损坏)在短时间内剧增，导致线圈和铁芯的温度升高，如不及时处理，就会使线圈绝缘性能降低，甚至使变压器烧毁。将 PTC 热敏电阻串接在变压器的初级(如图 5.48 所示)，一旦输入端出现意外的过压，输入电流和初级温度就会显著增加，PTC 电阻随之加大，PTC 上的压降就会增加，其分压作用就会起到保护变压器初级的作用。

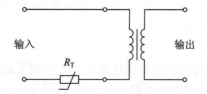

图 5.48　PTC 电阻用于电源变压器过压保护

　　电动机启动时要克服本身的惯性,同时还要克服负载的反作用力(如冰箱压缩机启动时需克服制冷剂的反作用力),因此需要较大的启动电流和启动转矩。进入正常运转状态后,为了节约能源,又需要使转矩下降到一个合理的值。通过给电动机增加一个与 PTC 电阻相串联的启动辅助绕组,可以达到这一目的。冰箱压缩机的启动电路如图 5.49 所示。在图 5.49(a)中,L_1 是电动机 M 的主绕组,L_2 是辅助绕组。启动时,R_T 处于冷态,电阻值远小于 L_2 的阻抗,L_2 与 L_1 的共同作用保证了电动机有足够的启动电流和转矩。随着通电时间的延续,R_T 因自热而升温,阻值迅速升高,可远大于 L_2 的阻抗,此时 L_2 近似于开路,电动机靠 L_2 维持正常运转。此电路适用于往复式压缩机。图 5.49(b)又给辅助绕组串接了一个电容 C,其作用是增加主绕组 L_1 和辅绕组 L_2 的电流相位差,从而进一步提高启动转矩,即使在供电电压偏低的情况下也能完成启动。此电路通常用于旋转式压缩机。市场上有专门用于电动机启动的 PTC 热敏电阻出售。

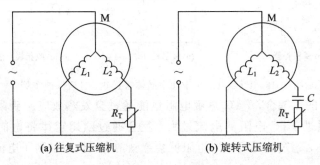

(a) 往复式压缩机　　　　　　(b) 旋转式压缩机

图 5.49　PTC 电阻用于冰箱压缩机启动电路

　　用 PTC 电阻阵列可实现混合动力或电动汽车的电池模块的超温监测。如图 5.50 所示,图中带阴影的电池其温度超过指定阈值 100℃,相应的 PTC 电阻进入高阻状态。如果发现总电阻值增加超差,说明出现了过热现象;如果能够定位到哪一个电阻值增加了超差,还可确定是哪一个电池出现了故障。

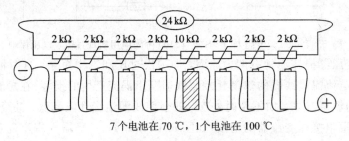

7 个电池在 70℃,1 个电池在 100℃

图 5.50　PTC 电阻阵列用于电池组超温监测

　　除了上述应用之外,PTC 电阻还可用于彩色电视机自动消磁电路和荧光灯丝预热电路等。

3. NTC 热敏电阻

　　负温度系数(NTC)热敏电阻的电阻值随温度的上升而下降。根据电阻随温度上升的规律,又可分为线性型和临界型 NTC 电阻,如图 5.51 所示。NTC 电阻通常是由金属(锰、钴、铁、镍、铜、钒、钡等)氧化物混合烧结而成的。

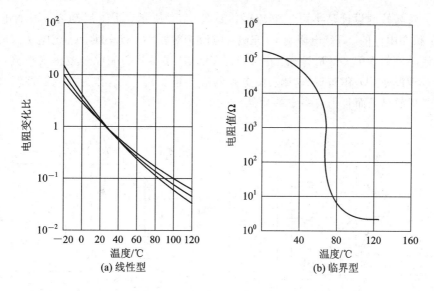

图 5.51　NTC 热敏电阻的电阻－温度特性曲线

　　NTC 电阻常用于整流电源的启动保护。如图 5.52 所示，在整流电源启动瞬间，已充分放电的储能电容 C 骤然被加上很高的电压，因此会出现很大的瞬间充电电流 $i = C(\mathrm{d}v/\mathrm{d}t)$，这种浪涌电流的峰值可能达到正常工作电流的 $50 \sim 100$ 倍，会导致与之串联的电路元件的损害。为此，可串入一个 NTC 电阻，在启动初期，NTC 电阻因温度低而呈现高阻值，限制了通过电容 C 的浪涌电流；在启动完成后，NTC 电阻因温升而呈现低阻值，对正常电源供电电流的影响较小，亦可避免无谓的压降和功耗。如果将 NTC 电阻与电源发热元件(如整流桥、变压器等)作紧热耦合，则浪涌抑制效果会更好。就限流效果而言，NTC 电阻远优于普通电阻。

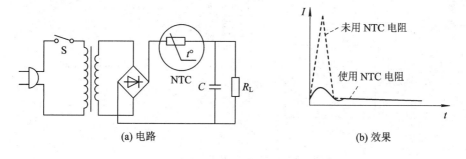

图 5.52　NTC 电阻用整流电源的启动保护

　　不过，NTC 电阻降温速度较慢，热响应时间(环境温度变化时，NTC 电阻温度变化到稳定值所需的时间)长达 10 s 以上，故无法在温度变化很大、很快的环境下工作，难以对短时的电源中断提供有效保护。另外，NTC 电阻仍然有一定的常温电阻，仍会导致一定的能耗。为此，可给 NTC 并联上一个晶闸管或继电器(如图 5.53 所示)，当系统启动时晶闸管或继电器断开，NTC 电阻起作用；系统启动后，晶闸管或继电器导通，NTC 电阻被短路，无附加功耗。当然，这样做也会带来一定的代价，如晶闸管需控制电路，且导通时仍然有一定功耗，而继电器尺寸较大，响应速度较慢。

另一个较巧妙的设计是半可控整流桥。如图 5.54 所示，系统启动时，浪涌电流通过 VD_1、VD_2 和高阻值的 NTC 电阻对 C_1 充电，电流相对较小、较平缓；C_1 充电结束时，通过控制电路使晶闸管 VT_1、VT_2 导通，由 VD_3、VD_4、VT_1、VT_2 完成全波桥式整流，此时电流不再通过 VD_1、VD_2 和 NTC 电阻。该电路的缺点是 VT_1、VT_2 作为晶闸管整流效率比专门的整流二极管低，而且仍有一定的功耗。

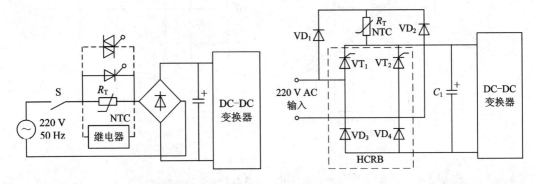

图 5.53 NTC 电阻的短路控制   图 5.54 半可控整流桥电路

白炽灯具有正温度系数，在通电瞬间由于灯丝较冷，从而电阻较小，因此会有很大的初始电流，有可能导致灯丝寿命缩短。为此，可与白炽灯串联一个 NTC 电阻，并使之与白炽灯有热的紧耦合（参见图 5.55）。在白炽灯开启瞬间，高电阻的 NTC 限制了通过白炽灯的电流；开启完成后，NTC 温度上升从而电阻下降，对整个通道的电流影响相对较小。

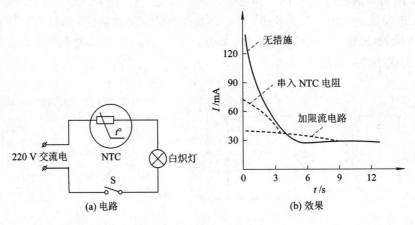

(a) 电路   (b) 效果

图 5.55 NTC 电阻用于白炽灯冷启动

基于同样原理，NTC 热敏电阻可用于抑制其他容性或感性负载电路中的浪涌电流，如电动机、开关电源、UPS 电源、电加热器、电子节能灯、电子镇流器等，也可以用于其他照明显示设备的灯丝保护，如显像管、显示器等。

在选用 NTC 电阻作电源的浪涌电流保护时，其标称阻值 R（25℃下的阻值）可按下式确定：

$$R \geqslant \frac{1.414 \times U}{I_m} \qquad (5-1)$$

式中，U 是工作电压，I_m 是浪涌电流峰值。对于整流电源或者开关电源，I_m 可选为工作电流的 100 倍；对于灯丝、加热器等回路，I_m 可选为工作电流的 30 倍。另外，应使 NTC 电阻的最大允许工作电流大于控制回路的工作电流。

4. 温敏晶闸管

普通晶闸管是用栅极的电流脉冲来控制阳极与阴极间的通断，而温敏晶闸管是用栅极的温度来控制阳极与阴极间的通断。温敏晶闸管的电路符号如图 5.56 所示。在正常工作温度下，阴极与阳极处于阻断状态；如果控制板处于异常高温下，阴极与阳极就会导通。因此，可以将温敏晶闸管视作一种特殊的温度控制元件，用于 $-30℃\sim +120℃$ 的温度检测和控制。

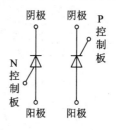

图 5.56　温敏晶闸管的电路符号

温敏晶闸管可用于大功率半导体器件的保护。在图 5.57(a) 中，如果功率晶体管工作时过热，温敏晶闸管 (TT201) 将导通，晶体管由于基极电流被旁路而截止。在图 5.57(b) 中，如果晶闸管的温度超过设定的工作温度，温敏晶闸管将导通，晶闸管由于栅极电流被旁路而处于断态。

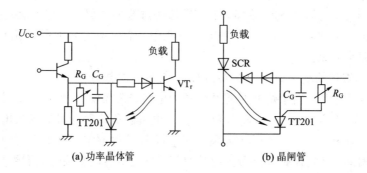

图 5.57　温敏晶闸管用于半导体器件的保护

图 5.58 是利用温敏晶闸管构成的电动机过热控制电路。根据电动机工作时允许的最高温度，通过 500 Ω 可变电阻器改变温敏晶闸管 (TT201) 的栅极电流，从而确定温敏晶闸管的开启温度。当电机过热时，紧挨电机的晶闸管导通，通过继电器切断电机的供电电路，从而保护了电机。

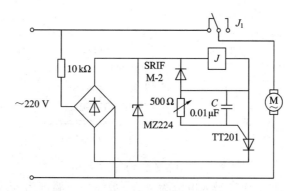

图 5.58　温敏晶闸管用于电机过热保护

图 5.59 是利用温敏晶闸管构成的温度报警电路。当某一路的环境温度达到晶闸管的开启温度时，晶闸管就会导通，从而通过 LED 和蜂鸣器声光报警。

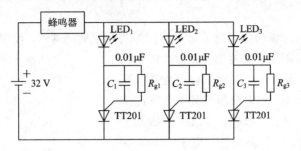

图 5.59 温敏晶闸管用于电机过热保护

5.3.2 过流保护元件

本节所述过流保护元件是指当电路出现电流过大的情形时可以切断电路的元件，即通常所说的熔丝，俗称"保险丝"。

1. 金属熔丝

金属熔丝可分为过流型和超温型。最常用的是过流型金属熔丝，电流超过一定限度即会熔断开路，且不可恢复，只能一次性起防护使用。金属熔丝导通时的阻抗为 10 mΩ 左右，开路后的阻抗为无限大。

过流型金属熔丝的结构如图 5.60(a)所示，其主要参数有：

(1) 额定动作电流：发生熔断时通过熔丝的电流。在环境温度为 25℃时，推荐将额定电流降额到 75%，即取为 $I_{max}/75\%$，其中 I_{max} 是电流满负荷运行时的最大电流。环境温度增加时，应增大降额比例，如 65℃时可降额 60%，即使用额定电流更大的熔丝。

(2) 动作时间：从过流到开路所需要的时间。过流型熔丝有快熔断和慢熔断两种类型，快熔断型动作时间在几十毫秒之内，一般用于正常工作电流较恒定，需要在异常脉冲电流下进行熔断保护的场合；慢熔断型动作时间在数秒，一般用于正常工作时就会经常出现较大电流脉冲的场合，如感性、容性较大的电源电路。

(3) 热能值 I^2t：表征过流型熔丝承受正常工作脉冲电流的能力，其中 I 和 t 分别是电流脉冲的幅度和宽度。为提高熔丝寿命，建议 I^2t 值应达到电路正常工作中可能遇到的最大电流脉冲 I^2t 值的 3～5 倍。

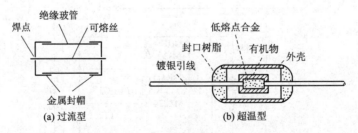

(a) 过流型   (b) 超温型

图 5.60 金属熔丝的基本结构

例如，某电路板正常工作时最大电流为 7 A，最高环境温度为 65℃，热插拔时可能出现一个 100 μs、30 A 的电流脉冲，即其 I^2t 值为 0.09 A²·s，则额定动作电流降额 60% 后金属熔丝额定动作电流取 11.7 A，$I^2 t$ 值取 5 倍为 0.45 $A^2 \cdot s$。

超温型金属熔丝当温度超过一定限度即熔断开路，且不可恢复，只能一次性起防护使用，主要用于电热器具的过热保护。超温型金属熔丝的结构如图 5.60(b) 所示，其主要参数有：

(1) 额定动作(熔断)温度：使熔丝熔断的最低温度，通常为 80～+150℃；

(2) 额定电流：未熔断时允许通过熔丝的最大电流，通常为 1～10 A；

(3) 额定电压：熔丝两端未熔断时允许的最大电压，我国多数产品为 AC 250 V。

图 5.61 给出了超温型金属熔丝在电饭煲中的应用电路。一旦温度超过规定限度，熔丝 R_F 即会断开，从而切断发热元件。

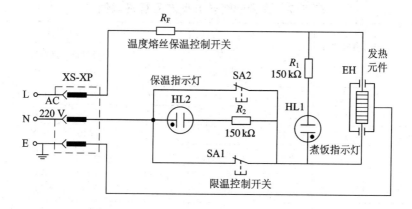

图 5.61　超温型金属熔丝在电饭煲中的应用电路

2. 聚合物熔丝

聚合物熔丝实际上就是采用高分子聚合物材料制作的正温度系数热敏电阻(PPTC，Polymer PTC)，只不过与常规 PTC 电阻相比，临界特性更为陡峭(参见图 5.62)，在高温或者大电流下的阻值极高，可达常态阻值的 3～9 个数量级，可视为断开，亦称超临界型热敏电阻或者聚合开关(Poly Switch)。

与金属熔丝相比，聚合物熔丝在过电流或者过热条件消失后，可自行恢复原有的低阻，而且可重复使用(数千次)，故俗称"自恢复保险丝"，不过其常态阻抗比金属熔丝大数倍，响应时间与金属熔丝相当，偏慢，对快速的电流脉冲(如电击)有可能来不及反应，起不到保护作用。

聚合物熔丝的技术规格可参见表 5.7，主要参数有：

(1) 额定电压：在一定电流下能够承受而不受损坏的最大电压。

(2) 保持电流：20℃下元件不动作的最大电流。

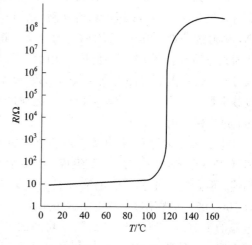

图 5.62　聚合物熔丝的电阻－温度特性曲线

（3）动作电流：20℃下元件动作（断开）的最小电流。

（4）最大电流：在一定电压下能够承受而不损坏的最大电流。

（5）关断时间：通过元件的电流下降到规定值的 20% 所需要的时间。

（6）最长动作时间：元件通过 5 倍保持电流时的关断时间。

（7）动作时功率：20℃时元件动作所消耗的功率。

（8）最低阻抗/最高阻抗：20℃元件动作前的最小低阻抗/最高阻抗。

（9）动作恢复后阻抗：20℃和规定直流电压下元件动作 1 小时后的阻抗。

选用聚合物熔丝时，要使额定电压大于被保护电路的电源电压，保持电流高于被保护电路的静态工作电流，动作时间要比被保护电路因过电流或过热而损坏所经历的时间短。

表 5.7　聚合物熔丝典型产品规格举例

元件型号	最高电压 /V	保持电流 ·/A	动作电流 /A	最长动作时间 （5 倍保持 电流时）/s	动作时功率 /W	原始阻抗		动作恢复后 最高阻抗 /Ω
						最低阻抗 /Ω	最高阻抗 /Ω	
RUE090	30	0.90	1.80	5.9	0.6	0.070	0.12	0.22
RUE110	30	1.10	2.20	6.6	0.7	0.050	0.10	0.17
RUE135	30	1.35	2.70	7.3	0.8	0.040	0.08	0.13
RUE160	30	1.60	3.20	8.0	0.9	0.030	0.07	0.11
RUE185	30	1.85	3.70	8.7	1.0	0.030	0.06	0.09
RUE250	30	2.50	5.00	10.3	1.2	0.020	0.04	0.07
RUE300	30	3.00	6.00	10.8	2.0	0.020	0.05	0.08
RUE400	30	4.00	8.00	12.7	2.5	0.010	0.03	0.05
RUE500	30	5.00	10.00	14.5	3.0	0.010	0.03	0.05

3. 电子熔丝

电子熔丝（eFuse）是一个有源器件，由一个大功率 MOSFET 与控制电路组成，其内部典型电路如图 5.63 所示。在正常工作环境条件下，电荷泵电路使功率场效应管 FET 充分导通，提供供电电源 U_{CC} 到负载电源 U_{LL} 的低阻通道。如果出现负载过压，则限压电路通过电荷泵改变 FET 的栅压，调整其漏－源电压，从而降低 U_{LL} 至允许值。如果出现负载过流，则通过外部采样电阻 R_S 的电流也大，其两端的电压升高，限流电路通过采集此电压，并通过电荷泵控制 FET 的栅压，从而降低其漏－源电流，进而降低负载电流。如果出现负载过热，则热关断电路将使 FET 关断，从而切断负载电源。因此，电子熔丝可以同时起到过流、过热、过压保护的三重作用。

电子熔丝中的 FET 事实上由一个大功率开关 FET 和一个小功率控制 FET 组成，二者的栅、漏相连，但它们的正常导通电流和导通电阻有可能差 1000 倍。这样流过采样电阻 R_S 的电流仅为负载电流的 1/1000，使得 R_S 可采用小功率的 SMT 片式电阻。为尽量减少正常工作条件下 FET 的功耗，FET 的导通电阻应设计得极低。

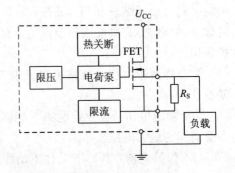

图 5.63　电子熔丝内部电路示例

过流控制电路的具体构成如图 5.64 所示。如果负载电流超过 1 A，则流过 R_S 的电流将超过 1 mA，R_S 两端的电压将超过 50 mV，电压比较器形成差模输入，作为过流控制信号。

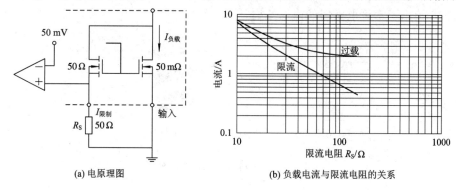

(a) 电原理图　　　　　　　　　　　　(b) 负载电流与限流电阻的关系

图 5.64　电子熔丝过流控制电路

表 5.8 对以上介绍的三种过流保护元件进行了综合比较。金属熔丝使用最为简单，但不可恢复，响应速度慢；聚合物熔丝可恢复，廉价，但动作时间几乎与金属熔丝一样慢，恢复时间也慢，适用于大功率慢速电器的防护；电子熔丝防护功能全面（过压、过流、过热），可精确设定动作门限，响应速度快，寿命长，过流保护时无需中断供电，但成本高，有电压损耗，设计复杂，适用于高速、高可靠、高可控电子设备的防护。

表 5.8　三种过流保护元件的比较

类　　别	金属熔丝	聚合物熔丝（PPTC）	电子熔丝
动作周期数	1 次	约 1000 次	10 万次以上
动作时间	额定电流的 300% 时为 20 s（最大值）	8 A 电流时为 15 s（最大值）	额定电流的 150% 时为亚毫秒量级
导电/阻断时的电阻变化	13 mΩ/∞	100 mΩ/∞ (50～150)(1±50%)mΩ	44 mΩ/<10 MΩ （12 V 电压，1 nA 漏电流）
导通阻抗	13 mΩ	(50～150)(1±50%)mΩ	(35～55)(1±22%)mΩ
额定电流在动作点的容限（20℃）	不具备	4.0(1±50%)A	3.44(1+24%)，3.44(1−20%)
保护类型	过流或超温保护	过流保护	过流、过压、过热保护
典型尺寸 ($W/mm \times L/mm \times H/mm$)	4.0×8.5×8.0	6.7×9.4×3.0	3.0×3.0×1.0
复位选择	不能复位	自动复位	闩锁或自动复位
成本	最低	低	高

5.4　滤　波　元　件

5.4.1　铁氧体磁珠

1. 规格与参数

与电容器不同的是，电感器在实际电路中主要用于滤波和形成振荡。用于电源滤波或者高频滤波的大电流电感器多采用磁芯,以防止磁泄漏;用于信号滤波的小电流电感器多采用空芯,以减少寄生电容以及体积和重量。图 5.65 给出了分立电感元件的电路符号和外形,图 5.66 给出了常见电感器的内部结构。

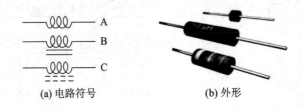

(a) 电路符号　　　　　　　　(b) 外形

图 5.65　电感器的电路符号和外形

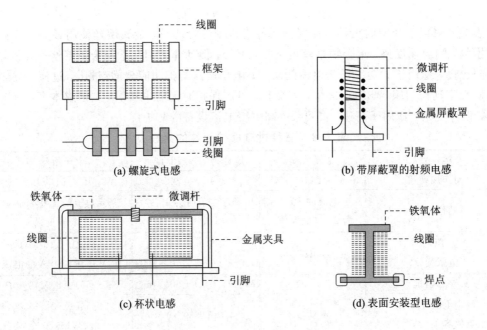

(a) 螺旋式电感　　　　　　　　(b) 带屏蔽罩的射频电感

(c) 杯状电感　　　　　　　　(d) 表面安装型电感

图 5.66　电感器的内部结构

出于实际电路抗高频干扰的需要,专用的电感滤波元件应运而生,其中应用最为广泛的是铁氧体磁珠,其使用方式、电路符号以及实物照片如图 5.67 所示。

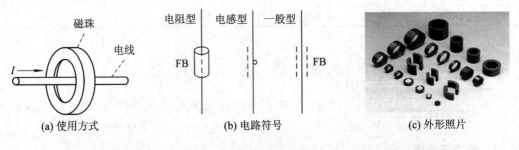

(a) 使用方式　　　　　　　(b) 电路符号　　　　　　(c) 外形照片

图 5.67　铁氧体磁珠

　　在相当宽的频率范围内,铁氧体磁珠的阻抗随频率的上升而上升,呈现低通滤波特性,如图 5.68 所示,高频等效电路如图 5.69 所示。在低频情况下,阻抗主要体现为感抗,其抑制干扰的作用是反射噪声;在高频情况下,阻抗主要体现为电阻,其抑制干扰的作用是吸收噪声,将噪声能量转换为热散发掉。使用时应尽量使噪声频率处于吸收噪声的区域,信号频率处于反射噪声的区域,通常铁氧体磁珠的最佳干扰抑制频率区间为 30~500 MHz,高于片式电感和共模扼流圈。这个最佳抑制频率范围与其磁导率有关,磁导率越大,则抑制频率越高(参见表 5.9)。

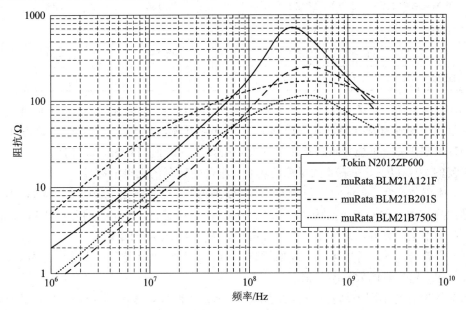

图 5.68　铁氧体磁珠商用产品的阻抗－频率特性示例

图 5.69　铁氧体磁珠的高频等效电路

表 5.9　磁珠的最佳抑制频率范围与磁导率的关系

相对磁导率	最佳抑制频率范围	相对磁导率	最佳抑制频率范围
125	＞200 MHz	2500	10~30 MHz
850	30~200 MHz	5000	＜10 MHz

　　铁氧体磁珠体积小巧,使用非常方便,只要导线如穿珍珠般地穿过它既可,与电路无有线连接,无需更改电路设计和结构设计,可制作成片状元件。如单个磁珠使用效果不理想,可同时使用多个磁珠。

　　铁氧体的主要参数及其选用要点如下:

　　(1)标称阻抗。标称阻抗通常是以 100 MHz 下的交流阻抗来定义的。在需抑制的噪声干扰频率范围内,标称阻抗越高越好。但要注意,具有同样标称阻抗的磁珠并非具有完全相同的阻抗－频率特性,如在图 5.68 中有两个 100 MHz 下阻抗为 80 Ω 的磁珠,但它们在 100 MHz 以下的频率特性却有显著差别。

（2）直流电阻。直流电阻越小越好，有利于降低直流功耗，目前最低可做到 0.01 Ω（参见表 5.10）。

表 5.10 某系列铁氧体磁珠的主要参数指标

型号	电阻（@100MHz）	直流电阻/Ω	额定电流/mA
BLM15AX100SN1	120Ω±（25%）	0.020	1740
BLM15AX700SN1	220Ω±（25%）	0.100	780
BLM15AX121SN1	120Ω±（25%）	0.130	680
BLM15AX221SN1	220Ω±（25%）	0.180	580
BLM15AX601SN1	600Ω±（25%）	0.340	420
BLM15AX102SN1	1000Ω±（25%）	0.490	350

（3）额定电流。额定电流是铁氧体磁珠能够长期正常工作的电流。超过额定电流使用，会使铁氧体中磁通量密度超过限度而使磁导率急剧下降，电感量减少，产生磁饱和现象，同时磁珠发热严重，可能导致被烧毁！因此，在要求高的使用场合，最好使磁珠工作在其额定电流的 20% 以下。在需要大电流的场合，应选用特制的大电流磁珠。

（4）体积与形状。磁珠的体积越大，抑制效果越好，而且额定电流越大。例如，1005 规格的通用片式磁珠的额定电流为 100～500 mA。体积一定时，长而细的磁珠比短而粗的效果好。在使用空间允许的条件下，尽量选用长、厚、内孔径小的磁珠。

（5）个数与圈数。增加穿过导线的磁珠个数，或者增加导线穿过磁珠的次数，都能增加滤波效果，但后者的效果不如前者。

铁氧体磁珠有不同的结构形式，如图 5.70 所示。铁氧体磁环（Ferrite Bead）用于单线，高频衰减量为 10 dB 左右；铁氧体磁片属于片式元件，用于 PCB 组装，采用叠层式结构，可满足回流焊与波峰焊的要求；铁氧体磁夹（Ferrite Clamp）用于排线，高频衰减量可达 10～20 dB。普通用户最常见的最大号的铁氧体磁环是在 USB 线缆上，如图 5.71 所示。

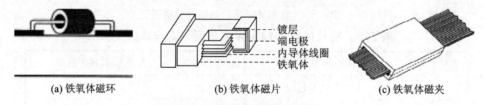

(a) 铁氧体磁环　　　　(b) 铁氧体磁片　　　　(c) 铁氧体磁夹

图 5.70 铁氧体磁珠的结构形式

图 5.71 USB 线缆上的铁氧体磁环

2．应用实例

　　铁氧体磁珠与普通电感器最大的区别在于它具有电阻，因此它是通过将电能转换为热能来实现高频滤波的，而普通电感器则是通过将电能转换为磁能来实现的，后者有可能通过磁场发射产生二次干扰，前者则不会。不过，电阻的存在使铁氧体磁珠存在功耗，而且会发热，这大大限制了它在大电流场合下的应用。因此，普通电感器常用于电源模块滤波，而铁氧体磁珠常用于信号滤波和芯片级电源滤波。

　　在高速电路中，铁氧体磁珠的应用可消除不期望的上冲、下冲或振铃现象，改善信号完整性，如图 5.72 所示。

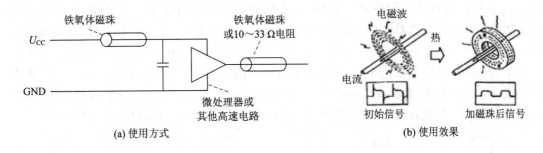

图 5.72　铁氧体磁珠在高速电路中的应用

　　在数/模混合电路中，在数/模混合芯片的数字电源管脚 U_A、模拟电源管脚 U_D 与公共电源之间串接铁氧体磁珠，可与去耦电容形成 Γ 型低通滤波器，比单一去耦电容的低通滤波效果更好，可防止数字电路产生的高频干扰通过电源线传到模拟电路，如图 5.73(a)所示。在 PCB 设计中，磁珠绝对不能放到去耦电容接器件管脚一侧，否则会适得其反，如图 5.73(b)所示。

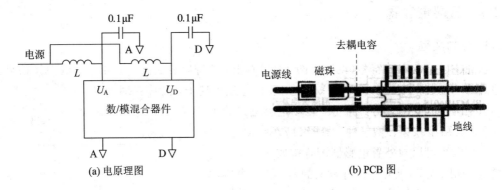

图 5.73　铁氧体磁珠在数/模混合电路中的应用

　　在直流电源电路中，铁氧体磁珠的使用可滤除各种交流高频干扰。此时，应注意磁珠能够承受的电流是有限的。由表 5.10 可见，磁珠的高频阻抗越大，能承受的额定电流越小，故应根据所需线路要求的电路容量选择不同额定交流阻抗的磁珠。在图 5.74 给出的例子中，0.1 A、0.2 A 和 0.5 A 额定电流的电源线就选用了不同额定交流阻抗的铁氧体磁珠。

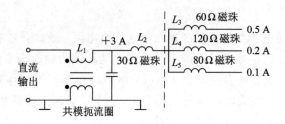

图 5.74 铁氧体磁珠在直流电源电路中的应用

磁珠工作时会发热。测量表明，在穿过磁珠的导线上通以峰值为 7 A、上升时间为 10 μs、占空比为 50% 的锯齿波一分钟后，磁珠表面温度就从原来的 20℃上升到 120℃。因此，需要注意磁珠发热对其自身寿命及其周边元器件的影响。在图 5.75(a)所示的电路中，在接口施加 8 μs/20 μs 电流脉冲、1.2 μs/50 μs 电压脉冲、电压峰值为 ±500 V 的浪涌试验时，磁珠出现开路失效，原因是试验时通过磁珠的浪涌电流达到 1 A 以上，远大于磁珠的额定电流 100 mA。如果改变连接方式，使浪涌电流通过 TVS 入地，不再流经磁珠(如图 5.75(b)所示)，则此时由于 TVS 的耐受电流可达数十安培，从而保护磁珠不至于损坏。

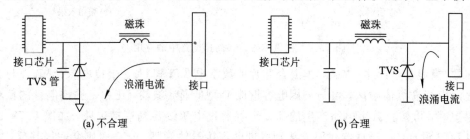

(a) 不合理   (b) 合理

图 5.75 铁氧体磁珠的位置考虑

5.4.2 三端电容器

1. 结构类型

从三端电容的电路符号(见图 5.76)可以看出，这种电容实际上是由信号线以及信号线与地之间的电容构成的，具有输入、输出和接地三个端子，故称三端电容。

从结构形式及安装方式来分，三端电容可以分为分立型、表贴型和穿心型三种，如图 5.77 所示。

三端电容可以与外置电感器配合构成各种类型的滤波器，如图 5.78 所示。更有意义的是，三端电容本身就可以与引线电感构成 T 型滤波器，从而改善了其高频滤波的性能。如图 5.79 所示，对于二端电容，引

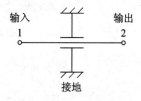

图 5.76 三端电容的电路符号

线电感与电容构成 LC 串联支路，引入高频损耗，限制了电容的滤波效果；对于三端电容，上方两个引线电感与电容构成了 T 型滤波网络，从而提升了高频滤波效果。引线寄生电感的值毕竟是有限的，必要时还可在三端电容内部嵌入铁氧体磁珠来增大电感量。如图 5.80(b)所示，在三端电容内部嵌入铁氧体磁芯，构成 π 型滤波器，极大地改善了高频滤波效果，而安装体积并没有增加。

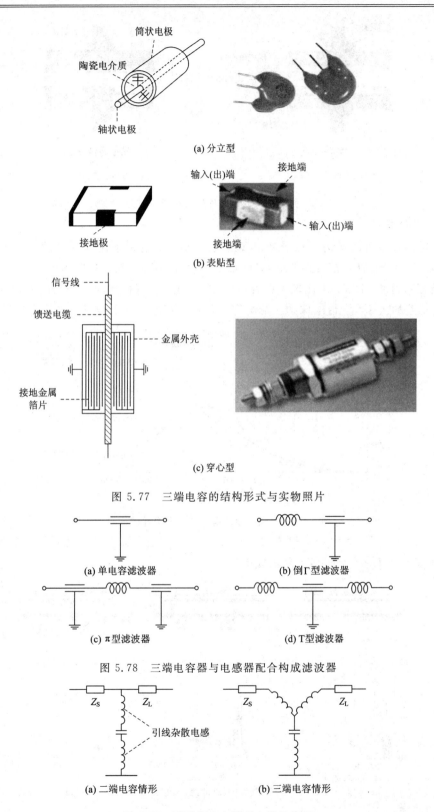

(a) 分立型

(b) 表贴型

(c) 穿心型

图 5.77　三端电容的结构形式与实物照片

(a) 单电容滤波器　　　　(b) 倒 Γ 型滤波器

(c) π 型滤波器　　　　(d) T 型滤波器

图 5.78　三端电容器与电感器配合构成滤波器

(a) 二端电容情形　　　　(b) 三端电容情形

图 5.79　引线寄生电感对电容的作用

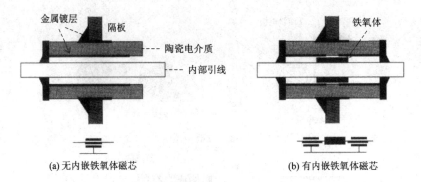

(a) 无内嵌铁氧体磁芯　　　　　　　　　　　(b) 有内嵌铁氧体磁芯

图 5.80　内嵌铁氧体磁芯的三端电容

2. 应用要点

三端电容器本身的结构特点导致其寄生电感小,使用频率比同容量的普通电容器高(比如可从 50 MHz 以下拓展到 200 MHz 以上),而且屏蔽容易,实现体积小,但耐压比普通电容器相对低些。图 5.81 比较了四种不同类型、相同容值(1000 pF)的电容器的插入损耗,从优到差的次序为:带磁珠的三端电容→片式三端电容→引线三端电容→普通电容。

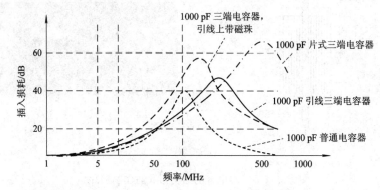

图 5.81　不同类型的电容器插入损耗的比较

图 5.82 比较了三种电源去耦方式。可见,1 个三端电容器就基本达到了 4 个两端电容器的抑噪效果,节约了空间和电路板成本。

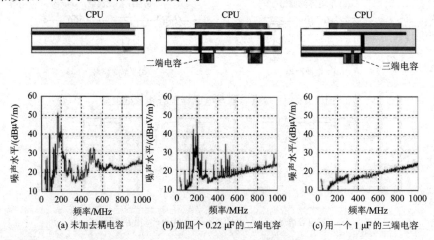

(a) 未加去耦电容　　　　(b) 加四个 0.22 μF 的二端电容　　　　(c) 用一个 1 μF 的三端电容

图 5.82　三端电容在电源去耦中的应用

　　穿心电容、铁氧体磁珠和接插件的一体化设计,同时实现了高的电容量/体积比、极小的引线电感和优良的电磁屏蔽效果。图 5.83 给出了这种设计的一种典型产品。图 5.84 则比较了信号线进入屏蔽体的四种方式,滤波效果各不相同。

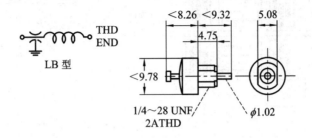

图 5.83　内嵌倒 Γ 型滤波器的接插件产品系列示例(村田制作所 9050 系列,图中尺寸单位为 mm)

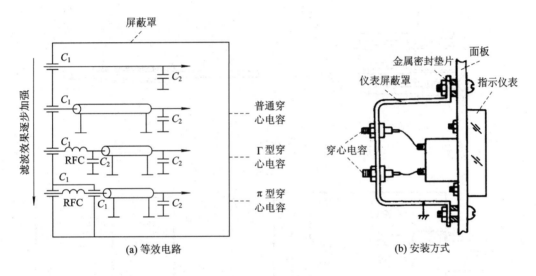

图 5.84　信号线进入屏蔽罩时的处理方法比较

　　在射频电路中使用三端电容应该更为谨慎。如图 5.85(a)所示,如果多条信号线上的穿心电容采用串行接地,可能使某些信号线的接地阻抗不够低,就会削弱滤波特性,并有可能使不同信号线中间产生串扰。如图 5.85(b)所示,位于两个对称通道上的穿心电容如果匹配性不好,就可能产生差模干扰电流。

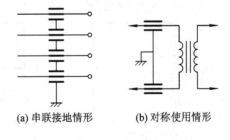

(a) 串联接地情形　　(b) 对称使用情形

图 5.85　射频电路中三端电容的使用

　　随着技术的进步,效果更为完善的滤波连接器已经出现。连接器或接插件类型包括圆形、矩形、单/双列直插、针形、管状等;内置滤波及防护元件的类型包括 π 型、L 型、C 型、T 型、双 T 型滤波器,TVS 管,压敏电阻,铁氧体磁体等;信号线数包括单芯和多芯。对高频干扰的典型衰减量在 10 MHz 时可达 20 dB,在 100 MHz 时为 80 dB。图 5.86 给出了一种单芯和一种多芯滤波连接器的结构图。图 5.87 比较了四种不同的输入线滤波方式,其中采用集成化的多芯滤波连接器效果最好。

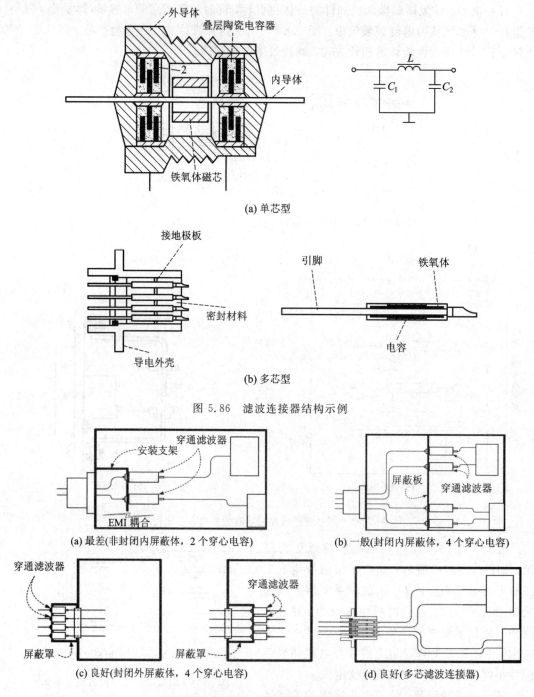

(a) 单芯型

(b) 多芯型

图 5.86   滤波连接器结构示例

(a) 最差(非封闭内屏蔽体, 2 个穿心电容)

(b) 一般(封闭内屏蔽体, 4 个穿心电容)

(c) 良好(封闭外屏蔽体, 4 个穿心电容)

(d) 良好(多芯滤波连接器)

图 5.87   不同输入线滤波方式的比较

图 5.88 的例子综合运用了屏蔽盒、电源去耦、三端电容、铁氧体磁环、串联电感等防护元件。其中, 1 μH 的电感与 1000 pF 的三端电容构成 Γ 型滤波器, 150 Ω 电阻有助于降低放大器去耦电容的容量; 各个放大器单元分别置于不同的屏蔽盒中, 并分别接地, 有利于减少它们之间的串扰。

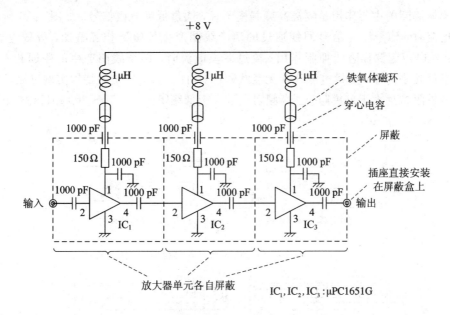

图 5.88　滤波、屏蔽、去耦方法的综合应用

5.4.3　共模扼流圈

对于强共模干扰的情形，要获得良好的干扰滤波效果，可能需要大电容或者大电感，但大电容对于电源线可能引起安全性方面的问题，对于信号线可能会引起信号完整性方面的问题，大电感还会有体积、重量、成本方面的问题。为此，可采用共模扼流圈（Common-Mode Chokes）。

共模扼流圈是将两个相同的线圈按照相同的圈数、孔径和绕线方向，绕在同一个铁氧体环上，如图 5.89 所示。

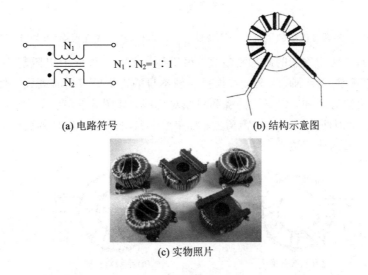

图 5.89　共模扼流圈的一般表述

共模扼流圈的主要作用是隔离高频共模干扰，通过低频差模信号。如图 5.90 所示，流过共模电流时，信号线与信号回线通过的两个线圈产生的磁通相互叠加，等效电感量加倍，对共模电流起到显著的抑制作用；流过差模电流时，两个线圈产生的磁通相互抵消，等效电感量几乎为零，差模电流几乎无衰减通过。由图 5.91 给出的特性实例可见，共模扼流圈的共模阻抗远大于差模阻抗，高频阻抗远大于低频阻抗，在 10～300 MHz 频段的共模抑制比可达 15～30 dB。

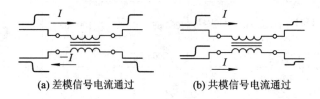

(a) 差模信号电流通过　　　　　(b) 共模信号电流通过

图 5.90　信号电流通过共模扼流圈

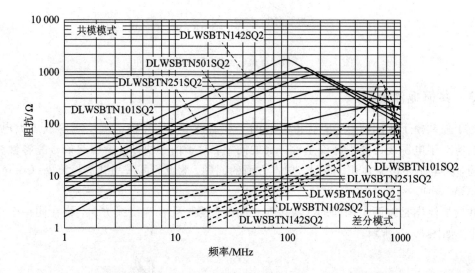

图 5.91　共模扼流圈的阻抗－频率特性示例(村田片式共模扼流圈 DLW5BT 系列)

共模扼流圈所使用磁芯的磁导率越高，线圈圈数越多，线圈的电阻越小，使用频率越高，则其共模抑制能力越强。此外，共模扼流圈本身的寄生电容对其高频特性有较大影响。共模扼流圈的绕法有两种，即双线并绕和单线对称绕，如图 5.92 所示。双线并绕法的平衡度高，节约空间，但两线间的绝缘距离近；如果将两线分别绕在磁环的两侧，绝缘距离远，但做大电感时需要的体积更大。

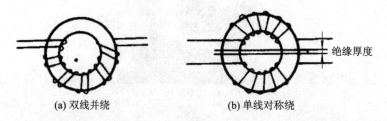

(a) 双线并绕　　　　　　　(b) 单线对称绕

图 5.92　共模扼流圈的绕法

共模扼流圈配合滤波电容,用于抑制交流电源高频共模干扰的实例如图 5.93 所示,线圈可绕在铁氧体磁棒上,也可以绕在铁氧体磁环上。

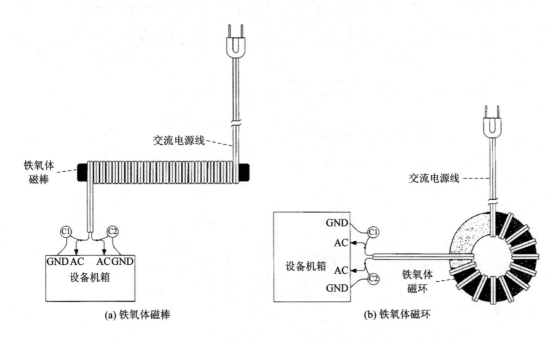

图 5.93　共模扼流圈用于交流电源共模干扰抑制

共模扼流圈使用时的主要限制是物理尺寸较大,成本较高,作为感性元件对外界磁场比较敏感。

5.4.4　市电交流滤波器

市电交流滤波器用于抑制来自交流供电线路的差模与共模干扰,也称 EMI 滤波器。这里以开关电源中用的市电交流滤波器为例,说明其电路的构成,如图 5.94 所示(注:图中虚线部分为 EMI 滤波器)。

在方案一中,C_1、C_2 用于抑制共模干扰,取值范围为 0.01~0.47 μF,耐压为 AC 250 V;共模扼流圈 L_1 有一定的抑制共模干扰的能力,取值范围为 1~10 mH(电源电流越大,取值应越大)。此方案电路简单,元件数少,但总体上抑制共模干扰能力偏弱。

方案二在方案一的基础上,增加 C_3、C_4 用于滤除共模干扰,其取值范围为 2200 pF~0.1 μF,取值上限受到电容漏电流及其安全性方面的限制。这一举措增强了抑制共模干扰的能力。

方案三进一步加强了对差模干扰的抑制能力。如果负载侧不平衡引发共模噪声,可增设 C_7(取值为 2200 pF)。

方案四采用两级共模扼流圈,具有最好的抑制干扰能力,如果将 L_2 和 L_1 的值从 2 mH增加到 8 mH,低频区的降噪效果会更好,但电感的体积会更大。此方案元器件众多,体积大。R_1 为 C_1 提供放电通道,也有利于抑制低频高 Q 值滤波器可能出现的振荡,如用压敏电阻代替,还可增加抗浪涌能力。

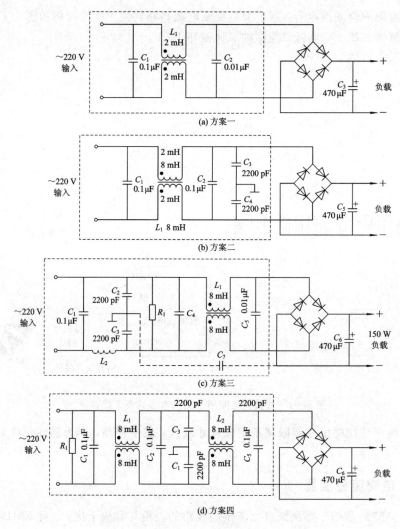

图 5.94　市电交流滤波器电路设计方案

图 5.95 给出了市电交流滤波器对高频干扰衰减量的实测曲线。

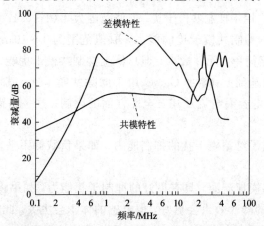

图 5.95　市电交流滤波器对高频干扰的抑制效果

市电交流滤波器的安装方式对使用效果有显著影响。为避免滤波器的输入对输出的干扰，输入线和输出线之间尽可能远离，不要交叉或平行，应可能在靠近地电位的地方布线，尽可能缩短输入线的长度。图 5.96 给出的都是不正确的安装方式。

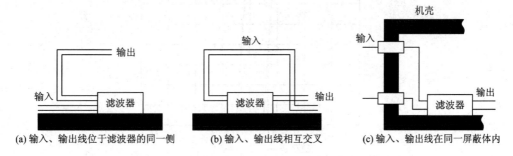

(a) 输入、输出线位于滤波器的同一侧　　(b) 输入、输出线相互交叉　　(c) 输入、输出线在同一屏蔽体内

图 5.96　市电交流滤波器输入线和输出线的不正确安装方式

市电交流滤波器应安装在屏蔽体上(见图 5.97(b))而非印制板上(见图 5.97(a))，最好的方式是与电源插座合为一体，安装在设备的金属背板上(见图 5.97(c))。目前，市电交流滤波器的模块化产品已经普及，它将共模扼流圈、滤波器、连接器、保险丝、开关做成一体，方便使用，简化系统设计，符合标准规范，也有利于降低成本。

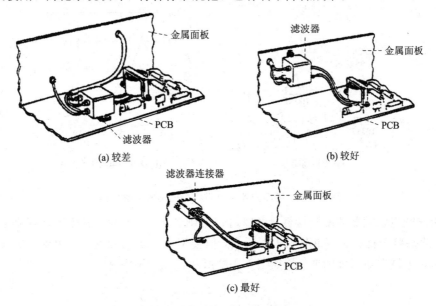

(a) 较差　　　　　　　　　(b) 较好

(c) 最好

图 5.97　市电交流滤波器的安装位置

5.4.5　施密特触发器

施密特触发器常用于改善信号完整性或者对信号整形，其作用可以视为将信号中的高频成分滤除。它的电路符号如图 5.98 所示。

从图 5.99 给出的施密特触发器输出电压随输入电压的变化曲线来看，它与普通反相器的差别是输入从高电平向低电平转换时的中点电压 U_{T}^{+} 与输入从低电平向高电平转换时的中点电压 U_{T}^{-} 不一致，形

图 5.98　施密特触发器的电路符号

成如同磁滞回线一般的直流电压转移特性，U_T^+ 和 U_T^- 之间的差叫做"磁滞"。

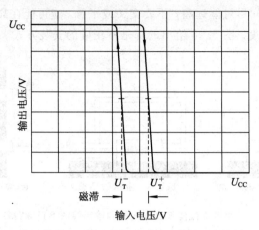

图 5.99 施密特触发器的输出—输入电压特性

施密特触发器可以用通用逻辑门搭建，也有单片产品。图 5.100 给出了一个用反相器和电阻构成的施密特触发器，其磁滞的大小由电阻比 R_2/R_1 决定。

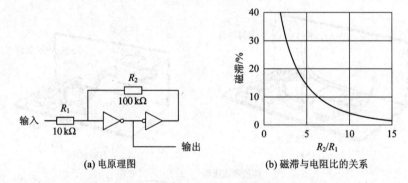

(a) 电原理图   (b) 磁滞与电阻比的关系

图 5.100 用反相器和电阻构成的施密特触发器

利用施密特触发器的磁滞特性，可以对带毛刺、振荡、上冲、下冲等不规则波形进行整形，消除高频干扰分量，如图 5.101 所示，但会引入一定的延迟。利用施密特触发器还可实现非矩形波向矩形波的变换，如图 5.102 所示。

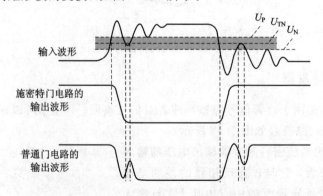

图 5.101 施密特触发器用于信号整形

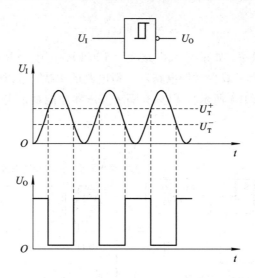

图 5.102　施密特触发器用于正弦波－矩形波转换

5.5　隔　离　元　件

5.5.1　隔离变压器

隔离的作用在第 4 章中已经介绍。专用隔离元件的主要作用是使电路的一部分与另一部分在不共地、不共电源的条件下实现相互之间的电信号传输，常见的有隔离变压器、光电耦合器、继电器等。例如，在图 5.103 所示的场景中，工业现场电路可能出现各种强烈的干扰，而微机控制电路极容易被这些干扰所影响，为此就可采用隔离变压器实现工业现场电路和微机控制电路之间不共地、不共电源，从而抑制了来自公共地、公共电源的干扰。

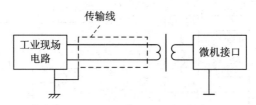

图 5.103　隔离变压器用于隔离工业现场电路与微机控制电路

隔离变压器利用电－磁－电转换实现不共地隔离，适合传输高精度模拟信号，可阻挡低频干扰（如电机、灯具、供电线上的干扰），但对高速浪涌或静电脉冲的隔离作用较弱。一般而言，隔离变压器的模拟信号传输精度可达 12～16 bit，对上升或下降时间大于 300 ns 且频率在 100 kHz 以下的低频、中低速信号隔离效果达到 30～100 dB，但因其初、次级间有杂散电容存在，对上升或下降时间短于 10 ns 的高速脉冲难以起到隔离的作用。另外，相对于光电耦合器而言，隔离变压器的耐压相对较低，尺寸和重量较大。

在数/模混合电路中，时钟抖动会降低模拟电路的信噪比 SNR。SNR 与时钟抖动均方根值 t_j 的关系可表示为

$$\text{SNR} = 20 \log\left(\frac{1}{2\pi f t_j}\right) \tag{5-1}$$

式中，f 是模拟信号的频率。如果 $t_j = 50$ ps，$f = 100$ kHz，则 SNR $= 90$ dB，此时动态范围被限制在 15 bit 以内。为了减少时钟电路对模拟电路的干扰，可以采用隔离放大器或者缓冲器来进行隔离（如图 5.104 所示），但只有隔离变压器才能真正实现数字电路与模拟电路不共地。

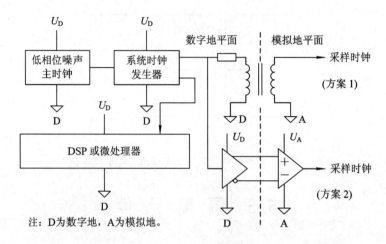

图 5.104　隔离变压器用于隔离时钟产生电路与模拟电路

　　影响变压器对高频干扰的隔离效果的主要因素是变压器初、次级之间的寄生电容。如图 5.105 所示，初、次级之间的杂散电容 C_F 使来自输入级（如交流电网）的高频噪声干扰被耦合到输出级。如果在变压器初、次级绕组之间加屏蔽层，则屏蔽层与变压器初级之间的电容 C 使来自输入级的高频噪声干扰被旁路到地，从而阻挡了高频干扰的传播。

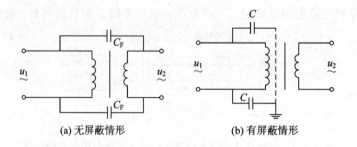

图 5.105　变压器屏蔽层的作用

　　变压器的接地方法对隔离效果也有一定的影响。如果变压器无屏蔽层，则建议将次级接到安全地（如图 5.106(a) 所示），有利于抑制地线－中线干扰。如果采用单层屏蔽，则有两种接地方法：一是将屏蔽层接到安全地（如图 5.106(b) 所示），有利于抑制共模干扰；二是将屏蔽层接到初级中线（如图 5.106(c) 所示），有利于抑制差模干扰。如果采用三层屏蔽，则建议屏蔽层分别接到初级中线、安全地和次级中线（如图 5.106(d) 所示），可抑制各种干扰。

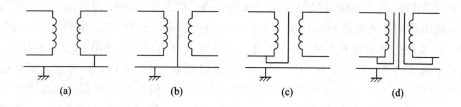

图 5.106 变压器的接地方法

除了限压元件之外，隔离元件也能起到一定的防雷作用。雷击时，设备外部的线缆上可感应的对地共模过电压作用在隔离元件的初级和次级之间，只要隔离元件两侧不共地，而且本身不被绝缘击穿，雷击过电压就不能够转化为过电流进入设备内部，设备内部的电路或者器件就得到了保护。在这种情况下，线路上只需考虑差模保护，从而大大简化了防护电路的设计。隔离元件根据电路情况，可选用变压器、光电耦合器和继电器等。

图 5.107 是联合应用限压元件和隔离变压器对通信线路进行防雷保护的一个例子。防雷击用变压器的初、次级间绝缘耐压一般应大于 4 kV，变压器的冲击耐压值(适用于雷击)可根据直流耐压值或交流耐压值换算出来。大致的估算公式为：冲击耐压值＝2×直流耐压值＝3×交流耐压值。为避免初、次级间的分布电容影响隔离效果，应在变压器初、次级之间加静电隔离层。

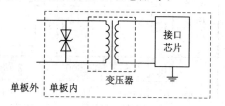

图 5.107 利用限压元件和隔离变压器对通信线路进行防雷保护

在电子设备中，变压器除了隔离防护外，还能起到电压变换、阻抗变换、信号驱动能力提升、信号质量改善等作用。

5.5.2 光电耦合器

1. 类型参数

光电耦合器(以下简称"光耦")利用电－光－电转换实现隔离，耐压高(4～7 kV)，既能抗电干扰也能抗磁干扰，物理尺寸小(可制成表贴元件)，重量轻，相对便宜，便于安装，实现成本较低，使用频率高于变压器(上升或下降时间小于 50 ns)，对 DC～100 MHz 干扰信号的隔离效果达 20～100 dB，但传输模拟信号时线性差，速度也受其输入－输出端电容的限制，适合高电压数字信号传输和开关浪涌抑制，不适用于高精度模拟电路。光耦的隔离作用如图 5.108 所示。

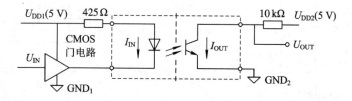

图 5.108 光电耦合器的隔离作用

　　标准型光耦的内部由输入级的发光二极管和输出级的光敏晶体管构成。为了提高光耦的性能，输出级的感光元件可以由更高性能的元器件代替。如表 5.11 所列，低功耗型光耦的感光元件采用达林顿连接的光电晶体管，可使输入电流低至 1 mA 以下，转换效率高，但速度慢，输出饱和压降大，只能用于 CMOS 接口而非 TTL 接口；高速型光耦的感光元件为 PIN 二极管，光电流经晶体管放大后输出，速度快，但变换效率低；超高速型光耦的感光元件与数字或放大电路集成到一块芯片上，可同时实现高效率和高速率，工作频率可达 10 MHz 以上。这四种光耦的典型应用电路如图 5.109 所示。

表 5.11　光电耦合器的常见类型

类型		标准型	低功耗型	高速型	超高速型
内部电路构成		TLP531	TLP571	TLP551	TLP552
主要参数	I_C/I_F(%)	50～600	2000(typ)	30(typ)	1000(typ)
	$I_{C/(max)}$/mA	50	150	8	50
	t_{ON}/μs	2(typ)	3(typ)	0.3(typ)	0.06(typ)
	t_{OFF}/μs	20(typ)	100(typ)	1(typ)	0.06(typ)

注：I_C 为输出电流，I_F 为输入电流，t_{ON} 是导通时间，t_{OFF} 是关断时间。

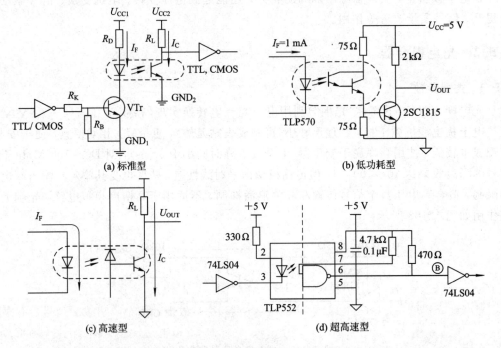

(a) 标准型　　　　　　　　　　(b) 低功耗型

(c) 高速型　　　　　　　　　　(d) 超高速型

图 5.109　光电耦合器的典型应用电路

2. 应用实例

光耦在电路中的主要作用是通过去除地环路使输入回路与输出回路不共地，从而防止共模电压耦合、共地公共阻抗耦合、瞬态过压影响等。图 5.110 是光耦在长线传输中的应用实例。在图 5.110(a)所示的原方案中，长线两端的电路共地、共电源，因此信号传输线与电源线和地线构成面积很大的环路，极易感应外界干扰信号，形成环路电流，产生噪声，而且使用平行双线导致传输过程中的电磁兼容性差。如果采用图 5.110(b)所示的改进方案，利用光电耦合器使长线两端的电路不共地、不共电源，切断了公共环路，同时使用双绞线取代原来的平行双线，可显著提高信号传输过程中的抗干扰能力。

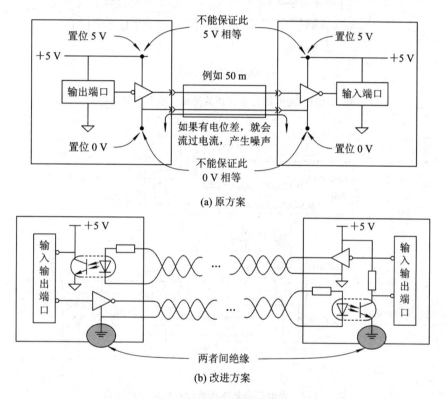

(a) 原方案

(b) 改进方案

图 5.110　光电耦合器在长线传输系统中的应用

在工业现场采集开关量的时候，可采用光电耦合器使开关侧的 +24 V 电源与内部信号处理电路的 +5 V 电源不共地，如图 5.111(a)所示，从而可以隔离来自地线的干扰。在现场噪声环境十分恶劣或者传输距离特别长的情况下，可采用图 5.111(b)给出的强电大信号传输方式，光耦的输入侧和输出侧均接有 RC 低通滤波器，结合输出端的施密特触发器，滤除残余的共模噪声。

光耦亦可用于模数或数模转换电路中输入与输出的隔离。如图 5.112 所示，利用三个光电耦合器实现了 16 位 ADC(PCM78AP)的模拟输入与数字输出的隔离，使二者不共地。

光电耦合器的主要不足是输入—输出线性度较差，故更适用于隔离数字信号，不太适用于模拟电路，有时可用于幅度小于 10 mV 的小信号模拟电路，也不能用于传输 DC/AC 功率。光耦自身有一定的功耗，其电流传输比 CTR(开态下输入电流 I_F 与输出电流 I_C 的比值)通常为 $10\% \sim 80\%$，而且速度越快，CTR 越低。

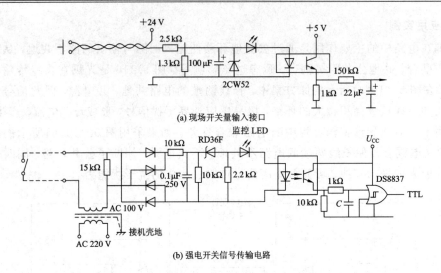

(a) 现场开关量输入接口

(b) 强电开关信号传输电路

图 5.111　光电耦合器在开关量输入通道中的应用

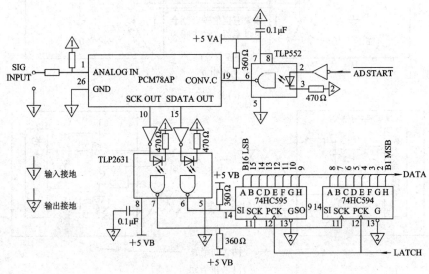

图 5.112　光电耦合器在模数混合电路中的应用

光耦的隔离度随频率的上升而下降，如直流时为 120 dB，30 MHz 时有可能下降为 20～30 dB，这是因为其输出－输入之间有约 2 pF 的耦合电容。如图 5.113 所示，在 LED 与光敏晶体管之间存在的耦合电容 C_P 影响了其隔离效果。如果在初级与次级之间加入静电屏蔽层，可显著减少耦合电容的影响，使其共模电流至少下降一个数量级。实测结果表明，未加屏蔽层时，可抗 10～50 V_{peak}、1000 V/ms 的浪涌电压；加了屏蔽层后，可抗 1500 V_{peak}、30 000 V/ms 的浪涌电压。

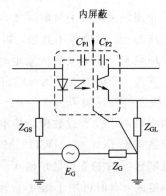

图 5.113　光电耦合器初、次级耦合电容的影响

5.5.3 固态继电器

固态继电器（SSR，Solid-StateRelay）是由隔离器件（光电耦合器或高频变压器）、集成芯片、功率开关器件（晶闸管、IGBT 等）和分立元件构成的无触点电子开关，与电磁继电器功能相似，可实现输入－输出端的电气隔离。

固态继电器按负载类型，可分为交流型、直流型和交直两用型。交流型按控制触发信号的形式，又可分为随机型和过零型，不可错用。

与电磁继电器相比，固体继电器的优点有：可靠性高，因为无机械运动部件，耐振动与机械冲击能力强；灵敏度高，因为驱动功率低，输入电流可低至 10 mA，输入电压与 CMOS/TTL 逻辑电路电平兼容，无需驱动转换器；电磁兼容性好，因为无输入电感线圈和机械开关触点，可实现交流负载的过零控制；转换快速，延迟时间可短至几十微秒级。

与电磁继电器相比，固体继电器的缺点有：输出导通时仍存在一定的压降，一般为 1～2 V；输出关断时仍有一定的漏电流，可达数毫安；输出抗过载能力较差，且与环境温度相关性强，需在内外部进行过载保护，电流超过 5 A 时要加装适当面积的散热器，额定电流应达到负载电流的 3～4 倍；多数情况下交直流不能通用。

交流过零导通型固态继电器的内部构成如图 5.114(a)所示。光耦用于实现输入与输出的电隔离；过零电路用于控制晶闸管，使负载在零电压处导通、零电流处关断；晶闸管完成功率开关控制；吸收电路用于防止来自交流电源的尖峰电流、浪涌电流对晶闸管的冲击和干扰。图 5.114(b)给出了继电器内部电路的一个实例。

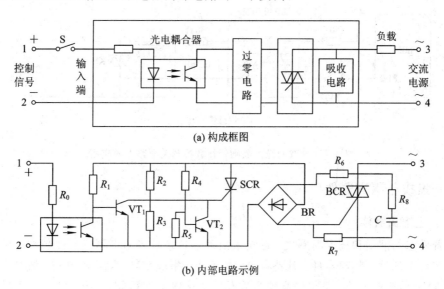

(a) 构成框图

(b) 内部电路示例

图 5.114　交流过零导通型固态继电器的内部构成

如果将开关控制用的晶闸管与光耦做在一起，就构成了所谓光控晶闸管，如图 5.115 所示。此类器件的输出耐压远高于一般光耦，可达 400～600 V，而一般光耦约为数十伏，输入电流可低至 15 mA，输出电流可达 1 A，主要用作隔离型的高压直流开关和高压交流开关。

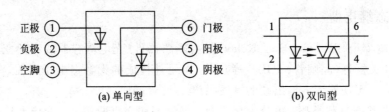

图 5.115　光控晶闸管

图 5.116 给出了双向光控晶闸管(型号为 MOC3021)在数控开关电路中的应用实例。在图 5.116(a)所示的电阻性负载电路中,R_1 的作用是限制流过 MOC3021 输出端的电流不要超过其额定值 1 A。在图 5.116(b)所示的电感性负载电路中,有可能因 $\mathrm{d}v/\mathrm{d}t$ 过大,超出晶闸管允许的范围,造成其误导通,为此接入 R_2、C_1 来限制 $\mathrm{d}v/\mathrm{d}t$,其值应根据负载电流的大小以及电感的大小而定。

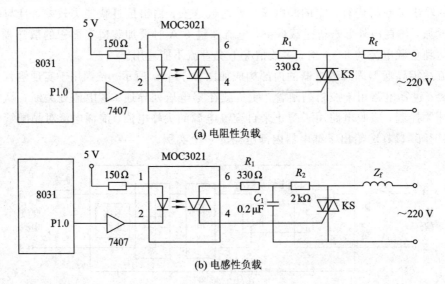

图 5.116　双向光控晶闸管在数控开关电路中的应用

5.5.4　集成化隔离器件

1. 片上隔离器件

随着需求的推动和技术的发展,近年来出现了越来越多的将隔离元件与相关电路做在一块硅芯片上的片上隔离器件。其特点是:体积小,集成度高;隔离性能好,隔离电压可达 2.5~4 kV;传输速度快,可传输高速数字信号,传输速率可超过 100 Mb/s,上升时间可超过 25 kV/μs。

片上隔离器件根据隔离元件的类型可分为变压器耦合型和电容耦合型,根据规模和功能又可分为单通道和多通道、单向和双向等。图 5.117 给出了变压器耦合型和电容耦合型片上隔离器的应用实例。图中虚线内是片上隔离器。其中,电容耦合型采用高压 SiO_2 电容作为 DC 隔离、AC 耦合元件,与感性元件以及光耦比,更适合传输高速、高频信号。

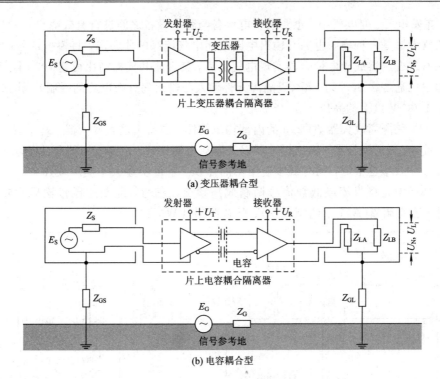

(a) 变压器耦合型

(b) 电容耦合型

图 5.117 片上隔离器的类型

片上隔离器既可作为独立芯片，也可集成到隔离放大器、缓冲器、数据总线收发器等芯片中。图 5.118 给出了三个应用实例。其中，数字隔离器用于高速数字传输，隔离放大器用于精密测量、医学器件与设备等，隔离线驱动器/接收器用于 RS-422、RS-455 等数据线。

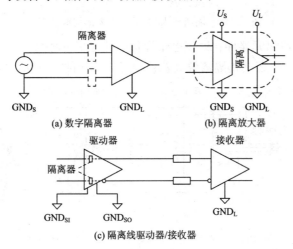

(a) 数字隔离器 　　(b) 隔离放大器

(c) 隔离线驱动器/接收器

图 5.118 片上隔离器的应用

2. 隔离放大器

隔离放大器是集成化隔离器件的代表作，它主要应用于环境恶劣的工业现场数据采集以及安全性要求极高的医疗电子设备中。工业仪表经常工作在高温、高湿、强电磁干扰等恶劣环境中，强干扰信号或高压感应脉冲容易通过传感器、二次仪表或者传输线窜入系统。医疗电子设备中的传感器往往要与患者直接接触。若设备意外带电，有可能给患者带来危害。在发电厂、变电所中，也要求弱电设备与强电设备之间进行有效隔离。

隔离放大器是一种输入电路与输出电路之间电气绝缘的放大器，将模拟信号的输入端与输出端通过变压器或光电耦合器实现电气隔离，其直流共模抑制比可达 100 dB 以上，交流共模抑制比通常在 80～110 dB(受隔离元件输入与输出间分布电容的限制)，输入－输出间可承受 1500 V 以上的高压。

图 5.119 是隔离放大器 AD215 的内部构成框图，主要由输入放大器、调制器、隔离变压器、解调器、低通滤波器、输出缓冲器以及隔离电源构成。由于变压器不能传输直流，传输低频信号时效率也很低，同时低频变压器的体积、重量明显大于高频变压器，因此隔离放大器内部通常先将直流或低频信号调制成高频交流信号，经变压器传输后，再解调复原，调制方法有调幅(AM)、调频(FM)、脉宽调制(PWM)等。

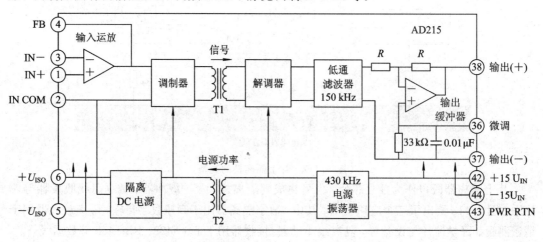

图 5.119　隔离放大器 AD215 内部构成框图

图 5.120 给出了隔离元器件在医疗电子设备中的应用示意图。除了利用变压器隔离供电电源与内部电路之外，还利用隔离放大器使与患者接触的探头部分同内部电路隔离。

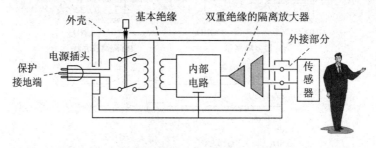

图 5.120　隔离元器件在医疗电子设备中的应用

隔离放大器的缺点体现在两个方面：一是价格高；二是因内部采用调制方式，其固有噪声大于一般运算放大器。如果采用多级放大器，则应将噪声大的隔离放大器放到增益大的运算放大器之后，而非之前，以免噪声被放大。在图 5.121 给出的例子中，如果隔离放大器在运算放大器之前，则输出噪声为 301 mV$_{rms}$；如果隔离放大器在运算放大器之后，则输出噪声将降至 30.1 mV$_{rms}$。

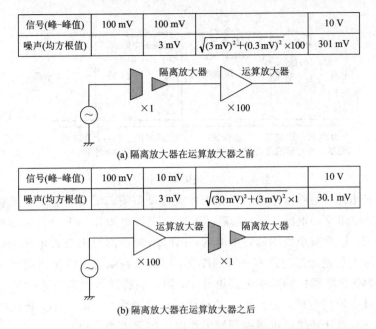

信号(峰-峰值)	100 mV	100 mV		10 V
噪声(均方根值)		3 mV	$\sqrt{(3\,\text{mV})^2+(0.3\,\text{mV})^2}\times100$	301 mV

(a) 隔离放大器在运算放大器之前

信号(峰-峰值)	100 mV	10 mV		10 V
噪声(均方根值)		3 mV	$\sqrt{(30\,\text{mV})^2+(3\,\text{mV})^2}\times1$	30.1 mV

(b) 隔离放大器在运算放大器之后

图 5.121　隔离放大器在多级放大器中的位置

5.6　综　合　应　用

在实际的电路设计中,可根据具体情况对以上介绍的各类防护元件灵活选用、优化组合,以达到更全面、更有效、更均衡的防护效果。

5.6.1　多级浪涌保护

在规模大、层次多、结构复杂的电子系统中,可同时采用不同类型的浪涌防护元件进行多级的浪涌保护。越往后级,要求箝位电压越低,电流通流量越小,响应速度越快。前、中、后级使用的防护元件类型不能颠倒,否则会适得其反。也不能将保护级别不同的浪涌防护元件直接并联使用,否则就会烧毁通流量小或者保护电压低的防护元件,中间必须串联限流元件(电阻、电感、PTC 等)。

最常见的三种瞬变电压抑制元件特性从优到劣的排列如下:

响应速度:TVS→压敏电阻→气体放电管;

通流能力:气体放电管→压敏电阻→TVS;

寄生电容:压敏电阻→TVS→气体放电管;

反向漏电流:压敏电阻→TVS→气体放电管。

因此,对于电子系统的抗浪涌保护,从外接端口到内部电路的一般次序是:气体放电管→压敏电阻→TVS。

图 5.122 给出了一个三级浪涌保护架构。第一级采用金属熔丝作过流保护,气体放电管作避雷保护和过压保护;第二级用限流电感或铁氧体磁珠抑制高频干扰电流,用压敏电阻抑制瞬态电压;第三级用限流电阻或正温度系数热敏电阻作过流、过热保护,用 TVS 管作浪涌电压保护。

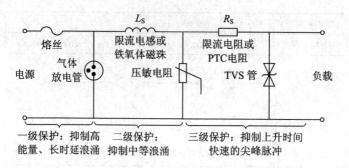

图 5.122　三级浪涌保护示意图

　　在浪涌保护电路中，限流电感的线圈应在流过设备的满配工作电流时能够正常工作而不会过热。尽量使用空心电感，因为带磁芯的电感在过电流作用下会发生磁饱和。线圈应尽可能绕制单层，以便减小线圈的寄生电容，同时增强线圈对瞬态过电压的耐受能力。绕制电感线圈导线上的绝缘层应具有足够的厚度，以保证在瞬态过电压作用下线圈的匝间不致发生击穿短路。在电源口的防护电路设计中，限流电感通常取值为 $7\sim15\ \mu\mathrm{H}$。可以用一定长度的馈电线来取代电感，通常 $1\ \mathrm{m}$ 长导线的电感量为 $1\sim1.6\ \mu\mathrm{H}$，导线的通流能力通常高于线圈电感，而且其线径可根据满配工作电流的要求来选择。

　　限流电阻的阻值应适当，不宜过大，也不宜过小。如果前级限压元件的触发电压为 U_1，后级限压元件的触发电压为 U_2，后级限压元件的最大通流量为 I_2，则限流电阻的取值应为 $R\geqslant(U_1-U_2)/I_2$。限流电阻的功率应能够承受可能出现的最大瞬态功率的冲击。

　　在图 5.123 给出的入户电子线路三级浪涌保护实例中，户外部分采用 GDT 进行避雷保护以及高能量、较慢的浪涌脉冲的抑制，入户后先采用限流隔离元件阻挡外部浪涌干扰的侵入，在电子设备入口处再用 TVS 管进一步消除残余的高速浪涌脉冲。注意，前二级保护无法消除瞬态脉冲尖峰，所以最后一级的 TVS 保护是不可或缺的。

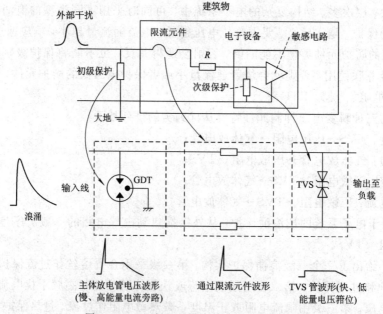

图 5.123　入户电子线路三级浪涌保护示例

5.6.2　差分电路保护

差分元件的保护应考虑既能抑制差模干扰,也能抑制共模干扰,同时应尽量降低对电路负载的影响,尽量减少防护元件的指标要求。

差分电路的瞬变电压抑制保护可以采用图 5.124 所示的三种方案。在图 5.124 中,(a)方案只需 2 个防护元件,但差模保护电压是共模保护电压的 2 倍;(b)方案需要 3 个防护元件,差模与共模保护电压相同,但信号线负载为 2 个防护元件。若每个防护元件的电容为 C,则线－线和线－地电容为 $1.5C$;若线－线和线－地所需的保护电压为 U,则要求每个防护元件的保护电压亦为 U;(d)方案也需 3 个防护元件,差模与共模保护电压相同,信号线负为 1 个防护元件,但所有防护元件的电压值减小到前一方案的 $1/2$。若每个防护元件的电容为 C,则线－线和线－地电容为 $0.5C$。若线－线和线－地所需的保护电压均为 U,则要求每个防护元件的保护电压为 0.5 V。

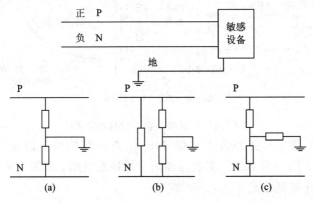

图 5.124　差分电路浪涌保护元件的接法

图 5.125 是高速差分线保护方案,可限制任一差分信号线对地的电压。其中,VD_1、VD_2、VD_3、VD_4 可采用结电容小的快恢复二极管,对响应速率影响小。这四个二极管的性能(如响应速率、导通电阻等)应尽量一致,否则会引入差分干扰。

图 5.126 是室外防雷击差分线保护方案,使用的防护元件为气体放电管、PTC 电阻和压敏电阻。

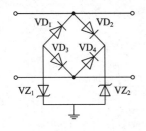

图 5.125　高速差分线保护方案

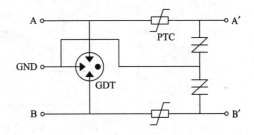

图 5.126　室外防雷击差分线保护方案

5.6.3　宽频干扰抑制

如果需抑制的干扰频率范围很宽,使用单一滤波元件无法达到这么宽频率范围的滤波效果,就必须采用不同的滤波元件进行组合。光电耦合器和隔离变压器适合传输高频信号，抑制低频信号；共模扼流圈适合传输低频信号，抑制高频信号。因此，将光电耦合器或隔离变压器与共模扼流圈组合应用，即可抑制宽频率范围的噪声干扰。图 5.127 就是依此给出的宽频率范围共模干扰抑制方案，可见在 1 MHz～1 GHz 这么宽的频率范围内，共模抑制比均可达到 60 dB。

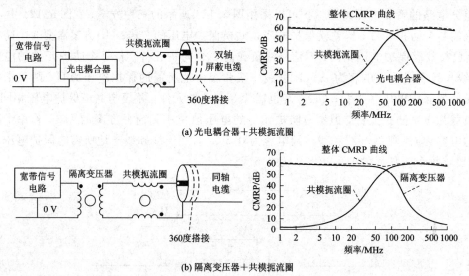

(a) 光电耦合器＋共模扼流圈

(b) 隔离变压器＋共模扼流圈

图 5.127　宽频共模干扰抑制方案

10/100Base‑T 是信号速率为 10/100 Mb/s、双绞线传输的以太网（LAN/WAN）标准。图 5.128 给出了 10/100 Base‑T 收发器的干扰抑制电路，采用了隔离变压器＋光电耦合器的宽频共模干扰抑制方案。

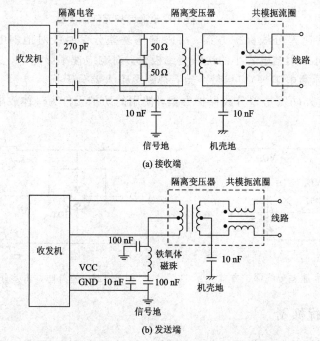

(a) 接收端

(b) 发送端

图 5.128　10/100 Base‑T 收发器的干扰抑制电路

5.6.4 片内外静电保护的配合

由于集成电路工艺尺寸、器件类型以及面积成本等限制,片内静电保护电路的耐压、电流容量等受到很大限制,无法完全满足系统防静电要求,故需增加片外静电保护电路。片外静电保护可以采用二极管、电阻以及 5.2 节介绍的 TVS、PESD、SPA 等专用瞬变电压保护元件。理想的片外静电保护电路设计需要知道片内静电保护电路的参数,但通常从芯片的产品手册上很难得到。

片外静电保护电路需要比片内先导通,而且具备更大的电流容量,故采用与片内相同的器件(如 PN 结二极管)无法达到要求。在图 5.129(b)所示的电路中,采用比 PN 结二极管导通电压更低、速度更快的肖特基二极管,可使片外静电保护电路比片内静电保护电路先启动。在图 5.129(c)所示的电路中,采用片外限流电阻 R,使片外静电保护电路的泄放电流 I_1 远大于片内静电保护电路的泄放电流 I_2,从而实现对片内静电保护电路的保护。

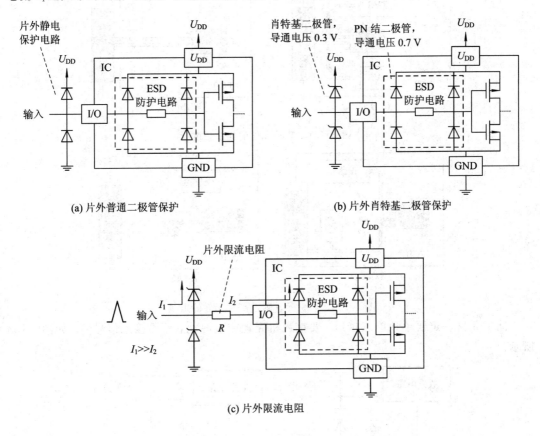

(a) 片外普通二极管保护   (b) 片外肖特基二极管保护

(c) 片外限流电阻

图 5.129 片内与片外静电保护电路的配合

5.6.5 印制电路板设计要点

在设计印制电路板(PCB)时,防护元件要尽可能靠近 PCB 的 I/O 口,防止浪涌经过PCB 内部区域,如图 5.130 所示。

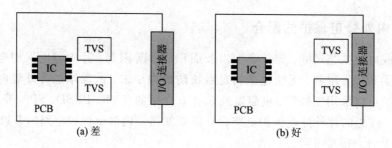

图 5.130　防护元件与被保护器件的相对位置

防护元件与 I/O 口之间的连线要尽量短，一定要短于 I/O 口距离 IC 芯片的距离，以防浪涌先到达 IC 芯片而非防护元件，如图 5.131 所示。防护元件附近的高频信号（如时钟信号）相关的走线也要尽量短，以防走线寄生电感引发辐射，如图 5.132 所示。

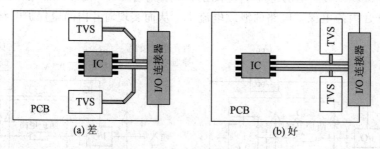

图 5.131　防护元件的连线长度

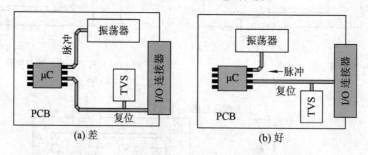

图 5.132　防护元件附近高频元件的走线

防护元件一定要单独单点接地，要接入机壳地或电源地，不要接入信号地，如图5.133所示。

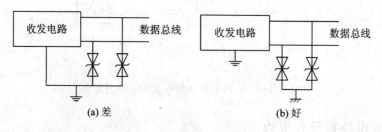

图 5.133　防护元件的接地

TVS 引线的寄生电感（L_1、L_2、L_3）有可能引起"过冲"效应，导致箝位电压升高，保护效能降低，如图 5.134 所示。因此，与 TVS 相连的 PCB 走线应尽量短，同时尽可能采用表面贴装而非引线插装，使引线电感尽量小。

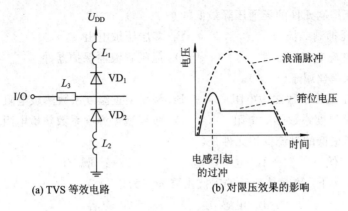

图 5.134　TVS 引线寄生电感的影响

本 章 要 点

◆ 作为瞬态电压抑制元件，TVS 管适用于高频、高速电路和器件级防护，压敏电阻适用于高低压电器、中低速电路和部件级防护，气体放电管适用于大型设备的一次防护和避雷防护。多层压敏电阻、硅保护阵列、硅聚合物静电防护器件和晶闸管浪涌保护器等新型元件，提升了瞬态电压抑制元件的性能和集成度，拓展了它们的应用范围。

◆ PTC 热敏电阻和 NTC 热敏电阻在电路中的灵活应用，可起到防过热、防超温和防过电流的作用。聚合物熔丝的可恢复性以及电子熔丝防过热、过压、过流的多重功能，是传统金属熔丝所不具备的。

◆ 铁氧体磁珠无需有线连接的使用方式以及三端电容器与接插件的有效结合，都极大地提高了滤波元件的易用性，抑制高频干扰效果显著。共模扼流圈、市电交流滤波器和施密特触发器均可起到滤除高频干扰的作用，但各自的应用场合有所不同。

◆ 隔离变压器、光电耦合器和固体继电器均能不共地隔离，但适用条件有所不同。隔离变压器适用于较低频模拟电路，光电耦合器适用于高频数字电路，固体继电器只能用于开关电路。以隔离放大器为代表的片上隔离器件是隔离元件与集成电路的有机结合。

◆ 专用防护元件种类繁多，应针对实际应用场合选择最合适的元件类型及参数，并将不同的元件优化组合，均衡配置，以达到最佳的使用效果。

综 合 理 解 题

在以下问题中选择你认为最合适的一个答案（注明"可多选"者除外）。

1. 瞬变电压抑制元件的导通电压应（可多选）（　　）。

A. 低于被保护器件的工作电压　　　B. 高于被保护器件的工作电压

C. 低于被保护器件的极限电压　　　D. 高于被保护器件的极限电压

2. 瞬变电压抑制元件的响应速度最快的是（　　）。

A. 瞬变电压抑制二极管　　　　　　B. 压敏电阻

C. 气体放电管　　　　　　　　　　D. 晶闸管浪涌保护器件

3. 瞬变电压抑制元件的导通压降最低的是(　　　)。

A. 瞬变电压抑制二极管　　　　　　　B. 多层压敏电阻

C. 硅聚合物静电抑制器件　　　　　　D. 晶闸管浪涌保护器件

4. 自恢复保险丝属于(　　　)。

A. 突变型正温度系数热敏电阻　　　　B. 缓变型正温度系数热敏电阻

C. 突变型负温度系数热敏电阻　　　　D. 缓变型负温度系数热敏电阻

5. 导通电阻最低的过流保护元件是(　　　)。

A. 聚合物熔丝　　　　　B. 电子熔丝　　　　　C. 金属熔丝

6. 在高频情况下，铁氧体磁珠的阻抗主要表现为(　　　)。

A. 电阻　　　　　　　　B. 电感　　　　　　　C. 电容

7. 三端电容器高频滤波效果好的主要原因是(　　　)。

A. 体积小　　　　　　　　　　　　　B. 可与接插件一体化

C. 利用引线电感或增加嵌入电感

8. 共模扼流圈的主要作用是(　　　)。

A. 抑制差模低频干扰　　　　　　　　B. 抑制差模高频干扰

C. 抑制共模低频干扰　　　　　　　　D. 抑制共模高频干扰

9. 如果要实现高精度模拟信号的不共地传输，最合适的隔离元件是(　　　)。

A. 隔离变压器　　　　　　　　　　　B. 光电耦合器

C. 继电器　　　　　　　　　　　　　D. 固态继电器

10. 如果要实现宽频带的干扰抑制，推荐的滤波元件组合为(可多选)(　　　)。

A. 隔离变压器＋光电耦合器　　　　　B. 隔离变压器＋共模扼流圈

C. 光电耦合器＋共模扼流圈

第6章

重要电路与元器件的防护设计

善于治家者，尚其防患于未然哉。

——清·程麟《此中人语·成衣匠》

　　电子产品中使用的电路类型和元器件种类繁多，其中部分电路和元器件的可靠性保障相对更为重要，这体现在关键性和敏感性两个方面。关键性是指这些电路和元器件在很大程度上决定了整个产品的可靠性，敏感性是指这些电路和元器件的特性更容易受到外界过应力或干扰的影响。这些电路或元器件包括易形成干扰的高速数字电路和感性负载开关电路，易被干扰的放大器，兼具易产生干扰和易被干扰特性的数模混合电路和电源电路，作为电子设备核心器件的微处理器，作为电路与外部之间界面的电缆和接口，以及电子与机械的混合部件继电器等。本章将对此类电路和元器件的防护设计做专门介绍，可以看做第4章和第5章介绍的防护方法的具体应用。

6.1　高速数字电路的防护设计

6.1.1　去耦设计

　　如 3.2.2 节所述，在以 CMOS 电路为代表的高速数字电路中，在电源线和地线中会产生穿通浪涌，在负载线中会产生负载浪涌，而且所产生的浪涌电流可通过引线寄生电感转换为浪涌电压，从而对相关元器件造成危害。本节将针对此类浪涌，介绍从设计角度出发的防范方法。

1. 去耦电容的作用

　　抑制数字电路开关浪涌最有效的方法是在电源与地之间串接电容，增加电源和地的交流耦合，这一作用叫"去耦"。同时，电容也会给高频交流信号提供低阻抗通路，缩小高频环路面积，这一作用叫"旁路"。前者需具备足够的瞬态电流容量，因此容值相对偏大，用于可靠性防护；后者需具备足够的高频上限频率，无需具备足够的瞬态电流容量，因此容值相对偏小，用于电磁兼容性加固。在实际情况下，只要电容的类型和参数选择合适，去耦电容和旁路电容就可以合二为一。

　　去耦电容为 CMOS 数字集成电路(IC)的开关浪涌电流提供泄放通道的情形可参见图

6.1。在图 6.1(a)中，去耦电容 C_d 为穿通电流提供泄放通道；在图 6.1(b)中，对负载充电时，去耦电容 C_d 为负载电流提供电荷，对负载放电时，C_d 则起着接收负载施放的电荷的作用。

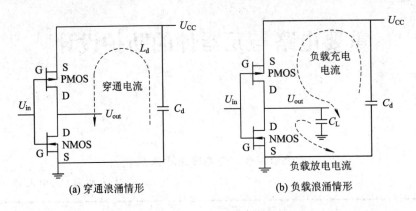

(a) 穿通浪涌情形　　　　　　　　　(b) 负载浪涌情形

图 6.1　去耦电容为数字 CMOS 电路的开关浪涌电流提供泄放通道

从图 6.2 给出的测试实例来看，无去耦电容时，电源电流中的直流成分与瞬变成分均通过电源线和地线，形成浪涌电压，并构成大面积的高频电流环路，电源电压的高频干扰很大，如图 6.2(a)所示。加上去耦电容后，电源电流中的瞬变成分均通过去耦电容旁路，不再通过电源线和地线，并大大缩小了高频电流环路面积，电源电压的高频干扰很小，基本为纯净的直流电源电压 1.5 V。图 6.3 给出了类似的规律，不加去耦电容时的电源电压波动最高为 65%，加去耦电容时的电源电压波动最高为 27%。

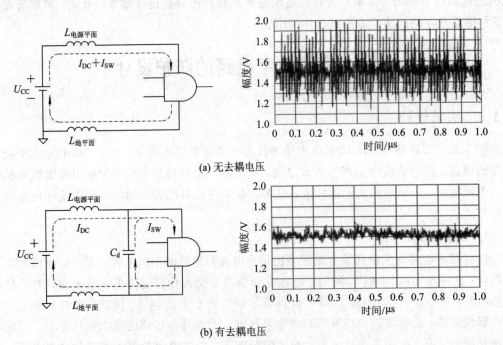

(a) 无去耦电压

(b) 有去耦电压

图 6.2　去耦电容对数字 IC 电源电压干扰的实测结果

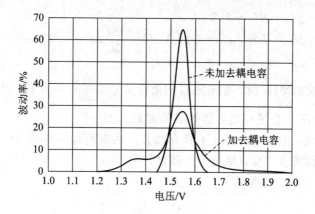

图 6.3　数字 IC 的 1.5 V 电源电压波动统计分布

2. 去耦电容的选用

图 6.4 用漫画的形式生动地诠释了去耦电容的选用原则。如何正确选用去耦电容的类型和容量呢？对于一个给定的数字 IC，去耦电容的容量可以按以下公式估算：

$$C = \frac{\Delta I}{\Delta U}\Delta t \tag{6-1}$$

式中，ΔI 是数字 IC 开关电流与静态电流之差，Δt 是数字 IC 的开关时间（即输出信号上升沿或下降沿宽度），ΔU 是数字 IC 正常工作允许的电源电压变化最大值。同时，要保证在

$$f_{max} \leqslant \frac{1}{\pi \Delta t}$$

的频率范围内，C 的阻抗要满足

$$Z_{max} \leqslant \frac{\Delta U}{\Delta I} \tag{6-2}$$

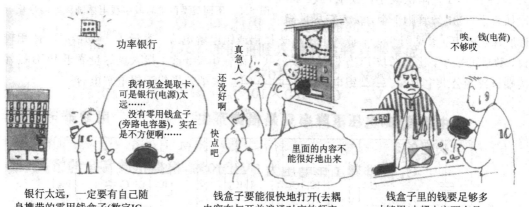

图 6.4　图说去耦电容选用原则

例如，假定某 PCB 板上有 CMOS 数字 IC 10 个（即令 $N=10$），电源电压 $U_{DD}=5$ V，电路允许电源电压波动的最大范围为 5%，该数字 IC 上升沿延迟时间 $t_{pLH}=4$ ns，每个 IC 开关一次所需电流 $I=225$ mA（每个 IC 的静态电流仅为 40 μA），则将相关参数值代入式 (6-1) 可得

$$\left.\begin{array}{l} \Delta I = NI = 2.25 \text{ A} \\ \Delta U = 5\%U_{DD} = 0.25 \text{ V} \\ \Delta t = t_{pLH} = 4 \text{ ns} \end{array}\right\} C = \frac{\Delta I}{\Delta U}\Delta t = 0.036 \ \mu F$$

同时在 $f \leqslant \frac{1}{\pi \Delta t} = 79.6$ MHz 时，要保证 C 的阻抗 $Z_{max} \leqslant \frac{\Delta U}{\Delta t} = 0.1$ Ω。因此，可采用 10 μF 铝电解电容和 0.1 μF 陶瓷叠层电容器并联的方案。

此方法计算简便，但棘手的是几乎所有的芯片供应商都不会把 ΔI 和 ΔU 列入其产品规格表中，只能估算或者用高灵敏度示波器自行测试。

另一个最简单的经验判据是

$$C = \frac{1}{f} \tag{6-3}$$

式中，f 是数字 IC 的时钟频率，f 的单位为 MHz，C 的单位为 μF，f 与 C 只有数量上的关系，例如 $f = 10$ MHz 时 C 取 0.1 μF，$f = 100$ MHz 时 C 取 0.01 μF。

为保证良好的去耦效果，去耦电容在抑制浪涌所需的频率区间内的阻抗 Z_{max} 应尽量低，如小电流数字电路应达到 0.1 Ω，大电流数字电路应达到 10 mΩ。由于每种类型和容量的电容的适用频率范围有限（参见图 6.5），为保证在所关心的整个频率范围内均达到理想的去耦效果，常常采用低频大容量电容与高频小容量电容并联的方式。高频电容多选择陶瓷电容，容量为 10～100 nF，体积较小，数量可较多，比如每个 IC 电源管脚 1 个，接入点尽量靠近所保护的 IC（参见图 6.6）；低频电容可选择铝或钽电解电容，容量为 1～10 μF，体积较大，数量可较少，比如每块 PCB 板 1 个或公共电源输出端 1 个，接入点尽量靠近 PCB 板外接端口或者公共电源端。小型钽电容因寄生电感小，去耦效果优于铝电解电容。

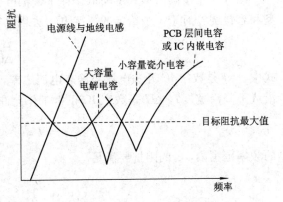

图 6.5　不同类型的电容及引线电感随频率的变化

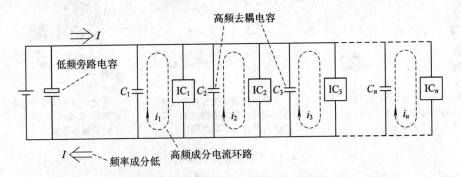

图 6.6　高频去耦电容和低频旁路电容的接入位置

针对特定型号的数字 IC，去耦电容的具体接入点和容值请参考 IC 厂家 Data Sheet 的建议。例如，某厂家对 7412 系列逻辑电路去耦电容的建议是：

（1）每个电源输入端，加 1 个 22 μF 铝电解电容；

（2）每 10 个中小规模（SSI/MSI）逻辑或存储芯片，加 1 个 1 μF 钽电容；

（3）每 2～3 个大规模 IC(LSI)芯片，加 1 个 1 μF 钽电容；

（4）每个 MSI/LSI 芯片或者每个 8 位缓冲器/驱动器芯片，加 1 个 22 nF 陶瓷或者聚酯电容；

（5）每 4 个 SSI 芯片，加 1 个 22 nF 陶瓷或者聚酯电容。

在去耦电容的使用中，要注意两种谐振效应。第一种谐振效应是去耦电容与电源线或地线的寄生电感相互串联引起的谐振。在图 6.7(a)给出的例子中，1 μH 的电源线电感和 0.1 μF 的去耦电容产生的谐振频率约为 500 kHz（按 $f = \dfrac{1}{2\pi\sqrt{LC}}$ 计算）。在设计中，应尽量缩短电源线长度，减少电感，使谐振频率远离电路的工作频率，也可如图 6.7(b)所示，通过加入 10 Ω 串联电阻来降低谐振回路的 Q 值，有助于削弱谐振的影响。Q 值是 LC 谐振回路的品质因数，其定义为在谐振频率 ω_0 处（回路感抗等于回路容抗）回路感抗或容抗与回路电阻 R 之比，计算公式如下：

$$Q = \frac{\omega_0 L}{R} = \frac{1}{\omega_0 CR} = \frac{1}{R\sqrt{\dfrac{L}{C}}} \tag{6-4}$$

在储能电路中，Q 值越大，意味着损耗越小；在选频电路中，Q 值越大，意味着滤除其他频带信号的能力越强。

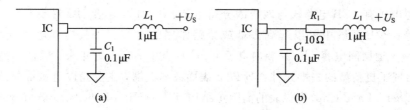

图 6.7　去耦电容与电源线寄生电感引起的谐振效应

第二种谐振效应是因为不同类型及容量的电容并联所致。如图 6.8 所示，在某高频区间，电解电容已呈现感性，而陶瓷电容仍然呈现容性，二者相互并联可能会发生谐振，这种效应也称"反谐振效应"。在图 6.9 给出的例子中，0.01 μF 电容的自谐振频率为 14.85 MHz，100 pF 电容的自谐振频率为 148.5 MHz，在这两个频点之间的频率区间内，前者已呈现感性，后者仍然为容性，二者并联就会产生"反谐振"，由图 6.9 可见反谐

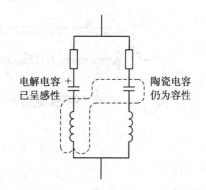

图 6.8　电解电容与陶瓷电容并联时的等效电路

振峰的频率为 110 MHz，应使电路的实际工作频率远低于 110 MHz，否则电源对地会呈现局部高阻抗，去耦效果将大打折扣。

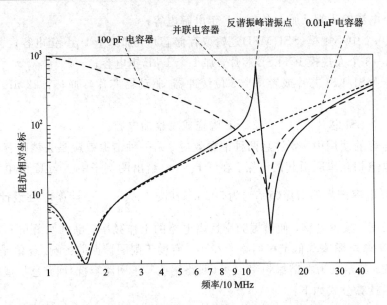

图 6.9　0.01 μF 电容与 100 pF 电容并联时的阻抗－频率特性

3. PCB 去耦结构

印制电路板(PCB)仍然是目前电子设备最主要的组装载体。如果高速数字 IC 安装在 PCB 上，其产生的开关浪涌电流会通过电源线和地线对其他元器件产生不良影响，并且会通过 PCB 系统的寄生电感转换成浪涌电压，从而加剧这种影响。如图 6.10 所示，PCB 系统中的寄生电感有 PCB 电源线与地线的分布电感、IC 引线电感、IC 封装电感、外接电容引线电感等；PCB 系统中可以起到去耦或旁路作用的电容有外接电解电容或陶瓷电容、PCB 电源层－地层间电容、IC 封装内电容和 IC 片上电容等。近年来，根据超高速电路的需要，又出现了更新型的去耦元件，即 PCB 表面波滤波器，主要是以电磁带隙结构(EBG，Electromagnetic Band Gap)为代表的高阻抗结构(HIS, High-impedance Structure)。

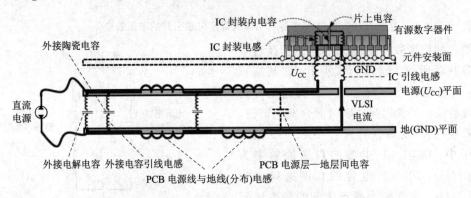

图 6.10　PCB 系统中的寄生电感和去耦旁路电容

从外向内，即从外接电容、PCB 层间电容、芯片封装内电容到芯片上电容，电容值越来越小，同时寄生电感也越来越小，适用的滤波频率越来越高。图 6.11 比较了 PCB 可利用的三种去耦电容的有效频率区间，其中外接表面贴装电容的频率区间为 100 kHz～500 MHz，PCB 内部层间电容的频率区间为 10 MHz～1 GHz，EBG/HIS 的频率区间可达 500 MHz～10 GHz。可见，它们之间可以相互衔接，协同作用。

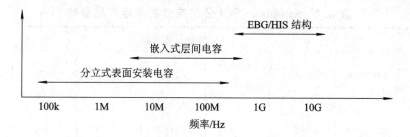

图 6.11　PCB 系统中各种电容的有效频率区间

如果 PCB 使用大面积的电源层和地层，并且二者相邻，就会自然形成一种去耦电容。电源－地相邻导电体面积越大，层间距越小，层间介质的介电常数越大，则层间电容越大。如果一个电源层上下各有一个地层，较之只有一个地层，层间电容将加倍，如图 6.12 所示。层间电容的典型值在几纳法到几十纳法之间，因此其有效频率区间在 1 GHz 以下。如果以典型的 FR－4 PCB 板为例，用 L、W 表示相邻导电体的长度和宽度，H_1 表示导电体之间的厚度，则层间电容 C_{total} 的计算值如下：

$$L = 2 \text{ in.}, W = 2.5 \text{ in.}, H_1 = 3 \text{ mil}, C_{\text{total}} = 3.2 \text{ nF}$$
$$L = 10 \text{ in.}, W = 10 \text{ in.}, H_1 = 3 \text{ mil}, C_{\text{total}} = 64.2 \text{ nF}$$
$$L = 2 \text{ in.}, W = 2.5 \text{ in.}, H_1 = 10 \text{ mil}, C_{\text{total}} = 1.0 \text{ nF}$$
$$L = 10 \text{ in.}, W = 10 \text{ in.}, H_1 = 10 \text{ mil}, C_{\text{total}} = 5.2 \text{ nF}$$

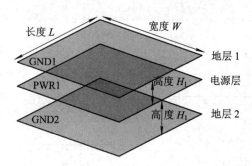

图 6.12　PCB 地平面与电源平面之间的电容

考虑到 PCB 绝缘介质的介电常数不足够高，限制了层间电容的容量，近年来有公司采用介电常数更高的绝缘介质取代 PCB 电源－地层间的常规介质，以取得更大的单位面积层间电容。这种技术叫做掩埋式电容，其结构如图 6.13 所示。表 6.1 给出了 Sanmina－SCI 公司制作的掩埋式电容产品的参数，其每平方厘米的电容值可达 100 pF 以上。

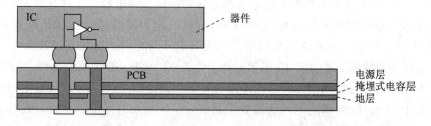

图 6.13　具有掩埋式电容层的 PCB 结构示意图

表 6.1　Sanmina - SCI 公司掩埋式电容产品参数

参数名称	型号与参数值						
	ZBC2000	HK - 04	BC24 & ZBC1000	BC16	BC12	BC8	BC16
厚度/mil （μm）	2.0(50)	1.0(25)	1.0(25)	0.6(16)	0.5(12)	0.3(8)	0.6(16)
电容/(pF/in²) (pF/cm²)	500 (78)	800 (124)	1000 (155)	1600 (233)	1900 (310)	3100 (481)	11 000 (1705)

　　利用混合集成电路或者多芯片组件(MCM)工艺，也可将去耦电容内嵌在集成电路管壳内部，如图 6.14 所示。其好处是连线电感小，有利于 PCB 设计；缺点是电容做不大，增加了集成电路工艺与封装的复杂度。

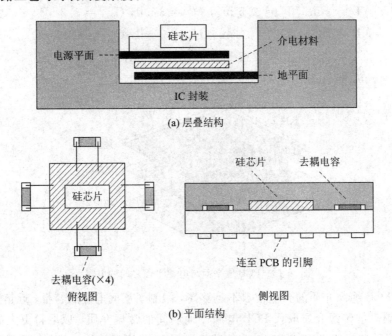

图 6.14　IC 封装内去耦电容

　　对于 1 GHz 以上的射频电路，外接去耦电容和层间平面电容已无法达到去耦要求，可采用以电磁带隙结构为代表的高阻抗结构 EBG/HIS 作为滤波器。EBG 结构是基于 PCB 的改良结构。它在 PCB 的电源层与地层之间设计若干导电岛，岛之间填充介电或磁性材料，形成表面波滤波器，如图 6.15 所示，对于 0.5～10 GHz 的开关浪涌噪声滤波效果良好。图 6.16 给出的是典型的 EBG 结构图形。图 6.17 给出的是某 EBG/HIS 结构的滤波特性，可见在 4～8 GHz 频率范围内滤波效果良好，而且呈现的是带通特性，而不是如普通去耦电容那样的低通特性。

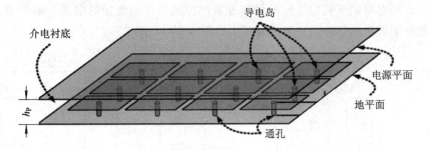

图 6.15　射频去耦用的 EBG/HIS 结构

图 6.16　EBG/HIS 的图形设计（俯视图）

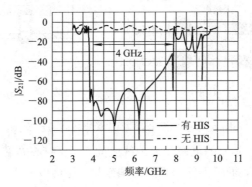

图 6.17　EBG/HIS 的滤波效果示例

4. PCB 去耦布局

去耦电容在 PCB 上的安装位置不当，会大大增加去耦电容与芯片的电源、地管脚之间的寄生电感，从而破坏其去耦效果。在图 6.18 给出的例子中，去耦电容与芯片地线端之间过长的连线带来了两个方面的副作用：一是地线电感与去耦电容串联，从而削弱了去耦电容的高频滤波效果；二是形成了大面积的电流环路，易引发或者感应高频辐射。

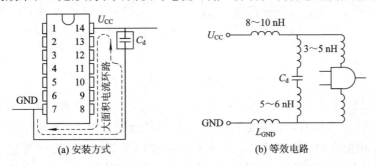

图 6.18　去耦电容安装位置不当示例

　　因此，去耦电容的安装位置应尽量靠近被保护的器件和要接的电源－地管脚。画电原理图时，最好明确指示出去耦电容的位置，如图 6.19 所示。

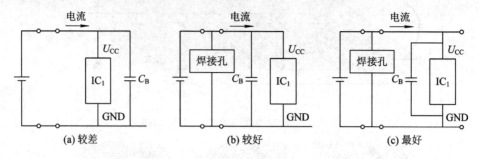

图 6.19　去耦电容在电原理图上的位置

　　为尽量减少引线电感，去耦电容与电源管脚之间的连线应尽量短而粗，而非细而长，如图 6.20 所示。

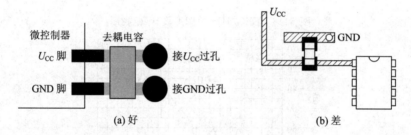

图 6.20　去耦电容与 IC 管脚之间的连线

　　去耦电容应接在同一芯片的电源线与地线之间，不要接在本芯片的电源与相邻芯片的地之间（如图 6.21 所示），否则不仅起不到去耦效果，还会引入不同芯片之间的串扰。

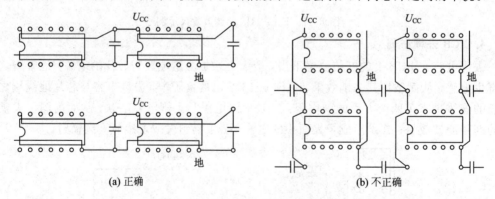

图 6.21　去耦电容与 IC 的对应关系

　　对于不同层数的 PCB 板，去耦电容安装在哪一元件层需要因地制宜。例如，对于 4 层及以下层数的 PCB 板而言，去耦电容与被保护器件分别安装在 PCB 顶面和底面，如图 6.22(a)所示，可能有利于缩短连线。对于更多层的 PCB 板而言，去耦电容与被保护器件管脚之间连线的长度还与线通过的层数及通孔数有关，有时安排在同一元件安装面更为有利，如图 6.22(b)所示。

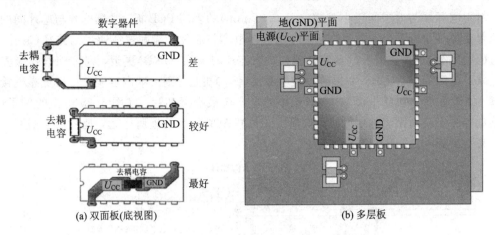

图 6.22　不同层数的 PCB 板去耦电容的安装方法

去耦电容与芯片的管脚共享接地孔或者接电源孔,对于改善去耦效果是有利的,但前提是不因此而增加引线长度。图 6.23 给出了两个例子。

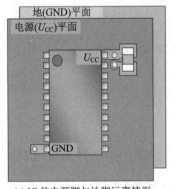 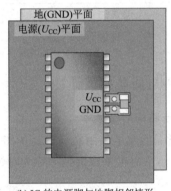

(a) IC 的电源脚与地脚远离情形　　　　　　　(b) IC 的电源脚与地脚相邻情形

图 6.23　去耦电容与 IC 共享电源脚/地脚

如果采用多个去耦电容并联,也要采取措施尽可能缩短连线长度。例如,采用局部的电源平面(如图 6.24(a)所示),以降低多个电容的电源线阻抗。将两个去耦电容按相反走向安装在一起(如图 6.24(b)所示),可使其内部电流产生的磁通相互抵消,从而降低去耦电容引线电感的影响。

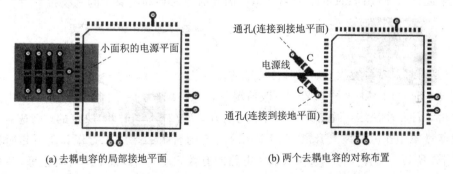

(a) 去耦电容的局部接地平面　　　　　　　(b) 两个去耦电容的对称布置

图 6.24　多个去耦电容并联时的 PCB 布局

对于电源层与地层间距小于 30 mil(0.75 mm)的多层 PCB 板，去耦电容与芯片间的物理位置变得不十分重要，更多的是要考虑去耦电容与芯片管脚间连线通过的路径(通孔数、穿过的层数等)是否会引入过多的电感。如果芯片与地层(GND)更近，则去耦电容应安排得更靠近电源管脚；反之，如果芯片与电源层(U_{CC})更近，则去耦电容应安排得更靠近接地管脚。如果有多个电容并联，则容量最小的电容应最靠近芯片。在图 6.25 给出的例子中，去耦电容的安装面距离地层较远，如果安装位置距离芯片的地脚也远，地线就会过长，从而带来不良影响。

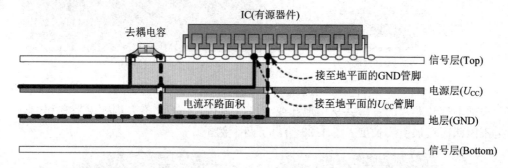

图 6.25　去耦电容在多层 PCB 板上的安装位置

6.1.2　时钟电路防护设计

1. 高速电路的时钟频率

时钟通常是数字电路中频率最高的工作信号。如果时钟是理想方波信号，即上升(或下降)时间 $t_r=0$，时钟基波的频率称为时钟频率，可表示为

$$f_{\text{clock}} = \frac{1}{\frac{\pi T}{2}} \tag{6-5}$$

式中，T 是时钟周期，f_{clock} 的奇次谐波幅度将按 20 dB/dec 的包络线下降。如果时钟存在延迟，即 $t_r>0$，则其频谱中就会出现更高频率的基波，其转折频率为

$$f_{\text{knee}} = \frac{1}{\pi t_r} \approx \frac{0.318}{t_r} \tag{6-6}$$

其奇次谐波将按 40 dB/dec 的包络线下降，而此时由时钟周期决定的基波频率为

$$f'_{\text{clock}} = \frac{1}{\pi \tau} \approx \frac{1}{\frac{\pi T}{2}} = f_{\text{clock}} \tag{6-7}$$

式中，τ 是时钟脉冲的宽度，如果时钟波形的占空比为 1:1，则 $\tau \approx T/2$。

非理想时钟的频谱见图 6.26。一般情况下，f_{knee} 大于 f_{clock}。因此，高速数字电路的带宽不是由时钟频率决定，而是由时钟信号的上升时间(或下降时间)决定的；高速数字电路信号总能量集中在由时钟上升沿(或下降沿)决定的转折频率 f_{knee} 之下，而不是时钟频率 f_{clock} 之下。所以，也有人将 f_{knee} 叫做数字电路的有效频率。上升或下降时间越短，数字电路的频率带宽就越宽。在图 6.27 给出的例子中，当时钟频率为 10 MHz 时，如 $t_r=10$ ns，其转折频率可达 31.8 MHz，如考虑到 31.8 MHz 的谐波，则其频率更高。

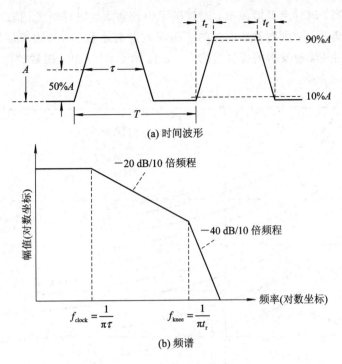

(a) 时间波形

(b) 频谱

图 6.26　非理想时钟的波形与频谱

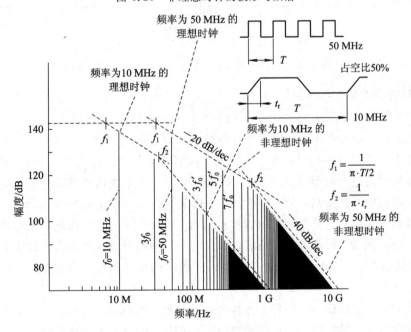

图 6.27　主频分别为 10 MHz 和 50 MHz 的理想时钟和非理想时钟的频谱

如果无法通过测量来得到时钟信号的上升时间,则可以根据时钟频率来估算转折频率。对于高频电路(频率 10 MHz~1 GHz),可假设信号的上升时间为信号半周期的 7%,则

$$f_{\text{knee}} \approx 7f_{\text{clock}} \tag{6-8}$$

对于射频电路(频率高于 1 GHz),信号上升时间可能达到信号半周期的 20%。

时钟频率越高，时钟上升沿越窄，时钟信号电流越大，时钟电流回路的面积越大，时钟与地平面的距离越远，则时钟线引起的空间辐射发射越强。时钟频率加倍，或者时钟上升沿时间减半，则其辐射发射的幅度将增大 6 dB。图 6.28 给出了时钟频率、时钟上升时间和辐射发射强度的关系。

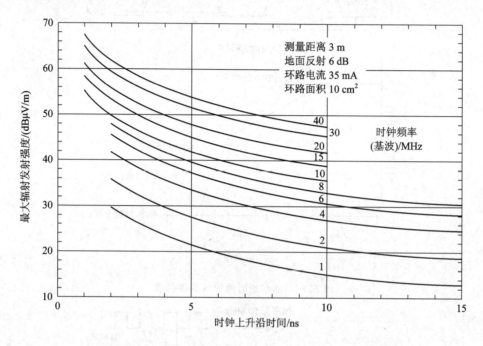

图 6.28　不同时钟频率下最大辐射发射强度与时钟上升时间的关系

2. 时钟信号的分配与传输

时钟产生电路为数字电路各个单元提供同步数字信号，是数字电路最重要的单元之一。时钟电路及其相关连线也是电磁兼容性最难以保证的电路之一。首先，时钟输出信号是数字电路中频率最高的信号，而且时钟线是数字电路中最长的线之一，因此时钟电路及其传输线极易对周边电路形成高频干扰。其次，时钟产生电路内部是数模混合电路，故需考虑数字对模拟的干扰抑制问题。再者，同步数字电路对时钟的时序要求严格，故要求从时钟产生器到达各数字电路单元的时钟控制信号具有相同的相位，因此各条时钟线及时钟负载应具有相同的 RC 时延参数。最后，作为电路中同时具备频率最高、长度最长特点的导线，时钟线也容易形成反射，因此最好要求时钟线的特征阻抗与负载阻抗、信号源阻抗相互匹配。

时钟线的设计应保证同一时钟到达接收电路的信号线的延时应相同，即从时钟发生器到达各功能电路的时钟信号输入端的时刻（相位）相同，同时要求时钟线的特征阻抗与负载阻抗、信号源阻抗相同。图 6.29 比较了三种时钟线方案。(a)方案是一种不好的走线方式，导线电阻引起的延迟会导致时钟信号到达各个电路的相位不一致，而且线、源、负载的阻抗难以匹配；(b)方案消除了时钟偏差，同时利用 R_1、R_2 和 C 实现戴维南终端匹配(若线长小于 λ 可令其开路)，但会带来一定的信号延迟；(c)方案亦无时钟偏差，同时利用 R 实现串联终端匹配(若线长小于 λ 可令其短路)，不会引入信号延迟，是相对最好的方案。

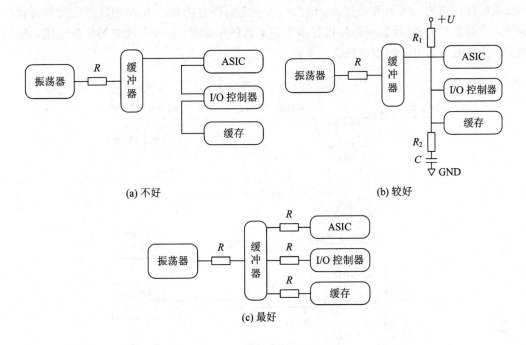

图 6.29　时钟线方案的比较

对于复杂电路系统,时钟信号的分配可以采用如图 6.30 所示的两种方案,即分支分配法和树状分配法。分支分配法的连线总长度相对较短,但较难实现每条路径的等长度,而且各分支会产生无线或有线的反射,不适用于高速电路,如采用此方案,分支长度应小于 0.5 in(1.25 cm)。树状分配法可以实现每条路径的长度和负载(扇出)完全相同,也无分支所产生的反射,但对驱动器的驱动能力要求高,总的连线长度较大。为了使各个路径的延迟相同,可以采用加长 PCB 走线、串接 RC 元件等方法。

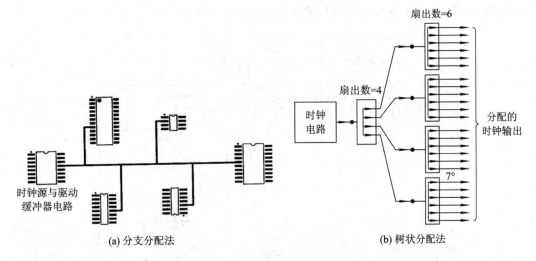

图 6.30　时钟信号分配方案

对于高速电路,除了要求各条时钟线的延迟相同之外,还要求时钟线的特征阻抗与负载阻抗相同。图 6.31 给出了两种方案,(a)是戴维南匹配用于分支时钟线,采用单驱动器和公共的匹配电阻，增加的元件少，但会引入一定的静态功耗；(b)是串联匹配用于树状时钟线，采用多驱动器(当然可采用内置多个驱动器的单芯片)和各自独立的匹配电阻，增加的元件多，但不会引入附加功耗。

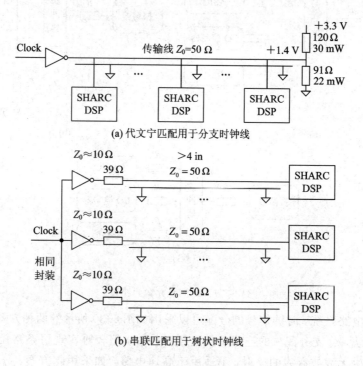

(a) 代文宁匹配用于分支时钟线

(b) 串联匹配用于树状时钟线

图 6.31　时钟线阻抗匹配方案

考虑到时钟频率越高，对传输线的要求越高，可在时钟产生电路输出端将时钟频率降到实际需要频率的 $1/n$，经传输后在时钟信号使用端再恢复至正常值，如图 6.32 所示。内置有锁相环(PLL)的时钟驱动器可以成比例地改变时钟频率。

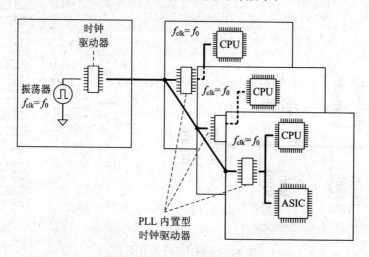

图 6.32　时钟信号降频传输方案

3. 时钟电路的抗干扰设计

时钟产生电路接电源的要求是：直流阻抗尽量低，以保证足够的供电电压；交流阻抗尽量高，以防止时钟电路产生的高频干扰通过电源线传到其他电路上。为此，可采用小电阻 R 与电感 L 并联或者铁氧体磁珠，如图 6.33 所示。注意，要避免串联电感 L 与去耦电容 C 形成的谐振对电路的不良影响，而且串联电感或铁氧体磁珠一定要接到去耦电容 C 与电源之间的连线上，不能接到 C 与时钟发生器电源端 U_{CC} 之间的连线上，否则适得其反。L 和 R 的值可按如下考虑选取：电路工作频率应远小于可衰减 20 dB 的频率（Hz）

$$f_{20\,dB} = \frac{3.2}{\sqrt{LC}} \tag{6-9}$$

为避免 LC 谐振的电阻取值（Ω）

$$R = \frac{1}{2}\sqrt{\frac{L}{C}} \tag{6-10}$$

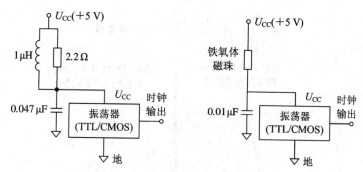

(a) 基于 TTL/CMOS 电路的时钟发生器

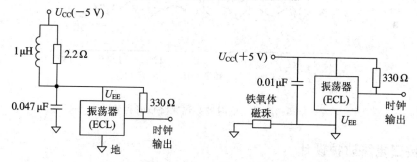

(b) 基于 ECL 电路的时钟发生器

图 6.33　时钟发生器的去耦方案

在 PCB 的输出/输入口，时钟信号线是最容易产生干扰的线，故一定要用地线与其他信号线隔开，且尽可能远离其他信号线。在图 6.34 中，(a)方案的时钟线紧邻信号线，极易给其他信号线引入串扰；(b)方案将时钟线夹在两条地线之间，相当于将其屏蔽，极大地抑制了串扰，但很可能会增加地线的数目，从而减少信号线的相对数目。

如果电路对时钟频率的准确度要求不高，则可通过对时钟频率做 1%～5% 的调制来有效降低其谐波的峰值水平。图 6.35 给出的例子表明，将时钟的三次谐波频率拓展 5%，可以使其峰值降低 1/3 以上。

有关时钟电路的 PCB 设计方法可参见第 9 章的相关内容。

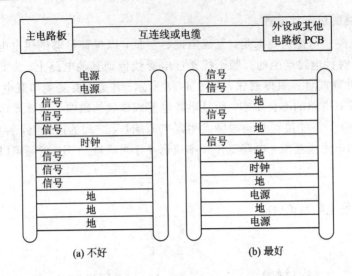

图 6.34　PCB I/O 口处的时钟线安排

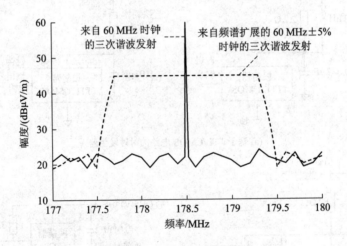

图 6.35　通过拓展时钟频谱来降低时钟峰值

6.1.3　接口电路防护设计

1. 逻辑器件之间的电平匹配

常用的逻辑器件可分为 CMOS 和 TTL 两类。TTL 速度快,但功耗较大;CMOS 功耗低,但速度较慢,而且输入阻抗极高,故易受静电影响,未使用的管脚不能悬空。

TTL 和 CMOS 逻辑的高、低电平阈值不同,如图 6.36 所示。图中包括 TTL 和 CMOS 逻辑的低电平版本 LVTTL 和 LVCMOS,其中 U_{OH} 和 U_{OL} 分别是输出电平的最高值和最低值,U_{IH} 和 U_{IL} 分别是输入电平的最高值和最低值,U_{CC} 是电源电压。由于不同类型的逻辑器件的逻辑电平阈值可能并不相同,因此它们之间并非可以随意直接互连,只有在同时满足以下条件下时才能直接互连:

(1) 发送方的 U_{OH}>接收方 U_{IH},且提供一定的噪声容限;

(2) 发送方的 U_{IH}<接收方 U_{IL},且提供一定的噪声容限。

因此，CMOS 器件作为发送方，TLL 器件作为接收方，二者可以直接互连；反之，TTL 器件作为发送方，CMOS 器件作为接收方，二者不能直接互连。

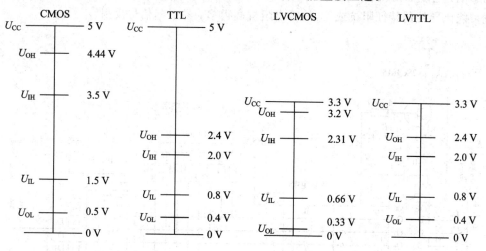

图 6.36 逻辑电平阈值

对于不能直接互连的逻辑芯片，可采用以下方法之一实现互连：

（1）使用电平转换芯片。如 74ACT16245 的输入端是 TTL 电平，输出端是 CMOS 电平，故支持 TTL 到 CMOS 电平的转换。

（2）利用 OC（收集极开路）门或 OD（漏极开路）门实现低逻辑电平驱动高逻辑电平。图 6.37 是利用 OC 门实现 TTL 器件与 CMOS 器件相连。

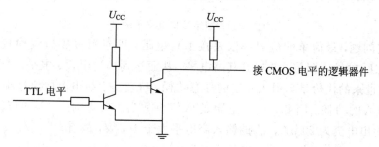

图 6.37 利用 OC 门实现 TTL 至 CMOS 逻辑电平的转换

（3）利用串联电阻实现高逻辑电平驱动低逻辑电平。图 6.38 给出了一个例子，串联电阻的具体阻值需根据 I/O 口动态电流进行估算，一般范围为 50～330 Ω。

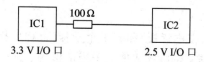

图 6.38 利用串联电阻实现逻辑电平的转换

（4）利用上拉电阻使输入高电平与驱动器件无关。在这种情况下，即使失去驱动源，电源电压也可以通过上拉电阻来保证输入高电平，具体例子见下文。

2. 上拉电阻的设计

图 6.39 所示为数字接口电路示例，其中 U_1 为 TTL 器件，U_2 为 CMOS 器件，如果不接上拉电阻，则二者之间的接口存在以下问题：一是电平不匹配问题，TTL 高电平直接输

出到 CMOS 可能会产生问题；二是输入干扰问题，U_2 的高阻抗输入端易受浪涌、静电、噪声的影响，电缆插拔或者 U_1 高阻输出（总线浮空）时尤甚；三是信号反射问题，U_2 的高输入阻抗可能比导线的特征阻抗或 U_1 的输出阻抗高得多，易引起信号反射。

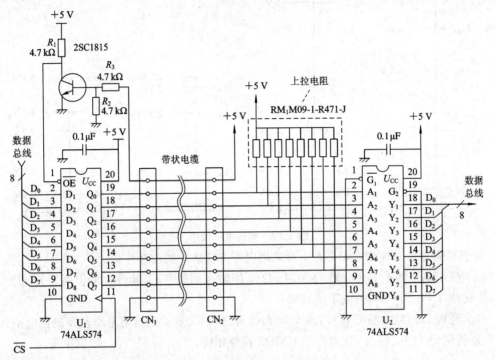

图 6.39 数字接口电路示例

针对上述问题，最简单的应对办法是接上拉电阻，即对每根接口线均接一个上拉电阻，可以降低 U_2 的输入阻抗，并提升其高电平，从而达到抑制干扰、电平匹配和阻抗匹配的目的。由此带来的代价是会引入一定的静态功耗，特别是上拉电阻取值过小会引发 U_2 输入低电平时过大的功耗。因此，上拉电阻的取值应适当。在此例中，U_2 的输入电流小于 $1\ \mu A$，U_1 的输出电流为 $20\ \mu A$，U_2 的输入高电平大于 $4.5\ V$，故有

$$R < \frac{5V - 4.5V}{20\mu A + 1\ \mu A} = 23.8\ k\Omega$$

取 $R = 22\ k\Omega$，容差为 $\pm 10\%$，功率为 $1/8\ W$。如果采用 SIP 厚膜电阻排，可将焊点从 16 个减少到 8 个。

3. 热插拔保护

当一个电子设备由主板（亦称背板）和若干个子板（也称单板）组成时，有可能碰到子板带电插拔的情况，称为热插拔。带电插入时，子板的电源、地、输入/输出端口几乎同时与主板上的电源、地、信号线相接触，由于子板电源存在较大的容性，上电缓慢，有可能形成从输入/输出端口到电源或地的暂时性电流通道，如果电流过大，就有可能导致子板接口器件的损坏。带电拔出时有可能出现类似的情况。

为此，可利用具有带电插拔保护功能的逻辑器件来实现热插拔子板的接口保护。根据热插拔保护级别的不同，逻辑器件可以分为四个级别，各个级别的定义及防护方法如下所述。

（1）级别 0：完全不支持热插拔，故在插拔子板前必须关断主板电源。绝大多数常用的通用逻辑器件均属此类。

（2）级别 1：支持局部掉电（Partial-Power-Down）。内置有关断二极管，插拔时无法形成从输入/输出端口到电源的电流 I_{off}，但有可能损害接口信号，故插拔前主系统必须先暂停接口信号的传输。图 6.40 给出了一个实现 I_{off} 关断特性的电路结构。如果没有关断二极管，则在带电插入瞬间，输出端口电平 U_{out} 高于电源 U_{CC} 电平，输出端口通过 PMOS 管的下寄生二极管直通 U_{CC}，形成电流 I_{off} 的倒灌。加了关断二极管后，切断了输出到 U_{CC} 的电流通道。由于 NMOS 管的上寄生二极管的极性与从输出到地的电流方向相反，因此阻断了输出到地的电流通道，所以到地的关断二极管

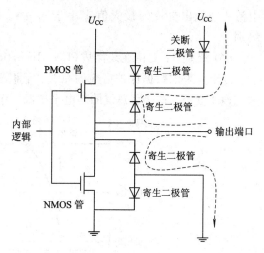

图 6.40　I_{off} 关断特性的实现示例

就没有必要加了。AVC、LV、LVC、GTL 等通用逻辑器件属于此级别。通常规定当 $U_{CC}=0$、U_{out} 或 $U_{in} \leqslant 4.5$ V 时，$I_{off} \leqslant 100$ μA。

（3）级别 2：支持热插拔（Hot Insertion），除了支持 I_{off} 特性外，还支持上电三态（PU3S）特性。如图 6.41 所示，在带电插入瞬间，单板 2 的总线接口为低电平，单板 1 的总

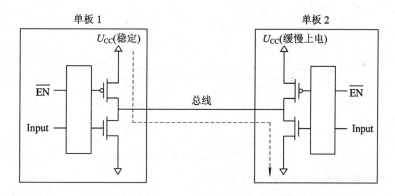

图 6.41　上电时的板间总线电流形成示意图

线驱动有可能为高电平（EN 和 Input 均为低电平时），就会形成从单板 1 电源到单板 2 地的电流，有可能损害单板 1 的上管和单板 2 的下管。为此，可利用图 6.42 所示的 PU3S 结构来使带电插入期间的总线电平保持在高阻态，不对任何驱动信号作出响应。在上电期间，U_{CC} 缓慢上升，未达到某一阈值前（如标称电压为 3.3 V，阈值电压可定为 2.1 V），M_1 管无法导通，节点 2 为高电平，输

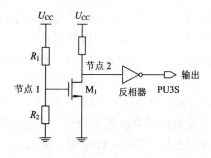

图 6.42　PU3S 电路示例

出端保持低电平。达到某一阈值后，M_1 管导通，节点 2 变为低电平，输出端为高电平，器件开始正常工作。通常规定，在 U_{CC} 上电（0→2.1 V）或下电（2.1 V→0）过程中，输出引脚上流入或流出电流的最大值应小于 50 μA。ABT、ALVT、LVT 等通用逻辑器件属于此级别。

（4）级别 3：支持在线插拔（Live Insertion），即可保证插拔时接口总线的数据不受影响。对于未采取数据保护措施的总线，子板插入时，由于子板接口电容趋于保持不带电前的低电平状态，故会将总线的高电平拉低，有可能导致逻辑电平的变化，如图 6.43(a)所示。

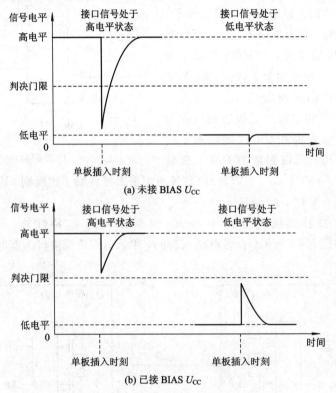

(a) 未接 BIAS U_{CC}

(b) 已接 BIAS U_{CC}

图 6.43 热插拔对接口总线电平的影响

如果在子板上预先设置一个预充电的电源 BIAS U_{CC}，并在子板插入时通过插座的长短针设计，使 BIAS U_{CC} 和地（接长针）先于其他信号引脚（短针）插入，在信号引脚插入之前就使总线引脚达到某一电平，即可避免发生判决错误（参见图 6.43(b)和图 6.44）。通常规定，BIAS U_{CC}＝3.15～3.45 V。级别 3 的器件有 GTLP 等，它同时支持 I_{off}、PU3S、BIAS U_{CC} 特性。

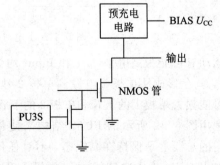

图 6.44 BIAS U_{CC} 电路

在热插拔器件的应用中，为防止冲击，输出端一般应串联 50 Ω 电阻，输入端一般应串联 100～200 Ω 电阻，同时应确认串联电阻不会因分压而使信号电平降低到规定水平之下。

6.2 感性负载开关电路的防护设计

6.2.1 浪涌抑制方法

在实际电路中可能会出现开关驱动感性负载的情况。例如，在开关电源与 DC – DC 变换器中，开关功率管驱动变压器初级；在继电器电路中，机械开关或者电子开关驱动控制线圈；在电动机控制中，开关控制电路驱动电动机启动或者停止，或者电机运行时电源异常中断或短时断开。

根据第 3 章的分析，感性负载开关电路的可靠性问题主要是当开关驱动感性负载时，会在负载两侧出现浪涌电压，可能比电源电压高数倍(参见图 6.45(a))，同时在开关触点出现放电电流。如用电子开关(如开关功率晶体管)驱动，则此浪涌可能会导致驱动器件的损坏；如用机械开关(如继电器触点)驱动，则此浪涌可能会导致开关触点寿命的降低。

感性负载开关电路的基本防护方法可以分为负载端防护和开关端防护。负载端防护是在感性负载两端并接一个抑制回路，而开关端防护是在电子开关或者机械开关触点两端并接一个抑制回路。一般而言，浪涌抑制回路并接在负载上比并接在驱动开关上更经济些，因为通常开关数目比较多。

负载端浪涌防护可以使用的六种方法如图 6.45 所示，各自的使用特点如下所述。

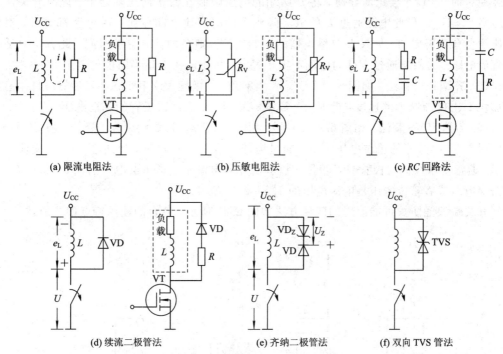

(a) 限流电阻法　　　　　(b) 压敏电阻法　　　　　(c) RC 回路法

(d) 续流二极管法　　　　(e) 齐纳二极管法　　　　(f) 双向 TVS 管法

图 6.45　负载端浪涌抑制方法

(1) 限流电阻法。如图 6.45(a)所示，在感性负载两端并联了一个电阻 R，当开关断开时，R 为电感能量提供了一个泄放通道，从而减少了流过电感的电流，但 R 上的功耗很大。流过 R 的电流 i 可由下式估计：

$$i = \frac{e_L}{R} = \frac{1}{R}\left(-L\frac{di}{dt}\right)$$

式中，e_L 是负载两端浪涌电压，L 是负载电感。如果初始值 $i|_{t=0}=I_0$，对 i 积分可得

$$i = I_0 \exp\left(-\frac{R}{L}t\right) \tag{6-11}$$

可见，R 越小，则 i 越大，对浪涌电流的旁路作用越大，但所形成的附加功耗越大。

（2）压敏电阻法。如图 6.45(b) 所示，将负载两端并联的普通电阻换为压敏电阻。当负载两端的感应电动势 e_L 较低时，R 阻值很大，抑制作用较弱，形成的附加功耗亦较低；当 e_L 较高时，R 阻值较小，抑制作用强，但功耗亦较大。此方法与普通电阻法相比，显著降低了 R 引起的功耗。

（3）RC 回路法。如图 6.45(c) 所示，在负载两端并联 RC 串联支路。在触点断开瞬间，C 近似于短路，R 起到限流作用；在电路稳态工作时，C 相当于开路，不会引入 R 功耗。RC 参数应根据电路的开关速率来设计，应注意使电路的工作频段避开 R-C-L 回路的共振频率。R 取值可按如下不等式估算：

$$\frac{U_{cc}}{0.1\ \text{A}} < R < R_L$$

式中，R_L 是负载电阻。C 取值可按每 1 A 负载电流取 1 μF 左右。

（4）续流二极管法。如图 6.45(d) 所示，在负载两端并联一个二极管 VD。仅当出现负向脉冲 e_L 时，VD 才会正向导通，将 L 两端的电压限制在其正向压降之下，此时开关两端的压降 $U \approx U_{cc}$。但此电路通过 L 的电流降到零的时间比之前任何一种电路都要长，对电路速度会有显著影响。如果 L 是继电器的控制线圈，则会加长其释放时间。此方法只适用于直流电路。为限制通过 VD 的电流不至于过大，可串联一个适当阻值的电阻。

（5）齐纳二极管法。如图 6.45(e) 所示，给续流二极管 VD 串联齐纳二极管 VD_Z，有助于加快 L 上电流减少的速度，此时 $U \approx U_{cc} + U_z$，U_z 是齐纳二极管的基准电压。

（6）双向 TVS 管法。如图 6.45(f) 所示，用双向 TVS 管取代续流二极管，将 L 两端的电压限制在 TVS 管的箝位电压之下，而且电流减少的速度更快，还可用于开关交流工作情形。通常要求续流二极管或者箝位二极管的导通电流是正常负载电流的 1.5~2.0 倍，反向击穿电压或者箝位电压是电源电压的 1.5~2.0 倍。

开关端浪涌防护可能使用的四种方法如图 6.46 所示，各自的使用特点如下所述。

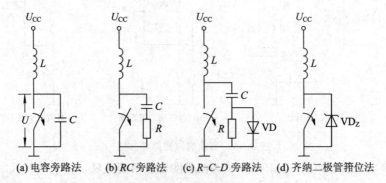

(a) 电容旁路法　(b) RC 旁路法　(c) R-C-D 旁路法　(d) 齐纳二极管箝位法

图 6.46　开关端浪涌抑制方法

（1）电容旁路法：如图 6.46(a)所示，在开关两端并联电容 C。在开关断开瞬间，负载电流对 C 充电，使开关的端电压 U 不会大于电源电压 U_{cc}，同时也会降低负载电感 L 中电流减少的速度。不过，当触点再次闭合时，电容会通过触点放电，初始电流可能会很大（因触点闭合电阻很小）。所以，一般不推荐此方案，仅对小电流、低压机械触点可用。通常 C 的取值范围为 $0.005\sim0.01\ \mu F$，还要注意电容的漏电流是否会给电路的安全性带来隐患。

（2）RC 旁路法：如图 6.46(b)所示，在开关两端并联 RC 串联支路。R 限制了 C 的放电电流不至于过大，但同时也限制了 C 的充电速度，影响其开关速率，所以实际的 R 取值应在这两者之间取折衷。同时，R 也会形成瞬态功耗。对于机械开关大电流触点，可选 $C=0.005\sim0.01\ \mu F$，$R=20\sim50\ \Omega$。

（3）R-C-D 旁路法：如图 6.46(c)所示，在开关断开时二极管 VD 导通，R 被短路，可较快充电；在开关闭合时，VD 截止，R 接入，可降低注入开关的电流。此为最佳方案，但需用 3 个元件，成本相对较高。

（4）齐纳二极管箝位法：如图 6.46(d)所示，在开关两端并接齐纳二极管。当出现负脉冲电压时二极管导通，从而将开关两端的电压限制在二极管的击穿电压处，但二极管箝位电压要适当，通常取为 $1.5U_{cc}$。

6.2.2　交流电源过零保护

如果将工频交流电源加到纯电感或纯电容负载，则其电流相位与电压的相位总是相差 $90°$。当在纯电感负载上加正弦交流电压 u 时，通过负载的电流 i 也是正弦交流电流，但其电流相位比电压相位滞后 $90°$，如图 6.47(a)所示；当在纯电容负载上加正弦交流电压 u 时，通过负载的电流 i 也是正弦交流电路，但其电流相位比电压相位超前 $90°$，如图 6.47(b)所示。这一特点在数学上可以得到严格的证明。在实际情况下，工频交流电源给纯电感负载供电的情况更多，如电动机、变压器、继电器等。

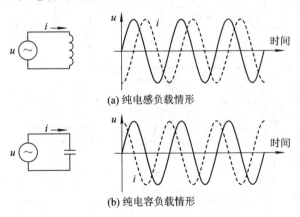

(a) 纯电感负载情形

(b) 纯电容负载情形

图 6.47　交流电源加到纯电抗负载上的电流、电压波形

对于工频交流电源的正弦波形而言，如果将电流波形与横轴的交点称为电流过零点，将电压波形与横轴的交点称为电压过零点（如图 6.48 所示），则容易证明，在电流过零点的电流变化梯度 di/dt 最小，在电压过零点的电流变化梯度最大。因此，在交流电路的感性负载中，如果能在电流过零点切断感性负载，可避免产生很高的反电势（电感积蓄能量）；如

果能在电压过零点接通感性负载,可避免产生很大的冲击电流(电感释放能量)。这就是交流电源过零保护的基本原理。工程上广泛采用双向晶闸管过零开关来实现电压过零接通和电流过零切断。当然,前述的限流电阻、RC 回路和双向晶闸管等对称性方法,也能用于交流电路感性负载的浪涌抑制。

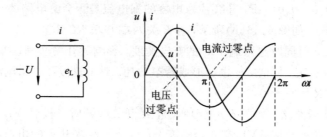

图 6.48 电压过零点和电流过零点的定义

图 6.49 给出了一个交流电源过零触发电路的例子,其作用是产生过零触发脉冲,控制双向晶闸管决定交流电源何时加到负载上。市电电网电压经变压、整流后,输出单向交变电压至比较器 LM311 的输入;来自微控制器的选通信号 P1.0 用于控制 LM311 是否输出信号,于是在选通周期内 LM311 输出过零触发脉冲;过零触发脉冲通过隔离变压器馈送给双向晶闸管 SKZ,控制 220 V 交流电何时加到负载 R_L 上。过零触发脉冲的宽度可通过调整电位器 R_P 改变 U_P 的大小来确定。

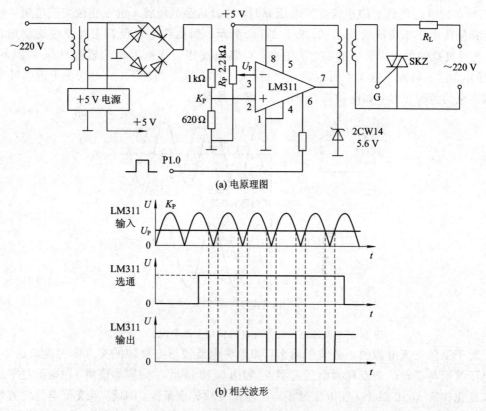

图 6.49 交流电源过零触发电路示例

6.3　数模混合电路的防护设计

6.3.1　数字电路对模拟电路干扰的抑制方法

　　数字电路包括逻辑 IC、FPGA、DSP、微处理器、存储器等，其特点是高频/高速、大电流、低阻抗、噪声容限大、易产生开关浪涌。模拟电路(含数/模转换电路)包括放大器、电源管理 IC、ADC/DAC 等，其特点是相对低频、低电平、高阻抗、噪声容限小、易受干扰。所以，如果将模拟电路和数字电路做在同一 PCB 上或紧凑型电子设备中，则数字电路对模拟电路的干扰在所难免，需要采取有效的隔离措施加以抑制。

　　图 6.50 给出了一个数字电路与模拟电路接地的例子。其中，在图 6.50(a)所示的电路中，数字电路与模拟电路采用独立电源供电，从而隔离了通过电源线的干扰，但数字电路通过地线公共阻抗对模拟电路形成干扰，因为数字电路的地电流 I_D 也流过了模拟电路的地线。在图 6.50(b)所示的电路中，数字电路和模拟电路各自单点接地，从而避免了地线干扰。

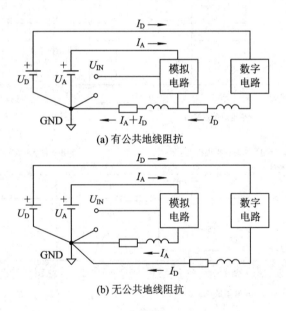

图 6.50　模拟电路与数字电路的接地

　　数字电路开关浪涌将造成很大的电源到地的瞬态电流，通过公共阻抗导致电源电压的波动。这种波动对于噪声容限大(>0.3 V)的数字电路影响相对不大，但对噪声容限很小(mV 级以下)的精密模拟电路影响很大。如果高速大规模的数字电路(如 DSP 或 FPGA，可能产生高达 10 A 的开关浪涌电流)与高精度的模拟电路(如 24 bit ADC，最小检测电压为 59 nV)以类似于图 6.50(a)所示的并联方式接地，即使公共阻抗小于 0.1 Ω，也会产生严重的问题。因此数字电路和模拟电路必须各自独立接系统地。表 6.2 给出了不同精度的 ADC 对公共阻抗的限制值。

表 6.2 不同精度的 ADC 对公共阻抗的限制值

ADC 的位数/bit	最小有效位(LSB)电压 (每 1 V 电源电压)	10 A 地线电流所要求的 地线公共阻抗最大值
8	4 mV	39 $\mu\Omega$
10	1 mV	9.75 $\mu\Omega$
12	240 μV	2.34 $\mu\Omega$
14	60 μV	0.585 $\mu\Omega$
16	15 μV	0.152 $\mu\Omega$
20	1 μV	9.75 nΩ
24	59 nV	0.575 nΩ

除了地线之外，数模混合电路的电源接法也要考虑尽量减少数字电路对模拟电路的干扰。在图 6.51(a)所示的电路中，模拟电路与数字电路共用一个电源，而且电源靠近数字电路侧，导致数字电路产生的浪涌电流通过地线公共阻抗对模拟电路形成干扰。在图 6.51(b)

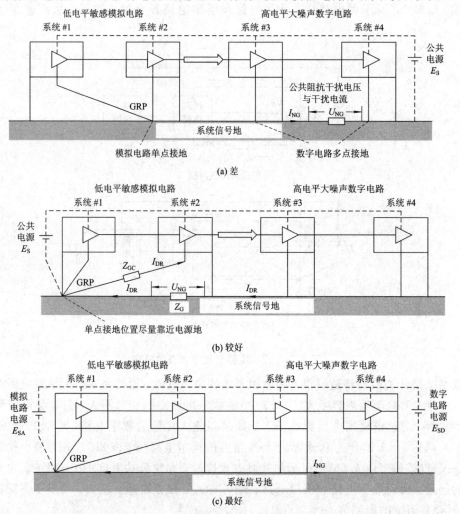

图 6.51　数模混合电路电源的接法

所示的电路中，电源改到模拟电路侧，数字电路产生的浪涌电流不再通过模拟电路地线，但数字电路形成的电源电压波动仍然可以影响模拟电路。在图 6.51(c) 所示的电路中，模拟电路与数字电路各自采用独立电源，而且各自接地，彻底消除了来自电源线和地线的公共阻抗的干扰，当然代价是增加了一路电源。

在同时具有数字 IC、模拟 IC 和数模混合 IC 的电路中，电源与地的通行接法有双电源和单电源两种方案。在图 6.52(a) 所示的双电源方案中，数字电路与模拟电路使用各自的电源，放大器和 ADC 接模拟电源，微处理器接数字电源。如果无法使用双电源，可使用图 6.52(b) 所示的单电源方案，数字电路与模拟电路共用电源，但各自独立接入。这里应该特别注意的是 ADC 的接地方法，它是将芯片的模拟地管脚 AGND 和数字地管脚 DGND 先连接到一起，然后接到公共地 GND 上。

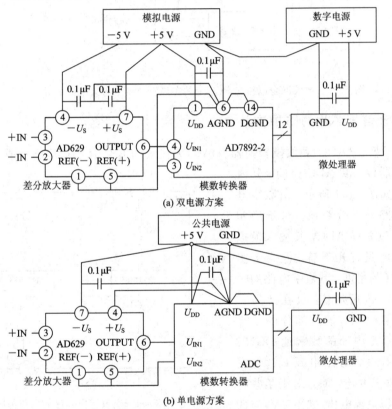

图 6.52　数字、模拟、数模混合芯片并存时的电源方案

在 PCB 布局中，数字电路与模拟电路必须分别安排在不同的区域，数模混合芯片通常安排在模拟电路区域。如图 6.53 所示，虚线左侧是模拟区，右侧是数字区。ADC/DAC、时钟产生电路、电压基准电路等均放在模拟区。模拟区所有器件均接模拟电源 U_A 和模拟地 A，数字区所有器件均接数字电源 U_D 和数字地 D。所有器件的电源与地端均应加各自独立的去耦电容。可用模拟电源给 ADC/DAC 芯片内的数字部分供电，但为防止数字对模拟的高频干扰，在 ADC/DAC 芯片的数字电源管脚和模拟电源管脚之间加了铁氧体磁珠。ADC/DAC 的数字地管脚 DGND 和模拟地管脚 AGND 均接到 PCB 的模拟地 A 上。ADC 的数字输出与后续数字电路之间，必须加缓冲器或寄存器，起隔离后级数字电路对前端模

拟电路的干扰以及对数字信号整形的作用。数字与模拟部分之间的电阻 R 起限流、增加延迟时间或阻抗匹配的作用。

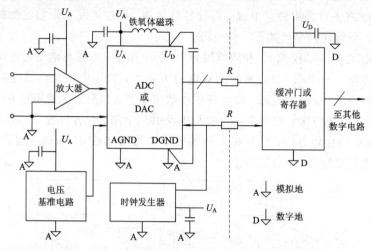

图 6.53　　数模混合电路在 PCB 上的布局以及接地与接电源的方法

6.3.2　混合信号芯片的防护方法

　　以模数转换器（ADC）和数模转换器（DAC）为代表的混合信号芯片已经成为现代电子设备的核心器件。以 ADC 为例，其内部基本构成如图 6.54 所示，由数字电路和模拟电路两部分组成。对于诸如 $\Sigma - \Delta$ 之类的过采样 ADC，其输入模拟信号频率可能只有几千赫，但为了实现高达 24 bit 的精度，其数字电路的时钟频率可能高达几兆赫，故在此类芯片内部，数字部分对模拟部分的干扰不容忽略，因此内部的数字地 DGND 与模拟地 AGND、数字电源 U_{AA} 与模拟电源 U_{DD} 并未互连，而且对于某些高速 ADC，模拟电源电压（如+5 V）与数

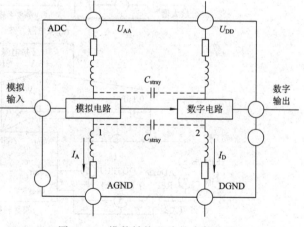

图 6.54　模数转换芯片的内部构成

字电源电压（如+6.2 V）有可能不同。片内数字地/电源与模拟地/电源之间的寄生电容 C_{stray} 反映了其数字－模拟的隔离度，一般为 0.2 pF。同时，数字电路频率越高，输出转换状态时产生的瞬态电流越大，越容易产生浪涌干扰；模拟电路采样精度越高，噪声容限越小，越容易被干扰。因此，应根据数模转换电路的具体情况选择不同的降低干扰的策略。

　　一般情况下，数模混合芯片在 PCB 上的布局方案如图 6.55（a）所示，数字地与模拟地之间开槽隔离，使数字与模拟部分在 PCB 上不共地，而分别在板外接系统地。混合信号芯片的模拟地 AGND 与数字地 DGND 相接后接 PCB 的模拟地 A，这里使用的连接导线应尽量短。数字地与模拟地之间、数字电源与模拟电源之间既要防止相互干扰，又不能有明显的压降（二者之间的压降大于 0.3 V，就有可能对器件产生损伤），故可接背靠背肖特基二

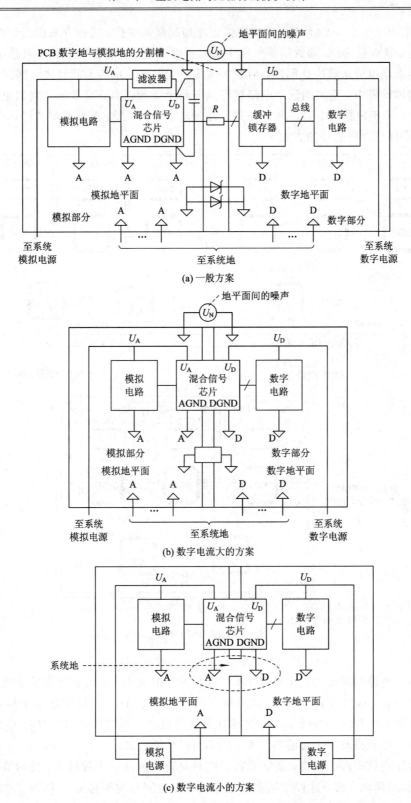

(a) 一般方案

(b) 数字电流大的方案

(c) 数字电流小的方案

图 6.55　混合信号电路的布局与接地系列方案一

极管(导通电压小于 0.3 V)，亦可接铁氧体磁珠抑制高频串扰。这种方案相当于将 ADC 视作模拟器件，缺点是 ADC 的数字部分位于模拟平面之上，可能会形成数字对模拟的干扰，这里主要靠去耦电容来解决此问题，但数字电流过大时去耦电容不能解决全部问题。

　　更为具体的考虑，应根据数字电路对模拟电路干扰的强弱，或者根据模拟电路对干扰的敏感程度，来确定数模混合芯片的布局及接地方式。图 6.55 是根据前者可选择的方案，图 6.56 是根据后者可选择的方案。

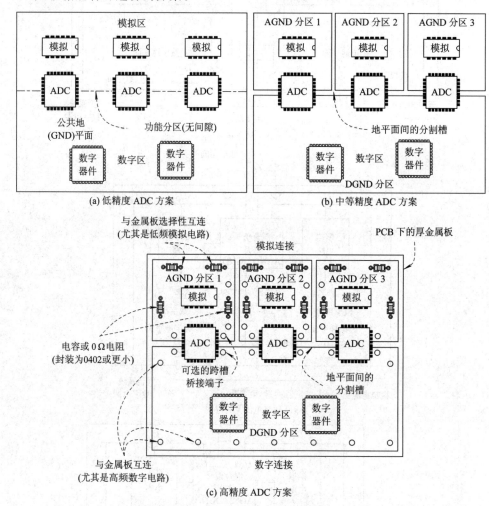

图 6.56　混合信号芯片的布局与接地系列方案二

　　如果数字电路的规模大且工作频率高，则其内部电流大，这就意味着数字电路对模拟电路的干扰较大，此时可采用图 6.55(b)所示的方案，将 ADC 的模拟地端子接 PCB 模拟地，数字地端子接 PCB 数字地。此方案具有最好的数字－模拟隔离度，但要求 ADC 芯片内部的数字－模拟隔离度也足够高，否则达不到最佳的效果。

　　如果数字电路内部电流小，意味着数字电路对模拟电路的干扰较小，此时亦可采用图 6.55(c)所示的简化方案。这种方案实现起来简单，数字与模拟部分在 PCB 上共地，但通过开槽使数字地和模拟地只通过狭窄的走线短接。该走线的寄生电感对高频电流有一定的抑制作用，即呈现低频低阻抗、高频高阻抗的特性。

　　模拟电路对干扰的敏感程度可以用 ADC 的精度来表征，精度越低，对干扰的敏感度越低。如果采用 8 bit 及以下位数的低精度 ADC，噪声抑制要求相对较低(60 dB)，而且数字电流较小，可以采用图 6.56(a)所示的最简单方案，即数字与模拟部分共地，二者分区但不分割。

　　对于 10～12 bit 的中精度 ADC，噪声抑制要求为 73 dB 左右，建议采用图 6.56(b)所示的方案。将各个 ADC 所在模拟区域与及数字区域分别开槽隔离，各个模拟隔离岛与数字部分用一狭窄走线连接，尽可能加大该连线的电感量，且使其在 ADC 的正下方。隔离槽宽一般为 80～120 mil(2～3 mm，采用 1oz 铜厚的 FR - 4 基材)。

　　对于大于 12 bit 的高精度 ADC，噪声抑制要求极高，如上述方法均达不到要求，可采用图 6.56(c)所示的方案。在整块 PCB 板下加一金属屏蔽板(板上不应有槽或缝)。利用局部地各处的接地零欧姆表面贴装(SMD)电阻和电容(如 0402 封装)，实现各个局部模拟地与全局屏蔽板之间的选择性单点接地、多点接地、高频多点接地等。利用多个接地点，实现数字地与全局屏蔽板之间的多点接地。在桥接对引脚(间隔 1～1.5 cm)上安装零欧姆 SMD 电阻，可实现各个局部模拟地与数字地之间的选择性多点连接。

6.3.3　主板与数模混合子板的连接

　　如果多个数模混合电路作为多个子板，分别与一块主板连接，则连接方式对于系统的抗干扰能力也会有一定的影响。根据数字电流的大小，主板与子板的连接也可以有两种不同的方案。

　　对于小数字电流的情形，可采用图 6.57 所示的方案。子板的模拟地接主板模拟地，子板的数字地接主板的数字地，主板的模拟地、数字地和系统电源地在系统地"星形"接地。子板上 ADC 的模拟地和数字地管脚均接到子板 PCB 的模拟地上，其去耦电容也接到 PCB 的模拟地上。子板的数字电流要从数字地返回到 ADC 的数字地路径很长，即子板数字地

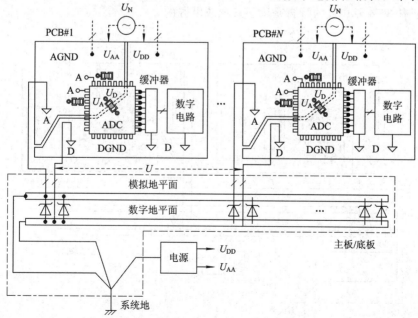

图 6.57　主板与子板连接的小电流方案

→主板数字地→系统地→主板模拟地→子板模拟地→ADC 的数字地，为此在 ADC 的下方接一零欧姆短路电阻，提供数字电流的返回通道。每个子板地接主板地处都要接背靠背肖特基二极管，以便提供就地保护。

在小电流方案中，子板模拟地接系统地事实上有两条路径，一条是子板模拟地→主板模拟地→系统地，另一条是子板模拟地→子板数字地→主板数字地→系统地，形成的环路对高频 EMI 是不利的(小电流非足够高频尚可接受)，如图 6.58(a)所示，但如果取消了前一条通路，如图 6.58(b)所示，就会形成数字回流和模拟回流的公共阻抗，导致严重的串扰，更加不能接受。

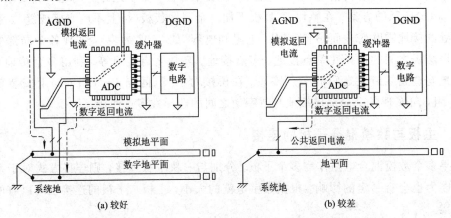

(a) 较好　　　　　　　　　　　　(b) 较差

图 6.58　小电流方案中子板模拟地接主板模拟地的方式比较

对于大数字电流情形，可采用图 6.59 所示的方案。此时，ADC 的模拟地及去耦电容、数字地及去耦电容分别接 PCB 的模拟地及数字地，同时 ADC 下的短路元件可用铁氧体磁珠(抑制地线间的高频干扰)或者肖特基二极管(防止地线间过压)代替。子板与主板之间的插排应保证有 30%～40%的管脚是用于接地或电源的。

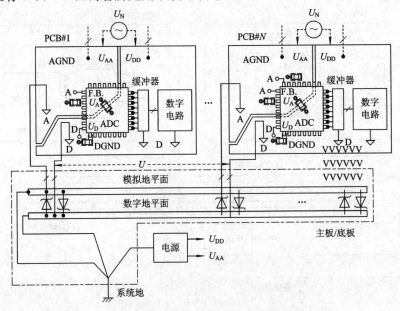

图 6.59　主板与子板连接的大电流方案

6.4　电源的防护设计

6.4.1　概述

电源作为整个电子设备的能量提供单元，可靠性往往难以保证。其一，电源电路的电流、电压和功率通常是整个电路中最大的，因而容易受到过应力的危害；其二，电源是所有电路都需要的，连接到电路的几乎所有单元，因此电源故障对于整个设备的影响是致命的。

1. 电源的类型

常用电源可以分为线性电源和开关电源两类。

线性电源的构成原理如图 6.60(a)所示，其基本工作原理是根据输出电压和电流，调整晶体管 VT_r 的基极偏置，使输出电压和电流保持稳定。假定输出电压 U_{OUT} 因某种原因下降，则 R_1 和 R_2 构成的分压器的采样电压与内部参考电压 U_{REF} 之间的差值加大，此差值经放大后使调整管 VT_r 的基极偏置电压减小，从而调整管的收集极与发射极之间的电压下降，U_{OUT} 上升；反之亦然。由于在此过程中，VT_r 始终处于线性区，故称为线性电源。

典型的线性电源稳压器是三端稳压器(参见图 6.60(b))，其输出电压有 5 V、6 V、8 V、9 V、10 V、12 V、15 V、18 V 等。在要求输出电压与输入电压十分接近的场合，可以使用低压差线性稳压器(LDO，Low Dropout Regulator)，其输出－输入压差可以低至几十毫伏。

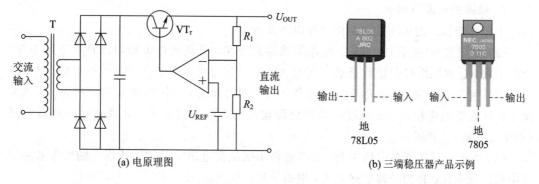

(a) 电原理图　　　　　　　　　　　　　　(b) 三端稳压器产品示例

图 6.60　线性电源的构成

线性电源的优点是：稳定度与精度高，通常可达到 $0.001\% \sim 0.1\%$，特别适用于模拟电路；输出纹波小，峰－峰值约为 $0.1 \sim 10$ mV；以线性方式工作，无对外辐射；输出与输入之间几乎无延时。它的缺点是：功耗偏大，导致效率较低，约为 $30\% \sim 60\%$，因为调整出来的电压和电流由调整管转化成热散发掉，同时大容量电容的纹波电流也会增加功耗，输出电流 1 A 的 LDO 功耗甚至比某些 10 A 的 DC－DC 电源的功耗还大；大功率时体积重量大，需要高压低频变压器和大容量电容器，因此通常输出电流有限；无法实现输入－输出的隔离，抗干扰能力相对较低，外界电网电压波动、负载变化对其稳压性能的影响相对较大；只能降压，不能升压。

开关电源的构成原理如图 6.61 所示，其基本工作原理是根据输出电压和电流，调整开关脉冲的宽度(PWM,Pulse Width Modulation),改变变压器的输出脉冲电压占空比,从而使输出电压和电流稳定。开关电源既可以实现交流－直流转换,也可以实现直流－直流转换,后者亦称 DC－DC 变换器。开关电源的频率通常在 50 kHz~1 MHz。

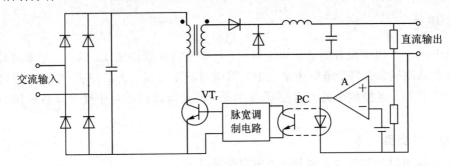

图 6.61 开关电源的构成

DC－DC 变换器与 LDO 的一个区别是既能降压,也能升压或反相。以降压为目的的 DC－DC 变换器称为 BUCK 电路,以升压为目的的称为 BOOST 电路,以反相为目的的称为 BUCK－BOOST 电路。

开关电源的优点是:效率高,可达 70%~85%,基本无直流耗能元器件;体积、重量小,约为线性电源的 1/4~1/10,只需使用低压低频变压器和小容量电容;抗干扰能力较强,可实现输出－输入的隔离,对电网的尖峰脉冲干扰的抑制能力优于线性电源。它的缺点是:输出纹波大,峰－峰值约为 10~200 mV,有对外辐射;稳定度一般,约为 0.1%~3%,但对数字电路是可以接受的;输出与输入有一定的延时。

2. 电源的可靠性问题

电源可能出现的可靠性问题体现在以下几方面:

(1) 输出过流(过载)或过压。操作不慎导致短路,负载元件失效导致负载电阻下降,负载太重,这些原因都会导致负载电流过大。输出过流可以是连续的,也可以瞬间出现。输出过流可能造成线性电源的串联元件和开关电源的开关元件因电流及功率过大,超出安全工作区而受损或烧毁。输出过压是指电源输出出现异常过电压,导致贵重的负载电路(如微处理器)被破坏。

(2) 电源突然接通或突然中断。某些器件不能接受电源突然接通或者中断所带来的工作电压剧烈变化,轻则导致数据丢失,重则使器件受损。

(3) 来自内部或外部的浪涌。功率开关管驱动电感或者电容负载,有可能导致内部出现瞬间大电流或高电压。功率开关管互补工作,在信号上升沿或下降沿,也有可能形成电源到地的暂时大电流。来自外部的浪涌是指市电电压剧烈变动、突然断电、瞬时过压等导致电源输入电压的中断、尖峰和脉冲等,形成电磁干扰或者导致电源中的元件受损。

(4) 输出纹波与噪声。纹波是电源输出干扰中的低频成分,噪声是输出干扰中的高频成分,二者的区别如图 6.62 所示。线性电源对 100 kHz 以下的低频纹波有较好的抑制能力;开关电源则会产生较严重的输出纹波电流,而且纹波频率会远高于其工作频率,通过输出线传导或者空间辐射对周边元器件产生干扰。开关电源的纹波可来自 MOSFET 的开关动作,其频率一般在 1 MHz 之内;噪声可来自 MOSFET 的开关噪声、随机白噪声等,其频率一般在 5 MHz 以上。

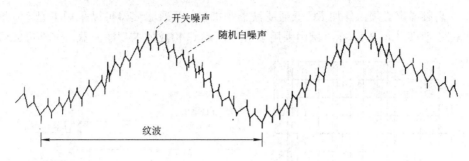

图 6.62　纹波与噪声的波形

针对上述问题，必须在电源的内部或者外部采取防护措施加以解决。

6.4.2　线性电源的防护

1. 温控器电源防护设计实例

下面先以一个温度控制器电源电路为例，来说明线性电源可能出现的可靠性问题以及可能采取的对策。

图 6.63 是一个温度控制器电路，由三端稳压器构成的电源电路、恒流源与测温体构成的测温电路以及 PWM 控制器与加热器构成的控温电路三部分组成。三端稳压器 U_1 将 15 V 电压转变为 9 V 电压，提供给恒流源电路；恒流源电路为测温器件提供恒定电流；测温器件的输出电压经放大后作为脉宽调制器的控制信号；脉宽调制器通过改变脉宽来控制加热器的功率至规定值，从而达到控制温度的目的。该电路采用间歇测温方式，每隔 2 s，恒定电流电路工作 10 ms，目的是防止白金测温体因电流流过而自身发热，从而影响测温精度。

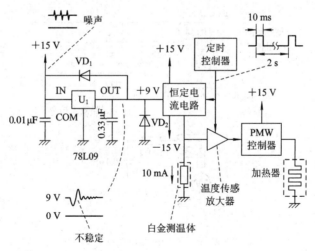

图 6.63　温度控制器电源电路示例

该电路可能出现的可靠性问题有：来自 15 V 直流电源的噪声干扰；来自 PWM 控制器的开关噪声干扰，频率为 1 MHz 左右；负载电流变动导致的输入或输出电压变化；稳压器自身延迟导致的输入或输出电压瞬态变化等。

为此，必须采用适当的防护元件及其电路来解决上述可靠性问题。根据图 6.64，三端稳压器 U_1 自身的去噪特性只能去除输入端产生的 100 kHz 以下的低频噪声或纹波，因此高于

1 MHz 的高频噪声必须由外加 RC 低通滤波器来抑制。低通滤波器可以采用 Γ 型、π 型或 T 型滤波电路(详见 4.4 节),在本例中采用了 R_1、C_1 和 C_2 构成的 Γ 型滤波器,如图 6.65 所示。

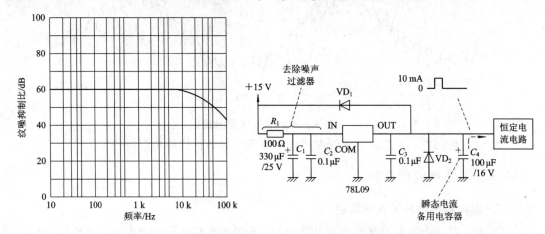

图 6.64　三端稳压器 78L09 自身的去噪频率特性　图 6.65　三端稳压器输入与输出回路的防护设计

　　串联电阻 R_1 的作用如图 6.66 所示。由于 15 V 电源的噪声源的阻抗很低(小于 0.1 Ω),若滤波器要达到足够的 RC 值,需要高频特性好的大容量电容,这往往难以获得。因此,加入 R_1 将噪声源阻抗提升到 100 Ω,则只需使用一个较小的滤波电容 C_2(0.1 μF 陶瓷电容器)即可。由 R_1 引起的输入电压变动为 100 Ω×12.1 mA=1.21 V,导致 78L09 的输入电压从 15 V 降到 13.79 V,是可以接受的(78L09 输入工作电流为 12.1 mA,输入最低工作电压为 10.7 V)。

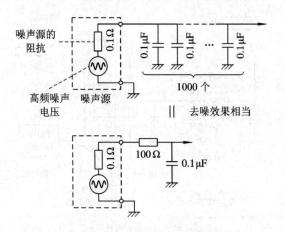

图 6.66　输入串联电阻的作用

　　负载变动导致的三端稳压器输入电压变动可以由储能电容 C_1 来平滑,若连续电压供给时间为 10 ms,供给电流为 12.1 mA,允许输入电压变动为 0.5 V,则 $C_1 > \dfrac{12.1 \text{ mA} \times 10 \text{ ms}}{0.5 \text{ V}} = 242$ μF,可取 330 μF/25 V 的铝电解电容器。

　　负载变动导致的输出电压变动(参见图 6.67)可由储能电容 C_4 来平滑。若连续电压供给时间为 1 ms,供给电流为 10 mA,允许电压变动为 0.1 V,则 $C_4 > \dfrac{10 \text{ mA} \times 1 \text{ ms}}{0.1 \text{ V}} = 100$ μF,

可取 100 μF/16 V 的铝电解电容器。负载电流的瞬态变化及其高频干扰用0.1 μF陶瓷电容 C_3 来滤除。二极管 VD_2 将输出电压最高值箝制在后续电路能接收的最高电压之下，起保护作用。

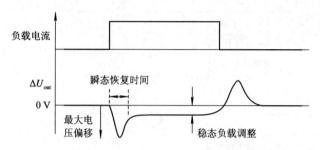

图 6.67　复杂的电流变化导致的三端稳压器输出电压的变化

三端稳压器要注意的另一个问题是输出－输入电压差的保护。如图 6.68(a)所示，当 +15 V 电源切断时，输入电压迅速降到 0，而输出电压下降较慢。因此可能出现输出电压大于输入电压的情况，可能导致稳压器损坏。负载电流大（A 端带有加热器等重负载）时，电源切断后电压的下降速度更快，更容易形成破坏。因此，应加入二极管 VD_1（特性如图 6.68(b)所示），使输出电压不可能高于输入电压，从而起到保护作用。

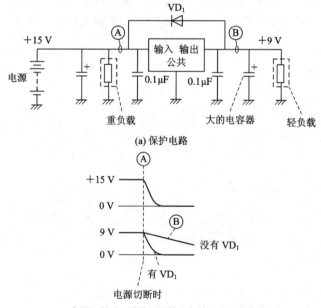

(a) 保护电路

(b) 电源切断时三端稳压器输出与输入电压的变化

图 6.68　三端稳压器输出－输入电压差的保护

2. 内部防护设计

线性电源的防护电路可以设计在电源内部，也可以设计在电源外部。三端稳压器内部的输出过流设计可采用限流法和截流法两种方案。

限流法的基本原理如图 6.69 所示。输出过载导致 $I_{SC}\uparrow \rightarrow I_{RSC}\uparrow \rightarrow U_{RSC}\uparrow \rightarrow U_{BE}(VT_{r2})\uparrow \rightarrow$ VT_{r2} 导通 $\rightarrow I_C(VT_{r2})\uparrow \rightarrow I_B(VT_{r1})\downarrow \rightarrow I_C(VT_{r1})\downarrow \rightarrow I_{SC}\downarrow$，从而限制了电源的输出电流 I_{SC}，保护了调整管 VT_{r1} 不被损坏。其缺点是 $I_{SC}\approx U_{BE(on)}/R_{SC}$ 与 $U_{BE(on)}$ 及温度敏感相关，必

须使 VT_{r1} 的最大允许电流 I_{CM} 远大于 I_{SC} 的最大允许值，因此串联元件的安全工作区的利用率较低。换句话说，就是对串联元件的耐压和电流容量要求较高。

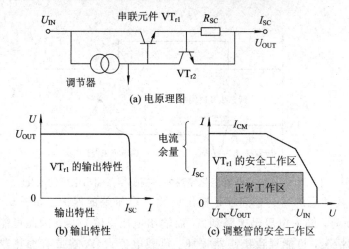

图 6.69　三端稳压器输出过流保护的限流方案

截流法的基本原理如图 6.70 所示，与限流法相似，只是当输出电流 I_{SC} 超过规定限度 I_K 时，R_1 和 R_2 提供正反馈，限制 I_{SC} 不会超过 I_K，从而可以使 I_{SC} 取得接近 I_{CM}，因而更有效地利用了串联元件的安全工作区。设计此电路时，需利用以下关系式：

$$I_{SC} = \frac{U_{BE(on)}}{R_{SC}} \cdot \frac{R_1}{R_1 + R_2} \tag{6-12}$$

$$R_{SC} = \frac{U_{OUT}}{I_{SC}\left(1 + \dfrac{U_{OUT}}{U_{BE(on)}}\right) - I_K} \tag{6-13}$$

$$\left(\frac{I_K}{I_{SC}}\right)_{max} = \left(\frac{I_K}{I_{SC}}\right)_{R_{SC} \to \infty} = 1 + \frac{U_{OUT}}{U_{BE(on)}} \tag{6-14}$$

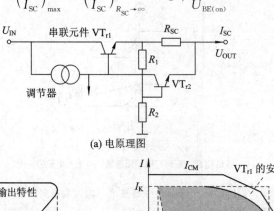

(a) 电原理图

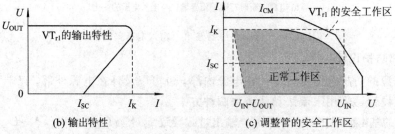

图 6.70　三端稳压器输出过流保护的截流方案

3. 外部防护设计

在线性电源的外部，也可以采用各种专用防护元件和电路实施防护。图 6.71 是利用瞬变电压抑制元件保护整流电源的例子，防护元件可采用 TVS 管或者压敏电阻，电路简单，但可能会引入一定的直流损耗。

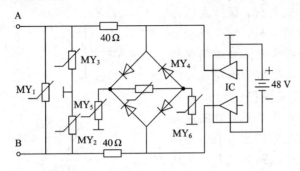

图 6.71　利用瞬变电压抑制元件实现整流电源过压防护

图 6.72 是利用晶闸管防止电源输出过压的例子。一旦发现过电压即触发晶闸管，使输出箝位到低电压，并为输出电流提供旁路通道。此电路要求晶闸管本身能耐受较高的浪涌功率和电流变化率，而且监测器和晶闸管要能避免干扰电压导致的误触发。

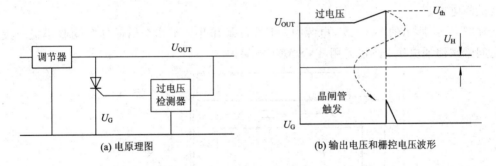

(a) 电原理图　　　　　　　　　(b) 输出电压和栅控电压波形

图 6.72　利用晶闸管实现线性电源的输出过压防护

为抑制瞬态干扰和高频噪声，在线性电源的输入和输出端应并接去耦电容和旁路电容，如图 6.73 所示。旁路电容用于储能和滤除低频干扰，容量一般为 $10\sim470~\mu F$，取决于负载电路的瞬态电流需求。对于负载为多个 IC、高速开关电路以及具有长引线的电路，则电容量取得大些为好。旁路电容可以用钽电解电容或者铝电解电容，前者性能优越，但价格昂贵，后者便宜，但分布电感大。去耦电容用于滤除高频干扰，容量一般为旁路电容的 $1/100\sim1/1000$，电路工作频率越高，旁路电容越小。如用两个去耦电容并联则效果更好，它们的容量应相差两个数量级。

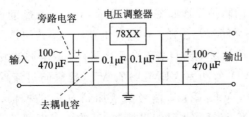

图 6.73　三端稳压器输入和输出端并接滤波电容

6.4.3 开关电源的防护

1. 内部防护设计

开关电源内部电路的基本工作模式如图 6.74 所示。PWM 控制器驱动功率 VDMOS
管开关工作，带动电感负载，通过变压器
输出功率。如第 3 章所分析，感性负载开
关工作，会在开关两端诱发持续时间很短
（如 0.5～5 μs）但峰值很高的负向脉冲电
压，有可能给开关带来损伤。在图 6.74
中，如果负向脉冲超过功率开关管的最高
输出耐压，就有可能给它带来损伤。为抑
制这种损伤，可以在负载两端或者开关两
端并接箝位元件，如 6.2.1 节所述。在图
6.74 中，瞬态电压抑制二极管 TVS_1 用于
限制 VDMOS 管的栅－源电压，TVS_2 用

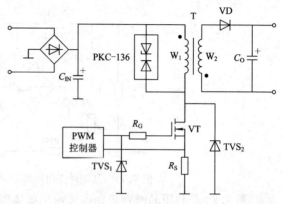

图 6.74　开关电源中对 VDMOS 开关管的防护

于限制漏－源电压，用 TVS 管和高压二极管构成的集成元件 PKC-136 用于限制电感负
载两端的电压。

在图 6.75 所示的 DC-DC 电源中，感性负载和开关工作会给晶体管的收集极－发射
极之间带来浪涌电压，故也需用 TVS 管进行保护。

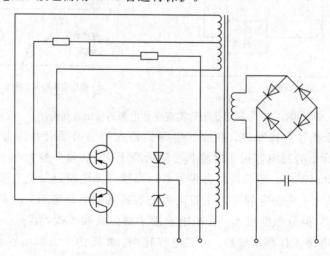

图 6.75　DC-DC 转换器中对功率双极晶体管的防护

VDMOS 管驱动电路的防护设计如图 6.76 所示。C_1、R_1、C_2 起电源旁路滤波作用，防止
噪声干扰在电源与主电路之间相互传播。在这种电路中，噪声可能从电源传入主电路，也可
能会从主电路传入电源，因为该电路自身就会产生噪声，故电源滤波电路双向起作用。

双极晶体管 VT_{r1}、VD_1 为功率 VDMOS 管 VT_{r2} 提供防过流保护。VT_{r2} 输入为高电平
时，VT_{r2} 导通，VD_1 导通，VT_{r1} 截止，信号直接加到 VT_{r2} 的栅极；VT_{r2} 输入为低电平时，
VT_{r2} 截止，VD_1 截止，VT_{r1} 导通，此时如果控制 IC 的输出出现异常高电压或高电荷，则不
会加到 VT_{r2} 的栅极，而是通过导通的 VT_{r1} 到地，从而保护了功率 VDMOS 管。

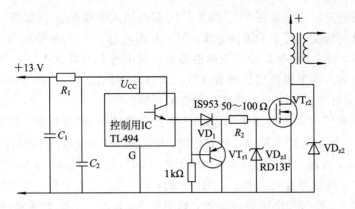

图 6.76　在 VDMOS 管驱动电路中的防护措施

VD_{z1} 导通时有两个作用：一是限压，二是提供另一条输入电流的泄放通道。R_2 与 FET 输入电容一起来控制 FET 的开关速度，同时可降低噪声。VD_{z2} 为功率管提供漏－栅的防过压保护。

场效应晶体管内部寄生二极管的反向恢复效应也有可能给器件带来损伤。在图 6.77 (a)中，如果 VDMOS 管 VT_{r1}、VT_{r2} 内部的寄生二极管 VD_1、VD_2 的反向恢复时间比VDMOS 管的开关时间要长，则在 VT_{r1} 导通、VT_{r2} 截止但 VD_2 尚未来得及截止的瞬间，就会形成同时通过 VT_{r1} 和 VD_2 的过大电流，有可能使 VT_{r1} 损坏；在 VT_{r1} 截止、VT_{r2} 导通但 VD_1 尚未来得及截止的瞬间，也会形成同时通过 VT_{r2} 和 VD_1 的过大电流，有可能使 VT_{r2} 损坏。

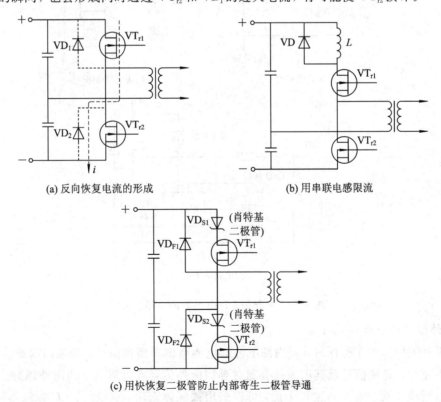

(a) 反向恢复电流的形成　　　　　　　　　(b) 用串联电感限流

(c) 用快恢复二极管防止内部寄生二极管导通

图 6.77　开关电源电路中的反向恢复效应及其对策

　　解决此问题的方法之一是在 VT_{r1} 或者 VT_{r2} 漏极加入串联电感 L（如图 6.77(b)所示），一方面可抑制反向恢复过程中的浪涌电流，另一方面可与 VT_{r1} 的漏源电容一起抑制 dv/dt 引起的浪涌电压，而 di/dt 在 L 中形成的浪涌电压则由与 L 并联的 VD 来抑制。

　　方法之二是加入四个快恢复二极管 VD_{S1}、VD_{S2}、VD_{F1}、VD_{F2}（如肖特基二极管），如图 6.77(c)所示，可防止 VDMOS 内部二极管的导通。

　　目前已经出现了将保护电路做到 VDMOS 管内部的所谓"自保护 VDMOS 管"，可以分为三种类型。二极管防护型采用二极管防护，如图 6.78(a)所示。其典型产品如安森美半导体的 NCV8440，其漏源箝位电压 U_{DSS} 为 52 V，ESD 保护电压为 HBM5000V，漏源工作电流 I_D 为 2.6 A，漏源导通电阻 $R_{DS(ON)}$ 为 95 mΩ(10 V)，采用 SOT - 223 封装。晶体管防护型采用晶体管、二极管和电阻进行防护，如图 6.78(b)所示。如果漏源电流过大就会导致双极晶体管导通，使栅极电压下降，进而使漏源电流下降。电路防护型采用集成电路实现防护，如图 6.78(c)所示。这种防护可以具有防过压、防过流、防过热、防静电等多重作用，但结构复杂，造价高，典型产品如安森美半导体的 NCV8401，内部漏源电流限制值为 33 A，漏源箝位电压 U_{DSS} 为 42 V，采用 DPAK 封装。

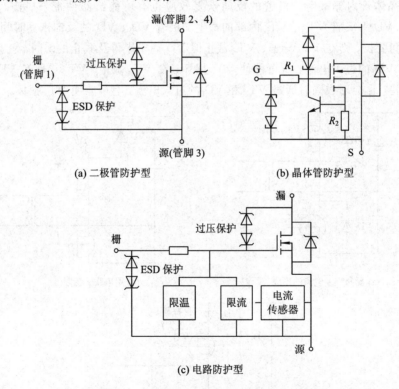

(a) 二极管防护型　　　　　　　　　　(b) 晶体管防护型

(c) 电路防护型

图 6.78　自保护 VDMOS 管的内部构成

2. 外部防护设计

　　由于开关电压的工作原理，其内部不可避免地会出现高频信号。如果内部滤波不良或者屏蔽不充分，高频信号及其谐波就会通过导线向外传导或者通过空间向外辐射，从而对周边电路形成干扰。为抑制这种干扰，可以采用铁氧体磁珠、双绞线、LC 滤波器等方法，如图 6.79 所示。

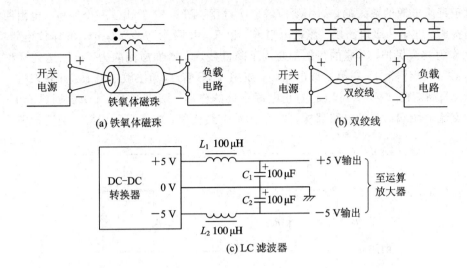

图 6.79　开关电源对外高频干扰的抑制方法

6.4.4　电源端口的防护

电子设备的电源输入端口往往是外部强干扰的入口,是电子设备抵御外来干扰的第一道防线,应该采取措施予以保护。

对于交流供电电源的输入端口,主要应考虑防雷。图 6.80 给出了一个实例,由两级防护电路组成。G_1、G_2 为气体放电管,$R_{vz1} \sim R_{vz6}$ 为压敏电阻,F_1、F_2 为空气开关,F_3、F_4 为保险熔丝,L_1、L_2 是限流电感,可以同时完成共模和差模保护。第一级的防护电路通流能力较强,通常在几十千安($8/20 \ \mu s$),因此大部分雷电流通过第一级泄放,第二级可将第一级的输出残压进一步降低,以达到保护后级设备的目的。图中的 PE 指保护地。可将串联电感 L_1、L_2 用一定长度的具有相同电感量的馈电线代替,好处之一是可解决工作电流很大,导致空心电感无法在电路上实现的问题,好处之二是可将两级防护电路在不同的设备内实现,如第一级设计为一个独立的防雷箱,第二级内置到设备中。如果后级电路的抗浪涌能力较强,可以只采用第一级防护电路。

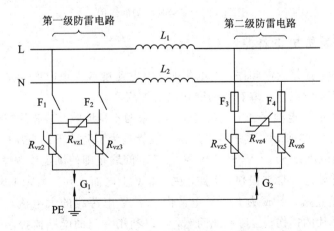

图 6.80　交流供电电路防护电路实例

对于直流电源的输入端口,主要应考虑防过压。图 6.81 给出了一个实例,也由两级保护电路构成。在第一级电路中,压敏电阻 R_{vz1} 和 R_{vz2} 并联作为差模保护,气体放电管 G_1 和 G_2 并联作为共模保护,并联的目的都是为了降低残压,增加通流能力,可以达到标称放电电流 5 kA 的设计能力。在第二级电路中,使用 TVS 管 T_1 和压敏电阻 R_{vz3} 并联来进一步降低残压,采用双向 TVS 管可以起防止电源反接的作用。图中的 RTN 指返回(Return)线。亦可如交流电源端口防护电路那样,将 L_1 用馈电线代替,或者只采用第一级防护电路。

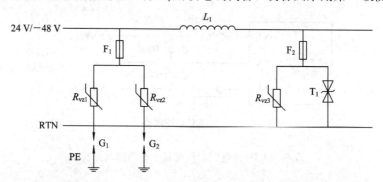

图 6.81 直流电源端口防护电路实例

如果电源输出端与负载端之间的导线较长或者电源电流较大,则电源电流通过导线(如 PCB 走线)时会产生显著的电压降,这将导致负载得到的电源电压低于设计值。如果电源给距离不同的负载供电,这也会导致不同负载得到的电源电压有差别。为避免这个问题,许多 LDO、DC-DC 电源芯片或模块配备有 SENSE 引脚,如图 6.82 所示。它对负载端的电源电压采样,反馈给电源芯片。电源芯片根据 SENSE 电平自动调节其输出电压 U_{OUT},直至负载电压 U_{CC} 达到正常值为止。SENSE 引线属于信号线,流过电流和电压降很小。如果不需要 SENSE 控制,可以将 SENSE 引脚直接接电源输出 U_{OUT},不要悬空。

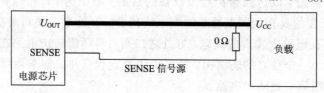

图 6.82 SENSE 引脚的作用

6.4.5 电源通断防护与监控

在电源接通时,如果上电顺序、上电延时、上电速度或上电时间波形不合理,都有可能对电路造成损害,所以应采取有效的措施加以防范。

先举一例来说明上电顺序和上电延时不当带来的不良影响。某芯片需要四种不同电压的电源供电,如图 6.83 所示,其中各个反偏二极管是为了防止不同电压的意外反接。该芯片要求上电顺序为 GND→1.2 V→1.8 V→2.5 V,问题是即使满足该顺序,如果上电延时过长,仍然有可能给芯片带来损伤。例如,在 1.2 V 上电而 1.8 V 暂未上电的时间间隔内,二者之间的二极管正偏,形成从 1.2 V 电源向 1.8 V 电源线的大电流,如果持续时间过长,就可能造成芯片的损伤。为避免此问题,可以利用专门的电脑监控芯片(如图 6.84 所示的 ADM1066)来同时控制上电顺序和上电时间。ADM1066 可使各输入引脚 VX1~VX5

以设定的顺序以及延时连接到输出引脚 PD01～PD05 上。例如，让 1.8 V 先于 2.5 V 上电，且二者上电的间隔时间控制在 10 ms。

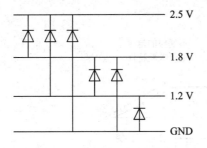
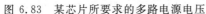

图 6.83　某芯片所要求的多路电源电压

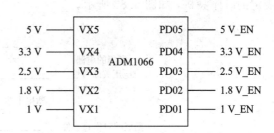

图 6.84　电源监控芯片一例

上电速度过快，会导致过大的 $\mathrm{d}v/\mathrm{d}t$ 从而在容性负载 C 中引入大电流 $i=C\mathrm{d}v/\mathrm{d}t$。上电速度过慢，有时也会使电路中交叉开关管同时导通，从而形成大电流。控制上电速度，可以利用专门的电源缓启动芯片来实现，也可以利用简单的延时电路来实现。在图 6.85 给出的缓启动芯片 LTC1422 中，高电平加到 ON 引脚后，经过一段规定延时，GATE 引脚驱动 MOSFET 导

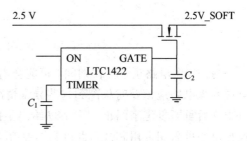

图 6.85　电源缓启动芯片一例

通，2.5 V 电压将加到电路电源引脚 2.5V_SOFT 上，上电延时由与 TIMER 引脚相连的电容 C_1 决定，上电波形的上升速率则由与 GATE 引脚相连的电容 C_2 决定。

电源电压的上升可能会经历复杂的瞬态过程，包括延迟、开关浪涌、噪声、振荡、过冲等，如图 6.86(a)所示。如果直接加到电路上，可能会给某些器件(特别是微处理器等贵重器件)带来不良影响，轻者出现错误，重者带来损伤。因此，可利用上电延时和上电波形整形电路，来获得较为理想的上电波形，如图 6.86(b)所示。在图 6.87 给出的电源启动电路中，利用 RC 电路实现上电延时，利用二级施密特触发器对上电波形进行整形。

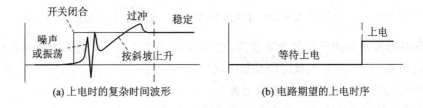

(a) 上电时的复杂时间波形　　　　　　　(b) 电路期望的上电时序

图 6.86　上电波形示例

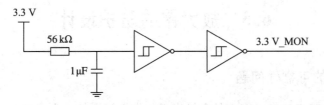

图 6.87　电源启动电路示例

电源断开或掉电时碰到的问题与上电类似。例如，有的器件需要延时一段时间掉电（如微处理器），有的器件需要按某种方式有序关机。因此，应利用电源管理电路使电源按规定的时序关机，如图 6.88 所示。

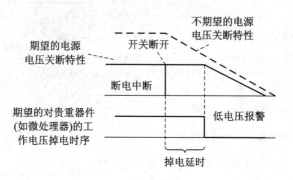

图 6.88　电源关断过程的时序

另外，在电路正常工作期间，可能会出现偶然掉电、电源电压过低或过高等异常情况，电源管理电路应该及时检测到这些异常情况，并采取措施来纠正，如微处理器电路可以通过中断后重新复位来纠正。图 6.89 给出了执行这些功能的电源监控电路的构成框图。电源监控电路可采用专用芯片，也可自行搭制，用于检测上电和下电信息（掉电、加电、低电压、过电压等），并实现所需要的上电和下电时序（实现规定的延迟等）。

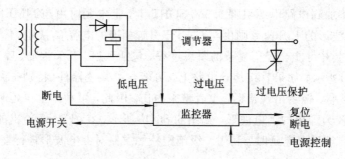

图 6.89　电源监控电路的构成框图

考虑到电源接通和断开时的瞬态效应，如果设备的交流电源、直流电源和信号源设有各自独立的开关，则开机和关机时应按如下次序进行：

（1）开机次序：交流电源开→直流电源开→信号源开；

（2）关机次序：信号源关→直流电源关→交流电源关。

6.5　放大器的防护设计

6.5.1　放大器的可靠性问题

放大器有两个特点决定了它也是容易出现可靠性问题的一类器件。一是放大器对低电平输入信号灵敏，输入信号幅度多为毫伏（mV）甚至微伏（μV）量级，且通常为高输入阻抗，因此抵抗外界过电压、过电流、静电、浪涌和电磁干扰能力弱；二是放大器为小信号模拟电路，性能随电源电压、温度的变化敏感，因此抵抗温度变化和电压变化的能力弱。

　　这里先通过一个光电放大器的实例来了解一下放大器的可靠性问题及其可以采取的解决方案。光电放大器的基本构成如图 6.90(a)所示，入射光通过光电二极管 PD 转化成电流 I_P，再经过运算放大器 U_1 转换成电压 U_o。图 6.90(b)是电流 I_P 与入射光量的关系，用公式可以表示为

$$U_o = -I_P \times R_f \qquad\qquad (6-15)$$

式中，R_f 是运放 U_1 的反馈电阻。该电路本质上是一个典型的微弱信号电流－电压转换电路。

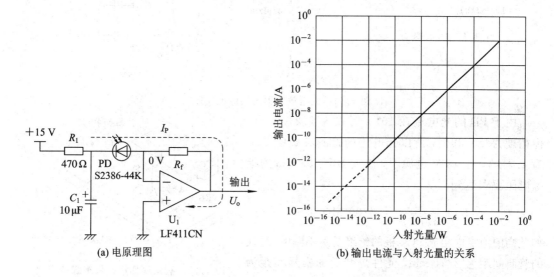

(a) 电原理图　　　　　　　　　　(b) 输出电流与入射光量的关系

图 6.90　光电放大器原理

　　作为第 2 章电阻选用方法的一个应用，这里不妨讨论一下如何确定电阻 R_f 的参数。根据光电二极管的灵敏度 $I_P = 0.144\ \mu A/lx$ 和运放的输出灵敏度 $U_o = 10\ V/10\ lx$，可以确定 R_f 的值：

$$R_f \leqslant \frac{U_o}{I_P} = 6.94\ M\Omega$$

可取 $R_f = 6.8\ M\Omega$。光电放大器的工作温度为 $20 \pm 20\,℃$，灵敏度允许误差为 $\pm 0.39\%$，由此可确定 R_f 的温度系数为 $\pm 195\ ppm/℃$。R_f 的公差可取为 $\pm 1\%$。根据以上确定的电阻阻值、温度系数和公差，可以选用高阻值金属膜铠装电阻，其温度系数为 $\pm 100\ ppm/℃$。

　　光电放大器的实际电路图如图 6.91 所示。+15V 和基准二极管 U_3 为 PD 提供所需的直流偏置电压。U_2 组成的放大电路为增益调整电路，调整量为 20%，用于应对 PD 灵敏度 $\pm 20\%$ 的误差及 R_f 的公差所带来的增益变化。PD 输入端的 $10\ \mu F$、$0.1\ \mu F$ 电容和 $470\ \Omega$ 电阻用于滤除来自电源的高频干扰，所有运放对地、对电源都接了 $47\ \mu F$ 和 $0.1\ \mu F$ 的去耦电容。与 R_f 并接的 $220\ pF$ 电容是为了抑制 PD 高达 $1600\ pF$ 的寄生电容可能带来的自激振荡。

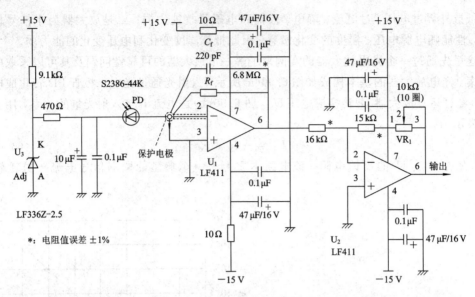

图 6.91　光电放大器的实际电路图

由于 PD 的光电流在 10 lx 时仅为 1.2 μA，目标精度为 $\pm$0.39%，所以光电流的检测灵敏度要求为 4.7 nA，在 15 V 电源下，放大器 U_1 输入端的绝缘电阻要求达到

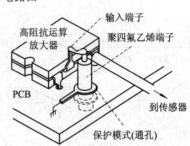

图 6.92　利用聚四氟乙烯绝缘子实现运放输入端与其他元件的连接

$$R \geqslant \frac{15\ \text{V}}{4.7\ \text{nA}} = 3200\ \text{M}\Omega$$

如此高的绝缘电阻靠 PCB 板的绝缘是达不到的（运放的管脚间距为 2.54 mm，元件焊装后的实际间距为 1 mm），因此必须通过更高绝缘强度的聚四氟乙烯绝缘子来实现光电二极管与运放输入端之间的连线，如图 6.92 所示。有关聚四氟乙烯绝缘子的详细情况参见 6.5.3 节。

6.5.2　过压过流保护

放大器的输入要接收幅度很小的微弱信号，对于大幅度的电压或电流的承受能力要远弱于其他电路，输入过压过流的后果轻则使内部部分电路过饱和，电路速度下降；中则使输入偏置电流、失调电压等敏感参数出现不可恢复的变化；重则使芯片功能即时恶化或烧毁。因此，必须要进行过压过流保护。

图 6.93 是利用 TVS 管实现输入端对地直流过压、输入端对地交流过压以及电源端对地直流过压的保护电路。

除了输入端和电源端对地的过压保护之外，还应考虑不同输入端之间以及输入端与电源端之间的过压保护。在图 6.94 中，用双向 TVS 管完成同相与反相输入端之间的差模过压保护；用肖特基二极管完成各个输入端与两个电源端之间的共模过压保护，将共模输入电压限制在 $\pm U_s \pm 0.3$ V 之内，之所以采用肖特基二极管是因为其导通电压（约为 0.3 V）低于普通二极管（约为 0.7 V），而且响应速度快；输入端的串联电阻 R_{Limit} 将输入电流限制在安全限度（如小于 5 mA）之内，但会增加噪声，所以阻值要适当（如 10 kΩ）。

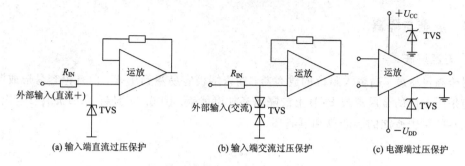

图 6.93　TVS 用于放大器输入端、电源端对地的过压保护

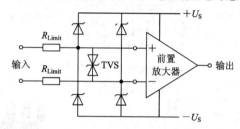

图 6.94　输入端之间以及输入端与电源端之间的过压过流保护

　　为了减少限流电阻引入的噪声，可以采用短接的结型场效应管(JFET)作为限流器件。JFET 是固有噪声最小的有源器件，适合小信号精密放大器使用。在图 6.95(a)中，短接 JFET 将输入电流限制在 JFET 的饱和漏源电流 I_{DSS}(如 $1\sim10$ mA)；在图 6.95(b)中，输入电流限制值可在 $0\sim I_{DSS}$ 范围内调整。这种保护元件可以在运放外部设置，也可以嵌入到芯片内部。

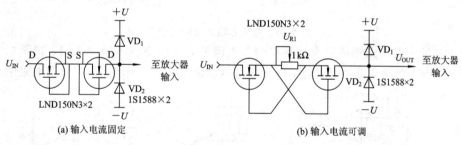

图 6.95　用短接 JFET 实现输入过流保护

　　虽然没有输入端那么敏感，但放大器的输出也可以进行过压、过流保护。图 6.96 给出了运算放大器的输出保护方案。VD_1、VD_2 用于防止输出过压；R_3 用于限制输出短路或过载引起的过电流，同时也与 C_1 构成低通滤波器，用于抑制容性负载可能引起的振荡。

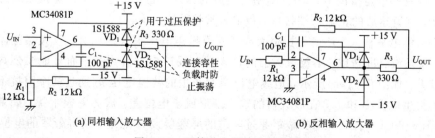

图 6.96　运算放大器输出端保护

6.5.3　屏蔽与隔离

1. 无源屏蔽

对于高灵敏度、高输入阻抗的放大器，输入端极容易受到干扰，而且也容易形成漏电，因此应采用专门的金属罩或 PCB 上的隔离环加以屏蔽。图 6.97 是针对 6.5.1 节给出的光电放大器的例子所加的屏蔽罩和隔离环。

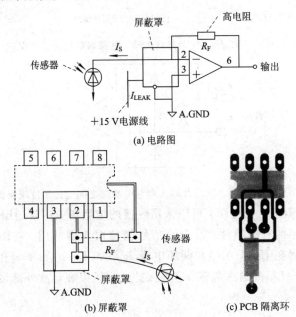

图 6.97　放大器输入端的屏蔽

放大器输入端屏蔽罩或隔离环连接的节点因放大器用途的不同而不同。如图 6.98 所示，反相放大器的输入屏蔽体接地，电压跟随器接输出端，同相放大器接反馈电阻中点。

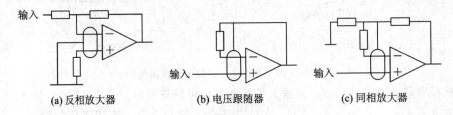

图 6.98　放大器输入端屏蔽体的接法

对于内置多个运放的 IC，闲置不用的运放的输入端也不要悬空，以免接收或感应外接干扰。通常闲置运放的正输入端接地，负输入端接输出。

对于极低电平输入、环境干扰很大或者共模噪声电压很大的场合，放大器整体也应加屏蔽罩。如果没有屏蔽罩，不仅放大器的输入端容易感应外界干扰，而且地线公共阻抗的影响也较大。如图 6.99(a)所示，地线电位差所产生的共模电压 u_G 通过两个阻抗不同的回路形成的寄生电流 I_1 和 I_2，在放大器的输入端形成了电位差，成为差模干扰。如果加了屏蔽罩(如图 6.99(b)所示)，则屏蔽罩通过电缆的屏蔽层接 A 点地，使屏蔽罩的电位与 A 点相同，I_1 和 I_2 不能产生，从而消除了放大器输入端的干扰电压。如果加了双层屏蔽罩(如图

6.99(c)所示），则内屏蔽体通过电缆屏蔽层接 A 点地，外屏蔽层接 B 点地，内外屏蔽层之间没有直接的电连接，抗干扰效果更好。

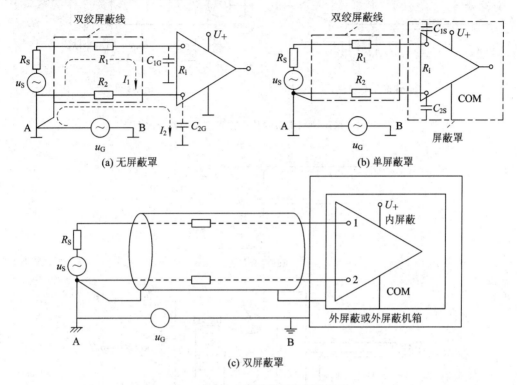

(a) 无屏蔽罩

(b) 单屏蔽罩

(c) 双屏蔽罩

图 6.99 放大器整体屏蔽罩的效果

对于安装在 PCB 上的放大器，除了上方加屏蔽罩之外，在 PCB 底层应该敷设大面积铜箔作为接地平面，如图 6.100 所示。如果放大器的附近有发热元件（如大功率电阻器），屏蔽罩还可兼作隔热防风罩的作用，而背面的大面积铜箔对于均匀放大器周边的温度也是有益的。

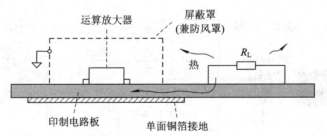

图 6.100 放大器屏蔽罩的周边考虑

2. 有源屏蔽

此前介绍的屏蔽体的参考点均为地线，但在某种情况下，屏蔽体的参考电平可以由电路提供，称之为"有源屏蔽"。这里就差分放大器的有源屏蔽试举一例。

差分放大器的两个输入信号如果采用各自独立的屏蔽线传输（如图 6.101 所示），则因两个信号线对地的电容 C_1 和 C_2 有可能不同，从而引入共模干扰 U_{CM}。通过有源屏蔽可以解决这一问题，图 6.102 给出了三种可能的方案。

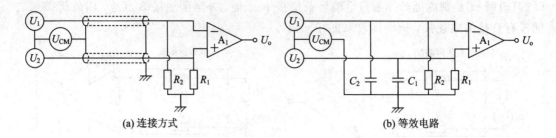

(a) 连接方式　　　　　　　　　　　　　(b) 等效电路

图 6.101　采用两根屏蔽线传送输入信号的差分放大器

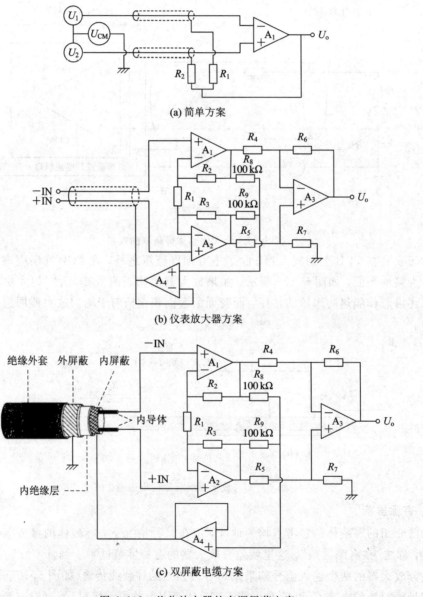

(a) 简单方案

(b) 仪表放大器方案

(c) 双屏蔽电缆方案

图 6.102　差分放大器的有源屏蔽方案

最简单经济的方法是将电缆屏蔽层通过电阻 R_2 和 R_1 接到差分放大器的输出端，如图 6.102(a)所示。仪表放大器常常采用效果更好的有源屏蔽方案，如图 6.102(b)所示，它的输入采用屏蔽双导线，其屏蔽层通过一个单位增益的缓冲驱动器 A_4 接到差分对的零电平参考点。进一步的改进可采用双层屏蔽电缆，如图 6.102(c)所示，电缆的内屏蔽层接电路的零电平参考点，外屏蔽层接地。

3. 绝缘隔离

对于输入阻抗要求极高的场合，可以采用聚四氟乙烯绝缘子作为放大器输入信号的导入载体，如 6.5.1 节的例子所示。聚四氟乙烯材料的绝缘电阻极高，漏电流极小，吸潮性极低，化学稳定性优秀。聚四氟乙烯材料内嵌导体制作而成的连接端子，可作为要求极高电阻、极低漏电流的元件连接端子。聚四氟乙烯绝缘子可以有多种安装形态，图 6.103(a)所示的苜蓿叶形，在 PCB 上开一个略大的洞即可装

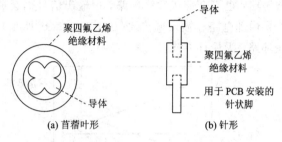

图 6.103　聚四氟乙烯绝缘子的安装方式

入；图 6.103(b)所示的针形，则需专用工具压入 PCB。

图 6.104 给出了一个聚四氟乙烯绝缘子在运放中的应用实例。它将传感器、反馈电阻与运放的输入端连接在一起。绝缘子套有接地的金属保护垫圈，为端子提供屏蔽保护。为减少输入漏电，PCB 板不要采用酚醛纸等具有吸湿性的基材，而应采用环氧玻璃等绝缘电阻高的基材。尽量采用漏电最小的金属圆管壳封装的运放，塑料封装的漏电流相对较大。

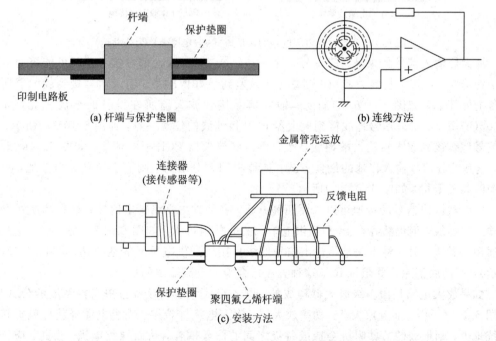

图 6.104　聚四氟乙烯绝缘子用于运放输入信号接入的安装实例

6.5.4 接地

放大器内部电路的接地位置对其抗干扰能力有较大影响。如果内部电路不接公共地，即采用浮地方式(如图 6.105(a)所示)，则输入端、信号地端和输出端对屏蔽罩的分布电容 C_{1S}、C_{2S}、C_{3S} 构成输出到输入的反馈网络，这是最差的方式；如果内部电路在输入端和输出端同时接地(如图 6.105(b)所示)，虽然 C_{3S} 被短路，但接地形成环路，存在公共接地阻抗和地环路干扰，属于较差方式；如果内部电路在输出端接地(如图 6.105(c)所示)，则 C_{2S} 被短路，也不会形成地线环路，但输出信号仍会通过 C_{3S} 反馈到输入端，是一种较好方式；如果内部电路在输入端接地(如图 6.105(d)所示)，则输出信号无法反馈到输入，而且不存在环路，为最佳方式。

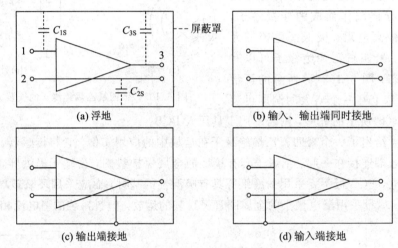

图 6.105　放大器内部电路的接地方式(假定屏蔽罩为公共地)

放大器输入信号如果是共模信号，就一定有参考地。输入信号参考地的可能接地方式有多种选项，从抗干扰能力的角度考虑，从最差到最好依次为：输入信号接到放大器所在设备的外部地，如图 6.106(a)所示；输入信号接到放大器所在设备的金属机壳，如图 6.106(b)所示；输入信号地线接到放大器 PCB 板地线的任意一点，如图 6.106(c)所示；输入信号地线接到放大器输入端地线，然后再接到放大器 PCB 板的地线，如图 6.106(d)所示，这是差分信号输入接地的最佳方式；如能采用差分输入，则输入信号无需接地，可彻底消除共模干扰，如图 6.106(e)所示。

放大器输出信号的接地可以采用两种方法。一种方法是将输出信号地线直接接到 PCB 的输入端地线，但仍然存在 PCB 到供电单元的公共阻抗 R_S(如图 6.107(a)所示)，这是比较通用的做法。另一种方法是将输出信号地线直接接到供电单元的地线端(如图 6.107(b)所示)，可彻底消除公共阻抗 R_S，这种方法适合很大电流输出的场合。

如果放大电路是由多级放大器构成的，则各级放大器应该各自单点接系统的公共地。在图 6.108(a)中，前置放大器、功率放大器、输入电缆屏蔽层、输出电缆屏蔽层就近接到系统地上，则地线的公共阻抗会造成各级之间的信号耦合，从而导致串扰。为此，应该如图 6.108(b)所示，各个部件均在一点上接电源地，可彻底消除公共阻抗，代价是地线较长，但对频率不高的电路影响不大。

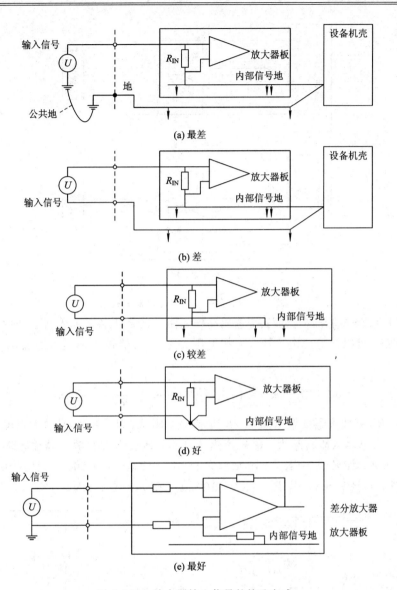

图 6.106　放大器输入信号的接地方式

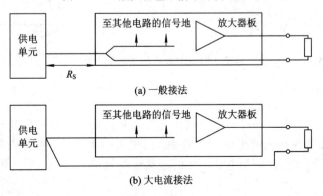

图 6.107　放大器输出信号的接地方式

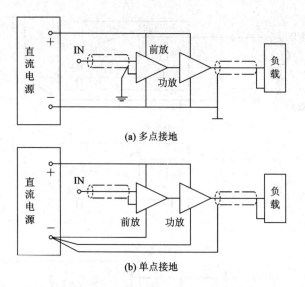

(a) 多点接地

(b) 单点接地

图 6.108　多级放大器的接地方式

就降低地线公共阻抗干扰而言，选用高输入阻抗的放大器是有利的。利用图 6.109 给出的等效电路，可以推导出由于地线干扰电压 u_G 在放大器输入端引入的噪声电压 u_N 可以表示为

$$u_N = u_1 - u_2 = \left(\frac{R_{L1}}{R_{L1} + R_{C1} + R_S} - \frac{R_{L2}}{R_{L2} + R_{C2}} \right) u_G \qquad (6-16)$$

式中，R_{L1} 和 R_{L2} 是放大器的输入阻抗，R_S 是信号源阻抗，R_{C1} 和 R_{C2} 是放大器输入端连线阻抗。可见，放大器输入阻抗越大，信号源阻抗越小，地线干扰在放大器输入端引入的噪声电压越小。例如，如果 $R_{L1} = R_{L2} = 10$ kΩ，$R_{C1} = R_{C2} = 1$ Ω，$R_S = 500$ Ω，$R_G = 0.01$ Ω，$u_G = 100$ mV，则 $u_N = 4.6$ mV；若 $R_{L1} = R_{L2} = 100$ kΩ，则 $u_N = 0.5$ mV。

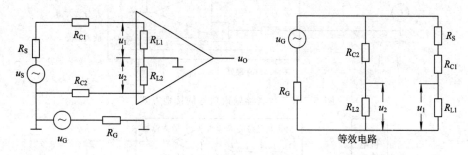

等效电路

图 6.109　放大器输入阻抗与地线公共阻抗干扰的关系分析用图

6.5.5　去耦

如 6.1 节所述，电源去耦对于高速数字电路是必需的，因为其自身开关工作所产生的浪涌效应会使电源电流和电源电压剧烈波动。这里要指出的是，电源去耦对于精密模拟电路也是必需的，因为其性能对于电源电压的变化十分敏感。所以，放大器通常也要采取电源去耦措施。

集成运算放大器自身具有一定的抑制电源电压变化的能力。通常用电源抑制比（PSRR，Power Supply Rejection Ratio）来衡量电源电压变化时放大器保持其输出不变的能力，其定义为电源电压变化与其导致的输入失调电压变化之比。运放的 PSRR 通常会随频率的增加而下降（如图 6.110 所示），因此需要在放大器外部增加电源去耦电路，以便在高频情况下仍然能够保证电源电压的稳定。

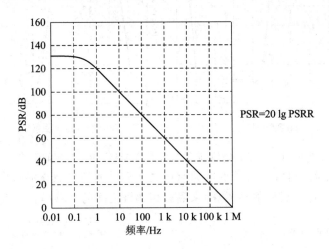

图 6.110　运算放大器电源抑制比随频率的变化

　　放大器去耦电容的接法与高速数字电路类似，多采用大容量电解电容和小容量陶瓷电容并联的方式（如图 6.111 所示），以便兼顾低频和高频的滤波效果。如果放大器采用正、负双电源，则正电源端和负电源端应分别接去耦电容。去耦电容与放大器之间的连线尽量短、粗，放大器的接地平面尽量大。

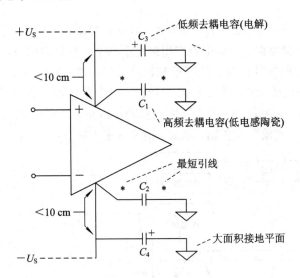

图 6.111　运算放大器去耦电容的接法

　　放大器的有效去耦不仅能够提高抗电源电压波动的能力，还能去除不期望的高频干扰，改善信号完整性。从图 6.112 给出的例子可见，去耦对放大器相位响应的改善作用是明显的。

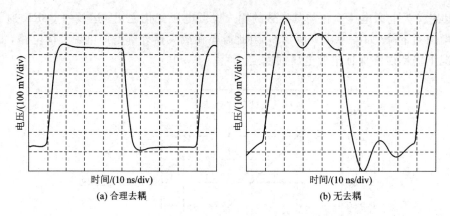

(a) 合理去耦　　　　　　　　　(b) 无去耦

图 6.112　去耦电容对运算放大器 AD9631 相位响应的影响

对于多级放大器，每级放大器的电源对地之间都要加各自独立的去耦电容。各级电源之间还可以通过加电感(或铁氧体磁珠)来隔离相邻级之间的高频串扰，如图 6.113 所示。

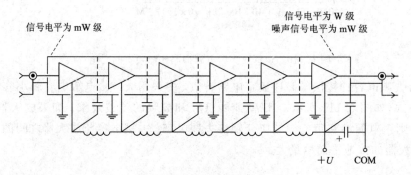

图 6.113　多级放大器的去耦与隔离

对于实际的放大器电路，应该综合应用第 4 章和第 5 章给出的方法。如图 6.114 所示，假定来自传感器的微弱信号经过长线传输到达放大器，则应采取以下防护措施：传感器浮地，防止长引线引入地线回路干扰；屏蔽双绞线，屏蔽层在放大器端单点接地，抑制共模低频干扰；穿心电容，抑制高频干扰，并实现信号屏蔽接入 PCB；双向 TVS 管，抑制外来的浪涌、静电、过压；差模方式传输、放大，消除共模干扰。

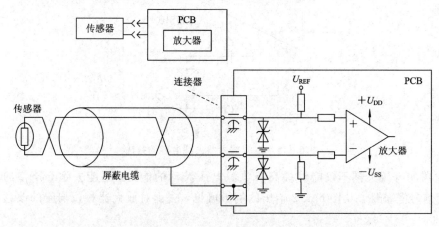

图 6.114　各种防护方法在放大器电路中的综合应用

6.6 微处理器的防护设计

6.6.1 微处理器的可靠性问题

微处理器包括中央处理器(CPU)、微控制器(MCU)、数字信号处理器(DSP)等。微处理器的可靠性问题主要表现在两个方面。一方面,微处理器是一种典型的高速数字电路,因此 6.1 节所阐述的可靠性问题也在微处理器电路中存在,解决对策也类似,这里不再赘述。另一方面,微处理器是一种软件与硬件协同工作的器件,硬件干扰会导致软件故障,本节重点讨论这类问题及其解决方案。

静电放电、电浪涌、电磁干扰等都可能使微处理器系统程序运行出错。在这种情况下外界干扰可能并未造成电路物理上的损坏,但却会导致软件错误。干扰信号可能出现在信号线、时钟线或电源线上,引发程序出错的位置可能在程序计数器、地址寄存器、堆栈寄存器或存储器。出错的结果可能使处理器出现不期望的中断或清空存储器,或者执行若干无意义的指令,或者进入死循环而无法自行跳出。对于一个运行于 1 MHz 以上时钟频率和数据速率的微处理器电路,只需持续时间小于 1 μs 的瞬变破坏一个数据位就能使程序出轨。例如,在图 6.115 给出的例子中,在外界干扰出现的瞬间,四位数据线上原应为 0001 的数据变成了 1111。因此,如何避免硬件干扰引发软件错误是微处理器抗干扰的重点。

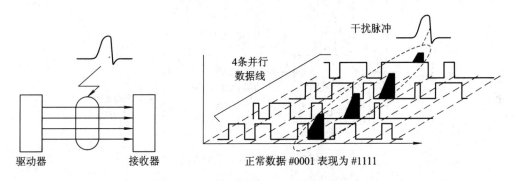

图 6.115 浪涌干扰导致某一瞬间程序出现错误

6.6.2 看门狗与复位控制

看门狗(Watch-dog)电路是微处理器电路纠错的一种常用方法。它周期性地要求微处理器执行一个专门的简单操作,观察其输出结果。一旦发现有错,立即让微处理器重新复位,以恢复正常运行。

看门狗电路的硬件构成及工作波形如图 6.116 所示。看门狗定时器(Watch-dog Timer,WDT)不断检测利用微处理器软件专门设计的周期性脉冲信号(称为"诊断脉冲(Sanity Impulse)"),一旦发现在规定的"暂停周期"(亦称溢出周期)内未出现脉冲,即认为破坏已经发生,向微处理器的 $\overline{\text{RESET}}$ 端发送 $\overline{\text{Q}}=0$,令其复位。

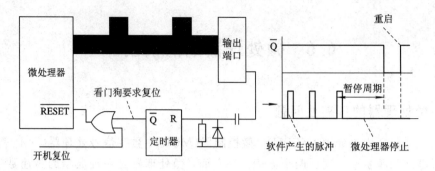

图 6.116　看门狗的硬件构成及工作波形

　　看门狗硬件的可靠性应优于电路其他部分。它可以采用通用逻辑电路搭建，也可以采用专用芯片。图 6.117 是采用通用逻辑电路 74LS123 搭建的定时器电路。74LS123 是带清除端的双可重触发单稳态触发器。由 R_{X1}、C_{X1} 决定暂停周期长度。如果在暂停时间长度内未收到诊断脉冲信号，则第一个触发器触发第二个触发器，第二个触发器发射复位信号，由 R_{X2}、C_{X2} 决定的第二个触发器的延时应保证其输出脉冲持续时间足以保证微处理器的复位。这种方法的好处是其本身可靠性较高，不足之处是利用分立 R、C 元件来决定暂停周期，可能会带来较大误差，而且只能发送一次复位请求脉冲。如果采用数字分频器来搭建定时器，则触发一次可连续发送复位请求脉冲，直到复位成功（参见图 6.118）。不要使用可编程器件来搭建定时器，因为瞬态干扰容易导致其错误编程。

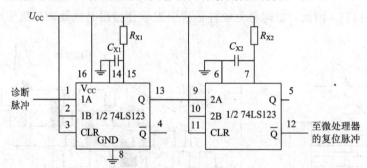

图 6.117　采用通用逻辑电路搭建的看门狗定时器

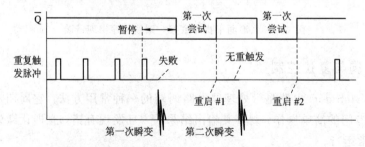

图 6.118　采用数字分频器实现一次触发多次要求复位

　　暂停周期的长度要适当，过短可能会影响处理器的正常工作，过长可能会起不到保护作用。通常取值范围为 10 ms～1 s，具体数值需根据应用需求而定。例如，飞机控制系统要求故障发生后 100 ms 内必须检测出来，暂停周期应设置为小于 100 ms；而银行系统的要求是 1 s，因此暂停周期可定为 1 s。

　　看门狗周期脉冲产生软件的可靠性也要优于处理器软件的其他部分，要尽量降低错误的软件循环产生周期脉冲的概率，以下措施被证明是有效的(参见图 6.119)：在两个不同的软件模块中产生同一个输出脉冲；一个模块产生高边沿脉冲 kick_watchdog_high，另一个模块产生低边沿脉冲 kick_watchdog_low。

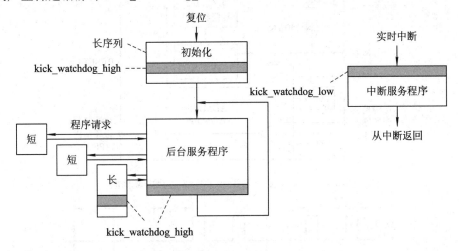

图 6.119　周期脉冲产生软件框图

　　比看门狗电路更简单的方法是定时复位，即每隔一定周期(如图 6.120 所示的 300 ms)，对主控程序进行复位。与看门狗方法相比，定时复位需消耗更多的系统时间。

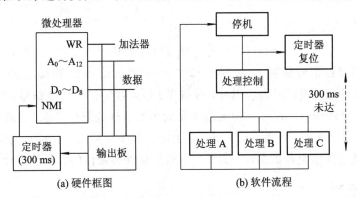

图 6.120　定时复位

　　专用复位芯片则能够执行比看门狗更多的功能。例如，ADM706 芯片(内部框图见图 6.121)可完成如下功能：

　　(1) 电源欠压复位：如果电源电压 U_{CC} 低于 4.65 V，则输出复位信号 RESET♯(低电平有效)。

　　(2) 强制复位：如果给输入引脚 MR♯ 加上幅度小于 0.8 V、宽度不小于 150 ns 的低电平信号，则强制复位。

　　(3) 看门狗：如果输入 WDI(即诊断脉冲，脉冲宽度为 t_{WP}，亦称喂狗信号)信号在规定时间(即溢出周期 t_{WD})内未出现信号变化沿，则 WDO♯ 输出低电平，可作为重新复位的控制信号，直到 WDI 监测到有效变化沿时才恢复高电平。ADM706 看门狗信号的时序如图 6.122 所示。

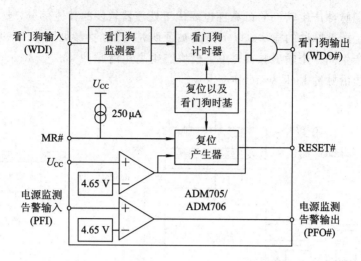

图 6.121　专用复位芯片 ADM706 芯片内部框图

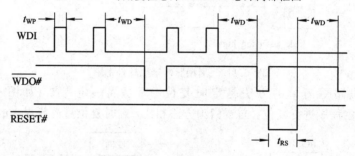

图 6.122　ADM706 看门狗信号时序图

该芯片要求复位信号脉宽 $t_{RS}=160\sim200$ ms，喂狗信号脉宽 $t_{WP}>50$ ns，溢出周期 $t_{WD}=1\sim1.6$ s。注意，在看门狗应用时，可将 WDO♯ 直接作为复位信号，但它与 RESET♯ 信号相比，脉宽较窄(10 μs)，可能无法满足大多数器件的复位要求。为此，可将 WDO♯ 接至 MR♯ 上，即可达到有效复位。另外，在上电过程中或环境干扰较大的情况下，可能会出现反复复位或者无法复位的情况。为此，应通过软件和硬件的可靠性设计来避免之。

6.6.3　电源管理

来自外界的瞬态浪涌、电磁干扰等可能会使微处理器的电源电压超过规定范围(如标称值为 5 V 的电源电压允许波动范围可能是 4.75～5.25 V)。针对此问题，除了采用通常的箝位、限流、滤波方法(图 6.123 所示例子就是利用 TVS 限制单片机和存储器电路的端电压)之外，还可以通过重新复位，使其工作恢复正常，这是微处理器独有的处理手段。

在微处理器启动时加电或者工作过程中突然掉电，都应该重新复位。最简单的加电、掉电复位电路如图 6.124 所示。加电前，电容 C 被充分放电，使 $\overline{RESET}=0$，执行复位；加电后，C 被充分充电，$\overline{RESET}=1$，不再执行复位指令。复位持续时间由 RC 参数决定。在正常工作器件，万一电源 U_{CC} 中断，则二极管 VD 导通，为 C 提供放电通道，放电完成后 $\overline{RESET}$ 重新为 0，再次执行复位。这种电路很难防止突然发生的电源电压变化，只能用于廉价产品。

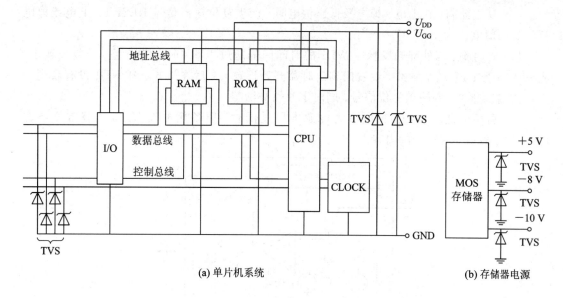

(a) 单片机系统　　　　　　　　(b) 存储器电源

图 6.123　TVS 用于微处理器系统的过压保护

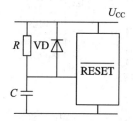

图 6.124　加电/掉电复位电路

电源欠压、过压复位电路的一个例子如图 6.125 所示。实时检测输入端电源电压的分压 U_A 和 U_B，并与基准电压 U_Z 相比较。一旦发现 U_{CC} 超差，即大于或小于规定值，则比较器 B 先开启，令处理器中断，然后比较器 A 开启，强制处理器复位。这种方法可以对电源故障做出及时处理。

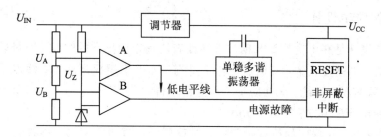

图 6.125　电源欠压/过压复位电路

更先进的微处理器监控芯片将上述看门狗、电源管理电路做在一颗芯片上。图 6.126 给出了一个实际产品的例子，型号为 MAX690A/692A。它至少可以执行以下三方面的功能：

（1）复位控制：在上电、掉电及低压供电时，产生复位输出信号 RESET。上电或掉电复位的阈值电压为 1.25 V。

（2）看门狗：当外部触发脉冲 WD1 的时间间隔超过 1.6 s 时，将产生一个复位输出。先输入一个 TTL 电平脉冲，使看门狗定时器开始计数，之后在 1.6 s 内 WD1 没有收到一个新的输入脉冲，则输出复位信号，同时定时器被清零。

（3）备用电池切换：在掉电或者电源电压过低时，用备用电池 U_{BATT} 代替常规电源 U_{CC}，用于暂存 RAM 中的内容。

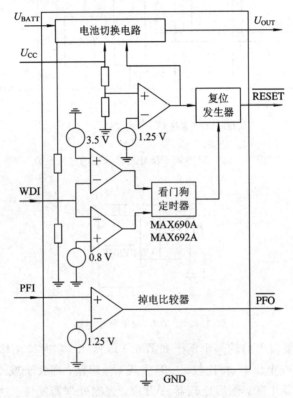

图 6.126　微处理器监控芯片 MAX690A/692A 内部电路框图

6.6.4　软件防护设计

软件防护设计是在干扰导致数据被破坏或者流程走向异常的时候，通过软件控制处理的方法使系统重新恢复正常，其优点是自由度高，几乎不用提高成本，缺点是仅适用于带处理器/存储器的数字系统，无法防护不可逆的硬件损伤。

软件防护设计常用方法有如下几种：

（1）程序复核。在程序的执行过程中，对重要的数据进行复核，检查它是否在正确的范围内。如果是，继续执行；如果不是，则做相应的出错处理。

（2）程序卷回。将原始程序分成若干段。每执行一段后，保存一次数据。待下一段执行完毕并确认正确后，才销毁保存的数据；如果不正确，则利用上次保存的数据，卷回程序段的开头重复执行。

（3）软件校验。设计一个专门的程序。它周期性地中断正在运行的程序，检查某些程序运行已到达的校验点。如果校验点是错误的，则将程序控制权交给错误处理程序；如果校验点是正确的，则继续运行正常程序。此功能相当于用软件实现的"看门狗"电路。图6.127 给出的是一个用于避免死循环的软件校验流程。

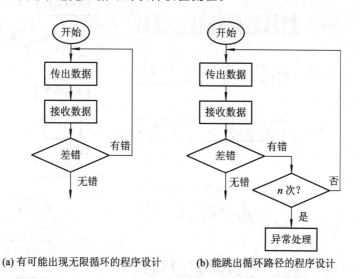

(a) 有可能出现无限循环的程序设计　　　(b) 能跳出循环路径的程序设计

图 6.127　避免死循环的软件校验流程

（4）软件陷阱。例如，将所有未使用的存储空间均转换为 NOP（空操作）指令，留下最后几个单元存入 JMP RESET（跳到复位）指令或者转到错误处理程序的指令，如图6.128所示。这样，一旦程序发现一串 NOP 指令，就安全地执行它们，直至到达 JMP RESET 实施复位。这种方法亦称"指令冗余"。

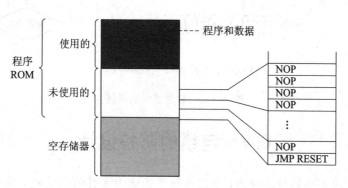

图 6.128　软件陷阱法示意图

（5）软件滤波。如图 6.129(a)所示，ADC 连续采样 4 次取平均，作为 1 个输出数据。平均个数越多，滤噪效果越好，但采样速率越低。在这个例子中，比较 A/D 转换的周期与输出数据的周期，可以看出后者比前者大 4 倍，这表明采样速率降低为原来的1/4。如果输入数据变化缓慢，且噪声为完全随机，则这种方法的效果较好。此程序相当于低通滤波器。如果将前 3 次采样数据与当前数据相加后取平均，作为当前输出数据，就不会影响采样速率，如图 6.129(b)所示。

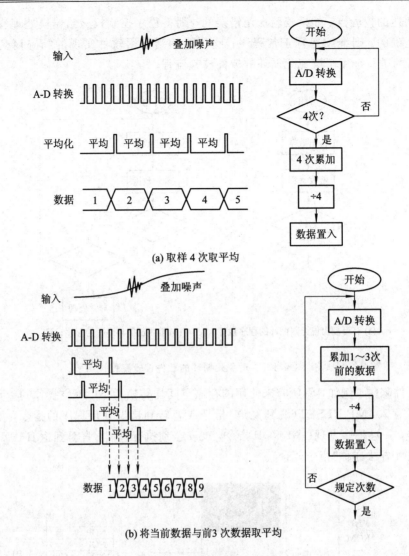

(a) 取样 4 次取平均

(b) 将当前数据与前3 次数据取平均

图 6.129　软件滤波法示例

6.7　电缆的防护设计

电缆是电子设备中最长的导体，所以其抗干扰能力尤其值得重视。其一，电缆连接着设备的外部与内部以及内部各个电路单元，因此很容易成为传播干扰的媒介；其二，电缆因为长，串联电阻、电感等寄生效应显著，引入的共阻抗或互阻抗不容忽视；其三，电缆的结构类似于天线，容易拾取和辐射噪声。

6.7.1　电缆的类型

1. 常用电缆类型

常见的电缆类型如图 6.130 所示。双绞线是典型的平衡线，而同轴电缆是典型的非平衡线。

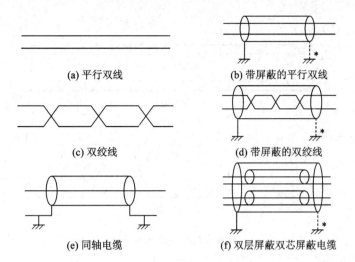

图 6.130　常见电缆的类型

就抗干扰能力而言，双绞线优于平行双线，带屏蔽的线优于不带屏蔽的线，多层屏蔽的线优于单层屏蔽的线。平行双线的串扰严重，只能用于强信号短距离传输，如无屏蔽扁平电缆的传输距离一般不超过 20 cm。同轴电缆传输高频信号时损耗小，高频性能优于双绞线。电缆的屏蔽层可以单端接地，也可以双端接地，低频线通常单端接地，高频线通常双端接地。

2. 双绞线

双绞线的抗干扰性能远优于平行双线，其原理如图 6.131 所示。双绞线在被干扰的平行双线中所感应出的噪声电流在双绞线各节之间是反向的，故相互抵消，如图 6.131(a)所示；平行双线噪声电流在双绞线中产生的磁力线在相邻的双绞线各节之间也是反向的，故也相互抵消，如图 6.131(b)所示。因此，双绞线自身结构可以抵消外部磁场产生的磁通或者自身产生的磁通，形成对低频干扰的有效抑制。同时，噪声电流与其回路构成的环路面积也远小于平行双线（如图 6.132 所示），因此通过感应或者辐射接收或发射干扰的能力就要小得多，因为磁场感应与辐射的强度与产生磁场的交变电流流过的回路面积有关，面积越小，感应与辐射越小。

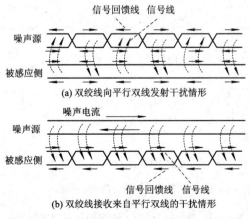

图 6.131　双绞线与平行双线之间的串扰分析

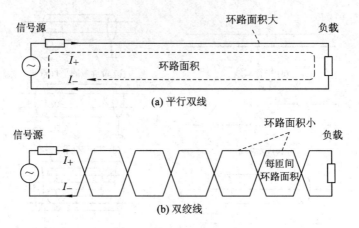

图 6.132　双绞线与平行双线环路面积的比较

双绞线的干扰抑制能力可以由以下公式表征：

$$R_{\mathrm{T}} = 20 \cdot \lg\left\{\left(\frac{1}{2nl+1}\right) \cdot \left[1 + 2nl \cdot \sin\left(\frac{\pi}{n\lambda}\right)\right]\right\} \qquad (6-17)$$

式中，R_{T} 为干扰抑制比，单位为 dB；l 为总线长；n 为单位长度的双绞数；λ 为传输信号的波长。可见，单位长度的双绞数 n 越大，或者双绞线的节距 l/n 越小，则其抗干扰效果越好，但会受到电缆外套尺寸以及线径的制约。要获得良好的效果，一般每米需达到 20～30 绞。另外，双绞线主要是依靠抑制磁场来起作用的，使用频率越低，即波长越短，则磁场干扰的影响相对越大，使用双绞线的抗干扰效果越好，因此双绞线的使用频率通常低于 100 kHz，此时的 $R_{\mathrm{T}} \leqslant 60$ dB。它特别适用于传递交流低频信号的场合，如交流 50 Hz 供电的指示灯以及控制较大功率电流的继电器等。

　　另外，双绞线必须作为平衡线使用且信号电流从双绞线中的一根返回，不适用于信号电流从地线或者屏蔽层返回的非平衡线。图 6.133(a) 是双绞线的正确用法，即双绞线中的一条线作为信号线，另一条作为信号回馈线，此时双绞线作为平衡信号线使用。图 6.133 (b) 是双绞线的不正确用法，即用双绞线中一条线作为一条通道的信号线，另一条线作为另一条通道的信号线，信号电流从地线返回。这实际上是将双绞线作为两根非平衡信号线使用。

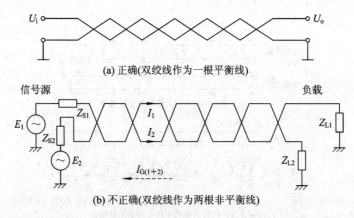

图 6.133　双绞线作为平衡线和非平衡线的比较

两组同样节距的双绞线平行时，如一组用来传输功率较大的高电平信号，另一组用来传输低电平信号，则相互干扰不可避免，如图 6.134(a)所示。如不得不平行走线(如多股双绞线)，则可使两组走线的节距不一致，如图 6.134(b)所示，可降低串扰影响的程度。图 6.135 是四对双绞线构成的以太网线实物照片，可以看出各对双绞线的节距有所不同。

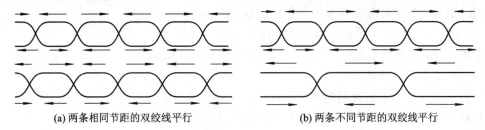

(a) 两条相同节距的双绞线平行　　　　　　(b) 两条不同节距的双绞线平行

图 6.134　两条双绞线的平行走线方式

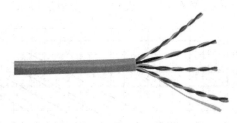

图 6.135　最常见的双绞线——以太网线

带屏蔽层的双绞线的结构如图 6.136 所示，其特征阻抗典型值为 $78 \sim 123\ \Omega$，与同轴电缆相比，其使用频率范围较低($\leqslant 10\ \mathrm{MHz}$)。

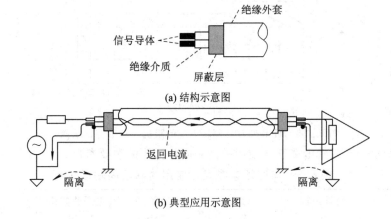

(a) 结构示意图

(b) 典型应用示意图

图 6.136　屏蔽双绞线

双绞线相对容易制作，成本低，易于安装，因此得到了广泛的应用，目前绝大多数以太网线和用户电话线都是双绞线。然而，双绞线也有缺点，主要是传输信号带宽有限，特别是长距离传输高频信号时的衰减较大。对于高频信号，采用同轴电缆传输更为合适。

3. 同轴电缆

同轴电缆的结构如图 6.137 所示，通常使用金属编织网作为屏蔽层，屏蔽层与内导体之间的绝缘介质多为聚乙烯，外套可采用 PVC 或者尼龙编织层。由于高频时的趋肤效应和趋近效应，信号电流沿内导体的表面流过，信号回流沿屏蔽层的内表面流过，干扰电流沿屏蔽层的外表面流过，所以抗高频干扰能力强。
同时，与双绞线相比，同轴电缆的铜导体更粗，横
截面积和表面积更大，高频阻抗更低，误码率低。
再者，同轴电缆的特征阻抗确定，典型值为 50 Ω
和 75 Ω，前者主要用于数字传输，后者主要用于模
拟传输。由于上述原因，同轴电缆更适合传输高频

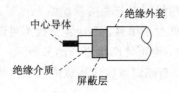

图 6.137 同轴电缆的结构示意图

乃至射频信号，可达数百兆赫乃至吉赫。与双绞线相比，同轴电缆的缺点是成本较高，而
且终端连接安装比较复杂。

从图 6.138 给出的同轴电缆典型阻抗－频率特性来看，频率越高，电缆直径越大，则
传输损耗越小。同轴电缆特性阻抗和衰减量的典型测试频率为 10 MHz。图 6.138 中，3D－
2V 中的"3"表示导电屏蔽层的内径为 5.3 mm，D 表示特征阻抗为 50 Ω±2 Ω（C 为
75 Ω±3 Ω），2 表示绝缘介质是聚乙烯，V 表示结构是单层屏蔽且使用 PVC 外套。

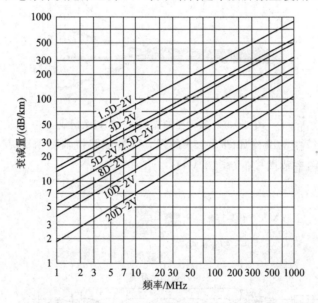

图 6.138 日本产 50Ω 同轴电缆的阻抗－频率特性示例

表 6.3 给出了与同轴电缆配合使用的高频同轴插头的主要参数。

表 6.3 与同轴电缆配合使用的高频同轴插头

型号	特性阻抗 /Ω	额定电压 /V$_{rms}$	额定频率 /GHz	电压驻波比 VSWR	连接方式
N	50	500	10 以下	1.2 以下	N 型
BNC	50	500	4 以下	1.2 以下	BNC 型
C	50	500	10 以下	1.2 以下	BNC 型
HN	50	1500	3 以下	1.2 以下	N 型
SNA	50	250	12.4 以下	1.2 以下	OSM 型
SMB	50	150	0.5 以下	1.2 以下	OSM 型

6.7.2　电缆的屏蔽

1. 屏蔽的作用

电缆的屏蔽对于保证其抗干扰效能是至关重要的。图 6.139 是一条无屏蔽的非平衡线。信号电流 I_R 通过地线返回，电流回路面积很大；外部干扰电流 I_{EXT} 在地线公共阻抗 Z_G 上形成干扰电压 U_G，在负载阻抗 Z_L 上形成对负载的干扰电压 $U_L = \dfrac{I_{EXT} Z_G Z_L}{Z_L + Z_S}$，其中 Z_L 是负载阻抗，Z_S 是信号源阻抗。低频下 Z_G 很小且为电阻性，可以忽略，但高频下 $Z_G = j\omega L_G$ 为感性，将随频率的上升而线性上升，因此不能忽略。这种线事实上无任何电磁屏蔽及抗干扰作用，通常是不可接受的。

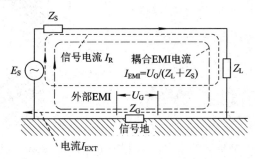

图 6.139　在无屏蔽的非平衡线上干扰的产生与传播

即使在低频情况下，屏蔽层对电缆的抗干扰效能也有显著影响。图 6.140 给出了 60 Hz 交流电感应噪声对 430 m 长线的影响。如果没有屏蔽层，则引入的差模噪声电压的峰值为 2 V，共模噪声电压高达 360 V；加入屏蔽层，即使不接地也有良好的噪声抑制效果，差模噪声峰值降至 4 mV，共模噪声降至 10 V；如果将屏蔽层单侧接地，则共模噪声可以进一步降至 0.8 V。

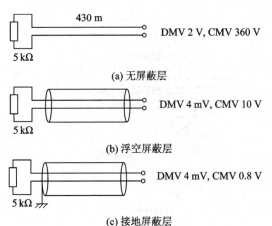

注：DMV 为差模电压，CMV 为共模电压，V 为噪声电压峰—峰值。

图 6.140　交流电感应噪声对于平行双线的影响

2. 屏蔽层的选择

电缆屏蔽层可以用不同材料和结构制成，常见类型如图 6.141 所示。绕包线用导线螺旋式环绕信号线，柔软易弯，但屏蔽效果较差，电感较大，只能用于音频电路。金属箔多用铝箔镀在聚酯薄膜上，100％覆盖，重量轻，柔软，直径小，成本低，但电阻率较高，屏蔽效果中等，终端连接较为困难，电场屏蔽效果好，磁场屏蔽效果差。金属编织网多用铜丝编织而成，覆盖率为60％～98％，高频性能好，可兼顾电缆重量和机械强度。编织网/金属箔双层屏蔽兼具金属箔和编织网的优点，可分离内、外电缆，适用频率范围广，但价格贵。图6.142给出了一个采用金属编织网/金属箔双层屏蔽的多股双绞线的例子。

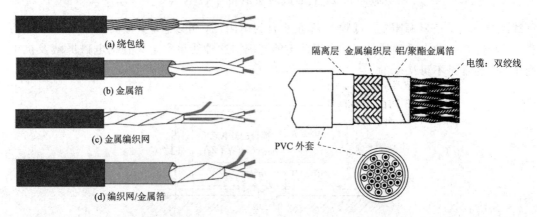

图 6.141　电缆的屏蔽层类型　　　　　图 6.142　多股双绞线双层屏蔽电缆的结构示意图

采用不同类型屏蔽层的电缆的传输阻抗与频率的关系如图 6.143 所示。传输阻抗越低，屏蔽效能越好。由图 6.143 可见，以传输阻抗的大小为判据，则屏蔽效能从优到差的次序为：材料是 μ 金属（高磁导率）→铜→铝，结构是实心铜皮→金属编织网→金属箔（铝箔/聚酯薄膜），层数是双层→单层。从传输阻抗随频率的变化趋势来看，编织网和铝箔的屏蔽效能在 10 MHz 后明显下降，适用于高频屏蔽；μ 金属和实心铜在在 10 MHz 后明显上升，适用于中低频屏蔽。

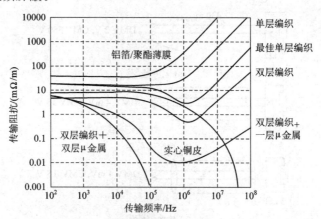

图 6.143　采用不同屏蔽层的电缆的传输阻抗

综合考虑屏蔽效能、弹性、耐久性、强度和长的弯曲寿命，采用铜编织网的电缆线使用得最为普遍。对于性能比价格更为重要的场合，如航天、航空、军事等领域，可以采用含有镍铁高磁导率合金的编织屏蔽网的所谓"超级屏蔽"电缆，具有最好的屏蔽效能，但价格昂贵。

3. 屏蔽层的终端连接

电缆屏蔽层一般要在一端或者两端接地,其终端的连接方式对屏蔽效果也有较大的影响。通常可以有两种方式,即猪尾(Pigtail)方式和360°环箍(Ferrule)方式,如图 6.144 所示。最好使用360°环箍方式,因为猪尾方式存在电磁泄漏。如图 6.145 所示,猪尾方式的传输阻抗远高于环箍方式,而且辫尾越长,频率越高,泄露越严重,故只能用于低频电路。同时,辫尾会引入寄生电感,导致共模干扰电压,如图 6.146 所示。如非得使用这种方式,最好采用两辫接地,可使其寄生电感减半。

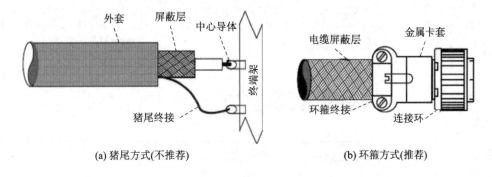

(a) 猪尾方式(不推荐)　　　　　　　　(b) 环箍方式(推荐)

图 6.144　电缆屏蔽层终端连接的方式

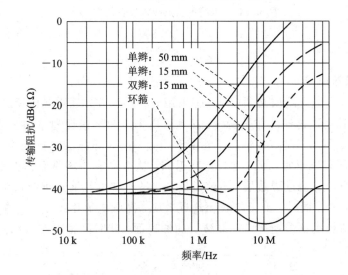

图 6.145　不同的电缆屏蔽层终端连接方式的传输阻抗比较

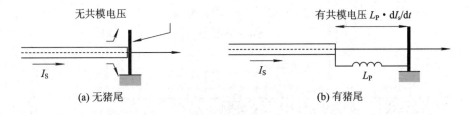

(a) 无猪尾　　　　　　　　　　　　　(b) 有猪尾

图 6.146　猪尾引入的寄生电感和共模电势差

图 6.147 给出了电缆接入设备的三种不同的方式。其中，环箍方式是最好的接法，短辫尾仅在低频下可用，长辫尾则是不可用的接法。通常情况下，电缆屏蔽层应接机壳地，而非机壳内部的信号地。

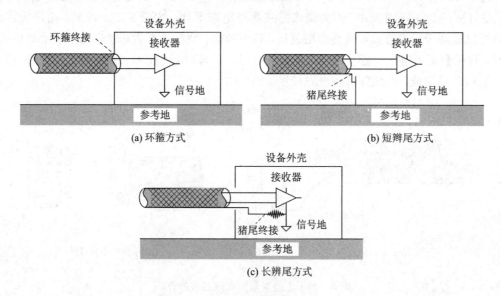

(a) 环箍方式　　　　　　　　　　　(b) 短辫尾方式

(c) 长辫尾方式

图 6.147　电缆屏蔽层接入设备的方式

6.7.3　电缆的接地

1. 非平衡线的接地

通常情况下，电缆屏蔽层必须接地，但采用何种接地方式还需具体情况具体分析。

对于诸如同轴电缆这样的非平衡线，接地可以采用两端接地和单端接地两种方式。两端接地如图 6.148 所示。在高频情况下，由于趋近效应，屏蔽层阻抗远小于地线层阻抗，故高频电流通过屏蔽层返回，而非通过地线返回，这样形成的环路面积更小。在两端接地的情况下，干扰电流只流过屏蔽层，不流过负载，虽然有可能通过屏蔽层的压降耦合给信号通路，但相对较小。同时，由于趋肤和趋近效应，高频电流密度更多地集中在屏蔽层的内表面，干扰电流密度更多地集中在屏蔽层的外表面，此时同轴电缆有如三线电缆，分别

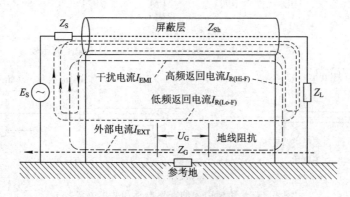

图 6.148　非平衡线屏蔽层的两端接地

传输信号电流、信号回流和干扰电流,这也在一定程度上削弱了干扰电流对信号电流的影响。因此,高频条件下必须采用两端接地,这成为同轴电缆最常见的接地方式。在低频情况下,地线阻抗小于屏蔽层阻抗,故大部分低频电流仍然通过地线返回,形成的环路面积大,所以两端接地抑制低频干扰效果不明显。

单端接地如图 6.149(a)所示。在信号源和负载均接地,而屏蔽层只是单端接地的情况下,所有电流只能通过地线返回,低频和高频电流环路面积都大,抗辐射干扰能力差。而且,地线干扰电流 I_{EXT} 流过负载 Z_{L},形成干扰电压 U_{G}。这种方式仅在工作频率很低(比如市电交流电源线)的情况下可用,此时辐射干扰效率低,而且地线干扰电压小。如果设计允许负载参考点不直接接公共地,则可以采用图 6.149(b)所给出的方式,电缆屏蔽层一端在信号源端接公共地,一端接负载参考点,此时高频与低频电流环路都小,来自外部的地线干扰电流 I_{EXT} 不流过屏蔽层和负载。这是抗干扰的最优方案,但要求负载参考点不直接接地线,仅对某些应用可行(例如负载端是耳机,信号源是音频驱动电路)。

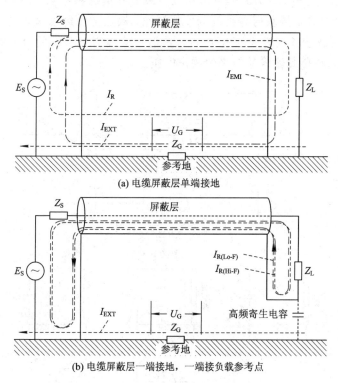

(a) 电缆屏蔽层单端接地

(b) 电缆屏蔽层一端接地,一端接负载参考点

图 6.149 非平衡线屏蔽层的单端接地

2. 平衡线的接地

对于诸如屏蔽双绞线这样的平衡线,如果要求信号源和负载均接公共地,则情况与非平衡线相似。如果采用双端接地,即屏蔽层在信号源端与其参考点一起接地,在负载端与其参考点一起接地,如图 6.150(a)所示,地线干扰电流只流过屏蔽层,不流过信号线和负载,只能通过屏蔽层与信号线之间的电容耦合来影响信号,是较好的接地方式,适合高频应用。如果采用单端接地,即屏蔽层在信号源端(或负载端)与其参考点单端接地(如图 6.150(b)所示),虽然屏蔽层对低频电场有较好的隔离作用,但因返回信号线与地线构成的环路面积较大,对高频电场及高频磁场干扰的抵抗力差,仅在低频条件下可用。

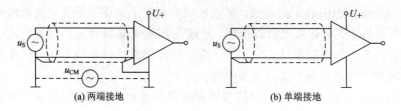

(a) 两端接地　　　　　　　　　　　　　(b) 单端接地

图 6.150　信号源和负载均接地时平衡线屏蔽层的接地方式

在信号源和负载只有一个接地的情况下，屏蔽层只能单端接地，否则一定会形成噪声电流回路，但单端接地也有不同的选项。如果信号源不接地、负载接地，则电缆屏蔽层的单端接地可以有图 6.151 所示的四种方式。A 方式是屏蔽层接信号源参考点，信号源参考点与负载参考点之间存在公共阻抗，屏蔽层上的噪声电流会通过此公共阻抗对信号线产生影响；B 方式是屏蔽层在信号源端接地，其缺点是信号源参考点与地之间可能存在的分布电容成为干扰的引入途径；C 方式是屏蔽层在负载端和负载参考点一起接地，这是屏蔽效能最好的方式；D 方式是屏蔽层在负载端单独接地，缺点是负载参考点与地之间存在电位差。图中，u_{G1} 是负载参考点对地的电位，u_{G2} 是信号源端与负载端的公共接地点之间的电位，u_{12} 是 u_{G1} 和 u_{G2} 在负载输入端带来的噪声电压。

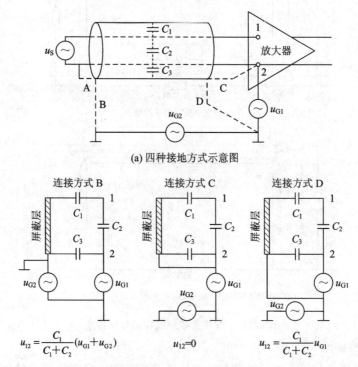

(a) 四种接地方式示意图

连接方式 B　　　　　　　　连接方式 C　　　　　　　　连接方式 D

$$u_{12}=\frac{C_1}{C_1+C_2}(u_{G1}+u_{G2})$$　　　　$u_{12}=0$　　　　$$u_{12}=\frac{C_1}{C_1+C_2}u_{G1}$$

(b) 接地方式 B、C、D 的等效电路

图 6.151　信号源接地、负载不接地时平衡线屏蔽层的接地方式

如果信号源接地、负载不接地，则电缆屏蔽层的单端接地也可以有图 6.152 所示的四种方式。A 方式是屏蔽层在信号源端和信号源参考点一起接地，屏蔽效能最好；B 方式是屏蔽层在信号源端单独接地，缺点是信号源参考点与地之间存在电位差；C 方式是屏蔽层接负载端参考点，缺点是负载参考点与信号源参考点之间存在公共阻抗；D 方式是屏蔽层

在负载端单独接地，缺点是负载参考点与地之间存在分布电容。图中 u_{G1}、u_{G2} 和 u_{12} 的含义与图 6.151 相同。

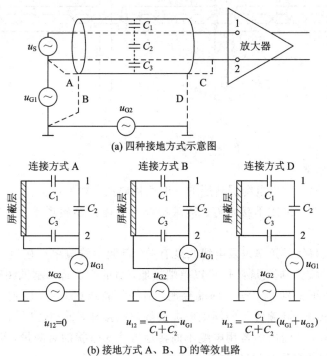

(a) 四种接地方式示意图

$$u_{12}=0 \qquad u_{12}=\frac{C_1}{C_1+C_2}u_{G1} \qquad u_{12}=\frac{C_1}{C_1+C_2}(u_{G1}+u_{G2})$$

(b) 接地方式 A、B、D 的等效电路

图 6.152　信号源接地、负载不接地时平衡线屏蔽层的接地方式

如果信号源和负载都不接地，比如通过变压器、光耦等隔离元件来使信号线浮地，此时平衡线的屏蔽层应采用两端接地（如图 6.153 所示），干扰电流与信号电流无公共通道，只能通过屏蔽层与信号线之间的电容来影响信号。这是理想的抗干扰信号传输方式，但需增加隔离元件，且需考虑隔离元件带来的信号损耗。

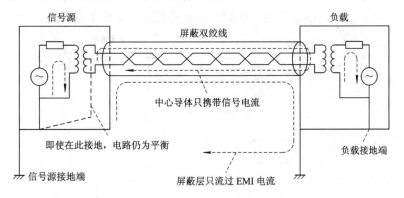

图 6.153　信号源和负载均不接地时平衡线屏蔽层的接地方式

如果电缆的长度 l 超过信号波长 λ 的 $1/10$，即 $l>\lambda/10$，则应视为长线，可采用分段接地的方法。对于高频长线（$f>10\ \text{MHz}$），应采用分段多点接地，每隔 $\lambda/10$ 接一次地；对于低频长线（$f<1\ \text{MHz}$），应采用分段单点接地，将电缆按 $\lambda/10$ 节长分段，各段屏蔽层互相绝缘，各自单端接地，如图 6.154 所示。

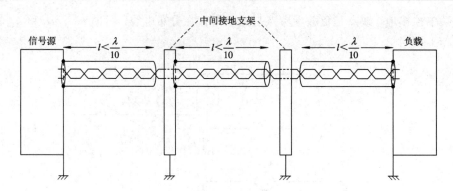

图 6.154　低频长线的接地方式

3．一般接地规则

综上所述，可以总结出电缆屏蔽层的一般性接地规则如下：

（1）屏蔽层接地一定比不接地好：屏蔽层浮空只能抑制磁场干扰，比没有屏蔽层强，比接地屏蔽层差。

（2）接地方式与信号频率以及电缆长度有关：低频短线应单点接地，线长小于 $\lambda/20$（λ是通过线的信号的波长）时，屏蔽层可以单端接地，目的主要是抑制低频磁场；高频长线应多点接地，线长大于 $\lambda/20$ 时，至少两端接地，最好每隔 $0.05\lambda \sim 0.1\lambda$ 有一个接地点，目的主要是抑制高频电场。高频使用的同轴电缆最好双端接地，低频使用的双绞线最好单端接地。从后面的图 6.157 给出的常用电缆不同接地方式对干扰的衰减量，可以看出接地方式对干扰抑制能力的影响是非常显著的。

（3）单端接地的位置：小信号低频信号线在负载端接地；高电平信号线以及高阻、低频、直流传输线在信号源端接地。

（4）双层屏蔽电缆的接地位置：做非平衡应用时，原则上内屏蔽层于信号源端接地，外屏蔽层于负载端接地；做平衡应用时，原则上内屏蔽层接信号源参考点和负载参考点，外屏蔽层两端接地。

图 6.155 对以上讨论得出的电缆屏蔽层接地的优选方案作了总结。

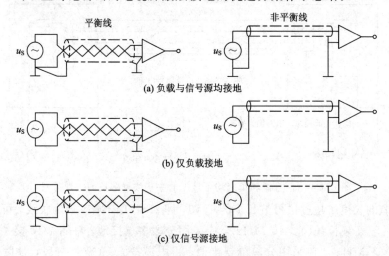

图 6.155　电缆屏蔽层接地的优选方案

4. 带状电缆的接地

带状电缆由多条铜导线和 PVC 绝缘外套组成，适用于多线互连系统(如数据总线、地址总线)，其结构如图 6.156(a)所示意。作为平衡线，带状电缆由信号馈送线(以下简称"信号线")和信号返回线(以下简称"返回线"，亦称信号地线)组成。返回线可以有多种实现形式。图 6.156(b)是所有信号线共用一根返回线，信号线数目最多，但信号回路面积大(越靠左侧越大)，导致公共阻抗干扰大，易于电磁感应与发射，而且信号线紧密相邻，导致串扰也大。图 6.156(c)是为每根信号线配置一根独立的返回线，使公共阻抗干扰、抗干扰与串扰性能都大为改善，但信号线比例减少到 50%。图 6.156(d)是相邻信号线共用一根返回线，增加了信号线比例，但抗干扰能力不如前一种，不宜用于很高频率(如射频电路)。图 6.156(e)在带状电缆下方设置一个地平面，所有信号线共用这个地平面作为信号返回线，由于地平面的阻抗低，而且地平面与信号线的间距小于信号线之间的间距，抗干扰效果亦佳，但地平面终结不容易，需增加较大的面积和重量。图 6.156(f)是全屏蔽包封结构，抗干扰与接地效果最好，当然仍然存在屏蔽层终结不容易的问题，而且制作困难，价格昂贵。

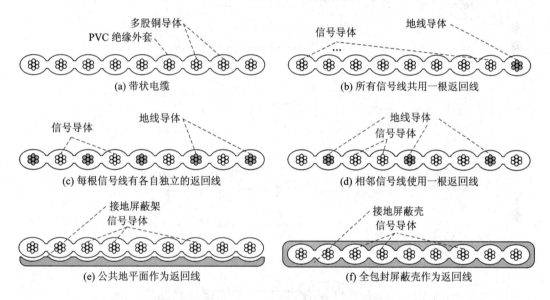

图 6.156　多芯带状电缆信号线与返回线的设置

6.7.4　电缆的综合选用

综上所述，电缆的抗干扰能力与电缆类型、屏蔽方式、接地方式有关。图 6.157 比较了 11 种电缆对 50 kHz 低频干扰的抑制能力，根据前面三节的分析，读者不难理解它们之间的差异。

根据信号从专门的信号线返回还是从屏蔽层或地层返回，电缆可以分为平衡线和非平衡线。就干扰控制而言，平衡线优于非平衡线，因为平衡线的信号电流不会通过屏蔽层，从而避免了流过屏蔽层的各种干扰电流的影响，同时也给屏蔽层的设计与接地安排提供了更大的自由度。然而，平衡线的电路复杂度以及线自身的成本高于非平衡线，且平衡线的高频特性比非平衡线更难以提升。

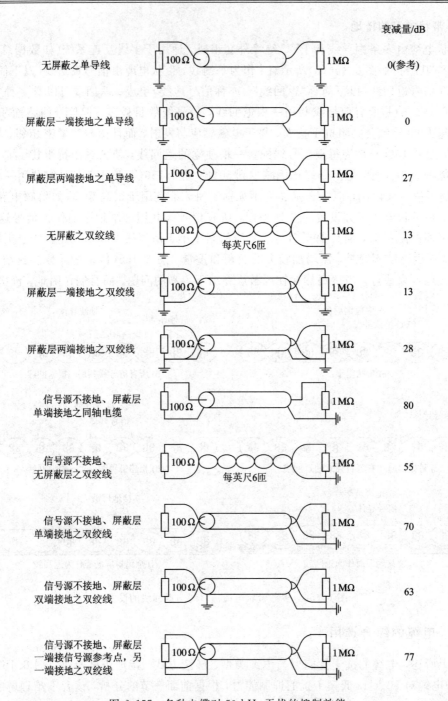

图 6.157　各种电缆对 50 kHz 干扰的抑制效能

　　最常用的电缆是同轴电缆和双绞线。同轴电缆（单层屏蔽）通常作为非平衡线使用，双绞线（无论有无屏蔽层）通常作为平衡线使用。

　　同轴电缆适用于高频信号传输，高频电流回路面积比双绞线小（从屏蔽层内表面返回），使用时一般双端接地；不适用于低频信号传输，因为无论单端接地还是双端接地都会形成大的低频电流回路（从地线返回）。双绞线抗低频干扰性能良好，但由于线间电容较大，不适于高频情况，通常用于 100 kHz 以下的低频信号或交流电源传输。图 6.158 给出了常用信号线的适用频率范围，其中实线为常规应用，虚线为特殊应用。

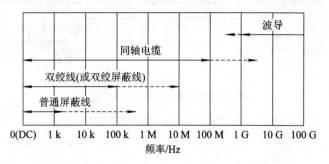

图 6.158　常用信号线的适用频率范围

对于同时存在高频和低频信号的设备，同轴电缆和双绞线应有针对性地应用。如对电视接收机，用同轴电缆传输来自天线的 VHF/MHF 射频输入信号，用屏蔽双绞线传输音频放大器输出的声音信号，如图 6.159 所示。

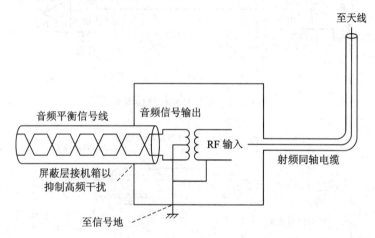

图 6.159　同轴电缆和双绞线在电视接收机中的使用示例

对于小信号长线传输，可以使用图 6.160 给出的三种方案。在图 6.160(a)中，使用非平衡线同轴电缆传输，电缆屏蔽层以猪尾方式单端接到信号地，是最差的方案。在图 6.160(b)中，改用平衡线屏蔽双绞线传输，电缆屏蔽层以环箍方式双端接到机壳地，是较好的方案。图 6.160(c)方案在图 6.160(b)方案的基础上，将放大器从电缆的后级移到前级，即将 0～10 mV 的信号放大 60 dB 后，以 0～10 V 的电平进行传输，是最佳的方案。

采用双层屏蔽的同轴电缆可以作为非平衡线使用，也可以作为平衡线使用。图 6.161(a)是作为非平衡线使用的方式。一个屏蔽层在信号源端接地，另一屏蔽层在负载端接地。对低频而言，为双层单端接地；对高频而言，由于两层屏蔽之间电容的存在，相当于两端接地。一般的地线干扰电流因频率较低，无法通过层间电容形成回路，故对电路影响不大。此方案适合高频、低频联合应用。图 6.161(b)是双层屏蔽同轴电缆作为平衡线使用的方式。外屏蔽层两端接地，起屏蔽作用；内屏蔽层连接信号源参考点和负载参考点，起电流返回通道作用。由于屏蔽层的表面高频阻抗低，故其高频特性明显优于一般的屏蔽双导线，所以此方案常用于低电平灵敏电路和宽带(尤其是视频)电路。

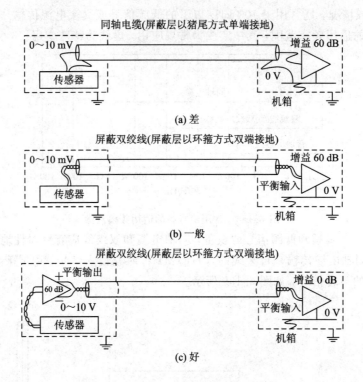

图 6.160   小信号长线传输方案

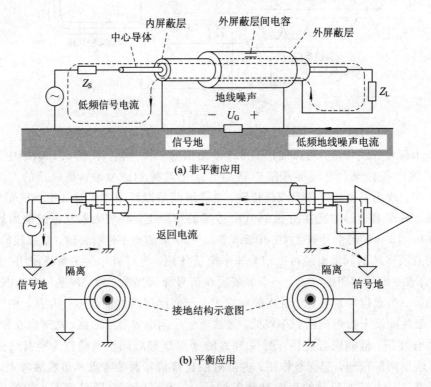

图 6.161   双层屏蔽同轴电缆的使用方式

双层屏蔽的双芯电缆（可以是双绞线或者平行双线）可以提供更大的使用自由度。一种使用方式如图 6.162 所示，内屏蔽层和外屏蔽层分别在信号源的不同端点接地。高频时两个屏蔽层之间的电容起耦合作用，相当于交流两端接地，对抑制高频辐射特别有效。如果要考虑低频、中频、高频连用，可将外屏蔽层两端接地。

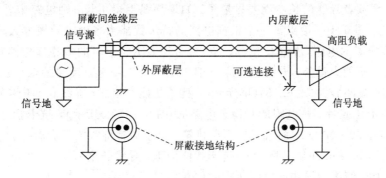

图 6.162　双层屏蔽双芯电缆的使用方式

对于低电平、宽频带电路（如视频信号电路），干扰可能来自射频耦合，也可能来自低频电源电流的波动，抗干扰要求更为苛刻，解决方案是采用屏蔽平衡线传输，且信号返回通道单端接地，具体做法有以下两种：

第一种方案是采用双层屏蔽同轴电缆，如图 6.163(a)所示，内层为信号返回通路，单端接地；外层为屏蔽层，双端接地。干扰电流只会流过外屏蔽层，不会流过负载；信号电流不会流过外屏蔽层，无公共阻抗干扰。此方案更适合抑制高频干扰。

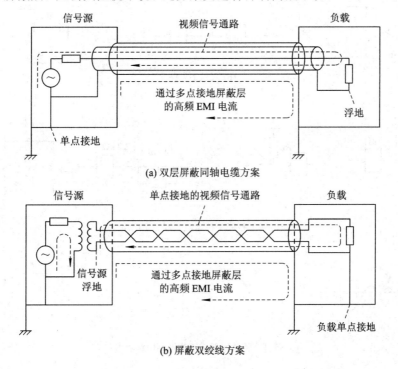

(a) 双层屏蔽同轴电缆方案

(b) 屏蔽双绞线方案

图 6.163　低电平宽频带信号传输解决方案

　　第二种方案是采用双绞线屏蔽平衡电缆，如图 6.163(b)所示，屏蔽层不作为信号返回通路；信号源利用变压器隔离实现浮地，负载单端接地。干扰电流只会流过屏蔽层，不会流过负载；信号电流不会流过屏蔽层，无公共阻抗干扰。此方案更适合抑制来自电源的干扰。

　　电缆或者导线的长度应根据它所处的电磁环境以及电路的抗干扰能力而定。如果电磁环境恶劣，电缆或者导线的长度就要尽量短。如果导线不得不长，则电路中就要采取更多的抗干扰措施。图 6.164 给出了一个根据电路的抗干扰能力来确定导线最大长度的示例。对于带有电容负载的电路，如 RC 积分、RC 微分以及 RC 定时的单稳态电路（如图 6.164（a）所示），抗干扰能力最差，导线长度应小于 2 cm；对于带有正反馈的双稳态电路，如锁存器、触发器、缓冲器（如图 6.164(b)所示），抗干扰能力稍好，导线长度最长可达 20 cm；对于输出带有上拉或者下拉电阻的双稳态电路（如图 6.164(c)所示），抗干扰能力较好，导线长度应控制在 30～50 cm，而且不要引出机箱；对于加有特殊抗干扰措施（如加有施密特触发器）的电路（如图 6.164(d)所示），抗干扰能力强，导线长度可达 1～2 m，且可引出机箱。图 6.164 中，箭头为导线或电缆所在的位置。

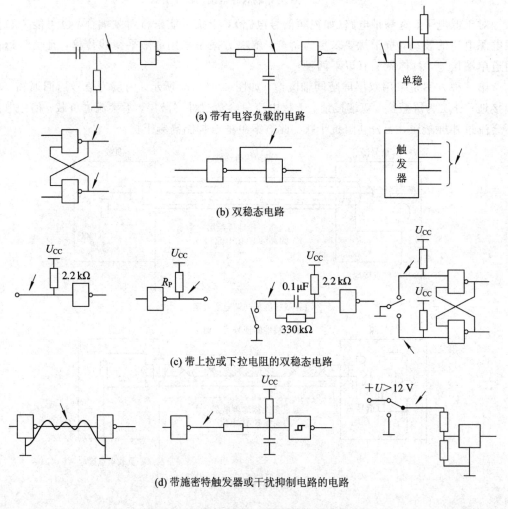

(a) 带有电容负载的电路

(b) 双稳态电路

(c) 带上拉或下拉电阻的双稳态电路

(d) 带施密特触发器或干扰抑制电路的电路

图 6.164　具有不同抗干扰能力的电路类型

6.8　接口的防护设计

电子设备的接口是设备外部与内部之间传输信号或者能量的门户，在传输有用信号或能量的同时，外部的干扰也有可能乘虚而入，通过接口进入设备的内部，对内部的电路或者元器件形成伤害，因此接口的防护也是非常重要的。

6.8.1　以太网接口的防护

RJ-45 接口（网线接口）广泛应用在网络连接的接口设备上，典型应用就是 10/100 M 以太网网络。采用隔离变压器和 RC 滤波器的以太网接口防护电路如图 6.165 所示，它利用隔离变压器实现保护地 PGND 和工作地 GND 的隔离。在变压器初级，R_1 和 R_2 为 PHY 芯片输出差分对信号 TX+/－提供 100 Ω 的终端匹配，C_1 为差分对可能出现的共模干扰提供旁路，2.5 V 电源电压是为差分对信号提供所需的直流偏置；在变压器次级，R_3 和 C_4 也是用于阻抗匹配和共模旁路。RJ-45 连接器的空闲引脚应通过适当的 RC 串联支路接地。在布局布线时，应注意使变压器与 RJ-45 连接器的距离越近越好，PGND 和 GND 之间至少应保证有 100 mil 以上的距离。

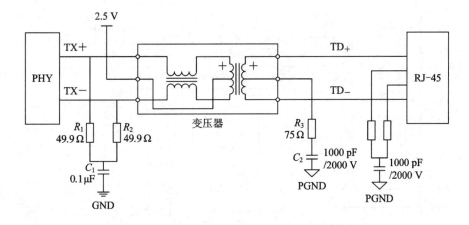

图 6.165　隔离变压器用于 RJ-45 接口的防护示例

在图 6.165 电路的基础上，增加 TVS 和气体放电管，可以增强 RJ-45 接口抵抗浪涌、静电、雷电的能力，达到更好的防护效果。具体方案如图 6.166 所示。如果网口在室外，可采用图 6.166(a)所示的方案，气体放电管用于避雷防护以及共模保护，同时与硅防护阵列协同完成差模保护。型号为 SLVU2.8-4 的 TVS 阵列可实现 0.5 kV(1.2/50 μs)的防护能力，其内部采用低结电容的快恢复二极管与 TVS 管串联的形式，使其电容取决于快恢复二极管的电容，有助于减少其电容量。2.2 Ω/2 W 电阻用作放电管和 TVS 阵列之间的限流电阻。75 Ω 电阻将不用的接口端子通过电容接地，避免不用端子浮空。1：1 的变压器将保护地 PGND 和工作地 GND 隔开，二者通过 PCB 走线在母板或者通过电缆在结构体上汇合。若网口位于室内，则无需防雷，可取消电路中的 GDT 防雷电路，如图 6.166(b)所示。

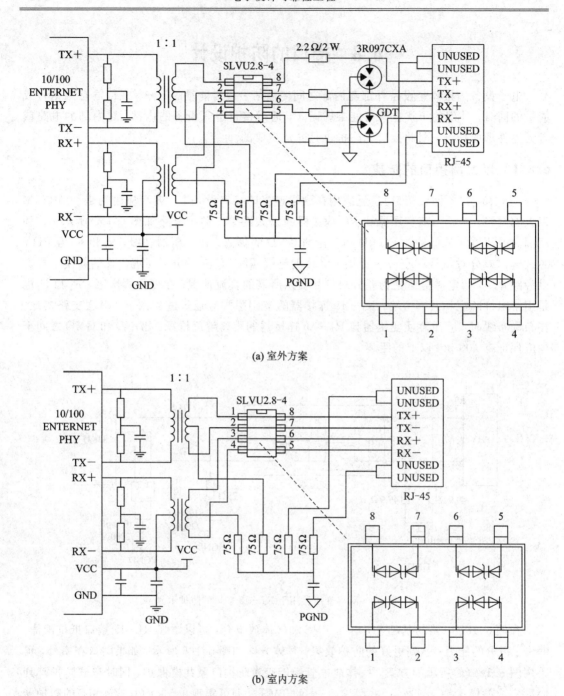

图 6.166 RJ－45 接口综合防护方案示例

6.8.2 电话线端口的防护

从抑制高频干扰的角度出发，对电话线的防护可以采用图 6.167 所示的滤波电路，其中两个电感可以采用共模扼流圈。

　　ADSL(Asynchronoμs Digital Subscriber Line)是利用双绞电话线同时传输语音和高速数据信号的传输技术,其接口电路的基本构成如图 6.168 所示,在中央机房和终端客户入户端的保护电路如图 6.169 所示。采用气体放电管作避雷保护,用 TSPD 元件作语音输入端的高压保护,用 TVS 管作数据输入端的低压保护。

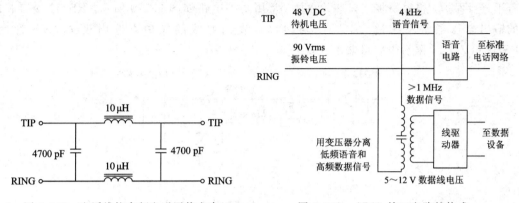

图 6.167　电话线抗高频电磁干扰方案　　　图 6.168　ADSL 接口电路的构成

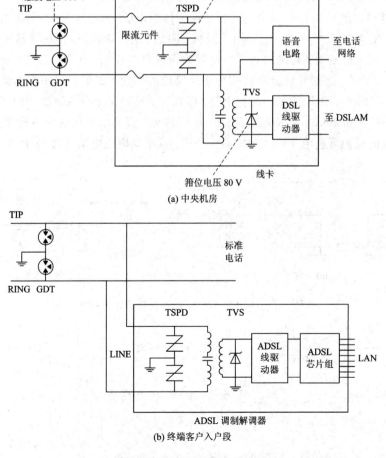

图 6.169　ADSL 接口的防护

6.8.3 串行数据接口的防护

RS232 口常用作调试用接口、板间通信接口和监控信号接口，传输距离一般不超过 15 m。调试用接口使用比较频繁，经常带电拔插，因此接口会受到过电压、过电流的冲击，若不进行保护，很容易将接口芯片损坏。常用防护电路如图 6.170 所示。RS232 接口芯片的输出电压通常不超过 ±15 V，对接口收发信号线的保护可选用双向 TVS 管（如 ESDA14V2L），限流电阻可取 100 Ω。

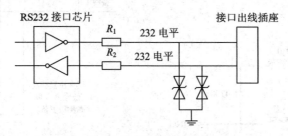

图 6.170 RS232 接口防护方案示例

同样作为串行接口，RS422/RS485 接口具有比 RS232 更强的驱动能力，适合更长的线路传输，其中 RS485 的通信距离可达上千米。室外 RS422/RS485 接口的一个防护方案如图 6.171 所示。在图 6.171(a)中，G_1 为三端气体放电管 3R097CXA，主要用于防雷和共模保护；R_1、R_2 为 2 W/4.7 Ω，主要用于限流，阻值在不影响信号传输质量的情况下可以再取大一些。整流桥四周和对地共六个二极管为快恢复二极管 MURS120T3，整流桥中间为 TVS 管 SM6T6V8A，起到对后级的共模和差模保护的作用。如果被保护端口的信号速率不高，也可以采用图 6.172(b)所示的简化电路。图 6.172 给出了室内 RS422/RS485 接口的防护方案，其中 26C31 和 26C32 是 RS422/RS485 接口芯片，其输出电压通常不超过 ±5 V，对接口收发信号线的保护可选用 TVS 管 PSOT05C 等，输出端限流电阻可选 33 Ω(1/4 W)。

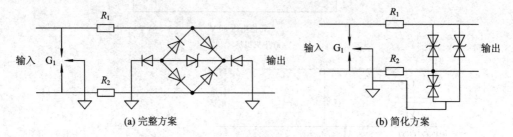

图 6.171 RS422/RS485 的室外防护方案示例

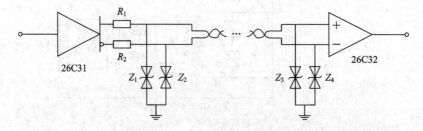

图 6.172 RS422/RS485 的室内防护方案示例

　　在低速、短距离、无干扰的场合，可以利用普通的双绞线来传输 RS485 信号，但在高速、长线或工业环境下传输时，必须采用阻抗匹配的 RS485 专用电缆。图 6.173 给出了两种工业级 RS485 电缆的构成，采用铝箔和铜网双层屏蔽，信号线和地线均可采用双绞线，特征阻抗为 120 Ω。

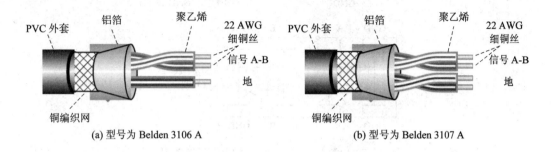

(a) 型号为 Belden 3106 A　　　　　　　　　　(b) 型号为 Belden 3107 A

图 6.173　RS485 电缆示例

　　利用 TVS 对 RS485 节点的防护电路如图 6.174 所示。XCVR 是 RS485 收发器芯片。在电缆入口处加入三个双向 TVS 管，分别用于抑制信号线 A 对地的共模干扰、信号线对地的共模干扰以及信号线 A 与 B 之间的差模干扰。在收发器入口处，可考虑串联 10～20 Ω 电阻(R_S)，起限流作用。

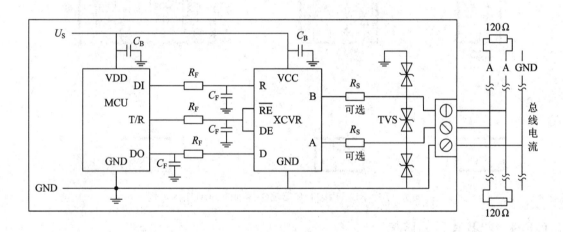

图 6.174　RS485 接口的防护示例

　　除了采用单个 TVS 管进行防护之外，还可采用 TVS 阵列进行防护，可以提高浪涌抑制能量，同时减少防护元件占有的面积。RS485 防护可用的 TVS 阵列如图 6.175 所示，尽管其内部每个 TVS 管的规格相同（箝位电压为 12 V），但组合以后可大大提升其浪涌耐量。

　　采用 TVS 阵列的 PCB 设计实例如图 6.176 所示，应使 TVS 距离 RS485 信号入口尽量近，而与内部收发器保持一定的距离。另外，TVS 阵列应通过多个通孔接地，以减少接地线的寄生电感。

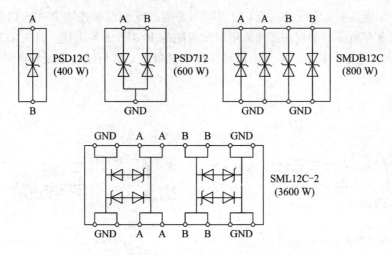

图 6.175　可用于 RS485 接口防护的 TVS 阵列

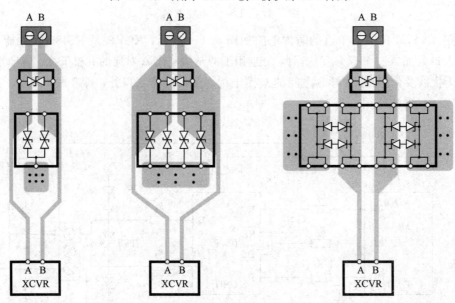

图 6.176　RS485 接口 TVS 防护阵列的 PCB 布图示例

6.8.4　USB 接口的防护

USB 接口是使用最为普遍的计算机设备数据接口，具有如下特点：

（1）插拔频繁，易因热插拔、人为接触等导致静电浪涌，可能对器件造成破坏。静电防护至少应满足 IEC 61000 - 4 - 2 Level4 的要求，即±15 kV 空气放电、±8 kV 接触放电。

（2）工作速度高。2.0 版最高速率为 480 Mb/s，而 3.0 版可达 5 Gb/s，要求防护元件的寄生电容极小(3.0 版要求小于 1 pF)。同时，为达到高速要求，芯片内部尺寸小，可能采用 65 nm 甚至 45 nm 工艺制作，所以抵抗静电能力弱，且无法在内部制作面积要求大的防护元件。

（3）室内近程应用。传输距离小于 5 m，通常无需考虑雷电和市电浪涌的影响。

（4）电压低。电源电压为 5 V，信号线电压不大于 3.6 V。

USB 接口由一对差分数据线 D＋与 D－、电源线 VCC、地线 GND 共 4 根线构成,如图 6.177(a)所示。最简单的防护电路如图 6.177(b)所示,D＋、D－和 VCC 对 GND 各接一个齐纳稳压二极管,其箝位电压值应略高于各线的工作电压最大值(如取 6 V),可保证数据线和电源线电压不会远高于其最大工作电压,同时低于其最小破坏电压。由于齐纳二极管的反向击穿电压较低,导致电容相对较大,对响应速率影响较大。

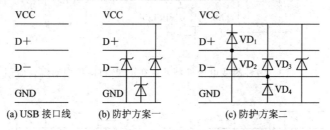

图 6.177　USB 接口基本防护电路

另一个方案是 D＋、D－对 GND 和 VCC 各接 1 个二极管,如图 6.177(c)所示,可保证数据线电压不会高于 VCC 或者低于 GND。这种方法利用二极管的正向导通特性实现数据线的限压,VD_1、VD_2、VD_3、VD_4 可采用反向击穿电压高的二极管,故电容较小,对响应速率影响小。电源线对地的限压无需考虑响应速率,仍采用齐纳二极管。5 个二极管可采用封装在一个管壳内的硅保护阵列,以减少体积。图 6.178 是这种方法在双 USB 口防护中的应用,采用了一个 9 管的硅保护阵列,型号为 RClamp0584J,同时在数据线串接了共模扼流圈,用于抑制共模干扰。

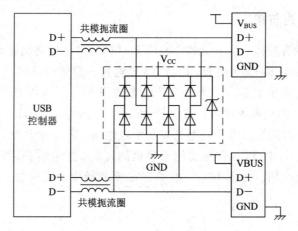

图 6.178　硅保护阵列用于双 USB 口防护

在第 5 章介绍的其他瞬变电压抑制元件也可以用于 USB 口保护。图 6.179 给出了一个例子。其中,聚合物静电防护器件 PESD 接高速数据线,主要用于抑制高压静电放电脉冲;多层陶瓷压敏电阻 MLV 接在电源线和地线,用于抑制低压浪涌电压脉冲;正温度系数热敏电阻 PolySwitch 串接于电源线,用于抑制浪涌电流。

USB3.0 接口的速度远高于 USB2.0,最高可达 5 Gb/s,因此要求防护元件的电容小于 1pF。另一个不同点是,USB2.0 的收与发采用同一线路,而 USB3.0 的收与发采用各自独立的差分数据线路。图 6.180 给出了一个 USB3.0 的防护方案,其中的电容用于隔直流。目前已有专门用于 USB3.0 高速接口防护的 TVS 元件,如 Infineon 的 ESD3V3U4ULC。

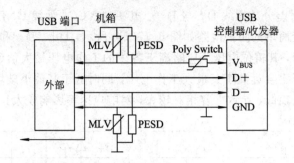

图 6.179　多种瞬变电压抑制元件在 USB 口保护中的混合应用

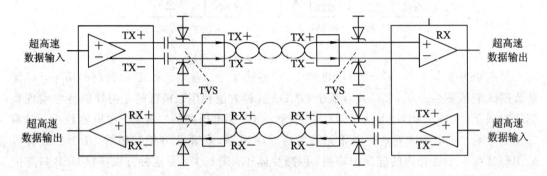

图 6.180　USB3.0 接口防护方案

6.8.5　音频接口的防护

　　安森美半导体的音频接口防护元件 NMF2441FC 的内部电路和管脚分布如图 6.181 所示。它同时具备抗 ESD 和 EMI 功能，内置 TVS 管和 π 型低通滤波器；体积小，在 $1.7\times$ $1.2\,\mathrm{mm}^2$ Flip-chip 封装中集成了 10 个等效的分立元件；低频损耗低，高频损耗高，在 $800\,\mathrm{MHz}\sim 5.0\,\mathrm{GHz}$ 的频带内插入损耗大于 30 dB，电感为 2.9 nH，串联电阻为 0.25 Ω；对静电防护能力强，可抵抗 30 kV 接触与空气放电电压，箝位电压为 16 V；双线，双通路，可用于差分、双单端线路。该元件主要用于手机的耳机、扬声器和话筒接口防护，可以单端应用，也可以差分应用。图 6.182 给出了它在扬声器和麦克风保护中的四种典型应用电路。

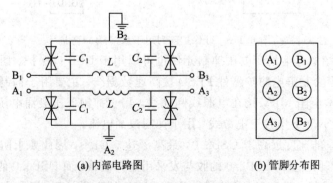

(a) 内部电路图　　　　　　　(b) 管脚分布图

图 6.181　音频接口防护元件 NMF2441FC

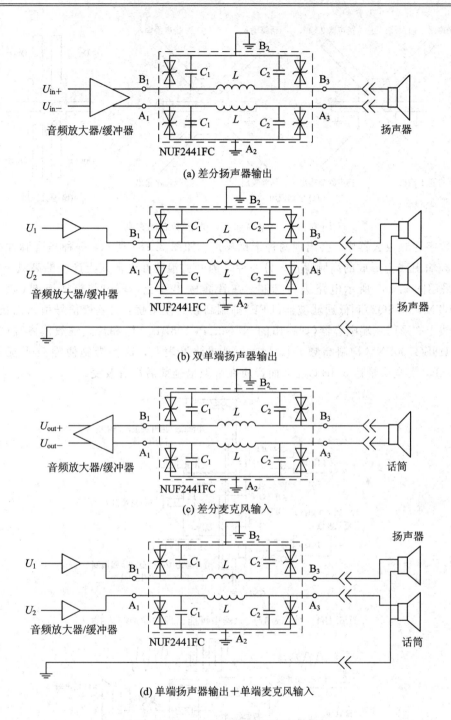

(a) 差分扬声器输出

(b) 双单端扬声器输出

(c) 差分麦克风输入

(d) 单端扬声器输出＋单端麦克风输入

图 6.182 NMF2441FC 的应用实例

　　图 6.183 给出了 NMF2441FC 在 PCB 上的布图建议方案。对于单端应用，两根单端输入线和两根单端输出线之间尽量成 90°角，以减少它们之间的串扰。对于差分应用，成对差分输入线和成对差分输出线尽量平行且等长，以免引入差模分量；接地线尽量短而粗，以减少接地阻抗。

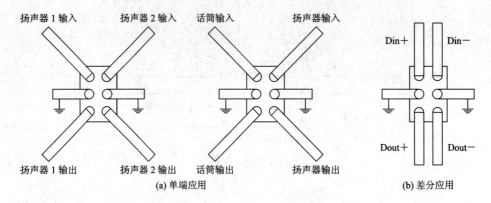

图 6.183　NMF2441FC 的 PCB 布图方案

在数字音频放大器中，会出现两种干扰噪声。如图 6.184 所示，一种是因脉冲宽幅调制在音频输出线上形成的高频噪声，另一种是因开关浪涌在电源线上产生的高频干扰。为此，可采用图 6.185 所示电路进行抑制。在音频输出线上，采用共模扼流圈（如村田的 DLW5BTNT501SQ2）和低通滤波器（LPF）抑制高频共模干扰，对差模信号引入阻抗很低；在电源线上，采用三端电容器（如村田的 NFM21PC105B1C3T）和片式铁氧体磁珠（如村田的 BLM18SG700SN1）抑制高频共模干扰。测试结果表明，这些措施使噪声干扰下降了 10~20 dB，安全裕量达 6 dB 以上，而音质在采取措施前后没有改变。

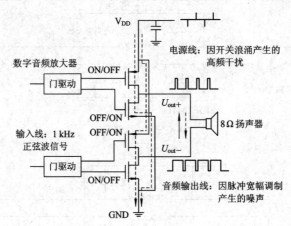

图 6.184　数字音频放大器中可能出现的噪声与干扰

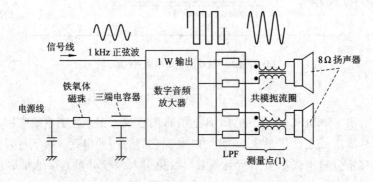

图 6.185　数字音频放大器中的防护电路

6.8.6　其他接口的防护

视频数据线具有高数据传输率，因此视频接口的防护应选择低寄生电容的 TVS 防护元件。图 6.186 的视频接口防护电路采用的是安森美公司的硅防护阵列 SRDA05-4，其电容小于 3 pF，并能提供多达 6 路的 ESD 保护。

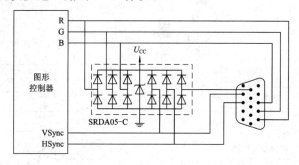

图 6.186　硅保护阵列用于视频接口的防护

液晶电视接收机外接端口的防护电路如图 6.187 所示。其中，接在有线电视端口的气体放电管用于避雷，TVS 管或压敏电阻用于限压和浪涌电压保护，PTC 热敏电阻用于限流和浪涌电流保护。

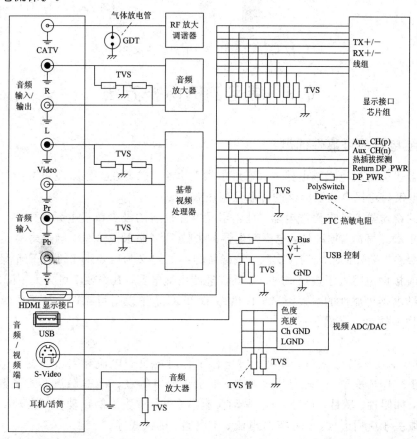

图 6.187　液晶电视接口的防护

移动电话的几乎所有 I/O 接口都是静电、电磁干扰和其他外来浪涌有可能进入的地方，包括触摸屏、耳机插口、充电插口、键盘、SIM 卡插槽、闪存插槽等。因此，需用 TVS 等元件进行保护。图 6.188 给出了 TVS 在智能手机中应用的示例。

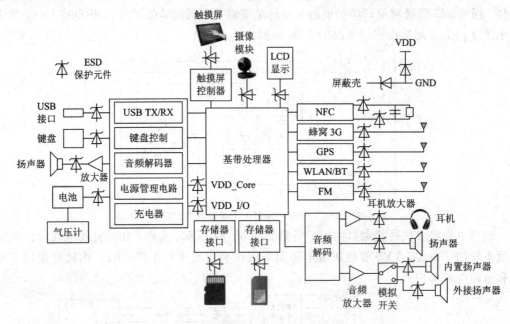

图 6.188   智能手机浪涌保护示例

6.9   继电器的防护方法

6.9.1   继电器的可靠性问题

继电器可分为机电式继电器和固态继电器两大类，二者在工作原理和结构上有很大的不同。这里仅讨论机电式继电器的可靠性使用方法。

机电式继电器亦称电磁继电器，是电子元器件仅有的极少数机电元件之一，其可靠性主要取决于触点寿命。据统计，电磁继电器的失效 75% 是触点失效。触点寿命是指继电器触点正常吸合、断开的最大动作次数。该寿命的终结定义为触点断开时出现粘结、错误动作或闭合时接触电阻大于规定值等。如果合理使用继电器，其失效率可大大下降。

影响继电器可靠性的主要因素可以由 GJB 299C 电子设备可靠性预计手册给出的电磁继电器工作失效率 λ_P 计算公式

$$\lambda_P = \lambda_b \pi_E \pi_Q \pi_{C1} \pi_{CYC} K \tag{6-18}$$

得出。式中，λ_b 是基本失效率，取决于继电器工作时的负载电流和周边温度；π_E 是环境系数，取决于工作环境类型；π_Q 是质量系数，取决于质量等级；π_{C1} 是触点形式系数，取决于负载形式，如阻性、感性、灯等；π_{CYC} 是动作速率系数，取决于触点动作频度；K 是其他应用系数，取决于应用形式，如小信号电流、干电路、衔铁式等。

继电器在工作时可能会出现两种浪涌：一是感性负载断开浪涌，因为继电器的控制线圈呈现感性，工作时为开关驱动；二是机械开关触点浪涌，表现形式可以是触点振荡、火花放电和辉光放电。电感线圈产生的浪涌以及机械开关火花放电、辉光放电的抑制方法在 6.2 节已做详细讨论,这里不再赘述。以下将主要讨论触点振荡的抑制方法,相关方法对火花放电和辉光放电也有抑制作用。

线圈浪涌抑制不宜过度,否则可能导致继电器释放时间(从线圈掉电到最后触点断开的时间,不包括触点反弹)过长,触点断开变缓,触点反弹加剧,从而显著缩短触点寿命。

6.9.2　触点振荡的抑制方法

最简单的触点振荡抑制方法是采用 RC 旁路,如图 6.189 所示。C 的大小应保证能有效滤除触点振荡频率信号。RC 时间常数应大于触点的抖动时间,但又要保证触点动作完成时下级电缆能及时获得正常的动作电平。R 还可起到抑制 C 的放电电流、保护开关触点的作用。工程建议值为 $C=2.2\sim4.7\ \mu\mathrm{F}$,$R=1\sim2\ \mathrm{k}\Omega$。

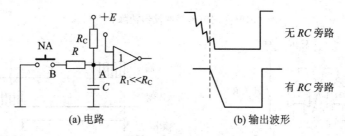

图 6.189　抑制触点振荡的 RC 旁路法

对于带微控制器或微处理器的电路(如单片机电路),可采用软件延时法。如图 6.190 所示,当检查出按键闭合(或断开)时,执行一个数毫秒的延时子程序,待抖动消失后,再检验一下键的状态,作为最终确认状态,可避免因按键抖动而造成的重复读键问题。在图中,当开关 NA 按下时,LED 灯亮,断开时灯灭。

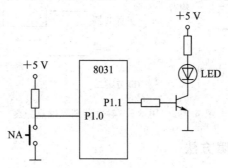

图 6.190　产生软件延时的单片机电路

利用施密特触发器对开关信号进行整形,也可以消除触点振荡。图 6.191 给出了一个实例。注意,触点振荡只发生在由断开到接通时,由接通到断开的过程不会发生振荡。

用 R-S 触发器消除触点振荡可以采用图 6.192 所示的两个方案。方案一采用两个单刀单掷开关,开关 S 闭合时触发器输出高电平,开关 R 闭合时触发器输出低电平。方案二采用一个单刀双掷开关:开关置于 S 端输出高电平,置于 R 端输出低电平,但要注意两个触点振荡期不能重叠。

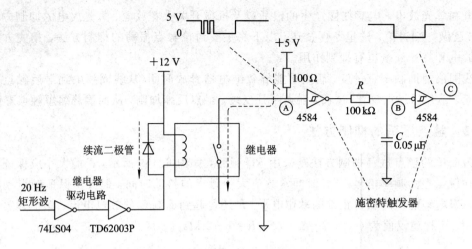

图 6.191 用施密特触发器消除触点振荡

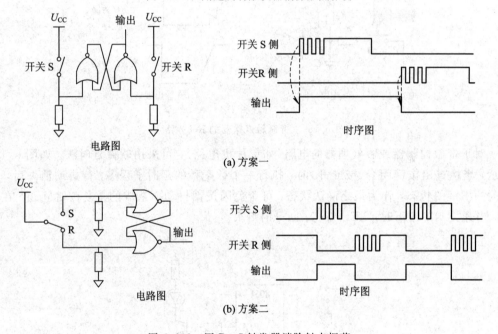

(a) 方案一

(b) 方案二

图 6.192 用 R - S 触发器消除触点振荡

6.9.2 触点寿命的保障方法

继电器的触点有常开、常闭和转换三种形式，如图 6.193 所示。常开触点仅当线圈通电后导通，也称动合触点或 H 型；常闭触点仅当线圈通电后断开，也称动断触点或 D 型；转换触点当线圈通电时由一个触点切换连接到另一个触点，也称 Z 型。从延长触点寿命的角度触发，应多用常闭触点，少用常开触点，因为与触点断开动作相比，触点接通动作更容易出现火花放电或辉光放电。

继电器的触点可分为固定触点和可动触点（图 6.194 给出了转换型继电器的可动触点和固定触点）。建议可动触点接电源阴极（负极），固定触点接电源阳极（正极）。与相反的情况相比，采用这种接法可使触点的燃弧时间缩短 1/2，从而提高触点寿命。

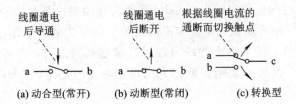

图 6.193　继电器触点通断的三种形式

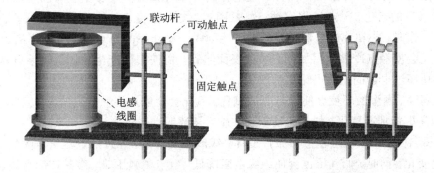

图 6.194　转换型继电器的可动触点和固定触点

　　要正确选择触点负荷大小,从可靠性保证的角度看触点电流不宜太大,也不宜太小。触点电流太大(如大于 100 mA)或触点电压太大(如大于 15 V)时,触点浪涌显著,而且会大大加速触点的电蚀、熔化;触点电流太小(如小于 10 mA)或触点电压太小(如小于 50 mV)时,电压无法击穿触点表面的氧化膜(空气中含有的水分、盐、硫化物等可能会使触点被氧化或硫化),可能会出现接触不良或者低电平失效。因此,应根据工作条件,将触点电流控制在一个合适的值(参见图 6.195)。根据现场使用统计,在继电器使用中,对触点负荷使用不当造成的失效约占继电器总失效率的 70%,因此如何正确设计触点负荷应力是保证继电器可靠性的关键。

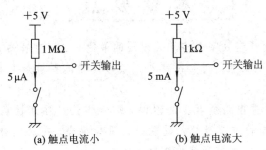

图 6.195　继电器触点电流的控制

　　为了避免产生过大的浪涌电流或电压,继电器的开关尽量不采用非阻性负载。继电器触点的额定负荷值是在阻性负载条件下给定的,当使用的负载是感性、容性及灯载时,有可能产生 10 倍左右的浪涌电流,大大超过触点的额定负载值,从而对开关或者负载造成破坏。

　　触点的并联使用要慎重。为了在继电器触点额定电流较小的条件下,提供更大的负载电流,往往会想到用多触点并联的方法,但这种方法存在严重的可靠性隐患,因为两组触点动作时存在微小的时间差(0.1～0.2 ms)，使得先接通的一组触点承受全部功率，在超应力条件下进行切换，很容易被大电流形成的电弧烧毁而失效。另外，也不要试图用触点并联的方式提高可靠性，因为触点并联可以提高接通的可靠性，但却降低了断开的可靠性，故只能用于提高一次接通或断开就能完成规定功能的电路(如火箭发射器电路)的可靠性。

环境条件对继电器的可靠性也有显著影响，主要有：

(1) 温度。高温和低温工作条件对继电器的可靠性都有不良影响。高温可加速内部塑料及绝缘材料的老化、触点氧化腐蚀、熄弧困难、电参数变坏，使可靠性降低。一般情况下，加电工作时，小功率继电器本身的温度为30℃，中功率的为40℃，大功率的为50℃左右。低温又会使触点冷黏作用加剧，触点表面起露，衔铁表面产生冰膜，使触点不能正常转换，小功率继电器的低温退化更为严重。

(2) 潮湿。潮湿的环境会使触点腐蚀氧化。氧化会使触点接触电阻加大，温度升高，触点温度升高更加加速氧化，如此恶性循环，最后导致触点失效。

(3) 低气压。低气压会使散热条件变坏，线圈温度升高，导致继电器给定的吸合、释放参数发生变化。同时，低气压也会使绝缘电阻降低，触点熄弧困难，容易使触点烧熔，也会影响继电器的可靠性。由于低气压对继电器有显著影响，因此对于使用环境较恶劣的条件，建议采用整机密封的办法。

(4) 振动。继电器簧片为悬梁结构，固有频率低，振动和冲击可引起谐振，导致继电器触点压力下降，容易产生瞬间断开或触点出现抖动，严重时可造成结构损坏。特别是环境振动频率与触点固有频率相近时，危害更为突出。绝大多数触点抖动是由衔铁振动引起的，因此安装时要求触点的振动方向和衔铁的吸合方向尽量不与整机振动方向一致，最好是相互垂直，以避免产生谐振。通常要求外界振动频率至少偏离触点固有频率一倍以上，必要时应采取防振措施(如加减振热垫等)。

本 章 要 点

◆ 去耦电容是抑制高速数字电路开关浪涌的最简单、最有效的方法，其取值、类型和安装位置对去耦效果影响很大。对时钟信号分频与传输的要求是同相位、弱发射、短延迟和阻抗匹配。

◆ 针对感性负载开关电路所产生的浪涌，抑制方法是在感性负载两端或者开关两端并接电阻、电容、整流与箝位二极管以及它们的适当组合。交流电源可通过在电流过零点切断感性负载、在电压过零点接通感性负载来抑制浪涌。

◆ 数字电路对模拟电路的干扰在数模混合电路中表现尤为突出。数字电路的电流越大，模拟电路的精度越高，则这种干扰的影响越大，可采取隔离、滤波、接地、屏蔽等方法加以抑制。

◆ 在电源内部，防范重点是输出过压或过流对线性电源内调整管的危害，以及感性负载产生的浪涌对开关电源内功率开关管的危害。在电源外部，防范重点是开关电源输出的高频干扰以及线性电源的纹波输出。

◆ 放大器是最易被干扰的器件，应采用防护元件实现输入端、电源端的过压与过流保护，用屏蔽体、绝缘子等实现输入端的隔离连接，用正确的接地方法来避免公共阻抗与电流回路带来的干扰，用去耦电容来抑制电源电压变化的影响。

◆ 看门狗、定期复位等技术可防止外界干扰导致的微处理器程序错误，而基于软件的校验、冗余、复核、滤波等技术也可以在一定程度上纠正这类错误。应设计专门的电源管理电路，来防范过压、欠压、上电、掉电带来的故障。

◆ 电缆既是传播信号的载体，也是传播干扰的载体。应根据电路工作频率（高频或低频）、信号传输方式（平衡或非平衡）、信号源与负载的接地状态等要素，来选择电缆的类型（双绞线或同轴电缆）、电缆屏蔽层的类型（单层或多层屏蔽）以及屏蔽层的接地方式（单端接地或多端接地）。

◆ 接口是干扰进出设备的门户。室外接口重点考虑避雷，多采用气体放电管；室内接口重点考虑防过压、过流，多采用 TVS 管。以 USB 接口为代表的高速接口需采用低寄生电容的防护元件。

◆ 继电器除了要防止感性负载以及机械开关带来的浪涌之外，还要采取措施抑制触点从断到通时的振荡。为了尽量延长触点的寿命，应注意防范不适当的工作电流、潮湿、低气压和振动带来的不利影响。

综 合 理 解 题

在以下问题中选择你认为最合适的一个答案（注明"可多选"者除外）。

1. 去耦电容的位置接在集成电路芯片的（ ）。

A. 输入端与地之间 B. 输出端与地之间

C. 输入端与输出端之间 D. 电源端与地之间

2. 时钟线应尽量靠近（ ）。

A. 信号线 B. 地线 C. 电源线

3. 在感性负载开关电路抑制开关浪涌的方法中，响应速度最快的方法是（ ）。

A. 在负载两端并接电阻 B. 在负载两端并接压敏电阻

C. 在负载两端并接 RC 支路 D. 在负载两端并接 TVS 管

4. 开关电源可靠性劣于线性电源的主要原因是（ ）（可多选）。

A. 内部有感性元件 B. 高频开关工作

C. 自身功耗大 D. 体积重量大

5. 如果设备的交流电源、直流电源和信号源设有各自独立的开关，则开机次序最好为（ ）。

A. 交流电源→直流电源→信号源 B. 直流电源→交流电源→信号源

C. 信号源→直流电源→交流电源 D. 信号源→交流电源→直流电源

6. 同相运算放大器输入端的屏蔽罩应接至（ ）。

A. 地端 B. 电源端 C. 输出端 D. 反馈电阻中点

7. 放大器内部电路接外部地（如屏蔽罩）的最佳方法是（ ）。

A. 不接地 B. 在输入端接地

C. 在输出端接地　　　　　　　　　　D. 在输入端和输出端分别接地

8. "看门狗"在微处理器电路中的作用是(　　　)。

A. 提高运行效率　　　　　　　　　　B. 降低工作能耗

C. 纠正程序错误　　　　　　　　　　D. 修复硬件故障

9. 在多股双绞线中,各股双绞线的节距设计得不一样的原因是(　　　)。

A. 便于识别不同信号线　　　　　　　B. 抑制股间干扰

C. 抑制外部干扰　　　　　　　　　　D. 减少高频发射

10. 如果信号源不接地而负载接地,用一根同轴电缆连接信号源和负载,则其屏蔽层接地的最佳方式是(　　　)。

A. 在信号源端单独接地　　　　　　　B. 接信号源参考点

C. 在负载端单独接地　　　　　　　　D. 接负载参考点

11. USB 接口的最常用防护元件是(　　　)。

A. TVS 管　　　　　B. 压敏电阻　　　　C. 热敏电阻　　　　D. 光电耦合器

12. 为延长触点寿命,继电器的触点形式最好采用(　　　)。

A. 常开型　　　　　　　　B. 常闭型　　　　　　　　C. 转换型

第 7 章

系统级可靠性设计方法

宜未雨而绸缪，毋临渴而掘井。

——清·朱用纯《治家格言》

按照设计层次分，电子产品的可靠性设计可以分为系统级、部件级、电路级和元器件级。第 4 章至第 6 章涉及的多为电路级可靠性设计，本章将讨论系统级与部件级的可靠性设计方法，包括可靠性预计与分配、冗余设计、容差设计和潜在通路分析等。相对于电路级和元器件级的设计，系统级设计方法可能更为抽象，然而有时却因此而更为有效，可以起到事半功倍的效果。

7.1　可靠性预计与分配

可靠性预计与可靠性分配是电子系统可靠性设计的重要任务之一，二者往往需要交互进行，在系统设计的各个阶段要反复进行多次。可靠性预计是根据组成系统的元器件、部件和分系统的可靠性来推测系统的可靠性，是一个由局部到整体、由小到大、自下而上的综合过程。可靠性分配则是把系统规定的可靠性指标逐级分配给分系统、部件及元器件，是一个由整体到局部、由大到小、自上而下的分析过程。

7.1.1　可靠性模型

1. 可靠性模型的定义

任何电子系统都是由若干个部件组成的。要估算整个系统的可靠性，一方面要求出构成系统的各个部件在相应使用条件下的可靠性特征量，另一方面要知道各个部件的可靠性与整个设备的可靠性之间的关系，这种关系通常用可靠性结构框图来表示。可靠性结构框图以及计算得到的系统各部件及其整个系统的可靠性特征量，就构成了所谓的"可靠性模型"。

可靠性模型是可靠性预计与分配的基础。电子系统只有满足以下条件，才可以用可靠性模型来计算其可靠性：

（1）系统只有两种状态，即正常状态和失效状态；

（2）系统各个部件也只有两种状态，即正常状态和失效状态；

（3）各个部件的失效是独立的；

（4）各个部件的可靠性可通过构成部件的元器件的可靠性求得，是已知的。

在建立可靠性框图时，应注意以下两个问题：

（1）功能框图不等于可靠性框图。功能框图中各部件的相对位置是固定有序的，可靠性框图中各部件的先后次序可以在一定条件下更改。功能框图的串联不等于可靠性框图的串联。例如，图 7.1 所示的并联谐振电路在功能上是电感 L 和电容 C 的并联，其可靠性框图却是 L 和 C 的串联，因为 L 和 C 任一个损坏（无论开路还是短路）都会造成谐振电路的故障。

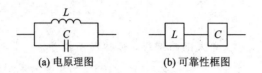

图 7.1　LC 并联谐振回路

（2）可靠性框图的形式可能与各个部件的失效模式有关。例如，两个电容并联应用时，如其主要失效模式是短路型失效，则可靠性框图是串联的；如其主要失效模式是开路型失效，则可靠性框图是并联的，如图 7.2 所示。

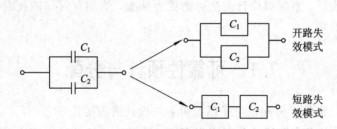

图 7.2　LC 并联谐振回路

2. 串联系统

最常见的可靠性模型是串联系统。如果组成系统的各个部件中，任一部件的失效都会导致整个系统失效，则这些部件的可靠性符合串联模型，其可靠性框图如图 7.3 所示。

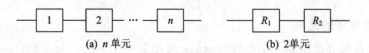

图 7.3　串联系统

设串联系统由 n 个部件组成，各个部件的失效相互独立，且服从指数分布，第 i 个部件的可靠度为 $R_i(t)$，失效率为 λ_i，则系统的可靠度 $R_{\text{system}}(t)$、失效率 λ_{system} 和平均无故障时间 MTTF 可以表示为

$$R_{\text{system}}(t) = \prod_{i=1}^{n} R_i(t) = \prod_{i=1}^{n} e^{-\lambda_i t} = e^{\sum_{i=1}^{n} \lambda_i t} = e^{-\lambda_{\text{system}} t} \qquad (7-1)$$

$$\lambda_{\text{system}} = \sum_{i=1}^{n} \lambda_i \tag{7-2}$$

$$\text{MTTF} = \frac{1}{\lambda_{\text{system}}} \tag{7-3}$$

式中，t 为时间。可见，在串联系统中，串联的部件单元越多，可靠度越低（$R<1$），失效率越高。n 单元串联系统的可靠性框图如图 7.3(a) 所示。

如果系统只有两个部件，则式(7-1)和式(7-2)可简化为

$$R_{\text{system}} = R_1 \cdot R_2 \tag{7-4}$$

$$\lambda_{\text{system}} = \lambda_1 + \lambda_2 \tag{7-5}$$

2 单元串联系统的可靠性框图如图 7.3(b)所示。

3. 并联系统

如果组成系统的所有部件都失效时系统才会失效，则这些部件的可靠性构成并联系统，其可靠性框图如图 7.4 所示。

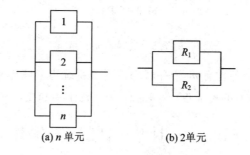

(a) n 单元　　　　　　(b) 2 单元

图 7.4　并联系统

设并联系统由 n 个部件组成，各个部件的失效相互独立，第 i 个部件的失效概率为 $F_i(t)$，可靠度为 $R_i(t)$，则系统的失效概率 $F_{\text{system}}(t)$ 和可靠度 $R_{\text{system}}(t)$ 可表示为

$$F_{\text{system}}(t) = \prod_{i=1}^{n} F_i(t) = \prod_{i=1}^{n} \left[1 - R_i(t) \right] \tag{7-6}$$

$$R_{\text{system}}(t) = 1 - F_{\text{system}}(t) = 1 - \prod_{i=1}^{n} \left[1 - R_i(t) \right] \tag{7-7}$$

如果并联的 n 个单元相同，失效率均为 λ，而且失效服从指数分布，则系统的可靠度和平均无故障时间可以表示为

$$R_{\text{system}}(t) = 1 - (1 - e^{-\lambda t})^n \tag{7-8}$$

$$\text{MTTF} = \int_0^{\infty} R_{\text{system}}(t) \, \mathrm{d}t = \frac{1}{\lambda} + \frac{1}{2\lambda} + \cdots + \frac{1}{n\lambda} \tag{7-9}$$

对于 2 单元并联系统，式(7-7)可简化为

$$R_{\text{system}}(t) = R_1 + R_2 - R_1 \cdot R_2 \tag{7-10}$$

4. 混联系统

混联系统是指构成系统的各个单元可靠性之间的关系既不是单纯的串联，也不是单纯的并联，如图 7.5(a)所示的并串联系统和图 7.5(b)所示的串并联系统。

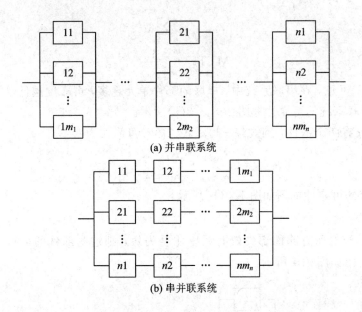

(a) 并串联系统

(b) 串并联系统

图 7.5　混联系统示例

　　并串联系统是指 n 个各含有 m_i 个并联部件的子系统再串联起来的系统。设 $R_{ij}(t)$ 为串联第 i 个、并联第 j 个单元的可靠度（$i = 1, 2, \cdots, n$；$j = 1, 2, \cdots, m_i$），则

$$R_{\text{system}}(t) = \prod_{i=1}^{n} \left\{ 1 - \prod_{j=1}^{m_i} \left[1 - R_{ij}(t) \right] \right\} \qquad (7-11)$$

如果所有单元相同，且并联个数相同，则

$$R_{ij}(t) = R(t), \ m_1 = m_2 = \cdots = m_n = m$$

$$R_{\text{system}}(t) = \left\{ 1 - \left[1 - R(t) \right]^m \right\}^n \qquad (7-12)$$

　　串并联系统是指 n 个各含有 m_i 个串联部件的子系统再并联起来的系统。设 $R_{ij}(t)$ 为并联第 i 个、串联第 j 个单元的可靠度（$i = 1, 2, \cdots, n$；$j = 1, 2, \cdots, m_i$），则

$$R_{\text{system}}(t) = 1 - \prod_{i=1}^{n} \left\{ 1 - \prod_{j=1}^{m_i} R_{ij}(t) \right\} \qquad (7-13)$$

如果所有单元相同，且串联个数相同，则

$$R_{ij}(t) = R(t), \ m_1 = m_2 = \cdots = m_n = m$$

$$R_{\text{system}}(t) = 1 - \left[1 - R^m(t) \right]^n \qquad (7-14)$$

　　图 7.6 将 2×2 单元的串并联及 2×2 单元并串联系统与单个单元的可靠度进行了比较。可见，如果工作任务时间较短，即工作在单个单元的 MTTF 之前（图中 A 点之前），则串并联及并串联系统比单个单元的可靠性要好；如果工作任务较长，超过了单个单元的 MTTF，则串并联及并串联系统的可靠性不如单个单元。从图 7.6 中还可以看出，并串联系统的可靠性优于串并联系统。

　　在实际设计中，串并联系统主要用于对短路故障的保护，并串联系统主要用于对开路故障的保护。

　　混联系统除了上述形式外，还有表决系统、开关系统、桥联系统等类型，参见 7.2 节。

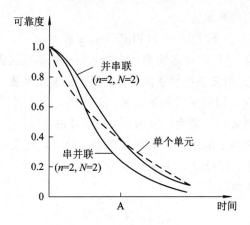

图 7.6　2×2 单元的串并联和并串联系统与单个单元可靠度的比较

7.1.2　可靠性预计

1. 可靠性预计的目的与步骤

电子系统可靠性预计的首要目的是在系统设计阶段，根据系统的功能、使用的元器件及其各部件之间的相互关系，估算系统是否能满足规定的可靠性指标。另外，还可以通过可靠性预计，比较或权衡各种设计方案，亦可为维修性、安全性、保障性分析及试验提供信息。同时，可靠性预计有助于确定影响系统可靠性的关键部位、薄弱环节和潜在问题，找到需要改进的部件或单元。

对于国产元器件，可靠性预计的依据是 GJB/Z 299C－2006《电子设备可靠性预计手册》和 GJB/Z 108《电子设备非工作状态可靠性预计手册》；对于美国元器件，可参考 MIL－HDBK－217F《电子设备可靠性预计手册》。

可靠性预计通常可以通过三个步骤来完成。首先是建立系统可靠性模型，然后计算各个元器件和部件单元的可靠性指标，最后再根据可靠性模型和各个元部件的可靠性数据，计算系统的可靠性指标。

在电子产品设计的不同阶段，可靠性预计要求以及所采用的预计方法有所不同，通常可分为三类：

（1）可行性预计：用于产品方案论证阶段，作为预计依据的信息只有产品的总体规格，只能借助以往的工程经验、相似产品的可靠性历史数据来预计待研制产品的可靠性。预计方法有相似产品法、相似电路法、有源组件法等。

（2）初步预计：用于产品详细设计阶段早期，作为预计依据的信息有设计草图、产品构成框架以及主要元器件的种类和数量。预计方法主要采用部件计数法，求得部件失效率后，再根据系统可靠性模型来求得系统总体的失效率。

（3）详细预计：用于产品详细设计阶段中后期。此时已知产品各个组成部分及元器件的工作环境和应力条件。预计方法主要采用元器件应力分析法。

2. 系统可靠性的估算

对系统可靠性的初步估算通常采用相似产品法和相似电路法。相似产品法是借助于已知的相似产品的可靠性经验数据，根据所要设计的产品可能的差别加以修正。比如，待设

计产品的平均无故障时间可表示为

$$MTBF = MTBF_0 \cdot \pi_1 \cdot \pi_2 \cdot \pi_3 \tag{7-15}$$

式中，$MTBF_0$ 是相似产品 MTBF 的经验值，各个 π 因子则是修正因子。比如，π_1 为新产品不成熟因子，$0 < \pi_1 \leqslant 1$；π_2 为复杂性修正因子，如新产品复杂性提高，则 $\pi_2 \leqslant 1$，否则 $\pi_2 \geqslant 1$；π_3 为综合修正因子，应根据所采用的新技术、新部件、新元器件以及人员素质变化、可靠性管理水平的提高等因素对可靠性的影响，来确定其值。

如果能够知道系统中各个电路的失效率和数目，则产品的失效率可以通过求和估计，这种方法称为相似电路法。假设系统由失效率分别为 λ_i、数量为 N_i 的 k 个类型电路所组成，则系统的失效率近似为

$$\lambda = \sum_{i=1}^{k} N_i \lambda_i \tag{7-16}$$

3. 部件可靠性的估算

部件单元可靠性的估算通常采用元器件计数法。它假定该部件是由失效率不同的 N 种元器件构成的，元器件可靠性之间的关系满足串联模型或者近似串联模型，而且元器件的失效分布为指数型，则该部件的失效率可表示为

$$\lambda_{system} = k_1\lambda_1 + k_2\lambda_2 + \cdots + k_N\lambda_N \tag{7-17}$$

式中，k_i 和 λ_i 是该部件中第 i 个元器件的数量和失效率，$i = 1, 2, \cdots, N$。

例如，某一系统部件由 6 种元器件构成，其失效率如表 7.1 所列。

表 7.1 某系统所含元器件的种类、数量和失效率

项目 元器件	元件失效率 λ_1	元件数量 k_i	总失效率 $k_i\lambda_i$
集成电路	3.7×10^{-7}	3600	1.33×10^{-3}
晶体管	10^{-7}	3500	3.5×10^{-4}
电阻、电容	10^{-8}	7750	0.78×10^{-4}
厚膜电路	2.4×10^{-8}	50	1.2×10^{-6}
接插点	10^{-8}	10 000	1.0×10^{-4}
焊接点	10^{-9}	83 000	0.83×10^{-4}

由该表数据计算得到的失效率和平均无故障时间（MTBF）为

$$\lambda = (13.3 + 3.5 + 0.78 + 0.01 + 1.0 + 0.83) \times 10^{-4} = 1.9422 \times 10^{-5}/h$$

$$MTBF = \frac{1}{\lambda} = 515 \text{ h}$$

该部件的 MTBF 实测值为 500 h，与预计值基本一致。

4. 元器件可靠性的估算

不同类型的元器件由于工作机理和失效模式不同，在系统中使用时所加应力条件和所处环境也不一样，因此不宜用统一的失效率来表征。为此，元器件可靠性的估算可采用应力分析法。它首先根据温度、电压和负载情况得出基本失效率 λ_b，再考虑其他因素（如环境、质量等级等），引进不同的修正系数 π，与 λ_b 相乘得到实际工作失效率 λ_p。

不同类型的元器件工作失效率的计算公式以及各个系数的值会有所不同，可参照GJB299C。对于大多数元器件，失效率的计算公式大体如下：

$$\lambda_{\mathrm{p}} = \lambda_{\mathrm{b}}\pi_{\mathrm{E}}\pi_{\mathrm{Q}}\pi_{\mathrm{A}}\pi_{\mathrm{V}}\pi_{\mathrm{C}} \tag{7-18}$$

式中，λ_{p}是工作失效率；λ_{b}是基本失效率，取决于工作温度、电压或负载；π_{E}是环境系数，取决于工作环境类型，如数字 IC 通常取 $1\sim50$，电容器取 $1\sim30$；π_{Q}是质量系数，取决于质量等级，一般为 $0.5\sim10$；π_{A}为应用系数，取决于元器件在电路中的功能及其重要性，一般取 $0.75\sim5$；π_{V}为降额系数，取决于工作电压（或功率）与额定电压（或功率）的比；π_{C}为复杂度系数，取决于器件的规模和复杂度（如数字 IC 内部的门数），约为 $0.7\sim1.5$。

元器件的失效率也可以采用有关元器件生产厂家提供的数据，或者采用以前的相似系统中同类元器件现场使用的数据。

7.1.3　可靠性分配

1. 可靠性分配的目的与准则

可靠性分配是根据系统设计任务书中规定的系统可靠性指标，分解到构成系统的各个部件（可以是子系统、设备，甚至是元器件、接插件）中，使设计人员在设计各个部件时能够明确其可靠性要求并采取相应的可靠性保证措施，以确保整个系统可靠性指标的实现。

假定系统由 n 个部件构成，其可靠度分别为 R_1，R_2，$\cdots$，R_n，则系统可靠性分配的准则是使预估的系统可靠度大于指标要求的可靠度，即

$$R_{\mathrm{system预估}} = f(R_1, R_2, \cdots, R_n) \geqslant R_{\mathrm{system指标}} \tag{7-19}$$

如果系统为无冗余的简单串联系统，则上式成为

$$R_{\mathrm{system预估}} = R_1 \cdot R_2 \cdots R_n \geqslant R_{\mathrm{system指标}} \tag{7-20}$$

显然，如果没有约束条件，则上述不等式可以有无数个解。为了找到相对最优的解，必须对各个部件的特点（包括电路结构、使用环境和成本考虑等）进行分析，给出各自的权重因子，在此约束条件下求出各个部件的可靠性指标。

2. 等分法和等比例法

可靠性分配的具体方法有等分法、等比例法和权重法等。等分法是给各个部件分配完全相同的可靠性指标，如由 n 个部件构成的简单串联系统，分配的准则是

$$R_{\mathrm{system}}(t) = \prod_{i=1}^{n} R_i(t) \Rightarrow R_i(t) = R_{\mathrm{system}}^{\frac{1}{n}} \tag{7-21}$$

这种分配最为简单，但不甚合理，因为它未考虑各个部件可靠性特性的差别以及在系统中所起作用的不同。

等比例法是根据部件的预估可靠性的相对大小，将系统指标按比例分配到各个部件中。设第 i 个部件初始预计的不可靠度为 $F_{i预估}$，据此预计出的系统不可靠度为 $F_{s预估}$，系统总体要求的不可靠度为 $F_{s指标}$，则为了达到此指标，各个部件的不可靠度必须提升到如下水平：

$$F_{i指标} = F_{i预估} \cdot \frac{F_{s\,指标}}{F_{s\,预估}} \tag{7-22}$$

否则，应该分配更高的可靠性指标。

下面举一个等比例法和等分法的实例。假定某系统由 A、B、C、D 四个串联单元构成，则

- 系统要求的可靠性指标：$F_S = 0.16$，$R_S = 0.84$；
- 各单元的预计不可靠度：$F_{A'} = 0.04$，$F_{B'} = 0.08$，$F_{C'} = 0.12$，$F_{D'} = 0.08$；
- 系统的预计不可靠度：$F_{S'} = F_{A'} + F_{B'} + F_{C'} + F_{D'} = 0.32$；
- 按等比例法求得的各单元不可靠度指标应为：$F_A = 0.02$，$F_B = 0.04$，$F_C = 0.06$，$F_D = 0.04$；
- 按等比例法求得的各单元可靠度指标应为：$R_A = 0.98$，$R_B = 0.96$，$R_C = 0.94$，$R_D = 0.96$；
- 按等分法求得的各单元可靠度指标应为：$R_A = R_B = R_C = R_D = 0.841/4 = 0.962$。可见，等比例法比等分法更为合理，但需要对各个部件的可靠性进行初步的预计。

3. 权重法

权重法是根据各个部件的特点，给出不同的权重因子，并由此来计算各自的可靠性指标要求。通常对以下类型的部件应分配更低的可靠性指标：

(1) 复杂性高的部件。该部件包含更多的元器件而且连接关系复杂，因此要达到高可靠要求比较困难，并且费用更高。

(2) 重要性低的部件。该部件失效对整机的可靠性影响程度相对较小，或者不会带来致命的后果。

(3) 环境恶劣的部件。该部件所处环境比别的部件恶劣，因而更容易失效。

(4) 标准化程度低的部件。该部件采用非标准件、新研制的不成熟的元器件多，可靠性更加难以保证。

(5) 维修不便的部件。该部件不容易维修或更换，难以通过维修保障来延长其寿命。

(6) 元器件质量较差的部件。该部件所使用的元器件的可靠性水平较低，因而导致部件可靠性较低。

如果某个整机的平均故障间隔时间的设计指标为 $MTBF_{system}$，该整机由 N 个单元组成，分配可靠性指标时需考虑 n 个加权因子，设第 j 个单元的第 i 个加权因子为 k_{ji}（一般设某一个单元的 $k_{ji} = 1$，作为其他单元的参照基准），则第 j 个单元的平均故障间隔时间为

$$MTBF_j = \frac{\sum\limits_{j=n}^{N} \prod\limits_{i=1}^{n} k_{ji}}{\prod\limits_{i=1}^{n} k_{ji}} MTBF_{system} \qquad (7-23)$$

式中，加权因子可分为复杂因子、重要因子、环境因子、标准化因子、维修因子和元器件质量因子（$i = 1, 2, 3, 4, 5, 6$）。加权因子越小，则说明根据该因素分配给该单元的可靠性指标越低。如果认为可靠性分配的结果不合理，或者实际上难以实现，则可以通过改变系统功能结构或者各部件的加权因子来加以调整和优化。

以下给出一个实例。某舰载综合火控雷达系统由图 7.7 所示的六个单元组成，整个系统的可靠性指标为 $MTBF_{system} = 400$ h。各个单元的可靠性加权因子以及按式（7-23）计算得到的结果如表 7.2 所列。这里以电源单元作为其他单元的参照基准，即令 $k_{1i} = 1$（$i = 1$，2，3，4，5，6）；发射单元、天馈单元和伺服单元的元器件较少，故复杂因子较小；接收单

元对环境干扰敏感,天馈单元易对外界形成干扰,故环境因子较高;电源部分维修相对困难,故维修因子较大。

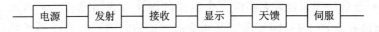

图 7.7 某舰载火控雷达系统可靠性框图

由分配结果可以看出,接收和显示部分是该系统的可靠性薄弱环节。

表 7.2 某舰载火控雷达系统可靠性分配参数

分　机	电源	发射	接收	显示	天馈	伺服
复杂因子 k_{j1}	1	0.5	2	3	0.2	0.5
重要因子 k_{j2}	1	1	1	1	1	1
环境因子 k_{j3}	1	1	2	1	2	1.5
标准化因子 k_{j4}	1	3	2	2	2	1
维修因子 k_{j5}	1	0.5	0.6	0.6	0.4	0.5
元器件质量因子 k_{j6}	1	1.5	1	1	0.5	2
$K_j = \prod_{i=1}^{6} k_{j1}$	1	1.125	4.8	3.6	0.16	0.75
$K = \sum_{j=1}^{6} K_j$	11.435					
$\mathrm{MTBF}_j = \dfrac{K}{K_j}\mathrm{MTBF}_{\mathrm{system}}$	4570 h	4070 h	950 h	1270 h	28590 h	6100 h

7.2　冗　余　设　计

7.2.1　冗余的作用与类型

冗余设计也称余度设计。它通过增加冗余资源使系统具备多于一种手段执行同一种规定功能的能力,即使系统局部出错或发生故障,其功能仍然能不受影响,从而提高整个系统的可靠性。例如,在电路设计时,对于容易产生短路的部分,以串联形式复制;对于容易产生开路的部分,以并联形式复制。

冗余会增加系统的复杂性、重量、体积、功耗和成本,从简化设计和低功耗设计的角度来看对可靠性是不利的,为此应只在高可靠性和高安全性系统中采用冗余,或者只在系统的关键部件(如电源)采用冗余。具体而言,在以下三种情况下需要采用冗余:

(1) 采用了可获得的最好元器件和其他可靠性设计方法后,系统可靠性仍然达不到要求时,只能采用冗余设计;

(2) 无法获得所需的高可靠元器件时,采用冗余设计可以降低对构成系统的部件或者元器件的可靠性要求;

(3) 选用高可靠元器件比采用冗余设计的经济代价更高时,比如欲将失效率降低一个数量级,有可能要更新 90% 以上的元器件,此时不得不采用冗余设计。

从可实现性角度来看，不是所有系统层次都可以采用冗余设计。在较低的系统层次（如电路级）采用冗余设计比在较高层次更为有效，但给故障测试和电路设计带来的困难也越大。譬如，对于数字逻辑电路，多级冗余电路的设计极为困难甚至不可能，故只能采用部件级和系统级冗余。另外，因要求实现冗余而增加的故障检测和通道切换装置的可靠性必须高于受控部分，所以能否获得高可靠的冗余控制部件也是一个问题。

对于不同的系统要求，可以采用不同的冗余方法。按冗余的实现层次，可分为系统级冗余、部件级冗余和电路级冗余；按冗余的体系结构，可分为平行冗余、开关冗余、表决冗余以及混合冗余；按冗余的实现载体，可分为硬件冗余和软件冗余；按冗余元件的贮备状况，可分为热贮备、冷贮备和温贮备冗余系统；按冗余结构是否随故障情况的变化而变化，可分为静态冗余（亦称被动冗余）和动态冗余（亦称动态冗余）。

常见的冗余实现方式有以下几种：

（1）硬件冗余：复制硬件单元，当工作硬件发生故障时，用备份硬件替换；或者通过表决和比较，屏蔽系统中的错误。这种方式适用于模拟和数字的硬件系统。本节之后所介绍的冗余均为硬件冗余。

（2）信息冗余：将重要数据或文件存储于存储区的不同位置，可备份多份。一旦在用数据或文件被破坏或丢失，则自动从备份空间复制。这种方式需增加存储空间容量。

（3）时间冗余：重复执行某一操作或某一程序，并将执行结果与前次执行结果比较。一旦发现有所不同，即再运行一次。如仍然有误，则初步判断出现了硬件永久性故障。此法会耗用系统计算时间，从而降低系统运行速度。另一种时间冗余是通过直接降低电路的速度来增加系统的可靠性的。

（4）程序冗余：采用多个独立设计的程序模块，按照表决方式决定正确结果。

（5）信息容错：增加数据码位，构成各种检错与纠错码（如采用奇偶校验码检错、汉明码纠错），使信息或数据在存储、传输、运算和处理过程中的错误得以自动纠正，通常只适用于数字系统。这部分内容将在 7.5 节介绍。

7.2.2　平行冗余

平行冗余是指多个相同单元并联构成系统，每个单元执行同样的功能，只要有一个单元工作，系统就能正常工作；只有所有单元失效，系统才能失效。图 7.8 给出了平行冗余系统的可靠性框图。

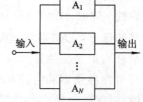

平行冗余的优点是构造简单，并联系统的可靠性比构成系统的各个单元的可靠性高，且随单元数增加而提升。平行冗余的缺点是在用单元工作时，冗余单元也在工作并消耗寿命，故称为工作贮备系统或者热贮备系统。同时，平行冗余也使输入负载增加，比如 n 个单元　　图 7.8　平行冗余系统的可靠性框图
并联的电流负载是单个单元的 n 倍。再者，平行冗余还要求一个单元的失效不会影响到其他单元的正常工作，为此可增加故障检测单元，一旦发现某单元发生故障，即断开该单元。

工作贮备平行冗余系统实际上就是 7.1.1 节介绍的并联系统，其可靠度和 MTBF 的计算公式可查阅该节。在以多个相同单元构成的系统中，如每个单元的 $MTBF = \dfrac{1}{\lambda}$，则

2 单元并联系统的 MTBF $=\dfrac{3}{2\lambda}$，3 单元并联系统的 MTBF $=\dfrac{11}{6\lambda}$。

图 7.9 给出了双单元工作贮备平行冗余电源的实例。仅当两个电源都出现故障时，才会对系统停止供电。组合电源的失效率等于两个电源单元失效率之和。举一个数值例子，如果单个电源的失效率为 $\lambda=1.055\times10^{-4}$/h，则单电源的 MTBF $=\dfrac{1}{\lambda}=9479$ h，双冗余电源的 MTBF $=\dfrac{3}{2\lambda}=14\ 218$ h。

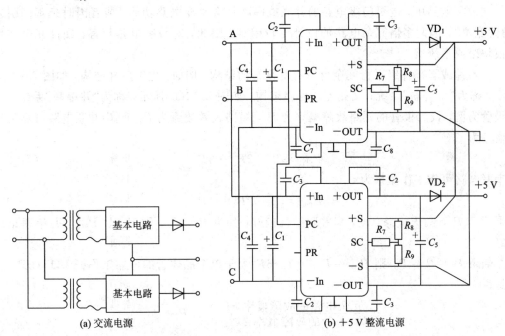

图 7.9　双单元工作贮备平行冗余电源的结构

为防止相互干扰，两路电源必须相互隔离，例如两路整流电源之间加有隔离二极管以及开通控制引脚（PC）。图 7.9（b）中，C_1 为 100 μF/100 V 的铝电解电容，C_2、C_3 为 4700 pF 的陶瓷电容，C_4 为 0.1 μF 陶瓷电容，C_5 为 270 μF 的低寄生电感钽电容。

即使在元器件级别，也可以采用平行冗余。例如，两个二极管的并联或者串联也能够构成平行冗余。如图 7.10 所示，如果二极管开路失效概率大于短路失效概率，则并联电路可靠性优于单个器件可靠性，更优于串联电路可靠性；如果二极管短路失效概率大于开路失效概率，则串联电路可靠性优于单个器件可靠性，更优于并联电路可靠性；如果二极管短路失效概率等于开路失效概率，则无论串联还是并联都不能提高电路的可靠性。可见，在元器件级别，冗余电路能否改善可靠性的程度与元器件的失效模式有关。

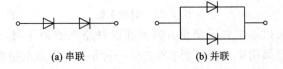

图 7.10　二极管的平行冗余

图 7.11 是二极管平行冗余的简单应用。TVS 管的主要失效模式是开路，因此如果单个 TVS 管的失效率太高，则可采取多个防护元件并联的方式，即使三个 TVS 管中有两个出现开路故障，仍然能够实现箝位的功能。

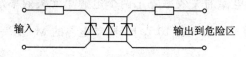

输入　　　　　　　　　　　　　　　　　　输出到危险区

图 7.11　TVS 管的平行冗余

在数字电路中，逻辑门级电路的并联或串联将会改变电路功能，或者因时延不同引发"冒险竞争"，因此多倍冗余电路的设计比较困难。因此，对数字电路而言，硬件冗余多用于模块级或系统级。

元器件或者部件级平行冗余可以有更复杂的结构。例如，先串后并结构，如图 7.12(a) 所示，称为"串并联"系统；又如先并后串结构，如图 7.12(b) 所示，称为"并串联"系统。以二极管为例，设二极管的开路故障概率为 P_o，短路失效故障为 P_s，则串并联电路可靠工作的概率为

$$P_{SPG} \approx 1 - 2P_s^2 - 4P_o^2 \qquad (7-24)$$

并串联电路可靠工作概率为

$$P_{PSG} \approx 1 - 2P_o^2 - 4P_s^2 \qquad (7-25)$$

如果 $P_o < P_s$，则 $P_{SPG} > P_{PSG}$，串并联结构较好；如果 $P_s < P_o$，则 $P_{PSG} > P_{SPG}$，并串联结构较好。

如果 $P_o = P_s = P$，则 $P_{SPG} = P_{PSG} = 1 - 6P^2$ 大于单个晶体管的可靠工作概率 $1 - 2P$，也就是说

$$\frac{冗余电路的故障概率 6P^2}{单管的故障概率 2P} = 3P \ll 1$$

在这种情况下，如果 $P = 10^{-6}$，则 $3P = 3 \times 10^{-6}$，这就意味着冗余电路的故障概率减少到单管的 300 万分之一。

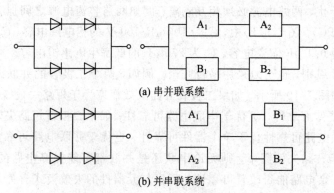

(a) 串并联系统

(b) 并串联系统

图 7.12　混联系统

根据上述分析，可以得出如下结论：当元件以开路失效为主时，可采用并串联冗余；以短路失效为主时，可采用串并联冗余。不论哪一种情况，冗余电路都显著改善了可靠性，但所用元器件数量也大为增加，连接关系更为复杂，从简化设计的角度看，对可靠性又会带来不利影响，为此需要均衡考虑。

7.2.3　开关冗余

为了克服平行冗余系统非在用单元也在消耗其生命的缺点，可以利用开关冗余将工作贮备改变为非工作贮备。

开关冗余系统的可靠性框图如图 7.13 所示。系统由 n 个单元组成，其中只需一个单元工作，其余 $n-1$ 个单元贮备。当工作单元失效时，贮备单元通过转换开关去逐个顶替工作，直到所有单元都失效或者转换开关失效为止。

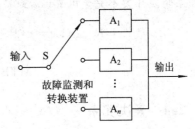

图 7.13　开关冗余系统的可靠性框图

开关冗余系统属于非工作贮备系统，即在用单元工作时，冗余单元不工作。在贮备期中，冗余单元可能不失效，称为"冷贮备"，即冗余单元处于断电状态；冗余单元也可能失效，称为"温贮备"，即冗余单元处于待机状态。在贮备期中，开关可能不失效，称之为理想开关；开关也可能失效，称之为非理想开关。

以下将证明，理想开关冷贮备系统的寿命是所有单元寿命之和。不考虑开关可靠性时，非工作贮备系统的可靠性优于工作贮备系统。为了达到理想的效果，开关冗余系统一般要求开关及其他故障检测装置的可靠性要比冗余单元高 1 倍以上。

温贮备切换单元时中断运行的时间短，但需消耗一定的功率；冷贮备平时不消耗功率，但切换时间相对较长。譬如对于卫星系统，能量贮备有限，可采用冷贮备；对于过程控制系统，重组时间应尽可能短，故应采用温贮备。

对于冷贮备系统，假定转换开关完全可靠，即在系统寿命周期内不会失效。设开关转换是瞬时的，n 个单元寿命 T_1，T_2，…，T_n 各自独立，则系统寿命 T_{system} 和可靠度 R_{system} 分别为

$$T_{\text{system}} = T_1 + T_2 + T_3 + \cdots + T_n \tag{7-26}$$

$$R_{\text{system}}(t) = 1 - F_1(t) \cdot F_2(t) \cdots \cdot F_n(t) \tag{7-27}$$

如果 $T_i(i=1, 2, \cdots, n)$ 服从参数为 λ 的指数分布，则

$$R_{\text{system}}(t) = \sum_{k=0}^{n-1} \frac{(\lambda t)^k}{k!} \mathrm{e}^{-\lambda t} \tag{7-28}$$

$$\text{MTBF} = \frac{n}{\lambda} \tag{7-29}$$

假定转换开关不完全可靠，以两单元冷贮备系统为例，设两个单元及转换开关的工作失效率分别为 λ_1、λ_2、λ_{SC}，则可以证明

$$R_{\text{system}}(t) = \mathrm{e}^{-\lambda_1 t} + \frac{\lambda_1}{\lambda_{\text{SC}} + \lambda_1 - \lambda_2} \left[\mathrm{e}^{-\lambda_2 t} - \mathrm{e}^{-(\lambda_1 + \lambda_{\text{SC}})t} \right] \tag{7-30}$$

$$\text{MTBF} = \frac{1}{\lambda_1} + \frac{\lambda_1}{\lambda_2(\lambda_1 + \lambda_{\text{SC}})} \tag{7-31}$$

对于温贮备系统，以两单元系统为例，设两个单元及其转换开关的工作失效率分别为 λ_1、λ_2、λ_{SC}，单元 1 首先工作，失效后切换到单元 2，单元 2 的贮备失效率为 λ_y，且 λ_1、λ_2、λ_{SC}、λ_y 均服从指数分布，可以证明如果转换开关完全可靠（$\lambda_{\text{SC}}=0$），则有

$$R_{\text{system}}(t) = e^{-\lambda_1 t} + \frac{\lambda_1}{\lambda_1 + \lambda_y - \lambda_2}\left[e^{-\lambda_2 t} - e^{-(\lambda_1 + \lambda_y)t}\right] \qquad (7-32)$$

$$\text{MTBF} = \frac{1}{\lambda_1} + \frac{\lambda_1}{\lambda_2(\lambda_1 + \lambda_y)} \qquad (7-33)$$

如果转换开关不完全可靠($\lambda_{\text{SC}} > 0$),则有

$$R_{\text{system}}(t) = e^{-\lambda_1 t} + \frac{\lambda_1}{\lambda_{\text{SC}} + \lambda_y + \lambda_1 - \lambda_2}\left[e^{-\lambda_2 t} - e^{-(\lambda_y + \lambda_1 + \lambda_{\text{SC}})t}\right] \qquad (7-34)$$

$$\text{MTBF} = \frac{1}{\lambda_1} + \frac{\lambda_1}{\lambda_2(\lambda_1 + \lambda_{\text{SC}} + \lambda_y)} \qquad (7-35)$$

7.2.4 表决冗余

表决冗余是以冗余单元的多数输出结果作为正确结果。最典型的表决冗余系统是多数表决系统,它将三个及以上(必须是奇数)并联单元的输出进行比较,把多数单元出现相同的输出作为系统的输出。若并联单元为 3,则称为三模冗余,或称 2/3 表决系统;若并联单元为 $N > 3$,则称为 N 模冗余。

三模冗余系统由 3 个相同模块和 1 个表决器构成,将 2 个模块出现相同的输出作为系统的输出,可以容忍一个模块出故障,如图 7.14(a)所示。它相当于图 7.14(b)所示的串并联系统。如果三个模块的可靠度均为 R,则可以证明三模冗余的可靠度为

$$R_{3,2} = 3R^2 - 2R^3 > R \quad (R > 0.5 \text{ 时}) \qquad (7-36)$$

这就是说,只有当单模的可靠性较高时,三模冗余系统才具有比单模更高的可靠度。

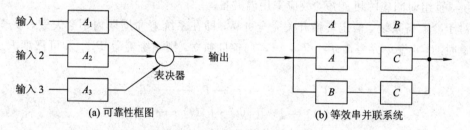

(a) 可靠性框图　　　　　(b) 等效串并联系统

图 7.14　三模冗余表决系统

N 模冗余系统由 $N = 2n+1$(n 为正整数)个模块和 1 个表决器构成(参见图 7.15),将 $(N+1)/2$ 个模块出现相同的输出作为系统输出,可以容忍 $(N-1)/2$ 个模块出故障。如果在构成系统的 $2n+1$($n=1, 2, \cdots$)个单元中,使系统正常工作必需的最小单元数为 k,每个单元的可靠度、失效率均为 $R(t)$、λ,表决器的可靠度、失效率为 R_m、λ_m,且都服从指数分布,则可以证明,系统的可靠度为

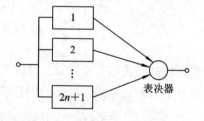

图 7.15　N 模冗余表决系统

$$R_{\text{system}}(t) = \left\{\sum_{i=0}^{2n+1-k} C_{2n+1}^i R^{2n+1-i}(t) \cdot \left[1 - R(t)\right]^i\right\} R_m$$

$$= \left[\sum_{i=0}^{2n+1-k} C_{2n+1}^i e^{-\lambda t(2n+1-i)} \cdot (1 - e^{-\lambda t})^i\right] \cdot e^{-\lambda_m t} \qquad (7-37)$$

　　n 中取 k（G）系统是表决冗余的另一种形式。如图 7.16 所示，系统由 n 个部件构成，而系统成功地完成任务只需要其中的 k 个部件正常工作。这种系统称为 k/n（G）系统（G 表示系统完好），或称为 n 中取 k 表决（$1 \leqslant k \leqslant n$），当失效部件数大于等于 $n-k+1$ 时，系统即失效。实际上，$k=1$ 时的 $1/n$（G）系统就是并联系统；$k=n$ 时的 n/n（G）系统就是串联系统；$k \geqslant (n+1)/2$ 的 k/n（G）系统就是多数表决系统。如果构成系统的 n 个单元的失效率均为 λ，可靠度

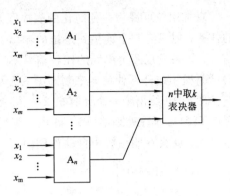

图 7.16　n 中取 k（G）系统

均为 R 且符合指数分布，即 $R=\mathrm{e}^{-\lambda}$，并假定表决器的可靠度远大于冗余单元的可靠度，则可证明 k/n（G）系统的 MTBF 和可靠度可分别表示为

$$\mathrm{MTBF} = \frac{1}{n\lambda} + \frac{1}{(n-1)\lambda} + \frac{1}{(n-2)\lambda} + \cdots + \frac{1}{k\lambda} \tag{7-38}$$

$$R_{n,k} = \sum_{i=k}^{n} \mathrm{C}_n^i R^i (1-R)^{n-i} \tag{7-39}$$

　　表决器的可靠性一定要远优于模块的可靠性。如果表决器的可靠性比单一模块的可靠性差，则无论几模冗余，其可靠性都不会比单一模块的可靠性好。在这种情况下，可采用图 7.17（a）所示的三重冗余表决结构。图 7.17（b）是一个三重冗余表决系统在计算机数据采集系统中的应用实例。

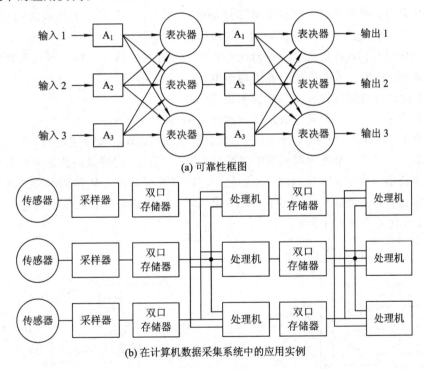

(a) 可靠性框图

(b) 在计算机数据采集系统中的应用实例

图 7.17　三重冗余表决系统

　　双机比较可视为一种简化的表决冗余系统。如图7.18所示，两个相同的单元执行相同的任务，但只有一个连接到系统的输出。在系统工作的同时，每个单元都会输出一个比较信号，如果发现两个单元的比较信号不一致，则说明至少有一个单元有故障，然后可通过自诊断程序或外部仲裁器来判断哪一个单元出现了故障。

　　图7.19给出了一个计算机2/3冗余系统中的实例。由存储器(M)取出的数据经表决器(VOT)后送往处理器(P)，处理运算后的数据分别送回各自的存储器。如果数据出现单个错误，就会在此系统中自动得到纠正。图中的数据传输线均为16位。

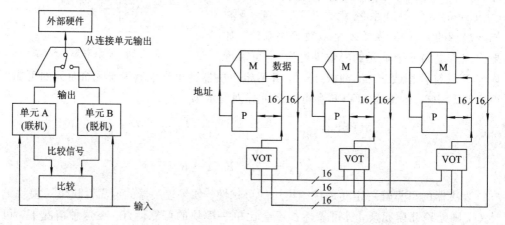

图 7.18　双机比较系统　　　　　　　图 7.19　计算机 2/3 冗余系统的构成

　　在三模冗余系统中，某一模块出现永久性故障时，必须及时切除，否则当另一模块又出现瞬间故障时，表决失误，反而使可靠性降低。若只切除出现永久性故障的那一模块，则当剩下的两个模块之一再出现故障时，表决器将无所适从。所以，此时应切除两个模块，成为单机系统运行。这样的冗余系统称为三模－单模系统。对于三模－单模系统以及更复杂的冗余系统，应增加故障检测和通道切换单元(如图7.20所示)，以便能够及时获得故障信息，并及时切除故障模块或者自动投入备用模块。

　　对于数字系统，可采用硬件表决和软件表决两种方式。硬件表决速度快，但需增加硬件，造成成本、功耗、重量和体积的上升，而且算法固定；软件表决速度慢，但成本低，算法灵活，而且只能用于带处理器的数字系统。图7.21给出了用逻辑门构成的一位数字量的硬件2/3表决器。对于故障监测和自动切换，也可以采用硬件与软件两种方式来实现。硬件方式速度快，但会增加开销；软件方式不能及时发现瞬态故障，而且在软件进行故障监测期间，系统工作要短时中断。

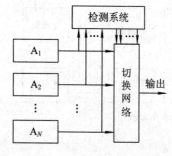

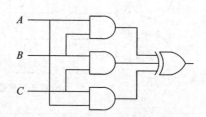

图 7.20　表决冗余系统中的故障检测　　　　　图 7.21　一位数字量的硬件 2/3 表决器

7.2.5　混合冗余

在实际的系统设计中，可视情况将以上介绍的各种冗余方法组合应用。例如，图 7.22 就是开关冗余与表决冗余结合使用的一个例子。该系统由 3 工作、2 备份的开关冗余系统与 2/3 表决系统结合而成。差异比较检测器用于比较各模块的输出与表决器的输出是否一致，从而选择正确的单元输出为系统输出。一旦发现三个工作模块之一发生故障，则由备用模块替换。

将这个例子推广到一般情况，设开关冗余为 n 工作、s 备份（总模块数 $N=s+n$），表决冗余为 $k/n(\mathrm{G})$，$k=(n+1)/2$，各个单模块的可靠度均为 R，忽略开关网络、表决器和检测电路的失效率，则此系统的可靠度为

$$R_{混合} = \sum_{i=k}^{N} C_N^i R^i (1-R)^{N-i} \tag{7-40}$$

对于图 7.22 所示的例子，$n=3$，$s=2$，$N=5$，$k=2$，并设 $R=0.9$，可计算得到

$$R_{混合} = \sum_{i=2}^{5} C_5^i R^i (1-R)^{5-i} = 0.998\,54$$

该可靠度明显大于单纯的 2/3 表决系统的可靠度

$$R_{3,2} = \sum_{i=2}^{3} C_3^i R^i (1-R)^{3-i} = 0.972$$

混合冗余的另一个例子是筛模冗余。如图 7.23 所示，由 N 个模块组成相同的工作通道，各通道的模块相同并同时工作，形成 N 通道冗余结构。比较器不断地比较各通道的输出信号。若某一通道的输出与其他不同，即被筛选除去，系统就变成了 $N-1$ 冗余结构。以此类推，直至仅剩两个通道，这时系统的两个通道才可进行相互比较，校验是否一致。

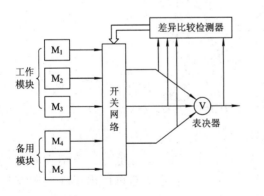
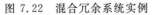
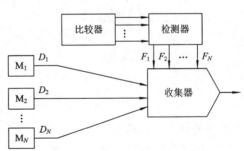

图 7.22　混合冗余系统实例　　　　　　　　图 7.23　筛模冗余的系统构成

三通道的筛模系统与三模表决系统具有相同的可靠性和容错能力，但前者可使故障通道自动退出系统，并给出该通道的故障信息，这比一般的三模表决系统更便于维修。多于三通道的筛模系统比 $n>3$ 的 $k/n(\mathrm{G})$ 表决系统的可靠度高，但它不允许同时发生两个以上的故障，否则将引起检测器工作混乱，而 $k/n(\mathrm{G})$ 系统允许 $n-k$ 个模块同时发生故障。

7.3　潜在通路分析

潜在通路分析(SCA，Sneak Circuit Analysis)是在假定所有部件都正常的条件下，找出那些可能引起功能异常或者抑制正常功能的潜在通路，为改进设计提供依据。对于复杂系统而言，为数不少的故障不是由于低层次部件(如元器件)失效造成的，而是由于系统设计失误导致系统中存在潜在通路所致。此类潜在通路在复杂系统中具有普遍性，而且危害很大，因此 SCA 技术作为一种系统级可靠性安全性分析技术，在航天器、核电站等重大工程中起到了重要的作用。

7.3.1　潜在通路的来源与类型

先举一个著名的例子来说明什么是潜在通路。美国红石火箭有着 50 次以上成功发射的记录，但在 1960 年 11 月 21 日发射时，给出发射命令和发动机点火后，火箭升离发射台几英寸后发动机突然熄火，导致发射失败。事后发现这是由于发动机控制线路中存在潜在通路所致。如图 7.24 所示，如果火箭尾部脱落插头起飞脱落插头同时脱落，则系统将会正常工作；如果前者比后者先脱落(实测结果是早脱落了 29 ms)，就会出现如图中虚线所示的潜在通路，点火指令诱发关机线圈流过反向电流，从而启动关机指令，导致发动机异常关机。

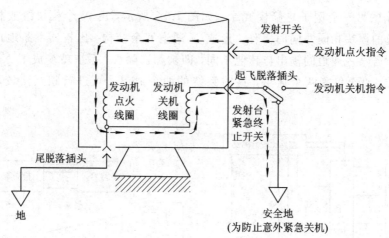

图 7.24　火箭点火控制系统中的潜在通路

潜在通路是指在某种条件下，系统或电路出现的未预期(通常也是不希望有的)的通路。它的存在会使期望功能异常，或者产生非期望功能。潜在通路可以出现在控制电路、数字逻辑和软件等系统中。

潜在通路有不同的表现形式，包括潜在电路、潜在时间、潜在指示等，以下分别举例说明。

(1)潜在电路。潜在电路指潜在的电流通路，它的存在会引起不希望的功能发生或者抑制一个规定功能的发生。图 7.25(a)给出了一个潜在电路的例子。如果模块 2 的电源电压高于模块 1，即 $U_{DD2} > U_{DD1}$，则当模块 1 输入高电平时，模块 1 的输出保护二极管 VD_1 就会导通，导致模块 2 给模块 1 供电，并形成从模块 2 到模块 1 的供电电流 I_{PU}，可能会导致模块 1 功能失控。I_{PU} 流经的通道即为潜在通道。如果采用箝位二极管作为模块 1 的输出保护（如图 7.25(b)所示），则可避免上述问题的发生，从而消除潜在通道。

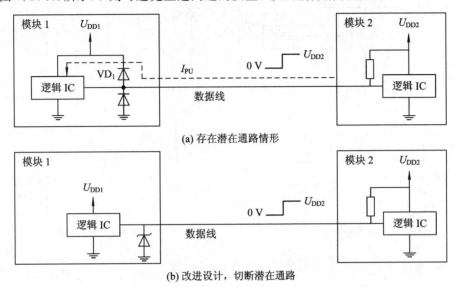

(a) 存在潜在通路情形

(b) 改进设计，切断潜在通路

图 7.25　互连模块不共电源导致的潜在电路

（2）潜在时间。潜在时间是指某功能在不希望的时间内存在或发生。图 7.26 是某观测雷达系统的保护控制电路，用于防止天线在俯仰时因超过角度界限而损坏。在正常情况下，控制天线在 $-3°\sim+183°$ 间俯仰。当天线转到 $-3°$ 时，微动开关 S_1 接通，使天线顺时针旋转；一旦离开 $-3°$ 时，S_1 断开，使天线俯仰方向不受控制电路的影响；天线转到 $183°$ 时，微动开关 S_2 接通，使天线逆时针旋转；一旦离开 $183°$ 时，S_2 断开，使天线俯仰方向不受控制电路的影响。不过，如果天线俯仰齿轮箱的速比设计发生差错，则 S_1 和 S_2 有可能在某一特定时间和特定位置上同时接通，使电源负载短路，从而烧毁整个控制系统的电源。这段时间就叫做潜在时间。

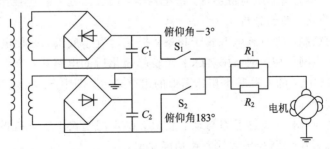

图 7.26　某观测雷达系统的保护控制电路

（3）潜在指示。潜在指示是指引起混淆或不正确的状态指示，导致错误的操作。图 7.27 给出了潜在指示的两个例子。在图 7.27(a)中，S 仅标志为液体冷却泵开关，实际同时控制着雷达电源，当操作人员断开液体冷却泵时，无意中将雷达电源也切断了。在图 7.27(b)中，开关 S_3 的位置使接通指示灯亮，似乎表明电机电源接通，但事实上电机电源是否接通还与开关 S_1、S_2 以及继电器 K_1、K_2 的状态有关（图中状态事实上使电机不接通）。

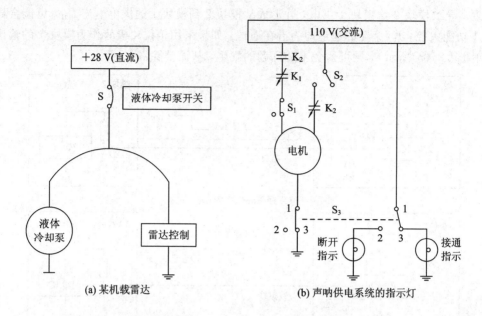

图 7.27　潜在指示二例

　　潜在通路的形成原因来自设计失误。例如，分系统设计人员对系统整体缺乏全面、深入的认识，对设计评审后所做的更改将对各系统带来的影响未进行充分的审查，以及存在设计缺陷、设计图错误等。为了避免这些失误，最好在设计阶段就通过科学的分析手段，找到可能存在的潜在通路，进而通过设计改进，来避免潜在通路带来的危害。这就是潜在通路分析要达到的目的。

7.3.2　潜在通路分析方法

　　潜在通路分析的一般步骤如下：

　　(1) 所存在的一切通路的信息获取：保留接通电源和接地线的通路，略去其他无关的路径(如保留开关、阻容元件、有源器件、继电器等，略去只起电路连接作用的终端板和接插件等)，使电路简化，便于分析。

　　(2) 网络树的绘制：将所有电源置于顶端，把接地置于底部，并使电路按电流自上而下的规律排列，形成网络树。网络树实际上代表着简化后的电路拓扑结构。任何电路的网络树均可用图 7.28 所示的五种基本拓扑图形的组合表示，图中 S 表示开关(可以是机械开关或电开关)，L 表示负载。

　　(3) 功能仿真与分析：通过静态与动态仿真，确定网络树上各元件的工作状态，找到可能的潜在路径以及由此路径导致的电路功能缺陷。

　　(4) 设计的改进与优化：修改与优化设计，切断潜在通路。

　　以图 7.28(a)所示的单线结构为例，可能出现的潜在通路有四种：

　　(1) 当需要负载 L 时，开关 S 处于断开状态；

　　(2) 当不需要 L 时，S 处于闭合状态；

　　(3) L 接入电路时，S 显示断开；

　　(4) L 脱离电路时，S 显示闭合。

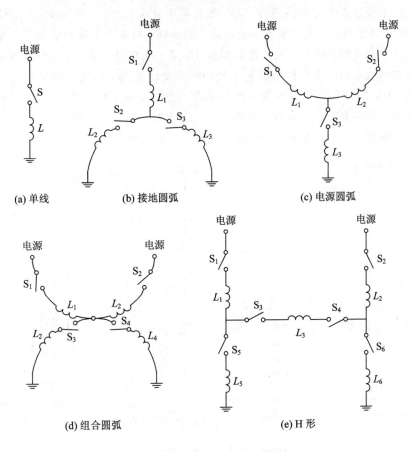

图 7.28　网络树的基本拓扑结构

对于 H 形结构，可能出现的潜在通路可多达 100 条以上，其中 6 个开关的组合状态可能出现的潜在通路就有 64 种之多。目前所识别出来的潜在通路，将近 50% 是来自 H 形网络（图 7.24 就是一例），因此设计时应尽量避免这种结构。

值得提醒的是，潜在通路分析是在假定所有元器件与电路部件正常工作的前提下进行的，不考虑由于元器件质量缺陷或者不期望的环境应力所引起的潜在电路。潜在通路分析只注重系统将发生何种故障，不注重系统如何正常工作；只注重构成系统的各个元器件之间的连接关系及其相互影响，不考虑元器件自身的可靠性。

潜在通路分析应针对系统最终完成的底层具体电路（如生产图、安装图、布线图等），而不是设计中间层次的逻辑图、功能框图和电源图。在较高一级图纸转换到较下一级图纸的过程中，引入潜在状态的可能性较大。

潜在通路分析的计算工作量通常很大，一般都借助计算机和 EDA 工具来完成。

7.3.3　防止潜在通路的设计实例

找到潜在通路不是最终目的，通过改进设计来消除潜在通路才能避免故障的发生。本节将给出若干实例来说明系统或电路的拓扑结构与潜在通路的关系，以及如何通过结构或电路的改进来消除潜在通路。

如果电路中使用多个电源或者多个地，则容易引发潜在通路。在图 7.29(a)中，当开关 S_1、S_2、S_3 同时导通时，会形成电源 1 至电源 2 的连通，如果两个电源电压不一样，就会形成两个电源之间的电流；地 1 与地 2 直接相连，如果一个是弱电地，另一个是强电地，就会出现两个地之间的电流。这两种情况都是我们不期望的通路，如图中虚线所示。为此，最好采用图 7.29(b)所示的电路，用单一电源和单一地。如果不得不采用双电源和双地，可利用二极管 VD 隔离两个电源，两个负载 X_1 和 X_2 也应分别接地，如图 7.29(c)所示。也可以采用单刀双掷开关 K_1 来防止两个电源同时接入负载，如图 7.29(d)所示。

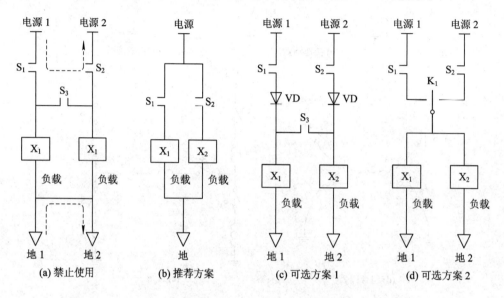

(a) 禁止使用　　　(b) 推荐方案　　　(c) 可选方案 1　　　(d) 可选方案 2

图 7.29　多电源、多地引起的潜在通路及其消除方法

在地线一侧接开关(包括继电器触点、连接器、保险丝、断路器等)，也可能引发潜在通路。在图 7.30(a)中，如果开关 S_3 先于 S_1 和 S_2 断开，或者保险丝 F_3 先于 F_1 和 F_2 断开，则负载 X_1 和 X_2 的供电电压将变成正电源 $U+$ 和负电源 $U-$ 之和，可能造成负载元件的损坏。为此，应取消地侧开关，采用图 7.30(b)所示的电路。

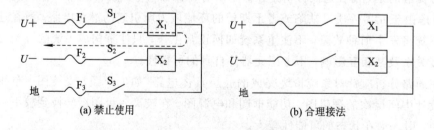

(a) 禁止使用　　　　　　　　　(b) 合理接法

图 7.30　地线侧开关引起的潜在通路及其消除方法

如果负载接地端必须要接连接器或者其他断路元器件，应尽量保持电源的路径和接地的路径针对不同负载在空间和时间上都是对称的。例如，在图 7.31(a)中，如果连接点 J_2、J_3 断开，其他连接点连通，电流就会通过图中虚线所示的路径反向流过负载 X_2，有可能对 X_2 形成损害。如果改成图 7.31(b)所示的对称接法，就可以避免这个问题。这里所称的连接点可以是开关、连接器、继电器触点、熔断器或固态开关。

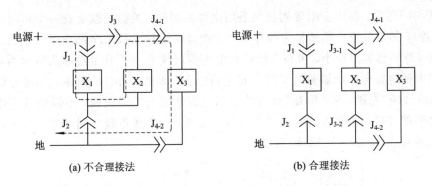

图 7.31　电源与接地路径不对称引起的潜在通路及其消除方法

另一个类似的例子见图 7.32。在图 7.32(a)中，所有负载 X_1、X_2、X_3 的接地路径共用一个连接器，接电源路径也共用一个连接器，这样可避免潜在路径的形成。如果像图 7.32(b)那样，负载 X_3 与内部机箱地相连，而 X_1 和 X_2 则和外部机架地相连，则当触点 S_1 断开时，会形成"电源→X_1→X_2（反向馈入）→X_3→机箱地→电源屏蔽线→电源"的潜在电流通路（如图中虚线所示），可能造成对 X_2 及电源屏蔽线的损害。

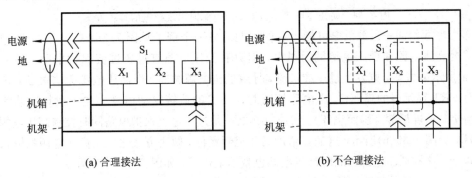

图 7.32　负载接地不对称引起的潜在通路及其消除方法

电源和地在时间上对称，指的是二者应使用同一个连接器，同时接入，同时断开，从而避免诸如 7.3.1 节所举例子中的故障。图 7.33(a)中的电源和地使用不同的连接器，如果不同连接器不是完全同时断开或接通，就会带来上述问题，所以应改为图 7.33(b)所示的结构。

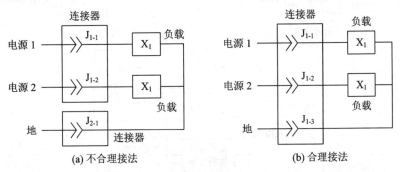

图 7.33　电源和地应使用同一连接器

为了提高系统的可靠性，针对某些关键负载可能会采用主电源和备用电源备份方案供电。当主电源的电压由于某种原因低于设置的阈值时，关键负载改由备用电源供电。此时可能出现的问题是，在由主电源切换至备用电源的瞬间，关键负载会有一个短时间的掉电（先断后通），如果关键负载是易失性存储器，就有可能造成数据全部或部分丢失。解决方案是：如果存储器容量较小，可在存储器供电电源两端并一个容量足够大的电容器，以保证切换瞬间的电源电压能够暂时维持在安全值以上，如图 7.34(a) 所示；如果存储器容量较大，则应改用"先通后断"开关，即先将备用电源连通至关键负载，然后断开主电源与关键负载之间的连接，此时为了防止备用电源、主电源、其他负载之间的暂时性短路，应加入隔离二极管 VD，如图 7.34(b) 所示。

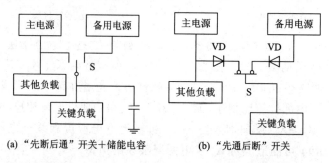

(a) "先断后通" 开关＋储能电容　　　　(b) "先通后断" 开关

图 7.34　防止主电源切换至备用电源时出现掉电的解决方案

多个电源给同一负载供电可能出现的问题的另一个例子见图 7.35。CRT 显示屏的正常工作需要高压电源和低压电源同时供电，但只有低压电源有过压过流保护电路。如采用图 7.35(a) 所示的方案，则发生过压或过流，导致低压电源关断，但高压电源无法关断，这有可能导致 CRT 显示屏的损坏(低压电源切断时，CRT 的偏转驱动信号会先于视频驱动信号消失，会使显示屏局部升温而烧坏)。解决方案之一是过压过流保护电路同时控制高压电源和低压电源，如图 7.35(b) 所示，这需要增加高压控制元件。解决方案之二是高压电源的输入来自低压电源，这样低压电源切断时高压电源也就不工作了，如图 7.35(c) 所示。

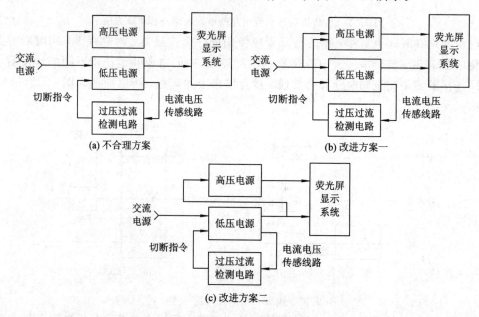

图 7.35　高低压电源给公共负载供电方案

"线或"电路的作用是当两个或两个以上的条件之一满足时，出现期望的结果。但如果两个条件引发的效果并非完全独立，就有可能出现潜在通路。在图 7.36(a)所示的例子中，期望的结果是：当环境温度超限或者设备门打开时，切断高压电源；只有环境温度超限时，才启动洒水灭火系统。但会出现的不期望的结果是：当设备门打开时，通过图中所示虚线的潜在通路，会意外地启动洒水灭火系统。解决办法是，如果采用直流电源，可在水平支路中加一个二极管进行隔离，如图 7.36(b)所示；如果采用交流电源或者由于其他原因不能使用二极管，可加上一个触点常开的继电器，如图 7.36(c)所示。

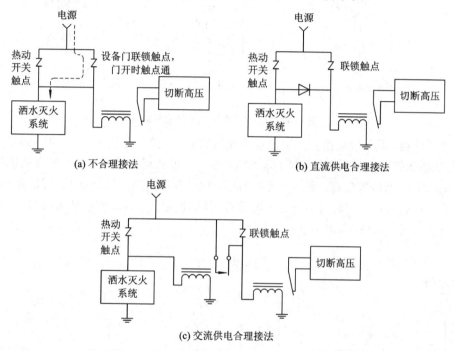

(a) 不合理接法　　　　　　　　　　(b) 直流供电合理接法

(c) 交流供电合理接法

图 7.36　线或连锁电路的潜在通路及其消除方法

下面再举两个关于"潜在指示"的例子。系统中安置的指示器应尽可能指示最终状态，而非中间状态。在图 7.37(a)中，指示器只能表示继电器的线圈是否施加了驱动电流，并不能指示继电器的触点是否正常动作。为此，可改为图 7.37(b)，可以监测继电器的完全工作状态。

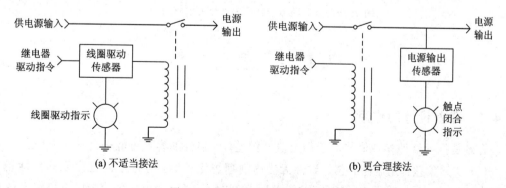

(a) 不适当接法　　　　　　　　　　(b) 更合理接法

图 7.37　继电器的监测指示电路

　　指示器的功能不能因为被监测部件的故障而改变。在图 7.38(a)中，如果加热器 R_1 因故障而开路，则供电指示灯 DS_1 熄灭，给人的感觉是供电断开，但事实上电源仍然接通，这有可能会危及维修人员的安全。为此，可改为图 7.38(b)所示的情形，供电指示灯 DS_1 不再受 R_1 开路的影响。更好的解决方案是图 7.38(c)，分别安装供电指示灯 DS_1 和电流指示灯 DS_2。

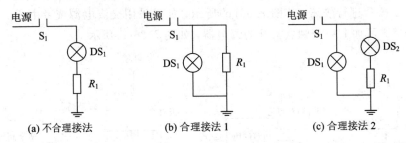

(a) 不合理接法　　　　　　　(b) 合理接法 1　　　　　　　(c) 合理接法 2

图 7.38　加热器指示灯的位置考虑

　　除了部件级，晶体管电路级也会出现不期望的潜在通路。在图 7.39(a)中，如果通过开关 S_1 断开晶体管 Q_1 的输出端电源，Q_1 的 bc 结有可能从反偏转为正偏，形成从信号源电源通过 Q_1 的 bc 结流入负载，如图中虚线所示，这是我们不期望的。为此，可以在 Q_1 的收集极串联二极管 VD_1，切断这一通路，如图 7.39(b)所示。也可以使信号源与 Q_1 使用同一电源及电源开关，如图 7.39(c)所示。

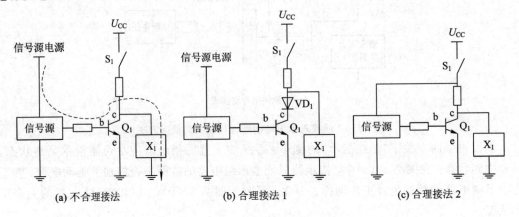

(a) 不合理接法　　　　　　　(b) 合理接法 1　　　　　　　(c) 合理接法 2

图 7.39　双极晶体管共发射极放大电路的接法

7.4　容差设计

7.4.1　容差设计的作用

　　容差是指元器件参数值相对于额定值的偏差。元器件的容差可能来自三个方面：

　　(1) 初始偏差：元器件工艺一致性无法达到理想化程度，导致不同批次元器件性能参数存在一定的差异。通常文献中所称"容差"仅指初始偏差，为狭义的容差，本书定义的容差为广义的容差，包括初始偏差、温度漂移和时间漂移等。

（2）环境条件：环境条件的变化导致元器件参数的变化，最典型的是元器件参数随温度漂移。

（3）退化效应：经过若干时间的工作或者存储后，元器件参数逐渐发生不可逆的变化，即元器件参数随时间漂移。

容差过大可能导致电路功能部分失常或者全部失常，也可能造成电路性能指标的变化或下降。多数元器件参数的初始偏差满足正态分布，它可由均值 μ 和标准差 σ 来表征。如图 7.40 所示，假定某元器件的初始偏差满足正态分布，但随着时间的增加，分布的平均值 μ 逐渐下移，方差 σ 也有所变大。因此，在设计中，必须考虑容差对电路功能或者性能指标的影响，并采取相应的设计改进来应对。这就是容差设计的任务。

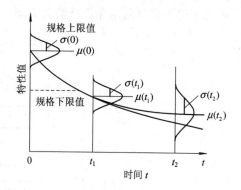

图 7.40　元器件参数分布随时间的变化示例

考虑容差设计，电路设计流程应由结构设计、参数设计和容差设计三个设计阶段构成，通常称为"三次设计"，各个设计阶段的任务如下：

（1）结构设计（也称系统设计）：确定电路的结构，实现电路的功能。例如，在图 7.41 所示的电路中，结构设计就是通过确定其电路的拓扑结构，就可以确定其输入电压与输出电压的关系：

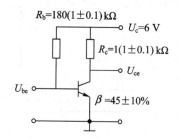

图 7.41　双极晶体管共发射极放大电路设计实例

$$U_{ce} = U_c - \beta R_c \frac{U_c - U_{be}}{R_b}$$

（2）参数设计：确定电路各元件参数的中心值，实现电路的性能指标。在图 7.41 所示的电路中，参数设计通过确定各个电路元件的额定值（均值），从而确定其在固定的输入电压（如 0.7 V）下，输出电压的额定值（如 4.675 V）。

（3）容差设计：首先要保证一定参数分布条件下的电路性能指标，然后，在保证电路性能指标的前提下，使允许的元器件参数变化范围达到最大。在图 7.41 所示的电路中，在各电路元件的容差确定之后（图中已标），可算出输出电压值的最大变化范围为 4.02～5.157 V。

容差设计的作用是在实现规定的电路功能和性能指标的前提下，使电路的允许容差尽量大。如果电路的允许容差大，则电路的可靠性高，且对电路元件参数的精度和稳定性要求低，元器件成本低，但会增加设计难度。如果电路的允许容差小，则电路的可靠性差，且对电路元件参数的精度和稳定性要求高，元器件成本高。

使电路的性能对于元器件参数的离散以及使用环境的变化（如温度、辐射、振动）不敏感的设计叫做健壮设计（Robust Design）。容差设计是健壮设计的一种形式。

在三次设计中，参数设计是容差设计的基础。当容差设计发现难以解决的矛盾时，往往再重做参数设计,甚至修改系统设计,以求得电路在功能、性能指标、可靠性和成本方面的最佳平衡。

7.4.2　容差设计的方法

考虑了容差设计的电路设计流程如图 7.42 所示。

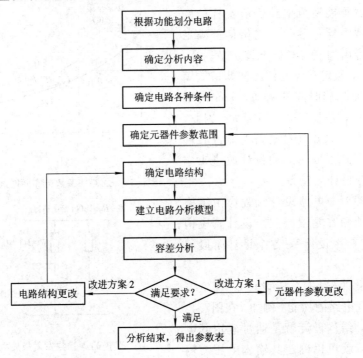

图 7.42　考虑了容差设计的电路设计流程

根据元器件参数在给定的容差范围内如何取值,容差设计常用的方法有标准差综合法、最坏情况法和蒙特卡罗法等。

标准差综合法假定元器件参数离散符合正态分布,根据电路灵敏度,计算电路性能指标离散的分布范围及规律,从而判断是否能够满足要求。典型的正态分布曲线如图 7.43 所示,可以由均值 μ 和标准方差 σ 两个参数来表征。

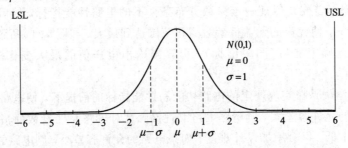

图 7.43　正态分布曲线

如果元器件的参数是相互独立的随机变量 X_i,则电路的性能参数也是一个随机变量 Y。当 $Y = f(X_1, X_2, \cdots, X_n)$,各 $X_i (i = 1, 2, \cdots, n)$ 相互独立,且均值和方差分别为 μ_i 和 σ_i 时,Y 的均值和方差可由以下公式表示:

$$\mu_Y = f(\mu_1, \mu_2, \cdots, \mu_n) \tag{7-41}$$

$$\sigma_Y^2 = \sum_{i=1}^{n} \sigma_i^2 \left[\frac{\partial f(X_1, X_2, \cdots, X_n)}{\partial X_i} \right]^2 \tag{7-42}$$

式中，$\partial f / \partial X_i$是电路灵敏度。

标准差综合法比最坏情况法更接近实际情况，因为可以证明在组成整机的元器件很多，且元器件是稳定、批量生产的产品时，元器件参数近似地服从正态分布。不过，使用此方法必须事先知道元器件参数的正态分布（均值 μ 和标准差 σ），而且并非所有元器件参数均严格符合正态分布。

最坏情况法是让元器件参数 X_i 取最大变化值（最大值和最小值），根据电路性能指标 Y 随元器件参数变化而变化的规律（灵敏度$\partial Y / \partial X_i$，参见图 7.44 ），计算电路性能指标 Y 离散的最大变化值，从而判断是否能够满足要求（若$\partial Y / \partial X_i > 0$，则在决定 Y 的最大值时，X_i 应取最大值；在决定 Y 的最小值时，X_i 应取最小值。反之，若$\partial Y / \partial X_i < 0$，则 X_i 的取值相反。

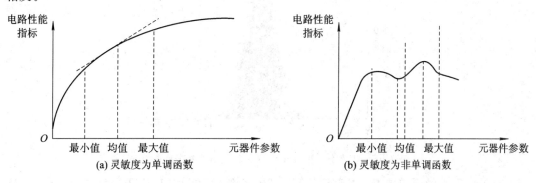

图 7.44　电路性能指标随元器件参数的变化规律

最坏情况法也称最坏情况电路分析或极差综合法。它的计算最为简单，得到的结果最为悲观，电路实现成本最大，但也许实际上根本不会出现。例如对图 7.41 所示的电路，采用最坏情况法得到的U_{ce}变化范围为 $4.02 \sim 5.157$ V，采用标准差综合法得到的U_{ce}变化范围为 $4.325 \sim 5.025$ V，后者出现的概率可达 99.73%，因此超出此范围的可能性就很小了。

表 7.3 给出了三种不同类型的片状多层陶瓷电容器的容值的初始偏差，以及容值随温度、湿度、偏置电压、热冲击和老化时间的变化范围。可见，实测容差远小于所有容差项的和，这说明最坏情况法事实上无法出现，因为不同因素引起的容差项的变化方向不可能相同。

表 7.3　片状多层陶瓷电容器的容差

电容类型	CoG	X7R	X7R	电容类型	CoG	X7R	X7R
初始误差	2.5%	10%	20%	高湿偏置	3.0%	12.5%	12.5%
温度漂移	2.5%	15%	15%	使用寿命	3.0%	12.5%	12.5%
耐温特性	2.5%	10%	10%	热冲击	2.5%	10%	10%
温度周期	2.5%	10%	10%	实测误差	7%	33%	37%
耐湿特性	3.0%	12.5%	12.5%				

对于元器件很少的简单电路,最坏情况法和标准差综合法的计算结果差别不大,此时为计算简单可用最坏情况法。对于元器件很多的复杂电路,最好采用标准差综合法,以免无谓地增加对元器件参数精度与稳定性的要求。对于高可靠电路,为提高保险系数,可采用最坏情况法。

蒙特卡罗法是使元器件参数在一定的概率分布范围(可取正态分布、高斯分布、均匀分布等)内随机取值,根据电路灵敏度,计算得到电路性能指标的概率分布,从而判断是否能够满足要求。这种方法最接近实际情况,而且能获得电路性能指标的概率分布,这是其他方法所不及的,但计算复杂,运算时间长,无法手工计算,必须采用计算机仿真模拟。图7.45是正态分布蒙特卡罗计算的电路参数分布柱状图。

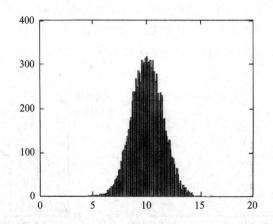

图 7.45 正态分布蒙特卡罗计算的电路参数分布柱状图

对于规模小的简单电路,可直接计算,简单直观,可借助 MATHCAD 等计算软件。不过,更多的是借助专门的计算机仿真工具如 PSPICE 之类的 CAD 或 EDA 软件来完成,特别是规模大、拓扑结构复杂的电路。图7.46是通用电路分析软件 PSPICE 的容差分析界面,用户可选择分析方法(蒙特卡罗法(Monte Carlo)或最坏情况法(Worst-case))、分析类型(如时域还是频域分析)、随机取点数、分布类型等。

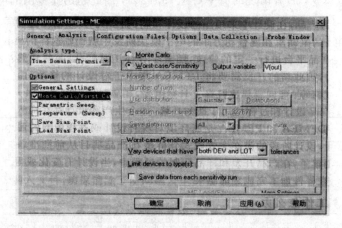

图 7.46 PSPICE 软件容差分析界面

7.5　容错设计

7.5.1　容错设计的作用

电子系统的可靠性隐患可以用缺陷、错误和故障三个术语来表征。缺陷(Fault)有两层含义，一是系统的硬件或者软件中存在的内部缺陷，二是来自外部环境的过应力(雷击、静电放电、热冲击等)或者干扰(电磁噪声、辐射、振动等)。错误(Error)指由于缺陷而造成的系统信息或者状态的不正确。故障(Failure，亦称失效)是指由于错误的发生，使得系统未能正确地提供预先指定的服务。

缺陷、错误、故障三者之间既有联系，也有区别。如图 7.47 所示，缺陷引起错误，而错误导致故障，但不是所有的缺陷都引起错误，不是所有的错误都导致故障；也不是只要存在缺陷就会立即造成错误，一旦出现错误就会出现故障。例如，假定系统中某根信号线由于物理短路而固定为逻辑 1，那么这是一个缺陷。如果系统在运行中，需要这根信号线传递逻辑 1，那么这个缺陷并未导致错误。如果系统在运行至某个时刻，需要这根信号线传递逻辑 0，但这根信号线仍然保持逻辑 1，这就是一个错误。如果这根信号线与系统中的另一个信号线共同控制一个开关，那么此信号线的错误在系统的某些状态下就可能导致开关不能按预期的要求启闭，从而造成系统的故障。

图 7.47　缺陷、错误和故障之间的关系

电子系统的错误又可以分为以下两类：

一类是先天性的固有缺陷引起的错误，俗称"硬故障"，是由元器件自身的物理缺陷、电路设计失误以及生产过程的工艺缺陷引起的错误，如数字系统中某些存储单元不能写入、某些逻辑节点固定于逻辑 1 或 0 等。此类属于永久性错误，只能通过更换元器件或者硬件冗余来纠正。本书前面章节所讨论的防护方法，绝大多数是用于预防这种硬故障的。

另一类是后天性的外在原因引起的错误，俗称"软错误"，如外界过应力或者电磁干扰引发的读、写错误。此类错误常常引发系统的瞬间性或间歇性故障，随机出现或偶尔出现。对于数字系统中出现的此类错误，除了用前述方法来预防之外，还可以通过容错设计来加以纠正。

对于数字系统，在数字信号的传输、存取、运算过程中，由于各种干扰，接收端收到的数据不可避免地会出现错误，如数据丢失、0 变 1、1 变 0 等。不同的用户，对数据的准确度要求是不同的。一般而言，对于传输数字话音，要求误码率为 $10^{-3} \sim 10^{-4}$；传输计算机之间的数据，要求误码率小于 10^{-8}。实际能够实现的误码率，与传输所依据的通信协议、传输速率以及传输距离有关，如有线通信信道的误码率约为 $10^{-4} \sim 10^{-6}$，无线通信信道的误码率约为 $10^{-2} \sim 10^{-3}$。

容错设计是纠正数字系统的数据错误或者降低误码率的一种数据处理方法。它在发送端给待传送的数据序列(称为信息元)增加多余码元(称为监督元、校验码、检错码或者纠错码)，作为接收端判断数据是否正确的依据。一旦发现错误可采取一定的方法自动纠正，也可要求发送端重发。

7.5.2　容错设计的方法

容错设计是广义的冗余设计的一部分，亦称信息容错，通常只适用于数字系统，具体的容错算法可以通过硬件逻辑电路或者软件程序来实现。图 7.48 是一个带检错纠错功能的数字存储容错系统的硬件构成框图。

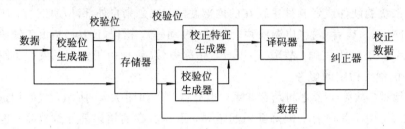

图 7.48　带检错纠错功能的数字存储容错系统的构成框图

容错设计的方法大体可以分为如下三种：

（1）前向纠错（FEC）：发送端发出带纠错码的数据序列，接收端收到后能根据编码规律自动纠正错误。此法无需反馈通道，能用于单向通信，但所需纠错码的数量会随着数据序列长度的增加而加大。

（2）检错重发（ARQ）：发送端发出带检错码的数据序列，接收端收到后如果判断出有错误发生，就会反馈信息到发送端，要求其重发。此法只需少量的冗余码元（一般为总码元的 5%～20%），就能获得很低的误码率，而且检错译码器比 FEC 采用的纠错译码器要简单得多，但需要反馈通道，无法用于单向传输系统，反馈也会降低系统的有效传输速率。

（3）混合纠错（HEC）：发送端发送具有自动纠错和检错能力的码，接收端对其进行译码。如果错误在码的纠错能力之内，就自动进行纠错；如果错误较多，超出了码的纠错能力，就要求发送端重发。此法是 FEC 和 ARQ 的结合，兼具二者的优点，应用比较广泛。

7.5.3　常用校验码

在容错设计中，出于检错或者纠错的目的而在信息元所加的码元称为校验码。校验码的设计是容错设计最重要的内容。

校验码通常可分为如下三种类型：

（1）线性码：监督元和信息元之间具有线性关系，可用一组线性方程来表示。

（2）分组码：一个码字（分组）内的监督元仅与本码字内的信息元相关，主要用于数字系统和计算机内部的检错/纠错，如奇偶校验码就是一种线性分组码。

（3）卷积码：一个码字内的监督元不仅与本码字内的信息元相关，还与相邻的前 $N-1$ 个码字内的信息元相关，主要用于数字通信或者较远距离的数字信号传输。

校验码的检错或纠错能力与其数量有关。检错只需知道一组或若干组传输数据码中是否出现错误，而无需知道错误发生在哪一个数据位，因此校验位的数量可以远小于数据位，如奇偶校验码。纠错则需知道错误发生在哪一位，因此校验位的数量必须达到一定的要求，如海明码。

以四位校验码为例，可以表示 24 个状态，除去表示无错误的"0000"状态外，尚有

2^4-1 个状态可用于判断信息码的正误，其中还包含四位校验码本身，因此最多能够判断的信息码位为 $(2^4-1)-4=19$ 位。推广至一般情况，若校验位数为 K，信息位数为 S，则 K 和 S 之间应满足以下关系：

$$2^K-1 \geqslant K+S \tag{7-43}$$

这称为海明不等式。

已提出并得到应用的校验码类型繁多，这里不可能一一列举，仅给出两种常用的校验码，即奇偶校验码和海明校验码。

奇偶校验码是最简单的一种检错码，多用于数字系统内部作为检错手段，是系统自检测的常用办法。最简单的奇偶校验码是一维码，即发送时，在传输信息序列后增加一个校验位，使所形成的码组中的"1"或"0"的数目为奇数，称为奇数校验；若为偶数，则为偶数校验。接收时，把各码元的所有位相加，对于偶数校验，若结果为"1"则说明有错误，若为"0"则说明无错；对于奇数校验，则反过来判断。一维奇偶校验能查出任意奇数个错误，不能查出任意偶数个错误，只能检错，不能纠错，适用于信道干扰不严重、码长不大、出错概率比较小的系统。

将一维扩展到二维，就形成了方阵码。发送时，将信息码元分成若干小组（称为分组），每组一行，形成方阵。每行加一奇偶校验码，构成行校验码；每列也加一奇偶校验码，构成列校验码；为检查校验列和校验行本身的错误，还生成一个总校验位。接收时，先按行进行奇偶校验，再按列进行奇偶校验。方阵码亦称二维乘积码。与一维奇偶校验码相比，它能够检查出在连续传送的多个码元中出现的多个错码；不仅能检查出奇数个错误，也有可能检查出个别偶数个错误；不仅能检错，在错误不多的情况下还能纠正部分错误。

图 7.49 给出了一个方阵码的应用实例。如果信息元阵列有单个错误，则对应的行和列均不满足校验要求，而总校验位正确，据此可查出错误的码元并予以纠正。如果信息元阵列出现多个错误，只要任意一个行和列最多只有单个错误，则仍然可以确定出错的位置并予以纠正。如果信息元阵列出现多个错误，而且单行或单列中出现多个错误，则只能判定有错，但无法明确定位。如果只有校验码本身出现错误，则可通过总校验位判断。此类情况在接收端还原时不一定需要校正。

信息元阵列

```
1  0  0  1  1  0  0  1 | 0
0  1  0  0  1  0  1  1 | 0
1  1  0  1  1  0  0  1 | 1    行
1  0  1  1  0  0  0  0 | 1    校
0  1  1  0  1  1  0  1 | 1    验
1  0  0  0  1  1  1  0 | 0    码
---------------------------
0  1  0  1  1  0  0  0 | 1
列校验码              总校验码
```

图 7.49　方阵码应用实例

海明校验码是另一种常用的纠错码。它在传输数据中按码距近似均匀拉大的某种规律，加入若干校验位。如果某一位出错，就会引起与之相关的校验位的值发生变化，由此不仅可发现错误，还能指出是哪一位错误，从而实现自动纠错。

例如，假定需传输的 8 位二进制码为 $D_1D_2D_3D_4D_5D_6D_7D_8$，增加 4 位奇偶校验位 P_1、P_2、P_3、P_4（其中第 i 个校验位的位置为 $2^i-1(i=0,1,2,3)$）以及总校验位 P_5，构成 13 位海明码 $P_1P_2D_1P_3D_2D_3D_4P_4D_5D_6D_7D_8P_5$。以偶校验算法为例，各个校验位可由以下公式算出：

$$P_1=D_1\oplus D_2\oplus D_4\oplus D_5\oplus D_7$$
$$P_2=D_1\oplus D_3\oplus D_4\oplus D_6\oplus D_7$$

$$P_3 = D_2 \oplus D_3 \oplus D_4 \oplus D_8$$
$$P_4 = D_5 \oplus D_6 \oplus D_7 \oplus D_8$$
$$P_5 = D_1 \oplus D_2 \oplus D_3 \oplus D_4 \oplus D_5 \oplus D_6 \oplus D_7 \oplus D_8 \oplus P_4 \oplus P_3 \oplus P_2 \oplus P_1$$

其中，每一个数据位 $D_j(j=0,1,2,3,\cdots,7)$ 都至少出现在三个 P_i 关系式中（P_5 就是因此而追加的校验位），因此从 P_i 的变化可以推断出哪一个 D_j 出现了错误，从而为自动纠错提供了依据。具体的检错判据如下：

$$S_1 = P_1 \oplus D_1 \oplus D_2 \oplus D_4 \oplus D_5 \oplus D_7$$
$$S_2 = P_2 \oplus D_1 \oplus D_3 \oplus D_4 \oplus D_6 \oplus D_7$$
$$S_3 = P_3 \oplus D_2 \oplus D_3 \oplus D_4 \oplus D_8$$
$$S_4 = P_4 \oplus D_5 \oplus D_6 \oplus D_7 \oplus D_8$$
$$S_5 = P_5 \oplus D_1 \oplus D_2 \oplus D_3 \oplus D_4 \oplus D_5 \oplus D_6 \oplus D_7 \oplus D_8 \oplus P_4 \oplus P_3 \oplus P_2 \oplus P_1$$

如果 $S_1 \sim S_5$ 全为 0，则所有数据位未出错；$S_1 \sim S_5$ 的编码值与表中哪一列相同，则表明哪一位海明码出错，将该位海明码改为其反码，即可纠正其错误；$S_1 \sim S_5$ 中只有一位不为 0，表明是某一校验位出错，出错位就是该 S_i 位对应的 P_i 位，或者是三位海明码同时出错，但后者出现的概率远小于前者。表 7.4 给出了具体的数值例子。

表 7.4　偶校验海明校验码实例

校正位 S 位 ＼ 海明码位号	P_5	D_8	D_7	D_6	D_5	P_4	D_4	D_3	D_2	P_3	D_1	P_2	P_1
	H_{13}	H_{12}	H_{11}	H_{10}	H_9	H_8	H_7	H_6	H_5	H_4	H_3	H_2	H_1
S_5	1	1	1	1	1	1	1	1	1	1	1	1	1
S_4	0	1	1	1	1	0	0	0	0	0	0	0	0
S_3	0	1	0	0	0	0	1	1	1	1	0	0	0
S_2	0	0	1	1	0	0	1	1	0	0	1	1	0
S_1	0	0	1	0	1	0	1	0	1	0	1	0	1

7.6　其他系统可靠性设计方法

7.6.1　简化设计

可靠性是电路及结构复杂性的函数，因此电路越简单，所使用的元器件越少，而且元器件之间的互连线也越少，从而就可以降低整体的失效率。从这种意义上可以说，最高的可靠性来自最简单的电路。例如，美国 F-4 战斗机改型为 F/A-18A 战斗机时，对发动机作简化设计，使其元件数从 22 000 个减少到 14 300 个，在获得同样推力的同时，可靠性提高了 4 倍。

简化设计的途径很多。比如，尽可能减少产品组成部分的数量及其相互间的连接关系；尽可能实现元器件、零部件的标准化、系列化与通用化；尽量减少元器件的规格、品种数，争取用较少的元器件实现多种功能；尽可能采用经过考验的可靠性有保证的元器件；

尽可能采用模块化、层次化设计等。

　　在电子系统设计中，简化可以在不同的设计层次上完成，比如算法级、逻辑级、电路级、物理级（即布局、布线），但要尽量在顶层设计时简化，因为越往顶层，简化的效率越高。在图 7.50 给出的逻辑电路简化实例中，两个电路具有相同的逻辑功能，但简化前需要 8 个门电路，简化后只需 3 个门电路，在单元器件可靠性不变的前提下，简化后电路的可靠性将会大为提升。对于此类电路，应该在定义逻辑表达式的阶段就通过布尔变换进行简化。如果电路业已形成，简化就会变得十分困难。

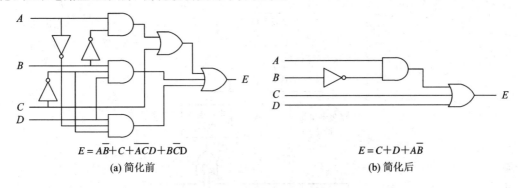

$$E = A\overline{B} + C + \overline{A}CD + B\overline{C}D$$
(a) 简化前

$$E = C + D + A\overline{B}$$
(b) 简化后

图 7.50　逻辑电路简化实例

　　从减少元器件数量的角度来考虑，应鼓励多个通道共用一个电路或器件，但要注意减少元器件时不能增加其他器件的负担（应力、负载能力等），而且因保护、冗余和容错等目的增加的电路不能省，共用器件应能满足多个通道的性能及可靠性要求。同时，多采用集成电路，少采用分立器件。集成电路与完成同样功能的分立元件 PCB 组件相比，焊点少，一致性高，密封性好，失效率要低得多。多采用规模大的芯片，少采用规模小的芯片，同样可减少互连线和焊点数量，也有利于提升可靠性。能用数字电路实现的，不用模拟电路完成。数字电路的噪声容限高，抗干扰能力强，失效率优于同等规模的模拟电路。

7.6.2　故障树分析

　　一个复杂系统的构成从顶向下可以分为若干个层次，上一个层次发生的故障一定是由下一个层次的故障引起的。如果将每个层次故障之间的因果关系用图形化的方式表示出来，那么这就是所谓的"故障树"。通过分析故障树，可以确定一个故障发生过程的走向，从而确定故障发生的原因。这种分析方法叫做"故障树分析（FTA，Failure Tree Analysis）"。

　　这里用一个简单的例子来说明如何构造故障树以及如何进行故障树分析。一个由电池供电的直流电机的工作电路如图 7.51 所示，FTA 的过程如下：

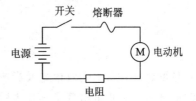

图 7.51　直流电机工作电路示意图

　　（1）假定该电路出现了一个故障，即开关闭合后电机不工作。此事件在 FTA 中称为"顶事件"。

　　（2）导致电机不工作的原因可以有两种：一是电机自身有故障，此故障与系统无关，无需以故障树的形式进一步展开，此事件在 FTA 中称为"基本事件"；二是电机中无电流，有多种原因可能导致此事件，因此需继续进行故障树分析。

（3）导致电机无电流可能有四个方面的原因：熔断器断开，开关故障导致开路，电池失效，连接电路的导线开路。后两个事件属于基本事件。这四个事件只要有一个事件发生就会导致电机无电流，故在故障树中用"或门"表示。

（4）熔断器断开也有两个可能的原因：电路中电流过大导致熔断器烧断，熔断器本身出现开路故障。后者属于基本事件，前者可进一步分析。

将上述分析得到的各个事件之间的逻辑关系用图形的方式表示出来，就构成了直流电机不工作的故障树，如图 7.52 所示。

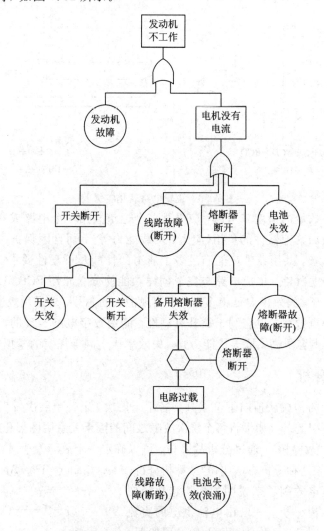

图 7.52　直流电机不工作的故障树

与可靠性预计、失效模式及影响分析等方法相比，故障树分析有三个特点：一是它是失败域分析，即假定出现了某种失败，然后分析失败的原因，而其他方法多属于成功域分析，重在分析成功的概率（失败域与成功域的对应关系见图 7.53）；二是它是从顶向下的分析，而失效模式及影响分析等方法是从底向上的分析；三是它不仅考虑硬件失效，还可以纳入因软件偏差、人为失误、操作与维修不当、环境对系统的不期望的影响等事件导致的故障。

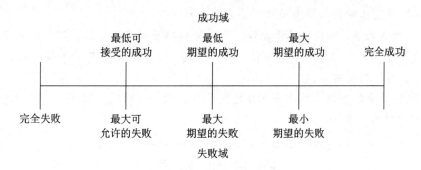

图 7.53　成功域与失败域的关系

7.6.3　低功耗设计

以移动电话为代表的无线便携电子产品的迅猛发展,使得对电子设备低功耗要求空前提高。这里特别要指出的是,低功耗对于提高电子产品的可靠性也是非常重要的,因为功耗越低,元器件的温升越少,失效率就会越低。另外,功耗越低,电路的电源线干扰越低,自身噪声也越低,这对于增强电子产品的抗干扰能力也是有利的。从这个意义上说,低功耗设计也是可靠性设计的一个重要组成部分。

低功耗设计不是本书的主题,所以在此不再赘述,读者可参考相关书籍。这里仅给出以下要点:

· 能用 CMOS 器件实现的,不用 NMOS 或双极电路来实现,因为 CMOS 电路的功耗远低于 NMOS 和双极电路。

· 能用软件完成的,不用硬件实现。这样一可以降低硬件电路的规模和复杂度;二有利于提升系统的可靠性,因为一般而言软件的可靠性比硬件要高得多;三在相同的硬件系统中,更多的功能用软件来实现,会降低系统的功耗,但同时会降低系统的工作速度。

· 能低频工作的,不要使之高频工作。

· 能低电源电压工作的,不要采用较高电压工作。

· 能采用节能工作方式的,不要采用标准工作方式。

本 章 要 点

◆ 可靠性预计不仅能对电子系统的可靠性指标做出预先估计,而且有助于找到影响系统可靠性的关键部分、薄弱环节和潜在问题,并在方案设计阶段予以调整或纠正。可靠性分配方法中的权重法较等分法和等比例法更为合理,但计算较复杂。

◆ 冗余设计可以在不增加单元器件可靠性的前提下提高系统可靠性,但会增加元器件数量和结构复杂度。冷贮备或温贮备的开关冗余系统的可靠性优于热贮备的平行冗余系统,但需增加开关和故障检测装置。

◆ 潜在通路可能不影响系统的常规功能,但会影响系统可靠性,故应通过设计阶段的分析寻找和定位之。潜在电路、潜在时间和潜在指示等是潜在通路的常见表现形式。

◆ 在电子产品的系统设计、参数设计完成后,最好进行容差设计,使得在保证电路功能与性能指标的前提下,允许元器件参数随工艺、温度、时间等的变化量最大。标准差综合法、最坏情况法和蒙特卡罗法是常用的容差分析方法。

◆ 对于数字系统，可以通过容错设计来检验传输数据是否出错，并予以纠正。最简单的一维奇偶校验码只能检错，不能纠错，而方阵码、海明码等较复杂的校验码，不仅可定位错误，而且可以纠正错误。

◆ 简化设计不仅能降低成本，而且能提高可靠性。低功耗设计不仅能降低产品能耗，也是可靠性设计的有效手段。

综 合 理 解 题

在以下问题中选择你认为最合适的一个答案。

1. 如果某两个功能相同的部件串联应用，而且主要失效模式是短路，则它们的可靠性关系是（   ）。

A. 并联　　　　　　B. 串联　　　　　　C. 串并联　　　　　D. 表决

2. 在电子设备中估算部件单元的可靠性时，多采用（   ）。

A. 相似产品法　　　　　　　　B. 元器件计数法

C. 应力分析法

3. 应分配更高的可靠性指标的单元是（   ）。

A. 复杂度高的部件　　　　　　B. 维修不便的部件

C. 元器件质量较高的部件　　　D. 环境恶劣的部件

4. 如果要求冗余单元待用时不工作，则应采用（   ）。

A. 平行冗余　　　B. 开关冗余　　　C. 表决冗余

5. 在关于潜在通路的陈述中，正确的是（   ）。

A. 错误的标识不属于潜在通路

B. 潜在通路总是会导致电路的功能失常

C. 潜在通路与元器件的质量无关

D. 潜在通路是否存在与工作时间无关

6. 最严酷且代价最高的容差设计方法是（   ）。

A. 标准差综合法　　　　　　　B. 最坏情况法

C. 蒙特卡罗法

7. 容错设计方法适用于（   ）。

A. 数字系统　　　　B. 模拟系统　　　C. 数模混合系统

8. 低功耗设计能够提高电路可靠性的主要原因是（   ）。

A. 降低了电路的工作温度　　　B. 减少了电路的能源消耗

C. 提高了电路的工作速度

第 8 章
印制电路板的可靠性设计

水能载舟，亦能覆舟。

——唐·魏征《贞观政要·论政体》

印制电路板（PCB，Printed Circuit Board）亦称印制线路板（PWB，Printed Wiring Board），是电路的最重要载体，其设计的好坏对电子产品的可靠性有重要的影响。随着印制电路板空间密度（单位面积元器件数及管脚数）和时间密度（工作频率或工作速度）的不断增加，这种影响与日俱增。本章将讨论在印制电路板的结构、布图和走线设计中，如何采取措施来防止过应力和干扰对其可靠性产生的危害。

8.1　PCB 的可靠性挑战

随着电子产品的功能与性能指标的不断提升，作为其安装载体的 PCB 也在发生相应的变化，对其可靠性带来了很大的挑战。这主要体现在以下两个方面：

（1）PCB 空间密度的提升。为了减少电子产品的体积和重量，特别是数码相机、移动电话和佩戴式电子产品等迫切要求更轻、更小（参见图 8.1），PCB 向着更高集成度、更大规模的方向发展。随着集成技术的发展，每个元器件的管脚数不断增加，同时 PCB 上单位

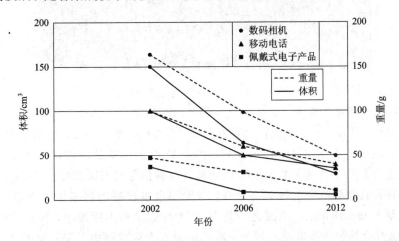

图 8.1　便携电子产品体积与重量的变化

面积的元器件数也在不断增加，这就导致 PCB 走线密度及布线层数的增加，如图 8.2 所示。加之 PCB 线间距、层间距和焊盘间距减少，从而线间、层间、管脚间的串扰增加。目前已出现了超过 2000 个管脚、管脚间距小于 0.65 mm 的封装芯片，PCB 每平方英寸的管脚数已超过 100 个。另外，PCB 空间密度的提升会带来单块 PCB 规模的增加，有可能不同类型的电路或元器件集成在同一块 PCB 板上，诸如数字、模拟、功率、射频电路合成一体，导致不同类型电路之间的干扰增加。在图 8.3 给出的例子中，微处理器、存储器、FPGA、电源管理电路、时钟产生电路、通信模块等做在同一 PCB 板上，相互之间的干扰难以避免。

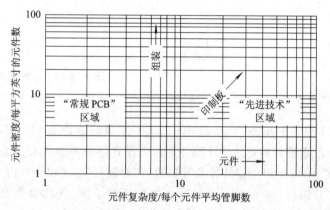

图 8.2 PCB 走线密度随元件密度和元件复杂度的增加而增加

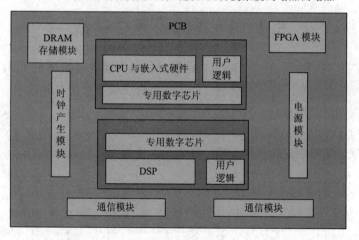

图 8.3 不同类型的电路安装在同一块 PCB 上

（2）PCB 时间密度的提升。这体现在 PCB 上电路或元器件的工作频率或工作速度不断增加。如图 8.4 所示，集成电路的高速化导致 PCB 的高速化。CPU 主频突破 1 GHz 后，PCB 的主频也突破了 100 MHz。一般而言，如果 PCB 上传输的时钟信号为 100 MHz，则 PCB 的允许工作频率要达到 500 MHz，以便包含时钟信号的五次谐波。PCB 电路工作频率或速度的上升导致高频电磁干扰随之上升，需要采取更严格的措施加以防范。与此同时，PCB 抗干扰能力却有所削弱，原因之一是 PCB 走线截面积不断缩小，而走线的相对长度不断增加，这都会导致走线电感的增加，造成抗瞬变干扰的能力下降；原因之二是移动便携设备对功耗的苛刻要求使得 PCB 供电电压不断减少，电路的抗干扰容限随之下降。

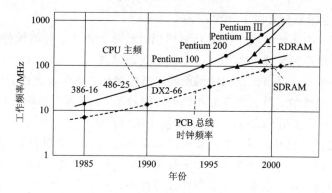

图 8.4　集成电路和 PCB 的工作频率发展趋势

　　针对上述挑战，必须在 PCB 的设计中采取各种方法和措施来防范。比如，如何抑制元器件之间、导线之间、不同类型电路之间的相互干扰？如何抵御来自外界的静电、浪涌、辐射、电磁等干扰？如何克服引线寄生效应对电路频率特性和可靠性的影响？本章以下的内容将根据可靠性和电磁兼容性要求，给出设计中应注意的事项以及应采取的方法。应该特别指出的是，这里给出的设计规则并非功能设计所要求的设计规则。功能设计规则是根据 PCB 制造工艺和基本电学参数要求，由 PCB 制造厂给出的，PCB 设计者必须遵循的 PCB 布图几何尺寸限制规则，假定读者已经熟悉，本章不再一一列举。

8.2　基　板　选　择

8.2.1　基材选择

　　PCB 由绝缘基板和敷在基板上的导电走线两部分组成。基板材料是将填充料加入固化剂热压而成，填充料最常用的是纸和玻璃纤维，亦可用石棉、陶瓷和棉花纤维等；固化剂最常用的是环氧树脂和酚醛，亦可用聚酰亚胺、聚酯、苯酚等。导电材料可用铜、镍、不锈钢或铍铜，从可获得性、成本和功能考虑，PCB 通常使用的是铜。

　　多层 PCB 由芯层(Core)和芯层之间的半固态层(Prepreg)层叠而成，如图 8.5 所示。在多层 PCB 压制成型的过程中，芯层不易被压缩，而半固态层容易受到压缩而变形。

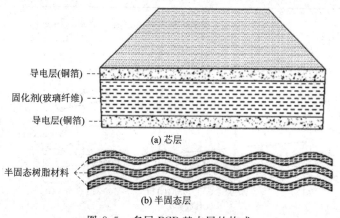

图 8.5　多层 PCB 基本层的构成

常用的 PCB 绝缘基板有以下几种：

（1）环氧玻璃：用无碱玻璃布浸以环氧树脂，经热压而成。其机械强度高，电气性能好，性价比高，应用最为普遍，以 FR-4 序列为代表品种。

（2）酚醛纸：由绝缘浸渍纸或棉纤维纸浸以酚醛树脂，在两表面覆上单张无碱玻璃布，经热压而成。其价格便宜，但电气性能和机械性能较差，易吸潮，易碎，工作温度不能超过 100℃，难以实现金属过孔等结构化工艺，多用于廉价产品。

（3）聚四氟乙烯玻璃布：用无碱玻璃布浸渍聚四氟乙烯分散乳液作为基板，经高温压制而成。其介质损耗小，绝缘性能高，化学稳定性好，可工作在 -230～+260℃ 极宽温度范围内，但价格昂贵，多用于军工和高频微波设备中。

（4）陶瓷：陶瓷基板常用于厚膜电路以及部分电子模块。

（5）聚酯或聚酰亚胺：适用于制造可弯曲的板子。聚酯较便宜，但软化温度低，不易焊接；聚酰亚胺较贵，但元器件安装容易。

用上述材料制作的 PCB 基板的主要参数如表 8.1 所示。PCB 基板介质材料的选择应考虑如下因素：

（1）表面电阻越高越好，有利于提升绝缘性能。

（2）介电常数越小越好，有利于减少单位尺寸的层间或者线间电容，从而提升抗高频干扰的能力。介电常数随频率的上升而降低（参见图 8.6）。

表 8.1　常用基板材料的典型参数

基板材料	表面电阻 /MΩ	相对介电常数 ε_r	电介质正切 $\tan\delta$	介电场强 /(kV/mil)	温度系数 /(ppm/℃)	最高温度 /℃
FR-4 （标准型）	1×10^4	4.6～4.9	0.035	1.0	13～16	110～150
FR-4 （高质量型）	1×10^6	3.8	0.01	1.4	13	180
环氧树脂— 芳族	5×10^6	3.8	0.022	1.6	10	180
聚酰亚胺		3.4	0.01	3.8	20	300
聚酯		3.0	0.018	3.4	27	105

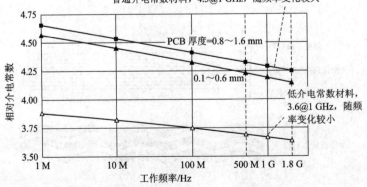

图 8.6　PCB 基材介电常数与工作频率的关系

（3）电介质正切越小越好，有利于减少高频损耗。电介质正切随频率基本不变。

（4）介电场强越高越好，有利于提升单位尺寸能承受的电压。

（5）温度系数越小越好，有利于减少温度变化导致的应力。

（6）最高温度越高越好，有利于加强基板的耐热性。

一般而言，以电介质正切和相对介电常数作为基材质量的主要表征参数，如图 8.7 所示。

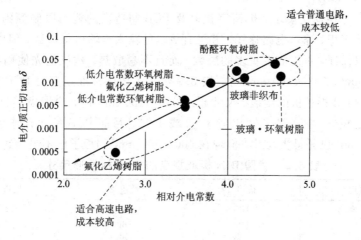

图 8.7　常用基板材料的电介质正切和相对介电常数

PCB 按导电层数可分为单面板、双面板和多层板，按是否可弯曲可分为刚性板和柔性板。如图 8.8 所示，单面板成本低，性能也低；双面板的过孔未金属化，组装密度低；金属化过孔双面板使用金属化过孔（PTH, Plated Through-hole）来连接两面的电路；多层板通

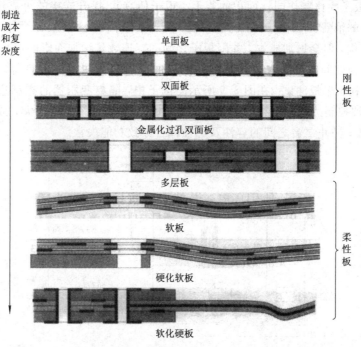

图 8.8　PCB 按结构分类

过金属化过孔和埋孔实现层间连接，密度高，但造价昂贵；软板薄且柔软，可用于替换导线束，但不易维修；硬化软板部分硬化，便于安装刚性元件；软化硬板部分软化，可用于多个刚性多层板之间的柔软化连接。

8.2.2　尺寸选择

1. 外形尺寸的选择

PCB 外形尺寸由应用要求、机箱容积以及 PCB 制造商的能力限制等因素决定。大板有利于减少机箱容积，缩短电路连线，并可有更多的输入—输出接口数，但走线相对困难，电磁兼容性难以保证，可能需要更多的层数，而且不易散热。建议优先使用标准化的尺寸（如 $100 \times 160\ mm^2$、$233 \times 160\ mm^2$ 等，表 8.2 给出了德国标准规定的 PCB 板外形尺寸供参考），便于多 PCB 板整机的组装。尺寸超过 $200 \times 150\ mm^2$ 时，应考虑其机械强度。PCB 板的最佳形状是矩形，推荐的长宽比是 3：2 或 4：3。目前 PCB 尺寸有越来越大的趋势，早先 $200 \times 250\ mm^2$ 已是最大尺寸，但现在 $400 \times 500\ mm^2$ 的板子已不足为奇了。

表 8.2　德国 DIN 标准规定的 PCB 板外形尺寸　　　　　　　mm

宽度	长度 1	长度 2	长度 3
100	100	160	220
144.5	100	160	220
188.9	100	160	220
233.4	100	160	220

如果在一个电子设备中需使用多块 PCB 板，则要考虑 PCB 数量与大小的均衡。使用一个大的电路板代替若干小的电路板，可以节省板间相互连接的元件费用以及制板费用（生产较大的板子要比制作同样面积的若干小板子便宜），提升连接的可靠性，但也可能造成部分板面积的浪费。使用多个小的电路板，便于维修、测试、模块化设计，并能减少板子之间的电磁干扰，但会增加成本，并因板子之间的互连数量增加而影响可靠性。

不同电路板之间的分割依据原则是尽量使相互连接数目最少，而且每块板子上的元件规模相当，有利于单板测试。在图 8.9 所示的例子中，隔离变压器的控制边信号电路的电流小于 1 A，被控制边功率电路的电流大于 50 A，二者的功率相差很大，故最好各自采用独立的 PCB 板，防止二者之间的容性及感性耦合导致功能失常。

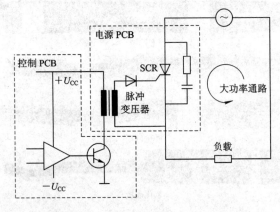

图 8.9　功率控制电路中的 PCB 分割实例

2. 铜箔厚度与基板厚度的选择

与铜箔厚度有关的要素有：

（1）单位长度/宽度的电阻。铜箔越厚，该电阻越大，则走线引起的延迟和功耗越大。

（2）走线之间的串扰。在同样的长度和宽度下，铜箔越厚，串扰越大。

（3）铜箔与基板之间的附着力和热应力。铜箔越厚，附着强度越低，热不匹配应力越大，越容易产生龟裂。

（4）铜箔厚度的均匀性与工艺成品率。铜箔越薄，厚度均匀性越难以保证，工艺成品率越低。

由于历史的原因，PCB 的设计与加工常用盎司（oz）作为铜箔厚度的单位。1 oz 铜厚表明为 1 平方英尺（1 ft^2）面积内铜箔的重量为一盎司，对应的物理厚度为 35 μm；2 oz 铜厚就为 70 μm。换算关系为 1 oz＝28.3495 g，1 ft^2＝0.092 903 m^2，1 oz/ft^2＝3.052 g/cm^2＝305.2 g/m^2）。铜箔厚度取值有 1、2、0.25、0.5、3 和 4 oz，其中 1 oz 和 2 oz 最为常用，典型公差为±10%。

铜箔厚度应根据走线通过的电流最大值、走线允许最大温升等确定。如小信号电路，可选 35 μm；大功率电路，可选 70 μm 甚至 105 μm。具体的选择方法详见 8.5 节。对于多层板，内层最常用的铜箔厚度是 1 oz，高密度板的信号层可选 0.5 oz，电源层和地层可选 2 oz。板中两个铜层之间的最小间距至少是铜箔厚度的 2 倍以上，常用的是 89 μm。

PCB 板总厚度的选择主要取决于层数、层间距的电学要求以及孔－厚度之比，可在 0.5～6.5 mm 之间变化。常见厚度为 0.5 mm、1 mm、1.5 mm 和 2 mm，14 层以内 PCB 厚度最常用的是 1.5 mm，16 层及以上 PCB 厚度需在 2 mm 以上，需考虑增加＋10% 的容差。如果 PCB 板上安装有过重的元器件，如变压器、大型散热片、扼流圈等，可适当增加板厚，如从 1.5 mm 增加到 2.4 mm 或 3.2 mm。在机框式整机产品中，PCB 单板沿导轨插入机框，因此 PCB 厚度还要考虑导轨的宽度。

8.3　层 的 分 配

8.3.1　多层板及参考层的作用

1. 多层板的作用

现代电子设备越来越多地采用多层 PCB，其好处体现在两个方面。一方面，多层板可提高元器件密度和布线密度，减少复杂布线占用的面积，与高密度的芯片管脚密度相适应。PCB 安装密度可用元器件面积与 PCB 总面积之比来保证。双面板的安装密度大于单面板，多层板的安装密度大于单层板。表 8.3 对单面板与双面板的安装密度作了比较。另一方面，多层板有利于改善电磁兼容性，提升工作速度，因为它可采用整层的接地面和电源面，可缩短单根布线的长度。PCB 的工作速度可用 PCB 电路的时钟频率或者信号上升沿来表征，通常有所谓的"5/5 规则"，即当时钟频率大于 5 MHz 或者信号上升沿短于 5 ns 时，必须使用多层板。

表 8.3　PCB 总面积与元器件所占面积之比

PCB 板的类型	单面板	PTH 双面板
分立元件为主(IC 所占面积小于 5%)	2～3	1.5～2
分立与集成元件混合(IC 所占面积为 35%～50%)	2.5～4	2～3
集成芯片为主(分立元件所占面积小于 20%)	4～6	2～3

不过,PCB 的层数越多,制造成本越高,设计的复杂度也越高。图 8.10 给出了 PCB 制造成本与层数及走线最短宽度的关系,显然走线越窄,层数越多,PCB 制造成本越高。还可看出,制造成本与层数之间并非线性关系,8 层板比 4 层板的成本只增加了 30%左右,但超过 10 层后成本就会急剧增加。

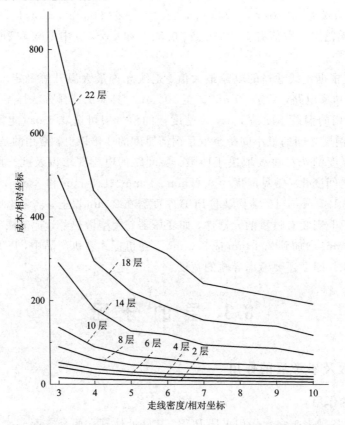

图 8.10　PCB 的制造成本与线宽及层数的关系

多层 PCB 板有多个导电层,大体上可分为参考层和信号层两类。参考层是电路电压的基准层和电路电流的返回通道层,就是电源层和地层。电源层亦称电源平面或电源面,地层亦称接地平面或地平面。信号层是电路信号的通道层,上面所走的信号线可分为微带线(Microstrip)和带状线(Stripline)两种。微带线邻近只有一个参考面,包括表层微带线和埋入微带线;带状线在两个参考面之间,包括对称带状线和非对称带状线。有关微带线和带状线的详细介绍参见 8.5.5 小节。

2. 参考层的作用

与单面板和双面板相比,多层 PCB 板除了增加布线密度之外,一个优势是可以使用整层的接地面和电源面。首先，利用整层的接地面和电源面，可以实现多点就近接地、接电源，减少地线和电源线阻抗（特别是电感），有利于抑制公共阻抗干扰和瞬态电流产生的浪涌电压。图 8.11 表明，整板地平面的高频接地阻抗远低于单根地线和局部地平面。再者，参考面可作为屏蔽面和高频旁路通道，有利于抑制空间辐射和串扰，也为控制地线传输线阻抗提供设计自由度，有利于抑制高频信号反射。而且，接地面和电源面之间自然形成整板面积的耦合电容，有助于高频去耦。图 8.12 比较了双面板和中间两层为电源层及接地层的四层板，可见后者比前者的噪声低 20 dB 左右，6 层板比 4 层板噪声可以再低 10 dB 左右。

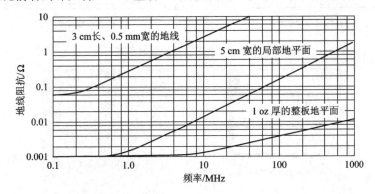

图 8.11　PCB 地线阻抗—频率特性与走线类型的关系

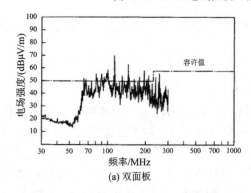

(a) 双面板

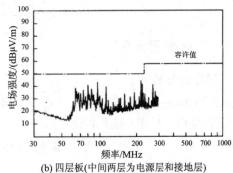

(b) 四层板(中间两层为电源层和接地层)

图 8.12　双面板和四层板电磁兼容特性的比较

　　PCB 接地平面既可以作为电源电流的返回通路，也可以作为信号电流的返回通路，特别是在低频和非平衡电路的情况下，如图 8.13 所示。如果将高频信号电路视为一个辐射天线，则接地平面还可以作为信号电流的镜像面。

　　对于交流工作，地线和电源线均可作为信号电流返回通路。图 8.14 给出了交流信号通过电源线和地线返回的情形。图 8.15

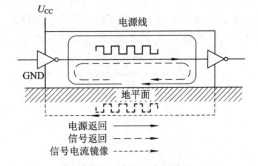

图 8.13　PCB 接地平面的作用

给出了单层板和多层板电源线布线方式的比较。单层板使用总线方式（Power Buse），布线密度低，布线阻抗大，干扰容易传播；多层板使用平面方式（Power Plane）。如第 5 章所分析的，电源线的阻抗会对电源电压的直流值和瞬态值有显著影响。例如，即使电源线电阻低至 0.125 Ω，若有 20 个器件，每个器件电流200 mA，则电源电流为 4 A，形成压降 0.5 V，也会使电源电压从 5 V 降到 4.5 V，有 20% 的降幅，对电路的影响不容忽视。

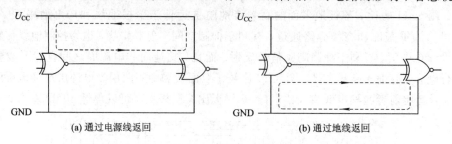

(a) 通过电源线返回　　　　　　　　(b) 通过地线返回

图 8.14　交流信号的返回通道

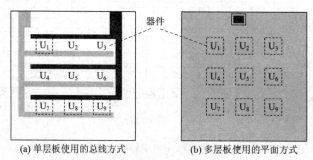

(a) 单层板使用的总线方式　　　　(b) 多层板使用的平面方式

图 8.15　PCB 电源布线方式

8.3.2　层的配置方法

1. 层数的确定

多层 PCB 板层数的确定主要考虑所需要的平均管脚密度，一般规则是：每平方英寸 2～10 个孔时用单层板；每平方英寸 10～20 个孔时用双面板；每平方英寸大于 20 个孔时用多层板。表 8.4 是根据平均管脚密度来确定的层数经验值，仅供参考。图 8.16 给出了另一文献给出的管脚密度与层的经验关系，可见，当管脚密度大于 130 之后，层的总数开始随管脚密度的增加而指数上升。注意，表 8.4 的管脚密度的定义是板面积（平方英寸）/（板上管脚总数/14），而图 8.16 的过孔密度的定义是每英寸的通孔数。此外，层数的确定还要考虑工作频率要求、电磁兼容与可靠性要求、制造成本或者交货期等。由于多层板的制造是以双层敷铜板为基本单元（即芯层）叠加而成的，所以多层板通常为偶数层。

表 8.4　PCB 层数的经验值

管脚密度	信号层数	总层数
1.0 以上	2	2
0.6～1.0	2	4
0.4～0.6	4	6
0.3～0.4	6	8
0.2～0.3	8	12
<0.2	10	>14

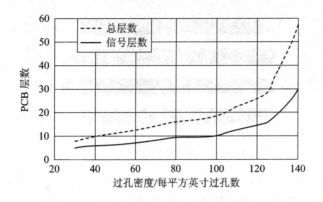

图 8.16　过孔密度与 PCB 层数的经验关系

在实际设计中,可以首先进行关键元器件的初始布局,然后利用 PCB 设计软件的飞线显示功能,粗略估计这些关键元器件之间的信号线密度,从而确定信号层的数目。在确定信号层数目之后,再根据电源的种类、信号层隔离要求等,确定电源层和地层的数目。

2. 层的位置考虑

电源层和地层的相对位置对于多层板的电磁兼容性有显著影响。PCB 的层数越多,层的配置自由度越大,此时应采用尽可能合理的配置方式。

对于四层以上的 PCB 板而言,电源层与地层应尽量相邻。不妨以四层板为例,如果将电源层和地层分别放置在两个表面层(如图 8.17(a)所示),虽然可为内部布线提供电场屏蔽,但组装元件后,这种屏蔽就会被破坏,而且元件密度越大,屏蔽效果越差。此种方式仅适用于元件很少而高频布线很多的情形。如果电源层和地层放置在内部两个相邻的布线层(如图 8.17(b)所示),就可利用层间介质产生一个几乎为整板面积那么大的电源滤波电容,起到去耦的效果。对于相对介电常数 4.7、层间距 0.1 mm(6 mil)、面积 10 cm^2 的 FR‐4 板来说,整板层间电容可达 4000 pF。此种方式适用于大约 90% 的电路情形。

(a) 差　　　　　　　　　　　　　　　　　　(b) 好

图 8.17　四层板电源层和地层的位置比较

信号层应该紧邻至少一个参考层,即电源层或者地层。敏感信号层在可能的情况下,紧邻地层而非电源层。敏感信号层是指容易产生干扰或者易被干扰的电路所在的信号层。具有高瞬态电流的高速大规模数字 IC 和高频时钟电路就属于易产生干扰的电路,而精密运算放大器等模拟电路则属于易被干扰的电路。敏感信号层一定要与一个参考层相邻,而且最好靠近地层,而不是电源层(图 8.18 给出了四层板设计的例子),因为地层的屏蔽作用优于电源层。大电流电路应尽量靠近顶层,有利于缩短其连线长度,并加强散热。时钟等高速高频信号层放在表面,有利于提高速度,因为空气的介电常数小于 PCB 绝缘介质,但容易对周边产生辐射,故应均衡考虑。对于四层以上的 PCB 最好将次表面设置为地层,可为内部各层提供屏蔽作用。

图 8.18　敏感信号层的优选位置

　　信号层最好不要相邻，特别是易产生干扰的信号层（如高频、大功率信号层）与易被干扰的信号层（如小电平信号层）不要相邻，以减少相互之间的串扰。

　　根据尽量减少相邻信号层之间的耦合、尽量增大电源层与地层之间的耦合的原则，信号层之间的厚度尽量大，以减少层间串扰；电源层与地层之间的厚度尽量小，既可增加二者之间单位面积的耦合电容，亦可减少平面的分布电感（参见表 8.5），均有利于改善电磁兼容性。实际的层间距还要考虑工艺质量要求和板的机械强度要求。按各层间距是否相等，PCB 板可分为均等间距结构和不均等间距结构两种。

表 8.5　PCB 层间距与分布电感和层间电容的关系

层间介质厚度		分布电感	层间电容	
μm	mil	pH/□	pF/in²	pF/cm²
102	4	130	225	35
51	2	65	450	70
25	1	32	900	140

　　如果电源层与地层的边缘等齐（如图 8.19(a)所示），则边缘附近的射频电场很强，易对周边形成辐射干扰。如果电源层相对于地层适当缩进（如图 8.19(b)所示），就可以有效抑制减少这种辐射干扰。可以证明，如果电源层比地层内缩 $20H$，H 为电源层与地层之间的距离，可降低边缘辐射 70% 左右；如果缩进 $100H$，可降低 98% 左右。这种方法称为"$20H$ 规则"。为了充分发挥地层的屏蔽作用，信号层相对于地层也可酌情缩进。图 8.20 给出了 $20H$ 规则在四层板中的应用实例。

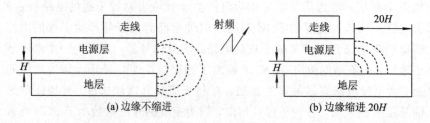

图 8.19　电源层相对于地层缩进的 $20H$ 规则

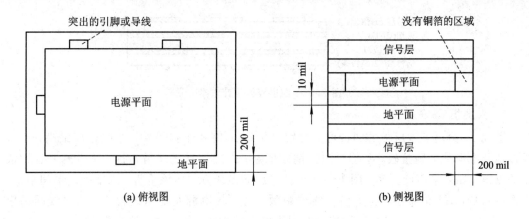

图 8.20　20*H* 规则在四层板的应用

8.3.3　分层方案

　　根据上述给出的配置方法，就可以对多层板各种分层方案的优劣做出判断，从而选择出相对较优的方案。

　　1. 四层板

　　对于四层板，可以有图 8.21 所示的三种方案。方案(a)是电磁兼容性最差的方案，两个信号层相邻，相互之间容易串扰；电源层与地层相距太远，几乎没有去耦效果；信号层距离元件焊盘过远，不易修整，连线阻抗大且不连续。方案(b)的两个信号层距离远，所以串扰小，而且地层与电源层间整板面积大的电容去耦效果好，也有两个信号层，容易修整，是最为实用的方案。方案(c)的信号层被两个参考层所包围，是电磁兼容性最好的方案，但只有一个信号层，布线密度低，仅用于某些要求极高性能的电路。

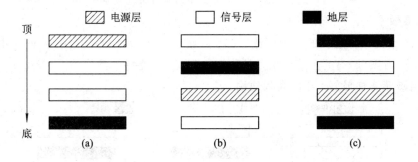

图 8.21　四层板的可选方案

　　从机械强度和热匹配性考虑，PCB 通常希望采用平衡结构，即全敷铜层(参考层)和部分敷铜层(信号层)相对于 PCB 厚度中心对称。例如，在图 8.21 中，左边两个方案为平衡方案，右边一个方案为不平衡方案。对不平衡方案，应尽量提高信号层的敷铜面积比例。

　　根据上述分析，四层板的推荐方案如图 8.22 所示，其信号层占总层数的比例为 50%，电源与地层相邻。它在高频电路中应用的不足之处是只有微带线(Microstrip，参考层与空气之间的信号层走线)，没有带状线(Stripline，参考层之间的信号层走线)，参考层对微带线的屏蔽作用不如带状线。

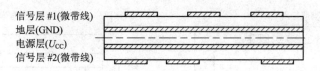

图 8.22　四层板的推荐方案

2. 六层板

图 8.23 给出了六层板的四种可选方案。方案(a)有 4 个信号层，布线密度最高，信号线接地及电源线的阻抗较小，但电源去耦效果差，内层信号之间易串扰，是电磁兼容性最差的方案。如果采用此方案，则中间两个信号层的走线方向应该垂直，以便抑制层间串扰。方案(b)也有 4 个信号层，上下信号线屏蔽效果差，接电源及地阻抗较高，信号线间易串扰。方案(c)的信号层同时被地层或电源层屏蔽，电磁兼容性最佳，但只有两个信号层，布线效率低，且不易修整。方案(d)的信号层屏蔽效果也不错，有 3 个信号层。一般而言，如果布线密度高，则首选方案(b)；如果布线密度较低，则首选方案(d)。图中标有 ✿ 的层是电磁兼容性最好的层，尽量用于布敏感信号线。

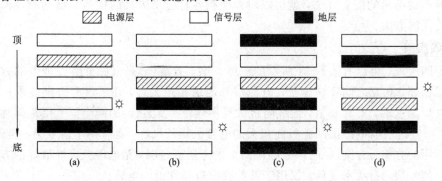

图 8.23　六层板的可选方案

3. 八层板

图 8.24 给出了八层板的三种可选方案。方案(a)有 6 个信号层，电磁兼容性最差，建议低频使用。方案(b)有 5 个信号层，电磁兼容性较好，建议中频使用。方案(c)只有 4 个信号层，但电磁兼容性最好，建议高频使用。

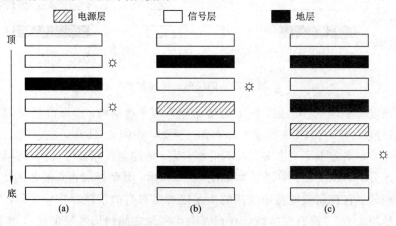

图 8.24　八层板的可选方案

图 8.25 是推荐的八层板方案，其信号层占总层数的比例为 50％，电源与地层相邻，有两个微带线层和两个带状线层。

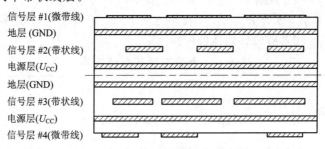

信号层 #1(微带线)
地层 (GND)
信号层 #2(带状线)
电源层(U_{CC})
地层(GND)
信号层 #3(带状线)
电源层(U_{CC})
信号层 #4(微带线)

图 8.25　八层板的推荐方案

4. 十层板

图 8.26 给出了十层板的四种可选方案。方案(a)有 6 个信号层，单电源层时抗干扰效果不如方案(b)。方案(b)有 5 个信号层，单电源层时抗干扰效果最佳。方案(c)有 5 个信号层，双电源层时抗 EMI 效果不如方案(d)。方案(d)有 4 个信号层，双电源层时抗干扰效果最佳。

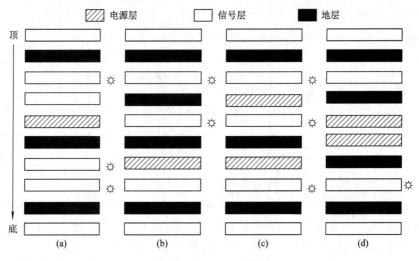

电源层　　　信号层　　　地层

顶

底

(a)　　　　　(b)　　　　　(c)　　　　　(d)

图 8.26　十层板的可选方案

十层板的推荐方案如图 8.27 所示，其有 60％ 的信号层比例，1 个紧耦合电源－地层，若将上、下两个参考层与中间参考层互连，可进一步提升抗电磁干扰的效果。

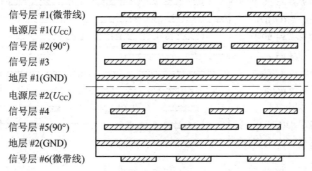

信号层 #1(微带线)
电源层 #1(U_{CC})
信号层 #2(90°)
信号层 #3
地层 #1(GND)
电源层 #2(U_{CC})
信号层 #4
信号层 #5(90°)
地层 #2(GND)
信号层 #6(微带线)

图 8.27　十层板的推荐方案

5. 十二层板

十二层板的五种可选方案如表 8.6 所列。表中的符号 S 表示信号层，G 表示地层，P 表示电源层。综合来看，推荐方案 2、3，可用方案 1、4，备用方案 5。方案 2、4 有极好的电磁兼容性能，方案 1、4 具有较好的性价比。

表 8.6　十二层板的可选方案

方　案	1	2	3	4	5
电源层数	1	1	2	2	2
地层数	4	5	4	5	3
信号层数	7	6	6	5	7
层 1	S1	S1	S1	S1	S1
层 2	G1	G1	G1	G1	G1
层 3	S2	S2	S2	S2	S2
层 4	G2	G2	G2	G2	S3
层 5	S3	S3	S3	S3	P1
层 6	P	G3	P1	G3	G2
层 7	S4	P	G3	P1	S4
层 8	G3	S4	S4	P2	S5
层 9	S5	G4	P2	G4	P2
层 10	S6	S5	S5	S4	S6
层 11	G4	G5	G4	G5	G3
层 12	S7	S6	S6	S5	S7

十二层板的常用方案如图 8.28 所示，其信号层比例为 67%，比十层板相比多了两个信号层，但无紧耦合电源－地层。

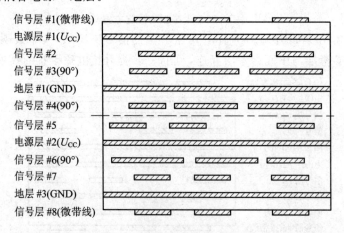

信号层 #1(微带线)
电源层 #1(U_{CC})
信号层 #2
信号层 #3(90°)
地层 #1(GND)
信号层 #4(90°)
信号层 #5
电源层 #2(U_{CC})
信号层 #6(90°)
信号层 #7
地层 #3(GND)
信号层 #8(微带线)

图 8.28　十二层板的推荐方案

6. 十六层板

十六层板的常用方案如图 8.29 所示。方案(a)的信号层比例为 50%，有 3 个紧耦合电源－地层和两个带状线层，特别适合超高速信号传输方案。方案(b)的信号层比例为 50%，效果与方案 1 类似，只是紧耦合层更靠近表面。表 8.7 给出了方案(a)各结构层厚度的典型值。

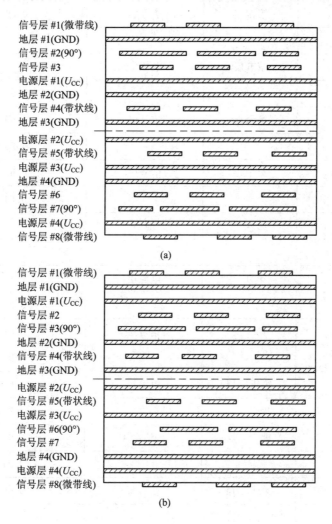

图 8.29　十六层板的常用方案

表 8.7　十六层板各层厚度设计示例

材　质	层　数	层　定　义	厚度/mm
铜箔	第一层	信号层	0.69
PP			3.94
铜箔	第二层	地层	0.69
Core			3.94

材　质	层　数	层 定 义	厚度/mm
铜箔	第三层	信号层	0.69
PP			5.90
铜箔	第四层	信号层	0.69
Core			3.94
铜箔	第五层	电源层	0.69
PP			3.94
铜箔	第六层	信号层	0.69
Core			5.90
铜箔	第七层	信号层	0.69
PP			3.94
铜箔	第八层	地层	1.38
Core			3.94
铜箔	第九层	电源层	1.38
PP			3.94
铜箔	第十层	信号层	0.69
Core			5.90
铜箔	第十一层	电源层	0.69
PP			3.94
铜箔	第十二层	地层	0.69
Core			3.94
铜箔	第十三层	信号层	0.69
PP			5.90
铜箔	第十四层	信号层	0.69
Core			3.94
铜箔	第十五层	电源层	0.69
PP			3.94
铜箔	第十六层	信号层	0.69

注：Core 为芯层，PP 为半固态层。

8.3.4　主板与子板的分层配合

如果设备有子板与主板相互配合,则需考虑主板与子板的配合应尽量减少信号回路的长度和面积。

以四层主板配合四层子板为例,如果采用图 8.30(a)所示的方案,信号流路径是驱动器 D_1→主板 L_1→子板 L_4→接收器 R_1,而信号回流路径有两条,一是电源线通道,即接收器 R_1→子板 L_3→主板 L_2→驱动器 D_1,二是地线通道,即接收器 R_1→子板 L_2→主板 L_3→驱动器 D_1,前一条通道比后一条通道短,因此是最可能的通道,此时信号从电源到地必须通过地—电源层来传递,而层间耦合电容不足以传输各种频率与波形的信号,即使再外接去耦电容,也不能根本解决问题,这就会带来失真和噪声,而且整个信号环路的面积过大,容易感应或辐射干扰。

如果将子板的 L_2 与 L_3 对调,子板的 L_3 与主板的 L_2 通过地层直接互连,子板的 L_2 与主板的 L_3 通过电源层直接互连,如图 8.30(b)所示,此时地线通道比电源线通道更短,是最可能的通道,返回电流无需再通过耦合电容,而且环路面积也缩小了,从而大大改善了电磁兼容性。

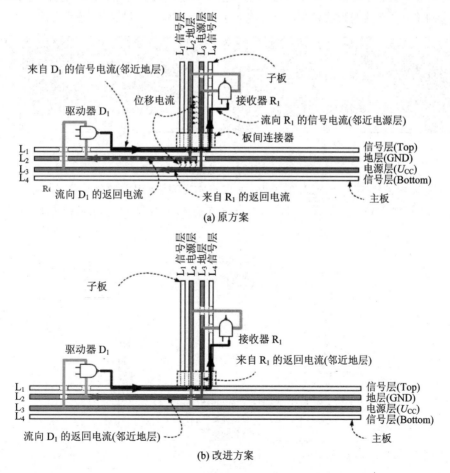

图 8.30　四层板主板与子板的互连方案

8.4 分区与隔离

8.4.1 分区

当不同的电路要设计在同一块 PCB 上时，应将它们放在 PCB 的不同区域。首先，要将不同功能的子电路分开，使各自的功能相对独立，尽量减少不同电路之间的互连线数量与长度；其次，要将不同性质的子电路分开，以减少不同电路模块之间的干扰，如将高电压、大电流的强信号与低电压、小电流的弱信号分开，模拟信号与数字信号分开，高频高速信号与低频低速信号分开。第三，要尽可能减少对外部的干扰以及来自外部的干扰，如静电、浪涌、噪声等。此外，高频元器件的间隔要充分。

1. 不同频率电路的分区

在将不同频率的电路置于同一块 PCB 上时，可以采用图 8.31 所示的两种方案。如果高频电路必须通过 PCB 的 I/O 口引出(如总线控制电路)，可采用方案(a)，其高频区引线最短，寄生电感较小，缺点是不同的频率区使用各自独立的电源线，使得电源线较长。方案(b)采用星形供电网络，电源线与地线较短，可避免产生引线环路，但高频区信号线可能较长。

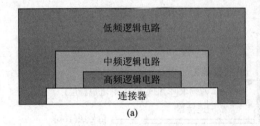 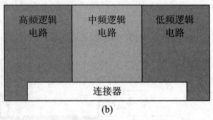

图 8.31 不同频率电路的分区方案

对于高频电路无需引出 PCB 的电路(如仅供本 PCB 使用的时钟电路)，可使高频电路尽量远离 PCB 的 I/O 口，如图 8.32 所示，这样有利于抑制高速电路或芯片对外的空间辐射。

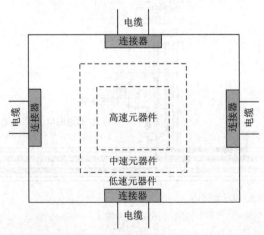

图 8.32 高频区无需引出的不同频率电路分区方案

为了缩短 PCB 引出线的长度，可以采用多个连接器，不同的电路模块采用不同的连接器和供电端口，有利于防止相互干扰，但大大增加了对外端口的复杂度，如图 8.33 所示。

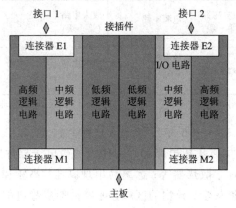

图 8.33　多连接器引出方案

2. 复杂电路的布局

若一块 PCB 上同时有数字、模拟、功率、射频等电路，则分区时要尽量使易干扰的电路远离易产生干扰的电路。在图 8.34 给出的实例中，易产生干扰的时钟和高速数字电路应尽量远离容易被干扰的模拟电路，同时也要尽量远离下方的 PCB 引脚。

在图 8.35 给出的例子中，开关电源电路产生的干扰最大，应远离最怕干扰的敏感模拟电路；高速数字电路既产生干扰，也受过大的干扰影响；接口电路产生的干扰较小；滤波与屏蔽区用于抑制干扰，置于 I/O 口附近。

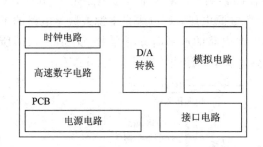

图 8.34　不同性质电路的分区实例一

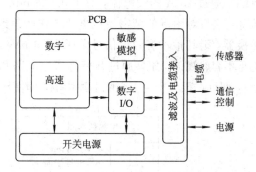

图 8.35　不同性质电路的分区实例二

3. 多级放大器的布局

当一块 PCB 设有多级放大器时，应注意输出级放大器的强信号对输入级放大器弱信号产生的反馈。因此，输入回路与输出回路尽量远离，以免产生自激振荡；避免同一芯片中的几个运放一部分作小信号放大，另一部分作振荡器；信号走线呈直线状，切忌往返交替；小信号放大器应尽量远离大信号电路。

在图 8.36(a)给出的多级放大器布局实例中，电源电路的交流干扰直接影响小信号放大级（放大电路的第一级和第二级），振荡电路的输出可能经由放大电路的第一、二、三级而叠加到输出级，而且放大电路的输入和输出信号相互影响，相互干扰，因此是不合理的布局。如果改成图 8.36(b)所示的布局，就会相对合理。

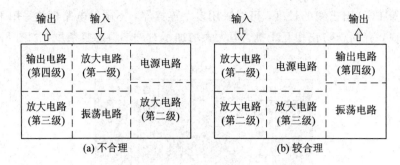

图 8.36　多级放大器的布局实例

　　另外，在 PCB 布局中，以集成电路芯片为代表的微电子器件应尽量远离易出现高温或者高耗能的器件，如大电阻、散热器等；远离易出现高压、高频和浪涌干扰的设备，如电动机、变压器等；远离易积累灰尘、异物的区域；远离易形成静电的地方，如操作人员可直接触摸到的地方、金属物体等；发热量大的器件尽可能靠近容易散热的表面；尽量减少连线、接触点的数目，尽量不采用 IC 插座，尽量采用表贴器件。

8.4.2　参考面的分割

1. 地平面的分割

　　如果不同类型的电路(如高速数字电路和小信号模拟电路)使用相同的地平面时，有可能大电流或强信号通过公共地对小信号电路形成干扰。这里给出一个实例来说明这一点。如图 8.37(a)所示，电源与精密模拟电路共用一个地平面，从电源输入端通过地平面到散热端要通过 15 A 的大电流，对于 0.038 mm 厚的 PCB 导体而言，可能产生 0.7 V/cm 的电压降，这将对附近的精密模拟电路工作产生致命的影响。如果精密模拟电路是 24 bit A/D转换器，则其最小有效位信号电压为 59 nV/1 V 电源电压，所以来自电源或数字电路的干扰是不容忽视的。如果通过开槽将模拟电路和电源电路的地平面分割开来(如图 8.37(b)所示)，即可在很大程度上消除上述影响，即使导致电源电路地线压降升至 1.0 mV/cm。

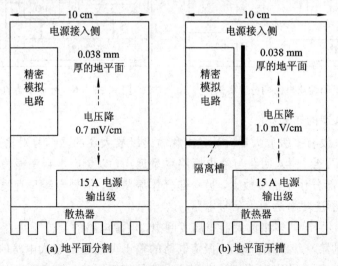

图 8.37　流过地平面的大电流对精密模拟电路的影响

　　分割接地层有可能改善电路性能(如图 8.37(b)中隔离电源电流对精密模拟电路的干扰),也有可能降低电路性能(如图 8.37(b)中加大了电源通道的阻抗),是否分割需要认真斟酌。

　　通常参考面最需隔离的电路是模拟电路与数字电路、I/O 口与内部电路、敏感元器件与其他电路等。最需分割的情形是高速数字电路与精密模拟电路共用一块 PCB、周边干扰很大的工业环境(如有电力负载)、有可能危害人身安全(如医疗电子设备)等。图 8.38 给出的是数字与功率输出电路与模拟电路之间的地平面分割实例。图 8.39 给出的是接口电路与内部电路之间的地平面分割实例。

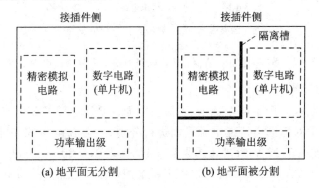

(a) 地平面无分割　　　　　　　　(b) 地平面被分割

图 8.38　数字、功率输出电路与精密模拟电路的地平面分割实例

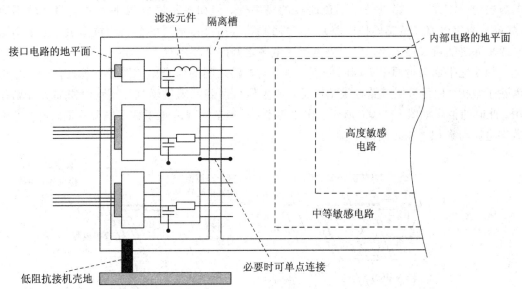

图 8.39　接口电路与内部电路的地平面分割实例

　　如果 PCB 上同时存在数字、模拟、直流和接口电路,则不仅应该将不同电路分区布局,而且应该使各电路使用各自独立的地平面,如图 8.40 所示。根据各个电路的工作频率和电流大小,电源线与地线之间使用不同容量的去耦电容,各电路的电源线接入总电源线时串入不同感抗的电感,构成 *LC* 低通滤波器,以抑制不同电路的干扰通过电源线传播。最容易产生高频干扰的数字电路置于电源线和地线的入口,使连线最短;最容易被外界静电、浪涌影响的接口电路置于电源线和地线的末端,以防止干扰窜入其他电路。

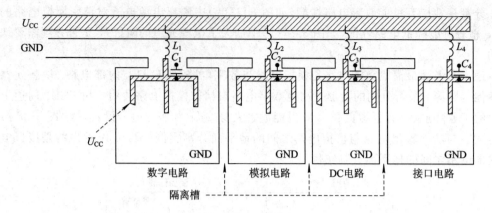

图 8.40　数字、模拟、直流、接口电路的地平面分割及电源线网络

2. 电源平面的分割

对于同一块印制板采用不同电源电压的电路（如 CPLD、FPGA 电路），如果采用同一 PCB 电源层，就必须对不同电压的电源平面进行分割。分隔宽度要考虑不同电源之间的电位差。例如，电位差大于 12 V 时槽宽选为 50 mil，反之选为 20～25 mil。在图 8.41(a)所示的例子中，采用了 2.5 V、1.8 V 和 3.3 V 三种电源电压，因此必须将电源平面分为三块。

在这种情况下，如果只分割电源平面，不分割地平面，电源平面下的地层是完整的，电源层的分割并不会影响信号回流路径的完整性，但如果不同电源平面的电路性质不同（如高速数字电路和敏感模拟电路），信号回流就会通过接地层的公共阻抗造成干扰。不同电源平面之间可以加电感，用于隔离不同电源之间的高频串扰。

如果地平面与电源平面同时分割，则不同电路之间的信号回流路径被彻底隔离，完全消除了串扰，但信号回流路径被迫改道，产生信号回路的阻抗增加、环路面积加大等副作用。此时的情形如图 8.41(b)所示。在此例中，模拟信号线跨越了数字电源平面，也会产生数字电路与模拟电路之间的干扰。

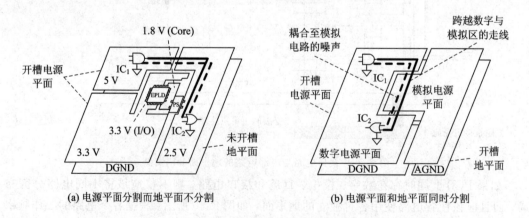

(a) 电源平面分割而地平面不分割　　　　　　(b) 电源平面和地平面同时分割

图 8.41　电源平面分割与地平面分割的关系

对于传感器、锁相环等对干扰高度敏感的元器件，可用隔离槽进行保护。如图 8.42 所示，在地平面开槽，仍然共用电源平面。

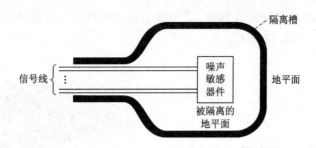

图 8.42 敏感元件周边的电源平面保护槽

3. 多个平面同时分割

对于性质差异很大的电路，如小信号敏感模拟电路和大电流高速数字电路，可对地平面、电源平面、信号平面同时分割，如图 8.43 所示。信号平面分割的含义是信号线不跨区走线。在图 8.43 中，数字地平面多点接公共地(GND - REF)，模拟地平面单点接公共地。数字电源平面与模拟电源平面之间接背靠背肖特基二极管，用于防止二者间出现不期望的电势差(特别是插拔 PCB 时)诱发闩锁或误触发。肖特基二极管的特点是低正向压降(0.3 V 左右)和低电容(可防止平面之间的交流耦合)。如果电流大，可用多个肖特基二极管并联。亦可采用铁氧体磁珠、光耦、变压器等进行隔离。更彻底的隔离方式是在所有平面上设计闭合的绝缘隔离槽环路，将易被干扰的音频区、模拟区和I/O接口区与易产生干扰的数字区彻底隔开，如图 8.44 所示。

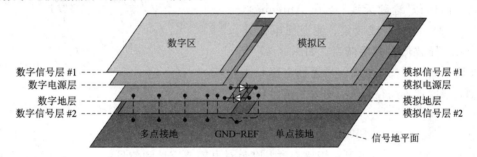

图 8.43 同时分割地平面、电源平面和信号平面

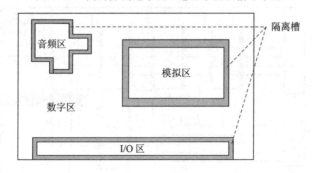

图 8.44 封闭隔离环

在参考面的分割中，不要在地平面层上分割出电源平面，更不能出现地平面层上的电源孤岛。如多层板布置了多个电源层，注意不同电源层在空间上不要重叠，以便减少不同电源之间的干扰，特别是一些电压相差很大的电源之间，难以避免时可考虑中间隔地层

（如图 8.45 所示）。在信号面的分割中，不要使分割出的模拟层与数字层上下交叠，否则会引入严重的干扰，如图 8.46 所示。

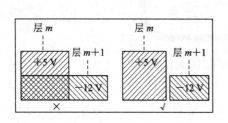

图 8.45 不要使不同的电源平面相互交叠

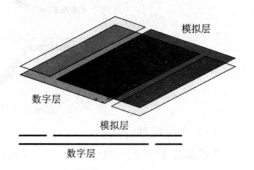

图 8.46 模拟层与数字层上下交叠的错例

8.4.3 隔离槽

1. 隔离槽的副作用

在分割平面时，不可避免地要引入隔离槽。然而，隔离槽具有一定的副作用。它会使返回电流路径过长，接地阻抗增加，特别是地线电感增加；也会使信号－返回电流回路面积加大，槽形似"缝隙天线"（Slot Antenna），易形成高频电磁发射或收集；使返回电流路径复杂化，导致信号发生畸变。如图 8.47 所示，在地平面上开槽，导致信号返回电流只能绕槽而过，增加了路径长度，增大了信号环路的面积。

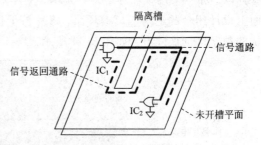

图 8.47 开槽对信号路径的影响

在图 8.48 给出的例子中，利用地平面上的隔离槽来阻挡时钟对数模混合芯片的干扰，但时钟信号电流返回时不得不绕槽而过，以免对电磁兼容性和信号完整性造成不良影响。

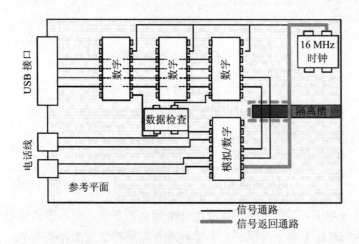

图 8.48 隔离槽作用示例

在参考面上开槽会引入串联电感。在地线上开槽，相当于在地线上串联了一个寄生电感，如图 8.49 所示。开槽引入的附加电感 L 可由下式估算(几何参数可参见图 8.50)：

$$L = \frac{5x}{2 + \ln\dfrac{w}{s}} \qquad (8-1)$$

式中，x 是槽的长度，s 是槽的宽度，w 是槽距离平面边缘的距离。L 的单位是 nH，其他量的单位是 cm。可见，槽越宽，槽越长，槽距离地平面边缘越近，则槽引入的附加电感越大。例如，3 cm 长、1 mm 宽、距地平面边缘 4 cm 的槽会带来 2.6 nH 的附加功耗。

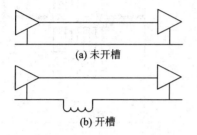

图 8.49　地线开槽引入串联电感

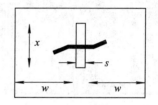

图 8.50　平面开槽的几何参数

2. 信号通过隔离槽的方法

考虑到开槽对信号回流通道引入的附加阻抗，信号线最好不要跨槽而过，而应采用适当的通过方式。信号通过隔离槽的方式有桥接法、缓冲器法、隔离元件法和电容法等。

桥接法是在隔离槽上设计专门的连接桥，使信号通过。一个例子如图 8.51 所示，在图 8.51(a)中，信号回流必须绕道而行，路径大大加长；在图 8.51(b)中，信号电流与返回电流路径保持一致，回流路径相对较短。

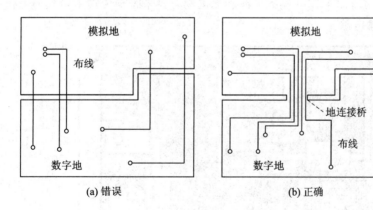

图 8.51　信号通过隔离槽的方式

桥接法的另一个实例如图 8.52 所示，分别开槽将易形成干扰的高频数字电路、易被干扰的低频模拟电路、易引入外界干扰的 I/O 电路相互隔开。通过设立导电桥来实现不同区域电信号的传送，当然在一定程度上会削弱隔离效果。桥越窄，隔离效果越好，但必须保证所有信号线能通过。通常桥上信号线的边缘距离桥的边缘至少是信号线与参考层距离的 3 倍。各个区域的电源与地之间必须单独接去耦电容。各个区域最好都有与系统地(通常为机壳地)连接的接地点，I/O 区必须接系统地。

　　桥接法不可避免地会造成槽两侧平面之间的隔离度下降，为此需做进一步的改进。方法之一是在导电连接桥上加缓冲器。如图 8.53 所示，A/D 转换器的数字输出通过三态输出缓冲器接到数字电路。缓冲器除了可提高 A/D 转换器的驱动能力之外，还具有一定的隔离模拟区和数字区的作用，可滤除高频干扰，为畸变的信号整形或者恢复高低电平等。

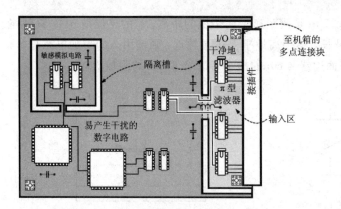

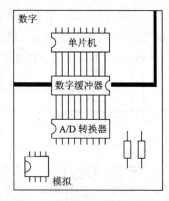

图 8.52　信号通过隔离槽的桥接法　　　　　　图 8.53　信号通过隔离槽的缓冲器法

　　另一种办法是采用防护元件作为信号跨槽传输的媒介。应根据信号的频率来选择防护元件的类型。选用变压器或光耦可通过高频交流信号隔离直流信号，抑制低频信号。选用共模扼流圈或铁氧体磁珠，可通过直流和低频信号抑制高频信号，前者还有抑制共模干扰的作用。不同区域之间电源电压的隔离式传递可以采用隔离的 DC/DC 变换器（两个区域间无共同的地平面时）或者非隔离的开关电源及线性电源（两个区域间有共同的地平面时）。两个电源间应接铁氧体磁珠或 π 型滤波器（共模扼流圈＋滤波电容）来防止干扰的传递。在图 8.54 所示的例子中，利用共模扼流圈和光电耦合器来跨槽传输 I/O 信号，利用 DC/DC 变换器来跨槽传输电源。

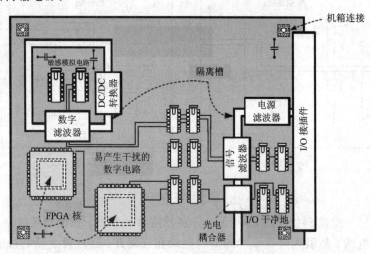

图 8.54　信号通过隔离槽的隔离元件法

　　高频信号跨槽传输最简单的方法是加电容。缝隙自身也存在电容，当其值过小时，不足以传输高频信号。如果缝隙宽度为 10 mil(2.5 mm)，基板采用 FR－4 材料（相对介电常数为 4.7），则缝隙电容大约为 100 pF/in²，要传输频率大于 500 MHz 的射频信号则嫌小。因此，可以在槽两侧跨接适当容量的电容来传输 RF 信号。这种电容常被称为缝补电容（Stitching Capacitors）。缝补电容的容量必须选择合适，否则会导致信号相位发生不期望的变化。图8.55给出了利用电容跨隔离环或隔离槽传输高频信号的例子。电容法主要用于传输100 MHz 及以上频率的信号，所用电容的典型值为 1～100 nF，尽可能采用寄生电感小的表面贴装片式电容。与信号线最近的电容与信号线的间距应小于 10 mil(2.5 mm)。可采用多个电容并联的方式，相邻电容之间的间距应小于 $\lambda/10$。图 8.56 是桥接电容在多层 PCB 上的安装结构示意图。

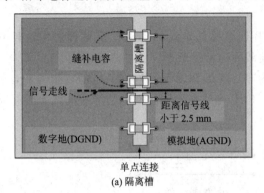
(a) 隔离槽

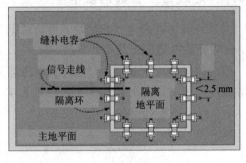
(b) 隔离环

图 8.55　高频信号通过隔离槽的电容法

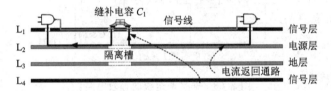

图 8.56　在多层 PCB 板上跨越电源平面和地平面隔离槽的桥接电容

从图 8.57 给出的测试结果来看，在参考面上开槽带来了比较严重的电磁辐射问题，20 MHz～1 GHz 频率范围内的最大辐射电场增加了 10 倍(20 dB)以上。增加桥接电容可

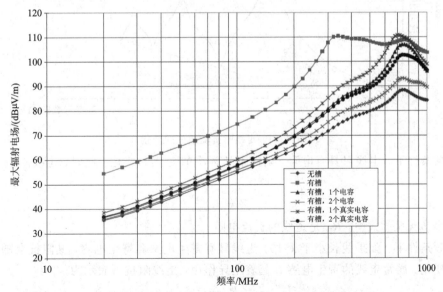

图 8.57　PCB 板上开槽对电场辐射的影响

以大大改善高频电场辐射，但在 100 MHz 以下频率效果不明显。桥接电容数目越多，改善效果越好。真实电容因存在寄生电感和寄生电阻，改善效果逊于理想电容。

8.5 走线设计

8.5.1 走线寄生参数的影响

为了与普通电路连线相区别，不妨将 PCB 连线称为走线（Trace），其截面通常是长方形，而将普通电路的连线称为导线（Wire），其截面通常是圆形。

理想的导体应该是电阻、电容和电感均为零，然而 PCB 走线存在一定的寄生参数，在高频条件下可对走线的性能产生一定的影响。PCB 走线在不同频率下的等效电路如图 8.58 所示，走线阻抗随频率的变化如图 8.59 所示。

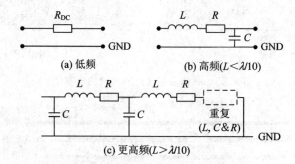

图 8.58 非平衡走线的等效电路

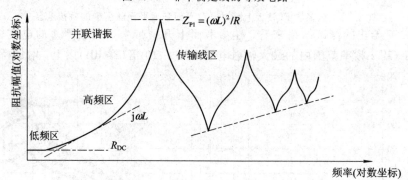

图 8.59 走线阻抗随频率的变化

低频条件下，走线只具有电阻，阻抗不随频率的变化而变化。此时，走线阻抗 Z 可表示为

$$Z = R_{DC} \qquad (8-2)$$

它与频率 f 无关。式中，R_{DC} 是走线的直流电阻。

高频条件下，如果线长小于 $\lambda/10$，走线具有寄生电感和寄生电容，其阻抗会随频率的变化而变化。通常走线的寄生电感 L 起着主导作用，走线阻抗可表示为

$$Z = R_{DC} + j\omega L \qquad (8-3)$$

与频率 f 成正比。式中，ω 是角频率。由走线的高频趋肤效应决定的阻抗可表示为

$$Z = kR_{DC}\sqrt{f} \qquad\qquad (8-4)$$

亦随频率的上升而上升。式中，k 是与频率无关的比例系数。

在更高频条件下，即线长大于 $\lambda/10$，走线的寄生电感和寄生电容呈分布特性，将其称为传输线。该传输线的特征阻抗可表示为

$$Z_0 = \sqrt{\frac{L}{C}} \qquad\qquad (8-5)$$

如果走线的特征阻抗与负载阻抗或信号源阻抗不匹配，就会出现反射，呈现图 8.59 所示的振荡现象。

PCB 走线的直流电阻带来的直流压降对于精密模拟电路会产生不良影响。图 8.60 给出的实例表明，对于 16 位 ADC 这样的高精度电路而言，即使不考虑导线的电感和电容以及接地阻抗，5 cm 长、0.25 mm 宽、1 oz 厚、电阻为 0.1 Ω 的 PCB 导线也会给电路带来超过 1 LSB 的误差。该电路的增益误差为 0.1/5 k≈0.0019%，该值大于 1 LSB 误差 0.0015%。

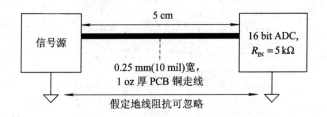

图 8.60　走线对 16 位模/数转换器的影响实例

PCB 走线的高频阻抗会使 PCB 上的交流压降上升，延迟增加，信号完整性和电磁兼容性变坏。图 8.61 给出了一个 PCB 走线的实例，一条厚 1 oz、宽 0.5 mm、长 10 cm 的 PCB 走线具有 100 mΩ 的直流电阻和 60 nH 的寄生电感，在 100 kHz 以上其阻抗就会随频率的上升而上升，100 MHz 时的阻抗有可能超过 10 Hz 阻抗三个数量级。

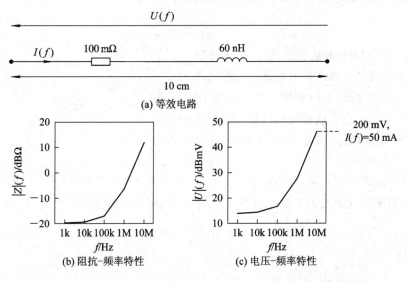

图 8.61　厚 1 oz、宽 0.5 mm、长 10 cm 的 PCB 走线等效电路及频率特性

在图 8.62 给出的实例中，可以看出走线电阻使信号产生延迟，走线电感使信号峰值升高，走线电容使信号峰值降低。电路工作速度越快，上升沿越陡，则走线电感和电容对信号完整性的影响越大。

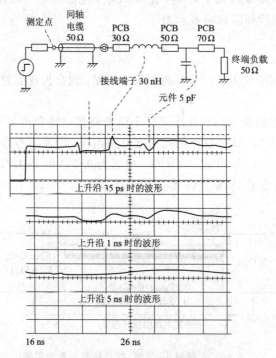

图 8.62 走线阻抗对信号完整性的影响实例

8.5.2 走线阻抗的计算

1. 走线电阻

PCB 走线的电阻可由下式计算(参见图 8.63)：

$$R_{\text{line}} = \frac{l}{\sigma A} = \rho \frac{l}{wt} \tag{8-6}$$

式中，l、w、t 分别为走线的长度、宽度和厚度；ρ 和 σ 为走线的电阻率和电导率，二者互成反比。l 和 w 是走线的横向参数，由 PCB 版图设计决定；t 和 $\rho(\sigma)$ 是走线的纵向参数，由 PCB 敷铜材料和厚度决定，如对 1 oz 厚的铜，$\rho = 1.724 \times 10^{-6}$ $\Omega \cdot$ cm，$t = 0.36$ mm。

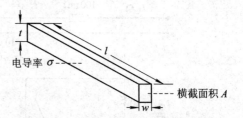

图 8.63 PCB 走线电阻的计算参数

为了便于版图设计，可以将决定走线电阻的因素中与版图尺寸无关的参数分离开来，式(8-6)可以改写成

$$R_{\text{line}} = R_{\text{S}} \frac{l}{w} = R_{\text{S}} n \tag{8-7}$$

其中

$$R_{\text{S}} = \frac{\rho}{t} \tag{8-8}$$

称为薄层电阻(Sheet Resistance)，与版图尺寸无关。n 是走线的长宽比，只取决于版图尺寸。薄层电阻相当于一个宽长比为 1 的方块区域的电阻，故也称"方块电阻"，单位为 $\Omega/\square$。引入薄层电阻概念之后，设计者只要求出一条互连线由多少个这样的方块构成，然后用方块数 n 乘以 R_S，就可以得到互连线的电阻(参见图 8.64)。n 可以是分数。例如，对 1 oz 厚的铜，$R_S = 0.48 \ \mathrm{m\Omega}/\square$。

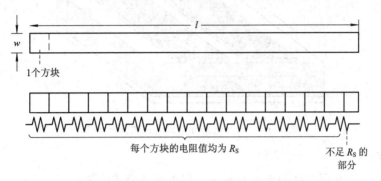

1个方块

每个方块的电阻值均为 R_S

不足 R_S 的部分

图 8.64　PCB 走线薄层电阻的计算

2. 走线电感

一条 PCB 走线的自电感可以由以下经验公式估算：

$$L = 0.0002l\left[\ln\frac{2l}{w+h} + 0.2235\left(\frac{w+h}{l}\right) + 0.5\right] \ [\mu H] \tag{8-9}$$

式中，l、w 和 h 分别是走线的长度、宽度和厚度，参见图 8.65。试举一例，1 cm 长、0.25 mm 宽、0.038 mm 厚的 PCB 走线的电感约为 9.59 nH。

从式(8-9)和图 8.66 可见，走线越长，走线越窄，自电感越大。从图 8.66 还可看出，四层板的走线电感远小于双面板。

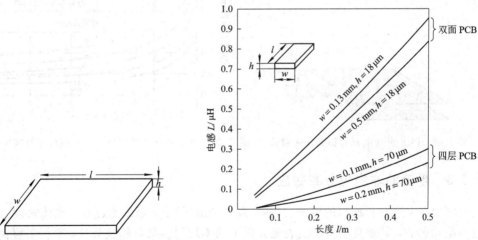

图 8.65　PCB 走线自电感相关几何参数　　图 8.66　走线自电感与走线长度、宽度和厚度的关系

两条相同尺寸的 PCB 走线之间的互电感可以由以下经验公式估算：

$$M = \frac{\mu_0 l_0}{2\pi}\left[\ln\left(\frac{2u}{1+v}\right) - 1 + \frac{1+v}{u} - \frac{1}{4}\left(\frac{1+v}{u}\right)^2 + \frac{1}{12(1+v)^2}\right] \tag{8-10}$$

式中，$u=l/w$，$v=2d/w$，l、w 分别为走线的长度、宽度，d 为走线导体之间的间距，l_0 是走线的单位长度，μ_0 是真空磁导率，参见图 8.67。

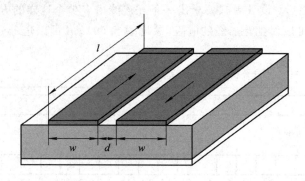

图 8.67　PCB 走线互电感的相关几何参数

3. 走线电容

PCB 走线与地平面之间的电容 C 可以由以下经验公式计算：

$$C = \frac{\varepsilon_r A}{11.3 d} \, [\text{pF}] \qquad (8-11)$$

式中，C 的单位为 pF；ε_r 是相对介电常数，对于常用的 FR-4 PCB 基板，$\varepsilon_r = 4.7$；A 是走线面积，单位为 mm²；d 是走线与地平面之间的间距，单位为 mm。参见图 8.68。通常在地平面上单位面积 PCB 走线电容的典型值为 $2.8 \, \text{pF/cm}^2$。

两条平行走线之间的电容与走线宽度、间距的关系如图 8.69 所示。走线越宽，走线间距越小，介质介电常数越大，则单位长度上的线间电容就越大。

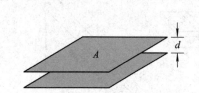

图 8.68　PCB 走线电容的相关几何参数　　图 8.69　单位长度的线间电容与走线间距及宽度的关系

8.5.3　电流的非均匀分布效应

即使在一个整板面积的覆铜层（如电源层和地层）上，电流流过时的电流密度空间分布也不是均匀的，其垂直于覆铜层表面方向上的不均匀性来自趋肤效应，平行于覆铜层表面方向上的不均匀性来自趋近效应。

1. 趋肤效应

高频条件下，导体内部形成的电场驱使电流沿表面流动，电流密度从导体表面向内呈指数衰减（如图 8.70 所示），这称为趋肤效应（Skin Effect）。

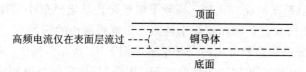

图 8.70　趋肤效应示意图

趋肤效应所导致的电流密度分布 J 如图 8.71 所示，亦可用以下公式表征：

$$J(d) = J_0 \cdot e^{-\frac{d}{\delta}} \tag{8-12}$$

式中，d 是从导体表面到内部的深度，δ 是趋肤深度，其物理意义是导体内部 δ 深度处的电流密度是导体表面处的 37%(1/e)。

趋肤深度 δ 随频率 f 的上升而减少，对 PCB 走线所使用的铜导体而言，可表示为

$$\delta = \frac{6.61}{\sqrt{f[\text{Hz}]}} \, [\text{cm}] \tag{8-13}$$

表 8.8 给出了不同频率下铜导体的趋肤深度。

如 8.5.1 节所述，趋肤效应使导线的高频阻抗增加。当导线的厚度小于趋肤深度时，需考虑趋肤效应的影响。

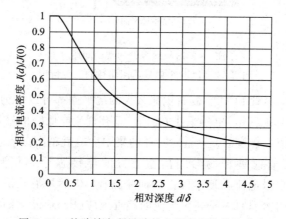

图 8.71　趋肤效应所导致的电流密度非均匀分布

表 8.8　不同频率下铜导体的趋肤深度

频　　率	趋肤深度
60 Hz	8.5 mm
1 kHz	2.09 mm
10 kHz	0.66 mm
100 kHz	0.21 mm
1 MHz	2.6 mil
10 MHz	0.82 mil
100 MHz	0.26 mil
1 GHz	0.0823 mil

2. 趋近效应

在信号电流的返回路径不止一条的时候，电流倾向于从阻抗最低的路径返回，因此低

频下电流往往从电阻最低的路径返回，高频下电流往往从电感最小的路径返回。通常情况下，信号线与返回线构成的环路面积最小的路径是电感最小的路径。

　　PCB 上信号电流返回路径常见的三种情形如图 8.72 所示。其中，图(a)是信号线与返回线在同一导电层，环路面积取决于两线间距；图(b)是信号线与返回线在不同导电层，环路面积取决于两线间的介质厚度；图(c)是利用接地平面返回，环路面积取决于信号线与地平面间的介质厚度以及地平面上返回路径与信号线间的横向距离。

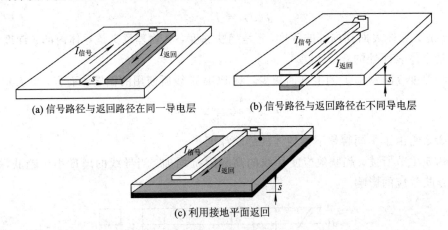

(a) 信号路径与返回路径在同一导电层　　　　　　(b) 信号路径与返回路径在不同导电层

(c) 利用接地平面返回

注：s 是信号线与返回线的间距。

图 8.72　PCB 中信号返回路径的三种情形

　　在第三种情形中，尽管 PCB 整板面积那么大的地平面都可以作为返回路径，但高频信号只在信号线下的局部地区(电感最小)返回。只有直流或低频信号才会以几何最短的路径(电阻最小)返回。信号频率越高，返回路径的集中度也就越高。

　　在图 8.73 中，尽管时钟振荡器距离左上方的连接芯片的几何距离很短，频率为 56 MHz 的高频时钟信号电流在地平面上的回流路径，仍然是沿着信号线下方的狭窄通道而行。造成这种状况的物理原因是高频电流的趋近效应(Proximity Effect)。

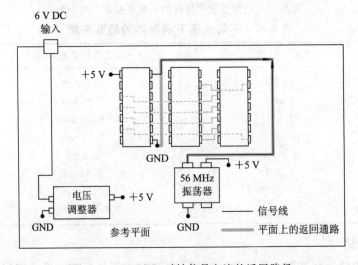

图 8.73　56 MHz 时钟信号电流的返回路径

趋近效应是指高频电流倾向于在距离驱动线更近的位置返回,因为这是信号电流与返回电流的环路面积最小(从而电感最小)的通道。

当利用地平面作为高频信号电流返回通路时,返回电流密度高度集中在信号电流通道的下方,如图 8.74 所示,亦可用以下经验公式表示:

$$J_{\mathrm{GP}}(d) \approx \frac{I_0}{\pi h} \cdot \frac{1}{1 + (d/h)^2} \tag{8-14}$$

式中,I_0 是信号线的总电流,h 是信号线与参考面的间距,d 是参考面上距离信号线中心点的距离。此式表明,返回电流的 95% 分布在距离信号线中心 3 倍线宽或者 10 倍线高($d/h=10$)的范围内。

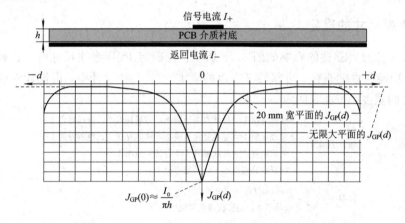

图 8.74　参考面上返回电流密度的空间分布

在参考面上,从一个过孔到另一个过孔之间的电流密度呈现非均匀分布,即高→低→高,如图 8.75 所示,相应的等效电感也呈现非均匀分布,可用分布电感(Spreading Inductance,单位为 H/□)来表征。图 8.76 是分布电感与距离过孔的距离的关系,这里孔距假定为 6 英寸,即 15.24 cm。

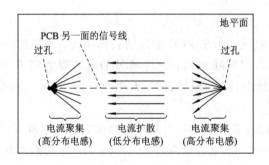

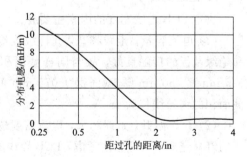

图 8.75　从一个过孔到另一个过孔的返回电流密度变化　　图 8.76　分布电感随距离的变化

如果两根高频走线平行且距离较近,则不仅两根信号线之间可能产生串扰,两根信号线的回流线之间也有可能形成串扰。如图 8.77 所示,两根高频走线的返回电流路径如有部分重合,就会形成二者的公共阻抗,从而引发串扰。两线之间间距 d 越大,线与地平面的距离 h 小,电流重叠区域越小,公共阻抗越低,串扰越小。估算表明,仅当 $d/h > 20$ 时,串扰才能有效排除。如果 $h=10$ mil,则要求 $d > 200$ mil,这在实际电路中难以实现。

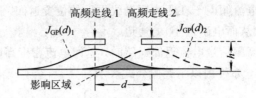

图 8.77 高频电流回流线之间的串扰

由于趋肤和趋近效应的存在,即使采用整板参考平面,电流仍然是在局部区域流动,并不能完全解决高频电路的接地、隔离和串扰问题。所以,仍然需要采用其他的防护措施,譬如参考平面的分割。

8.5.4 走线尺寸的确定

走线的尺寸对可靠性的影响如图 8.78 所示。在确定 PCB 走线尺寸时,需要综合考虑制造工艺、功能与性能指标、可靠性三方面的要求。在 PCB 设计中,由设计者确定的走线尺寸是走线的宽度、长度和间距。

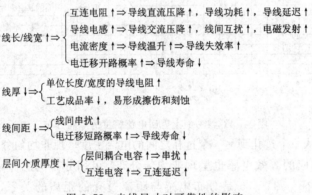

图 8.78 走线尺寸对可靠性的影响

1. 走线宽度

决定 PCB 走线宽度的因素主要有:

(1) 电流容量。走线越宽,允许载流量越大。由于 PCB 走线的表面积大,与周围介质和绝缘基板的接触良好,故与同样截面积的铜导线相比,允许通过的电流要大得多,如 1.5 mm 宽、50 μm 厚(截面积 0.075 mm^2)的 PCB 走线的瞬间熔断电流可达 70 A,而同样截面积的铜导线仅为 16 A。

(2) 允许温升。走线越窄,电流密度越大,温升越高,电迁移开路失效的概率越大,导线的寿命越短。从可靠性考虑,PCB 导线的工作温度应限制在 85℃以下。对于自然冷却设备,PCB 的温升应控制在 10～20℃,取 20 ℃的多些;对强制风冷设备,PCB 的温升应控制在 40℃以下。

(3) 布线密度。走线越窄,单位面积的允许布线量越大,布线密度越大。

(4) 线的类型。从宽到窄依次为地线→电源线→信号线。例如,对于数字电路,通常可选信号线 0.2～0.3 mm,电源线 0.762～1.5 mm,地线 1.0～2.0 mm。

(5) 工艺要求。每种 PCB 工艺具有最小的允许走线宽度值,刻蚀工艺所限制的最小走线宽度通常为 0.1 mm,否则将导致金属的几何缺陷。

　　实际确定宽度时，如电流较大，则主要按电流容量及允许温升来确定；如电流较小，则主要按工艺要求来确定。图 8.79 给出了走线电阻、走线宽度、铜箔厚度、走线允许温升之间的关系。铜的电阻率为 1.8×10^{-8} $\Omega \cdot m$。

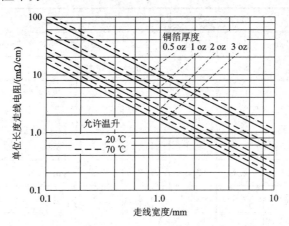

图 8.79　走线电阻、走线宽度、铜箔厚度、允许温升之间的关系

　　根据 PCB 走线的最大安全电流、允许最大温升和铜箔厚度，利用图 8.80 可以确定走线宽度及走线的截面积。对于高可靠设备，载流量可按此图降额 10%～50%选择。在确定走线宽度时，需要考虑走线宽度的工艺容差。一般而言，线宽小于 0.5 mm 时工艺容差为 30%，0.5～1.0 mm 时为 20%，大于 1.0 mm 时为 10%。

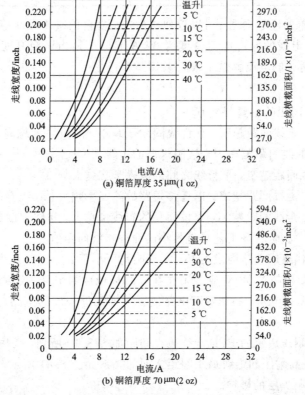

图 8.80　走线宽度、横截面积与最大安全电流、最高允许温升之间的关系

　　美国军用标准给出了不同允许温升、铜箔厚度下，走线宽度与安全电流之间的关系，如表 8.9 所列，可供参考。

表 8.9　美国军用标准给出的走线宽度推荐值

允许温升	10℃			20℃			30℃		
铜箔厚度	1/2 oz	1 oz	2 oz	1/2 oz	1 oz	2 oz	1/2 oz	1 oz	2 oz
走线宽度/mil	最大允许电流/A								
10	0.5	1.0	1.4	0.6	1.2	1.6	0.7	1.5	2.2
15	0.7	1.2	1.6	0.8	1.3	2.4	1.0	1.6	3.0
20	0.7	1.3	2.1	1.0	1.7	3.0	1.2	2.4	3.6
25	0.9	1.7	2.5	1.2	2.2	3.3	1.5	2.8	4.0
30	1.1	1.9	3.0	1.4	2.5	4.0	1.7	3.2	5.0
50	1.5	2.6	4.0	2.0	3.6	6.0	2.6	4.4	7.3
75	2.0	3.5	5.7	2.8	4.5	7.8	3.5	6.0	10.0
100	2.6	4.2	6.9	3.5	6.0	9.9	4.3	7.5	12.5
200	4.2	7.0	11.5	6.0	10.0	11.0	7.5	13.0	20.5
250	5.0	8.3	12.3	7.2	12.3	20.0	9.0	15.0	24.5

　　作为一个最简单的经验判据，可以近似认为走线宽度的毫米数就等于载荷电流的安培数。因为如果 PCB 走线的允许电流密度为 $20\ \text{A/mm}^2$，则当铜箔厚度为 $50\ \mu\text{m}$ 时，宽度 $1\ \text{mm}$ 的走线允许通过的电流就是 $1\ \text{A}$。

2. 走线间距

　　决定 PCB 走线间距的主要因素有：

　　(1) 线间耐压。走线间距越窄，允许线间耐压越小。海拔高度越高，则线间耐压越小。镀有阻焊层的走线的线间耐压高于未镀阻焊层的走线。

　　(2) 串扰。走线间距越窄，平行线之间的电磁干扰越大。

　　(3) 走线寿命。走线间距越窄，电迁移短路故障概率越大，走线寿命越短。

　　(4) 布线密度。走线间距越小，单位面积的布线量越大，布线密度越大。

　　(5) 工艺条件。每种 PCB 工艺具有最小的允许走线间距值。

　　对于大多数现代集成电路构成的 PCB，线间耐压小于 24 V，其走线间距主要由工艺条件决定。对于线间耐压超过 50 V 或者工作在高海拔地区的 PCB，走线间距主要由线间耐压决定。对于高频模拟电路、高速数字电路或者感性元件构成的电路，走线间距受线间串扰的制约较大。

　　根据线间最高耐压决定的 PCB 走线最小间距如表 8.10 所列，美国军用标准 MIL Std 275B 给出的线间最高耐压和走线最小间距之间的关系如图 8.81 所示，二者均考虑了不同海拔高度以及走线阻焊层的影响。

表 8.10　由线间耐压决定的 PCB 走线最小间距

线间最高电压（直流或交流）/V	未镀阻焊层走线		镀有阻焊层引线或者内层引线
	海拔高度 0～10 000 英尺	海拔高度 ＞10 000 英尺	
0～15	0.38 mm(0.015 in)	0.64 mm(0.025 in)	0.13 mm(0.005 in)
16～30			0.25 mm(0.01 in)
31～50			0.38 mm(0.015 in)
51～100		1.52 mm(0.06 in)	0.51 mm(0.02 in)
101～150	0.64 mm(0.025 in)		0.76 mm(0.03 in)
151～170	1.27 mm(0.05 in)	3.18 mm(0.125 in)	
171～250		6.35 mm(0.25 in)	
251～301	2.54 mm(0.1 in)		
500		0.64 mm(0.025 in)	1.52 mm(0.06 in)
＞500	0.0051 mm/V(0.002 in/V)	0.0010 mm/V(0.003 in/V)	0.003 05 mm/V (0.000 12 in/V)
0～15	0.38 mm(0.015 in)	0.64 mm(0.025 in)	0.13 mm(0.005 in)

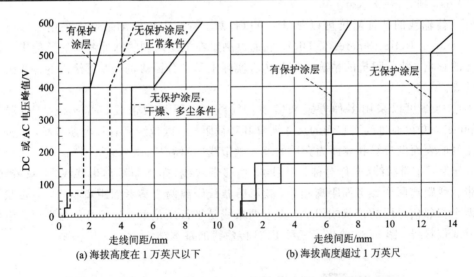

图 8.81　美军标给出的线间最高耐压与走线最小间距的关系

作为一般性规则，PCB 上高压电路（50 V 左右的直流高压，不包括 220 V 交流电）与普通低压电路之间的距离（俗称"爬电距离"）为 1.4 mm。爬电距离的设计需注意以下要点：

（1）高压电路既包括高压电源，也包括高压电源的返回路径（即高压地）以及所有使用高压电源的电路（如缓启动电路、滤波电路、电源监控电路等）。

（2）如果高压电路与低压电路位于 PCB 的不同层，则也应保证横向有足够的爬电距离，因为层间间距通常远小于 1.4 mm。

（3）高压地在 PCB 层次上不能与低压地相连，而且也应保持 1.4mm 的爬电距离，尽管在机壳上高压地与低压地连在了一起。

由 PCB 工艺技术限制的最小线宽和间距因厂家和时期而异。例如，2005 年某厂家推荐使用的最小线宽/间距为国内 6 mil/6 mil、国外 4 mil/4 mil，极限最小线宽/间距为国内 4 mil/6 mil、国外 2 mil/2 mil。

8.5.5　传输线设计

1. PCB 传输线的类型

对于甚高频及超高频电路，PCB 走线呈现传输线的性质。要保证信号完整性，要求 PCB 传输线的特征阻抗与负载阻抗、信号源阻抗相互匹配。

如果导线长度

$$l > l_{\max} = \frac{t_{\mathrm{r}}}{t_{\mathrm{pd}}} \tag{8-15}$$

就需要考虑传输线效应。式中，t_{r} 是传输线信号的上升沿时间，t_{pd} 是单位长度导线信号传输时间。对采用 FR-4 基材的 PCB 板，微带线的 $l_{\max}$ 可由以下经验公式估算：

$$l_{\max}[\mathrm{cm}] = 9 \times t_{\mathrm{r}}[\mathrm{ns}] \quad 或 \quad l_{\max}[\mathrm{in}] = 3.5 \times t_{\mathrm{r}}[\mathrm{ns}] \tag{8-16}$$

如 $t_{\mathrm{r}} = 2$ ns，则 $l_{\max} = 18$ cm。带状线的 $l_{\max}$ 可由以下经验公式估算：

$$l_{\max}[\mathrm{cm}] = 7 \times t_{\mathrm{r}}[\mathrm{ns}] \quad 或 \quad l_{\max}[\mathrm{in}] = 2.75 \times t_{\mathrm{r}}[\mathrm{ns}] \tag{8-17}$$

如 $t_{\mathrm{r}} = 2$ ns，则 $l_{\max} = 14$ cm。

PCB 传输线的特征阻抗可以测量，可以计算。特征阻抗的测量通常采用时域反射法 (Time Domain Reflectometer，TDR)，它通过测量在电缆两侧的脉冲波形的反射来计算阻抗变化的影响。特征阻抗的精确计算与仿真实际上是十分困难的，以下给出的经验公式可用于估算。

多层 PCB 可以采用多种方式来实现传输线，主要是微带线（Microstrip）和带状线（Stripline），并可通过改变它们的尺寸调整其特征阻抗。微带线只有一个参考面，可分为表面为空气的表面微带线和表面为介质的埋入微带线（亦称嵌入微带线）。带状线有两个参考面，可分为居中带状线（亦称对称带状线）、偏移带状线（亦称非对称带状线）和双带状线。居中带状线距离两个参考面距离相同，偏移带状线距离两个参考面距离不同，双带状线由处于两个相邻信号层的带状线组成，根据两条线是平行还是垂直，又可分为平行双带状线和垂直双带状线。图 8.82 给出了三种 PCB 传输线的基本结构。

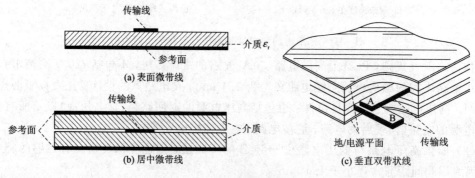

图 8.82　PCB 传输线结构示例

微带线处于空气与 PCB 介质之间，带状线处于两层 PCB 介质之间，而空气的介电常数比介质低，因此微带线的传输速率略高于带状线，因此设计中高速信号的走线应尽量采用带状线而非微带线。然而，微带线裸露于表面，它对外界的辐射或者外界对它的干扰较大，电磁兼容性相对较差。另外，微带线只有一侧有参考面，而且空气与基板介质的介电常数相差较大，导致其阻抗控制也比带状线困难。

影响 PCB 传输线特征阻抗的主要因素如下：

（1）走线宽度。走线越宽，阻抗越小。连接 TTL 电路的传输线阻抗通常为 100~150 Ω（最大不超过 200 Ω），理想线宽为 0.5~1.0 mm。连接 CMOS 电路的传输线阻抗更高，通常为 150~300 Ω，线宽通常不大于 0.5 mm。连接 ECL 电路的传输线阻抗较低，通常为 50~100 Ω，线宽通常为 1~3 mm。电源线和地线的阻抗应小于 20 Ω，理想线宽通常为 5~10 mm。图 8.83 给出了表面微带线的特征阻抗与线宽/介质厚度比之间的关系。

（2）走线厚度。走线越薄，阻抗越小。

（3）基板厚度。基板越薄，走线距离参考面越近，阻抗越小。

（4）基板介电常数。介电常数越大，阻抗越小。

（5）参考面的面积。希望越大越好，宽度至少大于传输线宽度的 10 倍。如果阻抗小于30 Ω，可减至传输线宽度的 1/5。

（6）所在层的位置。表层的特征阻抗相对难以控制，因为空气与介质之间的介电常数差距较大；传输线最好处于 PCB 的芯层之间，而非固化层与芯层之间，因为非固化层的厚度变化较大，使阻抗不稳定。因此，一般表层不走长距离走线，只走单端线，而非差分线。

严格的特征阻抗计算还需考虑介质的侧壁形状、阻抗层覆盖范围以及制造工艺的偏差等。

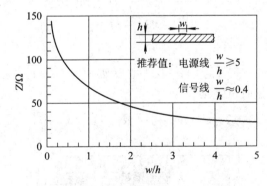

图 8.83　PCB 表面微带线的特征阻抗和线宽－介质厚度比的关系

2. 传输线参数的计算

以下将给出用于计算 PCB 典型传输线主要参数的经验公式。这些参数包括特征阻抗、单位长度走线的传播延时等。

对于表面微带线结构参数如图 8.84 所示，其特征阻抗 Z_0 可表示为

$$Z_0 \approx \frac{87}{\sqrt{\varepsilon_r + 1.414}} \cdot \ln\left(\frac{5.98h}{0.8w+t}\right) \, [\Omega] \quad (15 < w < 25 \text{ mil}) \tag{8-18}$$

$$Z_0 \approx \frac{79}{\sqrt{\varepsilon_r + 1.414}} \cdot \ln\left(\frac{5.98h}{0.8w+t}\right) \, [\Omega] \quad (5 < w < 15 \text{ mil}) \tag{8-19}$$

式中，w 是线宽，t 是线厚，h 是线与参考面之间的距离，ε_r 是基板的相对介电常数。单位长度走线传播延时 t_{pd} 可表示为

$$t_{pd}[\text{ns/feet}] = 1.017 \sqrt{0.475\varepsilon_r + 0.67} \quad \text{或} \quad t_{pd}[\text{ps/inch}] = 85 \sqrt{0.475\varepsilon_r + 0.67}$$
$$(8-20)$$

单位长度走线电容 C_0 可表示为

$$C_0 = \frac{0.67(\varepsilon_r + 1.41)}{\ln\left(\dfrac{5.98h}{0.8w+t}\right)} \ [\text{pF/in}]$$
$$(8-21)$$

假定采用 FR-4 基材的 PCB，$\varepsilon_r = 4.0$，$w/h = 2/1$，则根据上式计算得到 $Z_0 \approx 50\ \Omega$，$t_{pd} = 1.64\ \text{ns/feet} = 136\ \text{ps/inch}$。常用同轴电缆的特征阻抗为 $50\ \Omega$、$75\ \Omega$ 和 $100\ \Omega$。

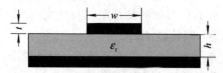

图 8.84　表面微带线的结构参数示意图

对于嵌入微带线，结构参数如图 8.85 所示，其特征阻抗可表示为

$$Z_0 \approx \frac{87}{\sqrt{\varepsilon_r \varepsilon_r \left[1 - e^{\frac{-1.55b}{h}}\right]}} \cdot \ln\left(\frac{5.98h}{0.8w+t}\right) \ [\Omega]$$
$$(8-22)$$

式中，w 是线宽，t 是线厚，h 是线与参考面之间的距离，b 是介质总厚度，ε_r 是基板的相对介电常数。单位长度走线电容可表示为

$$C_0 = \frac{1.41\varepsilon_r'}{\ln\left(\dfrac{5.98h}{0.8w+t}\right)} \ [\text{pF/in}]$$
$$(8-23)$$

其中，

$$\varepsilon_r' = \varepsilon_r \left\{1 - e^{\left(\frac{-1.55b}{h}\right)}\right\}; \quad 0.1 < w/h < 3.0; \quad 1 < \varepsilon_r < 15$$

单位长度走线传播延时可表示为

$$t_{pd} = 1.017 \sqrt{\varepsilon_r'} \ [\text{ns/ft}] \quad \text{或} \quad t_{pd} = 85 \sqrt{\varepsilon_r'} \ [\text{ps/in}]$$
$$(8-24)$$

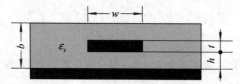

图 8.85　嵌入微带线的结构参数示意图

对于居中带状线，结构参数如图 8.86 所示，其特征阻抗可表示为

$$Z_0 \approx \frac{60}{\sqrt{\varepsilon_r}} \cdot \ln\left(\frac{4h}{0.67\pi \cdot (0.8w+t)}\right) \ [\Omega]$$
$$(8-25)$$

式中，w 是线宽，t 是线厚，h 是参考面之间的距离，ε_r 是基板的相对介电常数。单位长度走线传播延时可表示为

$$t_{pd}[\text{ns/feet}] = 1.017 \sqrt{\varepsilon_r} \quad \text{或} \quad t_{pd}[\text{ps/in}] = 85 \sqrt{\varepsilon_r}$$
$$(8-26)$$

单位长度走线电容 C_0 可表示为

$$C_0 = \frac{1.41(\varepsilon_r)}{\ln\left(\dfrac{3.81h}{0.8w+t}\right)} \ [\text{pF/in}] \tag{8-27}$$

假定采用 FR-4 基材的 PCB，$\varepsilon_r = 4.0$，$b = 2h + t = 2w$，则根据上式计算得到 $Z_0 \approx 50\ \Omega$，$t_{pd} = 2\text{ns/feet} = 136\ \text{ps/inch}$。

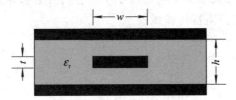

图 8.86　居中带状线的结构参数示意图

对于不对称带状线，结构参数如图 8.87 所示，其特征阻抗可表示为

$$Z_0 \approx \frac{80}{\sqrt{\varepsilon_r}} \cdot \ln\left[\frac{4h \cdot (2h+t)}{0.67\pi \cdot (0.8w+t)}\right] \cdot \left[1 - \frac{2(h-t)}{4 \cdot (h+d+t)}\right] [\Omega] \tag{8-28}$$

单位长度走线电容可表示为

$$C_0 = \frac{2.82\varepsilon_r}{\ln\left[\dfrac{2(h-t)}{0.268w+0.335t}\right]} \tag{8-29}$$

图 8.87　不对称带状线的结构参数示意图

对于差分微带线，结构参数如图 8.88 所示，其特征阻抗可表示为

$$Z_{\text{DIFF}} = 2 \times Z_0 \cdot (1 - 0.48 \cdot e^{-0.96\frac{s}{h}}) [\Omega] \tag{8-30}$$

其中，

$$Z_0 \approx \frac{60}{\sqrt{0.457\varepsilon_r + 0.67}} \cdot \ln\left(\frac{4h}{0.67 \cdot (0.8w+t)}\right) [\Omega] \tag{8-31}$$

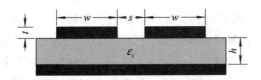　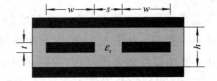

图 8.88　差分微带线的结构参数示意图　　　图 8.89　差分带状线的结构参数示意图

对于差分带状线，结构参数如图 8.89 所示，其特征阻抗可表示为

$$Z_{\text{DIFF}} = 2 \times Z_0 \cdot (1 - 0.347 \cdot e^{-2.9\frac{s}{h}}) [\Omega] \tag{8-32}$$

其中，

$$Z_0 \approx \frac{60}{\sqrt{\varepsilon_r}} \cdot \ln\left(\frac{4b}{0.67\pi \cdot (0.8w + t)}\right)[\Omega] \tag{8-33}$$

在实际设计中，可借助工具软件（如 Si6000）来计算传输线的阻抗，更为快捷方便。

由于 PCB 工艺的离散性不可避免，所以 PCB 传输线特征阻抗的实测值有可能与设计值不符，为此可以设法使传输线的特征阻抗可调整。如图 8.90 所示，利用小电容阵列和走线的分布电感构成多级 π 型滤波器，通过改变小电容的安装数量和安装位置，调整传输线阻抗到规定值，称之为"受控阻抗传输线"。

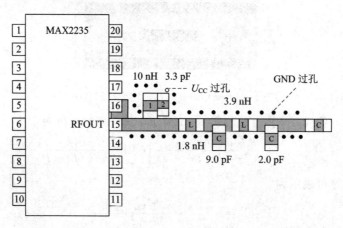

图 8.90　RF 功率放大器 MAX2235 输出线特征阻抗的调整方法

8.5.6　串扰抑制方法

如果两条 PCB 走线相距很近，而且平行，就有可能形成串扰。走线的间距越小，平行距离越长，线间介质的介电常数或磁导率越高，线的电导率越低，信号速率越快（上升沿或者下降沿越陡峭），则串扰越严重。另外，有参考平面的导线比没有参考平面的串扰小，带状线的串扰比微带线小，线距离参考平面越近，串扰越小。串扰还有可能通过多组平行走线进行传播，如在图 8.91 所示例子中，时钟线将高频信号耦合到中间线，中间线再将高频信号耦合到 I/O 线，最终通过 I/O 线传到 PCB 外部。

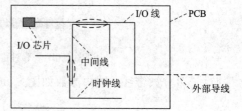

图 8.91　串扰在 PCB 上的传播示例

尽量缩短平行走线的长度，尽量增加平行走线的间距，降低电路的工作频率，是抑制串扰的基本措施。从图 8.92 给出的逻辑电路串扰测试结果来看，PCB 平行走线越长，线间距越小，所接器件的速度越快（通用逻辑器件的速度次序为 74AS＞74HC＞74LS），则串扰越大。不过，当线间的平行距离长到一定程度（临界长度 L_C）后，串扰的幅度将不再随平行距离的增加而增加，临界长度 L_C 可以表示为

$$L_C = \frac{2 \cdot T_{pd}}{t_t} \tag{8-34}$$

式中，T_{pd} 为驱动线的单位长度传输时间，t_t 是驱动信号的转换时间（上升或下降时间）。

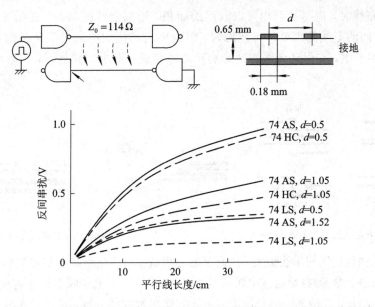

图 8.92　逻辑电路的串扰与平行线长、线间距(d)和器件速度的关系

对于多数电路，采用大于 1 mm 的 PCB 布线间距，可使串扰电压减少到信号电压的 10% 以内。当有接地平面时，两根印制线的中心距最好大于 3 倍印制线的宽度(W)或者边缘间距大于 2 倍印制线的宽度(如图 8.93 所示)，可保持 70% 的电场不互相干扰。这称为"3W 规则"。如果使用 10W 的间距，可保证 98% 的电场不互相干扰。

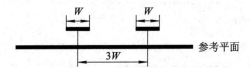

图 8.93　平行走线时的"3W 规则"

对非高速线不强求使用"3W 规则"。时钟线易产生干扰，线间距可适当放大，比如增加到 4W，如图 8.94(a)所示。差分线之间不易形成串扰，线间距可适当缩短，比如减少到 1W，但它与其他线的间距仍应遵守"3W 规则"，如图 8.94(b)所示。

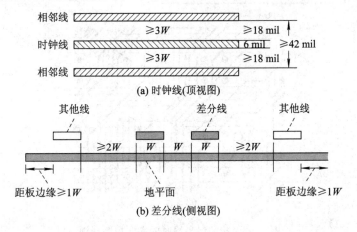

图 8.94　"3W 规则"在关键走线的应用

在 PCB 布线时，应尽量利用可以利用的面积，增加走线的间距。在图 8.95 所示的例子中，过孔之间的走线间距要尽可能均匀，因为决定串扰大小的是间距最短的走线。在图 8.96 所示的例子中，在保证走线距边缘的距离达到最小要求的前提下，尽量增加内部走线的间距。

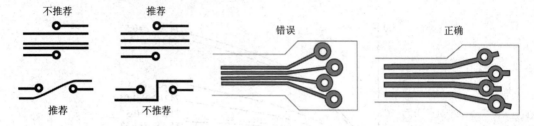

图 8.95　多条走线通过过孔时的处理　　　　图 8.96　柔性板走线的均匀化处理

层间串扰往往比线间串扰更大，最简单的方法是在易产生干扰的信号层和容易被干扰的信号层之间加一个参考层（地层或电源层），如图 8.97 所示，但实际上很难实现。为抑制相邻信号层之间的串扰，应使同一信号层上的走线方向尽量保持一致，相邻层布线之间尽可能正交或大角度交叉，如图 8.98 所示。如层间不得不平行走线，也要尽量岔开，如图 8.99 所示。

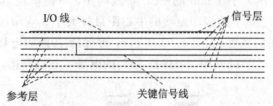

图 8.97　插入参考层来抑制相邻信号层之间的串扰

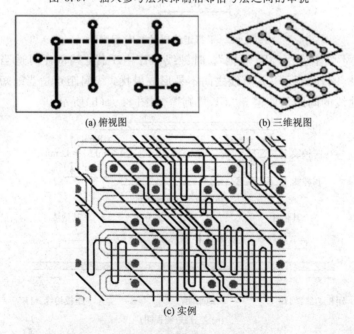

(a) 俯视图　　　　　　(b) 三维视图

(c) 实例

图 8.98　相邻层走线时的方向控制规则

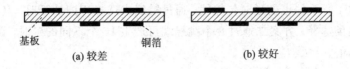

(a) 较差　　　　　　　　　　　　　　　(b) 较好

图 8.99　相邻层平行走线时的处理方法

采用地线或者接地平面隔离或屏蔽，有利于抑制串扰，而且信号线距离地线或者地平面越近，抑制效果越好。地线可以设置在平行走线之间，也可以设置在平行走线之下的导电层，如图 8.100 所示。对于不得不走的高频平行长线，可以在平行走线之间加接地线来进行隔离，这种隔离地线最好每隔 λ/4 长度与地平面连接 1 次，如图 8.101 所示。

(a) 地线隔离　　　　　　　　　　(b) 局部地隔离　　　　　　　　　　(c) 地平面屏蔽

图 8.100　针对平行走线的地线隔离或屏蔽方法

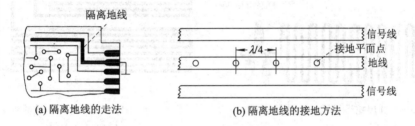

(a) 隔离地线的走法　　　　　　　　(b) 隔离地线的接地方法

图 8.101　长距离平行导线之间的隔离地线

另外，PCB 走线的特性阻抗越大，串扰越强，如图 8.102 所示，因此应尽可能降低走线的特性阻抗。

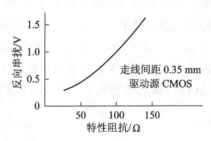

图 8.102　PCB 走线的反向串扰与特性阻抗的关系

8.5.7　走线 *LC* 的利用

PCB 走线存在的寄生 L、C、R 效应会给电路引入不期望的延迟、功耗、串扰等，但也可利用它们来实现时钟线的延迟匹配，或者制作成电路功能所需的电感、滤波器甚至变压器等。与分立元件相比，此法的缺点是能制作的 L、C 较小，且随频率的变化更大。

蛇形线可用于调节走线延时，满足系统时序匹配要求，特别是时钟线延迟匹配要求，如图 8.103 所示，其中 $R_1 \sim R_3$ 是阻抗匹配电阻。这种方法可调整的延时范围一般为 0.1～5 ns，随温度变化(0～70℃)可能会有 10% 变化。如果希望引入的附加延时允许用户调整，可以采用图 8.104 所示的可变延时传输线，通过跳线来选择不同的延时。其中，方案一有 6 种跳线组合方案供选择；方案二通过 8 个跳线端可产生 16 个不同的延时，调整量为基本延时的 1、2、6、8 倍。

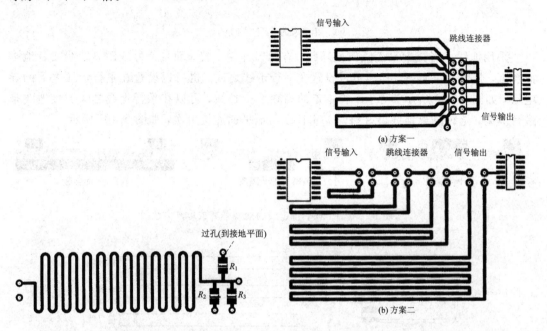

图 8.103　利用蛇形线调整时钟线的延时　　　图 8.104　利用 PCB 走线实现的可变延时
传输线设计方案

　　值得注意的是，蛇形线的平行线段之间会引发串扰，破坏信号质量。为了减少蛇形线各平行线段间串扰，应尽量增加相邻平行线段的间距 S（参见图 8.105），使 $S > 3H$，H 是蛇形线到参考平面的距离；尽量减少平行线段的长度 L_p，使 $L_p \ll \lambda$，λ 是信号的波长；在可能的情况下，采用任意角度走线或螺旋状走线，而不是平行走线。

　　时钟线延时也可以通过串接门电路及 RC 元件来实现，如图 8.106 所示。门电路可调范围为 $0.1 \sim 20$ ns，但难以准确，因为产品手册通常只给出最大延时，很少给出最小延时，而且器件之间有离散性；RC 元件可调范围为 $0.1 \sim 1000$ ns，准确性取决于 R 和 C 的精度。

图 8.105　蛇形线的几何参数　　　　图 8.106　通过门电路和 RC 元件来调整时钟线的延时

　　利用 PCB 走线还可以做电感和电容。长、窄、薄走线适合做电感，短、粗、厚走线适合做电容。图 8.107 是采用蛇形线制作的低 Q 值电感。图 8.108 给出了采用 PCB 走线制作的平面螺旋电感，这种结构能够提供最大的单位面积电感量。每圈周长越大，圈数越多，则电感越大。对微波电路，有时可利用 PCB 的整个导电层来制作电感。

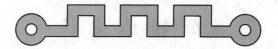

图 8.107　利用蛇形线制作的低 Q 值电感

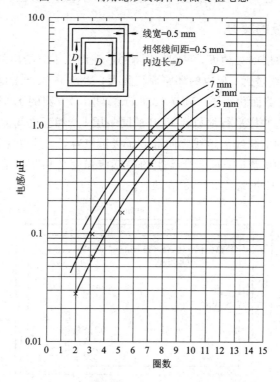

图 8.108　平面螺旋电感的几何参数与电感量的关系

　　图 8.109 是利用 PCB 微带线制作的 π 型低通滤波器，其截止频率约为几兆赫。图 8.110 是利用 PCB 电感制作的变压器，有双蛇形线、单层双螺旋电感、双层螺旋电感等方案。蛇形线之间的耦合度只有 10％ 左右，螺旋线之间的耦合度可达 90％。

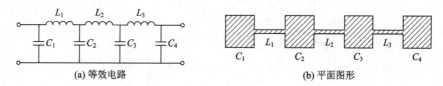

(a) 等效电路　　　　　　　　　　　　　　　(b) 平面图形

图 8.109　利用 PCB 微带线制作的 π 型低通滤波器

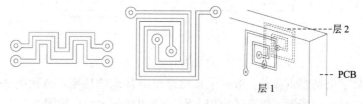

(a) 双蛇形线电感方案　　(b) 单层双螺旋电感方案　　(c) 双层螺旋电感方案

图 8.110　利用 PCB 走线制作的变压器

8.6 接 地 设 计

第 5 章已经介绍了电子系统的接地方法，本节着重讨论这些方法在 PCB 设计中的应用。

8.6.1 单面/双面板的接地

单面板无法使用整层的接地面，只能使用地线。在图 8.111 给出的单面板接地方案中，(a)方案的电源线与地线过远，形成的环路面积很大，达到 687 cm^2；(b)方案的电源线与地线平行相邻，形成的环路面积很小，只有 12.8 cm^2，是(a)方案的 1/53。因此，单面板的接地原则是电源线与地线并排平行地放在 PCB 的同一层上，相互之间的距离尽可能地近，其好处一是长距离平行的电源线与地线之间形成了去耦电容，二是电源线与地线如果承载着大小相近且方向相反的电流时，两者所产生的磁感应强度会相互抵消。另外，电源线和地线要尽量粗，通常应大于正常线宽的 3 倍以上。

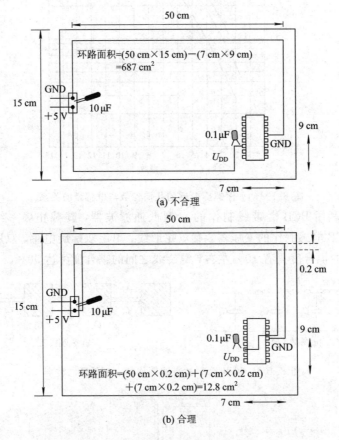

图 8.111 单面板接地方案的比较

按照高频数字电路多点接地、低频模拟电路单点接地的原则，高频数字电路可使用网状地线，如图 8.112(a)所示，而低频模拟电路可使用梳状地线，如图 8.112(b)所示。单面板的多点接地可以采用湖泽式、填充式等方式，双面板可以采用整面的接地面，如图 8.113 所示。

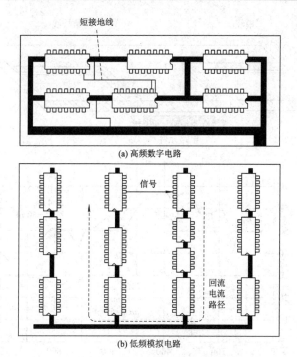

(a) 高频数字电路

(b) 低频模拟电路

图 8.112　单面板高频电路与低频电路的接地方案

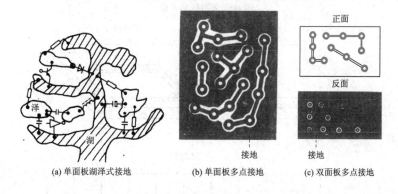

(a) 单面板湖泽式接地　　(b) 单面板多点接地　　(c) 双面板多点接地

图 8.113　单面/双面板多点接地的不同方式

如果 PCB 上既有数字电路，又有模拟电路，以及容易产生噪声的电路(如时钟发生器)，则应将数字电路多点接地，模拟电路和噪声电路单点接地，然后各个电路单元在 PCB 端口附近单点接地，如图 8.114 所示。数字电路可以通过事先设计好的网格就近接地。

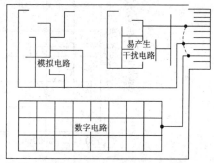

图 8.114　数模混合电路在单面板上的接地方式示例

实测结果表明，双面板采用整层的接地平面后噪声辐射将大大降低。如图 8.115 所示，采用接地平面后的双面板噪声辐射，在低频区可改善 $30\sim40$ dB，在高频区可改善 $10\sim20$ dB。上升时间 4 ns 的器件的辐射比上升时间 8 ns 的器件的辐射高 $10\sim20$ dB，

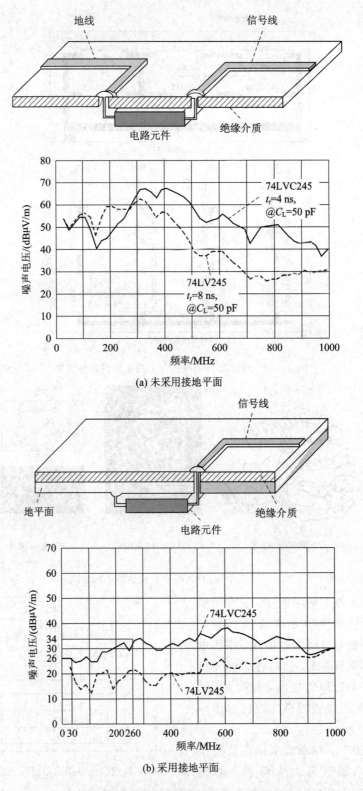

图 8.115 接地平面对双面板噪声抑制的作用

器件的速度越快，则噪声辐射越严重。图中被测的均为通用逻辑器件，型号分别为
74LVC245 和 74LV245，时钟频率为 10 MHz，PCB 厚度为 0.8 mm。

8.6.2 局部铜填充

在空余的 PCB 局部面积上，敷设接地（或电源）的铜箔，称为局部铜填充，亦称填充
地。图 8.116 是局部铜填充的一个例子。

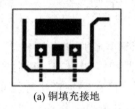 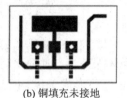

(a) 铜填充接地　　　　　　　(b) 铜填充未接地

图 8.116　局部铜填充示例

之所以要做局部铜填充，来自于工艺、屏蔽和散热三个方面的要求。在工艺方面，覆
铜均匀化规则要求将总的覆铜量平均分配到电路板的各个层上，如布线本身无法实现均匀
化，就要将所有的空白处填铜，目的是防止电路板各处所受张力不均匀，导致温度变化时
产生龟裂等现象，同时防止层叠不平整导致可制造性问题，例如影响电镀层的均匀性。在
屏蔽方面，接地或电源的局部铜填充区可以起到电磁屏蔽的作用，并提供更多的低阻抗接
地回流路径，有利于抑制串扰和电磁干扰。在散热方面，局部铜填充有利于均匀化散热，
从而降低 PCB 最高温度和平均温度。

利用 IC 封装下的空白 PCB 面积铺设铜箔，并妥善接地，不仅有助于屏蔽和散热，而
且可减少 IC 自身产生的噪声影响。图 8.117 是双列直插封装 IC 的局部铜填充实例。

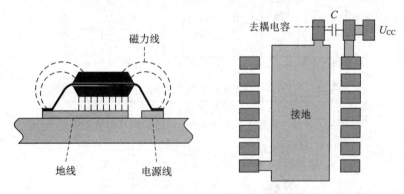

图 8.117　双列直插封装 IC 的局部铜填充

接地的局部铜填充对抑制串扰有一定的作用。如图 8.118(a)所示，如果信号线周边没
有填充地，高频信号线将对临近信号线通过电容耦合造成串扰，即信号线的电力线终结在
临近信号线上，从而对这根线形成干扰。如果用填充地围绕信号线（如图 8.118(b)所示），
则与信号线同面的铜填充有效地降低了串扰，即信号线的电力线终结在接地覆铜层上。对
于具有内嵌地平面的多层 PCB（如图 8.118(c)所示），大部分信号线的电力线终结在内嵌地
平面上，与信号线同层的填充地对抑制干扰作用不大。铜填充只能降低电容耦合形成的串
扰，不能降低电感耦合形成的串扰。铜填充对于无内嵌地平面层的 PCB 板（如双面板）或者

高阻抗的模拟电路，抑制串扰效果显著；对于有内嵌地平面层的 PCB 板（多层板）或者低阻抗高速数字电路，抑制串扰效果不明显。

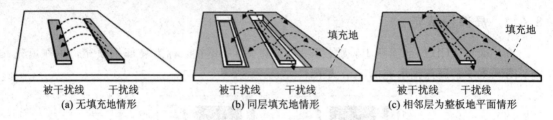

图 8.118　接地的局部铜填充对串扰的影响

时钟产生电路（含晶体振荡器、时钟驱动器和缓冲器）具有高频、大电流的特点，最容易产生电磁辐射，对周边电路形成干扰。因此，可在时钟产生电路的周边或下方敷设局部接地敷铜面，称之为"微岛"（Micro Island），起屏蔽隔离作用。如图 8.119 所示，在由晶体振荡器、时钟驱动器和缓冲器构成的时钟产生电路处设置局部屏蔽岛，注意岛上不要放置其他电路，特别是易受干扰的电路。屏蔽岛通过金属化过孔与主接地层相连，应有足够数量的接地孔数，过孔应采用全金属化过孔，不要采用四轮马车式的过孔（参见图 8.120）；同时，通过金属螺栓等与机壳地相连，至少有一个连接点。另外，时钟信号输出线（及阻抗匹配电阻）是最敏感走线，不要在 PCB 表层走，应尽量短（小于 $\lambda/20$），尽量靠近接机壳地位置。

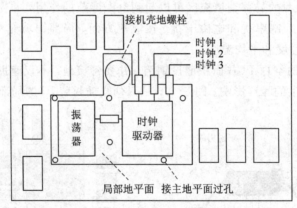

图 8.119　局部地平面时钟产生电路的局部铜填充岛

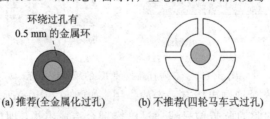

图 8.120　低阻抗的接地过孔

对于多层板（如图 8.121 所示），时钟信号线不要安排在表面层，否则容易产生辐射，影响周边器件。时钟线应安排在次表面层，以便尽量缩短线的长度。时钟信号层之下应安排为接地层，而非电源层，以便为时钟电路和时钟走线提供相对最短的地线和屏蔽层。再下面则为电源层。局部屏蔽岛应该通过多个过孔连到接地层。电源去耦电容也应该置于填充岛之内。

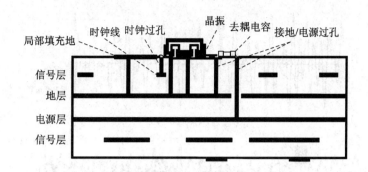

图 8.121　多层板时钟产生电路局部填充岛的接地方法

图 8.122 给出了一个 5~800 MHz 时钟发生器电路的 PCB 设计。该电路主要由通用频率合成器时钟源芯片 MC12439 和晶体振荡器构成。该芯片内部数字电路和模拟 PLL 电路采用不同的电源(U_{CC}、PLL_U_{CC}），以防止数字电路的噪声对模拟电路形成干扰。这里采用了两个局部地平面，通过通孔接至公共地平面；两个局部电源平面，分别将 U_{CC} 和 PLL_U_{CC} 通过通孔接至公共电源平面。两个局部电源平面通过各自不同的去耦电容接到不同的地平面。

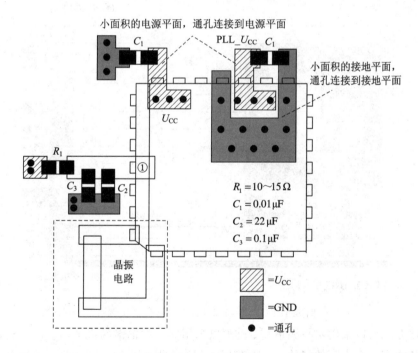

图 8.122　时钟发生器芯片的 PCB 设计需注明 PLL_VCC

实测结果表明，局部屏蔽岛确实能够大大减少时钟产生电路对周边的电磁辐射。如图 8.123(a)所示，如果无局部屏蔽岛，且时钟线布在表层，空间辐射的峰－峰值将大于 400 mV；如图 8.123(b)所示，如果增设局部屏蔽岛，且时钟线改布在第 3 层（6 层板），则空间辐射峰－峰值将小于 40 mV。空间辐射测量采用示波器 TDS784D（1 GHz）和探头 P6245（1.5 GHz）。测试结果还发现，在晶振上方辐射最大。

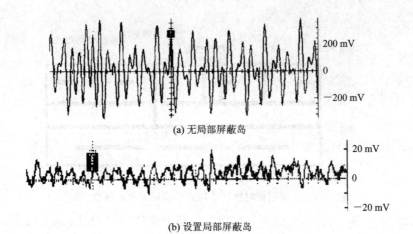

(a) 无局部屏蔽岛

(b) 设置局部屏蔽岛

图 8.123　局部屏蔽岛对空间辐射的影响的实测结果

更大面积的局部铜填充可以作为某部分电路的屏蔽保护区。如图 8.124 所示，在易产生干扰的数字电路和易被外部干扰侵入的 I/O 接口电路所在的 PCB 区域设置局部地平面，起到屏蔽保护的作用。

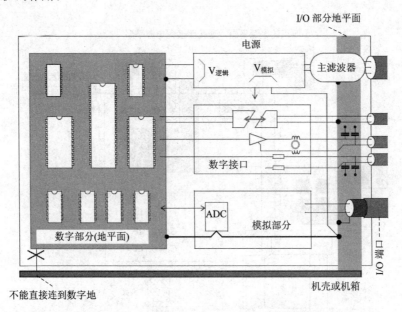

图 8.124　PCB 局部区域的屏蔽保护实例

局部填充地可以采用实心铜填充，也可以采用镂空的铜箔网格结构，如图 8.125 所示。采用网格结构有三个方面的好处：一是有利于制造，因为长时间受热时，大面积铜箔与基板间黏合剂产生的挥发性气体无法排除，同时铜箔膨胀所产生的应力难以释放，可能会导致铜箔脱落，镂空的铜箔网格有助于改善气体排放和应力释放；二是有利于屏蔽，考虑到趋肤效应，镂空铜箔对高频信号的阻抗比实心铜箔更低；三是有利于散热，与占用同样板表面积的实心铜箔面相比，镂空铜箔的散热效果更好些。另外，铜箔网格也可作为事先布置好的接地网格，用于高速数字电路或射频电路就近接地，此时应使网格单元间距小于 $\lambda/20$。图 8.126 是镂空铜箔上的焊盘。

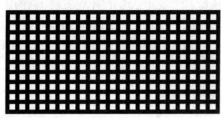

图 8.125　大面积镂空铜箔　　　　　图 8.126　大面积镂空铜箔上的焊盘

　　如果设计不当，局部铜填充也会产生一定的副作用。例如，在高速电路中，铜填充有可能会引起传输线的阻抗变化，造成信号的反射、振铃、失真等。又如，在对称电路(如全差分 LVDS 电路)中，铜填充有可能会引起差分阻抗不匹配，引入共模干扰。如图 8.127 所示，无铜填充时，差分线的电场对称；在差分线的一侧加入铜填充时，铜填充改变了其中一根差分线的阻抗，使差分线的电场出现不对称现象。

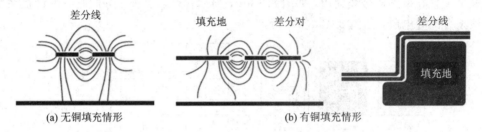

(a) 无铜填充情形　　　　　　　　　　(b) 有铜填充情形

图 8.127　不对称铜填充对差分传输线的影响

8.6.3　防护用地线

　　对于单面板，可以在敏感元器件、敏感区域和敏感过孔周边以及 I/O 端口设置接地的保护环，有利于降低电磁干扰，如图 8.128 所示。注意，保护环尽量单点接地，避免形成闭合环路。

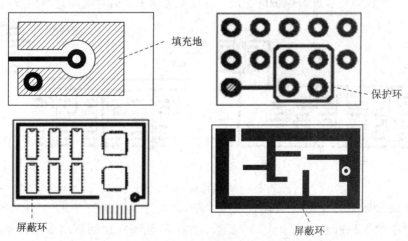

图 8.128　单面板的接地保护环实例

对于多层板，可在单板的边缘每隔 $100 \sim 200$ mil 打一个与内层地平面相连的地孔，可以起到一定的屏蔽作用，俗称"法拉第电笼"，如图 8.129 所示。为了有效发挥其作用，应注意不要将信号走线到电笼之外。在表层推荐用一条宽度为 $200 \sim 400$ mil 的线将这些接地过孔相连，在信号层推荐用一条宽度为 $20 \sim 40$ mil 的线将这些接地过孔相连，但不建议连线成闭合环路。

图 8.129 "法拉第电笼"示意图

对于敏感信号线，可在其附近设置地线或局部接地区，防止干扰传播。对单面板，防护地线可设置在敏感信号线周边，如图 8.130(a)所示；对多层板，防护地线可设置在敏感信号线下方的导电层，如图 8.130(b)所示。

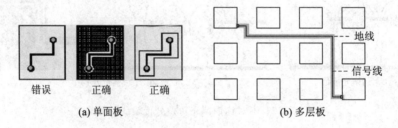

图 8.130 敏感信号线的防护地线

时钟信号线通常是电路中频率最高的走线，而且也是电路中最长的走线之一，因此在 PCB 布线中要慎重对待。在图 8.131(a)所示的方案中，地线与时钟信号线过远，不仅起不到屏蔽保护的作用，而且形成了大面积的环路。如果改成图 8.131(b)所示的方案，地线随时钟线而行，不仅起到了屏蔽保护的作用，而且大大缩小了时钟线与地线形成的环路。

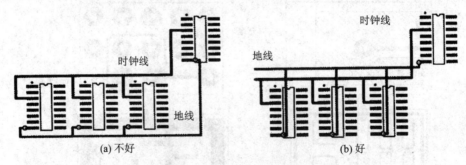

图 8.131 时钟信号线的地线布置

对于小信号敏感信号线(如高阻抗模拟电路)和高速大电流信号线(如高速数字电路)，可采取更严格的保护措施。如图 8.132 所示，在信号线所在层两侧增加保护地线的同时，在其下方邻近平面层也增加旁路地线。旁路地线的宽度应大于信号线与旁路线垂直间距的

3 倍(≥3h),同时应大于信号线宽度的 3 倍(≥3W),以便起到良好的屏蔽效果,并作为射频电流的另一个返回通路。旁路线和保护线一定要接地,否则还不如不要。至少在其始端和末端有接地的导电过孔,在信号上升时间的等效距离内至少有三个过孔,过孔间距越小,保护效果越好。对于多层板,如在被保护信号线下的邻近平面有接地层,就没有必要设置上述保护线和旁路线。如信号线能够采用带状线,则屏蔽效果更佳。对于单端信号线,可使用单条保护线,但对于差分信号线,保持对称比加强屏蔽更重要,所以一定要使用对称的双保护线(如图 8.132 所示)。

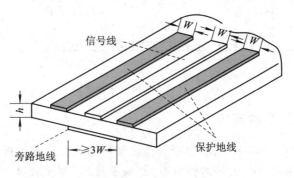

图 8.132 双重保护地线

如果电路工作频率很高,可在多层板内嵌的带状线两侧设置金属化过孔阵列,称之为篱桩栅(Picket Fence),过孔的两侧分别接上地平面和下地平面,对带状线实施屏蔽保护,如图 8.133 所示。篱桩栅只能抑制近端串扰,不能抑制远端串扰,如能增加与带状线平行设置的接地导电带(如图 8.133 中虚线所示),称之为盒装带状线(Boxed Stripline),则能同时抑制近端和远端串扰。金属化过孔的间距 s 越小,信号线与地平面的间距 h 越短,信号线与金属化过孔的间距 g 越小,则保护效果越好。通常要求 $s/h \geq 4$(参见图 8.133(b))。对于高于 1 GHz 的超高频带状线,采用盲孔或埋孔代替金属化通孔,屏蔽效果更好。

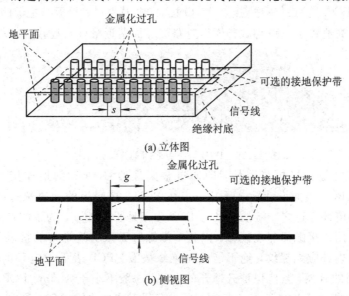

(a) 立体图

(b) 侧视图

图 8.133 多层板带状线的篱桩栅接地保护

对于高速电路多层板，为防止 PCB 边缘产生的辐射，可以在 PCB 顶层和底层加接地保护环，通过过孔将顶层、底层保护环与内部接地平面连接起来，如图 8.134 所示。过孔间距可选为 3.5～35 mm，间距越小，屏蔽效果越好。

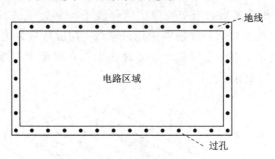

图 8.134　多层板的防护地线

8.6.4　PCB 地与底板的连接

　　兼顾机械强度和电磁屏蔽要求，电子设备多使用金属板作为底板，常用的有铝板、镀镉或锌的钢板、铸造的锌板、镀银的铜板等。铝板重量轻，强度较高，导电率高(仅次于银、铜、金)，成本低，应用最为广泛，缺点是表面易氧化，难以牢固焊接。镀镉或锌的钢板的磁屏蔽效能好，无表面氧化问题，成本低，不足之处是电导率较低，大约是铝的 1/3。铸造的锌板重量轻，强度高，容易加工出复杂的形状，但电导率较低，大约是铜的 28%。镀银的铜板电导率最高，焊接容易，表面即使氧化也会导电，但成本较高，多用于射频电路。

　　如果 PCB 安装在金属底板上(参见图 8.135)，则 PCB 的参考面(一般为地)应妥善接到底板上。连接方式应尽量减少连接阻抗(包括电阻和电感)，尽量加大 PCB 电源层与底板的耦合电容，尽量避免 PCB 与底板之间可能出现的谐振。作为 PCB 与底板连接点位置的一般布局原则，PCB 板的每个角必须有一个连接点，易形成干扰的器件(时钟发生器、高速 DSP、大规模 FPGA 等)最好有连接点，I/O 接口(电缆入口、子板与主板的连接插排处等)最好有连接点，高速数字电路与敏感模拟电路交界面附近最好有连接点。

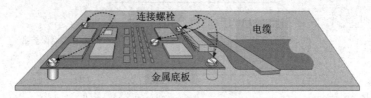

图 8.135　PCB 与底板之间的连接示意图

　　最常见的方式是直接短路连接，即通过金属螺栓将 PCB 的地连接到底板上。如图 8.136 所示，在 PCB 表面设计导电环(Bonding Pad)，接底板的金属螺钉通过金属垫圈与导电环连接，导电环通过多个金属过孔与 PCB 内部地平面相连。为了实现高频低阻抗的连接，应尽可能使用面接触而非点接触，因此单靠螺钉无法实现良好的接触，必须使用金属垫圈。金属垫圈内部应无螺纹，绝不能使用绝缘垫圈。PCB 表面导电环的直径应足够大，大于螺帽及垫圈的直径，且能保证开通孔的需要，一般不小于 3 mm。PCB 参考面的边缘、PCB 板边缘和底板边缘均应留有一定的间距，有利于减少边缘辐射。导电环上应尽可能多开过孔，这样有利于减少电感，因为多个过孔的电感相当于单个过孔电感的并联。

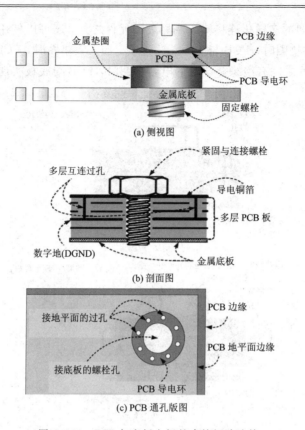

图 8.136　PCB 与底板之间的直接短路连接

　　出于功能、安全性等约束，PCB 与底板之间不一定只采用直接短路连接，也有可能采用电容连接（如高频多点接地需要）、电阻连接（作为减少谐振的阻尼电阻），也有可能一部分连接点短路，另一部分连接点开路。为了使一种 PCB 版图可以适应上述各种情况，可采用图 8.137 所示的结构，电路设计者可以通过连接不同的表面安装元件，如 0 Ω 电阻、小电容、一定阻值的电阻或者空置等方式，实现 PCB 板与底板的短路连接、电容连接、电阻连接和开路连接。用于连接的电容通常采用小型多层陶瓷电容器（封装形式为 0603、0402等），其容值根据需要旁路的干扰频率选取，寄生电感典型值为 1～2 nH，另外要考虑其漏电流和安全性是否能满足系统要求。

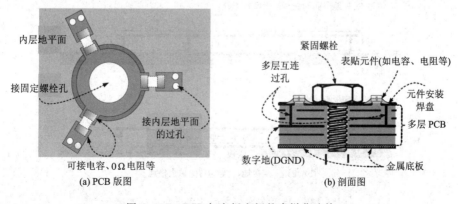

图 8.137　PCB 与底板之间的多样化连接

　　PCB与底板之间的多样化连接除了利用表贴元件之外，还可以使用垫圈来实现。如图8.138所示，加入小垫圈时，PCB与底板无法连接；加入大垫圈时，PCB与底板实现连接；加入上下两层金属片之间有绝缘介质层的电容垫圈时，PCB与底板实现高频耦合连接。

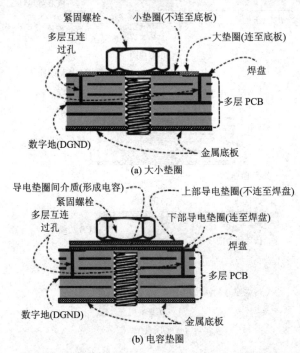

(a) 大小垫圈

(b) 电容垫圈

图 8.138　利用垫圈实现 PCB 与底板之间的多样化连接

　　PCB与底板之间可以多点接地，也可以采用高频多点接地、低频与直流单点接地的方式。采用多点接地有利于高频工作，但当低频大电流工作时，来自底板的低频大噪声电流（如市电 50 Hz 频率及其谐波）不仅流过底板，而且流过 PCB 的参考层，对 PCB 形成强烈干扰。通过各接地点会形成多个电流环路，易于电磁辐射与感应，如图 8.139(a) 所示。为解决此问题，可利用电容器实现高频多点接地、低频与直流单点接地（如图 8.139(b) 所示），一个端点直接短路接地，其他点采用小容量电容接地。只要电容值足够小（典型值为 47 pF～4.7 nF），来自底板的低频噪声电流就不会流过 PCB 的参考层，也无法形成电流环路。

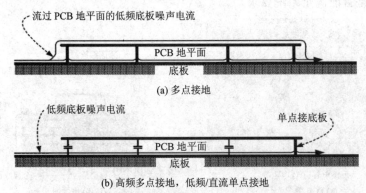

(a) 多点接地

(b) 高频多点接地，低频/直流单点接地

图 8.139　PCB 与底板之间的多点与单点连接

　　PCB 与底板之间的空腔构成一个矩形空间,相当于平行板波导(Parallel-Plate Waveguide,PPW)或称为谐振腔。如果其内部任一尺寸等于半波长($\lambda/2$)的整数倍,就有可能发生谐振而产生驻波。如果谐振频率与信号或干扰的频率一致或成比例,就会对电路的工作和电磁兼容性产生严重影响,有可能使谐振频率处的干扰噪声增加一个数量级(+20 dB)以上。谐振频率 f_{res} 与谐振腔的尺寸有关,可表示为

$$f_{res} = \frac{1}{2\sqrt{\varepsilon\mu}} \sqrt{\left(\frac{l}{L}\right)^2 + \left(\frac{m}{M}\right)^2 + \left(\frac{n}{N}\right)^2} \tag{8.35}$$

式中,L、M、N 分别为 PPW 的长、宽、高(参见图 8.140);l、m、n 为整数,分别代表沿 L、M、N 方向上的谐波次数(只有一个允许为零);ε 和 μ 分别为谐振腔内介质的介电常数和磁导率。

图 8.140　PCB 与底板之间形成的谐振腔

　　工程上,如谐振腔内的介质为空气,则式(8.35)可化为如下经验公式:

$$f_{res} = 150 \cdot \sqrt{\left(\frac{l}{L}\right)^2 + \left(\frac{m}{M}\right)^2 + \left(\frac{n}{N}\right)^2} \tag{8.36}$$

式中,L、M、N 的单位为 mm,f_{res} 的单位为 GHz。如果只考虑沿 L 或 M 方向的基波,则最低谐振频率(对电路影响最大的频率)可表示为

$$f_{low} = 150 \cdot \sqrt{\frac{1}{L^2 + M^2}} \tag{8.37}$$

以上公式适用于全空的谐振腔,如果谐振腔内有较多的元器件或者结构件,则会使其谐振频率上升,相对而言可以削弱谐波的不利影响。

　　谐振腔(PPW)尺寸越小,基波频率越高,越有可能远离电路的信号频率或干扰频率,而与该尺寸对应的是高次谐波频率,其幅度要低于基波频率。因此,增加 PCB 与底板之间连接点的数量,缩小 PCB 与底板之间的连接点间距,可以增加谐波频率的值,从而使起作用的谐振频率是高次谐波的频率,而非基波的频率。这对于抑制谐振效应的影响是十分有利的,因为高次谐波的摆幅要远低于基波的摆幅。因此,在任意方向上,PCB 与底板连接点之间的间距

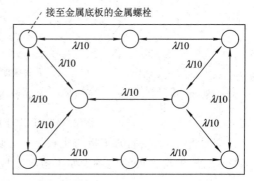

图 8.141　PCB 与底板之间连接点的分布要求

应小于 $\lambda/10$(参见图 8.141),最好的情况是小于 $\lambda/20$,其中 λ 是 PCB 最高工作频率对应的波长。不过,接地点越多,PCB 装配时间越长,付出的成本也越高。另外,这种多点接地是针对相对高的频率,故可采取电容接地的方式。

　　在射频工作条件下,PCB 与底板之间的多点接地要求有可能无法实现。例如,对于 150 mm×75 mm×5 mm 的 PCB－底板空腔,最低谐振频率约为 0.89 GHz。如果数字 IC

的工作频率为 128 MHz，则 $\lambda/10 = 23.4$ cm，应可实现；如果数字 IC 的工作频率达到 3 GHz(开关时间为 100 ps 量级)，则 $\lambda/10 = 10$ mm，事实上已无法实现。因此，对于高于 500 MHz 的频率，采用上述方法已很难奏效，为此可采取其他方法。例如，使用不规则的 PCB−底板连接点图形，使谐振频率离散化；人为设计谐振频率，使之避开电路的工作频率，但设计难度大；增加接地电阻，降低谐振的 Q 值，使幅度降低，但接地电阻有寄生电感，会削弱对 EMI 的滤波效果。

PCB 与底板之间的间距对电磁兼容性也有一定影响。如图 8.142 所示，间距越小，二者之间的耦合电容越大，连接点的阻抗越小，边缘电场发射越小，驻波谐振频率越高，这些都有利于改善电磁兼容性。

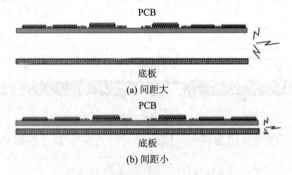

图 8.142　PCB 与底板之间的间距

在 PCB 之下布置一个导电平面(通常是塑料板上热压一层金属箔)，如图 8.143 所示，即使不接地，也能通过镜像效应来抑制 PCB 上的大面积环路或高电感长走线引发的干扰。镜像面距离 PCB 越近，干扰抑制效果越好。镜像面如果能够接地，抑制效果更佳。此法通常用作 PCB 布线不佳又无法重新布线时的一种补救方法。

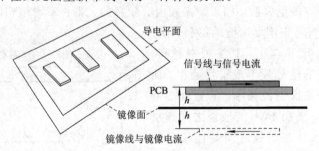

图 8.143　PCB 下的导电平面用作镜像面

如果 PCB 主板上的子板与主板平行，则称为平行子板或"包厢式子板"，如图 8.144 所示。平行子板与主板的关系犹如主板与底板的关系，其接地及谐振问题的解决方法类似。

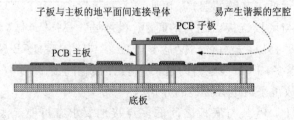

图 8.144　PCB 的平行子板

8.7　布　线　方　法

8.7.1　走线长度最小化

PCB 布线应遵循以下原则：

（1）长度缩短优先原则：如果面积宽松，不构成对走线方向的限制，则按最短方式布线，否则在可用空间内按长度最小化原则布线。尤其是时钟振荡电路、快速开关电路和电流支路，布线应尽可能的短。布线越短，则干扰越小，寄生电抗越低，辐射也更少。

（2）宽度加大优先原则：线宽从大到小的次序是地线、电源线、信号线。如对 TTL 电路，地线宽度至少是电源线的 2 倍，而电源线宽度至少是信号线宽度的 2 倍，如信号线宽为 0.2～0.3 mm，则电源线和地线的宽度可达 1.2～2.5 mm。

（3）关键信号线优先原则：电源、模拟小信号、高速信号、时钟信号和同步信号等关键信号应优先布线。

（4）密度优先原则：从单板上连接关系最复杂的器件着手布线，从单板上连线最密集的区域开始布线。

（5）间距最大原则：在布线面积许可的条件下，尽可能增加走线的间距。当走线不得不从两个导电点(元器件引脚或其他走线)之间穿过时，与两个导电点的距离应相等。

图 8.145 和图 8.146 给出了布线时如何缩短线长的若干实例。

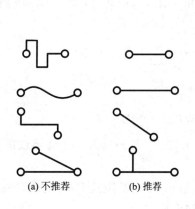

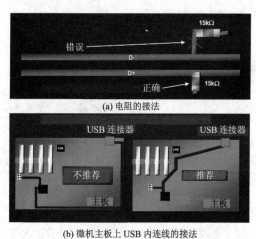

(a) 电阻的接法

(b) 微机主板上 USB 内连线的接法

图 8.145　两点之间缩短线长的方法实例　　　图 8.146　PCB 缩短线长实例

如果 FPGA 芯片允许管脚可通过编程重新配置，则可以根据 FPGA 所在芯片的布局方案，通过调整 FPGA 管脚配置来缩短线长。在图 8.147 给出的实例中，原方案(a)由于走线过长，不能满足系统时序要求；第一次改进方案(b)通过调整 FPGA 一个管脚的配置，缩短了部分线长，可以满足系统部分时序要求；进一步的改进方案(c)通过调整 FPGA 另一个管脚的配置，缩短了所有线长，从而满足了全部系统时序要求。在图 8.148 给出的实例中，采用 BGA 封装的 FPGA 芯片的走线优化后线长减少了 49%，延时缩短了 320 ps。

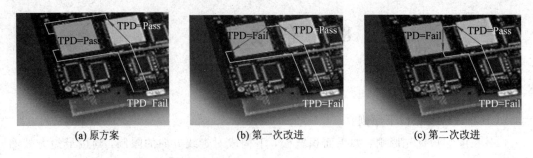

| (a) 原方案 | (b) 第一次改进 | (c) 第二次改进 |

图 8.147　通过改变 FPGA 管脚配置来缩短线长的实例一

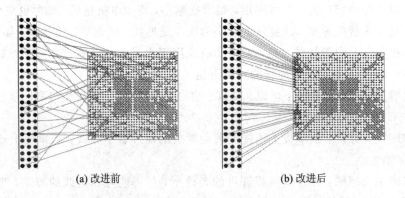

| (a) 改进前 | (b) 改进后 |

图 8.148　通过改变 FPGA 管脚配置来缩短线长的实例二

8.7.2　拐角布线

走线的拐角尽量避免采用锐角或直角，可采用钝角，最好采用圆角，如图 8.149 所示。因为锐角或直角会带来以下问题：

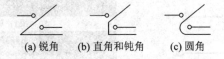

(a) 锐角　　　(b) 直角和钝角　　　(c) 圆角

图 8.149　走线的拐角方式

（1）走线阻抗不连续。如直角走线导致阻抗变化大约为 7％～20％，这会导致信号的反射。

（2）走线寄生电容上升。如 4 mil 宽、相对介电常数 4.3、特征阻抗 50 Ω 的传输线，一个直角带来的电容增加约为 0.01 pF，这会加大信号的延迟。

（3）局部电场强度加大。角度越小，场强越大，这有可能产生高频信号的发射。例如，在图 8.150 给出的实测结果中，圆角的反射几乎为零，而 90°拐角会引起显著的反射。

（4）PCB 制作时如果刻蚀不良，可能会造成拐角处走线变窄，阻碍大电流通过，缩短寿命。

（5）增大布线面积。据统计，用 45°线代替直角线，可以节省线长 20％、面积 15％、通孔数 30％。

（6）易形成导体裂纹、铜箔翘曲，不利于焊接。

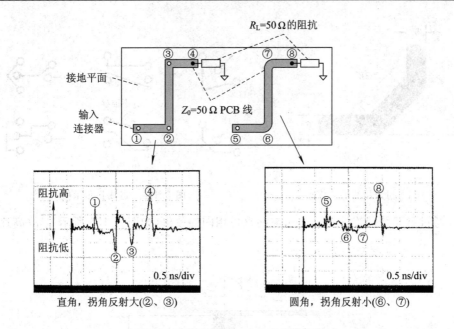

图 8.150　走线拐角引起的反射测试结果

因此，如果按优→劣排序，则优选次序为圆角→钝角→直角→锐角。然而，圆角的计算机处理以及工艺加工质量的保证较为困难，除了射频电路之外，实际多数推荐采用外 45°角，尤其是拐角线段较长的外 45°角，如图 8.151 和图 8.152 所示。图中的 w 为线宽。

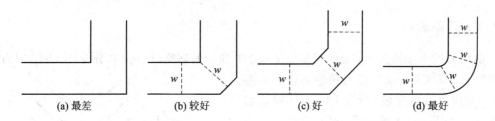

图 8.151　不同拐角方式的比较之一

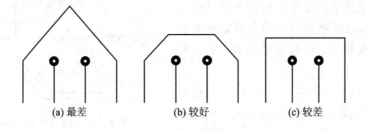

图 8.152　不同拐角方式的比较之二

作为一般规则，走线应尽量避免急剧的弯曲和锐角，改变走线方向时最好采用外 45°角而非 90°角，45°拐角附近的线长最好大于线宽的 3 倍(参见图 8.153)。对于高压大电流电路、射频电路和小信号模拟电路，最好采用圆角。实际布线时，应根据具体情况灵活处理，图 8.154 给出了三个例子。

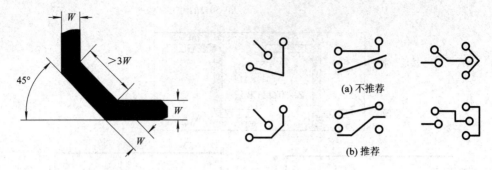

图 8.153　拐角尺寸的确定　　　　　　　　　图 8.154　走线拐角示例

　　走线通过过孔跨层连接也会引起与拐直角相同的效果(如图 8.155 所示),故高速布线最好在同一层。

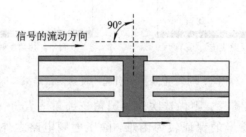

图 8.155　走线通过过孔跨层连接

8.7.3　环路布线

　　在 PCB 的布线设计中,应尽量避免图 8.156 所示的环路(Loop)和分支(Stub)。因为环路相当于闭环天线,高频信号很容易通过环路发射,对周边电路形成干扰;同时,环路也容易感应来自周边的高频信号,对自身电路形成干扰。环路面积越大,流过环路的信号电流频率越高,干扰越严重。而分支相当于单极子天线,也容易感应或接收来自外部的静电脉冲或高频辐射。分支越长,信号频率越高,干扰越严重。

　　任何信号线(尤其是高频信号线)与其返回通道尽量不要形成环路,如不可避免,环路面积应尽量小,如图 8.157 所示。不同时延的通

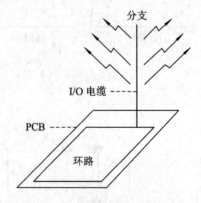

图 8.156　PCB 中的环路与分支

用逻辑电路在不同工作频率下允许的环路最大面积如表 8.11 所列。这里确定环路最大面积的依据是欧洲标准 EN class B,它规定环路面积在 $10~\text{m}^2$ 内所引发的辐射强度不应超过 $30~\text{dB}\mu\text{V/m}(30\sim230~\text{MHz})$ 或者 $37~\text{dB}\mu\text{V/m}(230\sim1000~\text{MHz})$。由表 8.11 中数据可知,信号频率越高,上升时间越短,工作电流越大,所允许的最大环路面积就会越小。图 8.158 给出了若干在走线设计中如何避免环路面积的实例。

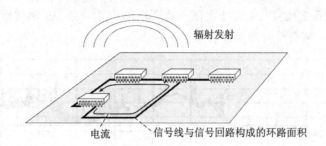

图 8.157　信号线与其返回路径构成的环路

表 8.11　通用逻辑电路所允许的最大环路面积

逻辑电路系列名称	上升时间/ns	电流/mA	允许的最大环路面积/cm²			
			4 MHz	10 MHz	30 MHz	100 MHz
74HC	6	20	50	45	18	6
74LS	6	50	20	18	7.2	2.4
74AC	3.5	80	5.5	2.2	0.75	0.25
74F	3	80	5.5	2.2	0.75	0.25
74AS	1.4	120	2	0.8	3	0.15

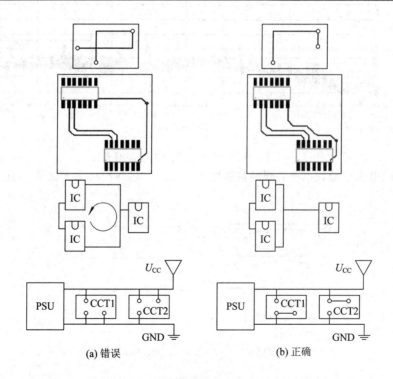

(a) 错误　　　　　　　　　(b) 正确

图 8.158　缩小环路面积的设计实例

在图 8.159 所示的例子中，电源滤波电路与内部连接器之间如果在散热孔外围绕行，则电源－地环路面积大，在 100～230 MHz 频段内的辐射发射超标 20 dB。如果改变接地/

电源方式，从散热孔之间穿行，可使电源一地环路面积达到最小。测试结果表明，辐射发射将下降近 20 dB，从而符合规范要求。

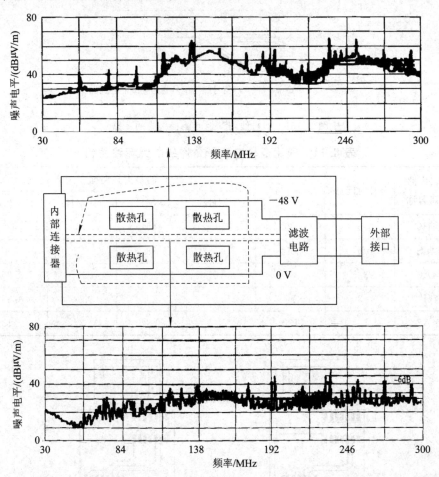

图 8.159　环路面积对电磁发射的影响实例

　　如果采用电源一地线网格，则网格密度不宜太小，亦即网格单元面积不宜太小，如图 8.160 所示。

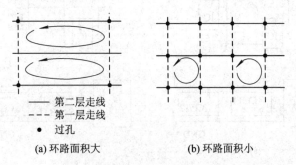

图 8.160　电源一地线网格中的环路面积约束

　　如果大面积的环路无法避免，可沿环路加保护地线或者在环路内填充屏蔽地块，如图 8.161 所示。

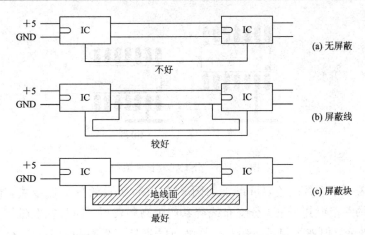

图 8.161　环路的地线屏蔽

8.7.4　分支布线

　　分支不仅会引起高频辐射,而且会使信号畸变,信号经过的分支数量越多,分支线越长,则信号畸变越严重。由图 8.162 可知,经过 3 个分支的 V(9)信号比经过 1 个分支的 V(5)信号的失真严重,分支线长 10 cm 的比分支线长 2.5 cm 的失真严重。因此,如果不得不出现分支,也要尽量缩短分支的长度,一般原则是分支线的延迟不大于信号上升时间的 1/20,如图 8.163 所示。

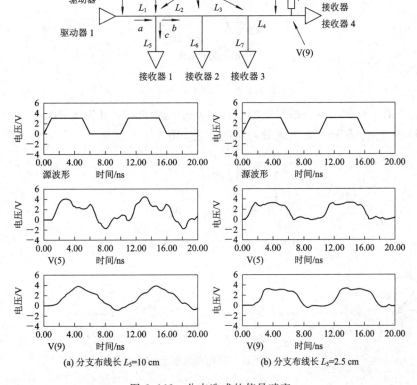

图 8.162　分支造成的信号畸变

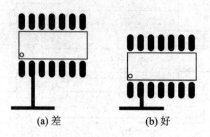

(a)差   (b)好

图 8.163 分支线的长度限制

　　如果要将若干个芯片相连，可以采用图 8.164(a)所示的分支连线法，也可以采用图 8.164(b)所示的一笔画连接法。分支布线容易产生高频辐射，同时特性阻抗被改变形成反射，导致波形畸变，但连线相对较短；一笔画布线不易产生高频辐射，但有可能增加线路的总长度。

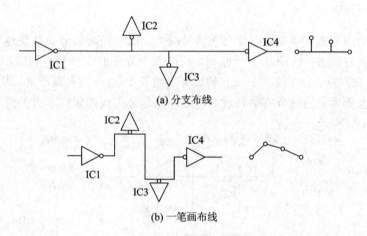

图 8.164 布线的两种方式

　　另外，一般不允许出现一端浮空的布线(Dangling Line)，如图 8.165 所示，这称为走线的开环检查规则。尽量不要出现放射状的连线，图 8.166 给出了三个例子。

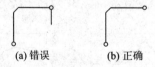

(a)错误   (b)正确

图 8.165 不要出现一端浮空的走线

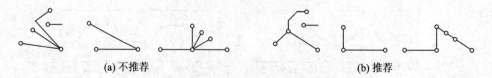

(a)不推荐   (b)推荐

图 8.166 尽量不要出现放射状的连线示例

8.7.5　其他布线方法

信号线过于靠近 PCB 的边缘或者 PCB 槽缝的边缘(参见图 8.167),会使信号线及回流线的电场与磁场畸变,形成边缘电磁辐射(有如线形天线),增加走线电感以及高频接地阻抗,导致串扰和公共阻抗干扰上升。图 8.168 表明,信号线远离边缘时,信号电场与回流电场都为对称分布;信号线靠近边缘时,信号电场与回流电场都发生了畸变。图 8.169表明,信号线距离板边缘越近,边缘电场越大。

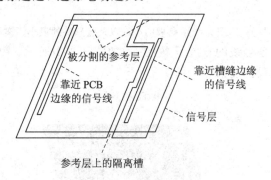

图 8.167　信号线靠边的情形

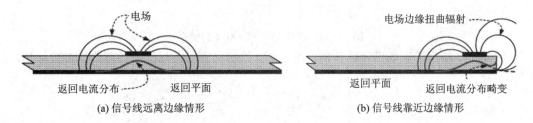

图 8.168　信号线附近的电场分布

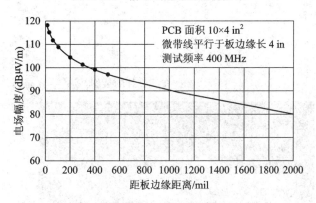

图 8.169　微带线边缘电场强度与线-边缘间距的关系

为此,应增加信号线-边缘间距(d),缩短信号线与参考面的间距(h),高频信号线应满足 $d \geqslant 10h$。走线距离 PCB 边缘最好大于 0.5 inch(12.5 mm),至少大于 0.1 inch(2.5 mm),除了防止信号失真之外,还可防止 PCB 切割时可能带来的破坏。如果 PCB 边缘有金属连接件,则走线与之也应间隔同样距离,如图 8.170 所示。

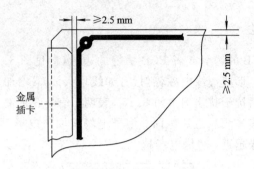

图 8.170　PCB 走线距离板的边缘以及金属件的最小距离约束

另外，时钟等高速信号线的宽度不要突变。如图 8.171 所示，线宽突变会造成特征阻抗不连续，导致信号的局部反射。

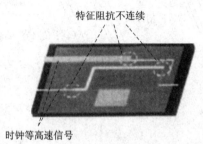

图 8.171　PCB 走线宽度突变的情形

图 8.172 给出了布线设计的杂例。图 8.173 给出的例子是以上所述规则的综合应用。

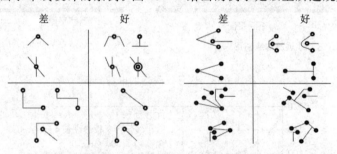

图 8.172　布线设计的杂例

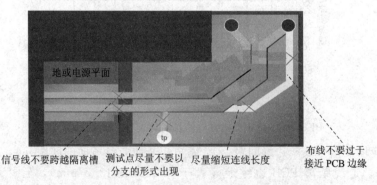

图 8.173　布线设计的综合实例

8.8 过孔与端口设计

8.8.1 过孔对可靠性的影响

PCB 上的孔分为元件孔和过孔两类(参见图 8.174)。元件孔(Component Hole)用于元件端子固定于印制板及导电图形电气连接;过孔(Via)是印制板层与层(内层或表层)之间的金属化孔,一般不用作插入元件引线或其他增强材料。

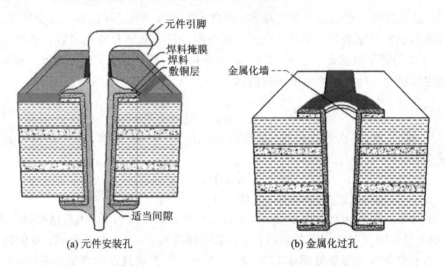

图 8.174 PCB 上孔的结构示意图

过孔又分为盲孔、埋孔和通孔,如图 8.175 所示。盲孔(Blind Via)是一个内层与一个表层之间的导通孔;埋孔(Buried Via)是一个内层与另一个内层之间的导通孔,不延伸到印制板表面;通孔(Through Via)是表层与低层之间的导通孔,亦称"贯通孔"。

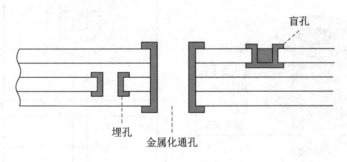

图 8.175 PCB 三种过孔的结构示意图

过孔(特别是盲孔和埋孔)的使用与多层板结伴而生,可大大缩短 PCB 的连线,显著增加了安装密度,为 BGA、CSP 等高密度封装芯片的 PCB 安装提供了条件,同时改善了设计灵活性和电磁兼容性。图 8.176 给出的例子表明,使用盲孔和埋孔之后,使 PCB 上两个芯片的间距从 150 mil 缩短到 30 mil,显著增加了安装密度。

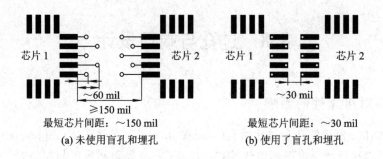

芯片 1　　　　　　　芯片 2　　　　　　芯片 1　　　　　　芯片 2

~60 mil

≥150 mil

最短芯片间距：～150 mil　　　　　　最短芯片间距：～30 mil

(a) 未使用盲孔和埋孔　　　　　　　(b) 使用了盲孔和埋孔

图 8.176　盲孔和埋孔的使用提高安装密度实例

不过，过孔的引入也增加了制造成本，提高了设计复杂度，使用不当也会削弱其效果。

过孔本身具有一定的寄生阻抗，包括串联电阻、寄生电感和寄生电容。通常每个过孔约有 1～4 nH 的寄生电感和 0.3～0.8 pF 的寄生电容。孔径越大，焊盘越大，板越薄，过孔的寄生参数越小。过孔电感可由下式估算：

$$L = 2T\left[\ln\frac{4T}{d} + 1\right]\ [\text{nH}] \tag{8-38}$$

式中，T 为过孔长度，d 为过孔内径，单位均为 mm；L 为过孔电感，单位为 nH。过孔电容可由下式估算：

$$C = \frac{0.55\varepsilon_r TD_1}{D_2 - D_1}\ [\text{pF}] \tag{8-39}$$

式中，ε_r 为 PCB 基板的相对介电参数；T 为过孔长度，单位为 mm；D_2 是过孔反焊盘（亦称阻焊盘）的直径，D_1 是过孔焊盘的直径，二者取相同的单位；C 为过孔电容，单位为 pF。上述使用的过孔几何参数可参见图 8.177。表 8.12 给出了典型过孔的寄生参数值，包括串联电阻 R、寄生电感 L 和寄生电容 C。

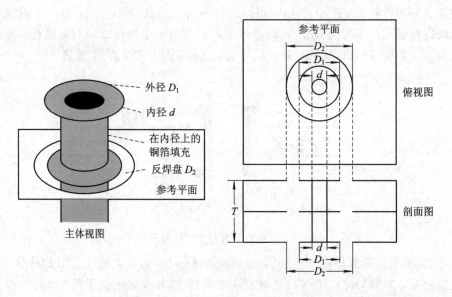

参考平面　　俯视图

外径 D_1

内径 d

在内径上的铜箔填充

反焊盘 D_2

参考平面

主体视图　　剖面图

图 8.177　地平面上过孔的几何参数

表 8.12　典型尺寸过孔的寄生阻抗参数值

通孔直径 d/mil	10			12			15			25		
焊盘直径 D_1/mil	22			24			27			37		
阻焊盘直径 D_2/mil	30			32			35			45		
参数	R	L	C	R	L	C	R	L	C	R	L	C
长度 60 mil	1.55	0.78	0.48	1.25	0.74	0.53	0.97	0.68	0.60	0.57	0.53	0.83
长度 90 mil	2.3	1.33	0.66	1.88	1.24	0.69	1.45	1.15	0.78	0.85	0.92	1.08

注：R 的单位为 mΩ，L 的单位为 nH，C 的单位为 pF，针对均匀间隔 PCB 板。

过孔穿过 PCB 的参考面会导致参考面的不连续性，造成接地阻抗和回流环路面积增大，如图 8.178 所示。例如，接地层上的过孔导致信号回流通道加长，造成接地阻抗增大；信号层上的过孔导致信号通道加长，造成信号线阻抗的增大。图 8.179 的例子表明，信号通过过孔传输，增大了信号回路的环路面积，高频信号通过时会形成电磁辐射或感应外界干扰。

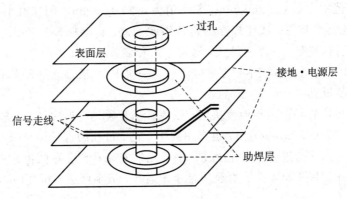

图 8.178　过孔对参考层和信号层连续性的影响

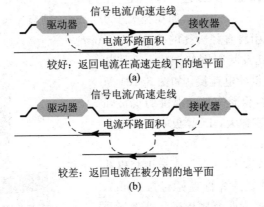

图 8.179　过孔使信号电流的环路面积增大实例

随着集成电路管脚的高密度化以及连接件的高密度化，PCB 过孔也趋向于高密度化，具体表现为单位面积过孔数增加，过孔间距下降，同时过孔直径也在下降，如图 8.180 所示。多位数据总线和地址总线对相关接口的要求，也会造成 PCB 过孔的高密度化。过孔高密度化带来的后果是过孔寄生电感和寄生电容的增加，从而加剧了过孔对电磁兼容性和信号完整性的不利影响。PCB 参考面上过孔数过多，占用面积比例过大，就会破坏了 PCB 参考面的连续性和完整性，其效果有如在参考面上开槽。

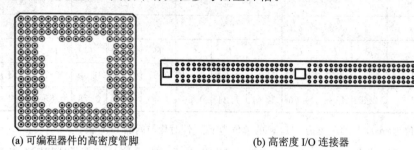

(a) 可编程器件的高密度管脚　　　　　　　　(b) 高密度 I/O 连接器

图 8.180　集成电路管脚和 I/O 连接件的高密度化示例

8.8.2　过孔尺寸的确定

元件安装孔的尺寸由元件引线尺寸决定，其直径应略大于元件引线直径。孔壁与元件管脚之间的间隙范围为 0.15～0.5 mm，常用值为 0.2～0.3 mm。间隙过小，会导致插装困难；间隙过大，会导致虚焊，或使焊点的机械强度变差。自动插装机要比手动插装留有更大的裕量；元件引脚越粗，间隙应越大，通常芯片和多数小型元件的孔径取 0.8 mm，大元件取 1.0 mm。为了降低制板成本，应尽可能减少一块 PCB 板上元件安装孔不同尺寸的数目，有利于降低制板成本。

过孔的最小可用直径由基板厚度决定，以免影响金属化电镀质量，一般为板厚的 1/3，如板厚 1.6 mm，则孔径为 0.6 mm，也有用到 1/5 的。过孔的直径可与最小的元件安装孔的直径相当，以简化钻孔过程。也可让过孔小于元件安装孔，可降低将元件引线错误地插入到过孔中的概率。盲孔和埋孔的直径通常小于通孔，最小可达 6 mil(150 μm)，故亦称微通孔(Microvia)。

元件安装孔和过孔都需考虑工艺容差，因为钻孔等工艺无法保证完全准确。如孔径小于 0.8 mm，则容差可为 +0.10 mm；如孔径大于 0.8 mm，则容差可为 +0.13 mm，此时元件安装孔的孔径＝有效引脚直径＋孔的公差＋0.2 mm。

焊盘(Pad)指引线孔及其周围的铜箔，为孔与元件或表层走线之间提供导电连接，如图 8.181 所示。焊盘越大，元件焊接得越牢固，提供的机械强度越大，但占据的板面积越大，PCB 板的制作成本越高。

对于非金属化过孔板，焊盘直径应至少超出孔径 1 mm，如 0.8 mm 孔径的焊盘直径约为 2 mm，也可使用椭圆型焊盘。通常非金属化环氧玻璃板的焊盘直径与孔直径之比为1.8～3.0，非金属化苯酚纸板为 2.5～3.0。

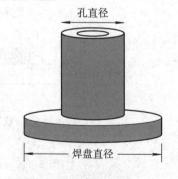

孔直径

焊盘直径

图 8.181　焊盘与孔的关系

对于金属化过孔板，由于金属化过孔增强了焊盘到电路板的结合强度，因此可使用较小的焊盘，如 0.8 mm 孔径的焊盘直径约为 1.3～1.5 mm。通常焊盘直径与孔直径之比为 1.5～2.0。图 8.182 是不同孔径下推荐的金属化过孔焊盘尺寸。例如，孔径为 0.85～1.3 mm，焊盘直径的推荐值为 2.54 mm，最小值为 1.98 mm。

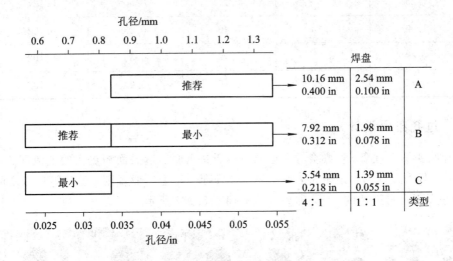

图 8.182　不同孔径下推荐的焊盘直径

表贴焊盘由贴装技术（如波峰焊还是回流焊）决定，设计者需要做的是检查元件库中尺寸的正确性。焊盘环的宽度一般为 0.3～0.6 mm，典型值为 0.5 mm，对非金属化孔应更大些，以保证引脚焊接的机械强度。

布线时，走线宽度 W 应窄于焊盘直径 D，后者通常是前者的 3 倍，如图 8.183 所示。

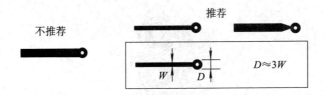

图 8.183　走线宽度与焊盘直径的关系

电源过孔的尺寸需考虑通流能力。过孔最大允许通过电流可由以下经验公式估算：

$$I_{\max} = K \cdot T^{0.44} \cdot A^{0.275} \tag{8.40}$$

式中，$I_{\max}$ 是最大允许通过电流，单位为 A；T 是通流路径上最大允许的温升，单位为 ℃；A 是通流路径的横截面积，实际上是过孔内壁铜箔的横截面积，单位为 mil^2；K 是降额系数，对于外层可取 0.048，内层可取 0.024。例如，某过孔的外径为 25 mil，内径为 10 mil，内壁铜箔厚度为 1.5 mil，则 $A = 3.14 \times 10\ \mathrm{mil} \times 1.5\ \mathrm{mil} = 47.1\ \mathrm{mil}^2$，由式（8.40）可算出 $I_{\max} = 2.1$ A。如果一个过孔达不到要求，可以在同一焊盘上打多个过孔。

对于高密度管脚封装的 BGA 芯片，无需钻孔，只需考虑焊盘大小。常规 BGA 芯片的球栅间距不小于 1.0 mm，小尺寸 BGA（FBGA）则不大于 0.8 mm。表 8.13 给出了常用 BGA 封装芯片的焊盘参数。

表 8.13　常用 BGA 封装芯片的焊盘参数　　　　　单位：mm

BGA 间距	BGA 管脚尺寸	焊点直径	PCB 焊盘尺寸	铜箔厚度
1.25	0.60	0.75	0.60	0.127
1.00	0.33	0.40	0.33	0.102
0.80	0.33	0.40	0.33	0.102
0.75	0.27	0.35	0.27	0.102

8.8.3　过孔布局设计

过孔间距不宜过窄，否则会导致返回电流无法通过，造成面积更大的电流回路，或者迂回通过，导致较高的接地阻抗，如图 8.184 所示。作为一般规则，过孔阻焊盘之间的间距 S 最好大于孔间距 d 的 1/3，即 $s > d/3$，如图 8.185 所示。

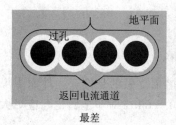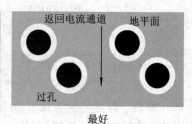

图 8.184　过孔间距对返回电流的影响

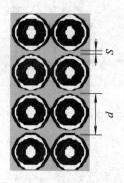

图 8.185　过孔间距尺寸定义

在高速信号通道上，过孔应尽可能的少，速度最高的时钟线上最好无过孔。如不得不使用过孔，应尽量加大过孔的间距，如图 8.186 所示。对于高速的并行线，如地址和数据总线，每根信号线的过孔数最好相同。

对于总线上的过孔，最好不要连续密集设置（如图 8.187(a)所示），而应交错配置（如图 8.187(b)所示），以增加相邻过孔的间距，提供过孔之间的电流通道。

双列直插(DIP)或单列直插(SIP)封装芯片会给地平面引入窄槽，高频电流不得不绕槽而行（如图 8.188(a)所示），增加回路面积和分布电感，为此可在芯片管脚之间加细的短路线，如图 8.188(b)所示。

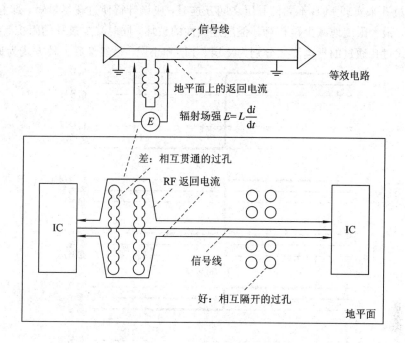

图 8.186　高速信号通道上的过孔

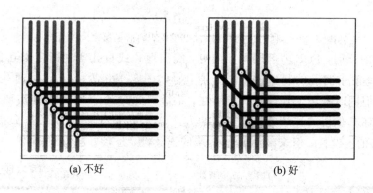

图 8.187　总线上过孔分布考虑

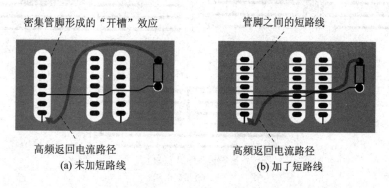

图 8.188　DIP 或 SIP 封装芯片管脚的处理方式

在利用过孔来实现 PCB 不同信号层之间互连时，应设计得使过孔尽量短，即它通过的导电层尽量少，最大限度地减少过孔对其他层连续性的破坏，同时减少过孔的阻抗。在图 8.189 中，三种方式过孔通过的导电层数分别为 4 层、3 层和 1 层，显然最后一种方式为最佳。

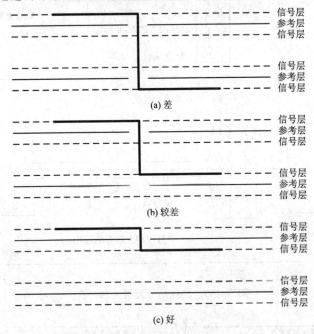

图 8.189　利用过孔实现六层 PCB 不同信号层之间的互连

基于同样的原因，PCB 内部层间互连时，能用埋孔或盲孔实现指定层互连时，就不要用通孔，只是埋孔和盲孔的制造成本高于通孔。如图 8.190 所示，(a)用通孔实现 L_3 层与 L_4 层的互连，但同时破坏了其他层的连续性，是最差的方式；(b)用埋孔实现 L_3 层与 L_4 层的互连，未破坏其他层的连续性，是最佳的方式；(c)用盲孔实现 L_1 层与 L_4 层的互连，破坏了 L_2、L_3 层的连续性，但未破坏 L_5、L_6 层的连续性，是较好的方式。

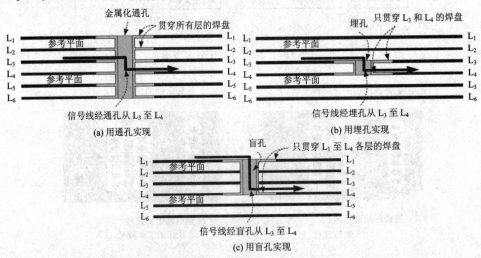

图 8.190　内部层间互连(L_3 层和 L_4 层)的实现方式

为了减少跨层互连引入的连线和过孔阻抗，在可能的情况下，应尽量减少跨层互连，最好不要跨过参考层。特别是敏感信号，应尽量布在同一层，不要通过过孔。图 8.191(a)、(b)实现的连接功能是相同的，但(a)方案通过了 6 个过孔，拐了 6 个直角，同时增加了连线长度，而(b)方案通过了 2 个过孔，拐了 2 个直角，线长缩短为原先的 1/3，从而大大降低了连线电阻及其不连续性。

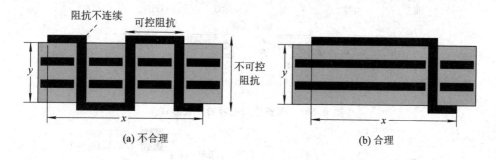

图 8.191 跨层过孔连接实例

8.8.4 过孔焊盘设计

元器件引脚焊盘与过孔之间的连线方式应使二者之间的寄生电感尽量小。不同焊盘—过孔连接方式与电感的定性关系如图 8.192 所示。对于表面贴装元件，应要求尽可能缩短引线长度，增加引线宽度，增加接触孔数量，从而减少引线寄生电感和串联电阻。

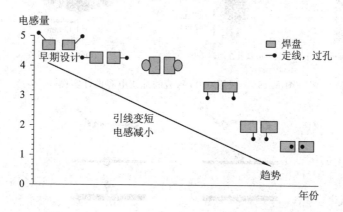

图 8.192 焊盘—过孔连接方式的演变与引线电感的关系

图 8.193 给出了两类 10 种陶瓷片式电容的安装方式。从封装结构上看，横宽(Aspect Reverse)型优于纵长(Regular Aspect)型；从引线布图来看，接触孔越多，则串联阻抗越小。设计时，携载相反电流的过孔要尽量靠近，如图 8.193(b)中第二种连接的上孔与下孔；平行的过孔要尽量远离，如图 8.193(b)中第二种连接的左孔与右孔。

对于常见的片式元件的封装尺寸，从好到差的推荐次序为 0402、0612、0603、0805、1206。图 8.194 给出了 0805 封装尺寸的片式电容器的设计实例。

走线与焊盘的连接应均匀而对称，这样有利于焊接，如图 8.195 所示。

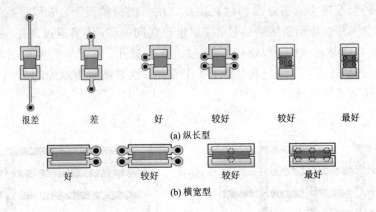

图 8.193　陶瓷片式电容的安装形式

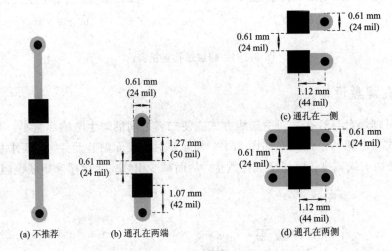

图 8.194　采用 0805 封装的片式电容设计实例

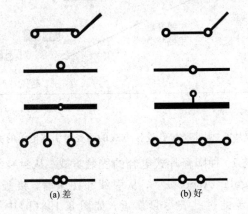

图 8.195　走线与焊盘的连接方式

8.8.5　I/O 端口设计

1. 端口地线设计

I/O 口的地线不宜过少，否则会造成公共阻抗干扰和电流环路干扰。如图 8.196 所示，多个信号通过同一条地线返回,通过地线电感形成的公共阻抗,导致不同类型的信号相互干扰。同时,也会使信号与回流的环路面积过大,容易形成电磁感应与辐射。信号线相邻也会造成不同类型信号之间的串扰。

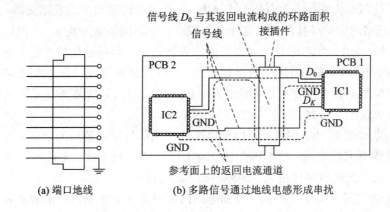

图 8.196　I/O 端口多条信号线一条地线的情形

如果 I/O 端口有多条地线,但地线集中排列(如图 8.197 所示),则仍然会形成较大的接地阻抗,因为高频电流倾向于从离它最近的返回线流过,即使有多个返回线,仍然会形成较大的信号-回流环路面积,而且集中的地线无法起到对信号线的屏蔽与隔离作用,相邻排列的信号线仍然会形成串扰。

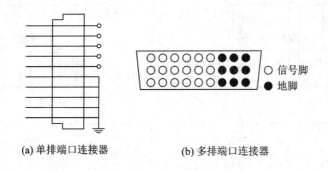

图 8.197　I/O 端口多条地线集中排布情形

因此,最好的连接方式是信号线与返回线交替排布,如图 8.198 所示。信号线与返回线最好能均匀交叉分布,使信号线不相邻;信号线(S)和返回线(R)数目的比至少应达到

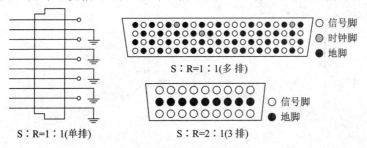

图 8.198　I/O 端口信号线与返回线交叉分布情形

S∶R＝3∶1 或 5∶1，对于高频电路，最好能达到 1∶1。时钟线是最容易产生干扰的线，故一定要用地线与其他信号线隔开，且尽可能远离其他信号线。

2. 端口滤波器设计

为了防止外部干扰进入或者内部干扰逸出，往往在 I/O 端口处设置滤波器，用于抑制高频干扰。滤波网络的设计以及在 PCB 板上的布局会产生不同的滤波效果。下面举例说明。

在图 8.199(a) 中，为防止 I/O 端口与内部数字电路之间通过地线产生干扰，在二者之间开一隔离槽，其中内部电路区接数字信号地，I/O 区接机壳地，两个地之间用铁氧体磁珠连接，用于阻挡高频干扰在它们之间传播。内部电路的高频信号通过低阻抗电容接数字地返回，不会传递到 I/O 区。

第二种接法如图 8.199(b) 所示，内部电路的高频信号需传递到 I/O 区，再通过电容和铁氧体磁珠才能返回数字地。这不仅会导致对 I/O 区的高频干扰，而且因要通过高阻抗的铁氧体磁珠，会导致接地阻抗过大。这种接法不值得推荐。

第三种接法如图 8.199(c) 所示，内部电路的高频信号通过电感和电容返回数字地，由于串联电感的高阻抗使得接地阻抗偏大，同时来自 I/O 区的外部干扰（可以是 ESD 放电脉冲、电磁干扰等）可以通过信号线直接进入内部电路。这种接法更不值得采纳。

第四种接法如图 8.199(d) 所示，它利用铁氧体磁珠和电感为内部地与 I/O 地提供高频隔离，同时电容为来自外部的干扰信号提供了一个低阻抗接地的旁路通道，缺点是内部

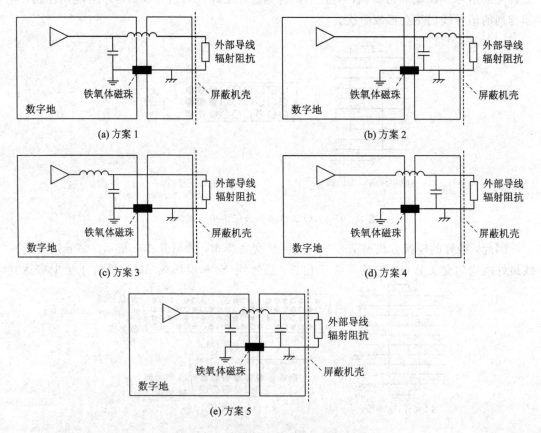

图 8.199　I/O 端口滤波防护网络示例

电路信号的接地环路面积较大，导致接地阻抗较大。如果对 I/O 区的主要干扰来自外部，可采用这种方式；如果对 I/O 区的主要干扰来自内部数字电路，则建议采用第一种方案。

　　如果既要抑制内部干扰，又要抑制外部干扰，可以采用图 8.199(e) 所示的 π 型滤波器方案。它实际上是第一种方案和第四种方案的组合。这种方法可以获得最好的滤波效果，但使用的元件数也是最多的，会增加 PCB 面积和成本。

　　如果内部电路的输出/输入信号采用差分方式传输，则无需参考平面，即可取消 I/O 口的接地平面，同时采用隔离变压器或者共模扼流圈来隔离或者抑制共模干扰，如图 8.200(a) 所示。如果需要同时传输差分与单端信号，则可采用图 8.200(b) 所示的方案。

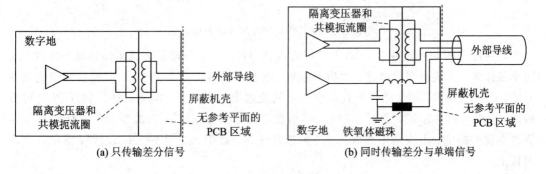

(a) 只传输差分信号　　　　　　　　(b) 同时传输差分与单端信号

图 8.200　I/O 端口差分信号传输示例

8.9　防过热设计

8.9.1　PCB 散热性布局

　　在 PCB 布局时，元器件与元器件之间、元器件与结构件之间应保持一定的距离，以利空气的流动，增强对流散热。间隔距离的具体值与元器件或结构件的形状（圆的或方的）、方位（上下或左右）等因素有关，图 8.201 给出的规则可供参考。

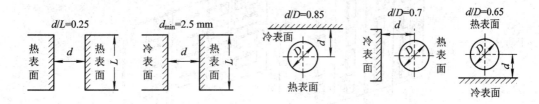

图 8.201　自然对流时元器件、结构件之间的距离关系

　　所有元器件在 PCB 板上尽可能均匀分布，有利于散热气流的均匀化以及芯片温度的均匀化，尤其是发热元件更应均匀分布，以利于单板和整机的散热。在图 8.202 中，(a)方式的元器件分布不均匀，冷却气流主要从无元器件通道流过，散热效果较差；(b)方式的元器件分布均匀，冷却气流可以均匀地流经所有元器件，散热效果较好。

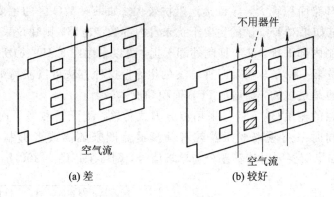

图 8.202 PCB 板自然冷却时的布局影响

热特性不同的元器件在 PCB 上的位置应该有所不同。发热量大或耐热性好的器件，如功率晶体管、大规模集成电路、大功率电阻、电源变压器、线性电源等，应放在冷却气流的下游，即气流的出口处，条件允许时应处于气流通道上。水平方向上，尽量靠近 PCB 边沿布置，以缩短传热路径；垂直方向上，尽量靠近 PCB 上方布置，以减少器件工作时对其他器件温度的影响。不要集中布放，可考虑把发热高、辐射大的元件专门设计安装在一个印制板上。

对温度敏感或耐热性差的器件，如小信号晶体管、精密运算放大器、晶振、存储器、电解电容器等，应放在冷却气流的最上游，即气流的入口处。尽量靠近印制板的底部，千万不要放在发热器件的正上方。应远离自身温升超过 30℃ 的热源，风冷条件下，距热源距离不小于 2.5 mm；自然冷却条件下，距热源距离不小于 4.0 mm。如果因为空间的原因不能达到所要求的距离，则应通过温度测试保证温度敏感器件的温升在规定范围内。

如果 PCB 板上以矩形管壳的元器件为主，则应注意将自然对流冷却的器件顺气流排列，以保证气流的通畅；强制对流冷却的器件逆气流排列，以保证气流与元器件有较充分的热交换，如图 8.203 所示。

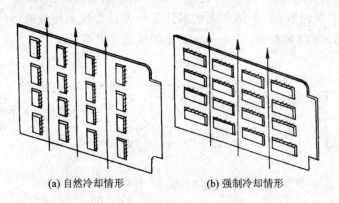

图 8.203 矩形封装元器件在 PCB 板上的排列方向

对于绝大多数电子设备而言，其可靠性均满足串联模型，即其失效来自于构成此设备的寿命最短的器件。因此，如果 PCB 板上元器件的温度分布不均匀，则最先失效的是温度最高的元器件。因此，在 PCB 设计中，降低最高温度比降低平均或最低温度更重要。在图

8.204 给出的例子中，尽管方案(b)最低温度比方案(a)的最低温度高，但方案(a)的最高温度比方案(b)的更高，因此方案(a)的可靠性更差。

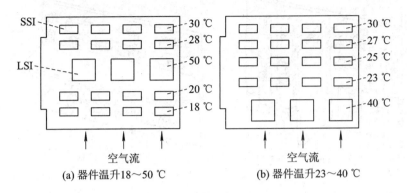

图 8.204　PCB 的温度分布两例

对于管壳背面有由散热金属层构成的裸焊盘的器件(图 8.205(a)给出了一个例子，器件的型号为 MAX2235，是采用 TSSOP - EP 封装的功率放大器)，如果 PCB 空间允许，可将其裸焊盘通过金属化过孔在 PCB 多个接地层加以复制(如图 8.205(b)所示)，作为热沉和接地导体，有利于改善整个 PCB 的散热和电磁兼容性。附带的好处是可为底面去耦电容以及热风焊盘的安装提供方便。

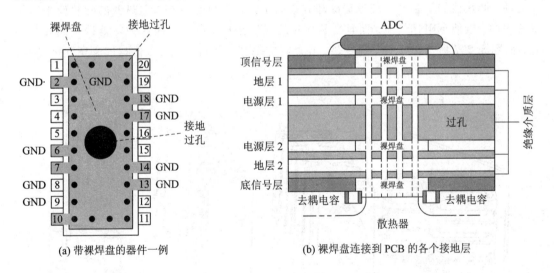

图 8.205　裸焊盘器件与 PCB 接地层的连接

如果 PCB 上发热元件与温度敏感元件处于不同的区域，可利用隔热板将二者隔开。隔热板通常用热的不良导体制作，隔热板的位置应该有利于热的对流，同时使通过发热区和温度敏感区的气流隔开，而不是相互通过，如图 8.206 所示。在这个例子中，大功率电阻器发热量大，不仅要注意自身的冷却，而且还应考虑减少对附近元器件的热辐射。大型电阻器要水平安装，如果元器件与功率电阻器之间的距离小于 50 mm，就需要在大功率电阻器与热敏元件之间加热屏蔽板。

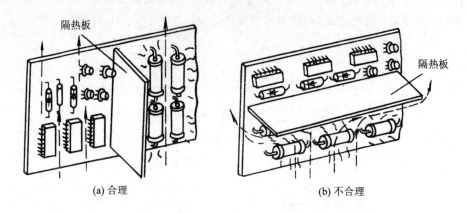

图 8.206　发热元件与温度敏感元件之间隔热板的设置

8.9.2　散热器与 PCB 的配合

　　散热器是降低发热元器件工作温度的重要部件。对于功率大于 100 mW 的晶体管或者热功率密度超过 0.6 W/cm^2 的集成电路，应安装散热器加强散热。

　　常见散热器的类型如图 8.207 所示。散热器的位置应远离温度敏感元器件，紧靠发热元器件。散热器的安装方向应根据冷却方式而定。对于自然冷却，散热器的叶片应平行于气流方向，以便不阻挡气流。而且自然冷却的气流是从下往上，因此散热器以纵向安装为宜，如图 8.207 所示。对于强制冷却，叶片则应垂直于气流方向，以便与气流充分热交换。

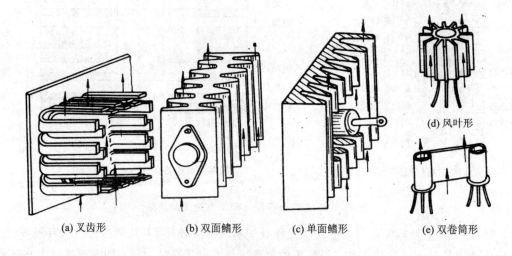

图 8.207　常见散热器外形及安装方向

　　在散热器材料的选择方面，应选择热容高、热导率大、表面辐射系数大的金属材料。可用来制作散热器的金属材料如表 8.14 所列。最常用的散热器材料是表面黑色氧化的铝，氧化表面的辐射效率比抛光表面高 10～15 倍。铜的散热效果更好，但过重且贵。

表 8.14 可用作散热器材料的金属

金属类型	表面处理方式	热容(J/cm³·℃)	热导率/(W/m·℃)	表面辐射系数（热黑体为 1）
铝	抛光	2.47	210	0.04
	粗加工			0.06
	油漆			0.9
	无光阳极氧化			0.8
铜	抛光	3.5	380	0.03
	机械加工			0.07
	黑色氧化			0.78
钢	普通加工	3.8	40～60	0.5
	油漆			0.8
锌	灰色氧化	2.78	113	0.23～0.28

散热器与芯片、PCB 板之间配合的一个例子如图 8.208 所示。散热器与元器件封装之间如果需要导电连接，即金属－金属接触，则最好不要加任何绝缘物，必要时可填充较软的紫铜箔和软铝箔等导电材料，弥补散热器表面的不平整，加强导热性。也可以用适量的导热硅脂填充配合面的空隙。散热器与元器件之间如果出于安全性以及抑制电磁干扰等原因而必须绝缘，可在散热器与管壳之间加绝缘垫。绝缘垫可采用聚酰亚胺膜、云母片、硬的阳极氧化铝等，好处是低热阻、高电阻，缺点是平整度稍差，必须用导热硅脂填充配合面的空隙，较脏，增加了可变性和生产成本。也可用增强硅橡胶垫，其好处是在压力作用下不变形、干净，但成本较高。

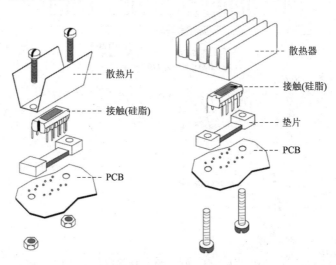

图 8.208 双列直插芯片在 PCB 板上的散热器安装实例

功率晶体管与散热器之间接触热阻的典型值如表 8.15 所列。可见，对于不同的器件封装，接触热阻不同；绝缘垫片的热阻均高于导电垫层；加硅脂可以使热阻下降。

表 8.15　功率晶体管与散热器之间的接触热阻

散热器与管壳间的垫片材料	垫片厚度/mm	功率晶体管管壳结构							
		F_2 $R_{tC}/(℃/W)$		F_1 $R_{tC}/(℃/W)$		G_2 $R_{tC}/(℃/W)$		G_1 $R_{tC}/(℃/W)$	
		加硅脂	无硅脂	加硅脂	无硅脂	加硅脂	无硅脂	加硅脂	无硅脂
无垫片		0.24	0.33	0.28~0.37	0.55~0.57	0.15~0.20	0.17~0.22	0.48~0.50	0.88~0.97
铝箔	0.02		0.28~0.30						
铜箔	0.03		0.30~0.32						
铜箔	0.04		0.29~0.33						
氧化铍瓷片	4.0	0.30~0.31	0.65~0.68						
氧化铝瓷片	4.0	0.37~0.38	0.76~0.82						
氧化铝瓷片	1.88	0.5							
氮化硼瓷片	0.9	0.46~0.52	0.82~0.90						
氮化硼瓷片	1.0		0.91~1.08	0.5~0.6	1.06	0.13~0.15	0.38	0.75~0.77	0.86~0.90
聚脂薄膜	0.02	0.60~0.61	0.97~1.04						

　　散热器使用中需注意的一个问题是它对电磁兼容性的影响。如果散热器与高频电路连接,比如接到高频电路的返回层,当散热器的尺寸在(1~1/20)λ 时,会产生明显的电磁辐射,此时散热器相当于天线。因此,应使散热片良好地接地,通过在接地铜箔上充分地打接地孔等手段,尽量降低接地阻抗,同时尽可能减少散热器的尺寸,但会削弱散热效果。

　　即使散热器与电路之间没有直接连接,但它自身有一定的谐振频率,通常在 1 GHz 左右,这有可能达到射频电路的工作频率,从而对电路产生影响。图 8.209 给出了散热器对

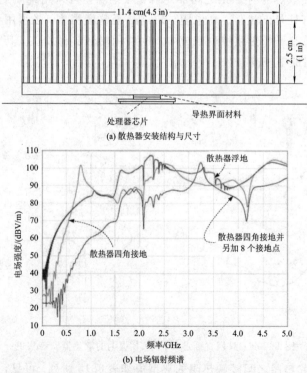

图 8.209　散热器对 Power PC 处理器芯片(型号为 PPC970)电场辐射的影响

Power PC 处理器电场辐射的影响,可见散热器四个角接地对于降低电场辐射有一定的作用,尤其在低频区,但在 750 MHz 处出现了谐振峰,接近电路工作频率,对电路正常工作影响显著。如果给散热器增加 8 个接地点,电磁兼容性能明显改善,而且谐振峰高移到 3.5 GHz,远高于电路工作频率,对电路正常工作影响不大。散热器的叶片数越多,电磁辐射效率越高,而且谐振频率越低,因此应尽可能增加单位长度上的叶片数量,但同样会降低散热效果。

散热器对静电放电(ESD)性能的影响也不容忽视。如图 8.210 所示,如果散热器不接地,散热器上的静电电荷通过散热器、芯片、地平面之间的寄生电容释放,静电电流将通过芯片,从而对芯片造成伤害,实测抗静电能力小于 3000 V;如果散热器直接接地,将散热器的静电电荷直接泄放到地,静电电流不再通过芯片,从而保护了芯片,实测抗静电能力达到 6000 V 以上。所以,从抗静电的角度出发,散热器直接接地为宜。

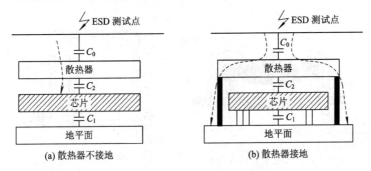

图 8.210　散热器对 ESD 性能的影响实例

散热器的安装方式还需注意不要引入额外的机械应力。在图 8.211 给出的例子中,固定螺栓的紧固度要适度,固定螺栓与散热片之间所留间隙也要合适,以保证器件不会受到额外的应力影响。

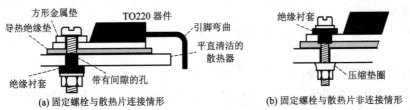

图 8.211　散热器安装实例

8.10　装配与焊接

在 PCB 的安装与焊接过程中,也要充分注意不要引入额外的应力,以免给元器件带来损害。

8.10.1　插装元器件的安装与焊接

插装元器件可采用平卧和直立两种安装方式,如图 8.212 所示。体积较大的元器件(如功率大于 3 W 的线绕电阻)应尽量采用平卧方式安装,以避免抗振动能力变差或者局部安装过高。与直立方式相比,平卧方式的连线较短,元器件更靠近下面的参考平面,有利于改善 EMC,但不利于散热。发热量大的元器件应尽量采用垂直方式竖立安装,有利于散热,但不利于改善电磁兼容性。另外,在同一块 PCB 上应尽量采用同一种安装方式。

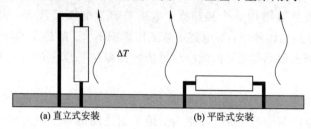

图 8.212　插装元器件在 PCB 上的安装方式

　　重量、体积较大或者对振动比较敏感的元器件(如继电器、变压器、扼流圈等)可以采用嵌入式安装或者固定支架安装的形式(如图 8.213 所示),前者有利于降低安装高度,后者还有电磁屏蔽的效果。

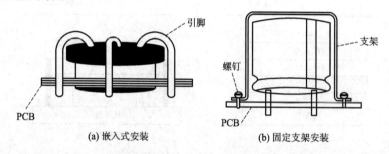

图 8.213　重量、体积大的元器件的安装方式

　　插装塑料封装元器件时,元器件引脚尽可能不要弯曲,以免造成引脚根部的应力,可能产生裂纹,造成密封缺陷。如果必须弯曲,则应遵循以下规则:

　　(1) 弯曲点与管座的最小间距为 3～5 mm,最小弯曲半径为引线直径或厚度的 2 倍,最好大于 2 mm;

　　(2) 最大弯曲角不大于 90°,弯曲过程中最大的弯曲角度不要超过最终成形时的弯曲角度;

　　(3) 不要反复弯曲引线;

　　(4) 如引脚截面为矩形,不要在较厚的方向弯曲,如对扁平形状的引线,不要进行横向弯折;

　　(5) 如果是手工弯曲,则应使用专门的夹具固定住引线进行弯曲,而不要拿着管座弯曲,如图 8.214 所示;

　　(6) 弯曲夹具接触引线的部分应为半径不小于 0.5 mm 的圆角,以免使用它弯曲引线时损坏引线的镀层。

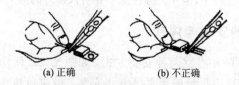

图 8.214　插装元器件的引脚弯曲方法

对于某些对焊接温度高度敏感的元器件，应尽量增加焊点与元器件本体之间的距离。如距离不够长，可以在引线上增加一个绕环，如图 8.215 所示。

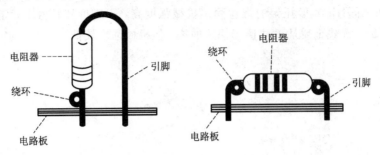

图 8.215　温度敏感元器件的焊装方式

在 PCB 上安装元器件时，尽量不要使元器件在插入时或插入后受到过大的应力的作用，应遵循以下规则：

（1）PCB 元器件安装孔的间距应与元器件本身的引线间距相匹配。如果两个间距不同，则应先将引线成形为合适间距后再插入，不要强行插入，如图 8.216 所示。

（2）元器件引线应留有热应变裕量。由于元器件引线与 PCB 基板及焊点的热膨胀系数不一致，温度变化时会引入机械应力，有可能导致焊点拉裂、PCB 走线翘曲、元器件封装漏气等问题，因此在引线成形和插装时应采取消除热应力的措施。例如，对于

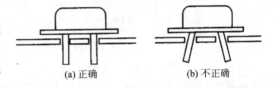

图 8.216　元器件引线间距与安装孔之间的配合

轴向引线的柱形元器件（二极管、电阻、电容等），引线长度应留有不短于 3 mm 的热应变裕量，必要时还可采取预先折弯或环形结构，如图 8.217 所示；对于硬性引线的集成电路或者三极管，可以在集成电路与 PCB 之间留适当的间隙或者填充有弹性的导热材料，如图 8.218 所示。

（3）安装后的元器件要处于自然状态，不得受到拉、压、扭等应力。

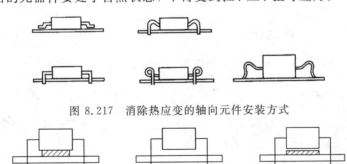

图 8.217　消除热应变的轴向元件安装方式

图 8.218　消除热应变的集成电路安装方式

8.10.2　PCB 的固定方式

PCB 在设备中的安装固定方式需要为其提供机械稳定性和电连接稳定性，影响因素有：板子的尺寸与形状，输入/输出端子的连接方式，是否需要插拔，是否有散热、屏蔽要

求，设备空间可用性，PCB电路的类型及与其他电路的关系等。通常主要采用插槽式和螺丝固定式两种。图8.219给出了四种固定PCB的方法。其中，插槽定位法的夹钳固定，兼顾可插拔性和坚固性；Z形托架的螺丝固定机械强度高，不宜拆卸；螺栓固定法最节省空间，但不宜拆卸；片式金属插槽法便于快速插拔，但机械强度较低。

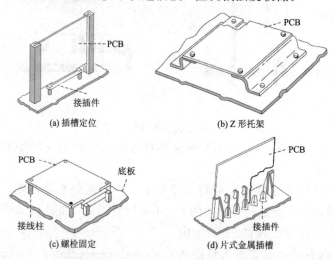

图 8.219　PCB 在设备底板上的固定方法

　　尺寸大的 PCB 板，例如面积超过 $200 \times 150 \ mm^2$，可考虑增加金属条或金属框来增加其机械强度（如图 8.220 所示），可提升其抗振动能力，也有助于抑制波峰焊时温度剧烈变化可能导致的板子翘曲变形。对于过重的元器件，例如重量超过 15 g，亦可加装弹簧夹、护圈或用硅橡胶紧固（如图 8.221 所示），焊盘面积也应尽量大。

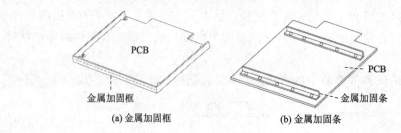

图 8.220　PCB 板子的机械加固方法

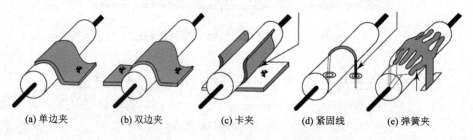

图 8.221　过重元器件的机械加固方法

　　PCB 安装的某些细节也会影响其可靠性。例如，测试发现某电子设备在 891 MHz 频率处的辐射发射超限，核查原因是机壳紧固螺钉的金属螺柱部分超出屏蔽体约 5 cm（如图 8.222(a)所示）相当于单极天线，被 PCB 上的 33 MHz 时钟信号驱动后，发射出高频无线电波,891 MHz 是 33 MHz 的 27 次谐波。如改用全塑料螺柱可以彻底消除此辐射,但塑料螺栓的机械强度不够,故采用较短的金属螺柱,使其缩回到屏蔽层内(如图 8.222(b)所示),辐射测试证明达标。

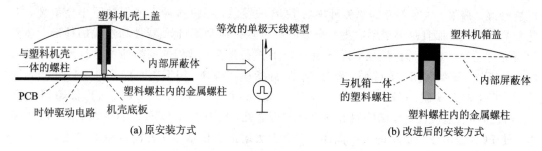

图 8.222 机壳紧固螺柱对辐射的影响

8.10.3 PCB 的表面处理

PCB 导体的表面处理可采用镀金、镀银、镀铅锡合金等方式。不同表面处理方式的优点、缺点和适用范围如表 8.16 所示。一般而言,对于普通低频电路,插脚镀金,整板镀铅锡合金;对于高频电路,可整板镀金;对于布线密度高、线条精细且无插脚的电路,可整板镀银。

表 8.16 PCB 导体表面处理方式

处理方式	优 点	缺 点	适用范围
镀金	表面光亮,导电性好,耐锈蚀,耐磨性强,接触电阻小	成本较高,可焊性稍差	高频电路,接插件及 PCB 的插脚
镀银	比镀金的可焊性好,成本也低些	易氧化,耐锈蚀与耐磨性较差	一般电路
镀铅锡合金	工艺简单,成本低廉,可焊性相当好	镀层较厚,线条密度较大或较细时,容易产生镀层不均匀或"搭线"现象	经济型电路,不适合作为插脚的镀层

对于在海上、海岛、热带等区域工作的电子设备,需要考虑潮湿、霉菌和盐雾等恶劣环境对电子设备可靠性的影响。潮湿会使设备中的绝缘材料被水汽所湿润,隙缝中侵入水汽后结露,绝缘强度降低,漏电流加大;霉菌在高温高湿环境下易于生长,使元器件霉烂变质而失效;盐雾会使金属表面产生电化学腐蚀和氧化作用加剧,导致断线失效或者性能劣化。从表 8.17 列出的数据来看,潮湿或浸水会使 PCB 的表面电阻、体积电阻和表面抗电强度下降,对酚醛纸质基板 PCB 的影响比对环氧布质基板的影响更大。

表 8.17 潮湿对 PCB 绝缘性能的影响

材料种类	表面电阻(不低于)/Ω			体电阻(不低于)/Ω·cm			表面抗电强度/(kV/mm)	
	常态	受潮	浸水	常态	受潮	浸水	正常条件时	潮热处理后
酚醛纸质	10^9	10^8	—	10^9	10^8	—	1.3	0.8
环氧布质	10^{13}	—	10^{11}	10^{13}	—	10^{11}	1.3	1.0

　　防止潮湿、霉菌、盐雾三种环境对电子设备侵蚀的设计通常称为"三防设计"。对于 PCB 而言，一个有效的"三防设计"方法是保形涂覆，即在已组装完成的 PCB 板上涂覆防潮材料。涂覆前需完成全部的测试以及彻底的清洁烘干处理。要求 PCB 的保形涂覆材料能抵抗潮湿、霉菌、盐雾等外部恶劣环境对 PCB 的侵蚀，在机械冲击或振动下不会龟裂，工艺上易于涂覆，而且足够透明，使得涂覆后仍然能看到 PCB 上元器件和走线的外形，必要时可通过适当方法去除涂覆层，以方便对 PCB 进行维修。常用的保形涂覆材料是丙烯酸树脂、聚氨酯、环氧树脂、聚硅酮、聚苯乙烯、硅脂和清漆等。根据美军标 MIL-I-46058 的规定，保形涂覆薄膜的最小厚度为 0.075 mm，最大厚度为 0.25 mm。保形涂覆可提高 PCB 板的环境适应性，确保使用的安全性和可靠性，同时增大 PCB 板的绝缘电阻，减少漏电，使 PCB 板可使用更小的走线间距，但会大大增加工作量、人力投入和生产成本，一般仅用于在极恶劣环境（如接近 100% 湿度，存在导电的或有机的污染，有腐蚀性气体、盐雾等）中使用的 PCB 板或者电子整机。

　　PCB 焊接后的清洗要注意不要引入污染或应力。橡胶类器件不能用汽油清洗；溶于醇类物质的油漆不能用酒精清洗；超声波清洗应注意对微电子器件的机械应力损坏。

8.11　其　　他

8.11.1　电原理图与 PCB 的设计配合

　　在电子设计中，通常先由电子设计工程师完成电原理图设计，然后才由硬件设计工程师完成 PCB 设计。值得注意的是，电原理图不应局限于电路原理的描述，而应为 PCB 设计提供一定的指导。下面列举几个例子。

　　(1) 复杂电原理图必须通过若干分图来表述。分图的分割方法应尽量与 PCB 先对应，比如主板、子板、I/O 接口甚至面板都有各自独立对应的原理图。

　　(2) 对于大电流支路，比如电源支路，除了标注电源电压之外，还应标注电源电流，以便根据电流大小在 PCB 上进行相应设计，如加粗走线、增加电源平面过孔等。图 8.223 给出了从一个 3.3 V 电源分出四路 3.3 V 支路的标注实例（图中斜方框为铁氧体磁珠，起抑制高频干扰的作用）。

　　(3) 元件在电原理图上的位置应尽量与 PCB 上的放置位置相同。在图 8.224 所示的例子中，电阻 R 为终端匹配电阻，应靠近传输线的末端放置，不能放置在传输线的始端。如果发送单元 U_1 和接收单元 U_2 位于原理图的不同页，则最好将 R 放置在 U_2 页上。

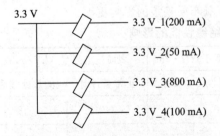

图 8.223　电源支路电压值和电流值的标注

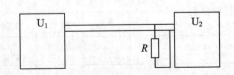

图 8.224　终端匹配电阻在原理图上的位置

（4）如果采用多个不同容量的电容并联进行去耦或者滤波，应按照 PCB 上实际要求的位置次序排列，起到提醒 PCB 设计工程师的作用。在图 8.225 所示的例子中，3.3 V 电源滤波电路要求 1 μF 电容放在距离电源入口最近处，主要用于抑制外界对内部的高频干扰，其次是 100 μF、10 μF，0.1 μF 放在最内侧，主要用于抑制内部对外界的高频干扰。在电原理图中，不要简单地按容量大小来排列电容。

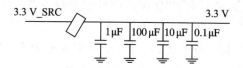

图 8.225　滤波电容在原理图上的相对位置

（5）对高速、发热、温度敏感元器件以及跳线、选焊、与背板连接的连接器等特殊元器件，也应视具体情况进行标注。

8.11.2　测试与调试

在用测量仪器对电路或元器件测试时，应注意仪器性能指标与可靠性应高于被测器件（安全工作区、输入阻抗、温漂、时漂等）。一般不要测试元器件的极限参数，必须测试时，应采取限压、限流或散热措施，所加应力逐渐增加，并尽量缩短测试时间。测试中转换仪器量程时，应先将电压、电流调至最小。测量时应避免出现器件端子的误接、反插或短路。高温测量时应注意加热体引入的干扰，低温测量时应避免产生水汽或凝霜。所有低阻抗设备（例如脉冲信号发生器等）在接到 CMOS 或 NMOS 集成电路输入端以前，必须让器件先接通电源，同样设备与器件断开后器件才能断开电源。

本 章 要 点

◆ 电子元器件空间密度（单位面积管脚数）和时间密度（工作频率或速度）的不断增加，给 PCB 的可靠性设计带来了巨大挑战。

◆ PCB 基板应尽可能选择低介电常数和低电介质正切值的材料，以达到抗电磁干扰、降低高频损耗的目的。铜箔厚度的选择应兼顾最大允许电流、最高允许温升、走线阻抗和工艺成品率等要求。

◆ 相对于单面/双面板，多层板不仅能够提高布线密度，而且能够设置整板面积的接地层和电源层，对提高电磁兼容性作用显著。多层板各层的定义需要综合考虑信号层比例、层间串扰、电源去耦、接地屏蔽以及结构对称性等多方面要求。

◆ 不同频率、不同信号类型、不同电流与电压的电路应分别处于 PCB 的不同区域。不同区域使用的参考面（接地层和电源层）可以开槽分割隔离，以防止相互之间的干扰。信号不要直接跨越隔离槽，而是通过桥接、缓冲器、专用隔离元件以及电容等方法传输。

◆ 走线寄生参数（电阻、电感和电容）会导致延迟增加，电磁辐射和公共阻抗干扰加大，信号完整性劣化，而趋肤效应和趋近效应导致的参考面上电流通道局域化会加剧寄生效应的影响。走线宽度主要根据电流容量、允许温升和工艺要求来确定，而走线间距主要根据线间耐压、工艺和串扰要求来确定。PCB 的传输线包括微带线和带状线,后者的电磁兼容性优于前者。

◆ PCB 的接地遵循高频数字电路多点接地、低频模拟电路单点接地的原则。局部铜填充起到了电磁屏蔽、增强散热和覆铜量均衡化等作用,对时钟产生器等易发生干扰的电路效果显著。PCB 与设备金属底板之间可以采用直接短路连接,也可以利用电容实现高频多点连接、低频单点连接,还要注意 PCB 板与底板之间的空腔形成的谐振可能带来的不利影响。

◆ PCB 布线应尽量实现走线长度最小化、走线间距最大化,尽量不使用锐角和直角,尽量避免出现环路和分支,如不得不出现,也要尽量减小环路面积以及分支的数量与长度。

◆ 包括盲孔、埋孔在内的金属化过孔的使用提高了多层板的布线密度,但其寄生电阻和电感也会对电路的速度和电磁兼容性带来不利影响。设计时,应尽量增加过孔之间的距离,减少过孔跨层数,增加焊盘与过孔之间的耦合面积。PCB 的 I/O 端口应设置多条与信号线交叉排布的地线,用于抑制信号线之间的串扰以及隔离敏感信号线。

◆ 为了防止 PCB 过热以及温度分布不均匀,应使元器件在 PCB 上的几何分布均匀化,自然风冷时确保气流通畅,强制风冷时确保气流与元器件之间的热交换充分。散热器材料、形状、尺寸以及与芯片之间的连接方式应尽可能减少热阻,同时尽量避免因散热器的接地、安装方式以及谐振效应给芯片的电磁兼容性、抗静电和机械应力匹配带来不良影响。

◆ 元器件在 PCB 上的安装方式应尽量避免给元器件引入额外的机械应力。PCB 在机箱内的安装方式应具有足够的机械强度。对于在潮湿、霉菌和盐雾环境中工作或者储存的电子设备,PCB 板可使用保形涂覆技术。

综 合 理 解 题

在以下问题中选择你认为最合适的一个答案(除"可多选"者外)。

1. PCB 可靠性设计的挑战来自(可多选)(　　)。

A. PCB 的工作速度越来越快　　　　B. PCB 的面积越来越大

C. PCB 单位面积的元件数越来越多　　D. PCB 使用的材料类型越来越多

2. 对 PCB 基板介质材料的主要要求是(可多选)(　　)。

A. 介电场强尽量低　　　　　　　　B. 介电常数尽量小

C. 耐受温度尽量高　　　　　　　　D. 电介质正切尽量小

3. 使用多层 PCB 板的目的是(可多选)(　　)。

A. 降低 PCB 制造成本　　　　　　B. 提高 PCB 工作速度

C. 缩短 PCB 走线总长度　　　　　　D. 增强 PCB 电磁兼容能力

4. 从改善电磁兼容性的角度出发,四层 PCB 板各层的分配方案最好是(　　)。

A. 电源层/敏感信号层/信号层/地层　B. 敏感信号层/地层/电源层/信号层

C. 地层/敏感信号层/电源层/信号层　D. 信号层/地层/电源层/敏感信号层

5. 在数模混合电路的 PCB 布局设计中，最应该远离精密模拟电路的是(　　)。

A. 数模转换器电路　　　　　　　　B. I/O 接口电路

C. 电源管理电路　　　　　　　　　D. 时钟产生电路

6. PCB 上分割参考平面带来的主要好处是(　　)。

A. 减少不同类型电路之间的干扰　　B. 缩短信号环路面积

C. 提高电路工作频率　　　　　　　D. 减小 PCB 面积

7. 如果要求 PCB 上被分割开的两个参考平面不共地，则信号通过隔离槽的方法可以是(可多选)(　　)。

A. 缓冲器法　　　　　　　　　　　B. 桥接法

C. 光电耦合器法　　　　　　　　　D. 电容法

8. PCB 上高频信号电流通常按(　　)返回。

A. 电阻最小的路径　　　　　　　　B. 长度最短的路径

C. 环路面积最小的路径

9. PCB 走线的允许最大宽度受(　　)的制约。

A. 走线的电流容量　　　　　　　　B. 走线的允许温升

C. 布线密度　　　　　　　　　　　D. 工艺容差

10. 高速信号推荐走微带线而非带状线的原因是(　　)。

A. 微带线的传输速度高于带状线　　B. 微带线抗干扰能力优于带状线

C. 微带线的特征阻抗比带状线容易控制

11. PCB 差分线的同相线与反相线之间的中心间距至少应大于(　　)。

A. 线宽的 1 倍　　　　　　　　　　B. 线宽的 2 倍

C. 线宽的 3 倍　　　　　　　　　　D. 线宽的 4 倍

12. PCB 与金属底板相邻连接点之间的最小间距与波长 λ 的关系是(　　)。

A. $\lambda/2$　　　B. $\lambda/5$　　　　　C. $\lambda/10$　　　D. $\lambda/20$

13. 从电磁兼容性考虑，最好的 PCB 拐角方式是(　　)。

A. 锐角　　　　B. 直角　　　　　　C. 钝角　　　D. 圆角

14. 对于 6 层 PCB 板，如果信号要从第 3 层走到第 4 层，最好的方式是通过(　　)。

A. 通孔　　　　B. 埋孔　　　　　　C. 盲孔

15. 在 I/O 端口，时钟信号线应尽量靠近(　　)。

A. 地线　　　　B. 电源线　　　　　C. 其他信号线

16. 在考虑不同工作温度的元器件在 PCB 上的布局时，首先应考虑尽量降低 PCB 上各点的(　　)。

A. 平均温度　　　B. 最低温度　　　C. 最高温度

17. 从环境适应性考虑，PCB 导体表面应(　　)。

A. 镀金　　　　　B. 镀银　　　　　C. 镀铅锡合金

第 9 章
电子元器件噪声—可靠性诊断技术

正其本，万物理。失之毫厘，差之千里。

——西汉·戴圣《大戴礼记·保傅》

除了可靠性设计之外，可靠性筛选和可靠性预测也是电子产品可靠性保证体系中的重要环节。对于使用不当对电子元器件造成的潜在损伤和隐性失效，常规的测试、筛选和预计方法可能难以奏效。本章将介绍一种新型的电子元器件可靠性诊断方法，通过电子元器件低频噪声的测试与分析，来对其寿命、失效率、参数漂移和应力损伤做出预测，并可用于可靠性加严筛选。

9.1 概　　述

9.1.1 噪声的概念

如果给任何电子元器件只施加直流电压或电流，则根据欧姆定律，它只能导致元器件内部出现直流电流或电压(振荡产生电路除外)。然而，如果用足够高灵敏度的示波器观察，这种直流电流或电压都会随时间随机变化，则这种随机变化称为噪声。即使在极其严格的外部屏蔽与隔离下，这种噪声仍然存在，因为它是由电子元器件自身产生的，而非外部引入的，所以也称为电子元器件的固有噪声。

电子元器件的噪声可以表现为不同的时间波形或者频谱。常见的噪声波形与频谱分别如图 9.1 和图 9.2 所示，可以分为 $1/f$ 噪声、g-r 噪声、白噪声和高频噪声。前三种噪声的功率谱密度随频率的变化可表示为

$$S(f) = A + \frac{B}{f^{\gamma}} + \frac{C}{1 + (f/f_0)^{\alpha}} \tag{9-1}$$

式中，f 为频率，A 是白噪声幅度，B 和 γ 分别是 $1/f$ 噪声的幅度和指数因子，C、f_0 和 α 分别是 g-r 噪声的幅度、转折频率和指数因子。

$1/f$ 噪声的幅度近似与频率成反比，g-r 噪声的幅度在转折频率 f_0 以上的频率区间近似与频率的平方成反比，二者的幅度都随着频率的下降而增加，故在低频区显著，常通称为低频噪声。低频噪声在不同的材料或者结构中往往有不同的形成机构。例如，在结型场效应晶体管中，g-r 噪声表现为产生-复合噪声；在深亚微米级 MOS 晶体管中，g-r 噪

声表现为随机电报信号(RTS);在双极型器件中,g-r噪声又有可能表现为猝发噪声(亦称爆裂噪声)。

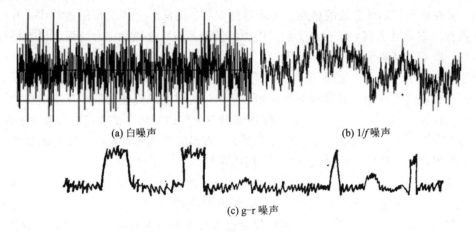

(a) 白噪声　　　　　　　　　　　　　　　　(b) $1/f$ 噪声

(c) g-r 噪声

图 9.1　电子元器件典型噪声的时间波形

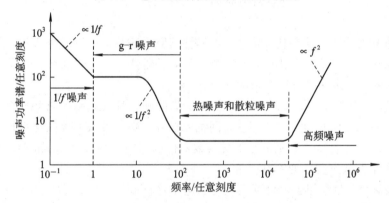

图 9.2　电子元器件典型噪声的频谱

9.1.2　噪声—可靠性诊断方法

近年来,大量的实验和理论研究结果证明,电子元器件的低频噪声与可靠性有极其密切的关系,低频噪声的测试与分析可以用于可靠性诊断,具体而言可以用在以下方面:

(1)可靠性筛选。实验结果表明,初始噪声高或者使用初期噪声变化大的电子元器件,虽然通常只占整批器件的一小部分,但与初始噪声低或者使用初期噪声变化小的电子元器件相比,在长时间工作或者寿命试验后的参数漂移量大,失效率高,或者寿命短。因此,可以在常规筛选之后,增加一次噪声测试,作为可靠性加严筛选,这对于提高批量产品的可靠性是大有好处的。

(2)可靠性预估与预报。实验结果表明,对于典型电子元器件(特别是半导体器件和集成电路)的多数失效模式,初始噪声或者初始噪声变化量越大,参数随时间的变化越大,寿命越短,失效率越高。因此,可以利用噪声的测试对这些元器件的寿命或者失效率进行预先的半定量的评估。此外,在元器件临近失效的前夕,噪声参数往往先于常规电参数发生剧烈的变化,因此可以作为元器件临近失效的"先兆",对元器件失效做出预报。

(3)抗环境应力能力的检测。例如,实验结果表明,MOS器件的初始 $1/f$ 噪声越高,其受到辐射后的参数漂移量就越大。因此，可以利用 MOS 器件的噪声测量，无需辐射试验就可以对其抗辐射能力做出预估。

(4) 潜在损伤和隐性失效的检测。在元器件安装、调试和上机工作的过程中，有可能由于误操作或者设计失误，导致它受到过应力的侵袭。如果这种过应力的强度或者持续时间不足够，尚不足以使元器件即时损坏，但元器件的使用寿命已经明显缩短，或者抗环境应力的能力已经大为减弱。这种"潜在"的损伤甚至都不会导致常规电参数出现可以察觉的变化，因此被使用者作为良品继续上机使用，使用较短时间或者受到较小环境应力冲击后即会失效，有如"定时炸弹"，极为危险。噪声随潜在损伤的变化要比常规电参数敏感得多，因此可以利用噪声测量与分析，来鉴别或者剔除存在潜在损伤或者隐性失效的元器件。

(5) 微观可靠性缺陷的检测与分析。利用噪声测试，可以对影响元器件可靠性的某些微观缺陷进行检测与分析。由于这些缺陷有时是分子级或者原子级尺度的，采用其他理化分析手段来检测往往有很大的局限性。例如，利用 MOS 器件 $1/f$ 噪声或者 RTS 幅度和时间常数随栅压的变化，可以得到 $Si-SiO_2$ 界面过渡层边界陷阱的能量分布和空间分布，而这种边界陷阱是决定 MOS 器件参数随时间的漂移以及抗辐照、抗静电、抗介质击穿能力的重要缺陷。

与其他可靠性诊断方法相比，噪声—可靠性诊断方法具有如下四个特点：

(1) 普遍性。几乎所有类型的电子材料、电子元器件、电子整机都能观察到电噪声现象，而且所有的电噪声均是可以测量的。

(2) 敏感性。如上所述，噪声对于可靠性缺陷的敏感性要远低于常规电参数，噪声随时间或应力的变化比常规电参数大得多，同批元器件中噪声参数的离散性也比常规电参数大得多。这是因为低频噪声主要来源于材料或器件的不完整性或者非本征性，而噪声本身就是系统偏离平衡状态程度的一种度量。

(3) 非破坏性。与常用于评价可靠性的加速寿命试验和环境应力试验不同，噪声测试时所加应力条件与元器件正常工作应力水平相当，且可对单个元器件进行检验，可对整批元器件作 100％检验。这是利用噪声测试来进行可靠性筛选的前提条件。

(4) 可测性。噪声的幅值通常远小于元器件的直流或交流电参数的幅值，但在目前的测试水平下完全可以测量。而且，低频噪声随元器件有源区体积的缩小而增大，故小尺寸元器件更容易测量；低频噪声随测试频率的降低而增大，故可通过降低测试频率来增加测试灵敏度。

以下各节将给出目前已经得到的噪声—可靠性诊断方法的主要实验研究结果，作为这种方法有效性的实验依据。相关的理论研究结果为这种方法提供了理论依据，但因牵涉到元器件内部的物理机理和微观结构，脱离了本书读者的知识背景，故未予介绍。

9.2　噪声与漂移失效的关系

9.2.1　稳压二极管的基准电压退化失效

硅稳压二极管(型号为 ZW56)的噪声电压谱密度随频率的变化如图 9.3 所示，显见是由 $1/f$ 噪声与白噪声的叠加而成的，可表示为

$$S(f) = A + \frac{B}{f^\gamma} \qquad\qquad (9-2)$$

式中，f 为频率，A 是白噪声幅度，B 和 γ 分别是 $1/f$ 噪声的幅度和指数因子。图 9.3 中，f_L 是 $1/f$ 噪声区与白噪声区的临界频率。噪声测试条件：反偏，恒流 $I_z = 5$ mA。

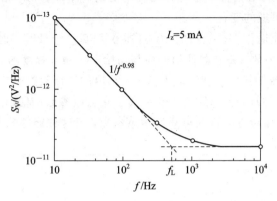

图 9.3　稳压二极管(ZW56)噪声电压谱密度 S_v 的频率特性

　　在 3000 小时的加速寿命试验中，ZW56 的基准电压 U_z、$1/f$ 噪声幅度 B 和指数因子 γ 随时间的变化如图 9.4 所示。所采用的试验应力条件为：反偏，恒流 $I_z = 65$ mA，室温；噪声测试条件为：反偏，恒流 $I_z = 1$ mA。可见，ZW56 的主要失效模式是在一定的应力时间

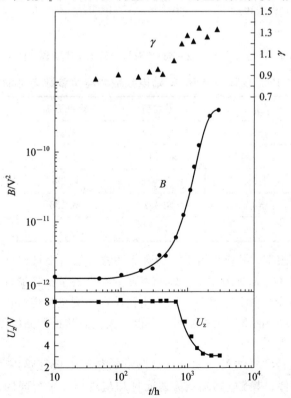

图 9.4　稳压二极管(ZW56)基准电压、$1/f$ 噪声幅度和指数因子在加速寿命试验中随时间的变化

作用之后 U_z 的突然退化。U_z 临近退化时，$1/f$ 噪声幅度显著上升，之后 $1/f$ 噪声指数因子开始显著增加，最终 U_z 发生退化。值得注意的是，在 U_z 退化尚未出现时，$1/f$ 噪声幅度就已明显增加，因此 $1/f$ 噪声的变化可视为器件即将失效的一种预兆。根据 $1/f$ 噪声理论，$1/f$ 噪声幅度的增加意味着器件的结构开始发生变化，而 $1/f$ 噪声指数因子的变化意味着器件的结构发生了不可逆的变化。

如果定义基准电压退化至初始值的 20%（即 $\Delta U_z/U_{z0}=-20\%$）时器件即已失效，则在试验中共有 10 个器件失效。失效器件的寿命与初始 $1/f$ 噪声幅度的关系如图 9.5 所示，可见初始 $1/f$ 噪声大的器件其寿命就短。从表 9.1 给出的统计数据来看，器件寿命与噪声参数（$1/f$ 噪声幅度 B、指数因子 γ）的相关性远大于它与电参数（基准电压 U_z、动态电阻 r_d）的相关性。因此，$1/f$ 噪声可以作为可靠性敏感参数，对这种器件的寿命进行早期评估。

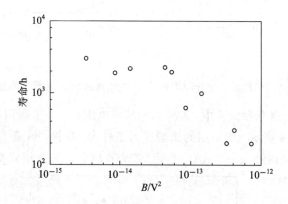

图 9.5　稳压二极管（ZW56）寿命与初始 $1/f$ 噪声幅度的关系

表 9.1　稳压二极管（ZW56）初始电参数和噪声参数与寿命的相关性

初始参数	相关系数/%	平均值	标准方差	相关变异系数/%
$A/(\mathrm{V^2/Hz})$	-62.1	1.89×10^{-14}	1.78×10^{-14}	94
$B/\mathrm{V^2}$	-92.7	3.88×10^{-14}	5.99×10^{-12}	154
γ	-66.0	1.08	0.229	21.2
U_z/V	-33.5	9.357	0.128	1.75
r_d/Ω	-59.1	19.0	3.66	21.5

图 9.6 中的数据表明，尽管初始 $1/f$ 噪声大的器件只占整批器件总数的一小部分，但在加速寿命试验中几乎全部失效；而初始噪声低的器件占了整批器件总数的绝大部分，但在加速寿命试验中很少失效。这表明可以利用初始噪声测量来进行可靠性加严筛选，剔除极少量（譬如不超过 5%）的噪声大的器件，可以大大提高整批产品的可靠性等级（平均寿命可提高 1 个数量级以上）。

近二十年来的大量实验结果表明，以上揭示的稳压二极管噪声－失效相关性不是个案，大部分半导体器件、集成电路甚至无源元件均呈现出几乎相同的规律性，这就为我们利用噪声测量进行器件的可靠性诊断提供了依据。以下再举几例。

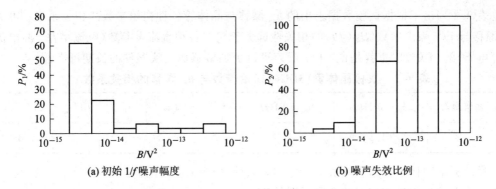

(a) 初始 $1/f$ 噪声幅度　　　　　　　　　(b) 噪声失效比例

图 9.6　稳压二极管(ZW56)每个噪声子量级的初始 $1/f$ 噪声幅度与失效比例的分布

9.2.2　双极晶体管的 h_{FE} 漂移失效

直流电流增益 h_{FE} 漂移是双极晶体管的主要漂移失效模式。图 9.7 给出了小功率 NPN 晶体管(型号为 3DG6)在 3000 小时的功率老化试验期间的 h_{FE} 漂移变化。h_{FE} 测试条件为 $U_{CE}=10$ V，$I_C=0.1$ mA。图 9.8 则给出了在寿命试验前测试的初始 $1/f$ 噪声参数和 h_{FE} 长时间漂移之间的关系，其中 $S_{iB}(f)$ 是双极晶体管等效输入 $1/f$ 噪声电流的功率谱密度。可见在相同的试验应力条件下，器件的初始 $1/f$ 噪声越大，则 h_{FE} 随时间的漂移量也越大。$S_{iB}(f)$ 测试条件为 $f=30$ Hz，$U_{CE}=6$ V，$I_C=0.5$ mA。试验样品共 110 只，每个噪声子量级 10 只。

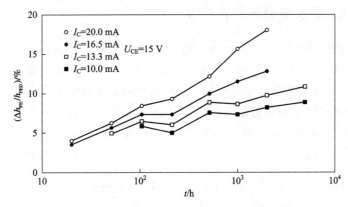

图 9.7　双极晶体管(3DG6)在功率老化寿命试验期间的 h_{FE} 变化

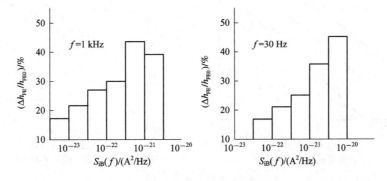

图 9.8　双极晶体管(3DG6)的 h_{FE} 漂移与初始 $1/f$ 噪声电流谱密度 $S_{iB}(f)$ 的统计关系

表 9.2 列出了根据试验数据求出的 h_{FE} 漂移与晶体管各种初始参数的相关系数。可见，h_{FE} 漂移与 $1/f$ 噪声参数（$S_{iB}(f)$）的相关性远大于它与各种直流电参数（电流增益、漏电流、击穿电压）的相关性。也就是说，$1/f$ 噪声可以更加敏感地反映器件的长期可靠性。

表 9.2　双极晶体管(3DG6)初始参数与 h_{FE} 漂移的相关系数 c

初始参数	$S_{iB}(30\ Hz)$	$S_{iB}(1\ kHz)$	h_{FB0}	I_{CBO}	I_{BBO}	BU_{CBO}	BU_{EBO}
$c/\%$	61.4	55.5	-7.5	10.6	-8.95	-15.5	-7.85

噪声测量同样可以用于双极晶体管的可靠性加严筛选，作为常规筛选手段的补充。用于噪声筛选的最佳噪声判据的选取原则是使

$$r = \frac{\text{噪声大的器件失效概率}}{\text{噪声小的器件失效概率}}$$

达到最大值，同时尽量减少筛选的剔除率。对于 3DG6，试验得到的最佳噪声筛选判据为

$$1/f\ \text{噪声电流幅度} > 0.8 \sim 1 \times 10^{-18}\ A^2/Hz$$
$$g\text{-}r\ \text{噪声电流幅度} > 1 \sim 2 \times 10^{-16}\ A^2$$

对 3DG6 试验结果的统计分析表明，噪声大的器件的失效概率比噪声小的器件的失效概率大 1.08 倍。因此，筛选掉噪声大的器件之后，器件的失效概率下降到原来的 71.3%，其平均寿命增加了 44%。这说明噪声筛选方法对于进一步提高器件的可靠性确实行之有效。

9.2.3　MOSFET 的负温偏不稳定失效

在高温和负栅偏压作用下，MOSFET 将发生跨导的退化和阈值电压的漂移，这种现象通常称为负温偏（$-BT$）不稳定性。负温偏不稳定性是 MOS 型器件最重要的可靠性问题之一，它所引起的器件参数变化是缓慢的，达到饱和需几十乃至上千小时。

实验发现，MOSFET 的负温偏不稳定性与其 $1/f$ 噪声具有强相关性。图 9.9 给出了在不同的负温偏应力条件下，N 沟道 MOSFET（型号为 3DO1）在 1000 小时内的跨导相对退化量 $\Delta g_m/g_{m0}$ 与初始等效输入 $1/f$ 噪声电压谱密度 $S_{VG0}(f)$ 之间的实测关系。

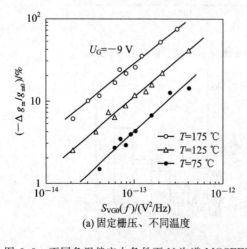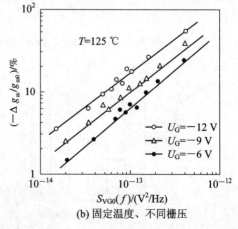

（a）固定栅压、不同温度　　　　　　（b）固定温度、不同栅压

图 9.9　不同负温偏应力条件下 N 沟道 MOSFET 跨导退化量与 $1/f$ 噪声初始值之间的实测关系

在图 9.9 中，$S_{VG0}(f)$ 测试条件为 $f=1$ kHz，$U_{DS}=10$ V，$I_D=0.5$ mA。可见，初始 $1/f$ 噪声越大，则负温偏应力引起的跨导退化量越大，在较低的应力条件下，二者的幅度几乎呈线性反比关系。

在 75℃和 125℃应力温度条件下，N 沟道 MOSFET 的阈值电压漂移与其初始噪声呈现出与跨导类似的规律，即初始 $1/f$ 噪声越大，则负温偏应力引起的阈值电压漂移量越大，如图 9.10(a) 所示。但是，在更高的应力温度(175℃)条件下，这种相关性消失了，如图 9.10(b) 所示。这可能是因为在高温下阈值电压漂移的物理机理与较低温度下有所不同所致。$S_{VG0}(f)$ 测试条件为 $f=1$ kHz，$U_{DS}=10$ V，$I_D=0.5$ mA。

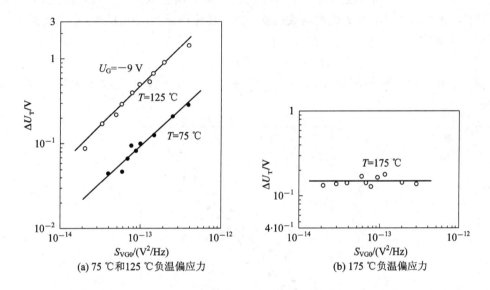

(a) 75℃和 125℃负温偏应力　　　　(b) 175℃负温偏应力

图 9.10　不同负温偏应力条件下 N 沟道 MOSFET 阈值电压漂移量与 $1/f$ 噪声初始值之间的实测关系

9.2.4　集成运算放大器的参数时漂失效

在诸如二极管、三极管这样的单元器件中体现出的上述噪声—失效相关性，必然会在由这些器件构成的集成电路中反映出来。这里举一个集成运算放大器的例子。

对集成运放进行初始噪声测试和加速寿命试验。试验样品采用国产的中增益运放 LFC3 和低功耗运放 F011，每种运放按噪声值尽可能离散分布的原则从 250 个样品中抽取 50 个投入试验。根据集成电路的特点，为了使电路各部分得到尽可能均匀的加速应力，加速寿命试验采用高温动态功率老化的方法，试验条件为：电源电压 ±18 V，输入所加正弦信号的幅度应使输出正弦信号电压的有效值大于 6 V，试验温度 150℃，试验总时间 1512 小时。

试验前的噪声测试结果表明，集成运放的低频噪声以 $1/f$ 噪声分量为主。试验过程中对集成运放主要电参数的监测表明，集成运放的输入失调电流 I_{os} 和输入偏置电流 I_{IB} 随时间的变化最为显著，而输入失调电压 U_{os}、开环电压增益 GOL 和静态功耗 P_D 随时间变化不明显。

根据实验测试数据，对集成运放电参数与其初始噪声参数、电参数的相关性进行了统计分析，计算出的相关系数数据如表 9.3 所列。可见，在各种初始参数中，等效输入噪声电流 I_n 与 I_{IB} 漂移量的相关系数最大，其次是等效输入噪声电压 E_n，均明显大于与常规电参数的相关系数。

表 9.3 集成运放输入偏置电流漂移量 $\Delta I_{IB}/I_{IB0}$ 与初始噪声及电参数的相关系数(%)

运放型号	I_n	E_n	I_{IB}	I_{OS}	GOL
LFC3	79.3	62.0	43.8	19.7	−26.5
F011	76.9	49.3	35.7	10.5	−19.0

图 9.11 给出了集成运放的初始噪声电流 I_n 与输入偏置电流 I_{IB} 漂移量的实测关系曲线。可见，具有高噪声电流 I_n 值的集成运放，其参数漂移量 ΔI_{IB} 也就越大，二者近似满足以下经验关系式：

$$\Delta I_{IB} \propto I_n^b \qquad b = 0.7 \sim 0.9$$

由此证明，通过初始噪声测量可以预估在长期工作条件下集成运放参数随时间的缓慢漂移。

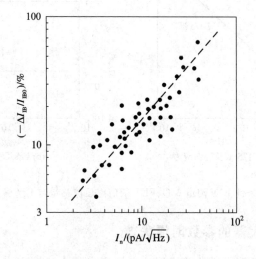

图 9.11 集成运放 LFC3 初始等效输入噪声电流与输入偏置电流漂移量的实测关系

9.3 噪声与应力失效的关系

9.3.1 辐照诱发退化

电离辐照会引起 MOS 器件阈值电压漂移和跨导退化。美国学者 Fleetwood 于 1994 年首次发现 MOSFET 的 $1/f$ 噪声与辐照诱发阈值电压漂移之间存在强相关性。他对不同工艺条件下制作的 MOSFET 先进行噪声测量，然后进行辐照试验。辐照条件为：Co-60 源，1MeV γ 射线，剂量率 100krad(Si)/h，室温，氧化层电场 3 MV/cm。MOSFET 的等效输入 $1/f$ 噪声电压谱密度可以表示为

$$S_{VG}(f) = K\left(\frac{U_{DS}}{U_{GS} - U_T}\right)^2 \frac{1}{f} \tag{9-3}$$

测量结果表明，辐照前的 $1/f$ 噪声幅度因子 K 与辐照引起的阈值电压漂移 ΔU_{T} 成正比，如图 9.12 所示。图中，A、B、C、D、E 是采用不同工艺条件制作的样品。

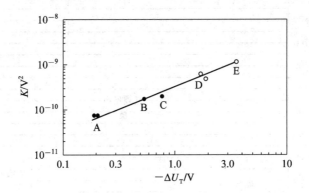

图 9.12　N 沟道 MOSFET 辐照前 $1/f$ 噪声幅度因子与辐照诱生阈值电压漂移量的关系

辐照诱发的 MOSFET 跨导退化也与辐照前的 $1/f$ 噪声有类似的相关性，即辐照前器件的 $1/f$ 噪声越大，辐照后器件的跨导退化量越大，实验结果如图 9.13 所示。测试样品是国产的 N 沟道 MOSFET，沟道宽长比为 $1.0\ \mu\mathrm{m}/50\ \mu\mathrm{m}$，栅氧厚度为 20 nm。

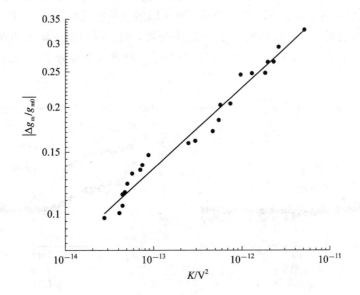

图 9.13　N 沟道 MOSFET 辐照前 $1/f$ 噪声幅度因子与辐照诱生跨导退化量的关系

上述结果表明，利用辐照前的 $1/f$ 噪声测量有可能不经辐照就可对 MOSFET 的抗辐照能力做出评估。如果不进行辐照或者类似的破坏性试验，常规的 MOS 表征技术就不能估计辐照诱生退化的大小。

另外，辐照引起的噪声幅度变化量远大于辐照引起的电参数的变化量，而 $1/f$ 噪声幅度的变化也大于点频噪声的变化。这一点从图 9.14 中可以直观地看出，它比较了辐照引起的 MOSFET 典型电参数和噪声参数的变化。针对图 9.13 所使用的器件样品，实测结果表明，辐照引起的噪声相对变化量大约为跨导相对退化量的 16 倍。

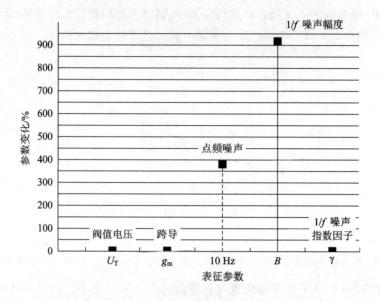

图 9.14　辐照引起的 MOSFET 参数变化的相对比较

对于某些器件，辐照不仅会引起噪声幅度的变化，而且有可能引起噪声成分的变化。图 9.15 比较了辐照前后的 JFET 噪声频谱，可见辐照前只能观察到 $1/f$ 噪声和白噪声，而且 $1/f$ 噪声幅度很低；辐照后出现了 $g-r$ 噪声分量，而且低频噪声幅度明显增加。这表明辐照在器件内部引入了额外的损伤。图 9.15 中，$S_{VG0}(f)$ 测试条件为 $f=1\ kHz$，$U_{DS}=10\ V$，$I_D=0.5\ mA$。

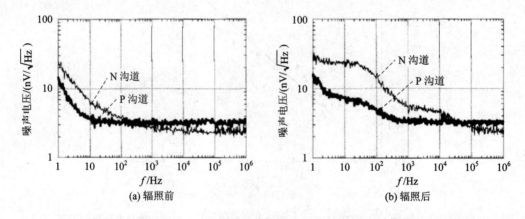

图 9.15　不同负温偏应力条件下 N 沟道 MOSFET 阈值电压漂移量与 $1/f$ 噪声初始值之间的实测关系

图 9.16 则比较了光电耦合器的噪声随辐照时间的变化。图中，时间序列采样点为 7000 个，噪声功率谱的频率范围为 1 Hz～300 kHz。辐照前，噪声低，表明光耦内部的表面与体内缺陷都少；经历了一段时间辐照后，$1/f$ 噪声幅度增加，表明光耦内部出现了一定的表面缺陷；经历了足够长时间辐照后，噪声波形和频谱出现了结构型变化，形成了显著的 $g-r$ 噪声分量，表明辐照引起了大量的表面与体内缺陷。

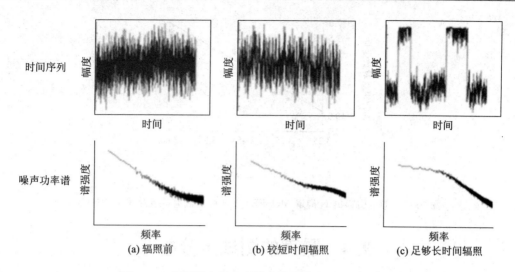

图 9.16　辐照引起的光电耦合器噪声波形与频谱的变化

9.3.2　静电诱发退化

　　如第 3 章所述，静电放电引起的电子元器件失效可分为突发失效和隐性失效。突发失效是指静电放电使元器件功能即时丧失，如开路和短路，往往是单次高电压的静电冲击所致。隐性失效是指静电放电给元器件引入潜在损伤，其功能及电参数无明显变化，但寿命缩短，环境适应能力（特别是抗静电能力）下降，往往在多次低电压静电放电条件下出现。在实际情形中，静电引起的隐性失效更为普遍，但难以探测。噪声测量有可能为探测静电放电引起的隐性失效提供一种简单有效的方法。

　　图 9.17 给出了在低电压多次静电放电条件下，MOSFET 的阈值电压和 $1/f$ 噪声电压幅度随放电次数的变化。静电试验采用 HBM 放电模拟器，加在栅、源之间，放电时间为 150 ns，峰值电压为 30 V，应力次数为 1～12 次，放电间隔时间大于 5 s。由图 9.17 可见，在放电次数小于 9 次前，常规电参数几乎不变，但 $1/f$ 噪声连续增加。图 9.18 给出的实测数据表明，静电引起的 $1/f$ 噪声的变化量比跨导的变化量大 6 倍以上。这表明，$1/f$ 噪声的幅度能够更敏感地反映静电引起的隐性损伤。

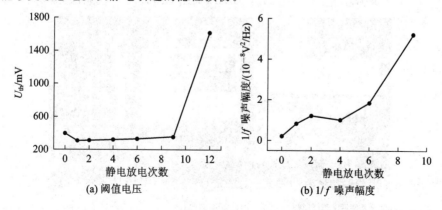

图 9.17　N 沟道 MOSFET 阈值电压和 $1/f$ 噪声随静电放电次数的变化

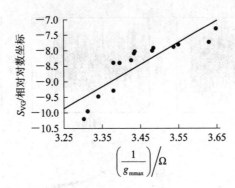

图 9.18　静电引起的 N 沟道 MOSFET $1/f$ 噪声和跨导变化量的比较

9.4　噪声的测试与分析

元器件噪声测试的目的是获得元器件噪声的波形、频谱以及相关的集总参数，其难度主要在于元器件自身产生的噪声非常微弱，单位带宽的噪声电压可小至 10 nV，噪声电流可低至 1 pA，因此对测试系统的灵敏度及背景噪声提出了相当高的要求。

传统的测试方法是采用多台通用仪器组建的，包括超低噪声前置放大器、示波器、频谱分析仪或动态信号分析仪等，其缺点是价格昂贵（如安捷伦给出的 $1/f$ 噪声测试方案硬件就需要 10 万美元以上），针对性差，难以定制。

针对国内外没有专用电子元器件噪声测试仪器的现状，笔者主持的西安电子科技大学噪声－可靠性研发团队于 2003 年开发成功国内第一套商用化的电子元器件噪声分析仪 XD－1501，至今已为国内数百家单位提供测试服务，并已销售数十套至国内骨干企业、研究机构和高校，不仅为各种有低频噪声测试指标的元器件提供了测试工具，而且为噪声－可靠性诊断方法在我国的推广应用提供了条件。

电子元器件噪声分析仪 XD－1501 基于虚拟仪器的方式组建，其构成如图 9.19 所示，主要由元器件适配器、超低噪声前置放大器、净化电源、AD 采集卡、微机以及噪声分析与

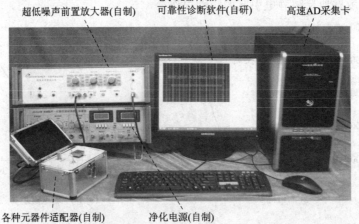

图 9.19　电子元器件噪声分析仪 XD－1501 的基本构成

可靠性诊断软件等部分构成。净化电源为被测元器件提供所需的偏置电流、偏置电压以及白噪声信号源；元器件适配器为被测元器件提供偏置电路以及切换、保护等；超低噪声前置放大器将元器件的输出噪声放大 10～10 000 倍，然后送至 AD 采集卡；AD 采集卡将模拟噪声信号转换为数字信号，供微机进行分析处理；噪声分析与可靠性诊断软件对噪声进行采集、处理、分析、筛选和诊断。

　　该仪器的主要性能指标如表 9.4 所列，其频率范围为 0.1 Hz～300 kHz，全带宽测试灵敏度优于于 0.5 μV，单位带宽的测试灵敏度优于 1 nV/$\sqrt{\text{Hz}}$(带宽为 1 Hz)，能够满足绝大多数电子元器件固有低频噪声的测试需求。

表 9.4　电子元器件噪声分析仪的主要性能指标

功　能	整机性能指标
时间序列测量	最大采样频率：≥1 MHz 最大采样点数：≥100 000 时基不确定度：≤(2% 幅度不确定度：≤(5% 动态范围 ≥60 dB
功率谱测量	频率范围：0.1 Hz～300 kHz 数据点数：≥1024 频率读数不确定度：≤±1% 幅度不确定度：≤±5% 动态范围：≥60 dB
测试电压灵敏度	全带宽：≤0.5 μV(带宽为 1 Hz～100 kHz) 单位带宽：≤1 nV/$\sqrt{\text{Hz}}$(带宽为 1 Hz)
测试噪声幅度范围	输出噪声电压谱密度：10～10 000 nV/$\sqrt{\text{Hz}}$ 等效输入噪声电压谱密度：10～10 000 nV/$\sqrt{\text{Hz}}$ 等效输入噪声电流谱密度：1～1000 pA/$\sqrt{\text{Hz}}$ 噪声系数：0～40 dB
分析软件功能	噪声谱成分参数提取 噪声子波分析 可靠性筛选 缺陷分析等

　　由该仪器测试得到的元器件噪声的时间序列如图 9.20 所示，可采用的最大采样频率为 3 MHz，每秒可采集 10 万个数据，亦可双通道采集。通过傅立叶变换(FFT)程序，可以将时间序列转换为频率谱，如图 9.21 所示。

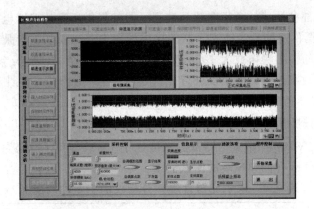

图 9.20　XD—1501 时间序列测试软件界面

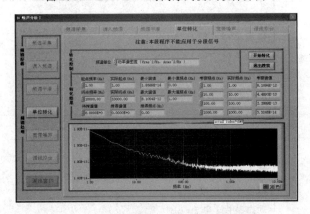

图 9.21　XD—1501 功率谱分析软件界面

　　进一步，通过将实测频谱与式(9-1)进行非线性拟合，可以分离并提取各种噪声分量，包括白噪声幅度 A、$1/f$ 噪声幅度 B 和指数因子 γ、g-r 噪声的幅度 C、转折频率 f_0 和指数因子 α，以及 $1/f$ 噪声与白噪声的转折频率 f_L。图 9.22 给出了一个同时含有 $1/f$ 噪声、白噪声和 g-r 噪声的功率谱图，可见拟合频谱与实测频谱的吻合度良好。分析误差及拟合精度与平均次数有关，平均次数越多，测试误差越小，拟合精度越高，但测试所需的时间越长(参见表 9.5 给出的数据示例)。

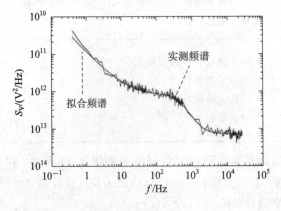

图 9.22　实测噪声频谱与拟合频谱的比较示例

表 9.5　拟合精度与平均次数的关系示例

RMS 平均次数	测试周期 /s	分析结果						拟合精度/%
		$A/(A^2/Hz)$	B/A^2	γ	$C/(A^2/Hz)$	f_0/Hz	α	
16	40	1.893×10^{-23}	1.451×10^{-18}	1.422	4.160×10^{-20}	57.48	2.056	18.21
32	80	1.608×10^{-23}	1.509×10^{-18}	1.394	4.032×10^{-20}	56.73	2.173	14.09
64	160	1.749×10^{-23}	1.337×10^{-18}	1.450	3.946×10^{-20}	55.82	2.010	10.86
128	230	1.550×10^{-23}	1.368×10^{-18}	1.403	4.599×10^{-20}	57.73	2.037	7.471
256	640	1.811×10^{-23}	1.496×10^{-18}	1.433	4.481×10^{-20}	58.12	2.091	4.709
分析误差/%		7.364	4.788	1.420	5.989	1.930	2.718	

　　该仪器的软件主界面如图 9.23 所示。除了完成各种元器件的噪声测试与分析之外,该仪器的周期信号分析模块还可以测量失真度、传输函数等,并作为超低频至低频数字示波器使用;噪声筛选模块可根据不同的元器件类型,自行选择不同的噪声筛选方法与判据,并给出筛选结果清单;子波分析模块可基于时间序列计算各种子波参数,用于噪声—可靠性表征。该仪器的硬件和软件均采用模块化方式组合,可针对不同用户需求、应用规范以及新的研究结果,不断更新、完善、补充仪器功能。

图 9.23　XD－1501 分析测试软件主界面

　　基于该仪器,已有四个有关低频噪声测试方法的国家军用标准制定完成,包括光电耦合器低频噪声测试方法、电阻器低频噪声测试方法、结型场效应晶体管低频噪声测试方法和电压基准二极管低频噪声测试方法。

本 章 要 点

　　◆　由 $1/f$ 噪声和 $g-r$ 噪声组成的元器件固有低频噪声,是反映元器件质量与可靠性的敏感参数。

　　◆　初始噪声大的元器件在经历了长时间工作或者试验后其参数的漂移变化也大,因此初始噪声测量可以用于预估元器件的漂移失效,诸如稳压二极管的基准电压退化、双极晶体管的电流增益漂移、MOS 器件的阈值电压漂移与跨导退化等。

◆ 噪声大的元器件占整批元器件的比例很小，却比噪声低的元器件更容易失效，因此噪声测量可以用作元器件的可靠性加严筛选。

◆ 即使未能使元器件的常规电参数发生变化，辐照、静电等环境应力也会使噪声产生显著的变化，因此可以利用噪声测量对辐照诱生退化或者静电隐性损伤进行非破坏性的评估。

◆ 基于虚拟仪器组建的电子元器件噪声分析仪为电子噪声—可靠性诊断方法的推广使用提供了条件和工具。

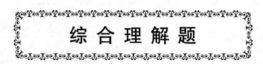

综 合 理 解 题

在以下问题中选择你认为最合适的一个答案（除"可多选"者外）。

1. 与电子元器件可靠性密切相关的噪声来自（　　）。

A. 元器件自身缺陷　　　　　　B. 相邻元器件串扰

C. 空间辐射干扰　　　　　　　D. 电源电压波动

2. 低频噪声可用于元器件可靠性筛选的依据是（可多选）（　　）。

A. 初始噪声大的元器件更容易失效

B. 噪声大的元器件在整批元器件中所占比例较小

C. 低频噪声容易测量

D. 低频噪声幅度随频率的下降而增加

3. 对 MOS 器件辐照退化最为敏感的参数是（　　）。

A. 阈值电压　　　　B. 跨导　　　C. $g-r$ 噪声　　　　D. $1/f$ 噪声

4. 电子元器件单位带宽下低频噪声幅度的数量级是（　　）。

A. mV 级　　　　　　B. μV 级　　　　　　　C. nV 级

附录 A

常用元器件的质量等级

　　我国电子元器件的质量等级由电子设备可靠性预计手册(GJB/Z 299C)所规定,用质量系数 π_Q 来表征其相对失效率水平;质量保证等级则由各个元器件的总规范所规定,大多数无源元件的质量保证等级与其失效率有一一对应的关系,其他元器件则没有。美国电子元器件的质量等级主要取自 MIL-STD-217F。以下列出相关标准给出的常用元器件的质量等级、质量系数和相应的质量保证等级。

　　需特别指出的是,质量等级与质量保证等级由不同的标准所定义,二者之间并无严格的对应关系,以下给出的对应关系仅供参考。

A.1　集成电路

　　我国标准规定的半导体单片集成电路和混合集成电路的质量等级和质量保证等级见表 A-1 和表 A-2,美国集成电路的质量等级见表 A-3。

表 A-1　半导体单片集成电路质量等级和质量保证等级

质量等级		质量要求说明	质量要求补充说明	π_Q	相应的质量保证等级
A	A_1	符合 GJB 597A 且列入军用电子元器件合格产品目录(QPL)的 S 级产品	符合 GJB 597-1988 且列入军用电子元器件合格产品目录(QPL)的 S 级产品	—	S
	A_2	符合 GJB 597A 且列入军用电子元器件合格产品目录(QPL)的 B 级产品	符合 GJB 597-1988 且列入军用电子元器件合格产品目录(QPL)的 B 级产品	0.08	B
	A_3	符合 GJB 597A 且列入军用电子元器件合格产品目录(QPL)的 B_1 级产品	符合 GJB 597-1988 且列入军用电子元器件合格产品目录(QPL)的 B_1 级产品	0.13	B_1
	A_4	符合 GB/T4589.1 的 Ⅲ 类产品,或经中国电子元器件质量认证委员会认证合格的 Ⅱ 类产品	按 QZJ 840614-840615"七专"技术条件组织生产的 Ⅰ、I_A 类产品;符合 SJ 331 的 Ⅰ、I_A 类产品	0.25	G(QZJB 40614~804615)
B	B_1	按 GJB 597A 的筛选要求进行筛选的 B_2 质量等级产品;符合 GB/T4589.1 的 Ⅱ 类产品	按"七九〇五"七专质量控制技术协议组织生产的产品;符合 SJ 331 的 Ⅱ 类产品	0.50	G(七九〇五)
	B_2	符合 GB/T 4589.1 的 Ⅰ 类产品	符合 SJ 331 的 Ⅲ 类产品	1.0	
C	C_1	—	符合 SJ 331 的 Ⅳ 类产品	3.0	
	C_2	低档产品		10	

表 A-2 混合集成电路质量等级和质量保证等级

质量等级		质量要求说明	质量要求补充说明	π_Q	相应的质量保证等级
A	A_1	符合 GJB 2438A 且列入军用电子元器件合格产品目录(QPL)的 K 级产品	符合 GJB 2438-1995 且列入军用电子元器件合格产品目录(QPL)的 K 级产品	—	K
	A_2	符合 GJB 2438A 且列入军用电子元器件合格产品目录(QPL)的 H 级产品	符合 GJB 2438-1995 且列入军用电子元器件合格产品目录(QPL)的 H 级产品	0.08	H
	A_3	符合 GJB 2438A 且列入军用电子元器件合格产品目录(QPL)的 G 级产品	符合 GJB 2438-1995 且列入军用电子元器件合格产品目录(QPL)的 H 级产品	0.13	G/H1
	A_4	符合 GJB2438A 且列入军用电子元器件合格制造厂目录(QML)的 D 级产品	—	0.18	D
	A_5	按军用电子元器件合格制造厂目录(QML)的生产线生产的符合 GJB 2438A 的产品	按军用电子元器件合格制造厂目录(QML)的生产线生产的符合 GJB 2438-1995 的产品	0.2	QML
	A_6	符合 GB/T 8976 和 GB/T 11498 质量评定水平为 K 级的产品	按 QZJ 840616 混合集成电路"七专"技术条件组织生产的产品	0.25	K(GB/T8976)/G (QZJ 840616)
B	B_1	符合 GB/T 8976 和 GB/T 11498 质量评定水平为 L 级的产品	按"七九〇五"七专质量控制技术协议组织生产的产品;符合 SJ 820 的产品	0.50	L(GB/T8976)/G (七九〇五)
	B_2	符合 GB/T 8976 和 GB/T 11498 质量评定水平为 M 级的产品	—	1.0	M(GB/T8976)
C		低档产品		5.0	

表 A-3 美国半导体集成电路的质量等级

质量等级	说　明	π_Q
S	1. 完全按照 MIL-M-38510 的 S 类要求采购 2. 完全按照 MIL-I-38535 及其附录 B(U 类)采购 3. 混合电路按照 MIL-H-38534 的 S 类要求(质量等级 K)采购	0.25
B	1. 完全按照 MIL-M-38510 的 B 类要求采购 2. 完全按照 MIL-I-38535(Q 类要求)采购 3. 混合电路按照 MIL-H-38534 的 B 类要求(质量等级 H)采购	1.0
B_{-1}	完全符合 MIL-STD-883 的 1.2.1 条的所有要求并根据 MIL 图样、DESC 图样或其他政府批准的文件采购(不包括混合电路)	2.0

A.2 半导体分立器件

我国标准规定的晶体管和二极管的质量等级与相应的质量保证等级见表 A-4,质量系数见表 A-5。美国标准规定的晶体管和二极管的质量等级见表 A-6。

表 A–4　晶体管和二极管质量等级与质量保证等级

质量等级		质量要求说明	质量要求补充说明	相应的质量保证等级
A	A_1	符合 GJB 33A 且列入军用电子元器件合格产品目录（QPL）的 JY 级产品	—	JY
	A_2	符合 GJB 2438A 且列入军用电子元器件合格产品目录（QPL）的 JCT 级产品	符合 GJB 33–1985，且列入军用电子元器件合格产品目录（QPL）的 GCT 级产品	JCT/GCT
	A_3	符合 GJB 33A 且列入军用电子元器件合格产品目录（QPL）的 JT 级产品	符合 GJB 33–1985，且列入军用电子元器件合格产品目录（QPL）的 GT 级产品	JT/GT
	A_4	符合 GJB33A 且列入军用电子元器件合格制造厂目录（QML）的 JP 级产品	符合 GJB 33–1985，且列入军用电子元器件合格产品目录（QPL）的 GP 级产品；按 QZJ 840611、QZJ 840612"七专"技术条件组织生产的产品	JP/GP/G（QZJ 840611A）
	A_5	符合 GB/T 4589.1，且经中国电子元器件质量认证委员会认证合格产品的 Ⅱ 级产品；符合 GB/T4589.1 的 Ⅲ 类的产品	按 QZJ 840611、QZJ 840612"七专"技术条件组织生产的产品	G（QZJ 840611~840612）
B	B_1	按军用标准的筛选要求进行筛选的 B2 质量等级的产品；符合 GB/T4589.1 的 Ⅱ 类产品	按"七九〇五"七专质量控制技术协议组织生产的产品	G（七九〇五）
	B_2	符合 GB/T 4589.1 的 Ⅰ 类的产品	符合 SJ614 的产品	
C		低档产品		

表 A–5　晶体管和二极管质量系数

质量系数 π_Q ＼ 质量等级　类型	A_1	A_2	A_3	A_4	A_5	B_1	B_2	C
双极型晶体管	—	0.03	0.05	0.1	0.2	0.4	1	5
大功率微波双极型晶体管	—	0.03	0.05	0.10	0.20	0.5	1.0	5
硅场效应晶体管	—	—	0.05	0.1	0.2	0.5	1	5
砷化镓场效应晶体管	—	0.03	0.05	0.1	0.2	0.5	1	5
单结晶体管	—	—	0.05	0.1	0.2	0.5	1	5
闸流晶体管	—	—	0.05	0.1	0.2	0.5	1	5
普通二极管	—	0.03	0.05	0.1	0.2	0.5	1	5
电压调整、电压基准及电流调整二极管	—	0.03	0.05	0.1	0.2	0.5	1	5
微波二极管	—	—	0.06	0.13	0.25	0.5	1	5
变容、阶跃、隧道、PIN、体效应、崩越二极管	—	0.03	0.05	0.1	0.2	0.5	1	5

表 A-6 美国晶体管和二极管质量等级

类型 \ 质量系数 πQ \ 质量等级	JANTXV	JANTX	JAN
低频二极管	0.7	1.0	2.4
高频二极管	0.5	1.0	5.0
肖特基二极管	0.5	1.0	1.8
低频双极晶体管	0.7	1.0	2.4
低频硅场效应晶体管	0.7	1.0	2.4
单结晶体管	0.7	1.0	2.4
低噪声高频双极晶体管	0.5	1.0	2.0
大功率高频双极晶体管	0.5	1.0	2.0
高频砷化镓场效应晶体管	0.5	1.0	2.0
高频硅场效应晶体管	0.5	1.0	2.0
闸流晶体管和可控硅	0.7	1.0	2.4

A.3 光电子器件

我国标准规定的光电子器件质量等级与相应的质量保证等级见表 A-7；美国军用标准规定的晶体管和二极管的质量等级见表 A-8，激光二极管的质量系数见表 A-9。

表 A-7 国产光电子器件质量等级和质量保证等级

质量等级		质量要求说明	质量要求补充说明	πQ	相应的质量保证等级
A	A₁	符合 GJB 33A，且列入军用电子元器件合格产品目录（QPL）的 JY 级产品	—	—	JY
	A₂	符合 GJB 33A，且列入军用电子元器件合格产品目录（QPL）的 JCT 级产品	符合 GJB 33—1985，且列入军用电子元器件合格产品目录（QPL）的 GCT 级产品	0.05	JCT
	A₃	符合 GJB 33A，且列入军用电子元器件合格产品目录（QPL）的 JT 级产品	符合 GJB 33—1985，且列入军用电子元器件合格产品目录（QPL）的 GT 级产品	0.08	JT
	A₄	符合 GJB 33A，且列入军用电子元器件合格制造厂目录（QML）的 JP 级产品	符合 GJB 33—1985，且列入军用电子元器件合格产品目录（QPL）的 GP 级产品；按 QZJ 840611A"七专"技术条件组织生产的产品	0.15	JP/G（QZJ 840611A）
	A₅	符合 GB/T 12562 且经中国电子元器件质量认证委员会认证合格的 Ⅱ 类产品；符合 GB/T 12565 的 Ⅲ 类产品	按 QZJ 840613"七专"技术条件组织生产的产品	0.30	C（QZJ 840613）
B	B₁	按军用标准筛选要求等进行筛选的 B2 质量等级的产品；符合 GB/T 12565 的 Ⅱ 类产品	按"七九〇五"七专质量控制技术协议组织生产的产品	0.60	G（七九〇五）
	B₂	符合 GB/T 12565M 的 Ⅰ 类产品	—	1.0	M（GB/T8976）
C		低档产品		5.0	

表 A-8 美国军用光电子器件质量等级与质量系数

质量系数 π_Q　　质量等级 类型	JANTXV	JANTX	JAN
检测器、隔离器、发射器、字母、数字混合显示器	0.7	1.0	2.4

表 A-9 美国军用激光二极管质量系数

封装质量情况	π_Q
密封封装	1.0
有表面涂层的非密封封装	1.0
无表面涂层的非密封封装	3.3

A.4 电真空器件

我国标准规定的电子管的质量等级与相应的质量保证等级见表 A-10。

表 A-10 国产电子管质量等级

质量等级		质量要求说明	π_Q
A	A_1	符合 GJB 922—1990、GJB 3312—1998、SJ 20023、SJ 20456、SJ 20457、SJ 20458、SJ 20459、SJ 20460、SJ 20461、SJ 20463、SJ 20464、SJ 20474、SJ 20476、SJ 20480、SJ 20484 且列入军用电子元器件合格产品目录(QPL)的产品	0.3
	A_2	符合 GB 5960、GB/T 6255、GB/T 11478、GB/T 12078、GB/T 12564、GB/T 12846、GB/T 12852、GB/T 13943、GB/T 13945、GB/T 14110、GB/T14182、GB/T 14186 且经中国电子元器件质量认证委员会认证合格的产品;符合企业军用标准,且列入军用电子元器件合格产品目录(QPL)的产品	0.5
B		符合 GB 5960、GB/T 6255、GB/T 11478、GB/T 12078、GB/T 12564、GB/T 12846、GB/T 12852、GB/T 13706、GB/T 13943、GB/T 13945、GB/T 14110、GB/T 14182、GB/T 14186、SJ/T 198、SJ 332、SJ 338、SJ 343、SJ 344、SJ 345、SJ 346、SJ 347、SJ 1704 的产品	1
C		低档产品	4

A.5 电阻器和电位器

我国标准规定的电阻器和电位器的质量等级与相应的质量标准等级分别见表 A-11 和表 A-12,电位器的质量系数见表 A-13,美国军用标准规定的电阻器和电位器的质量等级与质量系数见表 A-14。

表 A-11　电阻器质量等级、质量系数 π_Q 与质量标准等级

质量等级		质量要求说明	质量要求补充说明	π_Q	相应的质量保证等级
A	A_{1T}	符合 GJB 244A、GJB 1432A，且列入军用电子元器件合格产品目录（QPL）的 T 级产品	—	—	T
	A_{1S}	符合 GJB，且列入军用电子元器件合格产品目录（QPL）的 S 级产品；符合 GJB 1862—1994，且列入军用电子元器件合格产品目录（QPL）的 B 级产品	符合 GJB 244—1987，且列入军用电子元器件合格产品目录（QPL）的 B 级产品	—	S/B
	A_{1R}	符合 GJB 244A、GJB 1432A，且列入军用电子元器件合格产品目录（QPL）的 R 级产品；符合 GJB 1862—1994，且列入军用电子元器件合格产品目录（QPL）的 Q 级产品	符合 GJB 244—1987，且列入军用电子元器件合格产品目录（QPL）的 Q 级产品	—	R/Q
	A_{1F}	符合 GJB，且列入军用电子元器件合格产品目录（QPL）的 P 级产品；符合 GJB 1862—1994，且列入军用电子元器件合格产品目录（QPL）的 L 级产品	符合 GJB 244—1987，且列入军用电子元器件合格产品目录（QPL）的 L 级产品	0.05	P/L
	A_{1M}	符合 GJB 244A、GJB 1432A，且列入军用电子元器件合格产品目录（QPL）的 M 级产品；符合 GJB 1862—1994，且列入军用电子元器件合格产品目录（QPL）的 W 级产品；符合 GJB 601A、GJB 920A、GJB 1782—1998、GJB 1929—1994、GJB 2828—1997、GJB 3017—1997、GJB 4134—2001，且列入军用电子元器件合格产品目录（QPL）的产品；符合企业军用标准，且列入军用电子元器件合格产品目录（QPL）的产品	符合 GJB 244—1987，且列入军用电子元器件合格产品目录（QPL）的 W 级产品；符合 GJB 920—1990，且列入军用电子元器件合格产品目录（QPL）的产品	0.1	M/W
	A_2	符合 GB/T 5729、GB/T 6663、GB/T 7153、GB/T 10193、GB/T 13189、GB/T 15654，且经中国电子元器件质量认证委员会认证合格的产品	按 QZJ 840629、QZJ 840630、QZJ 840631"七专"技术条件组织生产的产品	0.3	G(QZJ 840629—840631)
B	B_1	按军用标准的筛选要求进行筛选的 B1 质量等级的产品	按"七九〇五""七专"质量控制技术协议组织生产的产品	06	G(七九〇五)
	B_2	符合 GB/T 5729、GB/T 6663、GB/T 7153、GB/T 10193、GB/T 13189、GB/T 15654、SJ 1156、SJ 1553、SJ 1557、SJ 1559、SJ 2028、SJ 2307、SJ 2309、SJ 2742 的产品	符合 SJ 75、SJ 904、SJ 1329、SJ 2308 的产品	1	—
C		低档产品		4	

表 A – 12　电位器质量等级

质量等级		质量要求说明	质量要求补充说明	相应的质量保证等级
A	A$_{1S}$	符合 GJB 3015－1997，且列入军用电子元器件合格产品目录（QPL）的 S 级产品；符合 GJB 2149－1994，且列入军用电子元器件合格产品目录（QPL）的 B 级产品	—	S/B
	A$_{1R}$	符合 GJB 3015－1997，且列入军用电子元器件合格产品目录（QPL）的 R 级产品；符合 GJB 2149－1994，且列入军用电子元器件合格产品目录（QPL）的 Q 级产品	—	R/Q
	A$_{1P}$	符合 GJB 3015－1997，且列入军用电子元器件合格产品目录（QPL）的 P 级产品；符合 GJB 2149－1994，且列入军用电子元器件合格产品目录（QPL）的 Q 级产品	—	P/L
	A$_{1M}$	符合 GJB 3015－1997，且列入军用电子元器件合格产品目录（QPL）的 M 级产品；符合 GJB 2149－1994，且列入军用电子元器件合格产品目录（QPL）的 W 级产品；符合 GJB 265－1987、GJB 917－1990、GJB 918－1990、GJB 1523－1992、GJB 1865－1994，且列入军用电子元器件合格产品目录（QPL）的产品	—	M/W
	A$_2$	按质量认证标准，经中国电子元器件质量认证委员会认证合格的产品	按 QZJ 840632 有机实芯电位器、QZJ 840633 微调线绕电位器"七专"技术条件组织生产的产品	G（QZJ 840632－840633）
B	B$_1$	按军用标准的筛选要求进行筛选的 B2 质量等级的产品	按"七九〇五"七专质量控制技术协议组织生产的产品	G（七九〇五）
	B$_2$	符合 GB/T 15298 的产品	符合 SJ 2786 的产品	
C		低档产品		

表 A – 13　电位器质量系数

质量系数＼类型	A$_{1S}$	A$_{1R}$	A$_{1P}$	A$_{1M}$	A$_2$	B$_1$	B$_2$	C
普通线绕	—	—	—	0.13	0.4	0.6	1	4
精密线绕	—	—	—	0.1	0.3	0.5	1	4
微调线绕	—	—	—	—	0.3	0.5	1	4
功率线绕	—	—	—	0.1	0.3	0.5	1	4
有机实芯	—	—	—	0.1	0.3	0.5	1	4
合成碳膜	—	—	—		0.3	0.5	1	4
玻璃釉	—	—	—	0.1	0.3	0.5	1	4

表 A-14　美国电阻器和电位器质量等级与质量系数

质量等级	π_Q
S	0.03
R	0.1
P	0.3
M	1.0

A.6　电容器

　　我国标准规定的各类电容器的质量等级与相应的质量保证等级分别见表 A-15～表 A-22，美国军用标准规定的电容器的质量等级见表 A-23。

表 A-15　纸和塑料薄膜电容器质量等级和质量保证等级

质量等级		质量要求说明	质量要求补充说明	π_Q	相应的质量保证等级
A	A_{1S}	符合 GJB 972A，且列入军用电子元器件合格产品目录（QPL）的 S 级产品；符合 GJB 732—1989、GJB 1214—1991，且列入军用电子元器件合格产品目录（QPL）的 B 级产品	符合 GJB 972—1990，且列入军用电子元器件合格产品目录（QPL）的 B 级产品	—	S/B
	A_{1R}	符合 GJB 972A，且列入军用电子元器件合格产品目录（QPL）的 R 级产品；符合 GJB 732—1989、GJB 1214—1991，且列入军用电子元器件合格产品目录（QPL）的 Q 级产品	符合 GJB 972—1990，且列入军用电子元器件合格产品目录（QPL）的 Q 级产品	—	R/Q
	A_{1F}	符合 GJB 972A，且列入军用电子元器件合格产品目录（QPL）的 P 级产品；符合 GJB 732—1989、GJB 1214—1991，且列入军用电子元器件合格产品目录（QPL）的 L 级产品	符合 GJB 972—1990，且列入军用电子元器件合格产品目录（QPL）的 L 级产品	0.03	F/L
	A_{1M}	符合 GJB 972A，且列入军用电子元器件合格产品目录（QPL）的 M 级产品；符合 GJB 732—1989、GJB 1214—1991，且列入军用电子元器件合格产品目录（QPL）的 W 级产品	符合 GJB 972—1990，且列入军用电子元器件合格产品目录（QPL）的 W 级产品	0.1	M/W
	A_2	按质量认证标准，经中国电子元器件质量认证委员会认证合格的产品	符合 QZJ 840626"七专"技术条件的产品	0.3	G（QZJ 840626）
B	B_1	按军用标准的筛选要求进行筛选的 B2 质量等级的产品	符合"七九〇五"七专质量控制技术协议的产品	0.5	G(七九〇五)
	B_2	符合 GB/T 2693、GB/T 4874、GB/T 6346、GB/T 7332、GB/T 15448、SJ 1885、SJ 2598 的产品	—	1	
C	C_1	符合 SJ 1214	—	3	
	C_2	低档产品			

表 A - 16 玻璃釉电容器质量等级

质量等级		质量要求说明	质量要求补充说明	π_Q
A		按质量认证标准,经中国电子元器件质量认证委员会认证合格的产品	—	0.3
B	B_1	按军用认证的筛选要求进行筛选的 B2 质量等级的产品	—	0
	B_2	符合 GB/T 2693 的产品	符合 SJ 656 的产品	1
C		低档产品		5

表 A - 17 云母电容器质量等级与质量保证等级

质量等级		质量要求说明	质量要求补充说明	π_Q	相应的质量保证等级
A	A_{1S}	符合 GJB 191A,且列入军用电子元器件合格产品目录(QPL)的 S 级产品	—	—	S
	A_{1R}	符合 GJB 191A,且列入军用电子元器件合格产品目录(QPL)的 R 级产品	—	—	R
	A_{1P}	符合 GJB 191A,且列入军用电子元器件合格产品目录(QPL)的 P 级产品	—	0.03	P
	A_{1M}	符合 GJB 191A,且列入军用电子元器件合格产品目录(QPL)的 M 级产品;符合 GJB 1313－1991,且列入军用电子元器件合格产品目录(QPL)的产品	—	0.1	M
	A_2	按质量认证标准,经中国电子元器件质量认证委员会认证合格的产品	符合 QZJ 840625"七专"技术条件的产品	0.3	G(QZJ 840625)
B	B_1	按军用标准的筛选要求进行筛选的 B2 质量等级的产品	符合"七九○五"七专质量控制技术协议的产品	0.5	G(七九○五)
	B_2	符合 GB/T 2693、GB/T 6261 的产品	—	1	
C		低档产品		5	

表 A-18　Ⅰ类瓷介电容器质量等级与质量保证等级

质量等级		质量要求说明	质量要求补充说明	π_Q	相应的质量保证等级
A	A_{1S}	符合 GJB 191A，且列入军用电子元器件合格产品目录（QPL）的 S 级产品；符合 GJB 468－1988、GJB 1940－1994，且列入军用电子元器件合格产品目录（QPL）的 B 级产品	—	—	S
	A_{1R}	符合 GJB 191A，且列入军用电子元器件合格产品目录（QPL）的 R 级产品；符合 GJB 468－1988、GJB 1940－1994，且列入军用电子元器件合格产品目录（QPL）的 Q 级产品	—	—	R
	A_{1P}	符合 GJB 191A，且列入军用电子元器件合格产品目录（QPL）的 P 级产品；符合 GJB 468－1988、GJB 1940－1994，且列入军用电子元器件合格产品目录（QPL）的 L 级产品	—	0.03	P
	A_{1M}	符合 GJB 191A，且列入军用电子元器件合格产品目录（QPL）的 M 级产品；符合 GJB 468－1988、GJB 1940－1994，且列入军用电子元器件合格产品目录（QPL）的 W 级产品	—	0.1	M
	A_2	按质量认证标准，经中国电子元器件质量认证委员会认证合格的产品	符合 QZJ 840624"七专"技术条件的产品	0.3	G(QZJ 840624)
B	B_1	按军用标准的筛选要求进行筛选的 B1 质量等级的产品	符合"七九〇五"七专质量控制技术协议的产品	0.5	G(七九〇五)
	B_2	符合 GB/T 2693、GB/T 5966、GB/T 9320、GB/T 9324、GB/T 9597 的产品	—	1	—
C		低档产品		5	—

表 A–19　Ⅱ类瓷介电容器质量等级与质量保证等级

质量等级		质量要求说明	质量要求补充说明	π_Q	相应的质量保证等级
A	A_{1S}	符合 GJB 192A，且列入军用电子元器件合格产品目录（QPL）的 S 级产品；符合 GJB 924−1990、GJB 1940−1994，且列入军用电子元器件合格产品目录（QPL）的 B 级产品	—	—	S/B
	A_{1R}	符合 GJB 192A，且列入军用电子元器件合格产品目录（QPL）的 R 级产品；符合 GJB 924−1990、GJB 1940−1994，且列入军用电子元器件合格产品目录（QPL）的 Q 级产品	—	—	R/Q
	A_{1P}	符合 GJB 192A，且列入军用电子元器件合格产品目录（QPL）的 P 级产品；符合 GJB 924−1990、GJB 1940−1994，且列入军用电子元器件合格产品目录（QPL）的 L 级产品	—	0.03	P/L
	A_{1M}	符合 GJB 192A，且列入军用电子元器件合格产品目录（QPL）的 M 级产品；符合 GJB 924−1990、GJB 1940−1994，且列入军用电子元器件合格产品目录（QPL）的 W 级产品；符合 GJB 1314−1991，且列入军用电子元器件合格产品目录（QPL）的产品	—	0.1	M/W
	A_2	按质量认证标准，经中国电子元器件质量认证委员会认证合格的产品	符合 QZJ 840624"七专"技术条件的产品	0.3	G(QZJ 840624)
B	B_1	按军用标准的筛选要求进行筛选的 B2 质量等级的产品	符合"七九〇五"七专质量控制技术协议的产品	0.5	G(七九〇五)
	B_2	符合 GB/T 2693、GB/T 5968、GB/T 9322、GB/T 9324 的产品	—	1	
C		低档产品		5	

表 A-20 固体电解质钽电容器质量等级与质量保证等级

质量等级		质量要求说明	质量要求补充说明	π_Q	相应的质量保证等级
A	A_{1S}	符合 GJB 63B、GJB 2283—1995，且列入军用电子元器件合格产品目录（QPL）的 S 级产品	符合 GJB 63A，且列入军用电子元器件合格产品目录（QPL）的 B 级产品	—	S/B
	A_{1R}	符合 GJB 63B、GJB 2283—1995，且列入军用电子元器件合格产品目录（QPL）的 R 级产品	符合 GJB 63A，且列入军用电子元器件合格产品目录（QPL）的 Q 级产品	—	R/Q
	A_{1P}	符合 GJB 63B、GJB 2283—1995，且列入军用电子元器件合格产品目录（QPL）的 P 级产品	符合 GJB 63A，且列入军用电子元器件合格产品目录（QPL）的 L 级产品	0.03	P/L
	A_{1M}	符合 GJB 63B、GJB 2283—1995，且列入军用电子元器件合格产品目录（QPL）的 M 级产品；符合 GJB 1520—1992，且列入军用电子元器件合格产品目录（QPL）的产品	符合 GJB 63A，且列入军用电子元器件合格产品目录（QPL）的 W 级产品	0.1	M/W
	A_2	按质量认证标准，经中国电子元器件质量认证委员会认证合格的产品	符合 QZJ 840628"七专"技术条件的产品	0.3	G(QZJ 840628)
B	B_1	按军用标准的筛选要求进行筛选的 B2 质量等级的产品	符合"七九〇五"七专质量控制技术协议的产品	0.5	G(七九〇五)
	B_2	符合 GB/T 2693、GB/T 7213、GB/T 14121 的产品	—	1	
C		低档产品		5	

表 A-21 非固体电解质钽电容器质量等级与质量保证等级

质量等级		质量要求说明	质量要求补充说明	π_Q	相应的质量保证等级
A	A$_{1S}$	符合 GJB 733A，且列入军用电子元器件合格产品目录(QPL)的 S 级产品	符合 GJB 733—1989，且列入军用电子元器件合格产品目录(QPL)的 B 级产品	—	S/B
	A$_{1R}$	符合 GJB 733A，且列入军用电子元器件合格产品目录(QPL)的 R 级产品	符合 GJB 733—1989，且列入军用电子元器件合格产品目录(QPL)的 Q 级产品	—	R/Q
	A$_{1P}$	符合 GJB 733A，且列入军用电子元器件合格产品目录(QPL)的 P 级产品	符合 GJB 733—1989，且列入军用电子元器件合格产品目录(QPL)的 L 级产品	0.03	P/L
	A$_{1M}$	符合 GJB 733A，且列入军用电子元器件合格产品目录(QPL)的 M 级产品；符合 GJB 1312A，且列入军用电子元器件合格产品目录(QPL)的产品	符合 GJB 733—1989，且列入军用电子元器件合格产品目录(QPL)的 W 级产品	0.1	M/W
	A$_2$	按质量认证标准，经中国电子元器件质量认证委员会认证合格的产品	符合 QZJ 840628"七专"技术条件的产品	0.3	G(QZJ 840628)
B	B$_1$	按军用标准的筛选要求进行筛选的 B2 质量等级的产品	符合"七九〇五"七专质量控制技术协议的产品	0.5	G(七九〇五)
	B$_2$	符合 GB/T 2693、GB/T 7213、SJ 1018 的产品	—	1	
C		低档产品		5	

表 A - 22　钽电解钽电容器质量等级与质量保证等级

质量等级		质量要求说明	质量要求补充说明	π_Q	相应的质量保证等级
A	A_{1B}	符合 GJB 603—1998，且列入军用电子元器件合格产品目录（QPL）的 B 级产品	—	—	B
	A_{1Q}	符合 GJB 603—1998，且列入军用电子元器件合格产品目录（QPL）的 Q 级产品	—	—	Q
	A_{1L}	符合 GJB 603—1998，且列入军用电子元器件合格产品目录（QPL）的 L 级产品	—	0.03	L
	A_{1W}	符合 GJB 603—1998，且列入军用电子元器件合格产品目录（QPL）的 W 级产品；符合 GJB 3516—1999，且列入军用电子元器件合格产品目录（QPL）的产品；符合企业军用标准，且列入军用电子元器件合格产品目录（QPL）的产品	—	0.1	M
	A_2	按质量认证标准，经中国电子元器件质量认证委员会认证合格的产品	符合 QZJ 840634"七专"技术条件的产品	0.3	G（QZJ 840634）
B	B_1	按军用标准的筛选要求进行筛选的 B2 质量等级的产品	符合"七九○五"七专质量控制技术协议的产品	0.5	G（七九○五）
	B_2	符合 GB/T 2693、GB/T 5993 的产品	—	1	
C		低档产品		5	

表 A - 23　美国电容器质量等级

质量等级	π_Q	质量等级	π_Q	质量等级	π_Q
D	0.001	R	0.1	M	1.0
C	0.01	P	0.3	L	1.5
S、B	0.03				

A.7　感性元件

我国标准规定的感性元件的质量等级见表 A - 24，美国军用标准规定的感性元件的质量等级见表 A - 25。

表 A - 24 感性元件质量等级

质量等级		质量要求说明	π_Q
A	A_1	符合 GJB 675—1989、GJB 1521—1992、GJB 1660—1993、GJB 1661—1993、GJB 1864—1994、GJB 2829—1997,且列入军用电子元器件合格产品目录(QPL)的产品	—
	A_2	符合 SJ 20037,且列入军用电子元器件合格产品目录(QPL)的产品;按质量认证标准,且经中国电子元器件质量认证委员会认证合格的产品	0.3
B	B_1	符合 GB/T 9367、GB/T 14800、GB/T 15290、GB/T 16512 的产品或按军用标准筛选的要求进行筛选的 B2 质量等级的产品	0.6
	B_2	符合 SJ 2461、SJ 2533、SJ 2587、SJ 2605、SJ 2697、SJ 2885、SJ 2916、SJ 2917、SJ 2918、SJ 2919、SJ 2920 的产品	1
C		低档产品	3.5/3.0

注:$\pi_Q=3.5$ 是变压器质量等级 C 的质量系数;$\pi_Q=3.0$ 是线圈、电感器质量等级 C 的质量系数

表 A - 25 美国感性元件质量等级与质量系数 π_Q

质量等级	π_Q	质量等级	π_Q	质量等级	π_Q
S	0.03	P	0.3	军用	1
R	0.1	M	1	低档	3

注:变压器没有 S、R、P、M 质量等级

A.8 继电器

我国标准规定的继电器的质量等级与质量保证等级见表 A - 26 和表 A - 27,美国军用标准规定的继电器的质量等级见表 A - 28。

表 A - 26 机电式继电器质量等级与质量保证等级

质量等级		质量要求说明	质量要求补充说明	π_Q	相应的质量保证等级
A	A_{1R}	符合 GJB 65B、GJB 2888—1997，且列入军用电子元器件合格产品目录（QPL）的 R 级产品	符合 GJB 65A，且列入军用电子元器件合格产品目录（QPL）的 Q 级产品	—	R/Q
	A_{1P}	符合 GJB 65B、GJB 2888—1997，且列入军用电子元器件合格产品目录（QPL）的 P 级产品；符合 GJB 1461—1992，且列入军用电子元器件合格产品目录（QPL）的 L 级产品	符合 GJB 65A，且列入军用电子元器件合格产品目录（QPL）的 L 级产品	—	P/L
	A_{1M}	符合 GJB 65B、GJB 2888—1997，且列入军用电子元器件合格产品目录（QPL）的 M 级产品；符合 GJB 1461—1992，且列入军用电子元器件合格产品目录（QPL）的 W 级产品	符合 GJB 65A，且列入军用电子元器件合格产品目录（QPL）的 W 级产品	0.15	M/W
	A_{1L}	符合 GJB 65B、GJB 2888—1997，且列入军用电子元器件合格产品目录（QPL）的 L 级产品；符合 GJB 1461—1992，且列入军用电子元器件合格产品目录（QPL）的 Y 级产品	符合 GJB 65A，且列入军用电子元器件合格产品目录（QPL）的 Y 级产品	0.20	L/Y
	A_2	符合 GJB 1042A、GJB 1434—1992、GJB 1436—1992、GJB 1514—1992、GJB 1517—1992、GJB 2449—1995 的产品；按质量认证标准，经中国电子元器件质量认证委员会认证合格的产品	符合 QZJ 840617"七专"技术条件的产品；符合 QZJ 840618 密封温度继电器"七专"技术条件的产品	0.03	G（QZJ 84017～840618）
B	B_1	按军用标准的筛选要求进行筛选的 B2 质量等级的产品	符合"七九〇五"七专质量控制技术协议的产品	0.6	G（七九〇五）
	B_2	符合 SJ 2386、SJ 2456 的产品	—	1	
C		低档产品		5	

表 A - 27 固体继电器质量等级与质量保证等级

质量等级		质量要求说明	质量要求补充说明	π_Q	相应的质量保证等级
A	A_1	符合 GJB 1515A 按 Y 级筛选，且列入军用电子元器件合格产品目录(QPL)的产品	符合 GJB 1515—1992 按 Y 级筛选，且列入军用电子元器件合格产品目录(QPL)的产品	0.15	Y
	A_2	符合 GJB 1515A 按 W 级筛选，且列入军用电子元器件合格产品目录(QPL)的产品；符合企业军用标准，且列入军用电子元器件合格产品目录(QPL)的产品	符合 GJB 1515—1992 按 W 级筛选，且列入军用电子元器件合格产品目录(QPL)的产品	0.30	W
B	B_1	执行 GJB 1515A 经 Y 级筛选的产品	执行 GJB 1515—1992 经 W 级筛选的产品	0.50	—
	B_2	执行 GJB 1515A 经 W 级筛选的产品	执行 GJB 1515—1992 经 W 级筛选的产品	1.0	—
C		低档产品		5	

注：国产固体继电器按 Y 级筛选较 W 级筛选质量等级高

表 A - 28 美国继电器质量等级与质量系数 π_Q

质量等级	机电式继电器 π_Q	固体和延时继电器 π_Q	质量等级	机电式继电器 π_Q	固体和延时继电器 π_Q
R	0.1	—	M	1	—
P	0.3	—	L	1.5	—
X	0.45	—	军用	1.5	1.0
U	0.6	—	商业	2.9	1.9

A.9 开关和电连接器

我国标准规定的开关、电连接器的质量等级见表 A - 29、表 A - 30，美国军用标准规定的开关、电连接器的质量等级见表 A - 31、表 A - 32。

表 A - 29 开关质量等级

质量等级	质量要求说明	π_Q
A	符合 GJB 734—1989、GJB 735—1989、GJB 809A、GJB 974—1990、GJB 1512—1992、GJB 1519—1992、GJB 1658—1993、GJB 2450—1995，且列入军用电子元器件合格产品目录(QPL)的产品	0.3
B_1	按军用标准的筛选要求进行筛选的 B2 质量等级的产品	0.6
B_2	符合 GB/T 9536、GB/T 9537、GB/T 13416、SJ 737、SJ 1515、SJ 1752、SJ 2407、SJ 2566 的产品	1.0
C	低档产品	5

表 A‑30　电连接器质量等级与质量保证等级

质量等级		质量要求等级	质量要求补充说明	π_Q	相应的质量保证等级
A	A_1	符合 GJB 101A、GJB 142A、GJB 143－1986、GJB 176A、GJB 177－1986、GJB 598A、GJB 599A、GJB 600A、GJB 680－1989、GJB 681－1989、GJB 970－1989、GJB 976－1990、GJB 978A、GJB 1212－1991、GJB 1438－1992、GJB 1784－1994、GJB 2281－1995、GJB 2444－1995、GJB 2445－1995、GJB 2446－1995、GJB 2447－1995、GJB 2889－1997、GJB 2905－1997、GJB 3016－1997、GJB 3159－1998、GJB 3234－1998，且列入军用电子元器件合格产品目录(QPL)的产品	符合 GJB 101－1986、GJB 176－1986，且列入军用电子元器件合格产品目录(QPL)的产品	0.2	QPL(GJB)
	A_2	符合 GB 6643、GB/T 9020、GB/T 9538、GB/T 11313、GB/T 15158、GB/T 15176，且经中国电子元器件质量认证委员会认证合格的产品；符合企业军用标准，且列入军用电子元器件合格产品目录(QPL)的产品	按 QZJ 840619 低频插头座"七专"技术条件组织生产的产品；按 QZJ 840619 低频插头座"七专"技术条件组织生产的产品	0.4	QPL（企业军用标准）/G(QZJ 840619－840620)
B	B_1	按军用标准筛选要求进行筛选的 B1 质量等级的产品	按"七九〇五""七专"质量控制技术协议终止生产的产品	0.7	G(七九〇五)
	B_2	符合 GB 6643、GB/T 9020、GB/T 9538、GB/T 11313、SJ 497 的产品	—	1	—
C		低档产品		4	

表 A‑31　美国开关质量等级

质量等级	π_Q
军用	1
低档	2

表 A‑32　美国电连接器质量等级

质量等级	π_Q	
	普通电连接器	射频同轴连接器
军用	1	0.3
低档	2	1.0

附录 B
常用元器件的主要失效模式与失效机理

本附录给出了常用元器件的主要失效模式和失效机理,供读者在进行电子产品可靠性设计和失效分析时参考,内容主要引自 GJB/Z 299C—2006。

B.1　集成电路

单片集成电路的主要失效模式与失效机理分别见表 B-1 和表 B-2,混合集成电路的主要失效机理见表 B-3。

表 B-1　单片集成电路的主要失效模式及分布

类　型	失效模式	所占比例/%	类　型	失效模式	所占比例/%
线性集成电路	输出超差	77.0	RAM	短路	29.5
	无输出	23.0	双极型数字电路	逻辑输出失效	32
运算放大器	电性能失效	60.0		性能退化	43
	过电应力	9.1		开路	20
	功能失效	1.5		短路	5
	机械失效	19.2	MOS 数字电路	性能退化	60
	开路	2.1		开路	25
	参数超差	8.1		短路	15
随机存取存储器(RAM)	数据溢出故障	12.9	双极与 MOS 模拟电路	模拟输出失效	15
	污染	4.0		性能退化	50
	电性能失效	35.2		开路	25
	功能失效	14.7		短路	10
	机械失效	3.7			

表 B-2　单片集成电路的主要失效机理

失效模式	主要失效机理
开路	过电应力、静电放电、电迁移、应力迁移、腐蚀、键合点脱落、机械应力、热应力
短路(漏电)	PN 结缺陷、PN 结穿钉、过电应力、与时间相关的介质击穿、水汽、金属迁移、界面态
性能退化	氧化层电荷、钠离子沾污、表面离子、芯片裂纹、热载流子、辐射损伤
功能失效	过电应力、静电放电、闩锁效应

表 B－3　混合集成电路的主要失效机理

应力类别	过载失效	耗损失效	应力类别	过载失效	耗损失效
热/机械失效	脆性/韧性	疲劳裂纹	电致失效	静电放电	与时间有关的介质击穿
	开裂	萌生和扩展		过电应力	表面电荷扩展
	界面分层	蠕变、磨损		二次击穿	热电子、接触尖峰
	塑性位移	应力扩散迁移		闩锁	电迁移
	屈服	晶粒边界迁移		信号失真	
	翘曲	解聚	化学失效	离子沾污	氧化腐蚀、应力腐蚀 枝晶生长、界面扩散

B.2　半导体分立器件

半导体分立器件的主要失效模式与失效机理分别见表 B－4 和表 B－5。

表 B－4　半导体分立器件的主要失效模式及分布(%)

种类 ＼ 失效模式	短路	开路	参数漂移
普通二极管	17.0	50.0	33.0
整流二极管	51.0	29.0	20.0
微波二极管	9.0	80.0	11.0
电压调整二极管（齐纳）	13.0	18.0	69.0
双极型晶体管	36.0	44.0	20.0
场效应晶体管	35.0	40.0	25.0
GaAs 场效应晶体管	61.0	26.0	13.0

表 B－5　半导体分立器件的主要失效机理

序号	主要失效模式	可能的失效机理
1	正向漏电流大或短路	表面氧化层缺陷、布线间绝缘层缺陷(针孔、裂纹、厚度不均匀)
		受潮或器件内部气氛不良
		管壳内部灰尘、导电性杂物或有机碳化物
		应力释放导致芯片裂纹
		Na^+ 离子沾污或 H^+ 离子沾污
		热氧化过程中的杂质分凝引起反型
		SiO_2 与 Si 表面结合不良等造成高界面态密度、集电极空间电荷区内的界面态在反向偏压下产生空穴-电子对
		辐射损伤

续表

序号	主要失效模式	可能的失效机理
2	击穿特性劣变	Cu、Fe、Au 等重金属离子在结区位错上沉淀，引起微等离子低击穿、管道击穿或 C‐E 击穿
		PN 结反向偏压增大时，空间电荷区展宽，对反向电流起作用的界面态密度增加，界面态密度大，其击穿特性越软
		由于 Na^+ 离子等可动离子沾污而形成的反型沟道，除使漏电流增加，也使击穿电压下降
		氧化层中较多的氧离子空穴和可动正电荷，使 BV_{CBE} 随负荷时间增加而蠕变上升
		制造过程和管壳漏气的沾污使 SiO_2 层吸附水汽和其他正负离子，引起击穿电压蠕变
		氧化层、布线间绝缘层缺陷
3	饱和压降劣变	芯片与管壳烧结不良、焊料热疲劳等
		对于二重扩散式硅晶体管、集电区是厚高电阻率层，易造成正向压降或输出特性的大电流部分曲线倾斜
		引线键合不良
		水分、内涂料引起芯片与焊料、键合点界面之间的电化学腐蚀
		辐射损伤
4	电流增益的劣变	氧化层 Na^+ 离子引起的基区表面反型，反型层使基区与发射区之间形成直接通道
		发射结空间电荷区的界面态起着表面复合中心作用，使小电流增益下降
		铝-硅互熔使发射结退化
		铝-二氧化硅反应使发射结退化
		辐射损伤
5	短路、开路或高阻	金属化缺陷或腐蚀
		键合点焊点脱落或位移形成金属间化合物
		内引线断裂或碰接
		芯片脱落或有裂纹
		壳内有导电的可动多余物
		过电压击穿、过电流（电浪涌）熔通或熔断
		光刻针孔、小岛
		金属沾污与 PN 结区缺陷相结合形成 PN 结管道穿通、短路
		基片、外延层的位错或层错等缺陷以及外延层电阻率不均匀引起击穿
		腐蚀导致柯伐管脚脆裂，内部引线和键合开路或高阻

B.3 电阻器和电位器

电阻器和电位器的主要失效模式见表 B-6，金属膜电阻器的主要失效机理见表 B-7。

表 B-6 电阻器与电位器的主要失效模式及分布(%)

失效模式 类别	开路	短路	参数漂移	接触不良
金属膜电阻器	91.9	—	8.1	—
碳膜电阻器	83.4	—	16.6	—
绕线电阻器	97		3	
电阻网络	92.0	8.0	—	—
功率绕线电阻器	97.1	—	2.9	—
普通线绕电位器	48.6	12.1		39.3
微调线绕电位器	10	10		80
有机实芯电位器	60.6	5.6	—	33.8
合成碳膜电位器	34.2	8.7	17.1	40

表 B-7 金属膜电阻器主要失效机理

主要失效模式	可能的失效机理
短路、开路或 阻值超规范	焊点污染、焊接工艺不良、材料成分不当等缺陷造成引线与帽盖虚焊； 帽盖与基体尺寸配合不良，造成帽盖脱落； 基体材料有杂质或外力过大，造成基体断裂； 碱金属离子侵蚀或膜层附着力差，造成膜层大块脱落； 热不匹配，造成膜层开裂； 缺陷部分高阻过热或过电应力，造成膜层烧毁； 制造中有杂质沾污，造成膜层和基体被污染
	由于机械应力造成膜层划伤或有孔洞； 膜层材料有杂质造成膜层氧化； 基体材料不良造成基体不平、厚薄不均、有杂质

B.4 电容器和感性元件

电容器的主要失效模式与失效机理分别见表 B-8 和表 B-9，感性元件的主要失效模式见表 B-10。

表 B-8 电容器的主要失效模式及分布(%)

失效模式 类别	开路	短路	参数漂移	电解液泄漏
纸/薄膜电容器	13.0	74.0	13.0	—
玻璃釉电容器	25.0	53.0	22.0	—
云母电容器	10.0	83.0	7.0	—
瓷介电容器(1类、2类)	16.0	73.0	11.0	—
瓷介电容器(3类)	22.0	56.0	22.0	—
固体钽电解电容器	—	75.0	25.0	—
非固体钽电解电容器	17.0	69.0	14.0	—
钽电解电容器	35.0	53.0	2.0	10.0

表 B-9 电容器的主要失效机理

电容器门类	失效模式	失效机理
铝电解电容器	漏液	密封不住、橡胶老化龟裂、高温高压下电解液挥发
	炸裂	工作电压中交流成分过大、氧化膜介质缺陷、存在氯离子或硫酸根之类的有害离子、内气压高
	开路	电化学腐蚀、引出箔片和阳极接触不良、阳极引出箔片和焊片的铆接部分氧化
	短路	阳极氧化膜破裂、氧化膜局部损伤、电解液老化或干涸、工艺缺陷
	电容量下降损耗增大	电解液损耗较多、低温下电解液黏度增大
	漏电流增加	氧化膜致密性差、氧化膜损伤、氯离子严重沾污、工作电解液配方不佳、原材料纯度不高、铝箔纯度不高
	漏液	密封工艺不佳、阳极钽丝表面粗糙、负极镍引线焊接不当
液体钽电解电容器	瞬时开路	电解液数量不足
	电参数变化	电解液消耗、在储存条件下电解液中的水分通过密封橡胶向外扩散,在工作条件下水分产生电化学离解
固体钽电解电容器	短路	氧化膜缺陷、钽块与阳极引出线产生相对位移、阳极引出钽丝与氧化膜颗粒接触
瓷介电容器	开裂	热应力、机械应力
	短路	介质材料缺陷、产生工艺缺陷、银电极迁移
	低电压失效	介质内部存在空洞、裂纹和气孔等缺陷

表 B-10 感性元件主要失效模式及分布(%)

种类＼失效模式	开路	短路	参数漂移	其他
线圈	39.4	18.3	25.4	16.9
变压器	40.2	28	8.4	23.4

B.5 继电器和电连接器

继电器的主要失效模式和失效机理见表 B-11，电连接器的主要失效模式见表 B-12。

表 B-11 电磁继电器的主要失效模式和失效机理

序号	失效模式	所占比例/%	可能的失效机理
1	触点断开	44	引出端接触不良； 引出端振动疲劳而脱落； 弹簧机构老化使触点压力受损； 壳体内有害气体对触点的污染； 壳体内有可动绝缘体多余物
2	触点黏结	40	由于局部电流密度过高造成触点熔接； 壳体内有可动导电体多余物
3	线圈短路、断路	14	线圈引出端振动疲劳而脱落； 线圈导线绝缘物热老化； 线圈受潮、电解腐蚀； 线圈引出端接触不良
4	参数漂移	2	壳体内有害气体对触点的污染，造成接触电阻增大； 线圈导线老化造成线圈电阻变化

表 B-12 电连接器的主要失效模式及分布

部位或名称	失效模式	所占比例/%	部位或名称	失效模式	所占比例/%
连接器	开路	61.0		缺针	30.0
	工作不连接	23.0		断裂	61.5
	短路	16.0	端接装置	输出错误	30.8
微波连接器	插损高	80.0		参数正漂移	7.7
	开路	20.0		倾斜	11.1
连接器插针	倾斜	5.0		引线断	7.4
	污染	15.0		污染	22.2
	不连续	5.0	接插件	插损偏离	37.1
	不对准	30.0		开路	14.8
	开路	15.0		短路	7.4

B.6 光电子器件

光电子器件的主要失效模式与失效机理分别见表 B-13 和表 B-14。

表 B-13 光电子器件的主要失效模式及分布

类　　型	失效模式	所占比例/%	类　　型	失效模式	所占比例/%
发光二极管	开路	70.0	光电耦合器	过电应力	5.9
	短路	30.0		不能转换	27.5
光电耦合器	引线故障	3.9		开路	5.9
	污染	2.0	光电传感器	开路	50.0
	退化	54.7		短路	50.0

表 B-14 光电子器件的主要失效机理

失效模式	失效机理
结构损伤	机械振动、冲击使结构变形、毁坏、外引线脱落等
	热应力作用下结合部分热膨胀系数不匹配导致形变、结构漏气、光纤移位等
	潮湿环境下器件金属表面电化学腐蚀造成漏气、绝缘电阻降低等
光纤断裂	轴向拉力、径向扭力、光纤弯曲超过强度极限
	热机械应力导致光纤纤芯断裂或损伤
开路	器件芯片从管座上脱落
	电极压焊点脱落
	内引线折断
	器件芯片延伸电极脱落与主电极断开
	光照造成光敏区烧毁
	过大光电流导致电极压焊点烧断
短路	器件两电极内引线接触
	残余应力或热应力引起缺陷或破裂
	表面沾污或表面钝化层失效导致短路
	焊点焊料因电迁移导致极间短路
	因静电、热电击穿等造成器件芯片 PN 结击穿
性能参数退化	因漏电流增加、暗电流增大、串联电阻增大、击穿电压下降造成的电性能参数变化
	因机械损伤、沾污等造成光学响应度降低
	接触电阻、PN 结正向压降增大、内外引线接触电阻增大导致器件线性相应范围变小

B.7 不同应用环境下易出现的失效模式

元器件在不同的应用环境下出现的失效模式可能有所不同。表 B-15 给出了常用元器件在典型应用环境下易出现的失效模式。

表 B-15 常用元器件在典型应用环境下易出现的失效模式

元器件	振动	冲击	温度	湿度	盐雾
半导体器件	断路；功能衰变	断路；密封破坏	漏电增大；增益改变；短路和断路增加	漏电增大；电流增益减少	漏电增大；电流增益减小；引线和壳体腐蚀
电阻器	引线断裂；破裂	破裂；断开	电阻增大；断路；短路	电阻增大；短路；断路	电阻改变；短路；断路
热敏电阻器	引线断裂；壳体破裂；断路	引线断裂；壳体破裂；断路	短路和断路增加	电阻变化	引线腐蚀电阻变化
电位器	噪声增大；扭矩和线性改变；电刷跳跃；断路	噪声增大；扭矩、线性和电阻改变；断路	噪声增大；扭矩、线性和电阻改变；断路	噪声增大；扭矩、线性和电阻改变；绝缘电阻减小	绝缘电阻减小，腐蚀加剧；粘连
陶瓷电容器	导线断线增多；压电效应；壳体和密封破裂	导线断线增多；压电效应；壳体和密封破裂	介电常数和电容改变；绝缘电阻随温度升高而降低	—	腐蚀；短路
云母电容器	导线断裂	导线断裂	绝缘电阻增大；银离子移动；漂移	银离子移动	短路
纸质电容器	断路和短路增加；导线断裂	断路；介质击穿增加；短路；导线断裂	电容改变；油绝缘纸破裂；绝缘电阻减小；功率因数减少；功率因素增加	绝缘电阻减少；功率因素增加	短路
钽电容器	断路；短路；电流骤增；导线断裂	断路；导线断裂	电介质泄漏；电容变化；绝缘电阻变化；串联电阻变化	绝缘电阻减小；介质击穿增加；短路增加	腐蚀
变压器	短路；断路	短路；断路	绝缘电阻降低；断路；短路；热点畸变	腐蚀；长霉；短路；断路	腐蚀；短路；断路
继电器	触点颤抖	触点断开或闭合	断路或短路；绝缘电阻随温度增高而减小	绝缘电阻减小	引脚腐蚀
电连接器	插头和插座分离；插件破裂；触点断开	触点断开	跳火；电介质破坏	短路；霉菌；触点腐蚀；绝缘电阻降低	腐蚀
开关	触点颤抖	触点断开	触点氧化	触点烧坏；击穿	氧化和腐蚀触点烧坏

附录 C

国内外元器件降额规则

C.1 国产元器件

GJB/Z35《元器件降额准则》规定的国产元器件的降额参数、降额等级及降额因子建议值见表 C-1。

表 C-1 国产元器件降额参数、降额等级及降额因子一览表

元器件种类			降 额 参 数	降额等级		
				I	II	III
集成电路	模拟电路	放大器	电源电压	0.70	0.80	0.80
			输入电压	0.60	0.70	0.70
			输出电流	0.70	0.80	0.80
			功率	0.70	0.75	0.80
			最高结温/℃	80	95	105
		比较器	电源电压	0.70	0.80	0.80
			输入电压	0.70	0.80	0.80
			输出电流	0.70	0.80	0.80
			功率	0.70	0.75	0.80
			最高结温/℃	80	95	105
		电压调整器	电源电压	0.70	0.80	0.80
			输入电压	0.70	0.80	0.80
			输入输出电压差	0.70	0.80	0.85
			输出电流	0.70	0.75	0.80
			功率	0.70	0.75	0.80
			最高结温/℃	80	95	105
		模拟开关	电源电压	0.70	0.80	0.85
			输入电压	0.80	0.85	0.90
			输出电流	0.75	0.80	0.85
			功率	0.70	0.75	0.80
			最高结温/℃	80	95	105

续表一

元器件种类			降 额 参 数	降额等级		
				Ⅰ	Ⅱ	Ⅲ
集成电路	数字电路	双极型电路	电源电压	0.80	0.90	0.90
			输出电流	0.80	0.90	0.90
			最高结温/℃	85	100	115
		MOS型电路	电源电压	0.70	0.80	0.80
			输出电流	0.80	0.90	0.90
			频率	0.80	0.80	0.90
			最高结温/℃	85	100	115
	混合集成电路		厚膜功率密度/(W/cm^2)	7.5		
			薄膜功率密度/(W/cm^2)	8.0		
			最高结温/℃	85	100	115
	大规模集成电路		最高结温/℃	改进散热方式以降低结温		
半导体分立器件	晶体管	反向电压	一般晶体管	0.60	0.70	0.80
			功率MOSFET的栅源电压	0.50	0.60	0.70
			电流	0.60	0.70	0.80
			功率	0.50	0.65	0.75
		功率管安全工作区	收集极－发射极电压	0.70	0.80	0.90
			收集极最大允许电流	0.60	0.70	0.80
		最高结温 T_{jm}/℃	200	115	140	160
			175	100	125	145
			≤150	$T_{jm}-65$	$T_{jm}-40$	$T_{jm}-20$
	微波晶体管		最高结温	同晶体管		
	二极管（基准管除外）		电压(不适用于稳压管)	0.60	0.70	0.80
			电流	0.50	0.65	0.80
			功率	0.50	0.65	0.80
		最高结温 (T_{jm})/℃	200	115	140	160
			175	100	125	145
			≤150	$T_{jm}-60$	$T_{jm}-40$	$T_{jm}-20$
	微波二极管		最高结温	同二极管		
	基准二极管					

续表二

元器件种类		降额参数		降额等级		
				Ⅰ	Ⅱ	Ⅲ
半导体分立器件	晶闸管	电压		0.60	0.70	0.80
		电流		0.50	0.65	0.80
		最高结温 (T_{jm})/℃	200	115	140	160
			175	100	125	145
			≤150	$T_{jm}-60$	$T_{jm}-40$	$T_{jm}-20$
	半导体光电器件	电压		0.60	0.70	0.80
		电流		0.50	0.65	0.80
		最高结温 (T_{jm})/℃	200	115	140	160
			175	100	125	145
			≤150	$T_{jm}-60$	$T_{jm}-40$	$T_{jm}-20$
固定电阻器	合成型电阻器	电压		0.75	0.75	0.75
		功率		0.50	0.60	0.70
		环境温度		按元件负荷特性曲线降额		
	薄膜型电阻器	电压		0.75	0.75	0.75
		功率		0.50	0.60	0.70
		环境温度		按元件负荷特性曲线降额		
	电阻网络	电压		0.75	0.75	0.75
		功率		0.50	0.60	0.70
		环境温度		按元件负荷特性曲线降额		
	线绕电阻	电压		0.75	0.75	0.75
		功率	精密型	0.25	0.45	0.60
			功率型	0.50	0.60	0.70
		环境温度		按元件负荷特性曲线降额		
电位器	非线绕电位器	电压		0.75	0.75	0.75
		功率	合成、薄膜型微调	0.30	0.45	0.60
			精密塑料型	不采用	0.50	0.50
		环境温度		按元件负荷特性曲线降额		
	线绕电位器	电压		0.75	0.75	0.75
		功率	普通型	0.30	0.45	0.50
			非密封功率型	—	—	0.70
			微调线绕型	0.30	0.45	0.50
		环境温度		按元件负荷特性曲线降额		

元器件种类			降额参数	降额等级 I	降额等级 II	降额等级 III
热敏电阻器			功率	0.50	0.50	0.50
			最高环境温度/℃	$T_{AM}-15$	$T_{AM}-15$	$T_{AM}-15$
电容器	固定玻璃釉型		直流工作电压	0.50	0.60	0.70
			最高额定环境温度 T_{AM}/℃	$T_{AM}-10$	$T_{AM}-10$	$T_{AM}-10$
	固体云母型		直流工作电压	0.50	0.60	0.70
			最高额定环境温度 T_{AM}/℃	$T_{AM}-10$	$T_{AM}-10$	$T_{AM}-10$
	固体陶瓷型		直流工作电压	0.50	0.60	0.70
			最高额定环境温度 T_{AM}/℃	$T_{AM}-10$	$T_{AM}-10$	$T_{AM}-10$
	电解电容器	铝电解	直流工作电压	—	—	0.75
			最高额定环境温度 T_{AM}/℃	—	—	$T_{AM}-20$
		钽电解	直流工作电压	0.50	0.60	0.70
			最高额定环境温度 T_{AM}/℃	$T_{AM}-20$	$T_{AM}-20$	$T_{AM}-20$
	微调电容器		直流工作电压	0.30~0.40	0.50	0.50
			最高额定环境温度 T_{AM}/℃	$T_{AM}-10$	$T_{AM}-10$	$T_{AM}-10$
电感元件			热点温度 T_{HS}/℃	$T_{HS}-(40\sim25)$	$T_{HS}-(40\sim25)$	$T_{HS}-(40\sim25)$
			工作电流	0.6~0.7	0.6~0.7	0.6~0.7
			瞬态电压/电流	0.90	0.90	0.90
			介质耐压	0.5~0.6	0.5~0.6	0.5~0.6
			扼流圈工作电压	0.70	0.70	0.70
继电器			小功率负荷(<100 mW)	不降额		
	连续触点电流		电阻负载	0.50	0.75	0.90
			电容负载(最大浪涌电流)	0.50	0.75	0.90
		电感负载	电感额定电流	0.50	0.75	0.90
			电阻额定电流	0.35	0.40	0.75
		电机负载	电极额定电流	0.50	0.75	0.90
			电阻额定电流	0.15	0.20	0.75
		灯丝负载	灯泡额定电流	0.50	0.75	0.90
			电阻额定电流	0.07~0.08	0.10	0.30
	触点功率(用于舌簧水银式)			0.40	0.50	0.70
	线圈吸合电压		最小维持电压	0.90	0.90	0.90
			最小线圈电压	1.10	1.10	1.10
	线圈释放电压		最大允许值	1.10	1.10	1.10
			最小允许值	0.90	0.90	0.90
	最高额定环境温度 T_{AM}/℃			$T_{AM}-20$	$T_{AM}-20$	$T_{AM}-20$
	振动限值			0.60	0.60	0.60
	工作寿命(循环次数)			0.50		

续表四

元器件种类	降额参数		降额等级		
			Ⅰ	Ⅱ	Ⅲ
开关	连续触点电流	小功率负载(<100 mW)	不降额		
		电阻负载	0.50	0.75	0.90
		电容负载(电阻额定电流)	0.50	0.75	0.90
		电感负载 电感额定电流	0.50	0.75	0.90
		电感负载 电阻额定电流	0.35	0.40	0.50
		电机负载 电机额定电流	0.50	0.40	0.50
		电机负载 电阻额定电流	0.15	0.20	0.35
		灯泡负载 灯泡额定电流	0.50	0.75	0.90
		灯泡负载 电阻额定电流	0.07~0.08	0.10	0.15
	触点电流		0.40	0.50	0.70
	触点功率		0.40	0.50	0.70
电连接器	工作电压		0.50	0.70	0.80
	工作电流		0.50	0.70	0.85
	最高接触对额定温度 T_M/℃		T_M-50	T_M-25	T_M-20
电机	最高工作温度/℃		T_M-40	T_M-20	T_M-15
	低温极限/℃		0	0	0
	轴承载荷额定值		0.75	0.90	0.90
灯泡	白炽灯	工作电压(如可行)	0.94	0.94	0.94
	氖/氩灯	工作电流(如可行)	0.94	0.94	0.94
电路断路器	电流	阻性负载	0.75	0.75	0.9
		容性负载	0.75	0.75	0.9
		感性负载	0.40	0.40	0.50
		电机负载	0.20	0.20	0.35
		灯丝负载	0.10	0.10	0.15
	最高额定环境温度 T_{AM}/℃		$T_{AM}-20$		
保险丝	电流额定值	>0.5(A)	0.45~0.5	0.45~0.5	0.45~0.5
		0.5(A)	0.20~0.4	0.2~0.4	0.2~0.4
	T>25℃时,增加降额/(1/℃)		0.005	0.005	0.005

续表五

元器件种类		降额参数	降额等级		
			I	II	III
晶体		最低温度/℃	T_L+10	T_L+10	T_L+10
		最高温度/℃	T_U-10	T_U-10	T_U-10
微波管		最高额定环境温度/℃	$T_{AM}-20$	$T_{AM}-20$	$T_{AM}-20$
		输出功率	0.80	0.80	0.80
		反射功率	0.50	0.50	0.50
		占空比	0.75	0.75	0.75
声表面波器件		输入功率($f\geqslant100$ MHz)	降低+10 dBm		
		输入功率($f\leqslant100$ MHz)	降低+20 dBm		
纤维光学器件	光纤光源	峰值光输出功率	0.5(适用于 ILD)		
		电流	0.5(适用于 LED)		
		结温	设法降低		
	光纤探测器	PIN 反向压降	0.6		
		APD 反向压降	不降额		
		结温	设法降低		
	光纤与光缆	温度/℃	上限额定值-20；下限额定值+20		
		张力 光纤	耐拉试验的 0.20		
		张力 光缆	拉伸额定值的 0.20		
		弯曲半径	最小允许值的 2.0		
		核辐射	按产品详细规范降额或加固		
导线与电缆		最大应用电压	最大绝缘电压规定值的 0.50		
	最大应用电流/A	线规(A_{VG})	30、28、24、22、20、18、16		
		单根导线电流(I_{SV})	1.3、1.8、2.5、3.3、4.5、6.5、9.2、13.0		
		线规(A_{VG})	14 12 10 8 6 4		
		单根导线电流(I_{SV})	17.0、23.0、33.0、44.0、60.0、81.0		

C. 2　美国元器件

美国罗姆空军发展中心《元器件可靠性降额准则》规定的元器件降额参数、降额等级及降额因子建议值见表 C-2。

表 C - 2　美国元器件降额参数、降额等级及降额因子一览表

元器件种类			降 额 参 数	降额等级		
				Ⅰ	Ⅱ	Ⅲ
集成电路	模拟电路	双极型电路	电源电压	±3%	±5%	±5%
			输入电压	0.60	0.70	0.70
			频率	0.75	0.80	0.90
			输出电流	0.70	0.75	0.80
			扇出	0.70	0.75	0.80
			最高结温/℃	85	110	125
		MOS 型电路	电源电压	±3%	±5%	±5%
			输入电压	0.60	0.70	0.70
			频率	0.80	0.80	0.80
			输出电流	0.70	0.75	0.80
			扇出	0.80	0.80	0.90
			最高结温/℃	85	110	125
	数字电路	双极型电路	电源电压	±3%	±5%	±5%
			频率	0.75	0.80	0.90
			输出电流	0.70	0.75	0.80
			扇出	0.70	0.75	0.80
			最高结温/℃	85	110	125
		MOS 型电路	电源电压	±3%	±5%	±5%
			频率	0.80	0.80	0.80
			输出电流	0.70	0.75	0.80
			扇出	0.80	0.80	0.90
			最高结温/℃	85	110	125

元器件种类			降 额 参 数	降额等级		
				Ⅰ	Ⅱ	Ⅲ
	混合集成电路		最高结温/℃	低于所用工艺推荐的温度		
集成电路	存储器	双极型电路	电源电压	±3%	±5%	±5%
			频率	0.80	0.90	0.95
			输出电流	0.70	0.75	0.80
			最高结温/℃	125	125	125
		MOS型电路	电源电压	±3%	±5%	±5%
			频率	0.80	0.80	0.90
			输出电流	0.70	0.75	0.80
			最高结温/℃	125	125	125
			最大写入周期(E^2PROM)	13 000	105 000	300 000
	微处理器	双极型电路	电源电压	±3%	±5%	±5%
			频率	0.75	0.80	0.90
			输出电流	0.70	0.75	0.80
			扇出	0.70	0.75	0.80
			最高结温(8 bit)/℃	80	110	125
			最高结温(16 bit)/℃	70	110	125
			最高结温(32 bit)/℃	80	110	125
		MOS型电路	电源电压	±3%	±5%	±5%
			频率	0.80	0.80	0.80
			输出电流	0.70	0.75	0.80
			扇出	0.80	0.80	0.90
			最高结温(8 bit)/℃	125	125	125
			最高结温(16 bit)/℃	90	125	125
			最高结温(32 bit)/℃	60	100	125

元器件种类		降额参数	降额等级		
			I	II	III
半导体分立器件	硅双极型晶体管	功耗	0.50	0.60	0.70
		收集极－发射极电压	0.70	0.75	0.80
		收集极电流	0.60	0.65	0.70
		击穿电压	0.65	0.85	0.90
		最高结温 T_{jm}/℃	95	125	135
	GaAs MOSFET	功耗	0.50	0.60	0.70
		击穿电压	0.60	0.70	0.70
		最高通道温度/℃	85	100	125
	硅 MOSFET	功耗	0.50	0.65	0.75
		击穿电压	0.60	0.70	0.70
		最高通道温度/℃	95	120	140
	硅双极型射频脉冲晶体管	功耗	0.50	0.60	0.70
		收集极－发射极电压	0.70	0.70	0.70
		收集极电流	0.60	0.60	0.60
		击穿电压	0.65	0.85	0.90
		最高结温/℃	95	125	135
	GaAs 型射频脉冲晶体管	功耗	0.50	0.60	0.70
		击穿电压	0.50	0.60	0.70
		最高通道温度/℃	85	100	125
	信号/开关二极管	反向电流	0.50	0.60	0.75
		反向电压	0.70	0.70	0.70
		最高结温/℃	95	105	125
	功率整流二极管	反向电流	0.50	0.65	0.75
		反向电压	0.70	0.70	0.70
		最高结温/℃	95	105	125
	微波/肖特基/PIN 二极管	反向电流	0.50	0.60	0.70
		反向电压	0.50	0.65	0.75
		最高结温/℃	95	105	125

续表三

元器件种类		降　额　参　数		降额等级		
				I	II	III
半导体分立器件	瞬态抑制二极管	功耗		0.50	0.60	0.70
		平均电流		0.50	0.65	0.75
		最高结温/℃		95	105	125
	稳压二极管	功耗		0.50	0.60	0.70
		最高结温/℃		95	105	125
	基准二极管	最高结温/℃		95	105	125
	晶闸管	电压		0.60	0.70	0.80
		电流		0.50	0.65	0.80
		最高结温/℃	$T_{jm}=200$	115	140	160
			$T_{jm}=175$	100	125	145
			$T_{jm}\leqslant150$	$T_{jm}-65$	$T_{jm}-40$	$T_{jm}-20$
	光电器件	晶体管	最高结温/℃	95	105	125
		雪崩二极管	最高结温/℃	95	105	125
		光电二极管	反向电压	0.7	0.7	0.7
		/PN管	最高结温/℃	95	105	125
		注入式激光二极管	输出功率	0.5	0.6	0.7
			最高结温/℃	95	105	110
固定电阻器	合成型电阻器	功率		0.50	0.50	0.50
		最高温度的降额量/℃		30	30	30
	薄膜型电阻器	功率		0.50	0.50	0.50
		最高温度的降额量/℃		40	40	40
	热敏电阻器	功率		0.50	0.50	0.50
		最高温度的降额量/℃		20	20	20
	电阻网络	功率		0.50	0.50	0.50
		电压		0.75	0.75	0.75
		最高工作温度/℃		40	40	40
	精密型线绕电阻器	功率		0.50	0.50	0.50
		最高温度的降额量/℃		10	10	10
	功率型线绕电阻器	功率		0.50	0.50	0.50
		最高温度的降额量/℃		125	125	125
	电位器	功率		0.50	0.50	0.50
		最高温度的降额量/℃		45	35	35

元器件种类			降 额 参 数	降额等级		
				I	II	III
电容器	薄膜、瓷介、云母、玻璃釉		直流工作电压	0.50	0.60	0.50
			最高额定环境温度/℃	45	35	35
	电解电容器	非固体钽	直流工作电压	0.50	0.60	0.60
			最高额定环境温度/℃	$T_{AM}-20$	$T_{AM}-20$	$T_{AM}-20$
		固体钽	直流工作电压	0.50	0.60	0.60
			最高工作温度/℃	85	85	85
		铝电解	直流工作电压	—	—	0.80
			最高工作温度/℃	—	—	$T_{AM}-20$
	瓷介可变		直流工作电压	0.30	0.50	0.50
			最高额定环境温度/℃	$T_{AM}-10$	$T_{AM}-10$	$T_{AM}-10$
	活塞式可变		直流工作电压	0.40	0.50	0.50
			最高额定环境温度/℃	$T_{AM}-10$	$T_{AM}-10$	$T_{AM}-10$
电感元件			热点温度 T_{HS}/℃	THS−40	THS−25	THS−15
			工作电流	0.60	0.60	0.60
			介质耐压	0.50	0.50	0.50
继电器			触点电流　电阻负载	0.50	0.75	0.75
			触点电流　电容负载	0.50	0.75	0.75
			触点电流　电感负载	0.35	0.40	0.40
			触点功率	0.40	0.50	0.50
			环境温度 T_{AM}/℃	$T_{AM}-20$	$T_{AM}-20$	$T_{AM}-20$
开关			触点电流　电阻负载	0.50	0.75	0.75
			触点电流　电容负载	0.50	0.75	0.75
			触点电流　电感负载	0.35	0.40	0.40
			触点功率	0.40	0.50	0.50
电连接器			工作电压	0.50	0.70	0.70
			工作电流	0.50	0.70	0.70
			温度/℃	$T_{AM}-50$	$T_{AM}-25$	$T_{AM}-25$

元器件种类		降 额 参 数	降额等级		
			I	II	III
旋转电器		工作温度/℃	T_M-40	T_M-25	T_M-15
		轴承载荷额定值	0.75	0.90	0.90
灯泡	白炽灯	工作电压	0.94	0.94	0.94
	氖/氩灯	工作电流	0.94	0.94	0.94
电路断路器		电流	0.75	0.80	0.80
保险丝		电流	0.50	0.50	0.50
晶体		工作温度范围	小于技术条件规定的范围		
		驱动功率	不降额		
电真空器件		输出功率	0.80	0.80	0.80
		反射功率	0.50	0.50	0.50
		占空比	0.75	0.75	0.75
声表面波器件	输入功率	输入频率大于 500 MHz	降低+13 dBm		
		输入频率小于 500 MHz	降低+13 dBm		
		工作温度/℃	125		
光纤与光缆	张力	光纤耐拉试验规定值	20%		
		光缆抗拉试验额定值	50%		
		弯曲半径(最小额定值)	200%		

附录 D

国内外电子元器件质量与可靠性相关标准

D.1 我国国家标准

序号	标准号	标 准 名 称
1	GB5900	阴极射线管总规范
2	GB/T 2963	电子设备用固定电容器 第1部分：总规范
3	GB/T 4589.1	半导体器件分立器件和集成电路总规范
4	GB/T 4871	直流固定金属化纸介质电容器总规范
5	GB/T 5729—2003	电子设备用固定电阻器 第1部分：总规范
6	GB/T 6255—2001	空间电荷控制电子管总规范
7	GB/T 8976—1996	膜集成电路和混合膜集成电路总规范
8	GB/T 9536—1995	电子设备用机电开关 第1部分：总规范
9	GB/T 9538	带状电缆连接器总规范
10	GB/T 10193	电子设备用压敏电阻器 第1部分：总规范
11	GB/T 10403	多极和双通道感应移相器通用技术条件
12	GB/T11313—1996	射频连接器 第1部分：总规范—— 一般要求和试验方法
13	GB/T 11498	膜集成电路和混合膜集成电路分规范(采用鉴定批准程序)
14	GB/T12273—1996	石英晶体元件 电子元器件质量评定体系规范 第1部分：总规范
15	GB/T 12274	石英晶体振荡器 总规范
16	GB/T 12565	半导体器件光电子器件分规范
17	GB/T 14860—1993	通信和电子设备用变压器和电感器总规范
18	GB/T 15287—1994	抑制射频干扰整件滤波器 第1部分：总规范
19	GB/T 15290—1994	电子设备用电源变压器和滤波扼流圈总技术条件
20	GB/T 15298—1994	电子设备用电位器 第1部分：总规范
21	GB/T 15654—1995	电子设备用膜固定电阻网络 第1部分：总规范
22	GB/T 16512—1996	抑制射频干扰固定电感器 第1部分：总规范

D.2 我国国家军用标准

序号	标准号	标准名称
1	GJB 33A—1997	半导体分立器件总规范
2	GJB 63B—2001	有可靠性指标的固体电解质钽电容器总规范
3	GJB 65B—1999	有可靠性指标的电磁继电器总规范
4	GJB 101A—1997	耐环境快速分离小圆形电连接器总规范
5	GJB 128A—1994	半导体分立器件试验方法
6	GJB 142A—1994	机柜用外壳定位小型矩形电连接器总规范
7	GJB 176A—1998	J7系列耐环绕线簧孔矩形电连接器总规范
8	GJB 177A—1999	压接接触件矩形电连接器总规范
9	GJB 191A—1997	有可靠性指标的云母电容器总规范
10	GJB 192A—1998	有可靠性指标的无包封多层片式瓷介电容器总规范
11	GJB 244A—2001	有质量等级的薄膜固定电阻器总规范
12	GJB 265A—2004	合成电位器通用规范
13	GJB 360A—1996	电子及电气元件试验方法
14	GJB 361A—1997	控制电机通用规范
15	GJB 468—1988	有可靠性指标和没有可靠性指标的I类瓷介电容器总规范
16	GJB 548A—1996	微电子器件试验方法和程序
17	GJB 597A—1996	半导体集成电路总规范
18	GJB 598A—1996	耐环境快速分离圆形电连接器总规范
19	GJB 599A—1993	耐环境快速分离高密度小圆形电连接器总规范
20	GJB 600A—2001	螺纹连接圆形电连接器总规范
21	GJB 601A—1998	热敏电阻器总规范
22	GJB 603—1988	有可靠性指标的铝电解电容器总规范
23	GJB 675A—2002	有、无可靠性指标的模制射频固定电感器通用规范
24	GJB 680—1989	射频同轴连接器、转接器通用规范
25	GJB 681A—2002	射频同轴连接器通用规范
26	GJB 732—1989	有可靠性指标的塑料膜(或纸—塑料膜)介质(金属、陶瓷或玻璃外壳密封)固定电容器总规范
27	GJB 733A—2000	有可靠性指标的非固体电解质固体钽电容器总规范
28	GJB 734A—2002	旋转开关(电路选择器、小电流容量)通用规范
29	GJB 735—1996	密封钮子开关总规范
30	GJB 809A—1989	微动开关通用规范
31	GJB 920A—2002	膜固定电阻网络总规范
32	GJB 922—1990	电子管总规范
33	GJB 924—1990	有可靠性指标的2类瓷介电容器总规范

序号	标准号	标 准 名 称
34	GJB 972A—2002	有、无可靠性指标的塑料膜介质交、直流固定电容器通用规范
35	GJB 974—1990	多单元按钮开关总规范
36	GJB 1042A—2002	电磁继电器通用规范
37	GJB 1214—1991	有可靠性指标的优质金属化塑料膜介质直流、交流或交、直流金属壳密封的固定电容器总规范
38	GJB 1312A—2001	非固体电解质钽电容器总规范
39	GJB 1313A—1991	云母电容器总规范
40	GJB 1314—1991	2类瓷介电容器总规范
41	GJB 1432A—1999	有可靠性指标的膜式片状固定电阻器总规范
42	GJB 1438A—2006	印制电路连接器及其附件通用规范
43	GJB 1461—1992	含可靠性指标的电磁继电器总规范
44	GJB 1508—1992	石英晶体滤波器总规范
45	GJB 1512—1992	按钮开关总规范
46	GJB 1515A—2001	固体继电器总规范
47	GJB 1517—1992	恒温继电器总规范
48	GJB 1518—1992	射频干扰滤波器总规范
49	GJB 1520—1992	非气密性固体电解质钽电容器总规范
50	GJB 1521—1992	小功率脉冲变压器总规范
	GJB 1572—1992	核武器电子系统抗辐射加固设计准则
51	GJB 1648—1993	晶体振荡器总规范
52	GJB 1661—1993	中频、射频和鉴频变压器总规范
53	GJB 1862—1994	有可靠性指标的精密固定电阻器总规范
54	GJB 1864—1994	射频固定和可变片式电感器总规范
55	GJB 1929—1994	高稳定薄膜固定电阻器总规范
56	GJB 1939—1994	无刷自整角机通用规范
57	GJB 1940—1994	有可靠性指标的高压多层瓷介固定电容器总规范
58	GJB 2138—1994	石英晶体元件总规范
59	GJB 2144—1994	多极和双通道感应移相器通用规范
60	GJB 2149—1994	有可靠性指标的螺杆驱动线绕预调电位器总规范
61	GJB 2281—1995	带状电缆电连接器总规范
62	GJB 2284—2001	有可靠性指标的片状固体电解质钽电容器总规范
63	GJB 2438A—2002	混合集成电路通用规范
64	GJB 2446—1995	外壳定位超小型矩形电连接器总规范
65	GJB 2649—1995	军用电子元器件失效率抽样方案和程序

续表二

序号	标准号	标准名称
66	GJB 2828—1997	功率型线绕固定电阻器总规范
67	GJB 2829—1997	音频、电源和大功率脉冲变压器和电感器总规范
68	GJB 2888—1997	有可靠性指标的功率型电磁继电器总规范
69	GJB 3015—1997	有可靠性指标的非线绕预调电位器总规范
70	GJB 3016—1997	单芯光纤光缆连接器总规范
71	GJB 3159—1998	机柜和面板用矩形电连接器总规范
72	GJB 3312—1998	微波电子管总规范
73	GJB 3404—1998	电子元器件选用管理要求
74	GJB 3516—1999	钽电解电容器总规范
75	GJB 4027A—2006	军用电子元器件破坏性物理分析方法
76	GJB/Z 27—1992	电子设备可靠性热设计手册
77	GJB/Z 35—1993	元器件降额准则
78	GJB/Z 55—1994	宇航电子元器件选用指南 半导体分立器件
79	GJB/Z 56—1994	宇航电子元器件选用指南 半导体集成电路
80	GJB/Z 86—1996	宇航电子元器件选用指南 微波元器件
81	GJB/Z 105—1998	电子产品防静电放电控制手册
	GJB/Z 108A—2006	电子设备非工作状态可靠性预计手册
82	GJB/Z 123—1999	宇航电子元器件有效储存期及超期复验指南
	GJBZ 223—2005	最坏情况电路分析指南
83	GJB/Z 128—2000	宇航电子元器件选用指南 继电器
84	GJB/Z 299C—2006	电子设备可靠性预计手册
85	GJBZ 1391—2006	故障模式、影响及危害性分析指南

D.3 美国军用标准

序号	标准号	标准名称
1	MIL-C-5	固定云母电容器总规范
2	MIL-STD-198	电容器的选择与应用
3	MIL-STD-199	电阻器的选择与应用
4	MIL-STD-701	标准半导体分立器件目录
5	MIL-STD-883	微电子器件试验方法和程序
6	MIL-STD-975	NASA标准电气、电子和机电(EEE)零部件目录
7	MIL-STD-1285	变压器、电感器与线圈的选择与应用
8	MIL-STD-1346	继电器的选择与应用

续表一

序号	标准号	标准名称
9	MIL – STD – 1353	电连接器的选择与应用
10	MIL – STD – 1562	标准微电路目录
11	MIL – C – 3098	石英晶体元件总规范
12	MIL – R – 6106	电磁继电器(包括有可靠性指标的类型)总规范
13	MIL – R – 10509	固定薄膜(高可靠性)电阻器总规范
14	MIL – C – 11693	有、无可靠性指标的交流和直流射频干扰抑制的(金属壳全密封)电容器总规范
15	MIL – R – 11804	固定薄膜(功率型)电阻器总规范
16	MIL – C – 12889	交流和直流纸介射频干扰抑制的(金属壳全密封)电容器总规范
17	MIL – R – 13718	24V 直流电磁继电器
18	MIL – S – 13735	28V 直流拨动式开关
19	MIL – F – 15733	射频干扰滤波器和电容器总规范
20	MIL – S – 15743	内封的旋转开关
21	MIL – F – 18327	高通、低通、带通、带阻和双功能滤波器总规范
22	MIL – S – 19500	半导体器件总规范
23	MIL – R – 19648	热延时继电器总规范
24	MIL – T – 21038	脉冲小功率变压器总规范
25	MIL – S – 22614	敏感开关
26	MIL – R – 22684	固定薄膜绝缘电阻器总规范
27	MIL – S – 24317	多点按钮(有照明的和无照明的)开关总规范
28	MIL – C – 26482	插头和插座(小圆形快速断开耐环境)电连接器总规范
29	MIL – C – 26500	小圆形耐环境电通用连接器总规范
30	MIL – R – 28750	固体继电器总规范
31	MIL – M – 38510	微电路总规范
32	MIL – H – 38534	混合微电路总规范
33	MIL – I – 38535	集成电路(微电路)制造总规范
34	MIL – C – 38999	圆形小型高密度快速断开(卡口、螺口和闭锁式连接)耐环境可卸压接和密封焊接接点连接器总规范
35	MIL – C – 39001	有可靠性指标的固体瓷介电容器总规范
36	MIL – R – 39002	线绕半精密电位器总规范
37	MIL – C – 39003	有可靠性指标的固定钽电解(固体电解质)电容器总规范
38	MIL – R – 39005	有可靠性指标的固定线绕(精密)电阻器总规范
39	MIL – C – 39006	有可靠性指标的固定钽电解(非固体电解质)电容器总规范
40	MIL – R – 39007	有可靠性指标的固定线绕(功率型)电阻器总规范

序号	标准号	标准名称
41	MIL－R－39008	有可靠性指标的固定合成(绝缘)电阻器总规范
42	MIL－R－39009	有可靠性指标的固定线绕(功率型支架安装)电阻器总规范
43	MIL－C－39010	有可靠性指标的模制固体射频线圈总规范
44	MIL－C－39012	同轴射频连接器总规范
45	MIL－C－39014	有可靠性指标的固体瓷介(通用)电容器总规范
46	MIL－R－39016	有可靠性指标的电磁继电器总规范
47	MIL－R－39017	有可靠性指标的固体薄膜(绝缘)电阻器总规范
48	MIL－C－39018	有可靠性指标和没有可靠性指标的固体电解(氧化铝)电容器总规范
49	MIL－C－39019	自动断路密封小功率磁断路器总规范
50	MIL－C－39022	有可靠性指标的(金属壳全密封)直流和交流固定金属化纸、纸塑料薄膜和塑料薄膜介质电容器总规范
51	MIL－R－39035	有可靠性指标的非线绕(调整型)电位器总规范
52	MIL－S－45885	旋转开关
53	MIL－R－55182	有可靠性指标的固定薄膜电阻器总规范
54	MIL－R－55342	有可靠性指标的固定薄膜芯片电阻器总规范
55	MIL－C－55365	有可靠性指标的固定电解(钽)芯片电容器总规范
56	MIL－T－55631	中频、射频和鉴别变压器总规范
57	MIL－S－81551	密封波动式开关总规范
58	MIL－C－81659	矩形压接触点电连接器
59	MIL－R－83401	薄膜固定和电容器－电阻器网络、瓷介电容器和固定薄膜电阻器的网络电阻器总规范
60	MIL－C－83446	固定或可变射频芯片线圈总规范
61	MIL－C－83513	矩形微型壳体极化电连接器总规范
62	MIL－C－83723	插头和插座式电连接器(圆形耐环境)总规范
63	MIL－R－83726	混合和固态延时继电器总规范
64	MIL－HDBK－338B	电子可靠性设计手册

附录 E

我国电磁兼容相关标准

　　截至 2011 年，我国已颁布的电磁兼容相关标准有 100 余项，可分为基础标准、通用标准、产品类标准和系统间标准。这些标准大多数引自国际标准，包括 CISPR、IEC 和 ITU 相关标准及建议等。

E.1　基础类标准

标准代号	标准名称
GB/T 4365—1995	电磁兼容术语
GB/T 6113—1995	无线电干扰和抗扰度测量设备规范
GB/T 3907—1983	工业无线电干扰基本测量方法
GB/T 4859—1984	电气设备的抗干扰度基本测量方法
GB/T 15658—1995	城市无线电噪声测量方法
GB/T 17626.1—1998	电磁兼容　试验和测量技术　抗扰度试验总论
GB/T 17626.2—1998	电磁兼容　试验和测量技术　静电放电抗扰度试验
GB/T 17626.3—1998	电磁兼容　试验和测量技术　射频电磁场辐射抗扰度试验
GB/T 17626.4—1998	电磁兼容　试验和测量技术　电快速瞬变脉冲群抗扰度试验
GB/T 17626.5—1998	电磁兼容　试验和测量技术　浪涌（冲击）抗扰度试验
GB/T 17626.6—1998	电磁兼容　试验和测量技术　射频场感应的传导抗扰度
GB/T 176.267—1998	电磁兼容　试验和测量技术　供电系统及相连设备谐波、谐间波的测量和测量仪器导则
GB/T 17626.8—1998	电磁兼容　试验和测量技术　工频磁场抗扰度试验
GB/T 17626.9—1998	电磁兼容　试验和测量技术　脉冲磁场抗扰度试验
GB/T 17626.10—1998	电磁兼容　试验和测量技术　阻尼振荡磁场抗扰度试验
GB/T 17626.11—1998	电磁兼容　试验和测量技术　电压暂降、短时中断和电压变化抗扰度试验
GB/T 17626.12—1998	电磁兼容　试验和测量技术　振荡波抗扰度试验

E.2 通用类标准

标准代号	标 准 名 称
GB 8702—1988	电磁辐射防护规定
GB/T 14431—1993	无线电业务要求的信号/干扰保护比和最小可用场强
GB/T 17799.1—1999	电磁兼容 通用标准 居住、商业和轻工业环境中的抗扰度试验
GB/T 15658—1995	城市无线电噪声测量方法

E.3 产品类标准

标准代号	标 准 名 称
GB 4343—1995	家用和类似用途电动、电热器具，电动工具及类似电器无线电干扰特性测量方法和允许值
GB 9254—1998	信息技术设备的无线电骚扰限值与测量方法
GB 4824—1996	工业、科学和医疗(ISM)射频设备电磁骚扰特性的测量方法和限值
GB/T 6833.1—1986	电子测量仪器电磁兼容性试验规范总则
GB/T 6833.2—1987	电子测量仪器电磁兼容性试验规范 磁场敏感度试验
GB/T 6833.3—1987	电子测量仪器电磁兼容性试验规范 静电放电敏感度试验
GB/T 6833.4—1987	电子测量仪器电磁兼容性试验规范 电源瞬态敏感度试验
GB/T 6833.5—1987	电子测量仪器电磁兼容性试验规范 辐射敏感度试验
GB/T 6833.6—1987	电子测量仪器电磁兼容性试验规范 传导敏感度试验
GB/T 6833.7—1987	电子测量仪器电磁兼容性试验规范 非工作状态磁场干扰试验
GB/T 6833.8—1987	电子测量仪器电磁兼容性试验规范 工作状态磁场干扰试验
GB/T 6833.9—1987	电子测量仪器电磁兼容性试验规范 传导干扰试验
GB/T 6833.10—1987	电子测量仪器电磁兼容性试验规范 辐射干扰试验
GB/T 7343—1987	10 kHz~30 MHz无源无线电干扰滤波器和抑制元件抑制特性的测量方法
GB/T 7349—1987	高压架空输电线、变电站无线电干扰测量方法
GB 9254—1988	信息技术设备的无线电干扰极限值和测量方法
GB 9383—1995	声音和电视广播接收机及有关设备传导抗扰度限值及测量方法
GB 13421—1992	无线电发射机杂散发射功率电平的限值和测量方法
GB/T 13836—1992	30 MHz~1 GHz声音和电视信号的电缆分配系统设备与部件辐射干扰特性允许值和测量方法
GB 13837—1997	声音和电视广播接收机及有关设备无线电干扰特性限值和测量方法
GB/T 13838—1992	声音和电视广播接收机及有关设备辐射抗扰度特性允许值和测量方法

续表

标准代号	标 准 名 称
GB 13839－1992	声音和电视广播接收机及有关设备内部抗扰度允许值和测量方法
GB 14023－1992	车辆、机动船和由火花点火发动机驱动的装置的无线电干扰特性的测量方法及允许值
GB 15540－1995	陆地移动通信设备电磁兼容技术要求和测量方法
GB 15707－1995	高压交流架空输电线无线电干扰限值
GB/T 15708－1995	交流电气化铁道电力机车运行产生的无线电辐射干扰的测量方法
GB/T 15709－1995	交流电气化铁道接触网无线电辐射干扰测量方法
GB 15734－1995	电子调光设备无线电骚扰特性限值及测量方法
GB 15949－1995	声音和电视信号的电缆分配系统设备与部件抗扰度特性限值和测量方法
GB/T 16607－1996	微波炉在 1 GHz 以上的辐射干扰测量方法
GB 16787－1997	30 MHz～1 GHz 声音和电视信号的电缆分配系统辐射测量方法和限值
GB 16788－1997	30 MHz～1 GHz 声音和电视信号电缆分配系统抗扰度测量方法和限值

E.4 系统类标准

标准代号	标 准 名 称
GB 6364－1986	航空无线电导航台站电磁环境要求
GB 6830－1986	电信线路遭受强电线路危险影响的允许值
GB/T 7432－1987	同轴电缆载波通信系统抗无线电广播和通信干扰的指标
GB/T 7433－1987	对称电缆载波通信系统抗无线电广播和通信干扰的指标
GB/T 7434－1987	架空明线载波通信系统抗无线电广播和通信干扰的指标
GB 7495－1987	架空电力线路与调幅广播收音台的防护间距
GB 13613－1992	对海中远程无线电导航台站电磁环境要求
GB 13614－1992	短波无线电测向台(站)电磁环境要求
GB 13615－1992	地球站电磁环境保护要求
GB 13616－1992	微波接力站电磁环境保护要求
GB 13617－1992	短波无线电收信台(站)电磁环境要求
GB 13618－1992	对空情报雷达站电磁环境防护要求
GB/T 13620－1992	卫星通信地球站与地面微波站之间协调区的确定和干扰计算方法

附录 F
本书综合理解题参考答案

第1章：1. D 2. B 3. A 4. B 5. C

第2章：1. D 2. C 3. B 4. A 5. C 6. C 7. D 8. A 9. B 10. C 11. A 12. A 13. D 14. C 15. A

第3章：1. D 2. A、D 3. C 4. C 5. D、D 6. C 7. C 8. B 9. C 10. D

第4章：1. C 2. C 3. A 4. D 5. B 6. C 7. C 8. B 9. D 10. D

第5章：1. B、C 2. A 3. D 4. A 5. C 6. A 7. C 8. D 9. A 10. B、C

第6章：1. D 2. B 3. D 4. A、B 5. A 6. D 7. B 8. C 9. B 10. D 11. A 12. B

第7章：1. A 2. B 3. C 4. B 5. C 6. B 7. A 8. A

第8章：1. A、C 2. B、D 3. B、C、D 4. B 5. D 6. A 7. C、D 8. C 9. C 10. A 11. A 12. C 13. D 14. B 15. A 16. C 17. A

第9章：1. A 2. A、B 3. D 4. C

参 考 文 献

[1] Joffe E B. Kai-Sang Lock, Grounds for Grounding: A Circuit-to-System Handbook. John Wiley & Sons, Inc., Hoboken, New Jersey, 2010

[2] Williams T. EMC for Product Designers, Third edition, Newnes, 2001

[3] Drewniak B R. PCB Design for Real-World EMI Control, Springer, 2002

[4] Carr J J. The Technician's EMI Handbook: Clues and Solutions, Newnes, 2000

[5] High-Speed Board Design Techniques. Application note from AMD Corp., 1997

[6] Khandpur R S. Printed Circuit Boards: Design, Fabrication, Assembly and Testing, McGraw-Hill, 2006

[7] 毛楠, 孙瑛. 电子电路抗干扰实用技术. 北京: 国防工业出版社, 1996

[8] [美]Ott H W. 电子系统中噪声的抑制与衰减技术. 王培清, 李迪, 译. 北京: 电子工业出版社, 2004

[9] 黄智伟. 印制电路板(PCB)设计技术与实践. 北京: 电子工业出版社, 2011

[10] 王剑宇, 苏颖. 高速电路设计实践, 北京: 电子工业出版社, 2011

[11] 朱玉龙. 汽车电子硬件设计. 北京: 北京航空航天大学出版社, 2011

[12] [日]山崎弘郎. 数字电路的 EMC. 聂凤仁, 等译. 北京: 科学出版社, 2004

[13] [英]Williams T. 电路设计技术与技巧. 周玉坤, 等译. 北京: 电子工业出版社, 2006

[14] [日]三宅和司. 电子元器件的选择与应用. 张秀琴译. 北京: 科学出版社, 2006

[15] Montrose M I. 电磁兼容和印刷电路板: 理论、设计和布线. 刘元安, 李书芳, 高攸纲, 译. 北京: 人民邮电出版社, 2002

[16] 马宝甫, 刘元法, 郝振刚, 等. 微机应用系统可靠性设计理论与实践. 北京: 电子工业出版社, 1999

[17] 任立明. 潜在电路分析技术与应用. 北京: 国防工业出版社, 2011

[18] 王守三. 电磁兼容的实用技术、技巧和工艺. 北京: 机械工业出版社, 2007

[19] 吴汉森. 电子设备结构与工艺. 北京: 北京理工大学出版社, 1995

[20] [日]长谷川彰. 开关稳压电源的设计与应用. 何希才, 译. 北京: 科学出版社, 2006

[21] [日]松井邦彦. OP 放大器应用技巧 100 例. 邓学, 译. 北京: 科学出版社, 2006

[22] [日]久保寺忠. 高速数字电路设计与安装技巧. 冯杰, 等译. 北京: 科学出版社, 2006

[23] [日]铃木雅臣. 高低频电路设计与制作. 邓学, 译. 北京: 科学出版社, 2006

[24] [日]汤川俊夫. 数字电路设计. 关静, 等译. 北京: 科学出版社, 2006

[25] 姜付鹏, 等. 电磁兼容的电路板设计. 北京: 机械工业出版社, 2011

[26] 郑军奇. EMC 电磁兼容设计与测试案例分析. 北京: 电子工业出版社, 2011

[27] 毛兴武, 潘文正, 张明伟, 等. 新型电子元器件及其应用技术. 北京: 中国电力出版社, 2010

[28] 王幸之, 王雷, 翟成, 等. 单片机应用系统抗干扰技术. 北京: 北京航空航天大学出版社, 2000

[29] 陆廷孝. 可靠性设计与分析. 北京: 国防工业出版社, 1995

[30] 付桂翠. 电子元器件使用可靠性保证. 北京: 国防工业出版社, 2011

[31] 赖祖武, 等. 抗辐射电子学: 辐射效应及加固原理. 北京: 国防工业出版社, 1998

[32] Zumbahlen H. Linear Circuit Design Handbook, Analog Devices, Elsevier, 2008

[33]   Perez R. Design of Medical Electronic Devices，Academic Press，2002

[34]   黄智伟. 全国大学生电子设计竞赛技能训练. 北京：北京航空航天大学出版社，2011

[35]   王玮. 感悟设计：电子设计的经验与哲理. 北京：北京航空航天大学出版社，2009

[36]   周志敏，纪爱华，等. 热敏电阻及其应用电路. 北京：中国电力出版社，2013

[37]   [美]伯特·哈斯克尔. 便携式电子产品设计与开发. 张宝玲，等译. 北京：科学出版社，2005

[38]   江思敏. PCB 和电磁兼容设计. 北京：机械工业出版社，2006

[39]   顾海洲，马双武. PCB 电磁兼容技术：设计实践. 北京：清华大学出版社，2004

[40]   Kodali V，P. 工程电磁兼容：原理、测试、技术、工艺及计算机模型. 陈淑凤，等译. 北京：人民邮
       电出版社，2006

[41]   [日]远坂俊昭. 测量电子电路设计：模拟篇. 彭军，译. 北京：科学出版社，2006

[42]   [美]Brooks D. 信号完整性问题和印刷电路板设计. 刘雷波，赵岩，译. 北京：机械工业出版社，
       2005

[43]   黄书伟，卢申林，钱毓清. 印制电路板的可靠性设计. 北京：国防工业出版社，2004

[44]   郑崇勋. 数字系统故障对策与可靠性技术. 北京：国防工业出版社，1995

[45]   杨平. 微电子设备与器件封装加固技术. 北京：国防工业出版社，2005

[46]   [美]Maniktala S. 开关电源故障诊断与排除. 王晓刚，谢运祥，译. 北京：人民邮电出版社，2011

[47]   [美]Johnson H，Graham M. 高速数字设计. 沈立，等译. 北京：电子工业出版社，2005

[48]   [英]Relex Software Co. & Intellect. 可靠性实用指南. 陈晓彤，等译. 北京：北京航空航天大学出
       版社，2005

[49]   马英仁，等. 温度敏感器件及其应用. 北京：科学出版社，1988

[50]   庄奕琪. 微电子器件应用可靠性技术. 北京：电子工业出版社，1996

[51]   孙青，庄奕琪，王锡吉，等. 电子元器件可靠性工程. 北京：电子工业出版社，2002

[52]   庄奕琪，孙青. 半导体器件中的噪声及其低噪声化技术. 北京：国防工业出版社，1993

[53]   庄奕琪. 半导体器件低频噪声表征技术研究. 西安电子科技大学博士学位论文，1995

[54]   马仲发. 微电子器件可靠性建模与仿真的逾渗分析方法. 西安电子科技大学博士学位论文，2005

[55]   代国定. 数模混合电路功耗－噪声协同优化设计方法研究. 西安电子科技大学博士学位论文，2005

[56]   包军林. 半导体器件噪声－可靠性诊断方法研究. 西安电子科技大学博士学位论文，2005

[57]   黄训诚. 基于蚁群算法的超大规模集成电路布线研究. 西安电子科技大学博士学位论文，2007

[58]   李小明. 功率集成兼容技术及芯片研制. 西安电子科技大学博士学位论文，2008

[59]   李振荣. 基于蓝牙的无线通信关键技术研究. 西安电子科技大学博士学位论文，2010

[60]   李伟华. 半导体器件噪声频域和时域分析的新方法研究. 西安电子科技大学博士学位论文，2010

[61]   靳钊. 无源超高频射频识别标签设计中的关键技术研究. 西安电子科技大学博士学位论文，2011

[62]   刘丽霞. 基于小波理论与 LSSVM 的模拟集成电路故障诊断方法. 西安电子科技大学博士学位论
       文，2011

[63]   龙强. 双通道多模卫星导航接收机射频关键技术研究. 西安电子科技大学博士学位论文，2013